高等学校教材

高等有机化学

第四版

汪秋安　史　玲　编著

化学工业出版社

·北京·

内容简介

高等有机化学是一门论述有机化合物的结构、反应、机理及它们之间关系的科学，对整个有机化学起着理论指导作用。本书从化学键与分子结构谈起，分章介绍了立体化学原理、有机化学反应机理的研究、亲核取代反应、加成与消除反应、羰基化合物的反应、分子重排反应、芳香亲电和亲核取代反应、氧化还原反应、周环反应、自由基和光化学反应、多步骤有机合成路线设计。每章后的习题及答案与书后的三套测试题有助于学生更好地理解和掌握基本理论知识，培养分析问题、解决问题的能力和科学的思维方法。

本书可作为化学与应用化学专业高年级本科生和研究生的教材，也可供相关专业的学生参考使用。

图书在版编目（CIP）数据

高等有机化学/汪秋安，史玲编著. —4版. —北京：化学工业出版社，2022.9（2023.11重印）
高等学校教材
ISBN 978-7-122-41265-2

Ⅰ.①高… Ⅱ.①汪…②史… Ⅲ.①有机化学-高等学校-教材 Ⅳ.①O62

中国版本图书馆 CIP 数据核字（2022）第 067405 号

责任编辑：赵玉清　周　偲　　　　　装帧设计：关　飞
责任校对：宋　夏

出版发行：化学工业出版社（北京市东城区青年湖南街 13 号　邮政编码 100011）
印　　装：三河市双峰印刷装订有限公司
787mm×1092mm　1/16　印张 20　字数 510 千字　2023 年 11 月北京第 4 版第 2 次印刷

购书咨询：010-64518888　　　　　售后服务：010-64518899
网　　址：http://www.cip.com.cn
凡购买本书，如有缺损质量问题，本社销售中心负责调换。

定　　价：59.00 元　　　　　　　　　　　　　　　　版权所有　违者必究

前言

《高等有机化学》自 2004 年第一次出版发行以来，承蒙广大读者及全国部分兄弟院校师生厚爱，已被多所高等院校用作本科生、研究生的教材或教学参考书。

有机化学学科的不断发展，以及我国教学改革的不断深入和教学水平的逐步提高，对教材提出了新的要求。根据教学实践的检验以及部分兄弟院校师生和广大读者的宝贵意见和建议，现补充和修订成第四版。第四版在保持前版教材优势的基础上，对部分章节的内容作了一些修改和充实，增添了一些新的研究成果，精选了部分富有启发性的习题。在修改本版教材过程中，力求使一些教学内容的阐述更加透彻明了。

在第四版的编写修订过程中，参考了一些国内外高等有机化学教科书和相关的学术期刊，与一些兄弟院校同仁进行过有益的讨论，湖南大学的安德烈教授、中南大学的罗一鸣教授、西北农林科技大学范华芳副教授和湖北理工学院的汪钢强副教授等提出了很好的修改意见，并得到了化学工业出版社的大力支持，在此作者一并表示感谢。全书由汪秋安、史玲统稿。

限于作者的学识水平和教学经验，书中难免存在疏漏和不妥之处，恳请广大读者和同行批评指正。

编著者

2022 年 2 月

目录

绪论 / 001

第1章 化学键与分子结构　　007

1.1 键长、键能、偶极矩 / 007
1.2 诱导效应与场效应 / 008
1.3 分子轨道理论 / 009
1.4 共轭效应 / 013
1.5 共振结构 / 014
1.6 芳香性和休克尔规则 / 015
习题 / 021

第2章 立体化学原理　　024

2.1 对称性与分子结构 / 025
2.2 旋光化合物的分类 / 026
2.3 含两个及多个手性碳原子化合物的旋光异构 / 027
2.4 构型保持与构型反转 / 029
2.5 外消旋化 / 030
2.6 外消旋体的拆分 / 031
2.7 立体专一反应和立体选择反应 / 032
2.8 潜手性分子 / 034
2.9 不对称合成 / 035
2.10 构象分析 / 043
2.11 不对称合成中的3个中国人名反应 / 046
习题 / 047

第 3 章　有机化学反应机理的研究　　051

3.1　反应机理的类型　/ 051
3.2　确定有机反应机理的方法　/ 051
3.3　动力学控制与热力学控制　/ 056
3.4　取代基效应和线性自由能关系　/ 057
3.5　有机酸碱理论　/ 060
3.6　有机反应中的溶剂效应　/ 062
习题　/ 064

第 4 章　亲核取代反应　　068

4.1　亲核取代反应的类型　/ 068
4.2　亲核取代反应的机理　/ 068
4.3　碳正离子与非经典碳正离子　/ 070
4.4　影响亲核取代反应速率的因素　/ 072
4.5　邻基参与作用　/ 073
4.6　亲核试剂的类型和反应　/ 077
习题　/ 078

第 5 章　加成与消除反应　　082

5.1　亲电加成反应　/ 082
5.2　消除反应　/ 087
5.3　钯等过渡金属催化的偶联反应　/ 093
习题　/ 094

第 6 章　羰基化合物的反应　　098

6.1　羰基化合物的反应机理　/ 098
6.2　羰基加成反应及产物　/ 099
6.3　加成-消除反应　/ 101
6.4　羰基化合物的反应活性和加成的立体选择性　/ 101
6.5　碳负离子　/ 102

6.6 各种重要的缩合反应 / 103
6.7 羰基与叶立德的反应 / 112
6.8 羧酸及其衍生物的亲核取代 / 114
6.9 亲核性碳 / 117
6.10 特殊和普遍的酸碱催化 / 119
6.11 分子内催化作用 / 120
习题 / 122

第 7 章　分子重排反应　　　　　　　　　　128

7.1 缺电子重排 / 128
7.2 富电子重排 / 133
7.3 芳环上的重排 / 136
习题 / 138

第 8 章　芳香亲电和亲核取代反应　　　　　　142

8.1 亲电取代反应 / 142
8.2 结构与反应活性 / 145
8.3 同位素效应 / 145
8.4 离去基团效应 / 146
8.5 芳香亲核取代反应 / 146
习题 / 149

第 9 章　氧化还原反应　　　　　　　　　　　152

9.1 碳碳双键的氧化 / 152
9.2 醇的氧化 / 153
9.3 醛酮的氧化 / 155
9.4 其他化合物的氧化 / 156
9.5 还原反应 / 157
9.6 金属还原 / 160
习题 / 163

第 10 章　周环反应　　　　　　　　166

10.1　电环化反应　/ 166
10.2　环加成反应　/ 171
10.3　σ 迁移反应　/ 174
10.4　1,3-偶极加成　/ 179
10.5　反 Diels-Alder 反应　/ 181
习题　/ 182

第 11 章　自由基和光化学反应　　　　　　　　187

11.1　自由基　/ 187
11.2　自由基的反应特点及机理　/ 188
11.3　自由基反应　/ 188
11.4　光化学反应　/ 192
11.5　羰基的光化学反应　/ 195
11.6　烯和二烯的光化学　/ 196
11.7　烯烃的光氧化反应　/ 197
11.8　芳烃光化学　/ 199
11.9　巴顿（Barton）反应　/ 199
习题　/ 199

第 12 章　多步骤有机合成路线设计　　　　　　　　202

12.1　有机合成的概念及其意义　/ 202
12.2　逆合成分析法　/ 202
12.3　导向基　/ 210
12.4　保护基　/ 211
12.5　立体化学的控制　/ 212
12.6　合成问题简化　/ 213
12.7　多步骤有机合成实例　/ 215
习题　/ 218

第 1 章　习题解答　/ 223
第 2 章　习题解答　/ 227

第3章 习题解答 / 231
第4章 习题解答 / 235
第5章 习题解答 / 242
第6章 习题解答 / 248
第7章 习题解答 / 260
第8章 习题解答 / 265
第9章 习题解答 / 270
第10章 习题解答 / 274
第11章 习题解答 / 280
第12章 习题解答 / 283
高等有机化学基础测试题（一） / 293
高等有机化学基础测试题（一）参考答案 / 296
高等有机化学基础测试题（二） / 299
高等有机化学基础测试题（二）参考答案 / 302
高等有机化学基础测试题（三） / 305
高等有机化学基础测试题（三）参考答案 / 308
参考文献 / 311

绪 论

一、有机化合物与有机化学

有机化合物即碳化合物或碳氢化合物及其衍生物。

有机化学是研究有机化合物来源、制备、结构、性能、应用以及有关理论和方法的科学。

现代有机化学是建立在有机结构理论基础上的一门科学。现代有机化学的分支学科主要有立体化学、物理有机化学、有机合成化学、有机分析化学、天然产物化学、生物有机化学、元素及金属有机化学等。

（一）立体化学（stereochemistry）

有机化合物的分子结构具有三维的性质，立体化学研究有机分子中原子在空间的排列情况（即分子的构型和构象）以及它们与有机化合物的物理性质和化学性质乃至生物活性的关系。

19 世纪中期，法国化学家巴斯德（Pasteur）研究了酒石酸的旋光性，发现了左旋和右旋酒石酸犹如左右手的镜像关系，他推测可能是由于分子中的原子在三维空间排列不同而引起的。1891 年德国化学家费歇尔（Emil Fischer）对葡萄糖、甘露糖、果糖的研究，发现了 d 系糖的构型，为糖化学的建立奠定了基础。维尔纳提出的配合物配位理论扩展了原子价概念，提出的配位体的异构现象为立体化学的发展开辟了新的领域。范霍夫和勒·贝尔提出的甲烷分子四面体结构学说指出：碳的四个化学键不可能位于同一平面上，而必须向空间伸展，碳位于四面体的中心，它的四个完全等价的亲和力则指向四面体的顶点。如果碳原子与四个不同的原子团相结合，则成为不对称碳原子。范霍夫的学说很好地解释了巴斯德关于酒石酸旋光性的研究。

1843 年，哈塞尔（Odd Hessel）用电子衍射法发现环己烷具有椅式和船式两种构象异构体，提出了构象的概念。巴顿（Barton）在哈塞尔研究的基础上提出了构象分析方法，对于解释有机化合物的某些物理特征、反应取向和反应机理起了重要作用。1965 年伍德和霍夫曼提出了分子轨道对称守恒原理，在解释和预示一系列化学反应进行的难易程度以及了解产物的立体构型方面具有指导意义，特别是促进了维生素 B_{12} 等有机化合物的合成研究。现在不论是在有机分子结构的研究中，还是在有机化合物性能和反应机理的探索上，都离不开立体化学理论和实验方法。立体化学在天然产物化学、生物化学、药物化学、高分子化学、生物大分子（蛋白质、酶、核酸）的研究方面发挥着重要的作用。

立体化学可分为静态立体化学和动态立体化学两部分。静态立体化学描述处于未反应状态的分子立体结构及其与物理性质的关系等。动态立体化学则研究分子的立体结构对分子化学性质的影响。诸如化学键的断裂、生成以及进攻试剂的进攻方向和离去基团的取向等，都属于立体化学讨论的范围。因此，研究立体结构对分子化学性质的影响，并使化学反应按照特定的立体途径进行，是研究反应机理最广泛的方法之一。

（二）物理有机化学（physical organic chemistry）

物理有机化学是物理化学和有机化学相结合而发展起来的一门学科。物理有机化学利用物理学和物理化学的理论及方法，研究有机分子的内在性质和相互作用，探讨有机反应的全部过程。其研究内容贯穿于有机化学的各个分支，如金属有机化学、元素有机化学、有机光化学、有机电化学等，同时它也与其他以有机化学为基础的学科密切相关，如生物化学、药物化学、高分子化学等都离不开物理有机化学。有机化学可概括为有机合成化学和物理有机化学两大主要内容，两者相辅相成，后者为前者提供必不可少的理论指导，前者的迅速发展又对后者提出新的要求，促使其不断完善深入。

（三）有机合成化学（organic synthesis chemistry）

有机合成化学是研究用人工方法合成、制备有机化合物的理论和方法的科学。虽然许多有机化合物可以从天然物质中提取和分离出来，但是从天然物质中提取有机化合物是有限的。有些药物如从天然物质中分离是非常昂贵的。如分离 200mg 的可的松，需要 2 万头牛的肾上腺做原料，所以现在医药工业都采用人工合成的方法生产可的松。

有机合成化学家在了解天然产物的化学结构后，可以用人工方法复制这种结构，用以验证这种结构是否可以满足人们更多的需要，并且还可以根据人们的需要改造这种结构或是创造出全新的物质。合成是一种有创造力的战略过程。

（四）有机分析化学（organic analytical chemistry）

有机化合物的分离分析和结构测定是人们从分子水平上认识物质世界的基本手段。20世纪 50 年代以来化学家已不再仅仅依靠经典的萃取、结晶或分离的方法来实现分离和分析。目前各种色谱技术以至近年的各种高效液相色谱、手性色谱技术、毛细管电泳技术已成为有机化学实验室的常规手段，并进而有可能处置微量、复杂体系以及光学异构体的分析。分离分析的样品量可以少至毫克乃至微克。检出的灵敏度可达百万分之一到十亿分之一甚至更高。利用带有傅里叶变换的红外光谱仪和核磁共振仪，新的解析电离质谱技术以及各种色谱-质谱联用技术使一般有机化合物的结构问题已很少难倒有机化学家；而且即使在获得样品量极其有限的情况下（$<100\mu g$），有机分析化学家也能给出确切的结构信息。

（五）天然产物化学（chemistry of natural products）

天然产物专指由动物、植物及海洋生物和微生物体内分离出来的生物次生代谢产物以及生物体内源性生理活性化合物。

天然产物化学是以各类生物为研究对象，以有机化学为基础，以化学和物理方法为手段，研究天然产物的提取、分离、结构、功能、化学合成、化学修饰和用途的一门科学。目的是希望从生物资源中获得严重危害人类健康的疾病的防治药物、医用及农用抗生素，开发高效低毒农药以及植物生长激素和其他具有经济价值的物质。

（六）生物有机化学（bioorganic chemistry）

生物有机化学就是用化学分离、结构鉴定、反应动力学和反应机理测定以及合成等化学理论与方法来研究核酸、蛋白质、多糖及参与生命过程并维持生命机器正常运转的各种生物高分子与有机分子的学科。它是在分子水平上深入认识生命现象和生命过程的基础。

(七) 元素和金属有机化学 (element and metal organic compounds chemistry)

为数众多的类金属（硼、硅、磷、砷等）、主族金属、过渡金属以及镧系、锕系金属与有机基团相键合所形成的化合物称为元素及金属有机化合物。元素及金属有机化合物是无机物与有机物融合而成的第三大类物质，它们主要由人工合成而得。元素及金属有机化学是研究元素及金属有机化合物的合成、结构、性质及化学反应的科学，是一门跨越在无机化学与有机化学之间的新兴学科。

(八) 有机化学中的一些重要应用研究

(1) 精细化工　精细化工是精细有机合成产品和精细化学工业的统称。实际上，它包括有机化学许多重要的应用领域，如药物、农药、香料、染料、助剂等。它是在近代有机合成基础上发展起来的，包括了各种化学催化、新合成技术和高效分离提纯技术等。

① 石油化工的深度加工和副产物的综合利用：该领域是精细化工产品的原料基础，其中 C_4、C_5 烃是比较重要的发展领域之一。

② 药物化学：天然产物化学、有机合成和生物有机化学的发展大部分与药物化学有密切的联系，酶抑制剂与受体拮抗剂的研究成为寻找新型药物的先导。药物构效关系的研究实际上是有机化合物的生物活性与其化学结构间依赖关系的规律研究，为指导新药合成、提高新药研究成功率提供了重要基础。

③ 染料化学：染料化学特别注意化学结构和性能之间的关系与分子设计研究，重视开发有机光电材料中的染料、有机非线性光学材料中的染料、电荷转移络合染料、医学和生化用的染料等新型染料。

④ 农药化学：农药化学在未来着重于建立新型高效低毒农药的创制体系以发展我国自己的新农药。新农药创制工作的启动将带动分子设计、有机合成、立体化学、构效关系等研究水平的提高。昆虫信息素化学也是其迅速发展的领域之一。

⑤ 香料化学：香料化学利用现代分离和分析手段加深对天然产物中香料成分的认识，利用计算机辅助技术加强分子结构和感官性能关系方面的研究以及系统深入研究香料化学的重要反应，特别是高区域选择性和高立体选择性合成反应等，以开拓新的香料品种，为合成香料提供新的目标分子，并通过构效关系创造出完全新型的香料。

(2) 有机光电材料　有机光电材料包括有机导体、有机超导体、导电高聚物、有机与高分子非线性光学材料、有机铁磁体、有机半导体、光导体、液晶、纳米材料和分子器件等的合成与结构性能关系研究。

(3) 生命过程的探究及其成果应用　研究生物分子的结构、生物分子的合成与降解都需要有机化学的理论和方法，生物化学中的许多问题都可以用有机化学的语言来理解。例如，DNA 中的电子转移过程对认识 DNA 氧化性损伤的机理和 DNA 微电子器件的设计都有重要的意义，是后基因组时代的一项重要工作。1999 年诺贝尔化学奖获得者泽威尔 (Zewail) 教授和美国西北大学的路易斯 (Lewis) 教授等用飞秒级快速激光和人工合成 DNA 直接测定了电子在 DNA 中转移的速率及其与 DNA 结构的关系，表明物理有机化学家可以为生命科学前沿领域的发展做出重要的贡献。

又如，酶催化机理的研究、酶模拟、光合作用模拟等早已是有机化学家涉足的重要领域。化学生物学要研究的问题的核心是化学小分子与生物大分子的相互作用，要进行一个好的化学生物学研究，除了分子生物学的知识，有机合成化学和物理有机化学的理论和方法是必不可少的。

二、高等有机化学

高等有机化学（advanced organic chemistry）是基础有机化学的深化和提高。物理有机化学是高等有机化学的主体，此外，还包括理论有机、立体化学等方面的内容，它主要论述有机化合物的结构、反应机理以及它们之间的联系。

有机化合物结构与性质的关系是高等有机化学的基本研究内容之一。早期根据电子理论提出的取代基的诱导效应和共轭效应概念已推广到了整个有机化学领域，成功地解释了不同取代基的有机化合物在热力学上的相对稳定性和动力学上的相对活泼性问题。休克尔（Hückel）提出的芳香性 $4n+2$ 规则为芳香族化合物的研究奠定了理论基础，迄今仍是物理有机化学研究中的基本定则之一。20 世纪 40 年代出现的空间效应概念，使人们对有机化学反应的认识更加深入，随之发展起来的构象分析已形成系统理论，确立了立体化学在有机反应中的地位并使之与反应过程密切关联构成了动态立体化学。布朗斯特（Brönsted）和哈密特（Hammett）提出的线性自由能关系，使有机化学理论向定量方向迈出了有意义的一步，相关分析方法已不仅仅限于处理反应活性的取代基效应，而且广泛用于研究溶剂效应、各种波谱参数及生物化学和药物化学中的结构与性能的关系问题。环境效应的概念在 60 年代开始引起广泛注意，其中对离子型物种的溶剂化问题的研究进展，直接促成了 70 年代的有机反应相转移催化技术的诞生和推广，目前对有关溶剂效应的定量研究已提出了数十种表征溶剂极性和其他性质的经验参数，以及它们与反应速率、平衡和波谱性质等方面的相互关系。近年来的主客体化学亦是环境效应研究的另一重要方面，这一研究直接与生命过程的模拟相关联，具有重要的意义。

有机反应机理是高等有机化学的另一基本研究内容，其目的在于详细了解和探讨有机反应的本质，对反应结果进行解释和预测。这一方面的工作重点集中在反应活性中间体的鉴定考察和过渡态结构的说明上。1900 年，刚伯格（Gomberg）发现三苯甲基自由基，标志着反应中间体研究的开端。1901 年罗瑞斯（Norris）和克哈曼（Kehrmann）分别独立地发现了溶液中稳定的三苯甲基碳正离子。1903 年布切勒（Buchner）和黑地格（Hediger）提出在苯和重氮乙酸乙酯的反应中可能涉及卡宾中间体。1907 年克拉克（Clake）和莱普瑞斯（Lapworth）提出了在安息香缩合反应中可能包含了碳负离子中间体。这说明在有机化学发展的早期，有机化学家已经证明或假设了几个最主要的有机中间体的存在。目前已发现的活性中间体物种有自由基、碳负离子、碳正离子、离子游离基、卡宾、芳炔、内鎓盐等以及许多非碳活性中心的有机中间体。人们根据中间体的不同，常将它们进一步划分为专一的研究内容，如自由基化学、碳负离子化学、碳正离子化学及卡宾化学等。这些活泼中间体的发展和研究对有机合成化学不仅起到了极大的推动作用，而且产生了深远的影响。自由基反应的研究促进了高分子工业的飞速发展。碳正离子和碳负离子反应的研究结果在许多重要的工业生产过程，诸如石油精炼、烯烃聚合、芳香族化合物的取代以及酸碱盐催化反应中都得到了应用。此外，有关反应活性中间体的研究使化学键理论更加充实丰富，也为新型有机化合物的合成设计提供了科学基础。可以说，这些有机反应活性中间体的发展和研究是有机化学得以从纯粹的实验科学向具有系统理论的完善科学过渡的转折点。于二十世纪二三十年代形成和发展起来的过渡态和活化络合物理论在有机反应机理的研究中仍然占有重要地位，尤其是在各种协同反应的研究中广泛地应用过渡态理论来解释反应过程。Woodward-Hoffman 的轨道对称守恒原理是物理有机化学理论研究中的重大突破之一，它成功地把大量实验资料互相联系起来，并通过预测导出许多新有机反应，同时推动了激发态化学反应的研究，发展了有机光化学和化学激发两种方法,建立了能量转移、激发态络合物、猝灭等机理和概念。

对于有机化合物(包括中间态)的结构研究,高等有机化学主要以物理测试方法为主,如各种光谱(IR、UV、NMR)、质谱(MS)、X射线、电子衍射、元素分析并伴随化学分析的方法;对于有机反应历程的研究,则主要以动力学和热力学为主,并运用各种分离、鉴定技术,如色谱、旋光、荧光、同位素等。在结构和反应的研究过程中,还结合运用统计学、量子力学及电子计算机技术等。

三、高等有机化学的发展

(一)由宏观观测向微观观测发展

物理有机化学是用物理和物理化学的概念、理论和方法把有机化合物的物理性能、化学性能和光谱性能的变化与分子结构的变化联系起来,它能弄清由反应物变为产物的详细途径,也就是说,它能弄清有哪些瞬态物质产生,分子结构的中间态是什么,并能测定出如溶剂环境、催化剂、温度、pH值等对反应途径的影响,它提供的理论基础可用于预言一些尚未知晓的物质的性能及可能的合成途径。反应中发生的断键和成键,大约在10^{-3}s的数量级,因此微观的测量技术对了解反应的中间态及变化很重要。时间分辨技术(时间分辨电子光谱、红外光谱和拉曼光谱、NMR、ESR、X射线衍射)的发展和普及为研究化学反应的全过程提供了手段。

近20年来,协同-非协同反应、离子-非离子型反应、基态-激发态反应以及电子转移反应是这方面的研究热点。新反应的研究和新物理检测方法的发展推动了活性中间体的研究,其中自由基、碳正离子、碳负离子、叶立德、碳宾以及类碳宾的研究既有理论价值又有实际意义。

(二)由静态立体化学向动态立体化学的发展

静态立体化学描述处于未反应状态的分子立体结构及其与物理性质的关系等。如果研究分子的立体结构对分子化学性质的影响,诸如化学键的断裂、生成以及进攻试剂的进攻方向和离去基团的取向等,则属于动态立体化学讨论的范围。例如:研究反应过程中,分子构象形态变化的"构象分析"就是重要的课题之一。立体电子效应是近年来一个新的研究热点,它涉及分子轨道相互作用的电子效应所引起的特定立体取向对分子结构与反应活性的影响,其发展前景有待开拓。

(三)计算化学的方法与量子化学的应用

量子化学的发展使更多有机化学问题,诸如分子的大小、形状、电荷分布、电磁和热稳定性、基态和过渡态能量以及激发态的性质等,都可以运用计算的方法(特别是电子计算机的发展)更精确地加以描述。随着计算机技术的飞速发展和新的计算方法的产生,目前已经可以对相当复杂的生物分子进行量子化学从头(ab initio)计算及对纳米级的分子聚集体进行分子模拟。分子模拟已经在药物分子设计中发挥了重要作用。量子化学、分子力学、Monto-Carlo方法、结构-性质定量关系(QSPR)、结构-活性定量关系(QSAR)等方法在药物化学、化学生物学、分子聚集体化学、材料化学研究中都将得到进一步的应用。

(四)研究由简单体系向复杂体系延伸

应用物理有机化学的概念和方法,在研究和模拟生命体系与过程中已取得许多可喜成果,如酶化学、固氮、致癌和抗癌机理、遗传、免疫和生命信息传递过程等的研究正在逐步深入。随着化学进入复杂体系,尤其是生命体系后,化学就不仅仅是研究分子的成键和断键,也即不仅是离子键和共价键那样的强作用力,而必须考虑这一复杂体系中分子间的弱相互作用力,如范德华力、库仑力、π-π 堆集和氢键等。虽然它们的作用力较弱,但却由此组装成了分子集聚体、分子互补体系和通称的超分子体系。此种体系具有全新的性质或可使通常无法进行的反应得以进行,生物体中最著名的 DNA 双螺旋结构就是由含氮的碱基配对而形成的。高效的酶催化反应和信息的传递也是通过分子聚集体进行的。这样一个分子间互补组装的过程也就是通称的分子识别过程。

生命科学的物理有机化学,包括主-客体化学中的模拟酶催化反应、主体分子提供的微环境可控制反应、主体分子对客体分子的识别作用以及疏水亲脂作用,已发展成为重要的研究领域之一。超分子体系兼有分子识别、分子催化和选择性转运功能。可以相信,关于超分子化学和仿生化学的研究必将推动高选择性合成研究的深入发展。另外,生物化学与分子生物学中的蛋白质、酶、核酸、多糖等的结构与功能研究也将受益于物理有机化学研究的深入发展。

第1章
化学键与分子结构

1.1 键长、键能、偶极矩

键能是指在气态下,将结合两个原子的共价键断裂成原子时所吸收的能量。

键长是指形成共价键的两个原子的原子核之间所保持的一定的距离。

偶极矩表示共价键极性的大小,为电荷 e 与正、负电荷距离的乘积,即 $\mu=ed$,单位为 D(德拜)❶。偶极矩的方向为正电荷指向负电荷,用"⟼"表示。分子的偶极矩等于它所含键的偶极矩的矢量之和。

例如:

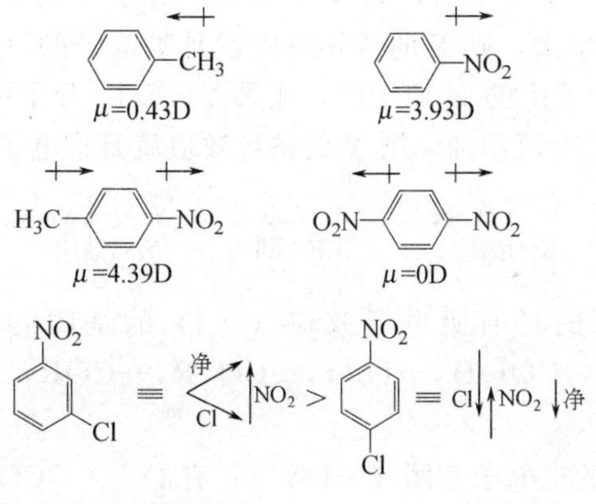

$$\text{C}_6\text{H}_5-\text{CH}_3 \quad \mu=0.43\text{D}$$

$$\text{C}_6\text{H}_5-\text{NO}_2 \quad \mu=3.93\text{D}$$

$$\text{H}_3\text{C}-\text{C}_6\text{H}_4-\text{NO}_2 \quad \mu=4.39\text{D}$$

$$\text{O}_2\text{N}-\text{C}_6\text{H}_4-\text{NO}_2 \quad \mu=0\text{D}$$

间-NO₂/Cl 苯 > 对-Cl/NO₂ 苯(净偶极矩比较)

【例】 判断下列两个化合物的偶极矩大小?

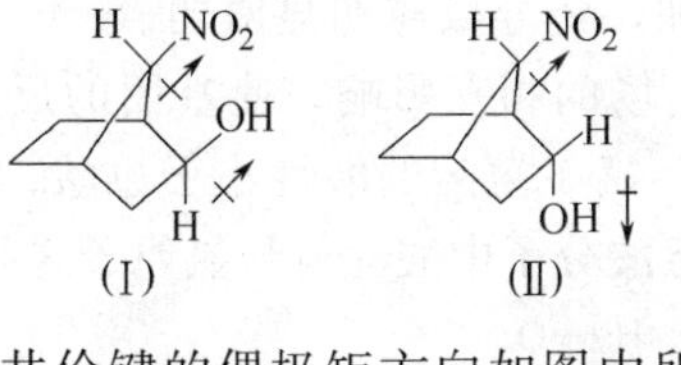

(Ⅰ) 和 (Ⅱ) 为含有 NO₂ 和 OH 基团的双环化合物

答:两个化合物中主要极性共价键的偶极矩方向如图中所示,因化合物(Ⅰ)两个负电基团指向同一方向,故其具有较大的偶极矩。

---

❶ 1D=3.336×10^{-30} C·m。

1.2 诱导效应与场效应

在分子中引入一个原子或原子团后，可使分子中电子云密度分布发生变化，这种变化不仅发生在直接相连部分，而且沿着分子链影响整个分子的电子云密度分布。这种因某一原子或原子团的电负性，而引起分子中σ键电子云分布发生变化，进而引起分子性质发生变化的效应叫做诱导效应（inductive effect，简称I效应）。例如，氯乙酸（$ClCH_2COOH$）的酸性（$pK_a=2.85$）比乙酸（CH_3CO_2H）的酸性（$pK_a=4.74$）强，就是由氯原子的诱导效应引起的。现以氯乙酸为例，说明氯原子的诱导效应。

乙酸（比较标准）　　　　　氯乙酸

氯原子的电负性（3.0）比氢原子的电负性（2.1）大，吸电子能力比氢原子强，所以在氯乙酸分子中，Cl—C键上σ电子向Cl原子方向"偏移"（"偏移"用←表示），使C2原子变得带正电性，C2原子再通过C1原子影响O原子，结果在氯乙酸分子中O—H键的σ电子"偏向"O原子，从而有利于氢原子的电离，酸性增强。显然，氯原子的诱导效应是吸电子的（−I效应）。对于卤素，吸电子诱导效应的顺序是：F>Cl>Br>I。

甲酸（H—COOH）的酸性（$pK_a=3.77$）比乙酸（CH_3—COOH）的酸性（$pK_a=4.74$）强，说明甲基的诱导效应与氯原子相反，是推电子的（+I效应）。对于烷基，推电子诱导效应的顺序是：$(CH_3)_3C-$ > $(CH_3)_2CH-$ > CH_3CH_2- > CH_3-。

在讨论原子或基团的诱导效应方向时，都以H原子作为比较标准。一个原子或基团X取代了H—Cabc分子中的H原子后，如果X—Cabc分子中的Cabc部分带了部分正电荷（常用δ+表示）或正电荷增大，则X的诱导效应就是吸电子的（−I）。相反，一个原子或基团Y取代了H—Cabc分子中的H原子后，如果Y—Cabc分子中的Cabc部分带了部分负电荷（常用δ−表示）或负电荷增加，则Y的诱导效应就是推电子的（+I效应）。

$$\overset{\delta-}{X}\leftarrow\overset{\delta+}{Cabc} \quad H-Cabc \quad \overset{\delta+}{Y}\rightarrow\overset{\delta-}{Cabc}$$
X(−I效应)　　　比较标准　　　Y(+I效应)

除卤素外，其他常见的具有吸电子效应（−I）的基团有：$-\overset{+}{N}R_3$，$-\overset{+}{S}R_2$，$-\overset{+}{N}H_3$，$-NO_2$，$-SO_2R$，$-CN$，$-COOH$，$-OAr$，$-CO_2R$，$-COR$，$-OH$，$-C\equiv CR$，$-Ar$，$-CH=CR_2$ 等。

除烷基外，其他常见的推电子基团（+I效应）有 O^-、$-CO_2^-$ 等。

诱导效应可以静电诱导方式沿着分子链由近而远地传递下去，在分子链上不会出现正、负交替现象。而且随着距离增加，诱导效应明显减弱。

分子中极性基团通过空间电场的相互影响，使基团的反应性发生变化的现象，称场效应（field effect，简称F效应）。如8-氯-1-蒽酸的酸性小于蒽酸，这与诱导效应相矛盾，但可用场效应来解释，这是由于8-氯-1-蒽酸分子中酸性氢与氯原子之间还存在空间电场的相互作用。

pK_a值：6.25　　　　　　　　　6.04

场效应的强度与两个极性基团的空间位置有关，如 8-氯-1-萘酸分子中氯和羧基处于合适的位置，C—Cl 键偶极矩负的一端靠近羧基质子的一端，使质子离解困难。场效应方向与诱导效应一致时，两者的作用很难区分，如丙二酸的 pK_{a1} 值小于 CH_3COOH 的 pK_a 值，即酸性大于醋酸，这是由于—COOH 是吸电子基；而 pK_{a2} 值明显大于醋酸的 pK_a 值，这可能是诱导效应和场效应综合影响的结果，即离解一个质子后的羧基负离子对羧基氢有+I 效应和 F 效应，故离解第二个质子较难，故 pK_{a2} 值较大，酸性较小。

$CH_3-\overset{O}{\overset{\|}{C}}-O-H$ $\quad H_2C\begin{smallmatrix}CO_2H\\CO_2H\end{smallmatrix}$ $\xrightleftharpoons{-H^+}$ $H_2C\begin{smallmatrix}C(=O)O^-\\C(=O)O-H\end{smallmatrix}$ $\rightleftharpoons$ $H_2C\begin{smallmatrix}C(=O)O^-\\C(=O)O^-\end{smallmatrix}+H^+$

pK_a 值为 4.74 $\qquad\qquad\qquad\qquad$ pK_{a1} 值为 2.8 $\qquad\qquad$ pK_{a2} 值为 5.85

1.3 分子轨道理论

分子轨道理论（molecular orbital theory）是描述共价键形成的一种理论。其要点有以下几条。

（1）分子中的任何电子可看成是在所有核和其余电子所构成的势场中运动，描述分子中单个电子运动状态的波函数称为分子轨道。

（2）分子轨道理论认为，分子轨道是由原子轨道线性组合而成的。

$$\Psi = C_1\phi_1 + C_2\phi_2 + \cdots + C_n\phi_n$$

式中，C_1，C_2，C_n 为原子轨道系数；ϕ_1，ϕ_2，$\cdots$，ϕ_n 为原子轨道；Ψ 为分子轨道。一个分子可以有多个分子轨道，其数目等于原子轨道数。每个分子轨道的能量可由下式计算：

$$E = \int \Psi H \Psi \mathrm{d}\tau$$

对于离域 π 键，π 分子轨道是由原子的 p_z 轨道线性组合而成的，休克尔近似引入以下定义：

① $\alpha = \int \phi H \phi \mathrm{d}\tau$，$\alpha$ 为库仑积分；

② 相邻原子有交换积分 β，不相邻原子的交换积分为零；

③ 不同原子的重叠积分为零，$S_{ij}=0$。

用变分法得到下列行列式：

$$\begin{vmatrix} \alpha-E & \beta & 0 & 0\cdots\cdots 0 & 0 \\ \beta & \alpha-E & \beta & 0\cdots\cdots 0 & 0 \\ 0 & \beta & \alpha-E & 0\cdots\cdots 0 & 0 \\ \vdots & & & & \\ 0 & 0 & 0 & 0\cdots\cdots\beta & \alpha-E \end{vmatrix} = 0$$

令 $x = \dfrac{\alpha-E}{\beta}$，代入上面的行列式得到下列久期行列式：

$$\begin{vmatrix} x & 1 & 0 & 0 & 0\cdots\cdots 0 & 0 \\ 1 & x & 1 & 0 & 0\cdots\cdots 0 & 0 \\ 0 & 1 & x & 1 & 0\cdots\cdots 0 & 0 \\ \vdots & & & & & \\ 0 & 0 & 0 & 0 & \cdots\cdots 1 & x \end{vmatrix} = 0$$

分子轨道的系数为：

$$C_1 x + C_2 = 0$$
$$C_1 + C_2 x + C_3 = 0$$
$$C_2 + C_3 x + C_4 = 0$$
$$\vdots$$
$$C_{n-1} + C_n x = 0$$

结合归一化条件，对每个分子轨道积分，即

$$\int \Psi^2 d\tau = C_1^2 + C_2^2 + \cdots + C_n^2 = 1$$

这样即可求出各个分子轨道中的原子轨道系数。

原子 r 的 p_z 原子轨道在第 i 个 π 分子轨道中的系数为：

$$C_{r_i} = \left(\frac{2}{n+1}\right)^{1/2} \left(\sin\frac{r_i \pi}{n+1}\right)$$

(3) 对应于每个分子轨道有一相应的能量。分子的总能量等于被电子占据的分子轨道能量的总和。

例如：对于符合 $C_n H_{n+2}$ 通式的线型共轭多烯，化合物的第 i 个 π 分子轨道能级 E_i 为

$$E_i = \alpha + m_i \beta$$

$$m_i = 2\cos\frac{i\pi}{n+1}, \quad i = 1, 2, \cdots, n$$

式中，n 为共轭链上碳原子的数目；α 为库仑积分；β 为交换积分，且均为负数。

当 $n=2$ 时，即为孤立双键，成键 π 轨道（$i=1$）的能级为：$E = \alpha + m_i\beta = \alpha + 2[\cos i\pi/(n+1)]\beta = \alpha + 2(\cos\pi/3)\beta = \alpha + \beta$；两个成键 π 电子的总能量为 $2\alpha + 2\beta$。

当 $n=6$ 时，如 1,3,5-己三烯，该分子的 6 个 π 电子占据 ψ_1、ψ_2、ψ_3 三个成键轨道，计算出 π 电子的总能量为 $6\alpha + 6.988\beta$；这个能量与假定这 6 个电子分别成对占据三个孤立双键的总能量 $6(\alpha+\beta)$ 低 0.988β，由此可以看出在己三烯中电子是离域的。

(4) 分子中的电子根据 Pauli 原理和 Hund 规则填充到分子轨道上。每个分子轨道上最多能容纳两个电子，这两个电子自旋必须反平行。对于能量相等的分子轨道，电子将尽可能占据不同的轨道，且自旋平行。

【例】 写出烯丙体系（正离子、自由基和负离子）的分子轨道、能量及分子轨道图形。

解：$\Psi_1 = C_{i1}\phi_1 + C_{i2}\phi_2 + C_{i3}\phi_3$ (1)

久期方程（引入 Hückel 假设，简化之后）为

$$\left.\begin{array}{l} C_1 x + C_2 = 0 \\ C_1 + C_2 x + C_3 = 0 \\ C_2 + C_3 x = 0 \end{array}\right\} \quad (2)$$

久期行列式
$$\begin{vmatrix} x & 1 & 0 \\ 1 & x & 1 \\ 0 & 1 & x \end{vmatrix} = 0$$

展开
$$x\begin{vmatrix} x & 1 \\ 1 & x \end{vmatrix} - 1\begin{vmatrix} 1 & 1 \\ 0 & x \end{vmatrix} + 0 = 0$$

$$x(x^2 - 1) - x = 0$$
$$x[(x^2 - 1) - 1] = 0$$

则 $x = 0$ 或 $x^2 - 2 = 0$，即 $x = \pm\sqrt{2}$

因 $x = \dfrac{\alpha - E}{\beta}$，故 $E = \alpha - x\beta$

将三个 x 值先后代入上式可求得三个离域 π 轨道的能级

$x_3 = \sqrt{2}$ $E_3 = \alpha - \sqrt{2}\beta$
$x_2 = 0$ $E_2 = \alpha$
$x_1 = -\sqrt{2}$ $E_1 = \alpha + \sqrt{2}\beta$

再将 x_1、x_2、x_3 的值分别代入式(2)，并结合归一化条件，就可求得相应的三个分子轨道的三套系数值，然后代入式(1)，即得

$$\Psi_1 = \frac{1}{2}\phi_1 + \frac{1}{\sqrt{2}}\phi_2 + \frac{1}{2}\phi_3$$

$$\Psi_2 = \frac{1}{\sqrt{2}}\phi_1 - \frac{1}{\sqrt{2}}\phi_3$$

$$\Psi_3 = \frac{1}{2}\phi_1 - \frac{1}{\sqrt{2}}\phi_2 + \frac{1}{2}\phi_3$$

从而可以得到烯丙体系的能量及分子轨道图形。第一分子轨道无节点，第二分子轨道有 1 个节点，第三分子轨道有 2 个节点。

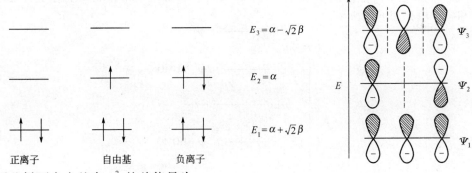

因此烯丙自由基中 π_3^3 的总能量为：

$$2E_1 + E_2 = 2(\alpha + \sqrt{2}\beta) + \alpha = 3\alpha + 2\sqrt{2}\beta$$

DE 离域能 = 离域 π 键能量 − 小 π 键能量
$$= 3\alpha + 2\sqrt{2}\beta - [2(\alpha + \beta) + \alpha]$$
$$= 2\sqrt{2}\beta - 2\beta = 0.828\beta$$

烯丙负离子中 π_3^4 的总能量为：

$$2E_1 + 2E_2 = 2(\alpha + \sqrt{2}\beta) + 2\alpha = 4\alpha + 2\sqrt{2}\beta$$

$$DE_{离域能} = 4\alpha + 2\sqrt{2}\beta - [2(\alpha+\beta) + 2\alpha] = 0.828\beta$$

烯丙正离子中 π_3^2 的总能量为：

$$2E_1 = 2(\alpha + \sqrt{2}\beta)$$

$$DE_{离域能} = 2(\alpha + \sqrt{2}\beta) - 2(\alpha+\beta) = 0.828\beta$$

π_3^4、π_3^2 的离域能与 π_3^3 相同，因 π_3^4 比 π_3^3 多一个电子是增加在非键轨道上，对离域能不起作用；同样 π_3^2 比 π_3^3 少一个电子也是少在非键轨道上，所以对离域能也无影响。

原子组成分子时，原子轨道线性组合成分子轨道，n 个原子轨道线性组合成 n 个分子轨道，即组合前后轨道数不变。组成的分子轨道的能量若低于原子轨道的能量，则该分子轨道叫做成键轨道；若高于原子轨道的能量叫做反键轨道；若等于原子轨道的能量叫做非键轨道。例如，烯丙基正离子、自由基和负离子，其成键轨道、反键轨道和非键轨道可表示如下：

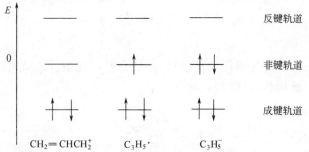

原子轨道线性组合成分子轨道，分子轨道可分为成键轨道、反键轨道和非键轨道。每一个分子轨道都与一个确定的能值相对应，有能量高的分子轨道，也有能量低的分子轨道。分子中的电子根据 Pauli 原理和 Hund 规则填入到分子轨道中，每个分子轨道最多只能容纳两个自旋反平行的电子。那么，在填充有电子的分子轨道中，能量最高的分子轨道叫做最高占有分子轨道（HOMO）。在未填充电子的分子轨道中，能量最低的分子轨道叫做最低未占分子轨道（LUMO）。例如，1,3-丁二烯分子中的四个 p 轨道线性组合成四个分子轨道，其能级分布和电子填充如下图所示：

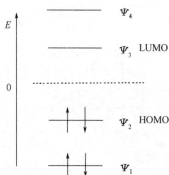

Ψ_2 为最高占有分子轨道，即 HOMO。Ψ_3 为最低未占分子轨道，即 LUMO。

分子轨道中，最高占有分子轨道和最低未占分子轨道统称为前线轨道（frontier molecular orbital）。处在前线轨道中的电子就像原子轨道中的价电子一样是化学反应中最活泼的电子，是有机化学反应的核心。

1.4 共轭效应

在分子或离子以及自由基中,能够形成 π 轨道或 p 轨道离域的体系称为共轭体系。构成共轭体系的重要条件是各相邻碳原子(或其他原子)以及与之结合的所有 σ 键必须处于同一平面上。这样才能使参加共轭的、垂直于该平面的、相互平行的 p 轨道进行有效的侧面重叠,形成离域大 π 键。共轭体系中,多个 p 轨道相互平行,重叠组成包括多个原子的大 π 键,π 键上的 π 电子不是局限于两个碳原子上,而是在整个共轭体系中离域。

由于形成共轭 π 键而引起的分子性质的改变叫做共轭效应(conjugative effect)。共轭效应主要表现在两个方面。

(1) 共轭能　形成共轭 π 键的结果是使体系的能量降低,分子得到了稳定。例如 $CH_2=CH-CH=CH_2$ 共轭分子,由于 π 键与 π 键的相互作用,使分子的总能量降低了。也就是说 $CH_2=CH-CH=CH_2$ 分子的能量比两个不共轭的 $CH_2=CH_2$ 分子的能量总和要低,所低的数值叫共轭能。

有机化合物催化加氢所放出的能量叫氢化热。测定有机化合物的氢化热,可以从实验上得到共轭分子的共轭能。

$CH_2=CH_2$ 分子中无共轭 π 键,共轭能定为零。实验测得 $CH_2=CH_2$ 的氢化热为 137.2kJ·mol^{-1}。即:

$$CH_2=CH_2+H_2 \longrightarrow CH_3-CH_3 \quad \Delta H = -137.2 \text{kJ·mol}^{-1}$$

$CH_2=CH-CH=CH_2$ 的氢化热为 238.9kJ·mol^{-1}。即:

$$CH_2=CH-CH=CH_2+2H_2 \longrightarrow CH_3-CH_2-CH_2-CH_3 \quad \Delta H = -238.9 \text{kJ·mol}^{-1}$$

则 $2 \times 137.2 \text{kJ·mol}^{-1} - 238.9 \text{kJ·mol}^{-1} = 35.5 \text{kJ·mol}^{-1}$ 就是 $CH_2=CH-CH=CH_2$ 分子的共轭能。

共轭分子的共轭 π 键常叫离域键,所以共轭分子的共轭能又叫离域能。

(2) 键长　1,3-丁二烯分子中四个 π 电子两个占据 Ψ_1,两个占据 Ψ_2。将这两个成键的分子轨道叠加,其结果就使 $CH_2=CH-CH=CH_2$ 分子中两端 C1—C2、C3—C4 键的 π 电子云密度较大,所以 C1—C2、C3—C4 的键长接近于双键;中间 C2—C3 键的 π 电子云密度较小,所以 C2—C3 的键长介于双键和单键之间。总体结果是电子云的分布趋向均匀化。例如,实验测得在 $CH_2=CH-CH=CH_2$ 分子中,C—C 单键的键长为 0.148nm,比典型的 C—C 单键键长 0.154nm 短,比典型的 C=C 双键键长 0.134nm 长。

共轭体系分为 π-π 共轭体系和 p-π 共轭体系及 p-p 共轭体系。π-π 共轭体系,如 $H_2C=CH-CH=CH_2$、$H_2C=CH-C\equiv N$ 等;p-π 共轭体系,如 $H_2C=CH-\ddot{\underset{..}{Cl}}:$、$H_2C=CH-\overset{+}{C}H-CH_3$ 等;p-p 共轭体系,如 $-\overset{+}{C}H_2\ddot{O}R$、$-\overset{+}{C}H_2\ddot{\underset{..}{Cl}}:$ 等。此外,当 C—H 键与相邻的 π 键处于能重叠的位置时,C—H 键的 σ 轨道与 π 轨道也有一定程度的重叠,发生电子的离域现象,此时 C—H 键的 σ 键向 π 键提供电子,使体系稳定性提高,这种 σ 电子与 p 轨道或 π 键之间的共轭,叫超共轭效应。σ-p 和 σ-π 超共轭效应比共轭效应小得多。

根据共轭体系中电子流动的方向,给出电子的基团称 +C 基团,反之称为 -C 基团。如 $\underset{|}{C}=\underset{|}{C}-\underset{|}{C}=O$ 中,电子是由 C=C 向 C=O 移动,所以 —C=O 对 C=C 来说是 -C 基

团。-C基团的结构特点是：与C=C直接相连的原子具重键，并带部分正电荷。-C效应的强弱次序为：

$$-NO_2 > -\overset{\delta+}{C}\equiv\overset{\delta-}{N} > -COOR$$

$\underset{|}{\overset{|}{C}}=\underset{|}{\overset{|}{C}}-\ddot{Y}$ 体系中，电子流动的方向是Y向 $\underset{|}{\overset{|}{C}}=\underset{|}{\overset{|}{C}}$ 流动，所以 $\ddot{Y}$ 为+C基团。

下面是常见的+C和-C基团。

+C基团：$\bar{O}$，$\bar{S}$，$-\ddot{N}R_2$，$-\ddot{N}HR$，$-\ddot{N}H_2$，$-\ddot{N}HCOR$，$-\ddot{O}R$，$-\ddot{O}COR$，$-\ddot{S}R$，$-\ddot{S}H$，$-Br$，$-I$，$-Cl$，$-F$，$-R$，$-Ar$。

-C基团：$-NO_2$，$-CN$，$-COOH$，$-COOR$，$-CONH_2$，$-CONHR$，$-CONR_2$，$-CHO$，$-COR$，$-SO_3R$，$-SO_2R$，$-NO$，$-Ar$。

在有机化学中，诱导效应、共轭效应和超共轭效应统称为电子效应。取代基的电子效应对有机分子反应活性有着较大影响。

在极性反应中，其速率依赖于底物反应中心上的电子密度，电子密度高的有利于亲电试剂的进攻，电子密度低的则有利于亲核试剂的进攻。例如，取代基的诱导效应（-I）和共轭效应（-C）都使底物的反应中心上的电子密度降低时，底物将有利于亲核试剂的进攻。如：

$$O_2N-C_6H_4-\overset{O}{\underset{OCH_3}{\overset{\|}{C}}} + {}^-OH \longrightarrow O_2N-C_6H_4-COO^- + CH_3OH$$

反之，如果取代基具有+I或+C效应，则底物对于亲核试剂的反应活性降低。如：

$$HO-C_6H_4-\overset{O}{\underset{OCH_3}{\overset{\|}{C}}} + {}^-OH \longrightarrow HO-C_6H_4-COO^- + CH_3OH$$

对于亲电试剂的进攻情况恰恰相反，即反应被吸电子取代基（-I、-C效应）所抑制，却被供电子取代基（+I、+C效应）所加速。如：

$$O_2N-C_6H_4-NH_2 + H^+ \longrightarrow O_2N-C_6H_4-\overset{+}{N}H_3$$

$$HO-C_6H_4-NH_2 + H^+ \longrightarrow HO-C_6H_4-\overset{+}{N}H_3$$

对于具有-I和+C效应的取代基，当+C>-I时，取代基显示供电子效应，底物有利于亲电试剂的进攻；当+C<-I时，取代基显示吸电子效应，底物则有利于亲核试剂的进攻。

1.5 共振结构

共轭作用是一种电子的离域共享作用，共振是用来表示共轭作用的一种形式。共振论认为，对电子离域体系的化合物，需要用几个可能的经典结构式表示，真实分子是这几个可能的经典结构的共振杂化体。这些经典结构叫做极限结构或共振结构。稳定的共振结构对共振杂化体的贡献较大。例如：

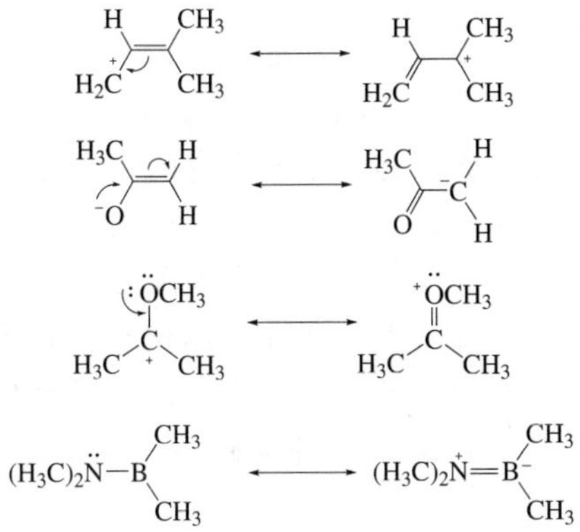

要正确写出共振结构式，应符合下列几条规则：①共振结构式之间只允许键和电子的移动，而不允许原子核位置的改变。②所有的共振结构式必须符合 Lewis 结构式。③所有的共振结构式必须具有相同数目的未成对电子。④电子离域化往往能够使分子更为稳定，具有较低的内能，为了衡量这种稳定性，可以使用共振能。所谓共振能就是实际分子的能量和可能的最稳定的共振结构的能量之差。共振结构中，共价键数目越多的，能量越低，越稳定，它在杂化体中所占概率较大。⑤结构式中所有的原子都具有完整的价电子层都是较为稳定的。⑥有电荷分离的稳定性较低。⑦负电荷在电负性较大的原子上的较稳定。

【例】 利用共振结构理论解释苯乙烯中的乙烯基是第一类定位基。

解： 亲电试剂 E$^+$ 进攻乙烯基的邻、对位所生成的络合物较进攻间位所产生的 σ 络合物稳定。进攻对位：

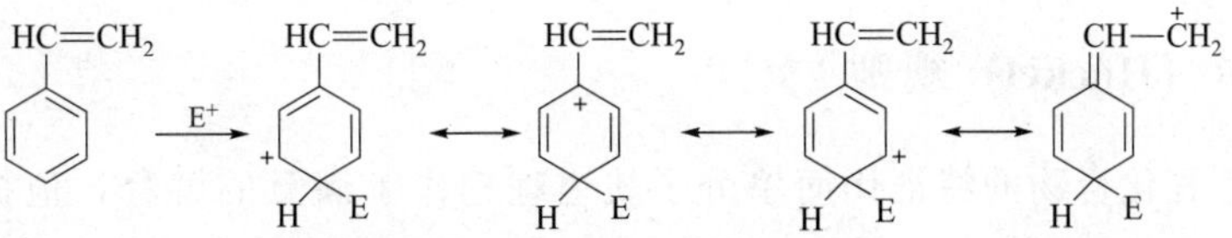

有 4 个共振式，乙烯基帮助分散了正电荷。进攻邻位有相同的结果。

进攻间位：

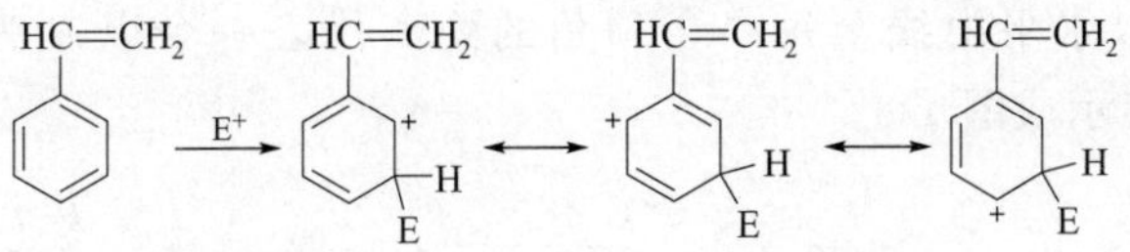

只有 3 个共振式，乙烯基没有起到分散正电荷的作用，故没有进攻邻、对位产生的 σ 络合物稳定。故乙烯基是第一类定位基。

1.6 芳香性和休克尔规则

我们知道苯具有芳香性（aromaticity）。芳香性是与 π 分子轨道的特殊稳定性这一概念联系在一起的。换句话说，分子轨道假设 C—C 和 C—H 之间除有 σ 键之外，还有一种更稳定的大 π 键，它不能用经典的单键和双键来表明。这种键的存在可通过键能和休克尔分子轨道计算成键能量大小来说明，也可以从其他测试结果找到芳香性的特征。

1.6.1 分子是否具有芳香性可由核磁共振谱确定

核磁共振谱可以揭示离域 π 体系中电子在磁场中的反应。这里芳香体系呈现反磁环流。一个离域 π 体系中的电子,在强大的磁场中,由于磁场的诱导作用,在环平面形成屏蔽区域,这样产生的电子环流,存在着方向与环平面垂直的感应磁场。处在屏蔽区里的核由于受到感应磁场,其方向与外加磁场相反,发出共振信号移向高磁场区;处在环平面中(去屏蔽区)的核则在低磁场发出共振信号。从而可以看出苯系芳环上的氢核周围磁场的方向与外加磁场相同,因此这些氢原子比一般烯键上的氢原子的化学位移明显地移向低磁场(图1-1)。而大环轮烯,由于分子不可能以全顺式的平面结构存在,因而有环外氢,也有环内氢。一般环内氢移向高磁场(图1-2)。由此可见,在外加磁场作用下 π 电子的环流效应可作为有无芳香性的判据。

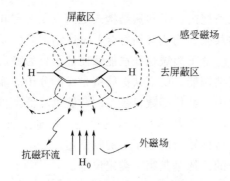

图 1-1 苯环屏蔽作用示意图

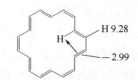

图 1-2 [18] 轮烯环内氢与环外氢的化学位移值(δ)

1.6.2 休克尔(Hückel)规则

Hückel 对芳香化合物的特征用简单分子轨道理论作了满意的解释,他提出以 sp^2 杂化的原子形成的含有 $4n+2$ 个 π 电子的单环平面体系,具有相应的电子稳定性($4n+2$ 规律)。

为了求得一个具有 k 个原子的单环体系的分子轨道能级,Frost 和 Musulin 作图表示 Hückel 方程:在一个半径为 2β 的圆圈里,画一个具有 k 个顶角的正多边形,使一个顶角位于圆圈的最低点,则以水平中线至每一个顶角的距离代表一个以 β 为单位的能级。例如,$k=5$、6 和 7 时,可表示成图 1-3。

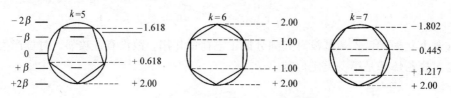

图 1-3 某些单环体系的 HMO 能级图示

这里,每一组能级可以考虑为一个"能级层",在水平中线下边位置最低的分子轨道总是单一的,可以容纳两个电子。其他在水平中线以下的分子轨道都是成对的,其中每一个分子轨道都能容纳两个电子,因此这些能级层需要 4 个电子来填满。显然,$4n+2$ 个电子形成填满了的能级层结构。

单环平面 π 体系的分子轨道能级图的特征是具有一个能级最低的成键轨道;另外就是具

有能级比较高的成组的简并对，直至能级最高的轨道。如果体系中参加 π 体系的 p 轨道是偶数的，则有单一的最高能级轨道；如果体系中参加 π 体系的 p 轨道是奇数的，则有一对简并的最高能级轨道。图 1-3 中，在中线之下者为成键轨道，在中线之上者为反键轨道，与中线水平的为非键轨道。以 α 为水平中线代表原子轨道能级，则水平中线以下的为 $\alpha+x\beta$，水平中线以上的为 $\alpha-x\beta$。由于 β 为负值，因而轨道能量为 $\alpha+x\beta$ 者，比原子轨道能量低（成键轨道）；轨道能量为 $\alpha-x\beta$ 者，比原子轨道能量高（反键轨道）。图 1-4 中列举几种不同电子体系环状烃 C_nH_n 的分子能级。

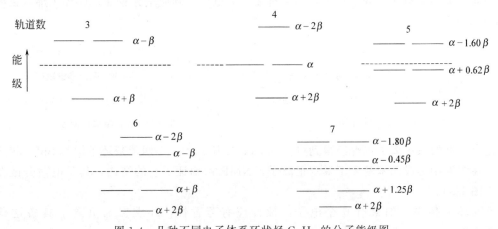

图 1-4　几种不同电子体系环状烃 C_nH_n 的分子能级图

在基态，电子优先填入能量比较低的轨道。但若有两个能量相同的轨道（简并轨道），电子趋向于占有尽量多的轨道（Hund 规则）。例如，环丁二烯有 4 个 π 电子和 4 个分子轨道，其 π 电子填入 3 个轨道。苯有 6 个 π 电子和 6 个分子轨道，其 π 电子填入 3 个轨道（图 1-5）。

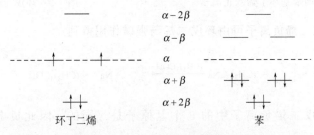

图 1-5　环丁二烯及苯的能级图

由于在环体系中只有一个能量最低的轨道，但是能量比较高的轨道是成对的，显然，在 π 体系中有 2、6、10、14……个电子时，才能成为填充满了的体系。因此，呈现芳香性的分子，π 体系中的电子的数目必须是 $4n+2$，其中 n 为 0、1、2、3……

随着科学研究的不断发展，Hückel 规则一次又一次地得到了验证。非苯芳烃 π 体系也服从此规则。

1.6.3　非苯芳烃结构

（1）小环芳烃结构　三元环 π 体系的分子轨道能量图有一个能量最低的成键轨道和一对简并的反键轨道。按 Hückel 规则，如果这个体系有两个 π 电子，则应是芳香性的。这种情况相当于环丙烯正离子（图 1-6）。

事实上，环丙烯正离子已经合成，而且确已证明有一定的芳香性。

环丙烯正离子的盐是通过 3-氯代环丙烯与 Lewis 酸如 $SbCl_5$、SbF_5、$AlCl_3$ 或 $AgBF_4$ 作用制备的。

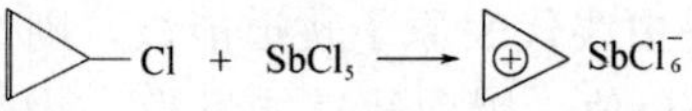

这样形成的六氯锑盐是白色固体，与空气隔绝，在室温可以保存几天。在 $-20℃$ 可以无期限地保存。暴露在潮湿的空气里则分解。IR 和 NMR 谱说明了它的正离子结构。

四元环 π 体系有 4 个分子轨道，如果有 2 个 π 电子，则应呈芳香性。如环丁烯双正离子（图 1-7）。

图 1-6 环丙烯正离子

图 1-7 环丁烯双正离子

这个类型的双正离子也曾经得到过。如 3,4-二溴-1,2,3,4-四苯基环丁烯与 SbF_5 和 SO_2 作用，在溶液中形成四苯基环丁烯双正离子，NMR 谱确证了它的结构，其正电荷分散在苯环上（图 1-8）。

五元环 π 体系，如果有 6 个电子，预计应有芳香性，环戊二烯负离子具备这种条件（图 1-9）。

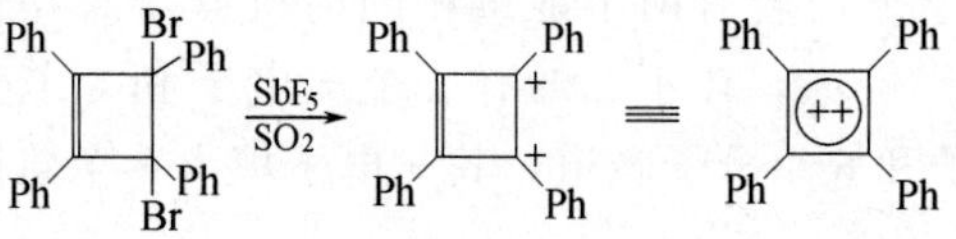

图 1-8 四苯基环丁烯双正离子

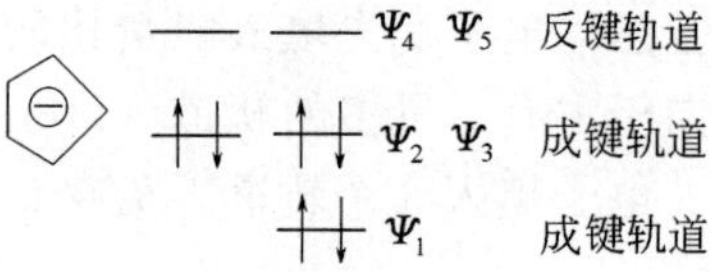

图 1-9 环戊二烯负离子

比较稳定的环戊二烯负离子可由环戊二烯与强碱作用得到。

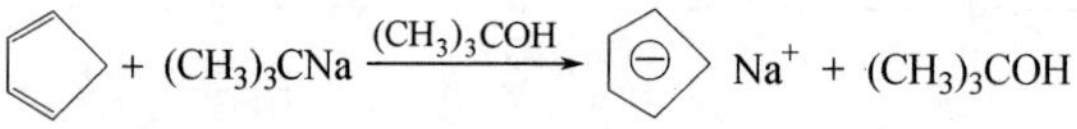

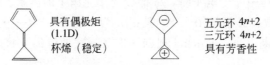

NMR 谱表明环戊二烯负离子中的 5 个氢原子是等同的，因此负电荷分散在 5 个碳原子上。

䓬烯以偶极形式存在，分子中的五元环 π 体系和三元环 π 体系都符合 $4n+2$ 规则，体系是具有芳香性的。

具有偶极矩 (1.1D)
䓬烯（稳定）

五元环 $4n+2$
三元环 $4n+2$
具有芳香性

（2）中环芳烃结构　环庚三烯正离子是一个具有 6 个电子的七元环 π 体系，具有芳香性（图 1-10）。

环庚三烯异硫腈酯能离解形成环庚三烯正离子。

蓝烃是一个天蓝色、稳定的化合物。它是一个非苯芳香烃的典型例子。蓝烃的结构可以看做是偶极型的，它的偶极矩约为 1.0D，五元环是负的一端，七元环是正的一端。这里，环庚三烯正离子（图 1-10）和环戊二烯负离子稠合在一起形成了一个桥 [10] 轮烯结构。

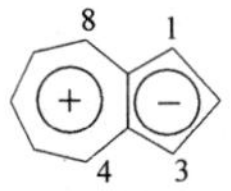

环辛四烯没有芳香性，八个碳原子不在同一平面上，键长有交替现象。但环辛四烯双负离子是芳香性的，它是一个含有 10 电子的八元环 π 体系（图 1-11）。

图 1-10　环庚三烯正离子　　　　　图 1-11　环辛四烯双负离子

环辛四烯与金属钠作用可形成环辛四烯双负离子：

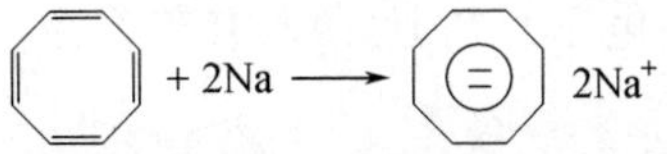

$$\bigcirc + 2Na \longrightarrow \bigcirc^{2-} \; 2Na^+$$

1962 年，Rosenberg 等人将环辛四烯溶于浓硫酸等强酸，生成一个正离子（见图 1-12）。这个正离子的核磁共振数据为 $\delta 8.5(H_2 \sim H_6)$，$6.4(H_1, H_7)$，$5.1(H_b)$，$-0.3(H_a)$。这个正离子虽然不是密闭的共轭体系，但其质子的核磁共振化学位移值，特别是 H_a 和 H_b 的化学位移值明确显示出这个正离子也存在抗磁环流。为了与一般芳香性有所区别，称这种芳香性为同芳香性（homoaromaticity）。上面这个正离子称为同芳䓬鎓离子（homotropoliumion），以区别于䓬鎓离子或环庚三烯正离子（tropoliumion）。

所谓同芳香性是指某些共轭双键的环被一个或两个亚甲基所隔开，这个亚甲基在环平面之外，使环上的 π 电子构成芳香体系。

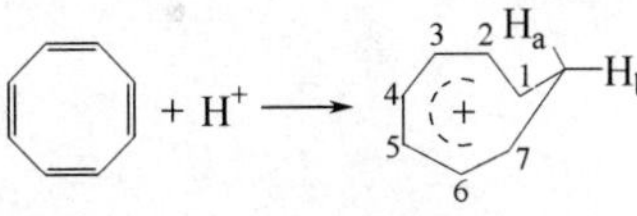

图 1-12　环辛四烯正离子

含有多个共轭双键的单环烃统称为单环共轭烯（annulene）或轮烯。许多 [4n+2] 轮烯和去氢轮烯已经合成出来，这些化合物符合 Hückel 规则。共平面的 [4n+2] 轮烯具有抗磁环流，称为芳香化合物。但是如果环体系不在一平面里，则环流降低甚至消失。在这种情况下，π 轨道重叠必然减小，π 电子离域程度也必然降低，结果形成单键、双键交替。环大到一定程度的轮烯（如 20 元环、24 元环）将出现键交替现象。

例如，[18] 轮烯（Ⅰ）是平面结构，而且 n=4 时，4n+2=18，具有芳香性。Sondheimer 于 1962 年首次合成了这类化合物，一般 n 不大于 7，现在已合成的最大轮烯是 [30] 轮烯。[10] 轮烯（Ⅱ）虽然 n=2，但由于环内的两个氢原子的立体效应所产生的范德华斥力使整个分子不处于平面结构，因而没有芳香性。如果用亚甲基取代这两个氢原子（Ⅲ），则消除了这种斥力，使化合物具有芳香性（Ⅲ）。[12] 轮烯无芳香性，它通过电解还原或与金属锂作用，形成 [12] 轮烯双负离子，符合休克尔规则，具有芳香性（Ⅳ）。

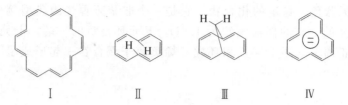

又如，环内带有取代基的 [14]-轮烯反-15,16-二甲基二氢芘（Ⅰ）的 ^{1}H NMR 实验表明其环上的氢和环内甲基的氢是明显各向异性的（环外氢 δ 为 8.14～8.67，环内甲基氢 δ 为 -4.25），即这样的化合物是有芳香性的。如果两个甲基为顺式，则由于它们之间的排斥，这个大环不可能是平面的，这样将不满足构成芳香性的前提条件，所以（Ⅱ）无芳香性。

(3) 稠环体系　　稠环指的是由单环多烯稠并而成的多环多烯体系。若稠环体系的成环原子接近或在一个平面上，仍可用休克尔规则判断。其方法是略去中心桥键，直接利用休克尔规则进行判断，若 π 电子数符合 $4n+2$ 的规则，就有芳香性。例如，（Ⅰ）π 电子总数是 8，所以没有芳香性。再如，（Ⅱ）π 电子总数是 10，有芳香性。

(4) y-芳香结构　　一般说来，胺只是一个弱碱，而胍却是非常强的碱，其碱性强度可以与无机氢氧化物相比。胍质子化后形成胍正离子，这个正离子是最稳定的碳正离子之一，可以在沸水中稳定存在。

胍属于 y 形的分子，胍正离子芳香性的获得是由于 π 电子通过中心碳原子离域化，而不是通过周边离域化。这样的离域叫做 y-离域，由此获得的芳香性称为 y-芳香性（y-aromaticity）。

三亚甲基甲烷曾经是一个想象的分子，它有 4 个 π 电子，在基态以三线态双自由基形式存在。人们设想，若在这个平面的 y 形结构的分子中引入 2 个电子就能形成 6 个 π 电子的封闭壳层结构，产生稳定的芳香性的双负离子。这一设想已被实验证实。

TMEDA=Me$_2$NCH$_2$CH$_2$NMe$_2$

通常在同一共轭体系的同一个或相邻原子上连续引入 2 个电子是很困难的，因为会产生强烈的电荷排斥作用。但上述二锂化反应却比一锂化反应进行得更快，这说明二锂化反应形成的双负离子比一锂化反应形成的单负离子要稳定。显然，y-芳香性的稳定化作用远远抵消了双负离子的电荷排斥作用。

1.6.4 非芳香性和反芳香性

若环状多烯的稳定性与开链多烯差不多，则称之为非芳香性（nonaromaticity）。典型的非芳香性分子为环辛四烯。它虽含有 $4n$ 个 π 电子，但不是反芳香性的。因为它不是平面分子，主要以盆形构象存在，分子中没有 π 电子的离域，C—C 单键和 C=C 双键不等长，前者为 0.142nm，后者为 0.134nm。

芳香性化合物由于 π 电子离域而稳定，但有些分子或离子却由于 π 电子的离域变得更不稳定。这种因 π 电子的离域导致体系能量升高、稳定性下降的体系称为反芳香性体系。一般来说，具有 $4n$ 个 π 电子的平面环状共轭多烯，其稳定性比相应的开链共轭烯烃还要差，因而是反芳香性（antiaromaticity）的。

最简单的反芳香性化合物有环丙烯负离子、环丁二烯和环戊二烯正离子。理论计算和实验事实都证明了它们的稳定性比相应的非芳香性化合物还要差。例如，环丙烯负离子的能量比环丙基负离子能量要高 80kJ/mol。如化合物（Ⅱ）的氢交换速度比化合物（Ⅰ）快 6000 倍，这说明化合物（Ⅰ）失去质子形成环丙烯负离子要比化合物（Ⅱ）失去质子形成一般的环丙基负离子困难得多。

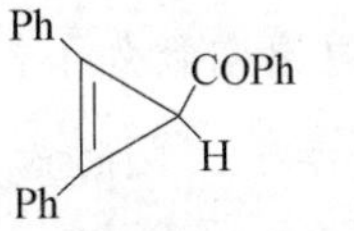

又如，环戊二烯正离子也是反芳香性的。环戊基碘在丙酸中用高氯酸处理时，迅速发生溶剂解得到中间体正离子；但在相同条件下 5-碘环戊二烯不发生溶剂解，即没有形成环戊二烯正离子，这表明环戊二烯正离子的稳定性比环戊基正离子差得多。

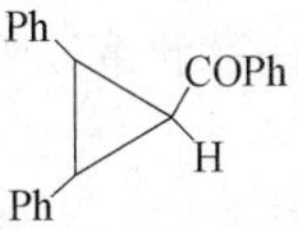

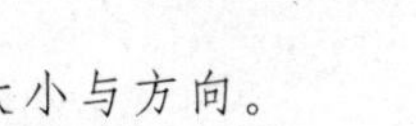

习 题

1.1 解释下列各对化合物的偶极矩大小与方向。

(1) 3,5-二甲基硝基苯与 3,6-二甲基硝基苯

(2) 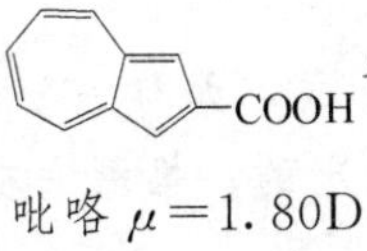 [薁]—COOH 与 HOOC—[薁]

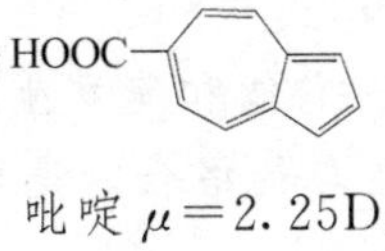

(3) 吡咯 $\mu=1.80$D，吡啶 $\mu=2.25$D，但它们极性相反。

1.2 将下列各组基团按所给电子诱导效应增加的顺序排列。

(1) —I（吸电子能力）

$-SO_3^-$, $-SR$, $-\overset{O}{\overset{\|}{S}}R$, $-SO_2R$ (R=烷基)

(2) +C（给电子能力）

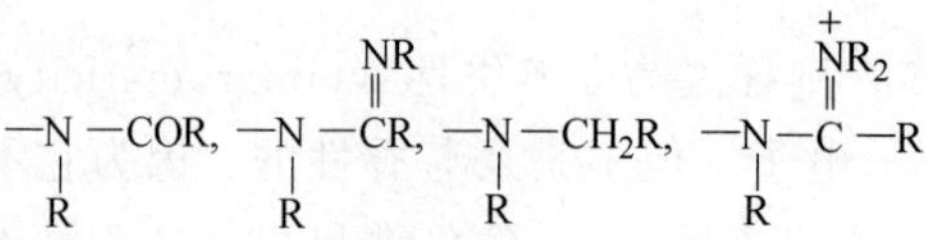

—N—COR, —N—CR, —N—CH₂R, —N—C—R
　R　　　R　　　　R　　　R
　　　　NR　　　　　　　　NR₂⁺

(3) —C（吸电子能力）

—CONR₂, —CNR₂, —CNR₂
　　　　　‖　　　‖
　　　　　NR　　NR₂⁺

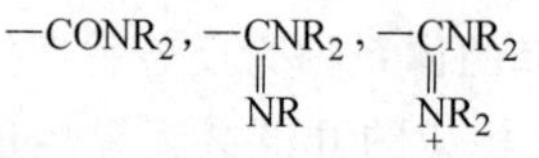

1.3 下列化合物是否有芳香性？

(1) 2,4,6-环庚三烯-1-羧酸

(2) 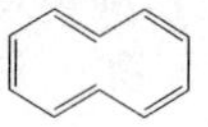 [萘环结构]

(3) 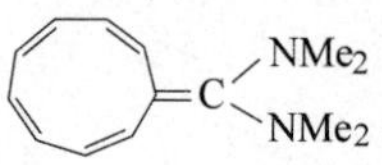 [环辛四烯=C(NMe₂)₂结构]

1.4 顺式与反式丁烯二酸的第一级和第二级电离常数如下：

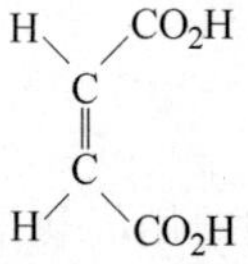

顺式：$K_1 = 1.17 \times 10^{-2}$，$K_2 = 2.6 \times 10^{-7}$

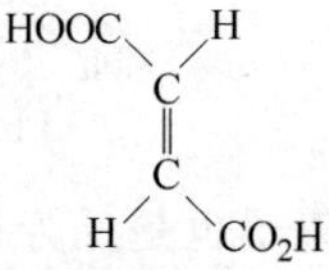

反式：$K_1 = 9.3 \times 10^{-4}$，$K_2 = 2.9 \times 10^{-5}$

试说明其原因。

1.5 用 HMO 法求 1,3-丁二烯的分子轨道能级及离域能（DE）。

1.6 试写出 1,3,5-己三烯、富烯（[环戊二烯亚甲基]）和苯的久期行列式（不必求解）。

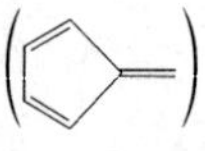

1.7 富烯分子为什么具有极性？其极性方向与环庚富烯相反，为什么？

富烯　　环庚富烯

1.8 环辛四烯的几何构象以哪一种状态较稳定？它能和溴发生加成，如与一分子溴加成，应得到什么加成产物？环辛四烯双负离子在与铀络合时是稳定的，推测它在 NMR 上氢的共振信号如何变化（与环辛四烯相比）？

1.9 1,2,3,4-四甲基-3,4-二氯环丁烯（A）的 ¹H NMR 谱图在 δ 值为 1.5 和 2.6 处各有一个单峰，当把 A 溶解在 SbF₅ 和二氧化硫的混合物中时，溶液的 ¹H NMR 图（δ 值）开始呈现三个单峰：2.20、2.25 和 2.65。但几分钟以后，出现一个新的谱，只在 3.68 处有一单峰。推测中间产物和最终产物的结构，用反应式表示上述变化。

1.10 方酸在水中完全电离时（电离2个质子）的酸性与硫酸相当，试解释之？方酸的结构如下所示。

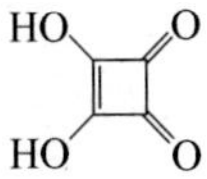

1.11 简要回答下列问题

(1) 为何咪唑是芳香杂环？

(2) 解释咪唑既是一个质子接受体，又是质子供体，因而在生物体内可以发挥质子传递作用。

(3) 组胺是一种造成许多过敏反应的物质，请预测其中三个氮原子的碱性次序。

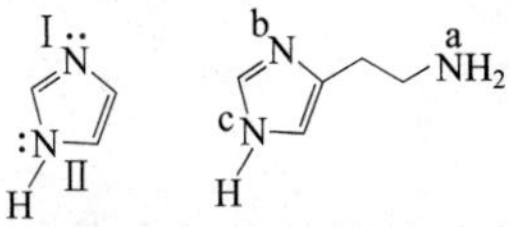

咪唑　　组胺

第 2 章
立体化学原理

有机化合物分子中，由于原子或原子团在空间位置排布不同而出现的顺反异构、旋光异构及构象异构，统称为立体异构。

$$
\text{异构}\begin{cases}\text{构造异构}\\ \text{立体异构}\begin{cases}\text{顺反异构，如：}\\ \text{旋光异构，如：}\\ \text{构象异构，如：}\end{cases}\end{cases}
$$

构型指分子内原子与原子团在空间"固定"的排列关系，如旋光异构、顺反异构。

构象指具有一定构型的分子由于单键的旋转或扭曲使分子内原子与原子团在空间产生不同的排列现象。

研究立体化学在有机合成、天然有机化合物、生物化学等方面都具有重要意义。

两种异构体的关系可通过以下途径逐步判断。

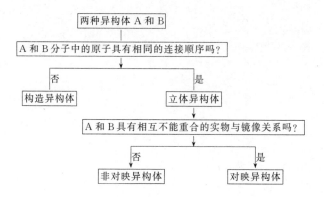

实物与其镜像不能重叠的特性叫手性或手征性，具有手性的分子叫手性分子。

手性是自然界物质最重要的属性之一，在生物体的代谢和调控过程中所涉及的物质（如酶和细胞表面的受体）一般也都具有手性，在生命过程中发生的各种生物—化学反应过程均与手性的识别和变化有关。同样，药物的手性对其生物具有应答关系，手性直接关系到药物的药理作用、临床效果、毒副作用、发挥药效和药效作用时间等。正是由于药物和其受体之间的这种立体选择性作用，使得药物（包括农药）的一对对映体不论是在作用性质还是作用强度上都可能会有差别。

自然界中蛋白质、糖类、核糖以及其单体都具有手性特点，以光学纯的形式存在。手性的意义最初并未引起人们的重视，直到由治疗孕吐的消旋体药物沙利度胺导致的"反应停事件"。消旋体沙利度胺中含有两个不同构型的分子，其中 R-(+) 构型的分子具有镇静作用，而 S-(−) 构型的分子则具有致畸性。此后人们更加重视物质的手性，特别是对药物的对映异构体的研究。

R-(+) 镇静　　　　　S-(−) 致畸

在医药、农药化学中，许多化合物的制备愈来愈依赖于各种立体选择合成方法的不断发展，不少金属有机试剂如磷、硅、铜、锂等化合物在定向合成双键上得到广泛应用。采用手性试剂辅助和手性催化剂的不对称合成在生理活性化合物合成上得到大量应用。立体化学还能从作用机制上阐明底物（药物）如何立体地和生物受体结合，对新药设计有重要指导意义。

2.1　对称性与分子结构

化合物的对称性可以用对称元素加以确定，而对称元素又可以用一定的对称操作加以描述。对称元素可以分为对称轴、对称面、对称中心和更迭对称轴（或旋转反射对称轴），它们相应的对称操作如下所述。

对称轴（以 C_n 表示）——绕该轴转 $\dfrac{360°}{n}$，$n=2，3，4，\cdots$，重复出现原化合物，则相应地称之为 n 重对称轴。例如，反-2-丁烯就有一个二重对称轴 C_2（垂直于碳碳双键中心）。

对称面（以 σ 表示）——相对于某一平面左右对称，如内消旋酒石酸有一个对称面（垂直于碳链中心）。

对称中心（以 i 表示）——围绕某一中心四面对称，如化合物（Ⅰ）即有一个对称中心。

更迭对称轴（以 S_n 表示）——围绕某轴旋转 $\dfrac{360°}{n}$，$n=2，3，4，\cdots$，然后对垂直于该轴的平面作反射，若与原化合物相同，相应的称之为 n 重更迭对称轴，化合物（Ⅱ）即有一个四重更迭对称轴 S_4。

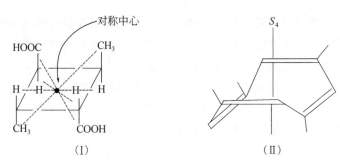

不具有上述任何一种对称元素的化合物为不对称分子。不对称分子一定是手性分子。而手性分子不一定全是不对称分子。

2.2 旋光化合物的分类

(1) **有手性碳原子的化合物** 分子中只有一个手性碳原子的分子具有旋光性。如：

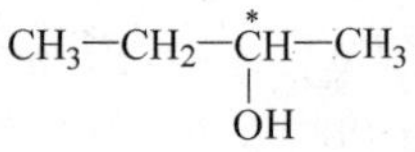

$$CH_3-CH_2-\overset{*}{C}H-CH_3$$
$$|$$
$$OH$$

(2) **含有其他手性原子的化合物** 分子中含有四个键指向四面体的四个顶点的原子，若四个基团不同就有旋光性。如：

砜类化合物 $C_6H_5CH_2-\overset{^{16}O}{\underset{^{18}O}{S}}-C_6H_5$ 铵类化合物 $C_2H_5-\overset{CH_3}{\underset{CH_2CH=CH_2}{N^+}}-C_6H_5 \ I^-$

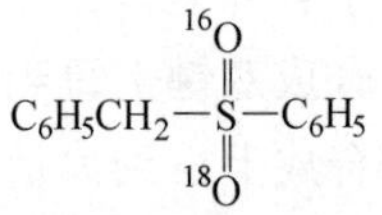

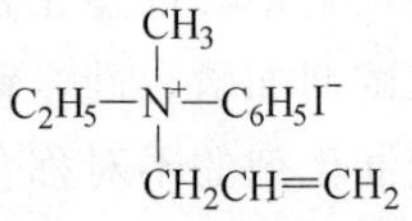

(3) **含有三价的手性原子的化合物** 棱锥结构的分子中，中心原子若与三个不同基团相连会产生旋光性。如：

膦化合物 $CH_3CH_2-\overset{..}{\underset{CH_3}{P}}-C_6H_5$ 亚砜类化合物 $O=\overset{..}{\underset{C_6H_4CH_3}{S}}-CH_2C_6H_5$

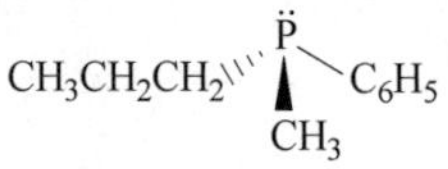

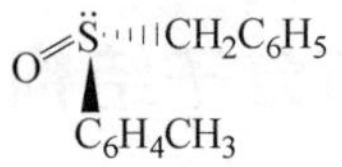

(4) **含手性轴的化合物** 分子的轴上原子不是对称地被取代，而使分子整体产生手性，这种轴称为手性轴。例如，在某些丙二烯、联苯和螺环化合物中可能存在手性轴。含有手性轴的分子，虽无手性中心，但分子整体具有手性，能以一对对映体存在。例如：

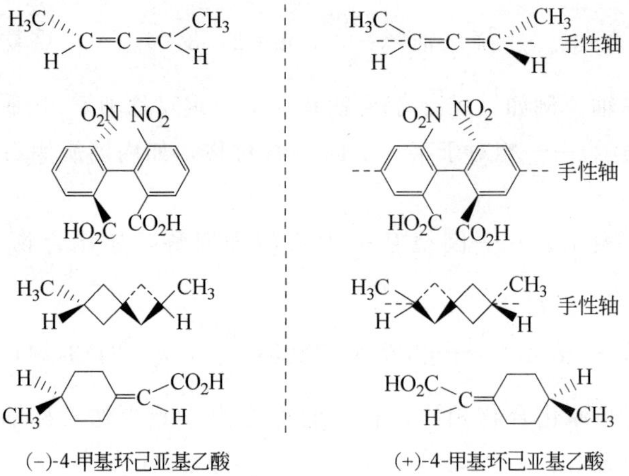

(−)-4-甲基环己亚基乙酸   (+)-4-甲基环己亚基乙酸

有少数分子既没有手性中心也没有手性轴，但分子整体具有手性，能以不能重合的物体与镜像结构存在，这类分子可看成是含手性面的分子。在这类分子中有一部分结构处于同一平面内，由于它的存在使分子产生手性，这个平面称为手性面。某些螺烯（helicene）类化合物和柄型化合物（ansa compound）分子中存在手性面。例如：

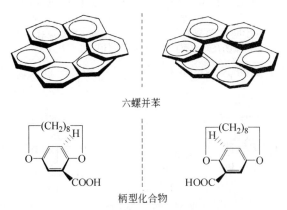

六螺并苯

柄型化合物

2.3 含两个及多个手性碳原子化合物的旋光异构

当分子中有两个手性中心时，每个中心都有自己的构型，并可用 R、S 进行分类。

AB 型

| A(R) | A(R) | A(S) | A(S) |
| B(R) | B(S) | B(R) | B(S) |

AA 型

| A(R) | A(R) | A(S) |
| A(R) | A(S) | A(S) |

例如 AB 型：

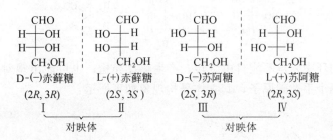

D-(−)赤藓糖	L-(+)赤藓糖	D-(−)苏阿糖	L-(+)苏阿糖
(2R, 3R)	(2S, 3S)	(2S, 3R)	(2R, 3S)
Ⅰ	Ⅱ	Ⅲ	Ⅳ
对映体		对映体	

Ⅰ 或 Ⅱ 与 Ⅲ 或 Ⅳ 构成非对映体。

Ⅰ 与 Ⅱ 或 Ⅲ 与 Ⅳ 等量混合，构成外消旋体。

当一个手性碳上三个基团和另一个手性碳上的三个基团相同时，异构体中的一个有对称面，不具有旋光性，这个异构体称为内消旋体（meso）。如：

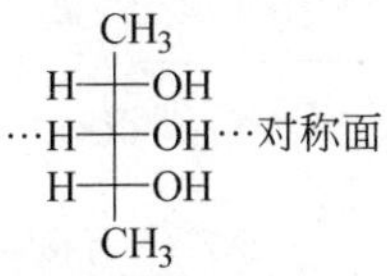

含有 n 个手性碳原子的化合物，可能有 2^n 个旋光异构体，但有时因为内消旋体，而使旋光异构体数目小于 2^n 个。

在研究反应历程时，常常用到含两个手性碳原子的化合物，它们的构型有时用赤式或苏式表示：

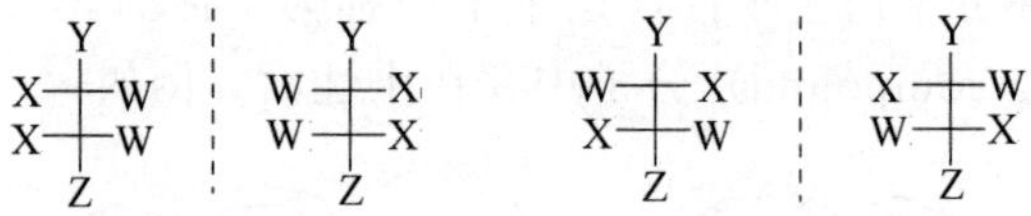

$$
\begin{array}{cc}
\text{erythro(赤式)} dl \text{ 对} & \text{threo(苏式)} dl \text{ 对} \\
\text{(相同基团在同一侧)} & \text{(相同基团在反侧)}
\end{array}
$$

例如，2-苯基-3-溴丁烷的 Newman 投影式、Fischer 投影式、透视式三者的关系可表示为：

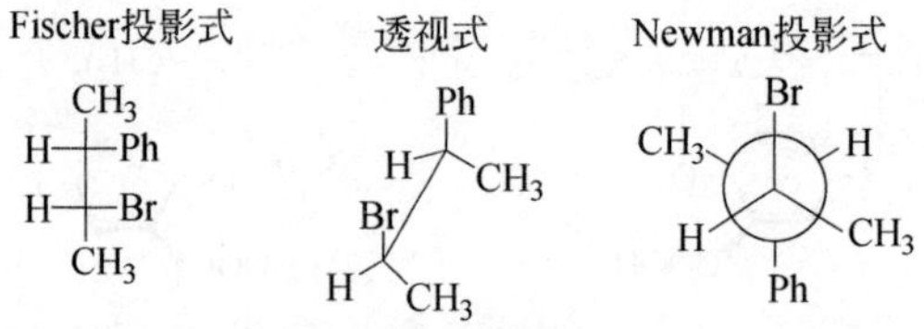

赤型-2-苯基溴丁烷

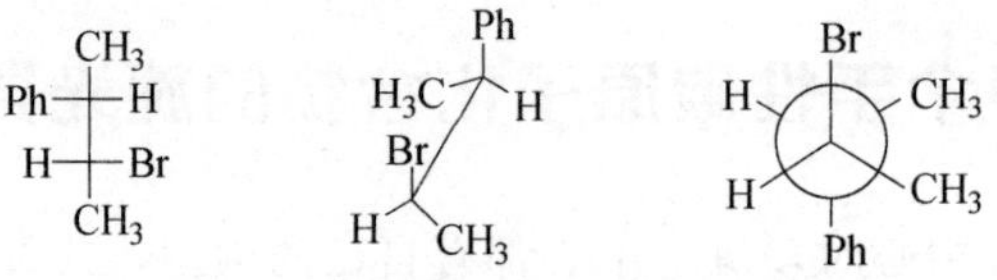

苏型-2-苯基-3-溴丁烷

Newman 投影式和 Fischer 投影式可相互转化。

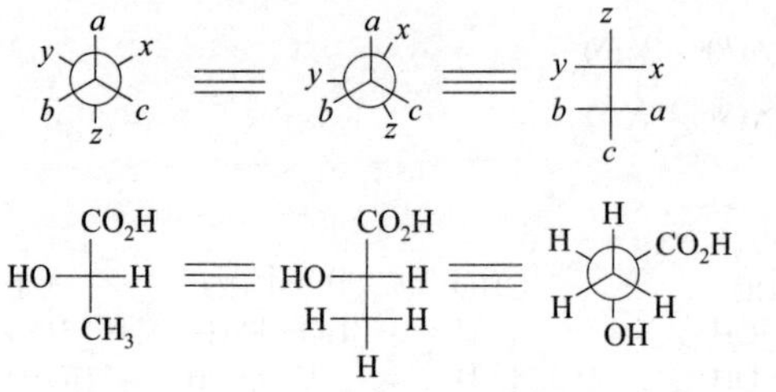

环状化合物的环中 σ 键不能自由旋转，产生顺反异构；也可能出现对映异构体。1,2-二取代环丙烷含有两个手性碳原子，其立体异构现象如下所示：

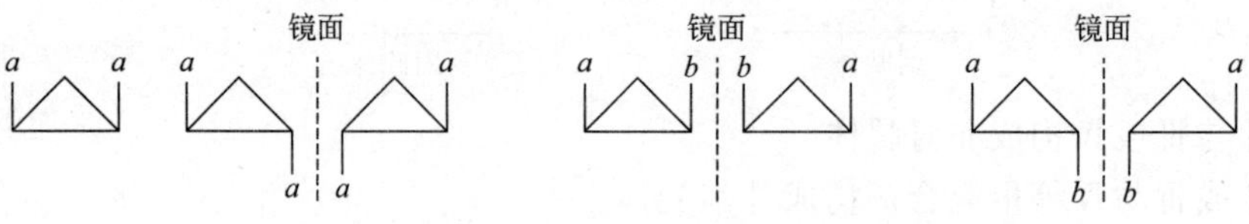

例如：

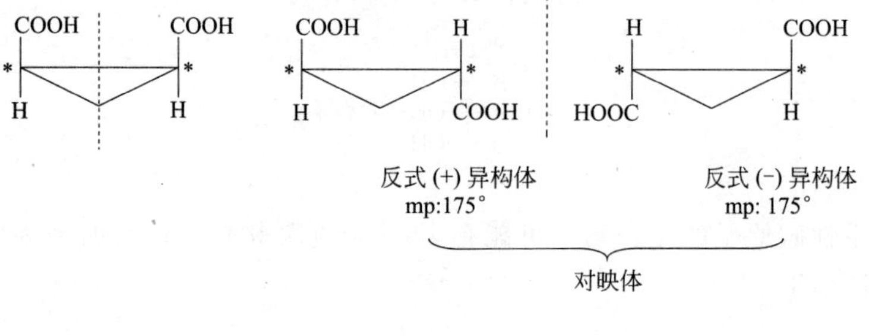

反式 (+) 异构体　　反式 (−) 异构体
mp:175°　　　　　 mp:175°

对映体

2.4 构型保持与构型反转

一个分子转变成另一个具有相同构型的分子，称为构型保持（retention of configuration）。例如在吡啶中，(S)-1-苯基-2-丙醇与对甲苯磺酰氯反应，生成(S)-对甲苯磺酸-(1-甲基-2-苯基)乙酯，底物和产物构型相同。

$$\underset{PhCH_2}{\overset{CH_3}{H\blacktriangleright C-OH}} + ClTs \xrightarrow[25℃]{\text{吡啶}} \underset{PhCH_2}{\overset{CH_3}{H\blacktriangleright C-OTs}} + HCl$$

在此反应中，反应的位置未涉及反应中心碳原子（在此分子中是手性碳原子）键的断裂，即未发生 C^*—C、C^*—H、C^*—O 键的断裂，因此构型保持。在研究分子进行反应的立体化学问题时，通常是考察分子中手性碳原子的构型是否发生变化，因为非手性碳原子反应后，构型是否发生变化产物都相同，而手性碳原子则不同。另外，在少数反应中，虽然反应涉及手性碳原子，但底物和产物的构型相同——构型保持。例如，(S)-α-苯乙醇与亚硫酰氯反应，生成(S)-α-氯代乙苯，底物和产物构型相同。

$$\underset{H}{\overset{CH_3}{Ph\text{⫶}C-OH}} \xrightarrow{SOCl_2} \underset{H}{\overset{CH_3}{Ph\text{⫶}C-Cl}} + SO_2 + HCl$$

有些反应，起始底物与最终产物的构型相同，但并非一步完成，而是通过几次构型反转而得，这种情况亦属于构型保持。例如：

上述例子是最初底物经两次构型反转后使最终产物的构型保持。

一个分子的构型转变成另一个具有相反构型的分子，称为构型反转（inversion of configuration）。例如，在丙酮溶液中，(+)-2-碘辛烷与放射性 $^{128}I^-$（用 $^*I^-$ 表示）的反应，溶液的光学活性逐渐趋向于零，反应最终得到旋光方向相反的(-)-2-碘辛烷。这是由于 $^*I^-$ 从"背面"进攻碘原子所连接的碳原子，使产物的构型与底物的构型相反，即由原来的 R 转变为 S，发生构型反转。

(R)-(+)-2-碘辛烷   (S)-(-)-2-碘辛烷

又如：

(S)-2-溴丁烷   (R)-2-溴丁醇

醇的取代和构型转化常用 Mitsunobu 反应。

$$Ph_3P + ROOCN=NCOOR + ROH + H-Nu \longrightarrow Ph_3P=O + ROOCNHNHCOOR + R-Nu$$
(DEAD,偶氮二甲酸乙酯)

例如：

$$\underset{\text{OH}}{\text{[norbornene-OH]}} \xrightarrow[\text{苯, PhCOOH}]{\text{DEAD, Ph}_3\text{P}} \underset{78\%}{\text{[norbornene-OOCPh]}}$$

$$\text{BnO}\underset{\text{OH}}{\overset{}{\text{CH}}}\text{C}_{14}\text{H}_{29} \xrightarrow[\text{Phtalimide}]{\text{DEAD, Ph}_3\text{P}} \text{BnO}\underset{\text{PhtN}}{\overset{}{\text{CH}}}\text{C}_{14}\text{H}_{29} \xrightarrow{\text{N}_2\text{H}_4} \text{BnO}\underset{\text{NH}_2}{\overset{}{\text{CH}}}\text{C}_{14}\text{H}_{29}$$

$$\text{[menthol-OH, iPr]} \xrightarrow[\text{RCOOH}]{\text{DEAD, Ph}_3\text{P}} \text{[menthol-OOCR, iPr]}$$

苯甲酸27%，对硝基苯甲酸84%

其反应机理：

$$\text{EtOOCN}=\text{NCOOEt} + \text{Ph}_3\text{P:} \longrightarrow \text{EtOOCN}-\bar{\text{N}}\text{COOEt} \xrightarrow{\text{H-Nu}} \text{EtOOCN}-\text{NHCOOEt}$$
$$\overset{+}{\text{PPh}_3} \qquad\qquad \overset{+}{\text{PPh}_3}\text{Nu}^-$$

$$\text{EtOOCN}-\text{NHCOOEt} \longrightarrow \text{EtOOCNH}-\text{HNCOOEt} + \text{O}\overset{+}{-}\text{PPh}_3\text{-Nu}$$
$$\text{Nu}^-\overset{+}{\text{PPh}_3} \quad :\text{OH}$$

$$\text{O}\overset{+}{-}\text{PPh}_3 \longrightarrow \text{Ph}_3\text{P}=\text{O} + \text{Nu}$$
$$\text{Nu}^-$$

2.5 外消旋化

旋光物质（左旋体或右旋体）转变为不旋光的外消旋体的过程，称为外消旋化，简称消旋化（racemization）。外消旋化通常在两种情况下发生：①长期放置发生外消旋化，例如，(+)-苯基溴乙酸放置三年后旋光性完全消失，这种过程称为自动外消旋化；②在物理或化学因素（如光、热或化学试剂）作用下发生外消旋化。

由于化合物的类型和反应条件不同，外消旋化途径不同。常见的外消旋化途径有以下 3 种。

(1) 由于反应过程中发生烯醇化从而导致消旋化　例如：(R)-3-苯基-2-丁酮在酸或碱的乙醇水溶液中发生的消旋化就是由于该酮烯醇化而引起的。

$$\text{Ph}-\underset{\text{H}}{\overset{\text{CH}_3\text{ O}}{\text{C}-\text{C}-\text{CH}_3}} \underset{}{\overset{\text{H}^+\text{或OH}^-}{\rightleftharpoons}} \left[\underset{\text{CH}_3}{\overset{\text{Ph}}{\text{C}=\text{C}}}\underset{\text{CH}_3}{\overset{\text{OH}}{}}\right] \rightleftharpoons \text{Ph}-\underset{\text{CH}_3}{\overset{\text{H O}}{\text{C}-\text{C}-\text{CH}_3}}$$

(2) 由于反应过程中生成碳正离子而消旋化　例如，(S)-α-氯代乙苯的碱性水解，生成不旋光的 α-苯乙醇。

$$\underset{\text{CH}_3\text{Ph}}{\overset{\text{H}}{\text{C}}}\text{Cl} \xrightarrow{-\text{Cl}^-} \underset{\text{CH}_3}{\overset{\text{H}}{\text{C}^+}}\text{Ph} \xrightarrow[\text{或 H}_2\text{O}]{\text{OH}^-} \underset{\text{CH}_3\text{Ph}}{\overset{\text{H}}{\text{C}}}\text{OH} + \text{HO}\underset{\text{CH}_3}{\overset{\text{H}}{\text{C}}}\text{Ph}$$

(3) 由于反应过程中生成自由基而消旋化　例如，2-苯基-2-苯偶氮基丁烷在异辛烷中加热，则有 26% 的消旋化。

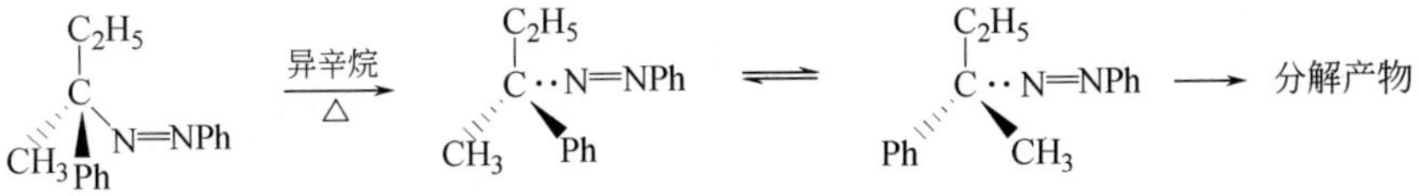

$$\underset{\underset{CH_3}{|}}{\overset{\underset{C_2H_5}{|}}{C}}-N=NPh \xrightarrow[\Delta]{异辛烷} \underset{\underset{CH_3}{|}}{\overset{\underset{C_2H_5}{|}}{C}}\cdots N=NPh \rightleftharpoons \underset{\underset{CH_3}{|}}{\overset{\underset{C_2H_5}{|}}{C}}\cdots N=NPh \longrightarrow 分解产物$$

在含有多个手性碳的化合物中，使其中一个 C^* 发生构型转化的过程称为差向异构化。如果是端基的 C^* 发生构型转化，则称为端基差向异构化。

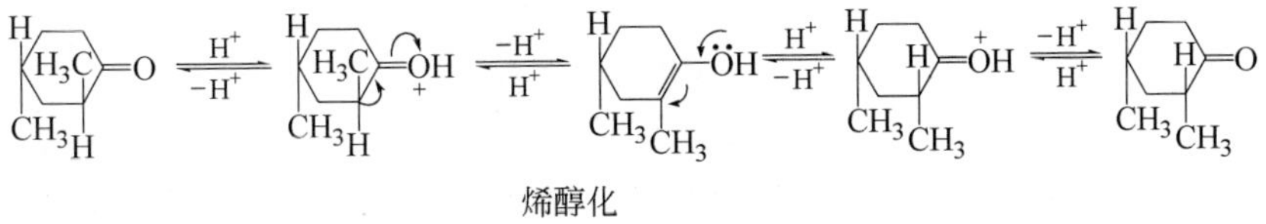

$$\underset{CH_3}{\overset{H}{\underset{|}{C}}}\overset{O}{\underset{CH_3}{C}} \xrightleftharpoons[-H^+]{H^+} \underset{CH_3}{\overset{H}{\underset{|}{C}}}\overset{OH}{\underset{+}{C}} \xrightleftharpoons[H^+]{-H^+} \underset{CH_3}{\overset{}{C}}\overset{OH}{C} \xrightleftharpoons[-H^+]{H^+} \underset{CH_3}{\overset{}{C}}\overset{+OH}{C} \xrightleftharpoons[H^+]{-H^+} \underset{CH_3}{\overset{H}{C}}\overset{O}{C}$$

烯醇化

2.6 外消旋体的拆分

将不旋光的外消旋体的两个对映体分离成左旋体和右旋体两个组分，称为外消旋体的拆分（resolution of racemate）。

拆分外消旋体的方法较多，比较常用的有以下几种。

（1）接种结晶法 在外消旋混合物的饱和溶液中，加入一种纯的对映体作为晶种并适当冷却，使两个对映体之一优先结晶出来。例如，谷氨酸的两个对映体的拆分已在工业上应用。

（2）生物化学法 利用微生物或酶在外消旋体的稀溶液中生长时破坏其中一种对映体比另一种快的方法，分离出其中一种对映体。例如，在 LD-氨基酸中加入酵母，因酵母易与 L-氨基酸作用而剩下 D-氨基酸。又如，1-(α-呋喃)乙醇的外消旋体在脂酶催化下进行酰基化，其中 S 构型异构体未作用，这样所得 2 种产物极性不同，很容易通过柱色谱分离纯化。

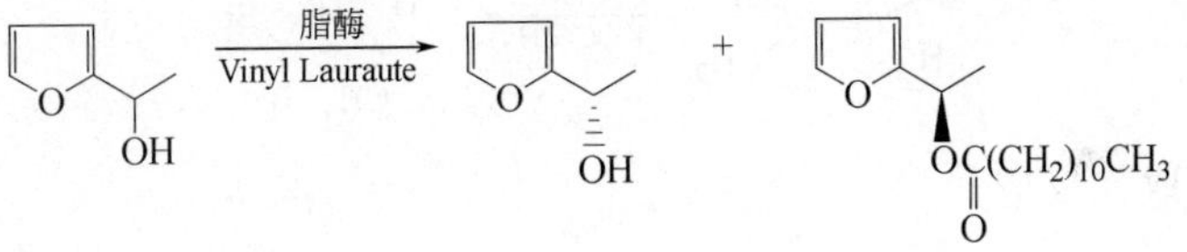

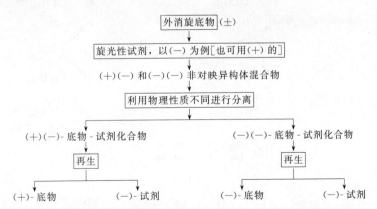

（3）化学法 利用一个手性试剂与外消旋体作用，生成两个非对映异构体，再根据两个非对映异构体物理性质的不同将其分开，分离后再将两个对映体复原。具体图示如下。

例如为了拆分外消旋体的酸，可用一种旋光性的胺使之生成非对映体的盐，反之要拆分外消旋的胺，则可用一种旋光性的酸，下面是 2-苯基-3-甲基丁酸的拆分过程。

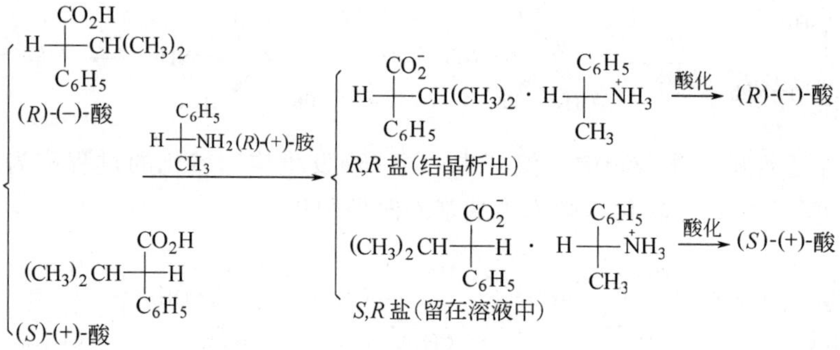

(4) **手性色谱拆分法** 将外消旋混合物注入色谱柱中，如果色谱柱的固定相是由手性物质组成，则理论上两种对映体在手性色谱柱中的移动速度将会不同，这样无须将其转变成非对映体即可达到拆分的目的，现已实际得到应用。

2.7 立体专一反应和立体选择反应

2.7.1 立体专一反应（stereospecific reaction）

在相同的反应条件下，由立体异构的起始物得出立体异构的不同产物，立体专一过程中，起始物都是一对立体异构体。如：二溴卡宾对双键的加成，产物也是立体异构体。

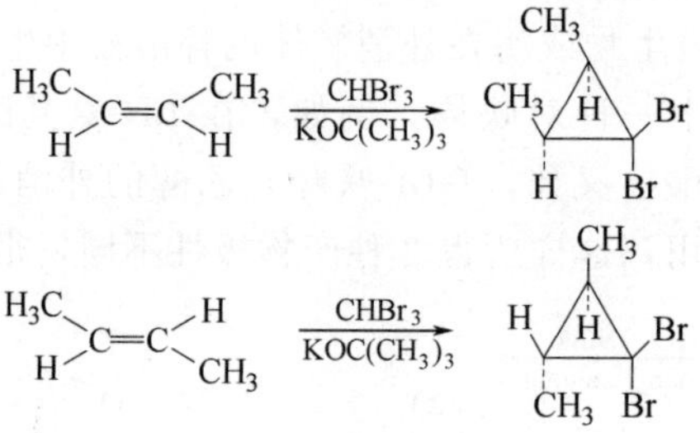

又如 S_N2 亲核取代反应：

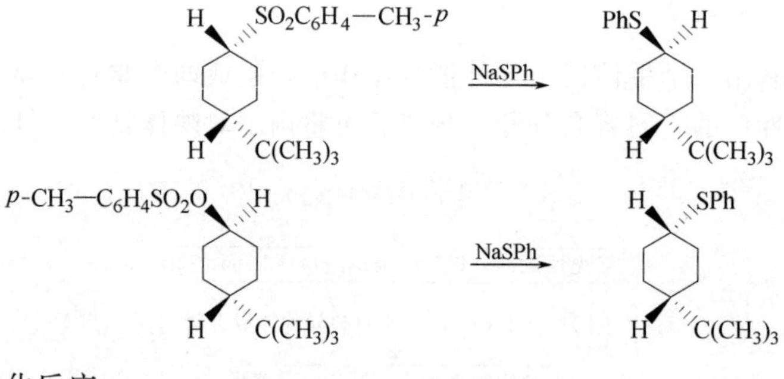

双键的双羟基化反应：

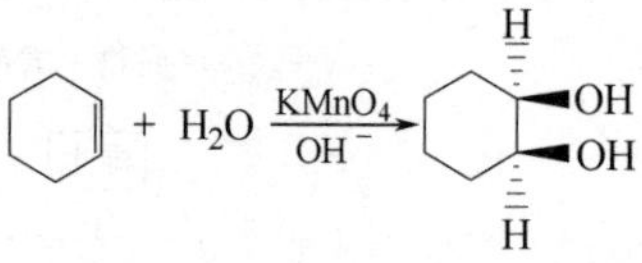

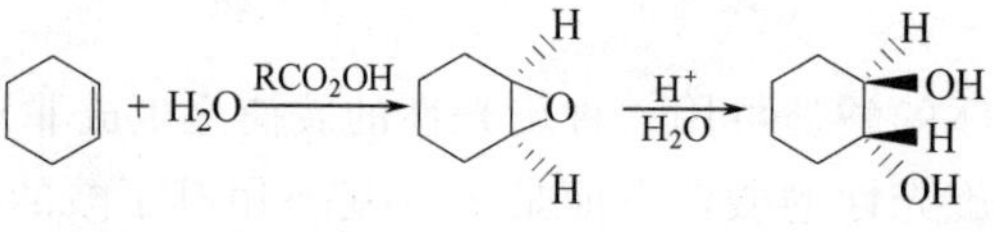

每个立体专一性反应只得到一种立体异构体，而不混杂有其他立体异构体。

2.7.2 立体选择反应（stereoselective reaction）

反应中一种反应物能够形成两种以上的立体异构产物，但观察到的是其中某一异构体产物的比例占优势。例如：

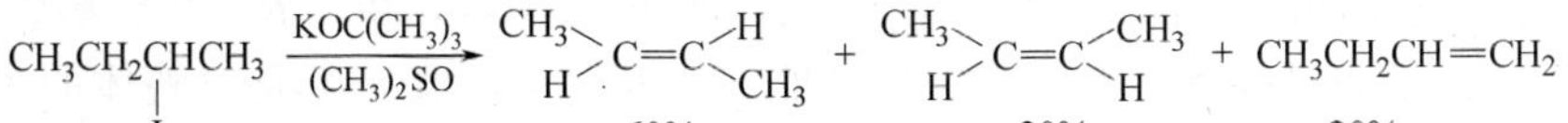

$$CH_3CH_2CHCH_3 \xrightarrow[(CH_3)_2SO]{KOC(CH_3)_3} \underset{60\%}{\overset{CH_3}{\underset{H}{\diagdown}}C=C\overset{H}{\underset{CH_3}{\diagup}}} + \underset{20\%}{\overset{CH_3}{\underset{H}{\diagdown}}C=C\overset{CH_3}{\underset{H}{\diagup}}} + \underset{20\%}{CH_3CH_2CH=CH_2}$$
（I）

这种结果的形成过程如下：

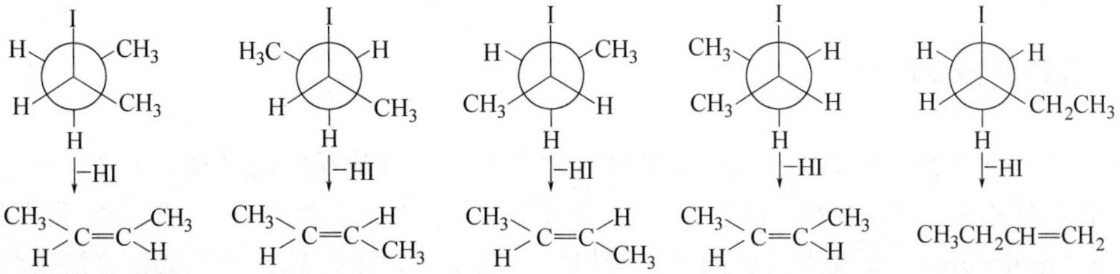

羰基的亲核加成反应，有的表现出高度的立体选择性，而有的表现出中等程度的立体选择性，甚至微弱的立体选择性。例如用 $LiAlH_4$ 还原4-叔丁基环己酮的反应是典型的高度立体选择性反应。因为试剂的体积小，3,5位上直立氢对试剂不起阻碍作用，试剂从 a 键方向进攻羰基生成的醇其羟基以 e 键与环相连，产物相对稳定，如果试剂从 e 键方向进攻羰基则生成的醇其羟基以 a 键与环相连，该产物相对不稳定，所以，加成反应的结果呈现高度的立体选择性。当用试剂体积大的 $LiAlH(OCH_3)_3$ 时，3,5位上直立氢对它起空间阻碍作用，试剂从位阻小的 e 键方向进攻羰基，主要生成羟基以 a 键与环相连的醇。

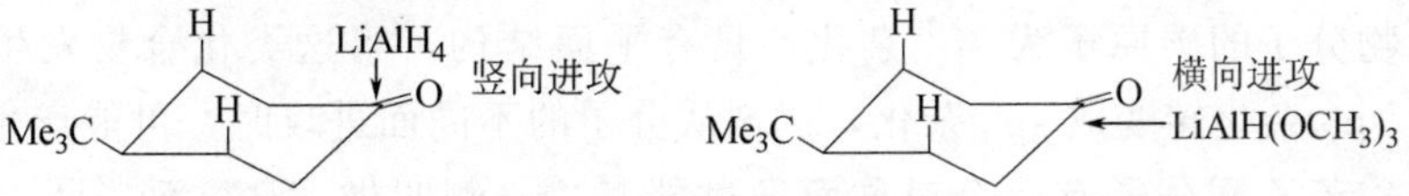

甲基碘化镁对 2-苯基丙醛的加成反应是中等程度的立体选择性反应，生成的赤式-3-苯基-2-丁醇是苏式产物的 2 倍。

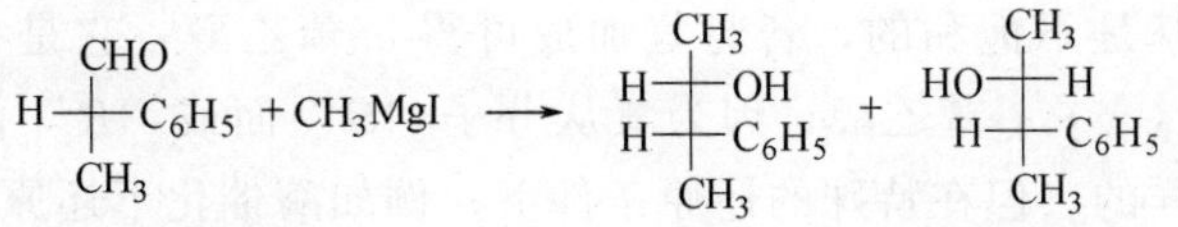

(S)-2-苯基丙醛　　　　（Ⅰ）赤式67%　（Ⅱ）苏式33%

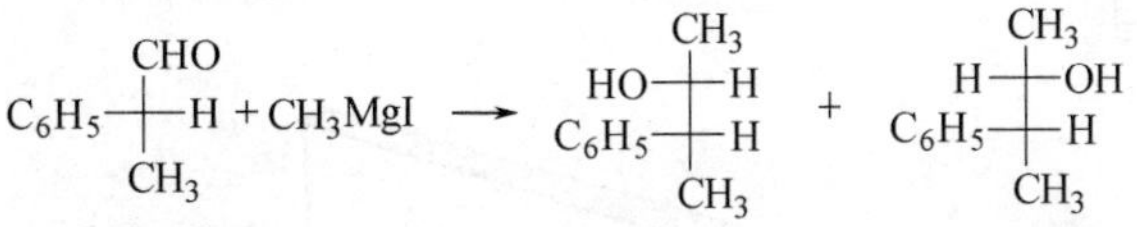

(R)-2-苯基丙醛　　　　（Ⅲ）赤式67%　（Ⅳ）苏式33%

上述反应是在有一个不对称碳原子的反应物上进行的，反应的结果又增加一个不对称碳原子，生成了赤式和苏式产物，而且一种占优势，显然是一种立体选择性反应，反应中涉及羰基与 CH_3MgI 的加成反应所进行的方向问题。产物 3-苯基-2-丁醇的分子内能随构型的不同而异，赤式-3-苯基-2-丁醇（Ⅰ和Ⅲ）比苏式的（Ⅱ和Ⅳ）具有更稳定的构象，所以，赤式是主要产物。

(Ⅰ) (2S)(3S) 赤藓型　　(Ⅱ) (2R)(3S) 苏阿型　　(Ⅲ) (2R)(3R) 赤藓型　　(Ⅳ) (2S)(3R) 苏阿型

由 (S)-2-苯基丙醛得到的 (Ⅰ) 与 (Ⅱ) 是非对映体,由 (R)-2-苯基丙醛得到的 (Ⅲ) 与 (Ⅳ) 也是非对映体,但 (Ⅰ) 与 (Ⅲ),(Ⅱ) 与 (Ⅳ) 都是对映体的关系,可见羰基加成时受到反应物中原有不对称碳原子构型的诱导作用,加成方向选择构象能量较低的途径进行。

2.8 潜手性分子

一个对称的非手性分子,经过一个基团被取代或发生其他反应的过程,失去其对称性而成为一个非对称的手性分子,这种对称的分子即称为"原手性分子"或"潜手性分子"(prochiral molecule)。而发生反应的对称碳原子,则是"原手性碳原子"或称"潜手性碳原子"。例如,丙酸是非手性分子,但若将其 α 碳上的一个氢用羟基取代,就会转变成有手性的乳酸分子。

$$\underset{(S)-(+)-乳酸}{\overset{CO_2H}{\underset{CH_3}{HO-C-H}}} \xleftarrow{H_A \to OH} \underset{丙酸}{\overset{CO_2H}{\underset{CH_3}{H_A-C-H_B}}} \xrightarrow{H_B \to OH} \underset{(R)-(-)-乳酸}{\overset{CO_2H}{\underset{CH_3}{H-C-OH}}}$$

因此,称丙酸分子为潜手性分子,分子中的 α 碳是潜手性中心,称连接在此碳上的两个氢是异位的 (heterotopic)。

有些化合物分子的碳原子为 sp^2 杂化,具有平面结构,当这类化合物发生加成等反应时,碳原子由 sp^2 杂化转变成 sp^3 杂化,试剂从分子的不同面进攻时,可能产生不同的手性异构体。例如,苯乙酮分子有一个对称面通过羰基,一侧叫做"R"面,另一侧叫做"S"面,所谓 R 面是指平面上所连的三个基团按它们的次序大小以顺时针方向排列的这面,反之是 S 面。

在苯乙酮中,羰基是不饱和的,若与氢加成可得 α-苯乙醇,它是一手征性化合物,还原反应产物是外消旋(±)α-苯乙醇,因为氢从分子"S"面或"R"面进攻羰基的机会在一般还原条件下是一样的。但在特殊的还原条件下,例如酶催化下还原,苯乙酮可以选择性地得到 (R)-α-苯乙醇。因为酶本身是手征性的,它与苯乙酮作用时选择适合的某一面,因而产物是以某一构型为主。

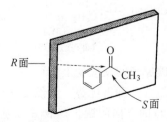

又如,γ-氯代乙酰乙酸辛酯经面包酵母还原可得到 (R)-γ-氯代-β-羟基丁酸辛酯,后者经取代和水解两步可得到 L-肉碱 (V_{BT}),它是一种健康的食品添加剂:

2.9 不对称合成

在一个非手性分子中引进一个手性中心，得到的往往是外消旋体。假如目的物只是这对对映体中的某一个，那么，得到外消旋体就意味着只有一半的产物是所需要的，而且还要经过可能是相当困难的拆分才能把这一半产物分离提纯。许多结构比较复杂的有机物，特别是一些天然有机物，大多数是手性化合物，而且分子中往往含有多个手性碳原子。面对这样的目的物，如果想有效地合成它，就必须要找到一些办法，使反应大部分生成、甚至仅仅只生成那些可能生成的立体异构体中所需要的某一个。利用立体选择反应能有效地合成某一光学异构体，使得某一个立体异构体的产生超过（一般超过很多）其余可能生成的立体异构体。其有效程度一般用对映体过量百分数（$e.e$，enantiomeric excess）加以衡量，对映体过量百分数为一个光活性化合物超过其对映体的百分数。如 R 型为主要产物时，则：

$$e.e = \frac{[R]-[S]}{[R]+[S]} \times 100\% = R(\%) - S(\%)$$

反之亦然，即 S 型为主要产物时，则：

$$e.e = \frac{[S]-[R]}{[R]+[S]} \times 100\% = S(\%) - R(\%)$$

手性产物的比旋光度除以该纯净物质在相同条件下的比旋光度为手性产物的光学纯度（P），即：

$$P = \frac{[\alpha]_{测}}{[\alpha]_{纯}} \times 100\%$$

若旋光度与对映体的组成成正比，即在各对映体之间没有明显的相互作用，则：

$$P = e.e$$

【例】 某化合物经立体选择合成后得到一对新的对映体，经测定 $[\alpha]_{测}$（混合物）为 $+21°$，R 型占 85%，S 型占 15%，求对映体过量百分率及 R 型对映体的 $[\alpha]_{纯}$。

解：对映过量百分率 $e.e = \frac{[R]-[S]}{[R]+[S]} \times 100\% = R(\%) - (S)(\%)$

$$= 85\% - 15\% = 70\%$$

$$[\alpha]_{纯} = \frac{[\alpha]_{测}}{e.e} = \frac{21°}{0.7} = 30°$$

相应地，非对映体组成可描述为非对映体过量（$d.e$，diastereoisomeric excess），它指一个非对映体对另一个非对映体的过量，计算公式为：

$$d.e = \frac{[S \times S] - [S \times R]}{[S \times S] + [S \times R]} \times 100\%$$

手性合成技术即不对称合成技术。不对称合成即分子整体中的一个对称的结构单位被一个试剂转化成一个不对称的单位，从而产生不等量的旋光异构体产物。它属于立体选择反应。

随着不对称合成的发展，对对映体纯度及其构型的测定提出了越来越高的要求。在光学纯度测定方面，可采用的方法有旋光光度法、手性气相和液相色谱法及 NMR 法。旋光光度法简便却缺陷较多：其一，光学纯度不完全等价于对映体纯度，即旋光度与对映体的组成有时不成线性关系；其二，由于旋光性杂质等影响，比旋光度不易测准。手性气相和液相色谱测定对映体纯度的方法在最近几年得到了迅速的发展，与 NMR 法可互为补充。在构型测定方面，可采用的方法有 X 射线衍射技术、通过已知历程的化学转变把未知构型的化合物和已知构型的化合物相联系、旋光谱（ORD）和圆二色谱（CD）、NMR 法等。

如酒石酸的构型通过 X 射线衍射已被确定，可以把它作为标准和甘油醛类化合物联系起来。从（+）-甘油醛出发，得到 S,S-(−)-酒石酸和内消旋酒石酸，原来（+）-甘油醛上的一个手性碳原子总是和（−）-酒石酸中的一个 S-手性碳原子具有相同的构型，因此（+）-甘油醛的构型应为 R 构型。

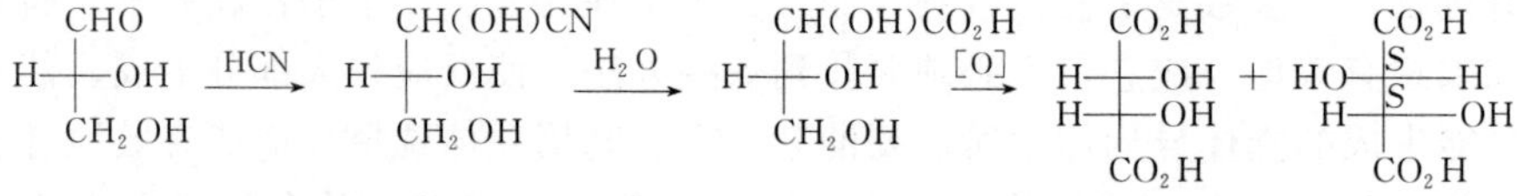

NMR 的射频是一种对称的物理能，理论上是不能区分对映体的共振信号的，即通常情况下，互为对映体的两种化合物的 NMR 信号完全重合。只有给对映体加一个不对称的环境，使它们处于非对映异构关系下，才有可能产生化学位移不等价，从而使相应基团的信号分开。实际应用时，主要通过两种途径来实现：①用一种光学纯试剂将对映体转变成非对映异构体，然后测定内部非对映异构基团的相对强度；②在测定样品中加入手性溶剂或手性位移试剂，提供一个外部非对映异构关系。这两种途径都是利用非对映异构体相应基团的信号可能产生化学位移不等性，使代表两种非对映异构体的信号分开，并分别积分，求出它们的相对含量。因此，用 NMR 方法测定手性化合物的对映体组成，有两个参数是至关重要的：①非对映异构基团的化学位移差（$\Delta\delta$），只有当 $\Delta\delta$ 足够大时，才能使代表非对映异构体相应基团的两个信号达到基线完全分离，从而能分别精确积分；②非对映异构体基团两个信号的相对强度，这两个信号的强度积分比要能正确反映原来对映体的组成比例。

已经报道过的用于将对映体转变成非对映体的手性衍生化试剂（chiral derivatizing agent，CDA）很多，使用最广的 CDA 是 Mosher 等开发的 α-甲氧基-α-三氟甲基-α-苯基乙酸（MTPA，或称 Mosher 试剂）。MTPA 中含有羧基，可将醇转变成酯，或将胺转变成酰胺，因此可用于各种不同结构的手性醇和胺的对映体纯度测定。

图 2-1 是用 (R)-MTPA 将部分光活性的甲基叔丁基甲醇变成非对映异构体酯，然后用 NMR 测得的非对映异构体混合物酯的谱图。(R)-异构体醇过量 7.8%，图中 (R,R)-非对映异构体酯的叔丁基信号出现在比 (R,S) 低场的地方；(R,R)-非对映体的醇甲基信号却出现在比 (R,S) 高场的地方。这些化学位移不等价是由 MTPA 中的 α-苯基的选择性屏蔽产生的。从分开的叔丁基信号面积可确定非对映异构体的组成（也就是原来醇的对映体组成）。

Mosher 试剂有如下优点：①此试剂很稳定，在严格的酸、碱、温度等条件下不发生外消旋化；②由 Mosher 试剂生成的衍生物其非对映异构基团通常有较大的化学位移差；③分子中的三氟甲基信号是单峰，可用于 ^{19}F NMR 测定，甲氧基中的甲基在质子核磁共振谱呈现一个三个质子积分强度的单峰，易于认证和作为质子积分参考；④Mosher 试剂的衍生物具有较好的挥发性和溶解性，不但可用于 NMR 测定，也可用于色谱方法测定；⑤根据 Mosher 试剂衍生物的化学位移变化规律可确定手性醇或手性胺类化合物的构型。

顺磁性位移试剂是一些具有不饱和配体的稀土金属络合物，它们可以和某些带有

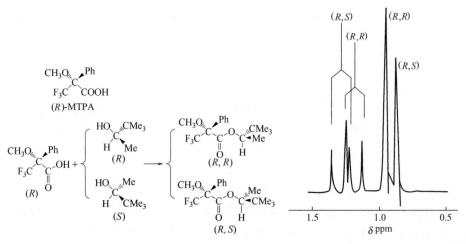

图 2-1　甲基叔丁基甲醇（R-对映体过量 7.8%）与（R）-MTPA 生成的酯 60MHz NMR 谱

—OH、—NH$_2$、—O—、C=O 等基团的有机分子络合，并使受到络合的分子中的某些核产生一定的位移，从而使 ^{1}H NMR 上某些重叠的化学位移得以分离。如（Ⅰ）与（±）-乙酸-(1-苯基) 丁酯（Ⅱ）络合后，R-和 S-酯基上的甲基峰信号出现差异，$\Delta\delta$ 达 0.5 左右（图 2-2），根据其峰面积可以分析对映异构体的含量。

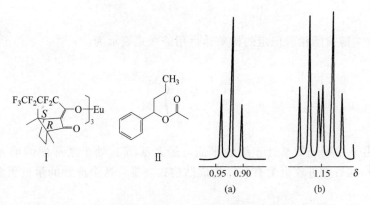

图 2-2　(a) 乙酸-(1-苯基) 丁酯Ⅱ上侧烷链甲基的吸收峰
　　　　(b) 加入Ⅰ后Ⅱ上烷链甲基的吸收峰

进行不对称合成的方法有许多种，其中常用的一种是先在非手性原料分子中引进一个手性基团，然后才进一步进行反应，这时与试剂发生反应的官能团由于受到手性基团的影响，就有可能对两种立体选择中的某一个方向更为有利。例如，丙酮酸甲酯或乙酯被还原后，再经过水解都只得到外消旋乳酸，因为还原剂从羰基两边进攻的概率相等，结果就得到外消旋产物（羰基碳原子也是 sp^2 杂化，具有平面对称性）。

$$CH_3COCOOH \xrightarrow{CH_3OH} CH_3COCOOCH_3 \xrightarrow{Al(Hg)} CH_3\overset{*}{C}H(OH)COOCH_3 \xrightarrow{H_2O} \underset{\text{外消旋体}}{CH_3\overset{*}{C}H(OH)COOH}$$

但是如果把丙酮酸先与天然存在的左旋薄荷醇进行酯化后再进行还原，还原剂从羰基两边进攻的概率就会由于手性薄荷醇的影响而不相等，还原产物经水解后生成的乳酸就不会是外消旋体，事实上在这里左旋体的生成是占优势的。

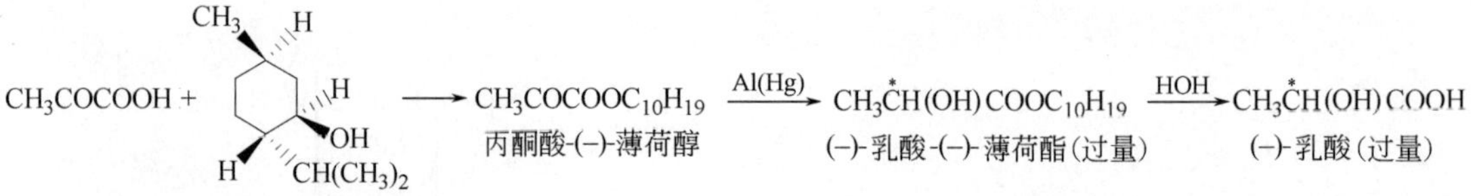

$$CH_3COCOOH + \text{(−)-薄荷醇}\ \longrightarrow\ CH_3COCOOC_{10}H_{19}\ \xrightarrow{Al(Hg)}\ CH_3\overset{*}{C}H(OH)COOC_{10}H_{19}\ \xrightarrow{HOH}\ CH_3\overset{*}{C}H(OH)COOH$$

丙酮酸-(−)-薄荷酯　　　　　(−)-乳酸-(−)-薄荷酯(过量)　　(−)-乳酸(过量)

(−)-薄荷醇(下面用 $C_{10}H_{19}OH$ 代替)

在原料分子中引进的手性结构对反应的立体取向具有指导作用，使反应中新生成的手性中心的两种可能构型在数量上有明显不同，这种指导作用称为光活感应作用，它使反应朝空间有利的那个方向进行。这种用以产生光活感应作用的试剂称光活性辅助试剂（或手性辅助试剂）。

至于丙酮酸-(−)-薄荷酯为什么在还原反应中生成过量的(−)-乳酸-(−)-薄荷酯呢？Prelog 从分子的构象分析进行了解释，他假定处于能谷的构象体中两个羰基共平面且处于反位，情况和 1,3-丁二烯的单一反式构象相似，在这种构象中，丙酮酸-(−)-薄荷酯的酮基因为受到手性薄荷基对其两边的空间阻碍作用不同，所以还原后生成不同比例的立体异构体，为了便于观察，我们把(−)-薄荷醇的结构用简式 $SMLC^*OH$ 表示，其中 S 代表 C^* 上的最小基团 H，M 代表中等基团 $-CH_2\cdots$，L 代表最大基团 $-CH[CH(CH_3)_2]\cdots$，即：

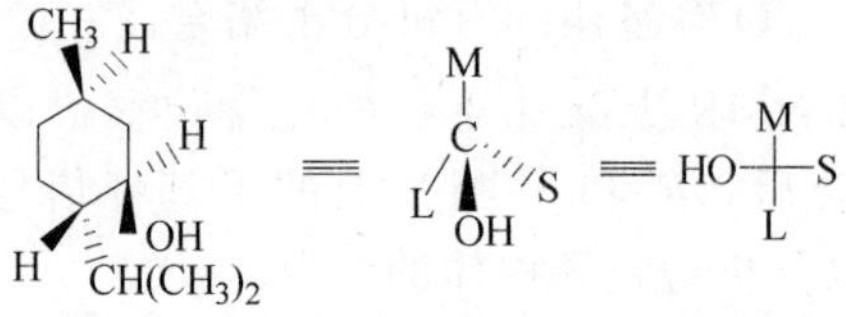

丙酮酸-(−)-薄荷酯相对稳定的构象体可用透视式表示为：

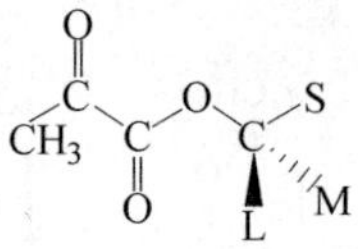

结构式（Ⅱ）中两个羰基处于纸的平面，最大基团 L 处于纸平面的前方，因此还原剂从空间阻碍较小的后方进攻更为有利，生成结构式（Ⅲ）这个产物的量就更多。

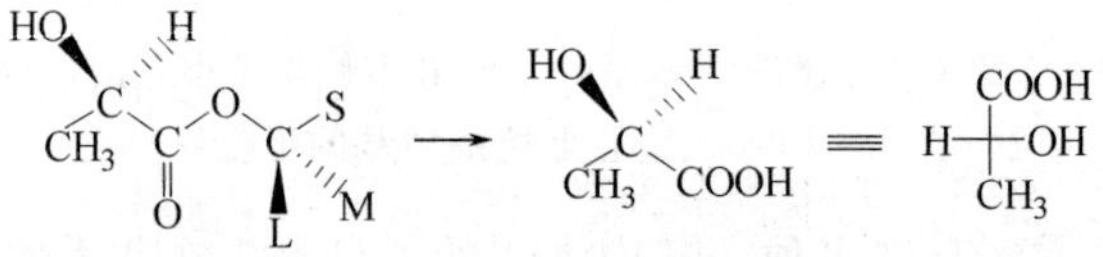

水解得到的 (R)-(−)-乳酸量就会比它的对映体多。Prelog 首先发现这种规律性：即应用（Ⅰ）″为光活性辅助试剂时，其 α-酮酸酯的主要还原产物为 R 构型的 α-羟基酸酯。因此，这种规律性被称为 Prelog 规则。

从 Prelog 规则可以看出，这种类型的 α-酮酸酯的还原不但是一个可以应用于不对称合成的具有一定程度的立体选择反应，而且还是一个具有一定程度的立体专一反应（立体定向反应），因为由 α-酮酸的(−)-薄荷酯可制得比例较多的 R 构型的酸，同理也可以由其(+)-薄荷酯制得比例较多的 S 构型的酸。所以有的立体专一反应就是立体选择反应，因为反应结果总是得到一种立体异构体为主的产物；但是反过来就不一定正确，因为有些立体选择反应并不是立体专一的。例如在高温下使溴化氢与 2-溴-2-丁烯发生自由基加成，在这种条件下不管是用反式的溴代烯为原料，还是用顺式的溴代烯为原料，得到的产物都一样，都得到含 75% 的外消旋 2,3-二溴丁烷及 25% 的内消旋 2,3-二溴丁烷的混合物，因此这个反应就不是立体专一的，但是产物中却以外消旋体为主，仍然不失为一个立体选择反应。

又如，对甲苯磺酸反式-2-苯基环己酯在消除对甲苯磺酸时，只有顺式-1-苯基环己烯生成；同样，对甲苯磺酸顺式-2-苯基环己酯也立体选择地消除对甲苯磺酸而得到顺式-1-苯基环己烯。

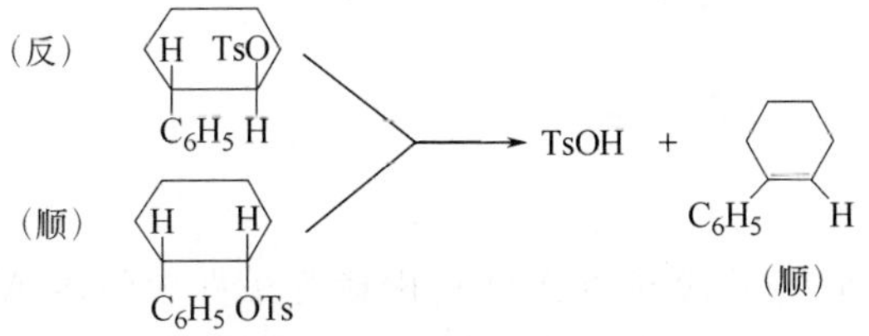

显然，从这两个对甲苯磺酸-2-苯基环己酯中消除对甲苯磺酸时，就不是什么立体专一性的了，因为从两个不同的几何异构体得到了同一构型的产物。

应用手性辅助剂是合成光学纯化合物的一个有效方法，它是在分子内引入一个手性辅助部分，用这个部分来控制反应中心的立体化学，生成的产物是非对映异构体，通常可用柱色谱分离，最后去掉这个手性的辅助部分。现在最常用的辅助剂是美国哈佛大学 Evans 开发的噁唑啉酮（oxazolidinone）和瑞士日内瓦大学 Oppolzer 开发的樟脑磺内酰胺（camphorsultam）。噁唑啉酮作为重要的手性辅助试剂，在酰胺的 α-位可以借助碱进行不对称烷基化反应。

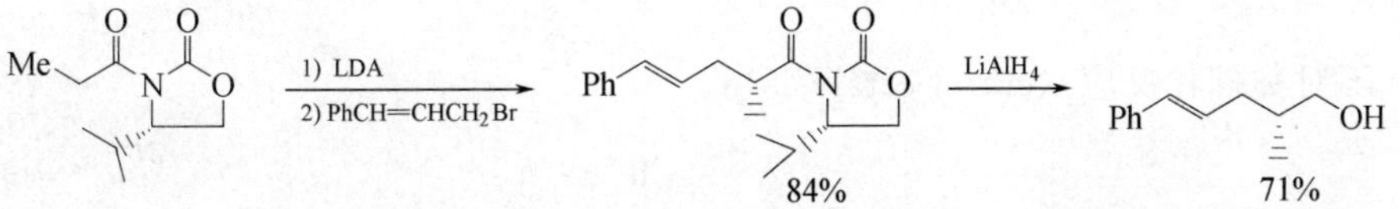

其反应历程为：当 $[(CH_3)_2CH]_2NLi$（即 LDA）作为碱在 THF 中反应时，形成 Z-烯醇离子。烷基化反应在较小位阻的一面进攻。其中螯合作用掩盖了另一面，因而得到较好选择性的烷化产物。具体示意如下：

X= —CH_2OH, —COOH, —COSBn, —COSEt, —COOBn

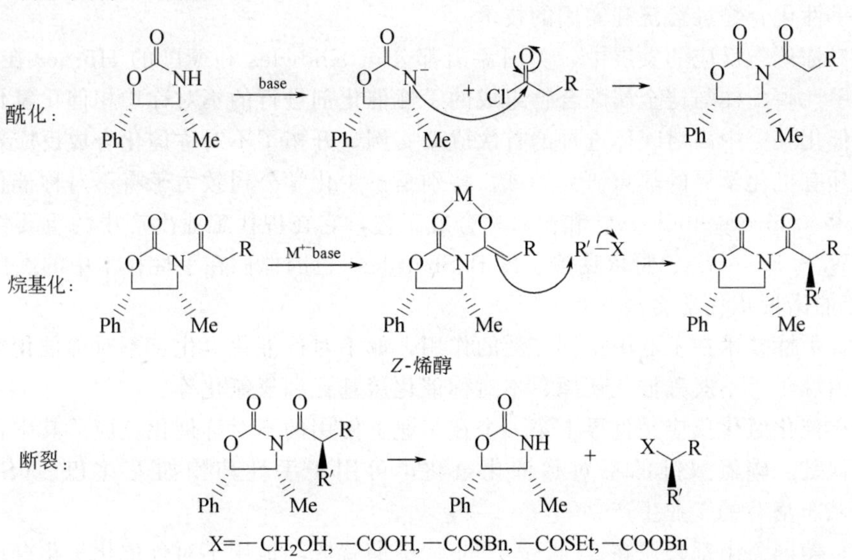

近 30 年来，有机化学领域中最重要的突破之一是不对称催化的发明和应用。自 19 世纪 Fischer 进行了氢氰酸和糖的反应，得到了不同比例的氰羟化物异构体，开创了不对称合成研究领域的 100 年来，不对称合成反应的发展历程经历了四个阶段。

（1）手性源的不对称反应（chiral pool）

$$S^* \longrightarrow T^*$$

手性源 S^* 经不对称反应进入了新的手性化合物 T^* 中。

（2）手性辅助剂的不对称反应（chiral auxiliary）

$$A \xrightarrow{S^*} AS^* \longrightarrow S^*T^* \longrightarrow T^*$$
$$\quad\quad\quad\quad\quad\quad\quad\quad\quad\quad S^*$$

借助于手性辅助剂 S^* 与反应底物 A 作用而成为手性中间体 AS^*，经不对称反应得到新的反应中间体 S^*T^*，回收 S^* 后，得到新的手性产物 T^*。

（3）手性试剂的不对称反应（chiral reagent）

$$A \xrightarrow{S^*} T^*$$

底物 A 在进行不对称反应中加入手性试剂 S^*，得到反应产物为新的手性化合物 T^*，而手性试剂能部分回收。

例如：

（4）不对称催化反应（chiral catalysis）

$$A \xrightarrow{Cat^*} T^*$$

在底物 A 进行不对称反应时加入少量的手性催化剂 Cat^*，使它与反应底物或试剂形成高反应活性的中间体催化剂作为手性模板控制反应物的对映面，经不对称反应得到新的手性产物 T^*，而 Cat^* 在反应中循环使用，达到手性增值或手性放大效应。不对称催化反应是产生大量手性化合物最经济和实用的技术。

在不对称催化反应的发展中，美国孟山都公司 Knowles 和德国的 Horner 在 1968 年分别发表了手性膦配体与铑金属配合物组成的手性催化剂进行的不对称均相催化氢化反应，这是不对称催化反应中高对映体选择的首次成功实例，开拓了不对称催化合成反应新领域，至今仍是国际有机化学界的热点研究领域，特别是不少化学公司致力于将不对称催化反应发展为手性技术（chirotechnology）和不对称合成工艺，它在现代工业生产中的重要性也日益凸现出来。W. S. Knowles、野依良治、K. B. Sharpless 也因他们在手性技术中的杰出成就而获得 2001 年的诺贝尔化学奖。

目前，手性技术在工业中得到广泛的作用，如不对称催化氢化、不对称催化氧化、不对称催化环丙烷化、不对称催化还原、不对称催化羰基化和氢氰化等。

不对称催化氢化反应是世界上第一个在工业上使用的不对称催化反应。其中包括碳碳双键、碳氧双键、碳氮双键的不对称催化氢化，可用于手性药物如 L-多巴、(S)-萘普生、(S)-异丁基布洛芬的工业生产。

例如，美国孟山都公司在 20 世纪 70 年代中期就成功地用不对称催化氢化合成了治疗帕金森病的药物 L-多巴。

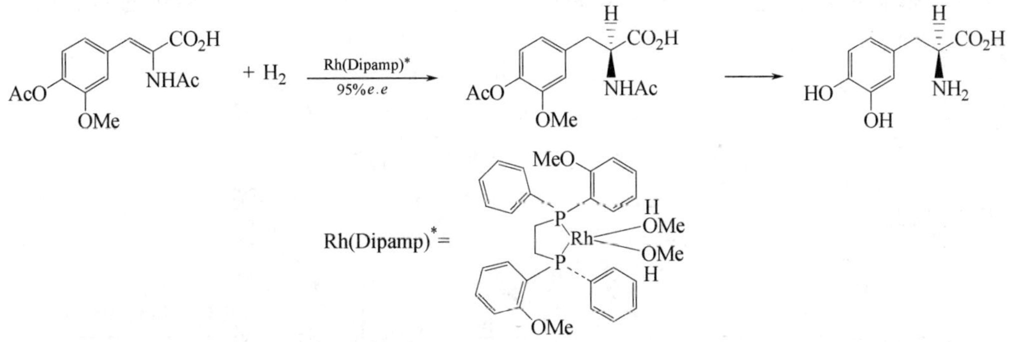

三苯基膦是过渡金属化合物中常用的配体。例如，用于催化加氢等反应的威尔金森（Wilkinson）催化剂［Rh（PPh_3）$_3$Cl］就是用三苯膦作配体的三苯膦氯化铑，若把这种催化剂的三苯基膦部分改变为手性膦配体，就可不对称催化潜手性烯烃。

20 世纪 80 年代，一种非甾体抗炎镇痛的新药（*S*)-萘普生（*S*-Naproxen）走向市场，年销售额达 10 亿美元。野依良治用 Ru(BINAP) 手性催化剂成功地把 6-甲氧基-2-萘基丙烯酸进行不对称催化氢化反应，得到（*S*)-萘普生，其 *e.e* 值达 96%。

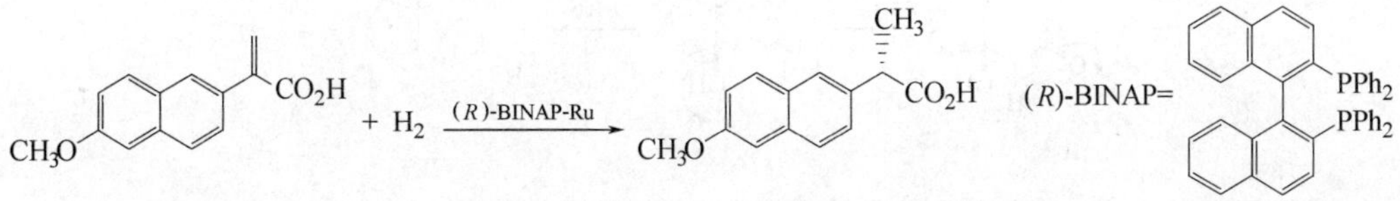

双键不对称催化氧化反应在手性药物的合成中具有很重要的地位。1980 年 Sharpless 报道用手性钛酸酯及过氧叔丁醇对烯丙基醇进行氧化，成功地实现了不对称环氧化的过程。后来在分子筛的存在下，较少用量的四异丙基钛酸酯[Ti(OPr^i)$_4$]和酒石酸二乙酯（DET）也实现了催化的不对称环氧化反应。这一反应很快便用于药物的合成，Sharpless 用此来合成 β-受体阻断剂治疗心脏病药物心得安[(*S*)-propanol]。

(*R*)-或(*S*)-glycidol　　(*S*)-propanol

90%*e.e*

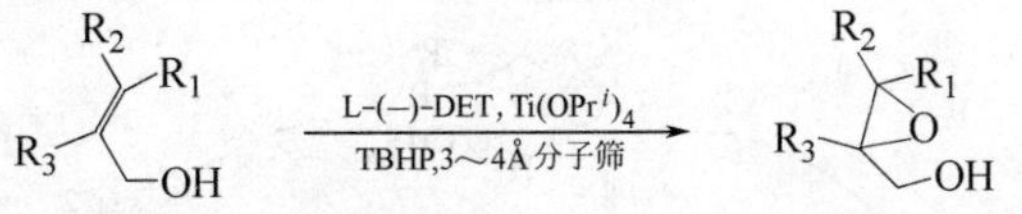

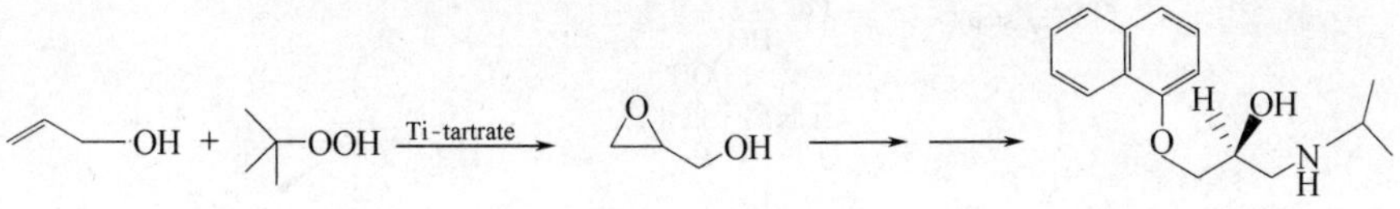

近年来，有机小分子催化的不对称合成反应引起人们很大的兴趣，成为不对称催化领域的另一研究热点。和传统的金属催化相比，首先，有机小分子催化剂毒性比较低，对环境友好，避免了某些有毒金属在产物中的残留；其次，有机小分子催化剂比一般的金属催化剂更稳定，反应不需要在无水无氧的条件下进行；第三，催化剂通常价格低廉，比较容易得到，有的可以直接从易得的天然产物转化而来；第四，有机小分子还可以负载到高分子载体上，容易实现回收再利用；最后，有机小分子催化剂容易实现高通量筛选，有很大的应用前景。

早在三十年前，Hajos 和 Wiechert 等分别利用脯氨酸直接催化分子内的 Aldol 反应合成烯二酮（在药物和天然产物全合成中有用地合成砌块），这被认为是最早发现的对映选择性有机小分子催化的例证之一。Hajos-Wiechert 反应如 (S)-(−)-脯氨酸催化的不对称 Robinson 环化及相关反应：

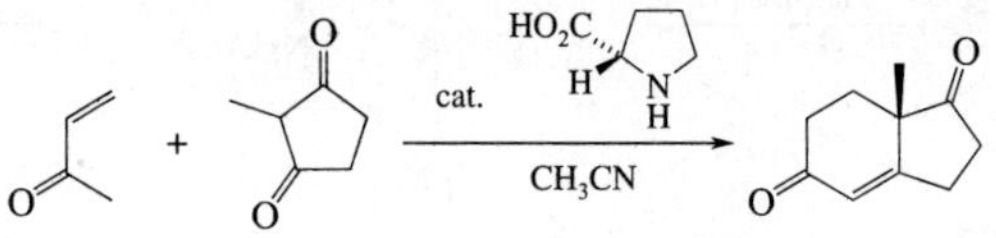

反应机理：

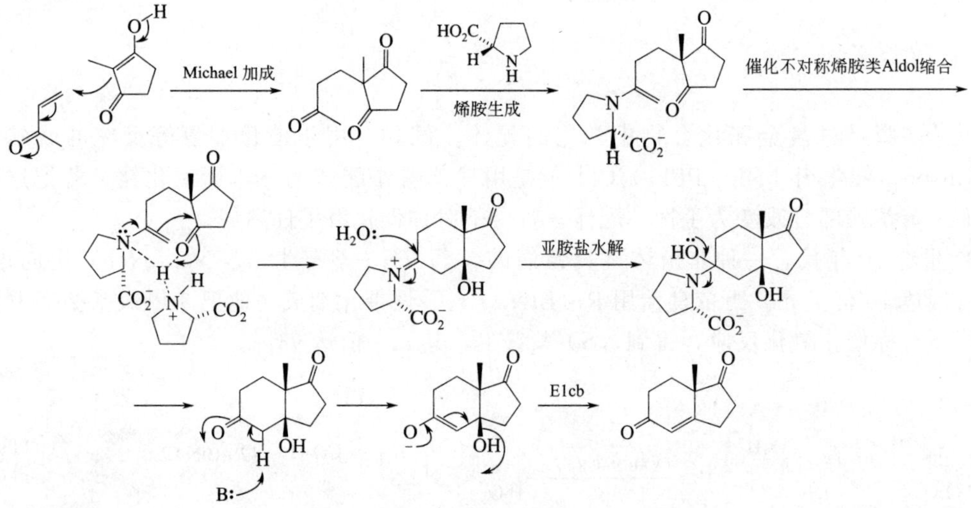

利用脯氨酸衍生物，可以进行肉桂醛的不对称环氧化。例如：

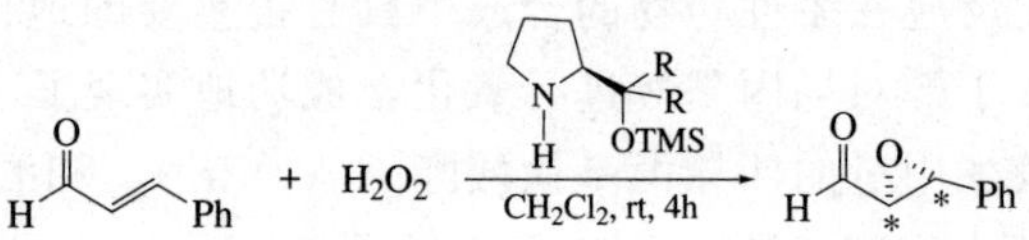

其反应机理如下：

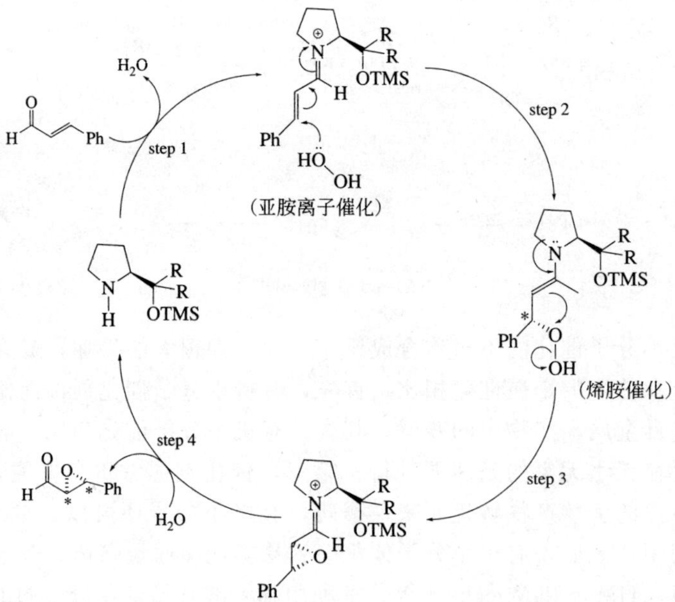

2021年诺贝尔化学奖授予 Benjamin List 和 David W. C. MacMillanlian 两位化学家，以表彰他们利用脯氨酸衍生物等有机小分子催化剂对不对称有机催化发展所作出的开创性贡献。

2.10 构象分析

研究分子中优势构象的存在以及构象对分子的物理性质和化学性质的影响，称为构象分析（conformational analysis）。例如，二溴芪 PhCHBr—CHBrPh 有三个立体异构体——左旋体、右旋体（总称旋光体）和内消旋体，它们的物理性质和化学行为不同。内消旋体 m.p. 237℃，旋光体 m.p. 114℃，在乙醚中的溶解度旋光体比内消旋体大。在碘化钾-丙酮溶液中脱溴时，内消旋体比旋光体约快 100 倍。旋光体和内消旋体的存在及其性质上的差异可以利用构象分析得到完满解释。在二溴芪分子中，占优势的构象是两个苯基处于对位交叉式，因此两个溴原子的相对位置有两种可能。

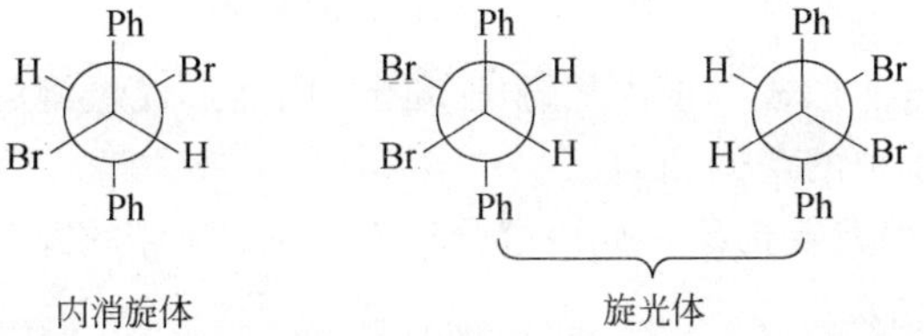

这种非对映体的构象差异与顺反异构体的构型不尽相似，因此物理性质不同。在化学行为上的差别可以这样解释：由于脱溴是 E2 反式消除，内消旋体的两个溴原子处于反式，有利于消除。而旋光体的两个溴原子处于邻位交叉（顺式），故需吸收一定能量克服能垒旋转为两个溴原子处于反式，E2 消除才能发生。另外，内消旋体消除溴时，两个苯基亦处于对位交叉（反式），过渡态中两个大基团相距较远，有利于消除。相反，旋光体脱溴时的过渡态，两个苯基处于邻位交叉，与在内消旋体中的对位相比，两个苯基较拥挤、张力大、能量高，不利于消除。

2.10.1 开链体系的构象

对于丁烷和 YCH$_2$—CH$_2$X 结构的大多数分子来说，对位交叉式（或反式）构象最稳定，但有一类含有卤素和羟基的分子，其邻位交叉式构象（歪扭式）稳定，如氯代正丙烷、2-氟乙醇、1,2-二氟乙烷、2-氯乙醇和 2-溴乙醇等。这可能是由于分子内氢键所致，下列两组构象的稳定性情况说明如下：

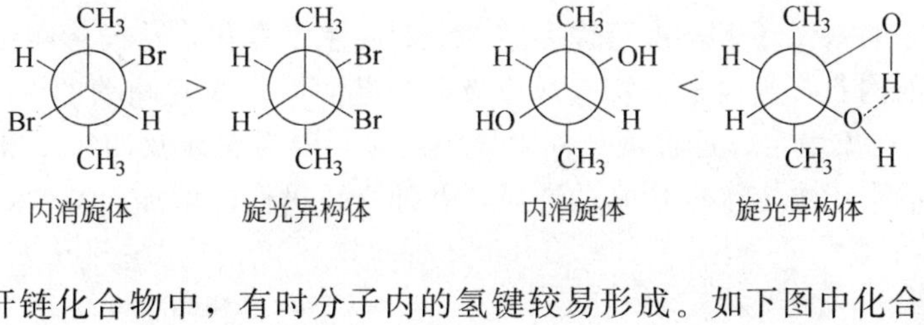

在较复杂的开链化合物中，有时分子内的氢键较易形成。如下图中化合物各构象的稳定性顺序是 a＞b＞c。

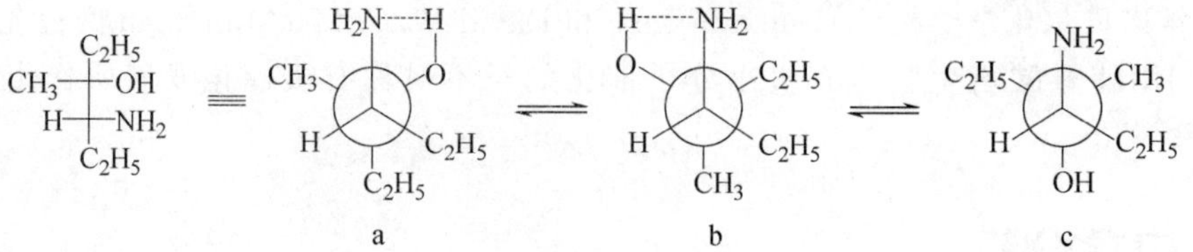

这是因为在 a 与 b 中，—NH_2 与 —OH 之间存在着氢键，它大大地降低了构象的能量，而 c 中不存在分子内氢键。再仔细分析 a 与 b，不难看出，a 中—CH_3 和—C_2H_5 在空间位置上是分布在体积较小的氢原子两边，而 b 中—CH_3 和—C_2H_5 则分布在—C_2H_5 的两边，前者的范德华斥力显然小于后者，故三种构象的稳定性有上述顺序。

但如果把以上化合物中的两个—C_2H_5 换成体积很大的 C_6H_5—[或$(CH_3)_3C$—]，其最稳定的构象则是对位交叉式（即相当于上面的 c 式）。

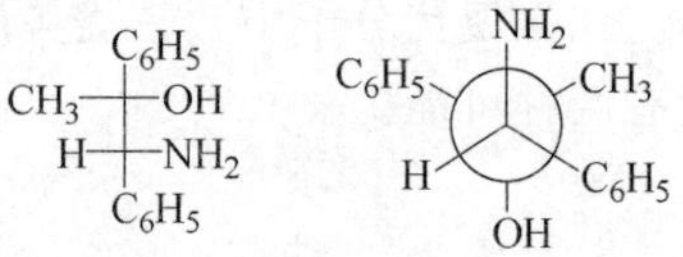

由此可见，若含有可能形成分子内氢键的基团，固然形成氢键的倾向很大，但还得要考虑其他取代基在整个分子中的空间因素。

sp^3-sp^2 键化合物也存在着构象，如丙醛分子有下面四种构象。

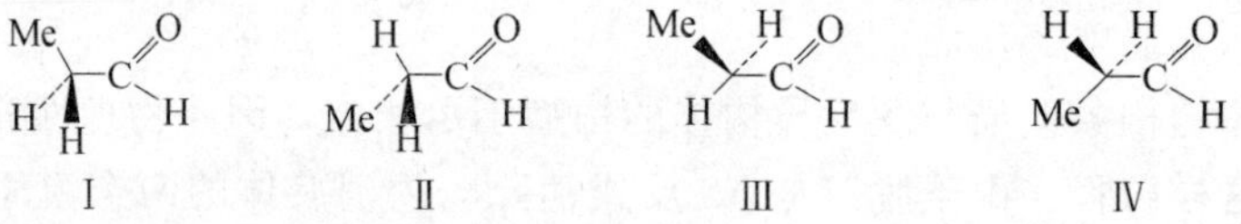

Ⅰ、Ⅱ 称为重叠式，Ⅲ、Ⅳ 称为交叉式。丙醛的烷基重叠构象Ⅰ较稳定，1-丁烯的结构与丙醛相似，稳定的构象为重叠式，但重叠的是氢。

在化学反应中反应物分子最稳定的构象决定着反应的立体化学过程，从而可以解释反应的结果。

2.10.2 环己烷衍生物的构象

环己烷构象的稳定性为：椅式＞扭船式＞船式。单取代环己烷，取代基处在平伏键较好，二个非极性取代的环己烷，以 ee 式较稳定，但多数反 1,2-二卤环己烷主要以 aa 构象存在。

α 和 β 位取代的环己酮构象，以取代基处在 e 键的构象为主。α-卤代环己酮的构象取决于介质的极性，非极性溶剂中，卤原子处在 a 键的构象稳定；极性溶剂中，卤原子处在 e 键的构象稳定。

在含有杂原子的六元环里，由于许多结构参数发生了变化，从而影响了构象特性，最重要的是四氢吡喃的构象，当卤素或烷氧基等吸电子基团取代在吡喃糖的 C1 位时，取代基为直立式（a 式）的构象稳定，这种现象称为异头效应，因为它涉及四氢吡喃环异头位上的取代基，异头效应的大小决定于取代基的性质，并随介质极性的增加而减少，如：

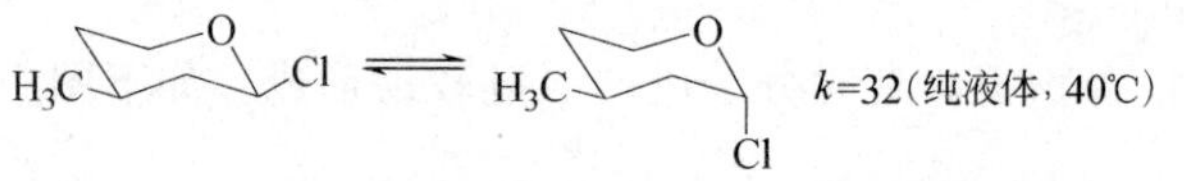

$k=32$（纯液体，40℃）

对于葡萄糖而言，通过 D-吡喃葡萄糖开链形式，β-D-吡喃葡萄糖和 α-D-吡喃葡萄糖达到平衡，β-D-吡喃葡萄糖比较稳定，占 62.6%；α-D-吡喃葡萄糖则较不稳定，占 37.3%；开链形式仅占 0.002%（图 2-3）。β-D-吡喃葡萄糖和 α-D-吡喃葡萄糖互为非对映异构体。由于不同的手性来自异头位即 C1 位，故在糖化学中又称为端基异构体。

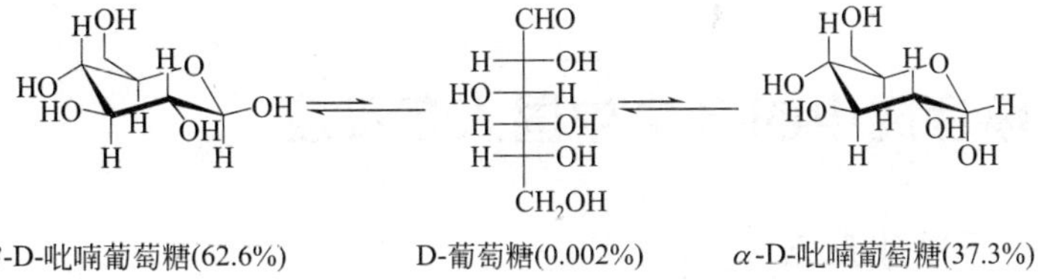

β-D-吡喃葡萄糖(62.6%)　　D-葡萄糖(0.002%)　　α-D-吡喃葡萄糖(37.3%)

图 2-3　α-D-吡喃葡萄糖和 β-D-吡喃葡萄糖构象

环己烷环上的亚甲基被氧或氮、硫所取代，这是端基异构效应的根源。①直立键时，氧的孤对电子与极性 C—X 键处于反式共平面位置，其非键 n 轨道与 C—X 反键 σ^* 轨道相互作用，n 轨道电子进入了 σ^* 反键轨道，使体系能量下降，此即电子的超共轭效应。②由于氧的电负性大于碳，所以当环己烷环上的亚甲基被氧取代后，其键与分子的偶极矩都发生了较大改变，平伏键时，其偶极与环上氧原子的偶极在水平及垂直方向的分量方向均相同，互相排斥，从这一角度来看，其稳定性也不如直立键化合物。

2.10.3　构象效应

由于构象不同而对分子的化学反应性质所产生的不同影响统称构象效应。例如，利用铬酸酐（CrO_3）氧化 4-叔丁基环己醇的顺反异构体，顺式的反应速度为反式的 3.23 倍，是由于顺式的羟基被氧化前因处于直立键，它与 3,5 位上的氢原子之间存在非键张力，氧化后非键张力解除，故反应较反式快。

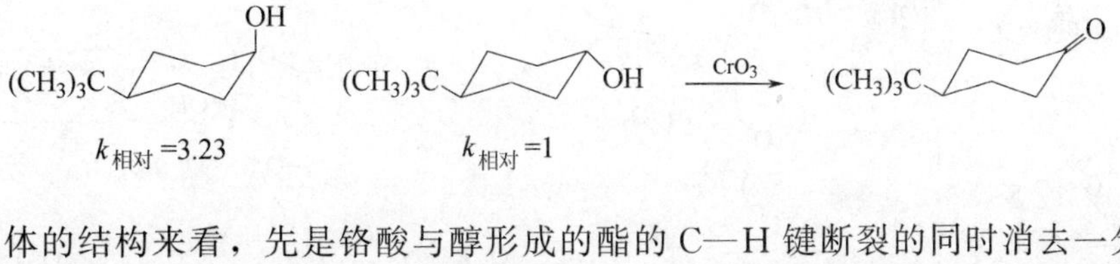

$k_{相对}=3.23$　　　$k_{相对}=1$

从中间体的结构来看，先是铬酸与醇形成的酯的 C—H 键断裂的同时消去一分子四价铬化合物，由于直立键的相互排斥，氧化后非键力解除，所以顺式酯的分解速度较反式酯的分解要快。显然分解一步是决定因素。

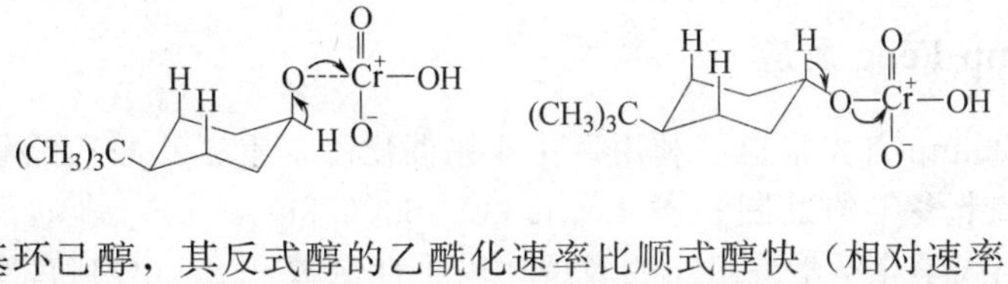

又如 4-叔丁基环己醇，其反式醇的乙酰化速率比顺式醇快（相对速率 3.7∶1），这是因为乙酰化反应速率取决于活化自由能的大小，大者快；再者乙酰化反应是酰基对羟基的亲电进攻。由于反式醇处于平伏键上，它比顺式醇稳定些，它的乙酰化中间过渡态的张力要比直立键的中间过渡态小，相比而言，反式的活化自由能低 0.17 kJ·mol^{-1}。因此，顺式醇的乙酰化反应速率慢于反式醇。

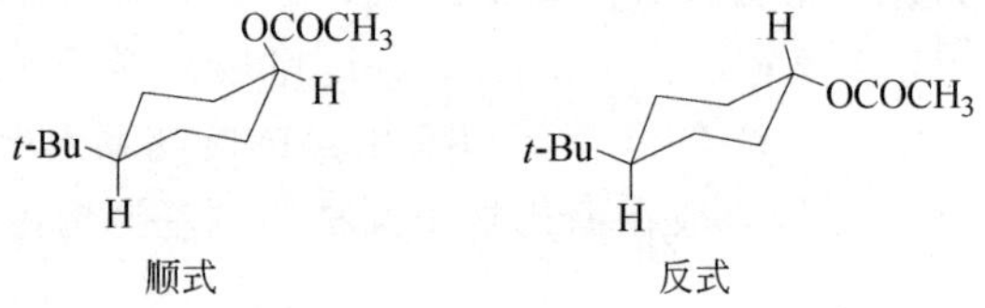

顺式   反式

2.11 不对称合成中的 3 个中国人名反应

2.11.1 史一安环氧化反应

史一安课题组在 1996 年报道了第一例糖基的手性酮催化的烯烃的不对称环氧化反应，反应过程中使用的 Oxone（过氧硫酸氢钾复合盐）将手性酮氧化成过氧化酮，之后过氧化酮再和双键发生环氧化反应得到环氧化合物。在测试了众多溶剂之后的研究发现，MeCN 是反应的最佳溶剂，并且反应对于三取代的双键和反式双键特别有效，这使得史一安环氧化反应可以作为 Jacobsen 氧化和 Sharpless AE 的互补反应，特别是对于烯丙基醇来说尤为如此。此外，这个反应可以适应众多烯烃的衍生物，但是某些反应条件对环氧化过程的影响会特别大，例如温度、pH 和反应时间。史一安环氧化最重要的副反应是反应过程中可能发生的 Baeyer-Villiger 重排反应，但是对于 pH 的控制可以有效抑制这个反应。总的来说，史一安环氧化反应具有众多的优点，例如反应条件温和，立体选择性很好，便于反应后处理等，是一个在合成中常被使用的反应。

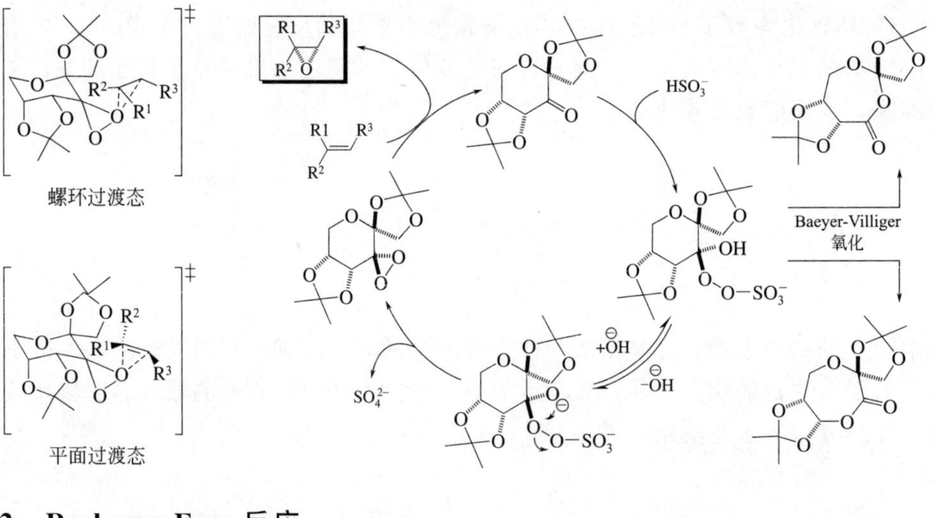

2.11.2 Roskamp-Feng 反应

1989 年，Roskamp 首先报道了利用氯化亚锡催化乙基重氮乙酸乙酯和醛反应制备 β-酮酯的反应。经过二十多年的发展各种 Lewis 酸 [$Sc(OTf)_3$、BF_3、$GeCl_2$] 都可用于此反应。2011 年，四川大学化学学院冯小明教授，以手性氮氧 - $Sc(OTf)_3$ 络合物催化剂实现了首例催化不对称 Roskamp 反应。他所设计合成的具柔性直链烷基链接的 C2 对称双氮氧酰胺化合物，是一类新型的全能型"优势手性配体"。重氮乙酸乙酯和醛在 Lewis 酸及手性配体催化下，伴随着氢的迁移和 N_2 的离去生成手性 β-酮酯的反应被称为 Roskamp-Feng 反应。

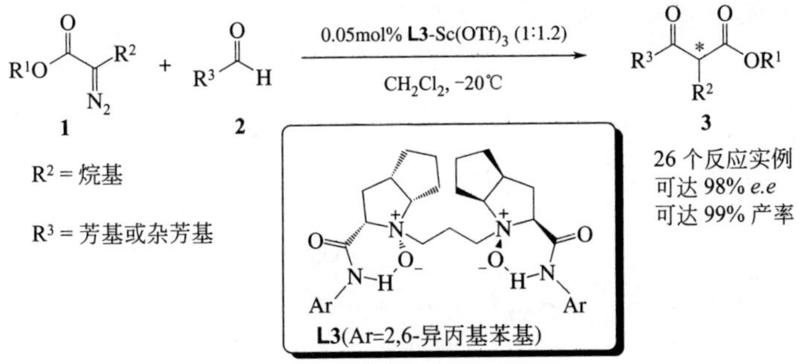

2.11.3 张绪穆烯炔环异构化反应

1,6-烯炔类化合物在膦配位的铑催化剂的催化下进行高区域选择性的不对称环化异构化生成五元杂环化合物的反应。通过该反应可以方便地实现烯烃和炔烃分子内的不对称环化，高效地构筑一系列五元杂环化合物，在生物活性分子以及药物分子的合成中有重要的应用。2000年，张绪穆的课题组报道了首例手性铑催化剂催化的1,6-烯炔类化合物不对称环化异构化反应。反应体系中的催化剂是由中性的铑催化剂[Rh（COD）Cl]$_2$ 与手性配体经银盐活化后制得。

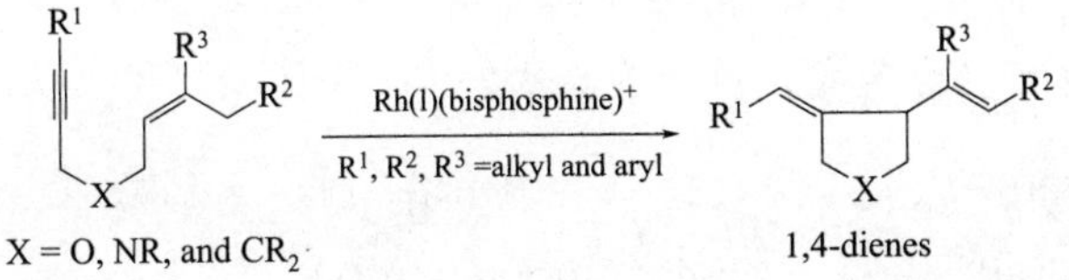

习 题

2.1 （1）用 R 或 S 标定每个手性碳原子的构型

① 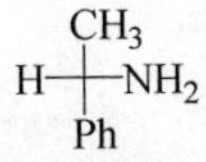 ② 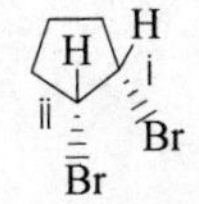 ③ 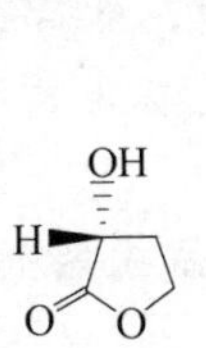 ④

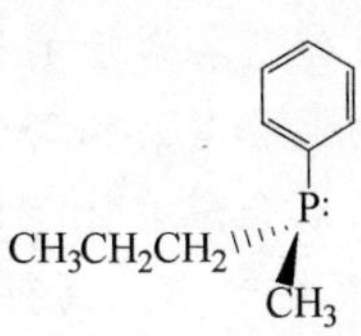

（2）命名

① 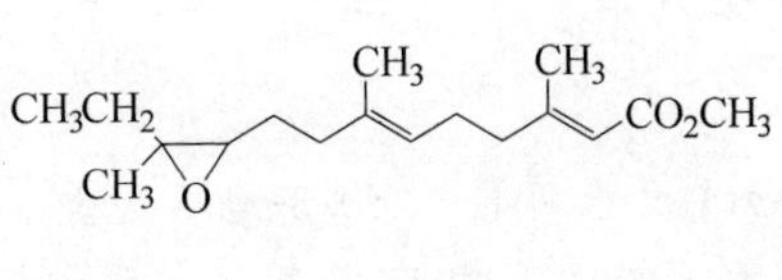 ②

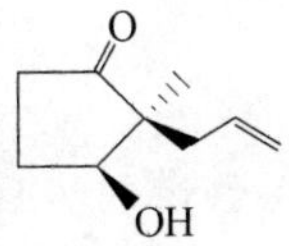

2.2 解释下列反应的立体专一性

(1)
$$\underset{\substack{\text{HO} \\ \text{Ph}}}{\overset{\substack{\text{Ph} \\ \text{H}_2\text{N}\!-\!\!\!-\!\!\!-\!\text{H}}}{\text{C}\!-\!\!\!-\!\!\!-\text{C}}}\!-\!\!\!-\!\!\!\text{C}_6\text{H}_4\text{OMe} \xrightarrow[0\,^\circ\text{C}]{\text{HONO}} \text{MeO-C}_6\text{H}_4\!-\!\!\text{CO}\!-\!\!\text{CHPh-Ph}$$

(2)
$$\text{MeO-C}_6\text{H}_4\!-\!\!\underset{\substack{\text{Ph} \\ \text{OH}}}{\overset{\substack{\text{Ph} \\ \text{H}_2\text{N}\!-\!\!\!-\!\!\!-\text{H}}}{\text{C}\!-\!\!\!-\!\!\!\text{C}}}\!-\!\!\!\!\text{Ph} \xrightarrow[0\,^\circ\text{C}]{\text{HONO}} \text{Ph-CO-CHPh-C}_6\text{H}_4\text{OMe}$$

2.3 写出下列化合物最稳定的构象式。

(1) $HOCH_2CH_2F$

(2) 苏式-2-(N,N-二甲氨基)-1,2-二苯乙醇

(3) [十氢萘结构, 两个CH₃取代基]

2.4 问答

(1) 下列化合物何者为苏式,何者为赤式?

A: HOCH₂—C(H)(OH)—C(Cl)(H)—CO₂H

B: HOCH₂—C(H)(OH)—C(H)(Cl)—CO₂H

(2) 化合物

A: CH₃—C₆H₁₀=CHCH₃

B: CH₃—C₆H₁₀=C=CHCH₃   是否可拆分为旋光的对映体?

(3) [CH₃—CH(OH)—CH(OH)—CH₃ 立体结构] 的名称(含 R/S 构型)

2.5 由 (R)-2-丁醇分别转变为 (R)-2-丁胺和 (S)-2-丁胺?

2.6 1-甲基环戊烯用手性的有光学活性的硼氢化试剂 ($R_1R_2^*BH$) 处理,然后进行氧化,得到一种有旋光活性的混合醇。请写出这些醇的结构,在手性中心上标出构型(R/S),简要说明为什么得到的混合醇有光学活性?

2.7 山梗烷啶 (I) 是从印度烟叶中分离得到的一种化合物,已被用作商品戒烟剂,它没有旋光性,也不可能拆分,试分析其应具有何种立体结构?

[结构式 I: 含哌啶环、两个 C₆H₅CH₂CH(OH) 侧链、N-CH₃]

I

2.8 用溴处理 (Z)-3-己烯,然后在乙醇中与 KOH 反应可得 (Z)-3-溴-3-己烯。但用同样试剂,相同顺序处理环己烯却不能得到 1-溴环己烯。用反应式表示这两种烯烃在反应

中的行为（注意中间体和产物的立体结构）。

2.9 卤素、碳及氢的放射性同位素 ^{14}C、^{3}H 以及氢的非放射性同位素 D，经常用于反应历程的研究。

当一个含有 D 的溴丁烷与放射性 *Br 在一起加热时，则 *Br 逐渐与样品结合。与此同时，溴丁烷的旋光度逐渐减小，并且旋光度减小的速度等于 *Br 与样品结合的速度的二倍。试对上述事实进行理论说明。

$$CH_3CH_2CH_2CHDBr + {}^*Br \longrightarrow CH_3CH_2CH_2CHD{}^*Br + Br$$

2.10 2,2,5,5-四甲基-3,4-己二醇能以外消旋体和内消旋体两种形式存在，其中一种的 IR 谱含有两个羟基的伸缩振动吸收；另一种却只含有一种羟基的伸缩振动吸收，请解释这一现象。

2.11 麻黄素又称麻黄碱，是我国特产的中药材麻黄中所含的一种生物碱。天然麻黄素是一种左旋体，经我国学者确定，其结构如下：

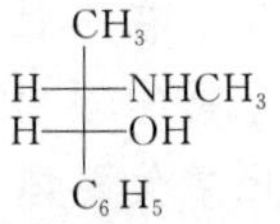

麻黄素的合成路线为：

$$C_6H_6 + CH_3CH_2\underset{Cl}{\overset{O}{C}} \xrightarrow[CH_3COOH]{AlCl_3} A \xrightarrow{Br_2} B \xrightarrow{CH_3NH_2} C \xrightarrow[Pd]{H_2} D$$

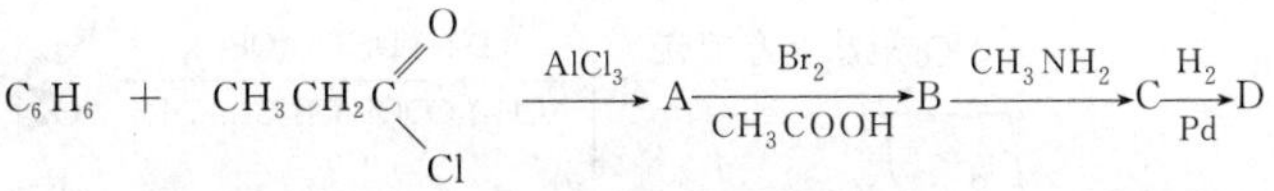

试问：

(1) 用 Fischer 投影式分别写出化合物 A、B、C、D 的旋光异构体。
(2) 按此路线合成出的产物 D 是否具有旋光性？简述理由。
(3) 指出化合物 D 的各种旋光异构体间的关系（对映体、非对映体）。
(4) 写出化合物 C 的各种旋光异构体的最稳定构象（用 Newman 式表示）。

2.12 请用 Sharpless 环氧化反应设计一条由化合物 I 到化合物 II 的合成路线。

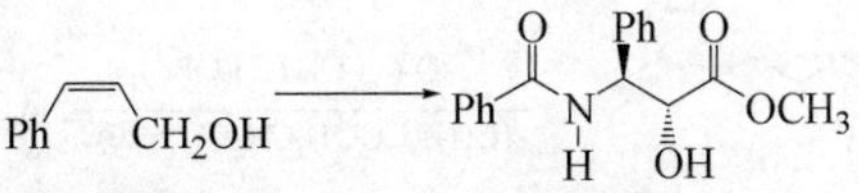

2.13 立体异构体 I 和 II 用 HF 处理时，I 主要得到五元环的产物，而 II 则主要得到六元环产物，如何解释这一实验结果？

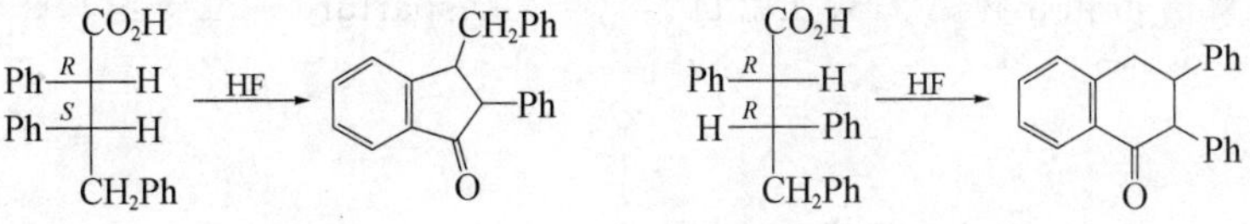

2.14 酒石酸在立体化学中有特殊的意义，著名法国科学家 Louis Pasteur 曾通过研究酒石酸盐的晶体，发现了对映异构现象。在不对称合成中，手性酒石酸及其衍生物常被用作手性配体或用作制备手性配体的前体。

(1) 天然 L-(+)-酒石酸的 Fischer 投影式如右图所示。请用 R 或 S 标出 L-(+)-酒石酸的手性碳构型，并用系统命名法命名。

(2) 画出 L-(+)-酒石酸的非对映异构体的 Fischer 投影式。该化合物是否有旋光性？为什么？

(3) 法国化学家 H. B. Kagan 曾以天然酒石酸为起始原料合成了一种重要的手性双膦配体 DIOP，并用于烯烃的不对称均相催化氢化，获得了很好的对映选择性。DIOP 的合成路线如下：

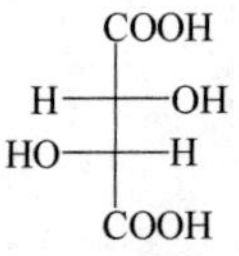

L-(+)-酒石酸

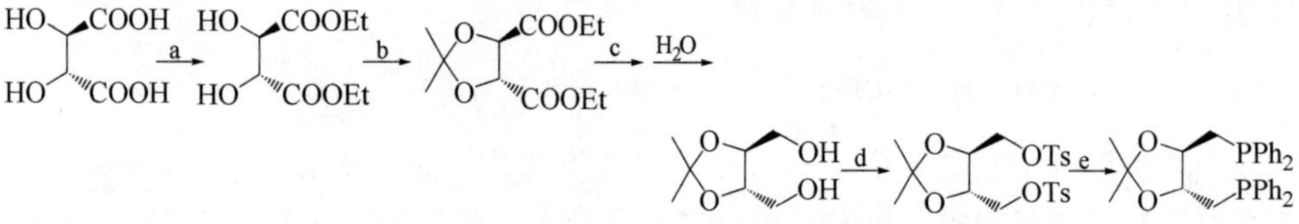

Ts＝对甲苯磺酰基　　DIOP

写出上述反应过程中 a、b、c、d 和 e 所代表的每一步反应的试剂及必要的反应条件。

(4) 美国化学家 K. B. Sharpless 发现了在手性酒石酸二乙酯（DET）和 Ti（OPr^i）$_4$ 的配合物催化下的烯丙醇类化合物的不对称环氧化反应，因而荣获 2001 年诺贝尔化学奖。该反应产物的立体化学受配体构型的控制，不同构型的 DET 使氧选择性地从双键平面上方或下方加成，如下图所示：

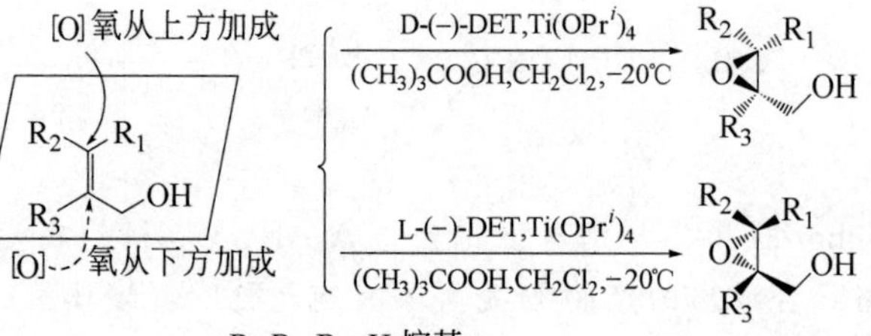

R_1,R_2,R_3=H,烷基　　≥90% *e.e*

该不对称环氧化反应曾被成功用于（+）-Disparlure（一种林木食叶害虫舞毒蛾性引诱剂）的合成上，合成路线如下：

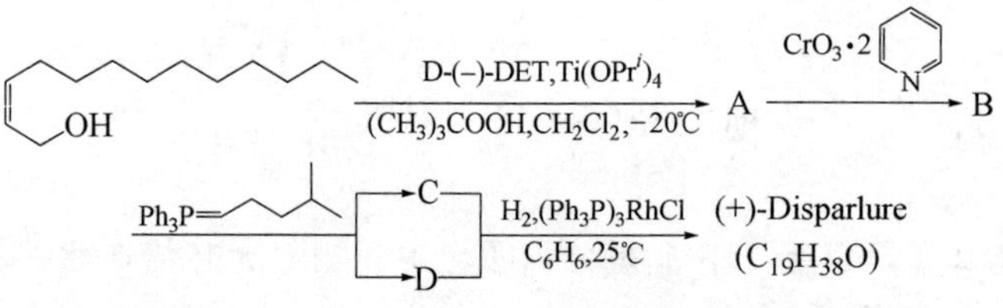

请画出化合物 A、B、C、D 和（+）-Disparlure 的立体结构。

第3章
有机化学反应机理的研究

有机化学反应机理研究的是反应物通过化学反应变成产物所经历的全过程，也就是说要研究有机反应物分子中原子在反应期间所通过的一系列步骤，从开始到终了的全部动态过程，包括试剂的进攻、反应中间体的形成、直到最后的产物。分子的振动和碰撞是在 $10^{-12} \sim 10^{-14}$ s 内完成的。目前在如此短时间内观测分子和原子运动的手段尚不完善，还主要是根据反应中观察到的现象来推断反应可能经过的历程。

3.1 反应机理的类型

根据键的断裂方式，可将有机反应分为离子型反应，如 S_N1，S_N2，$E1$，$E2$；自由基反应，如烷烃的卤代反应；周环反应，如 D-A 反应。

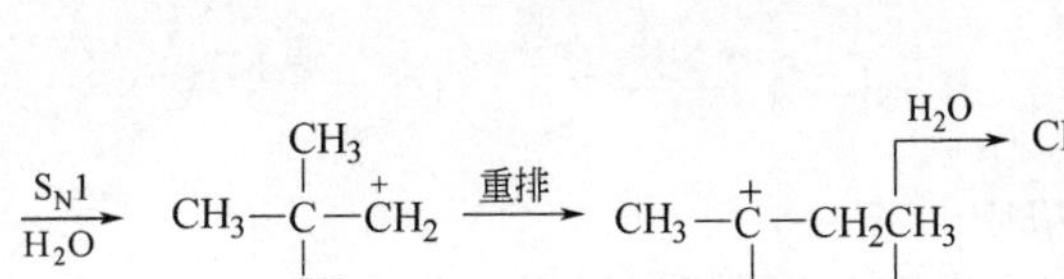

环状过渡态

根据反应物与生成物之间的关系，可将有机反应分为取代反应、消除反应、加成反应与重排反应。如：

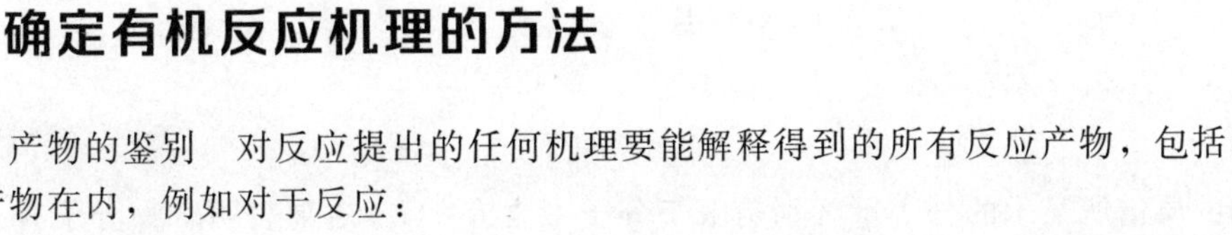

3.2 确定有机反应机理的方法

(1) 产物的鉴别　对反应提出的任何机理要能解释得到的所有反应产物，包括由副反应形成的产物在内，例如对于反应：

$$CH_4 + Cl_2 \xrightarrow{h\nu} CH_3Cl$$

若提出的机理不能解释少量乙烷在这个反应中形成的原因，那么这个机理不可能是正确的。

(2) 中间体的确定　常见的有机化学反应中间体有碳正离子、碳负离子、自由基、卡宾、氮烯、鎓离子、叶立德、苯炔等。确定中间体是否存在和中间体结构的方法有以下几种。

① 中间体的确定，使反应经过一段短时间后停止，将中间体分离出来。如对于反应：

$$RCONH_2 + NaOBr \longrightarrow RNH_2$$

中间体 RCONHBr 已分离出来，该反应的历程如下：

$$RCONH_2 \xrightarrow{NaOBr} RCONHBr \longrightarrow [RCONBr]^- \xrightarrow{-Br^-} RCO\ddot{N} \xrightarrow{重排} RNCO \xrightarrow{H_2O} RNH_2 + CO_2$$

② 中间体的检测，利用红外、核磁、顺磁和其他光谱检测中间体是否存在。

③ 中间体的捕获，在反应中加入另一试剂（捕获剂）使中间体与加入的试剂反应。例如，用二烯的 Diels-Alder 反应捕获苯炔中间体。

④ 可疑中间体的合成，如果某个中间体可疑，而它又能用别的方法得到，那么在同样的条件下反应应该得到同样的产物。

(3) 催化作用　机理应与催化剂的作用相符，如：在酸催化下烯烃加水，反应过程与质子的作用相符，即有碳正离子产生而不会产生碳负离子。

酸和碱作为反应物和产物及催化剂时在有机反应中起着关键作用。有机化学反应的第一步常常是由质子转移引起的，故判断一个化合物的酸性大小及分子中哪一个质子易于被移去和哪一个部位能接受质子通常是解决问题的关键点。

(4) 同位素标记　利用放射性同位素 ^{14}C、^{18}O 等可以确定反应过程中原子的去向。如反应：

$$CH_3{}^{14}\overset{O}{\underset{\|}{C}}-COOH \xrightarrow{\triangle} CH_3COOH + {}^{14}CO$$

反应结果不是产生 $CH_3{}^{14}COOH$ 和 CO，说明 CO 是通过脱羰基产生的。

用 ^{14}C 标记的氯苯和 KNH_2 在液氨下反应得两种苯胺：

表明反应中生成苯炔中间体。

又如 Fries 重排反应，将用 ^{14}C 同位素标记的化合物 A 与普通的化合物 B 混合在一起加入 $AlCl_3$ 进行反应。

产物的质谱所显示的分子量区别是由于分子中含有 ^{14}C。结果表明产物分子有 4 种存在形式，产物的概率相等，各占 25%，即：

M+4,25%　　　　M+2,25%　　　　M+2,25%　　　　M,25%

说明重排是分子间的反应。

（5）立体化学　根据化合物的构型变化可以推断反应物变化的方式，键的形成和断裂的方向等。如反应：

得到的产物为反式，表明溴的加成是分步进行而且两个溴原子是从双键的两侧加上去的。

又如：HO^- 取代(R)-2-碘丁烷中碘的反应，仅生成(S)-2-丁醇，发生了构型转化，这说明 HO^- 是从碘原子的背面进攻碘所连接的碳原子，发生的是一步协同反应过程。

(R)-2-碘丁烷　　　　　　　　(S)-2-丁醇

苯甲酸(R)-2-丁酯水解生成(R)-2-丁醇，构型不变。

苯甲酸(R)-2-丁酯　　　　　　　　(R)-2-丁醇

这说明水解是在酰氧键间发生断裂的。

（6）化学热力学方法　热力学方法通过研究一个化学反应中的热效应是放热还是吸热，ΔH、ΔS 的增减以及自由能 ΔG 的变化来求得相关机理方面的许多信息。有机反应中计算焓变 ΔH 最简单的方法是用以下公式：

$$-\Delta H = \Sigma 键能（生成）- \Sigma 键能（断裂）$$

如 2-丁烯加氢：

$$CH_3CH=CH-CH_3 + H_2 \longrightarrow CH_3CH_2CH_2CH_3$$

生成键		断裂键	
2　C—H	47.0 kJ·mol^{-1}	H—H	24.7 kJ·mol^{-1}
C—C	19.3 kJ·mol^{-1}	C=C	34.7 kJ·mol^{-1}
	66.3 kJ·mol^{-1}		59.4 kJ·mol^{-1}

$$\Delta H = 59.4 \text{ kJ·mol}^{-1} - 66.3 \text{ kJ·mol}^{-1} = -6.9 \text{ kJ·mol}^{-1}$$

这一结果与实测值比较接近。

利用反应中焓变和自由能变化或热变化，可以计算反应达到平衡时的温度。知道了自由能变化，可以计算平衡常数 K 的大小。

$$\Delta G = \Delta H - T\Delta S$$

ΔG 为正值，得出 K 值很小，说明对反应不利。ΔG 为负值，得到 K 值较大，表明对反应有利。

而熵值 ΔS 的研究，可以提供反应类型的信息。

分解反应： ΔS　　8~17kJ·mol^{-1}
消除反应： ΔS　　-3~4kJ·mol^{-1}
重排反应： ΔS　　-20~0kJ·mol^{-1}
结合反应： ΔS　　-20~-15kJ·mol^{-1}

(7) **动力学**　对于大多数有机化学反应来说，反应是经过多步完成的，整个反应的决定步骤是速率最慢的一步反应。通过对反应动力学的研究可以获得有关哪些分子和有多少个分子参与了决定速率步骤的信息。

如关于联苯胺重排的机理，以前的认识一直是错误的，直到发现该反应对 H^+ 来说通常是二级（总的是三级）才加以纠正，指出在决定速率的步骤中需要两个质子。即：

$$PhNHNHPh \longrightarrow [Ph-\overset{+}{N}H_2-\overset{+}{N}H_2-Ph] \longrightarrow H_2N-\text{〈}-\text{〉}-NH_2 \quad \frac{-d[PhNHNHPh]}{dt} = k[PhNHNHPh][H^+]^2$$

又如丙酮的溴代反应，动力学研究证明溴化速率取决于酸、碱浓度而与溴的浓度无关，反应物是丙酮的烯醇化物，决定反应速率的是烯醇化，而不是溴化。

$$CH_3-\overset{O}{\overset{\|}{C}}-CH_3 \begin{cases} \xrightarrow[\text{慢}]{H^+} [CH_3-\overset{+OH}{\overset{|}{C}}-CH_3] \xrightarrow{-H^+} CH_3-\overset{OH}{\overset{|}{C}}=CH_2 \xrightarrow[\text{快}]{Br_2} CH_3\overset{O}{\overset{\|}{C}}-CH_2Br \\ \xrightarrow[\text{慢}]{OH^-} [CH_3-\overset{O}{\overset{\|}{C}}-\overset{-}{C}H_2] \rightleftharpoons CH_3-\overset{O^-}{\overset{|}{C}}=CH_2 \xrightarrow[\text{快}]{Br_2} CH_3\overset{O}{\overset{\|}{C}}-CH_2Br \end{cases}$$

(8) **同位素效应**　由于同位素的存在而造成反应速率上的差别，叫做动力学同位素效应（kinetic isotope effect），数值上等于较轻同位素参加反应的速率常数与较重同位素参加反应的速率常数的比值。由于反应物分子中的氢置换时，反应速率发生改变，这种变化称为重氢同位素效应。除重氢同位素效应外，^{14}C、^{18}O 也存在同位素效应，但数值较小。通过同位素效应可以确定机理中的速率决定步骤。根据同位素所在键的断裂（或形成）与整个反应的关系可以将动力学同位素效应分为初级同位素效应（primary isotope effect）和次级同位素效应（secondary isotope effect）。

当一个反应进行时，在速率决定步骤中发生反应物分子的同位素化学键的形成或断裂反应，将显现出初级同位素效应。初级同位素效应的机理现已很清楚，即由于同位素质量不同，反应物的零点能不同，从而导致各自的反应速率不同。用数学式表示为：

$$E_0 = \frac{1}{2}v_0 = \frac{h}{\pi}\sqrt{\frac{k}{\mu}}$$

式中，k 是与温度有关的常数；μ 是折合质量。对于氢的同位素来说，由于 D 的折合质量大约是 H 的 2 倍，所以 D 的零点能比 H 小。

这种关系可用简单的零点能图（图 3-1）表示。

根据红外光谱，比较明显的 C—H 的伸缩振动频率在 2900~3100cm^{-1} 之间，由于 D 比较重，特征的伸缩振动频率在

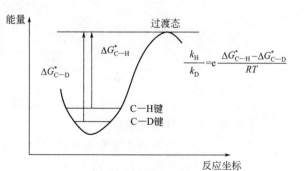

图 3-1　C—H 和 C—D 初级动力学同位素效应的零点能图

2050~2200cm^{-1} 之间。可以预计，在发生反应时，C—H 键比 C—D 键活泼，通过计算可知 C—H 键的零点振动能比 C—D 键要高大约 5kJ·mol^{-1} [E_0（C—H）= 17.4kJ·mol^{-1}，E_0（C—D）= 12.5kJ·mol^{-1}]，这意味着 C—D 键比 C—H 键断裂困难。对在过渡态中涉及 C—H（D）断裂或者伸展弯曲的反应，动力学同位素效应的大小直接反映键的断裂或者伸展弯曲程度。通常当 k_H/k_D 在 2~7 范围内时，才认为该反应是初级同位素效应控制的反应。

初级重氢同位素效应可对反应历程提供两方面信息：①比值大于或等于 2 是 C—H 键在过渡态中正在断裂的有力证据。例如：

$$\text{环戊基-N}^+(\text{CH}_3)_3 \text{OH}^- \xrightarrow{\triangle} \text{环戊烯} \quad k_H/k_D = 4.0(191℃)$$

由 k_H/k_D 数值可以推断该反应涉及 C—H 键断裂，是速率决定步骤。这正是霍夫曼消除的特征。②比值的大小定性地证明了过渡态结构与产物和反应物的关系。比值低，证明 C—H（D）在过渡态中不是断裂得很彻底就是很少，而过渡态接近于产物或反应物的结构；比值接近 7，说明过渡态中氢与反应物的成键原子以及在产物中的新成键原子都有相当强的作用。应当注意的是初级同位素效应受反应条件（例如 pH、温度等）影响比较大，温度越高，比值越小。

例如，碱催化的 2-苯基-1-溴乙烷的消除反应的同位素效应很强（$k_H/k_D = 7.1$），这表明在过渡态中 C—H 键几乎完全断裂。

$$\text{PhCH}_2^* \text{CH}_2\text{Br} \xrightarrow{\text{NaOH}} \text{PhCH}=\text{CH}_2$$

又如，丙酮的溴化反应速率与溴浓度无关的事实，可假定反应的速率控制步骤是丙酮的互变异构反应。

$$\text{CH}_3\text{COCH}_3 \rightleftharpoons \text{CH}_3-\underset{\underset{\text{OH}}{|}}{\text{C}}=\text{CH}_2$$

这个速率控制步骤又涉及 C—H 键的断裂。若果真如此，则用氘化的丙酮进行溴化时，应当具有较大的重氢同位素效应，实际发现 k_H/k_D 约为 7。

在 C—H 键不断裂，但可能减弱或者重新杂化，并且在反应中是速率决定步骤的情况下，有时也会出现重氢同位素效应，这种效应属于次级同位素效应，是由于超共轭引起的。次级同位素效应的值很小，最高只有 1.5。

例如：

$$\text{CH}_3\text{O-C}_6\text{H}_4\text{-CDO} + \text{HCN} \longrightarrow \text{CH}_3\text{O-C}_6\text{H}_4\text{-C(D)(OH)(CN)}$$
$$\text{sp}^2 \qquad\qquad\qquad\qquad \text{sp}^3$$

C—H 键由 sp^2 杂化变为 sp^3 杂化涉及立体构型变化，但 C—H 键未断裂，它具有次级同位素效应，$k_H/k_D = 0.73$。

当溶剂从 H_2O 改变为 D_2O 或从 ROH 改变为 ROD 时，反应速率随之发生变化，这称为溶剂同位素效应。

由于 H_2O 和 D_2O 的质子自递反应显示同位素效应 $k_H/k_D = 6.5$，这就意味着 D_3O^+ 是一个比 H_3O^+ 更强的酸，或者说 D_2O 是一个比 H_2O 更弱的碱。

$$2H_2O \underset{}{\overset{k_H}{\rightleftharpoons}} H_3O^+ + HO^-$$

$$2D_2O \underset{}{\overset{k_D}{\rightleftharpoons}} D_3O^+ + DO^-$$

3.3 动力学控制与热力学控制

有机反应沿着不同的进程必然得到不同的产物,若产物量取决于反应速率者称为动力学控制(kinetic control)或速率控制;若产物是根据热力学平衡得到者称为热力学控制(thermodynamic control)或平衡控制。对于两个相互竞争的不可逆反应,主要产物是动力学控制的产物。如在极性溶剂中,丙烯与溴化氢的加成反应进程中,活性中间体 $CH_3\overset{+}{C}HCH_3$ 比 $CH_3CH_2CH_2^+$ 能量低,因而生成2-溴丙烷的速率大于生成1-溴丙烷的速率,前者是主要产物。对于两个相互竞争的可逆反应,在平衡建立前,产物仍为动力学控制,达到平衡时,能量较低,稳定性较大的产物量较多,即为热力学控制。例如,1,3-丁二烯与氯化氢的加成反应,1,2-加成产物是动力学控制的产物,1,4-加成产物是热力学控制的产物。其反应式和生成1,2-及1,4-产物的能量变化图如下:

$$CH_2=CHCH=CH_2 + HCl$$

$$\downarrow$$

(I) $CH_3\overset{+}{C}HCH=CH_2$ $\rightleftharpoons$ $CH_3CH=CHCH_2^+$ (II)
   Cl^- Cl^-
   快 ‖ 可逆   慢 ‖ 几乎不可逆
(III) $CH_3CHCH=CH_2$ $CH_3CH=CHCH_2$ (IV)
      | |
      Cl Cl

此类可逆反应的产物比例可通过控制反应条件(如温度、时间、溶剂等)实现。图3-2中 $\Delta E_{1,4} > \Delta E_{1,2}$,因而一般较高温度、长时间反应有利于热力学控制的产物——例中的1,4-加成产物。甲苯磺化时邻、对位取代的比例,萘磺化时 α-、β-异构体的比例亦属此类反应。

又如,一个不对称的酮 $CH_3COCH(CH_3)_2$ 分子中具有两个不同的 α-H,在用碱处理时,可能会形成两种烯醇负离子,形成两种烯醇负离子的比例取决于反应条件。

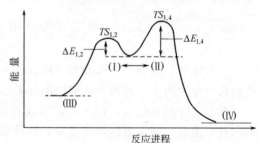

图 3-2 1,3-丁二烯与氯化氢加成的热力学控制与动力学控制示意

$$\underset{(Ⅰ)}{CH_3-\overset{O^-}{\underset{}{C}}=C(CH_3)_2} \underset{}{\overset{B^-}{\rightleftharpoons}} \underset{}{CH_3\overset{O}{\underset{}{C}}CH(CH_3)_2} \overset{B^-}{\rightleftharpoons} \underset{(Ⅱ)}{CH_2=\overset{O^-}{\underset{}{C}}-CH(CH_3)_2}$$

用强碱(如 $Ph_3C^-Li^+$)在非质子溶剂中处理,并且没有过量酮存在的情况下,主要是生成烯醇负离子(Ⅱ),因为甲基上的质子没有空间位阻,而且烯醇式形成后仅能缓慢地相互转变,故被夺去质子的速率快,由动力学控制。但如在质子溶剂中进行时,则使烯醇化反应变为明显地可逆,而在(Ⅰ)和(Ⅱ)之间通过酮建立平衡,由于Ⅰ较Ⅱ稳定,故主要是生成Ⅰ,为热力学控制。在有机化学反应中,绝大多数反应是受动力学控制的。

3.4 取代基效应和线性自由能关系

实验发现取代苯甲酸的酸度和取代苯甲酸乙酯的水解反应速率有关。

$$m\lg\frac{K}{K_0}=\lg\frac{k}{k_0}$$

式中，K 和 K_0 为取代苯甲酸和苯甲酸的酸离解常数；k 和 k_0 为取代苯甲酸乙酯和苯甲酸乙酯的水解速率常数。

用活化能和自由能代换 $\lg\frac{K}{K_0}$ 和 $\lg\frac{k}{k_0}$ 得：

$$m(-\Delta G/2.3RT+\Delta G_0/2.3RT)=-\Delta G^{\neq}/2.3RT+\Delta G_0^{\neq}/2.3RT$$

$$m\Delta(\Delta G)=\Delta(\Delta G^{\neq})$$

上式表明，取代基引起苯甲酸乙酯的活化能变化与引起苯甲酸电离的自由能变化成正比。这种关系称为线性自由能关系，下式表示的线性自由能关系称哈密特（Hammett）方程。

$$\lg\frac{K}{K_0}=\sigma\rho$$

$$\lg\frac{k}{k_0}=\sigma\rho$$

式中，σ 为取代基常数；ρ 为反应常数，选用苯甲酸的电离作为参考反应，规定它的 $\rho=1$。然后测定取代苯甲酸的离解常数以确定取代基的取代基常数 σ，再用这样确定的 σ 值确定其他反应的 ρ 值。

对于苯甲酸，规定 $\rho=1$，所以有：

$$-\Delta G/2.3RT+\Delta G_0/2.3RT=\sigma\rho=\sigma$$

$$m\lg\frac{K}{K_0}=m\sigma=-\Delta G^{\neq}/2.3RT+\Delta G_0^{\neq}/2.3RT$$

$$=\lg\frac{k}{k_0}=\sigma\rho$$

$$\rho=m$$

因 σ 值反映了取代基对苯甲酸电离作用自由能的影响，ρ 值反映了反应对取代基效应的敏感程度。

对于同一类型的反应，ρ 值不变，σ 值随取代基不同而变化。把苯甲酸作为标准，拉电子基团的 σ 均为正值，即 $\sigma>0$；推电子基团的 $\sigma<0$。前者使酸解离程度大，后者则有相反作用。

ρ 为反应常数，它与反应条件及反应历程有关。它可度量反应中取代基给电子或拉电子性质对反应的影响程度。ρ 值为零表示一个反应不显示取代基对它们的影响。ρ 值为正，则表示在过渡态时侧链反应中心上正电密度增加对反应有利，这时只有吸电子取代基（$+\sigma$）具有加速反应进行的效果，因为：

$$\lg\frac{k}{k_0}=\rho\sigma>0 \qquad k>k_0$$

反之，ρ 值为负，则表示在过渡态时侧链反应中心上负电密度增加，对反应有利，这时只有推电子基（$-\sigma$）具有加速反应的效果。

由此可以看出，ρ 值可以准确地用来预言反应是亲核的还是亲电的。

许多实验结果都能够很好地符合上述结论，例如计算得到取代苯甲酸甲酯皂化反应的 ρ

值为 +2.38，说明拉电子基团对反应有利，这个结论符合下面的反应机理。

$$ArCOCH_3 + {}^-OH \underset{}{\overset{慢}{\rightleftharpoons}} Ar\underset{OH}{\overset{O^-}{\underset{|}{\overset{|}{C}}}}OCH_3 \overset{快}{\longrightarrow} ArCO_2^- + CH_3OH$$

四面体中间体是带负电荷的，所以拉电子基团可以促进电子密度离域化，而有利于这种四面体的形成。另外的一个例子是二芳基氯甲烷在乙醇中的溶解反应 ρ 值为 -5.0，说明给电子基团强烈地有利于这个反应。这个 ρ 值支持了卤化物在反应的决速步骤中电离作用的机理，如下面反应所示，给电子基团依靠它与电离步骤中出现的缺电子碳有利的相互作用而促进电离发生。ρ 值的大小，不管是正是负，还提供了关于一个反应的决速步骤方面的信息。ρ 值大说明对取代基有高度的敏感性，并且暗示着在形成过渡态时有关的电荷要发生广泛的再分布。

$$Ar\underset{H}{\overset{Ph}{\underset{|}{\overset{|}{C}}}}Cl \overset{慢}{\longrightarrow} Ar-\overset{Ph}{\underset{H}{\overset{+}{C}}} + Cl^- \overset{EtOH}{\underset{快}{\longrightarrow}} Ar\underset{H}{\overset{Ph}{\underset{|}{\overset{|}{C}}}}OC_2H_5$$

由于线性自由能关系与反应的机理联系密切，所以对芳香性化合物反应的研究多采用这种方法。

以已知的取代和未取代基羧酸的离解常数比值的对数之值即 $\lg\dfrac{k}{k_0}$ 为纵坐标，相应的 σ 值为横坐标作图，所得直线斜率即为 ρ 值。常见的取代基常数 σ 见表 3-1。

表 3-1 常见取代基常数 σ

取代基	$\sigma_{间}$	$\sigma_{对}$	取代基	$\sigma_{间}$	$\sigma_{对}$
NH_2	-0.16	-0.66	F	+0.337	+0.062
$N(CH_3)_2$	-0.21	-0.83	Cl	+0.373	+0.227
OH	+0.12	-0.37	Br	+0.391	+0.232
OCH_3	+0.115	-0.268	I	+0.352	+0.276
OPh	+0.25	-0.32	$COCH_3$	+0.376	+0.502
$C(CH_3)_3$	-0.10	-0.20	CF_3	+0.43	+0.54
CH_3	-0.069	-0.170	CN	+0.56	+0.66
H	0	0	NO_2	+0.71	0.778

【例】 已知间硝基苯甲酸乙酯的碱性水解比未取代的苯甲酸乙酯在相同条件下的水解要快 63.5 倍，试计算在相同条件下对甲氧苯甲酸乙酯水解的相对速率。（已知：$\sigma_{m\text{-}NO_2}=0.71$ $\sigma_{p\text{-}OCH_3}=-0.27$）

解： $\lg\dfrac{K_{m\text{-}NO_2}}{K_H}=\rho\sigma_{m\text{-}NO_2}$ 得 $\lg\dfrac{63.5}{1}=0.71\rho$

故 $\rho=2.54$

然后代入 $\lg\dfrac{K_{p\text{-}OCH_3}}{K_H}=2.54\times(-0.27)$

得 $\dfrac{K_{p\text{-}OCH_3}}{K_H}=0.21$

有些 Hammett 图包含两个斜率不同的线性部分，相应可得到两个不同的 ρ 值。ρ 值的改变说明了反应机理或反应的决速步骤随着取代基的改变发生了变化。下面将结合不同类型的 Hammett 图来分析变化的原因。

(1) 向下偏离的 Hammett 图

取代苯甲醛在无催化剂条件下与正丁胺的缩合反应由两步组成：第一步是正丁胺对醛的加成，生成四面体型中间体；第二步是中间体脱水，生成取代苯甲醛正丁亚胺：

$$Y\text{-C}_6\text{H}_4\text{-CHO} + H_2NR \xrightleftharpoons{1} Y\text{-C}_6\text{H}_4\text{-CH(OH)(NHR)} \xrightleftharpoons{2} Y\text{-C}_6\text{H}_4\text{-CH=NR} + H_2O$$

该反应的 Hammett 图如图 3-3 所示。由图 3-3 可见，Hammett 图由两条线段组成，呈向下弯曲的形状。这种情况的出现是由于反应的决速步骤随着取代基的改变而发生了变化。当取代基是供电子基时，第二步反应的速率比第一步反应速率快，第一步反应是反应的决速步骤。随着取代基推电子能力减弱，第一步反应速率逐渐提高。当取代基是吸电子基团时，由于第一步速率快于第二步速率，第二步取代第一步成为反应的决速步骤，Hammett 图上出现了负的 ρ 值。

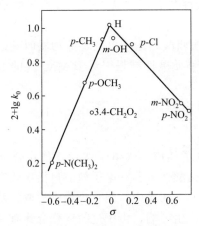

图 3-3 取代苯甲醛与正丁胺缩合反应的 Hammett 图

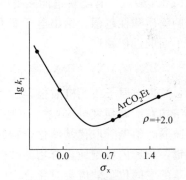

图 3-4 取代苯甲酸乙酯水解反应的 Hammett 图

对于分步反应而言，反应的决速步骤是反应速率较慢的一步，当反应的决速步骤随着取代基的变化而发生改变时，原先较快的步骤成为决速步骤，使反应速率降低，因此，在反应决速步骤的转变处反应速率最高，所以 Hammett 图向下偏离。

(2) 向上偏离的 Hammett 图

取代苯甲酸乙酯在 99% 的硫酸中水解，Hammett 图如图 3-4 所示。图 3-4 也是由两条线段组成的，但呈向上弯曲的形状。这种情况的出现是由于反应机理随着取代基的改变发生了变化。对于取代苯甲酸乙酯在 99% 的硫酸中反应存在两种可能机理。

机理 A：$Ar\text{-C(O)-OR} \xrightarrow{H^+} Ar\text{-C(OH}^+)\text{-OR} \xrightarrow{慢} Ar\text{-C}^+\text{=O} \xrightarrow{H_2O}_{-H^+} Ar\text{-C(O)-OH}$

机理 B：$Ar\text{-C(O)-OR} \xrightarrow{H^+} Ar\text{-C(OH)-OR}^+ \xrightarrow{慢} Ar\text{-C(OH)=O} + R^+$

$R^+ + H_2O \rightleftharpoons RO^+H_2 \xrightarrow{-H^+} ROH$

机理 A 为经由酰氧断裂的水解机理，机理 B 为经由烷氧断裂的水解机理。当存在供电基时，ρ 接近 -3.2，说明反应过渡态有正电荷积累，该结果支持机理 A。当取代基变为吸电子基时，ρ 约为 $+2.0$，说明反应过渡态有负电荷积累，因此反应是按机理 B 的途径进行的。所以随着取代基供电性的减弱，吸电性的增强，该反应机理由酰氧键断裂转变为烷氧键断裂。当一个反应存在两种竞争的反应机理时，反应按速率较快的机理进行。因此，由一种反应机理过渡到另一反应机理，从反应速率上看应该是增加的，于是在 Hammett 图上，在两种反应机理转换处会出现速率最低点，所以该 Hammett 图向上偏离。

3.5 有机酸碱理论

3.5.1 有机酸碱

（1）布朗斯特（Brönsted）酸碱理论 给出质子的物质是酸，接受质子的物质是碱。酸给出质子的能力称酸强度，酸的强度用离解常数 K_a 或 pK_a 表示。$pK_a = -\lg K_a$。一般 K_a 值越大或 pK_a 值越小，表明酸的强度越大。关于共轭酸碱概念，一般能离解质子的为共轭酸，质子离解后的基团叫共轭碱。一般较强的共轭酸，它的共轭碱一定是比较弱的。由碳原子上失去质子的有机酸称为碳原子酸，它们的酸性与它们的共轭碱碳负离子的稳定性成正比。碳负离子越稳定则碳原子酸的酸性越强。

（2）Lewis 酸碱 有空轨道能接受电子的物质叫酸，能给出电子的物质叫碱，接受电子能力越强的物质酸性越强，给出电子能力越强的物质碱性越强，对于 MX_n 式的 Lewis 酸的酸性，有下面的近似顺序：

$$BX_3 > AlX_3 > FeX_3 > CaX_2 > SbX_5 > InX_3 > AsX_5 > ZnX_2 > HgX_2$$

式中，X 为卤原子或无机酸根。

（3）结构对酸碱强度的影响 ①取代基的电子效应：吸电子取代基使化合物的酸性增强，碱性减弱，给电子取代基使化合物的碱性增强酸性减弱，电子效应包括场效应和共轭效应。②氢键：分子内氢键使化合物的酸性增加。③空间效应：当化合物中的取代基体积较大时，取代基的空间位阻效应会对化合物的酸碱性产生影响，由于这时候化合物有减小本身拥挤状况的趋势，因此失去氢原子将是有利的，所以，一般情况下取代基的空间效应使化合物的酸性增强碱性减弱。例如，以 $B(CH_3)_3$ 作为参考酸，$(C_2H_5)_3N$ 的碱性小于 $(C_2H_5)_2NH$，也小于 $C_2H_5NH_2$。由于叔丁基的位阻作用，使得邻叔丁苯甲酸的酸性大于间叔丁苯甲酸。

（4）有机酸碱的规律性在有机化学中除了广泛用于正确选择酸碱试剂或酸碱催化剂外，更普遍地用于有机化合物的分析鉴定、分离提纯以及合理解释有关的客观现象等方面。它们的基本原理主要是以下三点。

① 根据酸碱强度可以判断反应的方向及预测反应的产物。一般的酸碱反应规律是：由于强酸强碱的作用，平衡向生成弱酸弱碱的方向移动。

例如，预测下面反应的平衡方向：

$$CH_3-C\equiv CH + CH_3O^- \rightleftharpoons CH_3-C\equiv C^- + CH_3OH$$
（酸）　　　（碱）　　　（共轭碱）　　（共轭酸）

因为酸性强度 $CH_3OH > CH_3-C\equiv CH$，碱性强度是 $CH_3-C\equiv C^- > CH_3O^-$，所以反应的方向是：

$$CH_3-C\equiv C^- + CH_3OH \longrightarrow CH_3-C\equiv CH + CH_3O^-$$

② 酸碱反应是互相竞争的反应，因此只要测得两对共轭酸碱的 pK_a，就可计算出它们在一起反应时的平衡常数（K_c）。计算的推导如下：

$$B^- + HA \rightleftharpoons HB + A^-$$

$$K_c = \frac{[A^-][HB]}{[HA][B^-]} = \frac{[H^+][A^-]/[HA]}{[H^+][B^-]/[HB]} = \frac{K_{a(HA)}}{K_{a(HB)}}$$

即

$$pK_c = pK_{a(HA)} - pK_{a(HB)}$$

例如，计算下列反应的近似平衡常数，说明什么问题？

$$OH^- + R-C\equiv CH \rightleftharpoons H_2O + R-C\equiv C^-$$

已知： $pK_{a(H_2O)} \approx 15$，$pK_{a(RC\equiv CH)} \approx 25$

故：$pK_c = 25 - 15 = 10$，即 $K_c \approx 10^{-10}$。

此题说明，不能用一般的无机强碱（如 NaOH）来制备炔负离子（如炔钠）；反之，则产率几乎是定量的。

③ 根据水溶液中 pH 值与 pK_a 的关系，可以求算酸碱的浓度或测定 pK_a 等问题，计算公式推导如下：

$$HA \rightleftharpoons A^- + H^+$$
（酸）　（共轭碱）

$$K_a = \frac{[A^-][H^+]}{[HA]}$$

$$\lg K_a = \lg\frac{[A^-]}{[HA]} + \lg[H^+]$$

根据定义　$pK_a = -\lg K_a$，$pH = -\lg[H^+]$

因此

$$pK_a = pH - \lg\frac{[A^-]}{[HA]}$$

根据上式，说明 pK_a 就等于 HA 及 A^- 的浓度比为 1 时的 pH 值，只要测得 HA 和 A^- 的浓度，知道了 pH 就可以算出 pK_a；若已知某 HA 的 pK_a，测得溶液的 pH，就可以知道 HA 及 A^- 的相对浓度。这些除了在有机分析上有重要应用外，也常可以用来说明一些问题，如芳胺的水溶液，当 pH=5 时，估算出 $ArNH_2$ 和 $ArNH_3^+$ 的百分浓度约为 50%；而脂肪胺的 RNH_2 百分浓度只有 0.001%，几乎全是 RNH_3^+；脂肪胺需要在 pH=13 以上时才完全以不电离的分子状态（RNH_2）存在。

3.5.2　软硬酸碱理论

软硬酸碱理论是在 Lewis 酸碱电子对理论基础上提出的，该理论又称为硬软酸碱（hard and soft acid-base，HSAB）理论。该理论将体积小、正电荷数高、可极化性低的中心原子称为硬酸，体积大、正电荷数低、可极化性高的中心原子称为软酸。将电负性高、极化性低、难被氧化的配位原子称为硬碱，反之称为软碱。处于硬酸和软酸之间称为交界酸。处于硬碱和软碱之间称为交界碱。硬软酸碱（HSAB）的规则就是硬酸优先与硬碱结合，软酸优先与软碱结合，即"硬亲硬，软亲软"。硬酸与硬碱结合形成离子键或极性共价键，反应速度快，大部分的无机反应属于此类结合。软酸与软碱结合形成共价键或生成稳定的酸碱配合物，反应速度也较快，大部分的有机反应属于此类结合。软酸与硬碱（或硬酸与软碱）结合则会生成弱键或不稳定的配合物。

例如，β-丙内酯与硬碱（如 RO^-）作用时，反应中心为硬性的羰基碳原子，与软碱

（如 NC⁻、RS⁻）作用时，反应中心为软性的 β-碳原子，显示亲核试剂不同，生成不同产物。

$$\begin{array}{c} NC^- \\ RS^- \end{array} \longrightarrow \begin{array}{c} H_2C-O \\ | \\ H_2C-C=O \\ | \\ RO^- \end{array}$$

$$\begin{array}{c} H_2C-O \\ | \\ H_2C-C=O \end{array} \begin{array}{l} \xrightarrow{RO^-} {}^-OCH_2CH_2COOR \\ \xrightarrow{NC^-} NCCH_2CH_2COO^- \\ \xrightarrow{RS^-} RSCH_2CH_2COO^- \end{array}$$

又如，烯酮与 LiAlH₄ 作用，主要生成双键加成产物，如用吸电子的烷氧基取代氢化锂铝中的氢，增加试剂的硬度，则使双键上加成产物的比例减少。

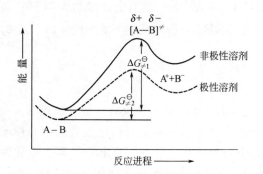

| | LiAlH₄ 软 | 86% | 14% |
| | LiAlH(OCH₃)₃ 硬 | 9.5% | 90% |

3.6 有机反应中的溶剂效应

溶剂对反应速率、化学平衡以及反应机理的影响称为溶剂效应（solvent effect）。溶剂效应主要通过溶剂的极性以及氢键、酸碱性等产生作用。如对反应速率的影响取决于溶剂对过渡态及反应物的作用情况，若过渡态极性比反应物大，则极性溶剂对过渡态的稳定作用大于对反应物的稳定作用（即过渡态效应占优势），因而，增加溶剂极性，反应速率加快（如图 3-5）。反之，溶剂极性减小，反应减速（如图 3-6）。溶剂极性增加，对消除反应来说，有利于 E1 和 E1$_{CB}$ 机理。质子溶剂常以氢键与反应物分子缔合或形成锌离子，促进极性分子形成活性中间体，促进离子型反应。

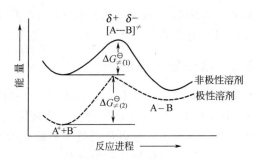

图 3-5 过渡态效应占优势时，溶剂极性对反应速率的影响

图 3-6 基态效应占优势时，溶剂极性对反应速率的影响

按照溶质与溶剂分子间相互作用力性质的不同，可将溶剂效应分为专属性（specific）溶剂化作用与非专属性（nonspecific）溶剂化作用两种，前者分子间的作用力具有饱和性和方向性，如氢键作用、电子对给予体与电子对接受体之间的授受作用、疏溶相互作用（solvophobic interactions）等；后者分子间的作用力无饱和性与方向性，是一般的静电作用，

如偶极-偶极、偶极与离子、偶极-诱导偶极、瞬时诱导偶极与诱导偶极之间的相互作用等。定量或半定量地度量上述溶剂效应的经验参数就是所谓溶剂的极性经验参数。表征溶剂极性的经验参数有多种，其测定的基本方法是，选择一种适当的标准化合物，使其与溶剂发生相互作用，依次改变溶剂，测定与溶剂性质有密切关系的热力学数据（如平衡常数、反应热等）、动力学数据（如反应速率、活化自由焓等）、光谱数据（如 UV/Vis 最大吸收时的频率、IR 吸收带的特征频率、NMR 的化学位移等）等，就得到溶剂极性的经验参数。利用溶剂极性经验参数可定量或半定量地解释和预测化学反应速率、化学反应平衡、反应机理等。

(1) 介电常数（dielectric constant） 介电常数指物质相对于真空来说增加电容器电容能力的度量。介电常数随分子偶极矩和可极化性的增大而增大。在化学中，介电常数是溶剂的一个重要性质，它表征溶剂对溶质分子溶剂化以及隔开离子的能力。介电常数大的溶剂，隔开离子的能力有较大，同时也具有较强的溶剂化能力。介电常数用 ε 表示，一些常用溶剂的介电常数见表 3-2。

表 3-2 一些常用溶剂的介电常数

非质子溶剂				质子溶剂			
非极性		极性		非极性		极性	
⌬	1.9	CH_3COCH_3	20.70	CH_3COOH	6.15	CH_3CH_2OH	24.55
CCl_4	2.2 (20℃)	⌬NO_2	35	⌬OH	9.78 (60℃)	CH_3OH	32.7
⌬(二氧六环)	2.2	$HCON(CH_3)_2$	36.71	$CH_3(CH_2)_5OH$	13.3	$HCOOH$	58.5 (16℃)
⌬(苯)	2.28	CH_3NO_2	36.87			H_2O	78.5
$C_2H_5OC_2H_5$	4.34 (20℃)	CH_3CN	37.50 (20℃)				
$CHCl_3$	4.8	$(CH_3)_2SO$	46.68				

(2) 极性溶剂和非极性溶剂（polar solvent and nonopolar solvent） 溶剂是极性的，还是非极性的，还没有一个公认的、确切的定义。一般是将溶剂的极性与溶剂的介电常数（ε）联系在一起，而不是以偶极矩作为判据。按照 ε 的大小可把溶剂分为极性溶剂和非极性溶剂两类。ε＞15 的溶剂称为极性溶剂，如丙酮、N,N-二甲基甲酰胺、水、乙醇等；ε＜15 的称为非极性溶剂，如醋酸、四氯化碳、环己烷等。根据 ε 的定义，正、负离子在溶剂中的静电引力与溶剂的 ε 成反比，即 ε 越大，引力越小；ε 越小，引力越大。因此，极性大的溶剂有利于溶剂的电离。

(3) 质子溶剂和非质子溶剂（protonic solvent and nonprotonic solvent） 根据溶剂分子是不是氢键给体，可把溶剂分为质子溶剂和非质子溶剂两类。溶剂分子中有可以作为氢键给体的 O—H 键或 N—H 键的，称为质子溶剂，没有的则称为非质子溶剂。在质子溶剂分子中，O—H 键和 N—H 键中的"O"和"N"原子都具有未共用电子对，因而质子溶剂即是氢键的给体，又是氢键的受体，例如水（HÖH）、乙醇（CH_3CH_2ÖH）、甲胺（CH_3ṄH$_2$）等。非质子溶剂不是氢键的给体，但其中有些是氢键的受体，如丙酮、N,N-二甲基甲酰胺等；有些也不是氢键受体，如正己烷 [$CH_3(CH_2)_4CH_3$]、苯（PhH）等。

质子溶剂是氢键给体，对离子比对分子具有更强的溶剂化能力，特别是通过氢键对负离子能发生较强的溶剂化，使负离子的活性降低。非质子溶剂不是氢键给体，负离子被溶剂化的程度很小，活性降低也就很小。例如在 0℃时，CH_3I 和 N_3^- 的 S_N2 反应，若将极性质子溶剂 CH_3OH 换成极性非质子溶剂 $(CH_3)_2SO$，反应速率可增大 4.5×10^4 倍。

非质子性溶剂的极性是重要的，因为如果溶剂具有低介电常数，则溶解后的离子化合物可能以离子对或离子聚集体的形式存在。

$$A^- \cdots M^+ \quad \text{离子对}$$

在此情况下，因正离子施加给试剂负离子的强大吸引力而使反应活性大大地降低。欲使负离子起亲核作用，则必须设法来削弱这种吸引力来提高反应活性。大部分离子化合物在非极性非质子性溶剂中的溶解度是很小的。为了提高亲核性负离子的反应性能，人们也曾在溶剂化效应上进行了许多的改进工作。如冠醚的应用，就是一个很出色的运用特殊溶剂化效应的例子。

冠醚是一些大环多醚的统称。有一定空穴的冠醚，具有专门使 Na^+、K^+ 等正离子溶剂化的性质。例如在 18-冠醚-6 存在下，氟化钾可以溶解在苯或乙腈中，并且像活泼的亲核试剂那样起作用。

$$CH_3(CH_2)_7Br + KF \xrightarrow[\text{苯}]{\text{18-冠-6}} CH_3(CH_2)_7F$$

当没有多醚时，氟化钾在这些溶剂中不溶，所以对卤代烃是不活泼的。同样，在冠醚存在下还观察到其他盐的溶解度和反应活性有类似的增加，被 18-冠-6 分子溶剂化的 K^+ 如下：

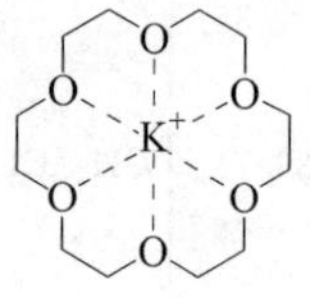

习 题

3.1 解释下列化合物的酸碱性大小

(1) A. 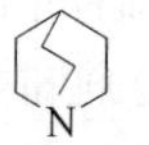 (piperidine) B. 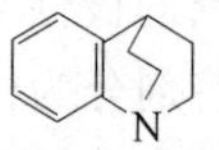 (1,2,3,4-tetrahydroquinoline) C.  $C_6H_5N(CH_3)_2$

pK_a 10.58   7.79   5.06

(2) 酸性   A (邻羟基苯甲酸) > B (对羟基苯甲酸)

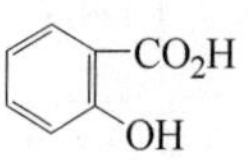

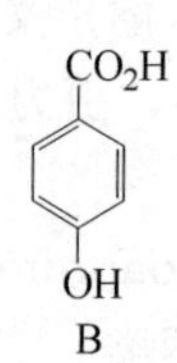

3.2 解释下列实验现象

光学活性的酯 A 在酸催化下用 $H_2^{18}O$ 水解得到含 ^{18}O 的外消旋醇 C；而光学活性的酯 B 在同样条件下水解，得到不含 ^{18}O 的光学活性醇 D。

$$\underset{A}{RCOOCR_1R_2R_3} + H_2^{18}O \xrightarrow{H^+} RCOOH + \underset{C(外消旋体)}{R_1R_2R_3C^{18}OH}$$

$$RCOOCHR_1R_2 + H_2^{18}O \xrightarrow{H^+} RCO^{18}OH + R_1R_2CH_2OH$$
$$\text{B} \qquad\qquad\qquad\qquad \text{D(有光学活性)}$$

3.3 硝基甲烷在醋酸根离子存在时很容易与溴生成 α-溴硝基甲烷，而用完全氘代的化合物 CD_3NO_2 反应时，反应速率比原来慢 6.6 倍，你认为该反应的速率决定步骤是哪一步？试写出反应机理。

3.4 对反应 $PhCH_2Cl + OH^- \longrightarrow PhCH_2OH + Cl^-$ 可提出下列两种机理，请至少设计两个不同的实验帮助确定实际上采用的是哪种机理。

S_N2: 一步 $HO^- \cdots C(H)(H)(Ph) \cdots Cl \longrightarrow PhCH_2OH + Cl^-$

S_N1: 二步 $PhCH_2Cl \xrightarrow{慢} PhCH_2^+ \xrightarrow{OH^-} PhCH_2OH$

注意：由一个烃基或芳基取代 CH_2 中一个或两个 H 是难以接受的，因为这样可能使机理完全改变。

3.5 试设计下列反应的机理

(1) 乙烯基烷基醚（$RCH=CHOR'$）能很快被稀酸水溶液（含 $H_2^{18}O$）水解成醇（$R'OH$）和醛（$RCH_2CH=^{18}O$）。

(2) 邻-氨基甲酰基苯甲酸 (^{13}C-$CONH_2$ 邻位 CO_2H) $\xrightarrow{H_2^{18}O}$ 邻苯二甲酸 (^{13}C-$C^{18}OOH$ 邻位 CO_2H) + (^{13}C-$COOH$ 邻位 $C^{18}OOH$)

3.6 芳香重氮盐在水溶液中与 A^- 发生水解和置换反应，人们建议可能有下列历程。

第一种历程：$Ph\overset{+}{N}=N + H_2O \longrightarrow Ph \cdots \overset{\delta+}{N}=N / OH_2 \longrightarrow Ph-OH + N_2 + H^+$

$Ph\overset{+}{N}=N + A^- \longrightarrow Ph \cdots \overset{\delta+}{N}=N / A^{\delta-} \longrightarrow Ph-A + N_2$

第二种历程：$Ph\overset{+}{N}=N \xrightarrow{慢} Ph^+ + N_2$

$Ph^+ + H_2O \xrightarrow{快} PhOH + H^+$

$Ph^+ + A^- \xrightarrow{快} Ph-A$

用什么方法可以把它们区别开来，方法任选，如动力学、同位素标记法等。

3.7 请解释下列问题

当取代了的 1-芳基-2-甲基-2-氯丙烷同甲醇钠反应时，形成了端基和非端基烯的混合物：

$X-C_6H_4-CH_2-C(CH_3)_2-Cl \xrightarrow{NaOCH_3} X-C_6H_4-CH=C(CH_3)_2 + X-C_6H_4-CH_2-C(CH_3)=CH_2$

(1)   (2)   (3)

应用产物比率，整个速度可以分为（2）和（3）分别生成的速度。对于（2）的历程，发现其速度与取代基有关（$\rho=+1.4$），但（3）的生成速度与取代基无关（$\rho=-0.1\pm0.1$）。两个反应都是二级的，其中对碱是一级的，对反应物也是一级的。

3.8 $X{-}\mathrm{C_6H_4}{-}COCH_3 + Br_2 \xrightarrow{H^+} X{-}\mathrm{C_6H_4}{-}COCH_2Br + HBr$

（1）$\rho=-0.45$；　　　（2）反应数与 $[Br_2]$ 无关；
（3）取代基 X 的 +I 效应加速反应；
（4）反应不受光或有机过氧化物的影响。
试按以上给出条件设计合理的反应历程。

3.9 取代的苯甲酸乙酯的酸催化水解 ρ 值为 0.14，然而同一系列化合物的碱催化水解 ρ 值却显示为 2.19。为什么会有这样的差别？

$X{-}\mathrm{C_6H_4}{-}COOEt$

3.10 下列反应：

$CH_3{-}\mathrm{C_6H_4}{-}SO_2OCH_3 \xrightarrow[DMF]{LiX} CH_3{-}\mathrm{C_6H_4}{-}SO_3Li + CH_3X$

相对反应速率分别为：$Cl^-(7.8) > Br^-(3.2) > I^-(1.0)$，若分别在上述反应中加入 9% 的水，再与 LiCl 反应，反应速率比不加水时慢 24 倍，而与 KI 反应，反应速率只慢 2 倍，试解释之。

3.11 2,2-二甲基-4-苯基-3-丁烯酸进行热脱羧反应，得到 2-甲基-4-苯基-2-丁烯和二氧化碳。

$PhCH{=}CH{-}CMe_2CO_2H \longrightarrow PhCH_2{-}CH{=}CMe_2 + CO_2$
　　　　　↑　　↑ ↑
　　　　　c　　b a

在 a 位上用 D 取代 H，观察到同位素效应 $k_H/k_D=2.87$，同样，在 b 位上碳的同位素效应 $k_{12}/k_{14}=1.035$（对碳而言，这是大值），这些现象如何说明脱羧反应是协同机理，试拟定一个可能的过渡态。

3.12 取代氯化苄的水解反应

$X{-}\mathrm{C_6H_4}{-}CH_2Cl \xrightarrow{H_2O} X{-}\mathrm{C_6H_4}{-}CH_2OH + HCl$

得出二个 ρ 值分别为 0.85 和 −0.87，试进行解释，并分别设计符合以上 ρ 值的历程。

3.13 请用同位素标记法和同位素效应方法区别下列两个反应机理。

3.14 简答题
（1）曾有人假设一个桥形自由基中间体产生于 3-苯基丙醛的光化脱羰反应中，试提出一个实验证实该设想是否合理。

$$PhCH_2CH_2CHO \xrightarrow[-CO]{h\nu} [\text{中间体}] \longrightarrow PhCH_2CH_3$$

(2) $(C_6H_5)_2C=C\begin{smallmatrix}H\\X\end{smallmatrix} \xrightarrow{BuLi} C_6H_5-C\equiv C-C_6H_5$ 反应是经由碳负离子还是卡宾中间体重排进行的？

(3) 设计一个实验区别乙二酮衍生物在碱性条件下的重排是按分步机理（a）还是按协同机理（b）进行的。

(a) $Ph-\underset{O}{\overset{O}{C}}-\underset{O}{\overset{O}{C}}-Ph + OH^- \xrightleftharpoons[k_{-1}]{\overset{快}{k_1}} Ph-\underset{Ph}{\overset{O^-}{C}}-\underset{}{\overset{O}{C}}-OH \xrightarrow{\overset{慢}{k_2}} Ph-\underset{Ph}{\overset{O^-}{C}}-C=O \xrightarrow{快} Ph-\underset{Ph}{\overset{OH}{C}}-CO_2^-$

(b) $O=\underset{Ph}{\overset{Ph}{C}}-\overset{\curvearrowleft OH^-}{\underset{}{C}}=O \xrightarrow{慢} Ph-\underset{OH}{\overset{O^-}{C}}-C=O \xrightarrow{快} Ph-\underset{Ph}{\overset{OH}{C}}-CO_2^-$

3.15 分析下列两步反应，并从右边位能图判断：

$$A \underset{k_2}{\overset{k_1}{\rightleftharpoons}} B \underset{k_4}{\overset{k_3}{\rightleftharpoons}} C$$

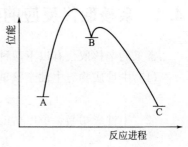

(1) 反应有几个过渡状态？哪一个对反应速度影响最大？

(2) 正确排出 k_1、k_2、k_3、k_4 的大小顺序。

(3) 整个反应从 A 到 C 是放热，还是吸热？

(4) B、C 两个产物中哪一个比较不稳定，为什么？

第4章 亲核取代反应

4.1 亲核取代反应的类型

常见的亲核取代有以下四种类型。

(1) 中性底物与中性亲核试剂作用

$$R-L + Nu: \longrightarrow R-Nu^+ + L^-$$

(2) 中性底物与带负电荷的亲核试剂作用

$$R-L + Nu:^- \longrightarrow R-Nu + L:^-$$

(3) 带正电底物与中性亲核试剂作用

$$RL^+ + Nu: \longrightarrow RNu^+ + L:$$

(4) 带正电底物与带负电亲核试剂作用

$$RL^+ + Nu:^- \longrightarrow R-Nu + L:$$

4.2 亲核取代反应的机理

(1) S_N1 机理(单分子亲核取代) 在 S_N1 机理中,亲核取代反应分两步进行。第一步是底物上的离去基团 L 的离去,第二步是 L 离去后生成的碳正离子与亲核试剂结合。第一步速率较慢,是反应速率的决定步骤。

$$R-L \xrightarrow{慢} R^+ + L^-:$$

$$R^+ + Nu^-: \longrightarrow R-Nu$$

使碳正离子稳定的因素有利于 S_N1 取代的进行。

S_N1 反应的立体化学过程可表示为:

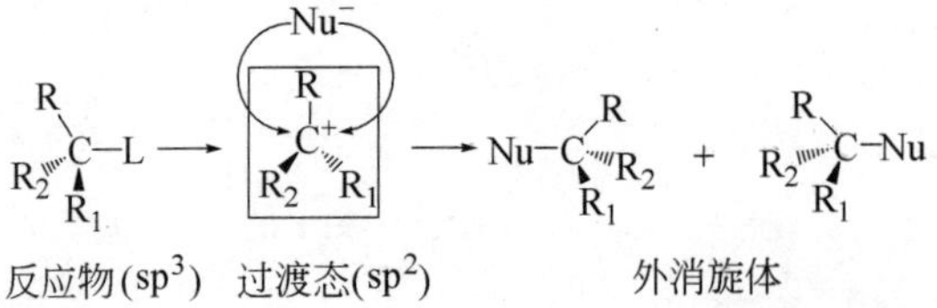

$$\underset{\text{反应物}(sp^3)}{\overset{R}{\underset{R_1}{R_2-C-L}}} \longrightarrow \underset{\text{过渡态}(sp^2)}{\left[\overset{Nu^-}{\underset{R_1}{\overset{R}{R_2-C^+-R_1}}}\right]} \longrightarrow \underset{\text{外消旋体}}{Nu-\overset{R}{\underset{R_1}{C-R_2}} + \overset{R}{\underset{R_1}{R_2-C-Nu}}}$$

（2）S_N2 机理（双分子亲核取代）　亲核试剂从离去基团的背面进攻离去基团，旧键的断裂与新键的生成协同进行。

$$Nu:^- + R-L \longrightarrow [\overset{\delta-}{Nu}\cdots R\cdots \overset{\delta-}{L}] \longrightarrow Nu-R + L:^-$$

$$Nu: + R-L \longrightarrow [\overset{\delta+}{Nu}\cdots R\cdots \overset{\delta-}{L}] \longrightarrow \overset{+}{Nu}R + L:^-$$

$$Nu: + R-L^+ \longrightarrow [\overset{\delta+}{Nu}\cdots R\cdots \overset{\delta+}{L}] \longrightarrow Nu^+-R + L:$$

$$Nu^- + R-L^+ \longrightarrow [\overset{\delta-}{Nu}\cdots R\cdots \overset{\delta+}{L}] \longrightarrow Nu-R + L:$$

S_N2 反应的立体化学过程可表示为：

$$Nu:^- \overset{R}{\underset{R_1}{\overset{|}{\underset{|}{C}}}}-L \longrightarrow [Nu\cdots \overset{R}{\underset{R_1}{\overset{|}{\underset{|}{C}}}}\cdots L]^{\delta-} \xrightarrow{构型转化} Nu-\overset{R}{\underset{R_1}{\overset{|}{\underset{|}{C}}}}$$

反应物(sp^3)　　过渡态(sp^2)　　产物(sp^3)

（3）离子对-溶剂化学说　反应物与溶剂的作用称溶剂化。反应物在不同的溶剂化阶段与亲核试剂反应形成了 S_N1 和 S_N2 机理。

$$RL \rightleftharpoons R^+L^- \rightleftharpoons R^+ \| L^- \rightleftharpoons R^+ + L^-$$

紧密离子对　　溶剂分隔离子对　　离解的离子

$$\downarrow Nu: \qquad \downarrow Nu: \qquad \downarrow Nu:$$

$$S_N2 \qquad S_N1+S_N2 \qquad S_N1$$

（4）S_Ni 机理（分子内亲核取代）　醇与亚硫酰氯反应，羟基被氯取代，得到相应的氯代烃，这是亲核取代反应。当与醇羟基相连的中心碳原子为不对称碳原子时，反应后中心碳原子的构型保持不变，这显然不能用 S_N1 或 S_N2 反应机理来解释。为此提出了分子内亲核取代反应机理，其反应过程可用通式表示如下：

氯代亚硫酸酯　　紧密离子对

中间体氯代亚硫酸酯分解为紧密离子对，在—OSOCl 作为离去基团离去的同时，其中的 Cl^- 作为亲核试剂从正面进攻中心碳原子，并失去 SO_2，生成相应的氯代烃，得到构型保持的产物。

如果在反应体系中加入吡啶，则在生成氯代亚硫酸酯时释放的 HCl 可以与吡啶成盐：

或氯代亚硫酸酯与吡啶生成相应的吡啶盐：

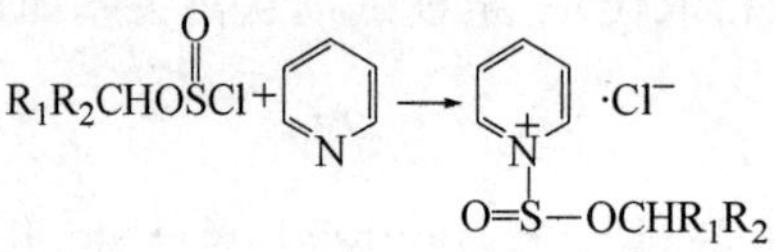

相应盐中 Cl^- 为游离的负离子，它可以从氯代亚硫酸酯的背面进攻中心碳原子，得到构型转化的氯代烃。

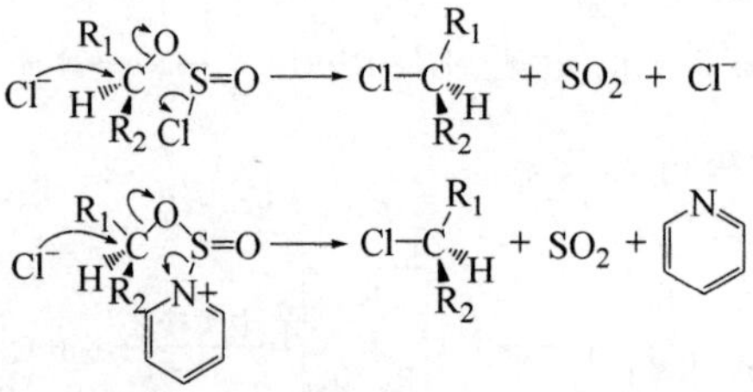

这也是用来证明 S_Ni 机理存在的反应。

4.3 碳正离子与非经典碳正离子

碳正离子是有机反应的重要中间体。1922 年，当 Hans Meerwein 研究莰烯氯化氢加成物的 Wagner 重排反应时，发现其反应速率随溶剂极性的增加而加速。并且 Lewis 酸能催化加速反应，他认为异构化反应的机理不是 Cl^- 的重排，而是正离子活性中间体的重排，碳正离子活性中间体的概念由此产生。

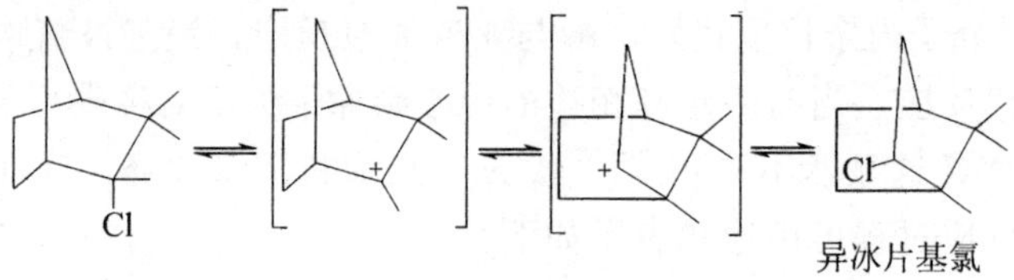

异冰片基氯

Winstein 在 1949 年研究 2-Norbornyl 衍生物的溶剂解反应时发现其反应速率取决于离去基团在 *exo* 或 *endo* 位置：

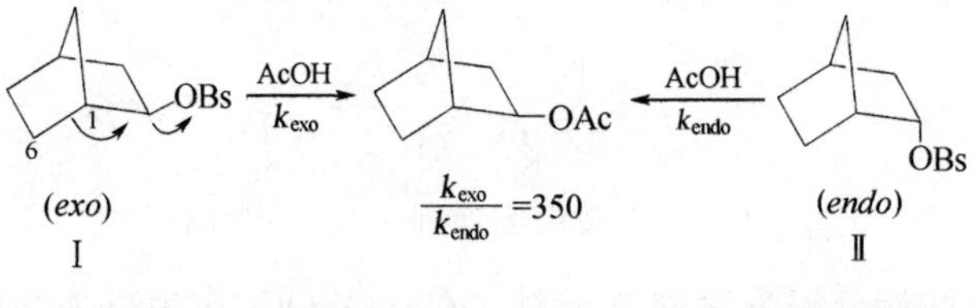

$$\frac{k_{exo}}{k_{endo}} = 350$$

(*exo*) I (*endo*) II

Winstein 认为 *exo*-异构体 I 的溶剂解速率（k_{exo}）比 II 快的原因是 C_1—C_6 σ 键的邻基参与，因而形成非经典的 Norbornyl 碳正离子而加速其反应。即：

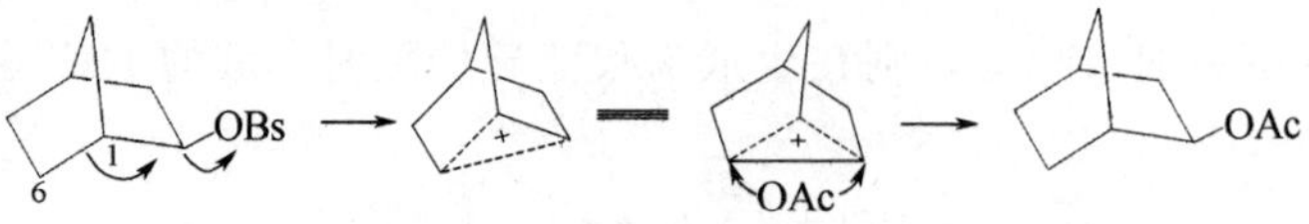

绝大多数有机化学家都接受了 Winstein 的非经典式碳正离子的概念。

1962 年，Olah 把 $(CH_3)_3CF$ 溶于过量的超强酸介质中（SbF_5），然后用 NMR 检测到了叔丁基碳正离子的存在。

$$(CH_3)_3C-F + SbF_5 \rightleftharpoons (CH_3)_3C^+ + SbF_6^-$$

由图 4-1 所示的 ^{1}H NMR 谱图可见，产物只有一个单重峰。反应物叔丁基氟化物在 δ 为 1.5 处的双重峰（氟与氢之偶合结果，$J_{H-F}=20Hz$）完全消失。并且甲基的质子共振向低场移至 4.3，显示强烈的去屏蔽作用。随后，Olah 进一步用 ^{13}C NMR 的方法测得叔碳原子的化学位移为 335.2。这比正常叔碳原子的化学位移几乎向低场移动了 300。如此低磁场的化学位移碳原子在当时还从未报道过。这么强的去屏蔽效应，显然是因叔碳原子的正电荷以及叔碳原子由 sp^3 杂化轨道变为 sp^2 杂化轨道所致。这一实验结果，确定无疑地证明了所观察到的是叔丁基碳正离子。

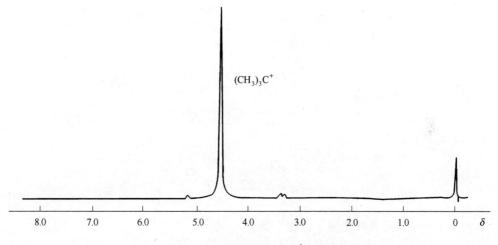

图 4-1 $(CH_3)_3C-F$ 在 SbF_5 中的 ^{1}H NMR 图谱

在超酸 FSO_3H-SbF_5-SO_2 介质中，碳正离子能长期存在并发生分子内负氢转移和重排，形成热力学最稳定的碳正离子。直链脂肪醇及卤代烷最后都形成三级碳正离子。环状结构的碳正离子最后形成张力最小的三级碳正离子。

碳正离子（carbonium ion）稳定性为烯丙基型＞3°＞2°＞1°＞CH_3^+，连有环丙烷基时，碳正离子稳定性为：

有些碳正离子已分离出来并由光谱所证实，如：

由于 π 键或 σ 键的邻基参与而形成的碳正离子活性中间体，称为非经典碳正离子（nonclassical carbocation）。与经典碳正离子不同，在非经典碳正离子中，正电荷是通过不在烯丙位置的不饱和键（如Ⅰ）或通过单键（如Ⅱ及Ⅲ）而发生离域化。

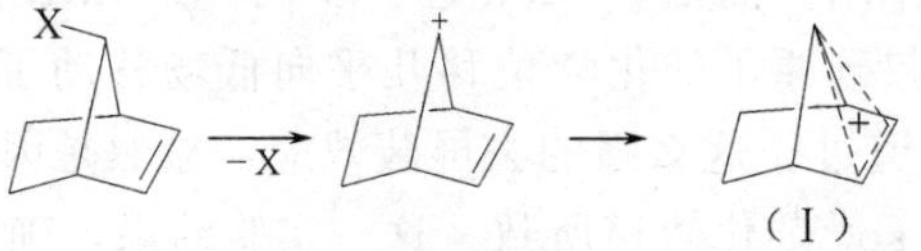

（Ⅰ）（π键参与）

经典碳正离子　非经典碳正离子

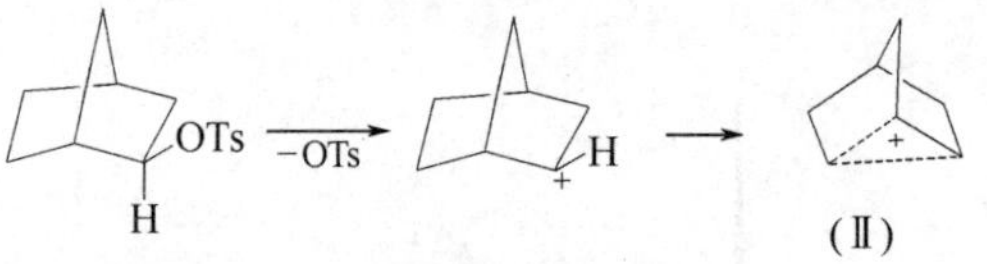

（Ⅱ）（σ键参与）

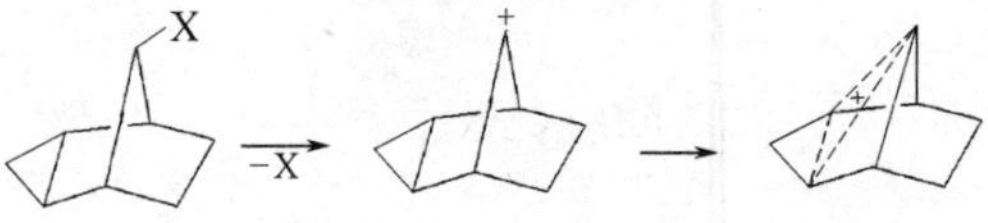

（Ⅲ）（环丙基参与）

例如下列转化：

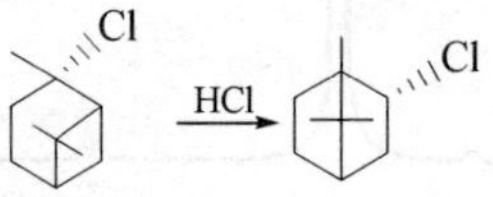

就经历了一个非经典碳正离子过程，即：

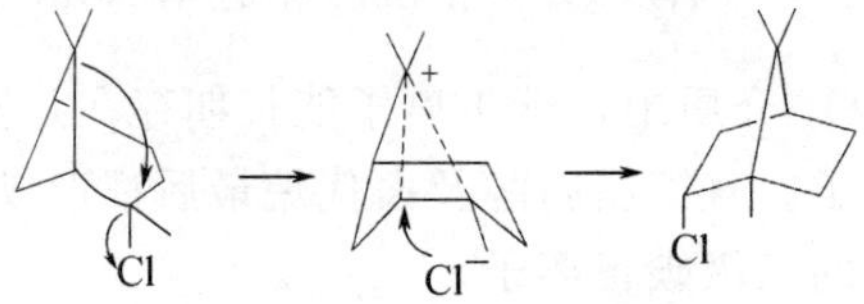

4.4　影响亲核取代反应速率的因素

（1）试剂的亲核性　在 S_N1 反应中，试剂的亲核性对反应速率没有影响。在 S_N2 反应中，试剂的亲核性越强反应速率越快。一般说来，碱性越强的负离子亲核性越强，如 $CH_3O^- > C_6H_5O^- > CH_3CO_2^- > H_2O$。在元素周期表中，同周期元素的负离子从左到右亲核性降低，如 $HO^- > F^-$；同一族从上到下亲核性增加，如 $I^- > Br^- > Cl^- > F^-$。

（2）溶剂效应　极性溶剂使反应后正负电荷增加的反应速率加快。极性溶剂对亲核取代反应速率的影响有以下四种情况。

① S_N1　$R-Cl \longrightarrow R^+ + Cl^-$（电荷增加）大大加速

② S_N2　$HO^- + RCl \longrightarrow ROH + Cl^-$（电荷未变）影响不大

③ S_N2　$R_3N + R'Cl \longrightarrow R'N^+R_3 + Cl^-$（电荷增加）大大加速

④ S_N2　$HO^- + R_3S^+ \longrightarrow ROH + R_2S$（电荷减少）缓慢减速

（3）离去基团　离去基团对 S_N1 和 S_N2 反应的影响是一致的，离去基团越易离去反应越易进行。

卤素的离去顺序为 $I^->Br^->Cl^->F^-$。离子基团的碱性越弱离去速率越快,如 $RSO_3^->RCO_2^->C_6H_5O^-$。以水为介质进行的亲核取代反应,被取代基团的离去速率为 $N≡N>RSO_3^->I^->Br^->NO_3^-\sim Cl^->H_2O\sim Me_2S>F^-$。

(4) 空间效应 在 S_N2 取代反应中,体积大的取代基将阻碍亲核试剂的进攻,使反应速率降低。在 S_N1 反应中,取代基若使碳正离子稳定性增加则加速反应,有时取代基的体积因素倾向更容易形成碳正离子。

4.5 邻基参与作用

分子中亲核的取代基参与了在同一分子中另一部位上的取代反应称邻基参与作用(neighboring group participation)。邻基参与作用是一种分子内的 S_N2 过程,两个基团(参与基团与离去基团)在分子内处于反式共平面的构象才能发生参与作用。

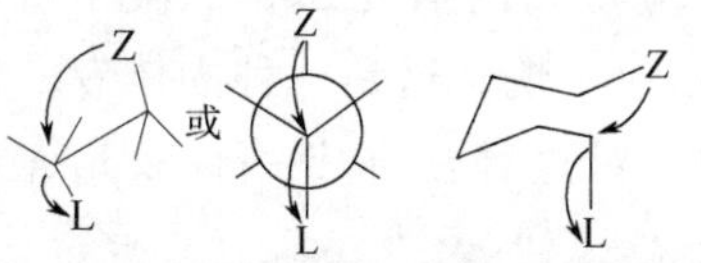

邻基参与一般形成三元环或五元环,四元环不易形成。邻基参与作用的结果使得最后的取代产物构型保持,且反应加速。

这类取代基往往带有 π 电子或未共享电子对,在分子内起亲核试剂作用。

如旋光的 α-溴代丙酸盐的水解反应,邻近的羧基负离子从离去基团(溴原子)的背面进攻 α 碳原子,促使 Br 原子离去,形成三元环内酯中间体,此时亲核试剂 OH^- 只能从溴原子离去的一面进攻 α 碳原子,从而得到构型保持的水解产物 α-羟基丙酸盐。

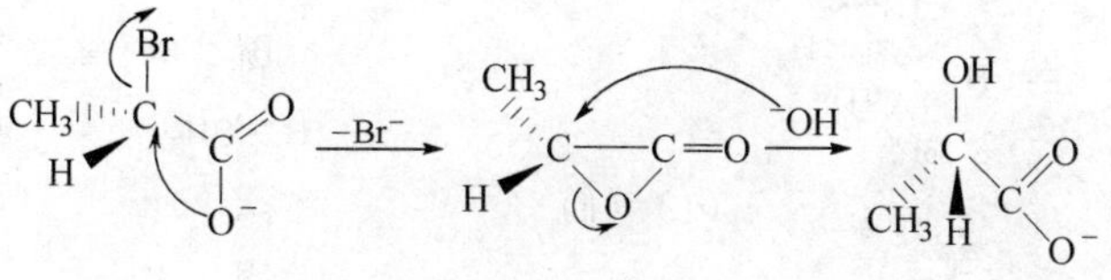

即:第一步

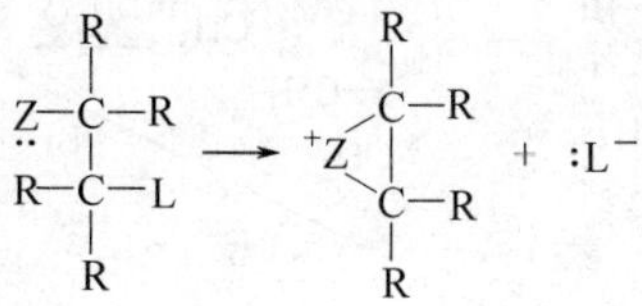

第二步

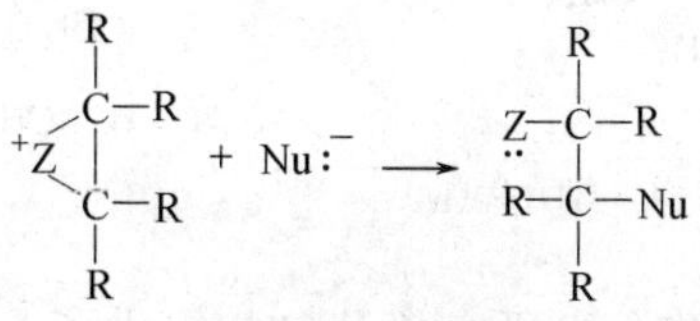

这个历程本质上是由两个 S_N2 反应所构成,每次反应都引起一次转化,故总结果是构型保持。

邻基参与作用(也称邻基效应)在有机反应中,特别是亲核取代、消除和重排反应中普遍存在，它对反应速率和反应产物有较大的影响。以 3-溴-2-丁醇与 HBr 的取代为例：

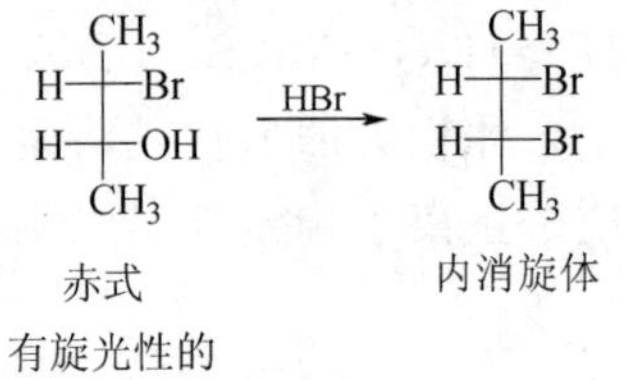

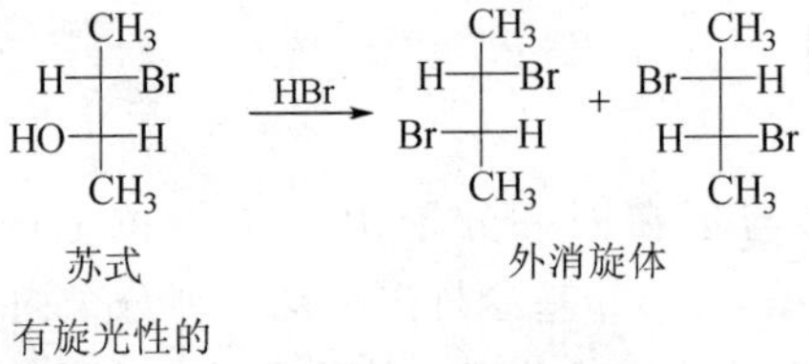

赤式（有旋光性的） $\xrightarrow{\text{HBr}}$ 内消旋体

苏式（有旋光性的） $\xrightarrow{\text{HBr}}$ 外消旋体

赤式 3-溴-2-丁醇与 HBr 反应得到内消旋 2,3-二溴丁烷，苏式 3-溴-2-丁醇与 HBr 反应得到苏式的一对外消旋体 2,3-二溴丁烷。这是一种立体专一性反应——从立体化学不同的反应物得到立体化学不同的产物。对这种立体专一性反应最合适的解释是溴原子的邻基参与，即：

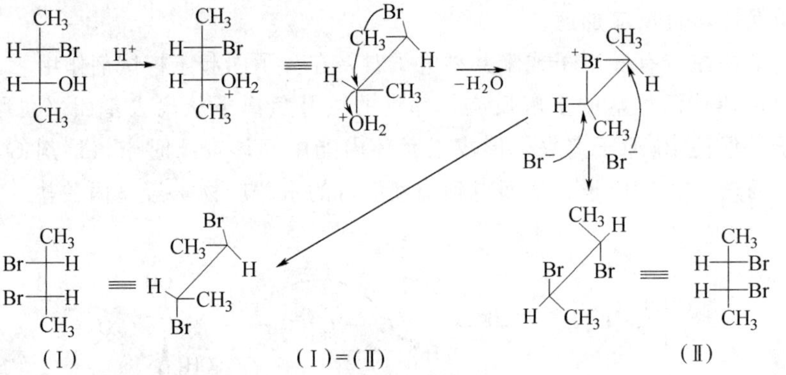

(Ⅰ)　　(Ⅰ)≡(Ⅱ)　　(Ⅱ)

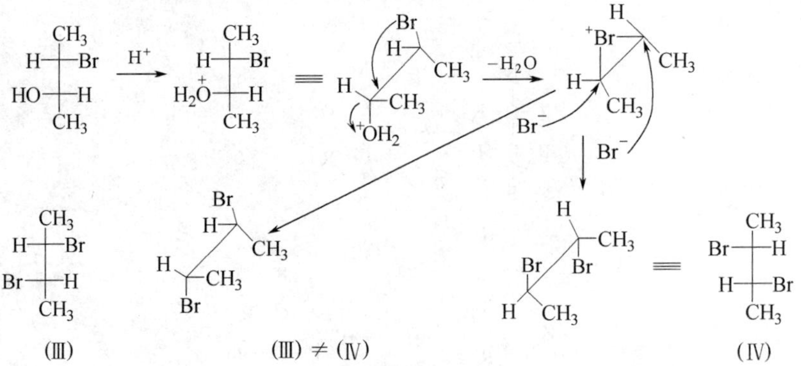

(Ⅲ)　　(Ⅲ)≠(Ⅳ)　　(Ⅳ)

同位素标记和立体化学的结合为研究邻基参与提供了有效的工具，例如，以 ^{18}O 标记的 1-O-乙酰基-2-O-对甲苯磺酰-反-1,2-环己醇 1 的乙酸解反应得到二乙酸酯 2 和 3，如下所示：

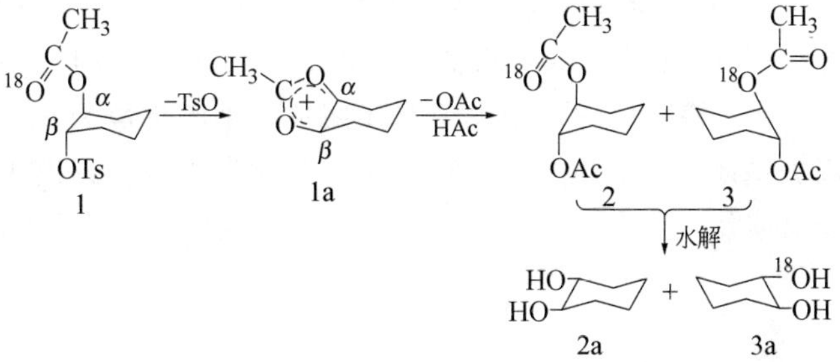

混合物 2 和 3 的 ^{18}O 分析显示，乙酸解反应中 ^{18}O 几乎定量地保持在醋酸酯内，经水解后，得到两个醇 2a 和 3a，由于酰氧键的断裂，这将使两个醇中结合的 ^{18}O 应占 50%。事实上，在醇 3a 中发生 ^{18}O 的为 46%，这个结果显示反应中应该有一个由于乙酰氧基参与而生成对称的酰氧鎓离子中间体 1a，然后乙酸根离子能以相等的概率进攻 α- 或 β- 碳原子。

苯基作为邻近基团参与亲核取代反应的例子，如 3-苯基-2-丁醇的对甲苯磺酸酯的醋酸解反应，如果用 L-苏式异构体（Ⅰ）作反应物，所得产物为 L-苏式醋酸酯的外消旋混合物（Ⅲ）；如果用 L-赤式异构体（Ⅰ′）进行反应，生成的产物为光学活性的 L-赤式醋酸酯（Ⅲ′）。这些结果说明，反应物的两个手性中心，α-C 和 β-C 原子之间的 σ 键自由旋转在反应过程中受到限制才产生各自的立体化学产物。根据邻近基团参与理论，邻近苯基按照 S_N2 反应历程参与反应，所得中间体（Ⅱ）和（Ⅱ′）称为苯鎓离子（phenonium ion），它们再与亲核试剂 AcO^- 反应生成最终产物。但是，因为中间体（Ⅱ）和（Ⅱ′）的对称性不同；前者是非手性的，所以它生成的产物是外消旋混合物（Ⅲ），而后者是手性的，因此它生成的产物是同样的光学活性物质（Ⅲ′）。

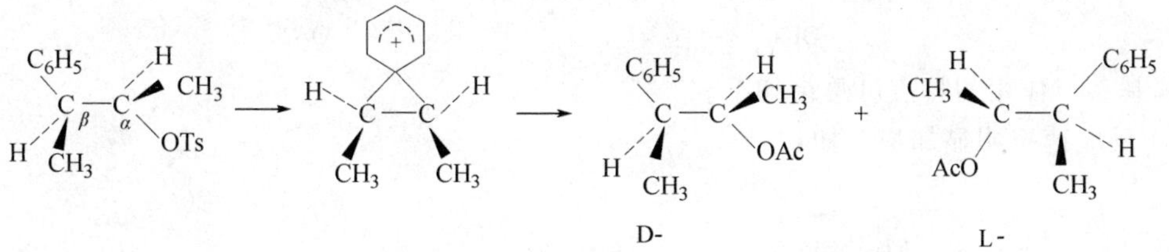

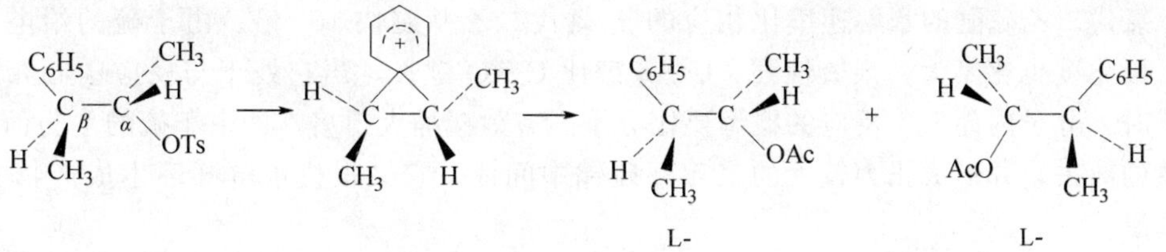

苯鎓离子（Ⅳ），特别是苯环带有给电子基团的苯鎓离子等，在超酸介质中一般是稳定的，NMR 证明它们的结构和苯环亲电取代反应中间体（Ⅵ）是相似的，甚至有些中间体如（Ⅴ）可以分离出来。

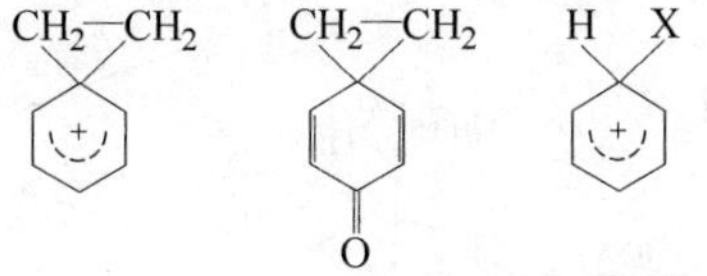

曾有人研究了 2-芳基-2-对溴苯磺酸丁酯在乙酸中进行溶剂解反应的 Hammett 线性自由能关系。在 Hammett 图上出现一个向上弯曲的折线，—NO_2、—CF_3、m-Cl 等强吸电子基在一直线上，$\rho = -1.46$，表明反应被吸电子基团减速，推测反应为 S_N2 历程，因为对溴苯磺酸是一个较好的离去基团，随它的离去，C—OAc 键逐渐形成，但离去速率更快一点，反映出吸电子基不利于反应。

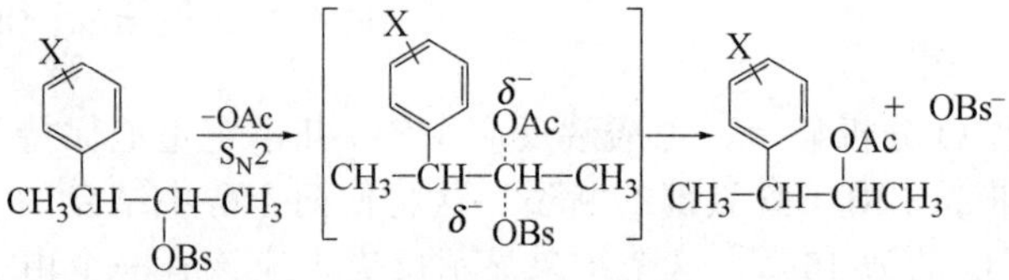

但当取代基变为供电子基如—OCH_3 时，速率明显增加，但其 ρ 值与吸电子基团不在一条线上，向上弯曲，这告诉我们随着苯环上供电性增加使苯环也具有一定亲核性，而且苯环就在分子内部且处于—OBs 所在碳原子的邻接位置，符合邻位基团参与的条件，因此邻近苯基参与了反应。由于苯基的参与，首先生成了苯桥正离子中间体，这是反应的决速步骤，苯环上取代基的供电性越强，这种苯桥正离子越容易生成，然后 AcO^- 进攻苯桥正离子开环生成乙酸解产物，这一机理也得到其他实验结果的支持。

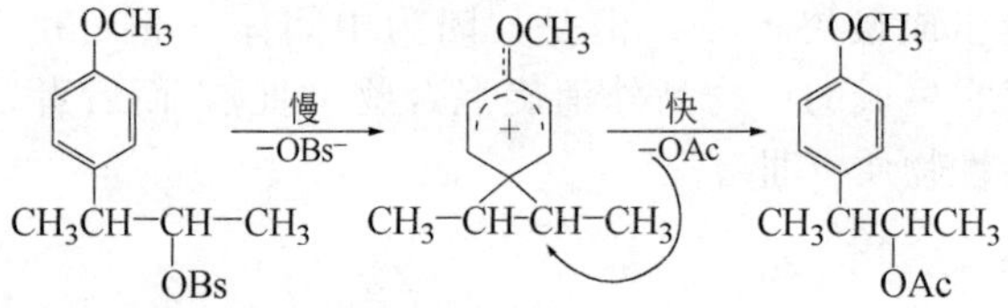

邻基参与作用的特点可总结如下。
① 反应速率明显加快。如：

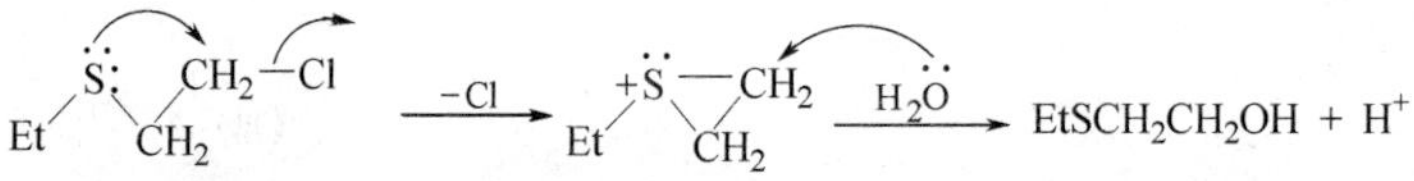

β-氯代二乙硫醚的水解速率比相应的 β-氯代二乙基醚快 10^4 倍。由于硫的给电子能力强，可极化度也比氢大，亲核性强，C—S 键比 C—O 键长，当它处于与反应中心相对有利的位置时，分子内先发生反应的概率要比分子间有效碰撞大得多。即由于硫的参与而大大有助于氯的离去，并形成张力较大的三元环硫鎓中间体，它又很快水解开环生成产物 β-羟基二乙基醚。

② 反应物的手性碳在反应前后构型保持。如：

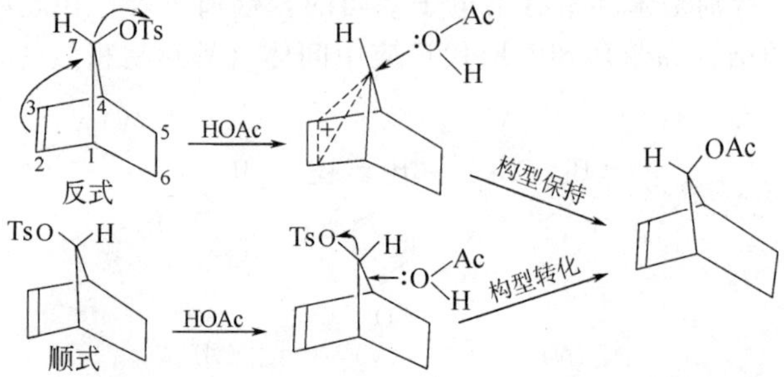

邻基效应是经由分子内的分步过程，反式异构体发展中由于 π 键的参与，中间体桥状非经典碳正离子的正电荷得到分散，它比带有定域的开键碳正离子稳定，故易于生成而使反应明显加快。又由于经过两次 S_N2 过程，总的结果是在反应中心不发生构型转化。而顺式异构过程得到构型转化产物。

③ 邻基参与作用可导致生成分子内重排产物。如：

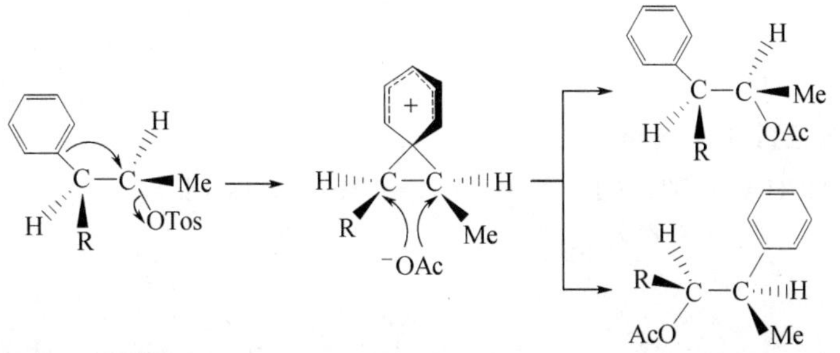

由于邻基效应生成桥状离子，第二步亲核试剂的进攻方向既能是连有离去基团的碳原子，也可以是参与桥环的另一个碳原子，因而在邻基参与的反应中能观察到重排产物生成。

④ 邻基参与作用易产生环状的化合物。在发生邻基参与反应中，总是先形成桥状鎓离子中间体或过渡态，然后进一步反应，有可能得环状化合物。如：

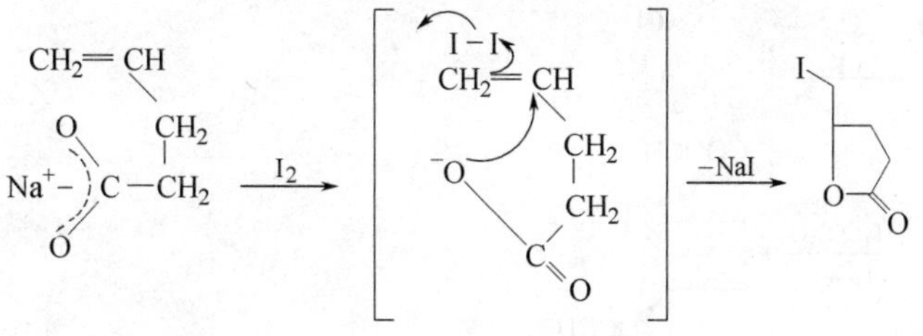

4-戊烯酸钠   —COO⁻ 参与形成五元环   碘内酯

4.6 亲核试剂的类型和反应

① 含氧亲核试剂，含氧亲核试剂有 H_2O、ROH、OH^- 和 RO^-，它们的反应包括各种水解反应和醇解反应。

② 含硫亲核试剂，含硫亲核试剂有 H_2S、S_2^{2-}、RS^-、RSO_2^-、$S_2O_3^{2-}$ 等。

③ 含氮亲核试剂，含氮亲核试剂有 NH_3、RNH_2、R_2NH、R_3N、$ClSO_2NCO$、Li_3N、NO_2^-、NaN_3、NCO^-、NCS^- 等。

④ 卤素亲核试剂，含卤素的亲核试剂有 HX、X^-、LiI、$SOCl_2$、$ClCSCl$（其中 C=O） 等。

⑤ 负氢离子，能提供负氢离子作为亲核试剂的化合物有 $LiAlH_4$、AlH_3、$NaBH_4$、$LiAlH(O\text{-}t\text{-}Bu)_3$ 等。

⑥ 碳亲核试剂，碳亲核试剂有 RMgX、R_2CuLi、RLi、叶立德、R_3B、$RC\equiv C^-$、R_3Al、ArCu 及各种活泼亚甲基产生的碳负离子。

⑦ 溶剂解（Solvolysis），溶剂作为亲核试剂的亲核取代反应，称为溶剂解或溶剂解反应。所用的溶剂有水、乙醇、乙酸等。

习 题

4.1 预计下列各对反应中哪一个比较快？试解释之。

(1) 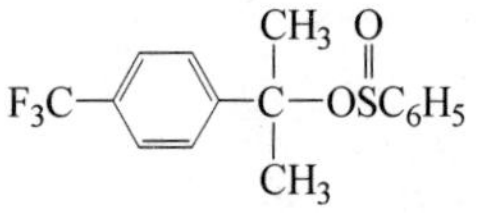 $F_3C-C_6H_4-C(CH_3)_2-OSC_6H_5(=O)$ (I) 和 $H_3C-C_6H_4-C(CH_3)_2-OSC_6H_5(=O)$ (II)

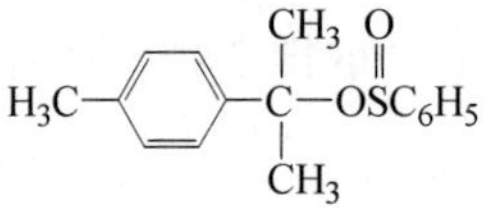

在 100% 乙醇中溶剂解反应。

(2) $H_2C=CHCH_2CH_2OTs$ (I) 或 $H_3CCH=CHCH_2OTs$ (II)

在 98% 的甲酸中溶剂解反应

(3) 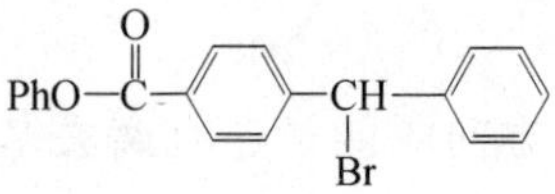 $PhOC(=O)-C_6H_4-CH(Br)-Ph$ 和 邻-$BrC_6H_4-CH(Br)-Ph$ 中 $C(=O)OPh$ 在醋酸中的溶剂解反应。

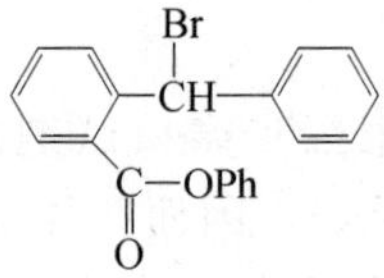

4.2 试对下列反应提出合理的反应机理

(1) 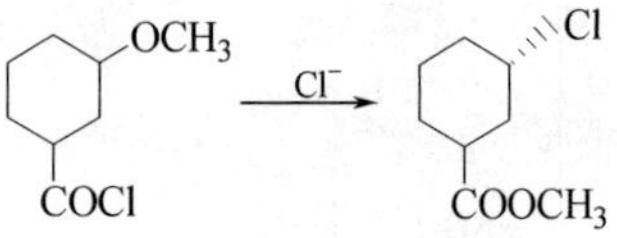 3-甲氧基环己基甲酰氯 $\xrightarrow{Cl^-}$ 3-氯环己基甲酸甲酯

(2) N-甲基-2-羟基降托品烷 $\xrightarrow[H^+,\Delta]{(CH_3CO)_2O}$ N-甲基-2-乙酰氧基降托品烷

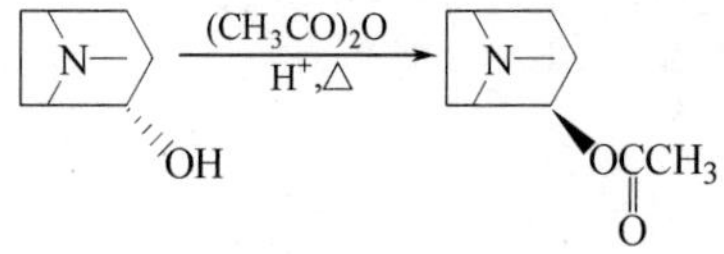

旋光性的反应物   外消旋化的产物

(3) 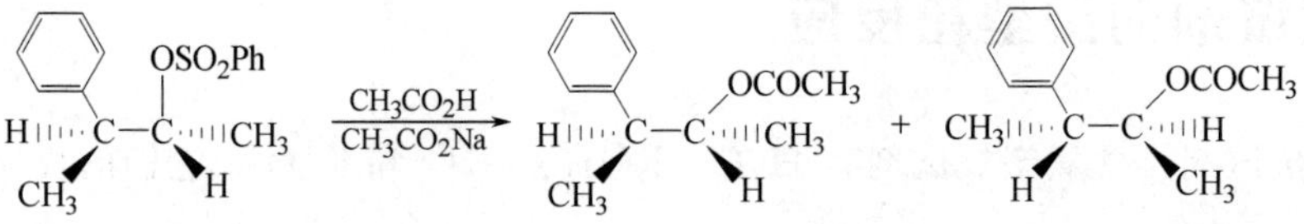 Ph-CH(OSO$_2$Ph)-CH(CH$_3$)(H) (光活性体) $\xrightarrow[CH_3CO_2Na]{CH_3CO_2H}$ Ph-CH(OCOCH$_3$)-CH(CH$_3$)(H) + 对映体 (外消旋体)

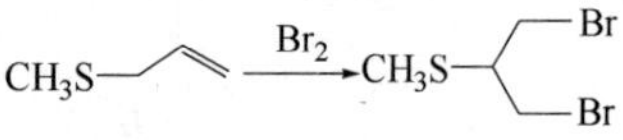

(4) 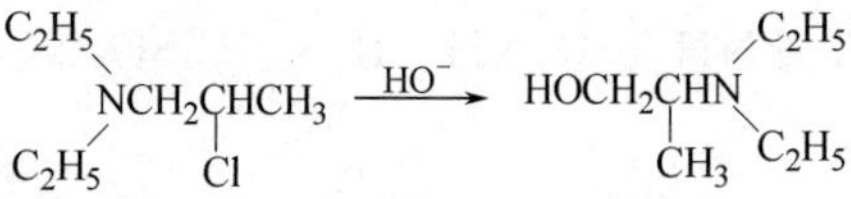 $(C_2H_5)_2NCH(CH_3)CH_2Cl \xrightarrow{HO^-} HOCH_2CH(CH_3)N(C_2H_5)_2$

(5) $CH_3S-CH=CH_2 \xrightarrow{Br_2} CH_3S-CH(CH_2Br)-Br$

(6) 2-氨基-3-溴-4-(甲氧羰基甲基)四氢噻吩 $\xrightarrow{HOAc}$ 双环内酰胺产物

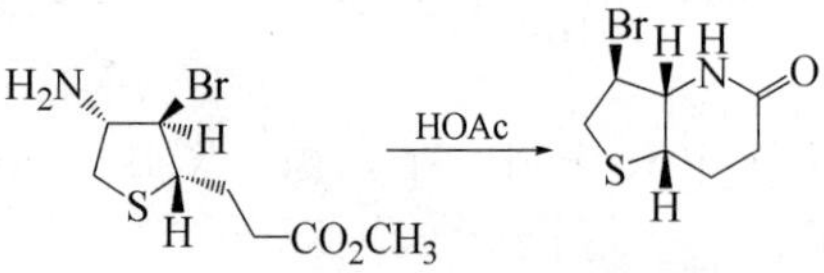

4.3 用碱性氧化铝处理 2-溴代-p-羟基乙苯生成一种白色固体，m.p.：40～43℃，IR：1640 cm^{-1}；UV：282 nm（水中），261 nm（醚中）；NMR 在 1.69 和 6.44（TMS 内

标）处有两个等幅单峰，元素分析：C，79.97%；H，6.71%。对产物提出合理的结构，并提出此产物生成的机理。

4.4 根据下列反应过程，回答问题。

$$\text{A} \xrightarrow{} \text{B} \xrightarrow{} \text{C} \xrightarrow{} \text{D}$$

化合物 A 在间氯过氧苯甲酸的作用下，生成了化合物 D。B、C 是两种电中性的中间体，写出 B、C 的结构简式。化合物 D 与 AcCl 反应生成化合物 E。E 与 2-溴丙二酸二乙酯以及 DBU（一种几乎没有亲核性的强碱）在 THF 中反应，得到化合物 F。写出 B、C、E、F 的结构式。

4.5 写出下列反应的机理

(1) 香叶醇 $\xrightarrow{Ph_3P, CCl_4}$ 香叶基氯

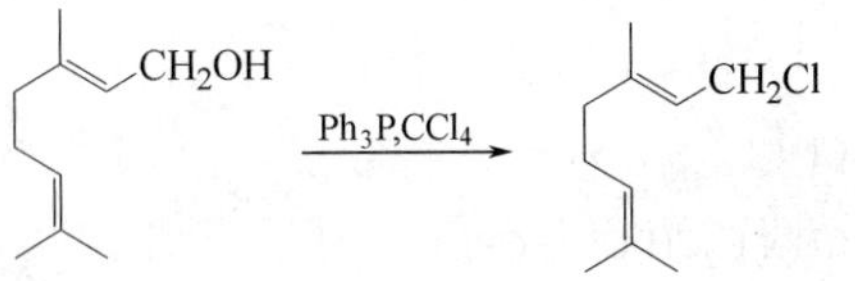

(2) $C_6H_5CH_2SCH_2CH(OH)CH_2SCH_2C_6H_5 \xrightarrow{SOCl_2} C_6H_5CH_2SCH(CH_2Cl)CH_2SCH_2C_6H_5$

(3) 二醇 $\xrightarrow{H^+}$ 氧杂环化合物

(4) $(EtO)_3P + CH_3X \xrightarrow{回流} EtO-P(=O)(CH_3)(OEt)$

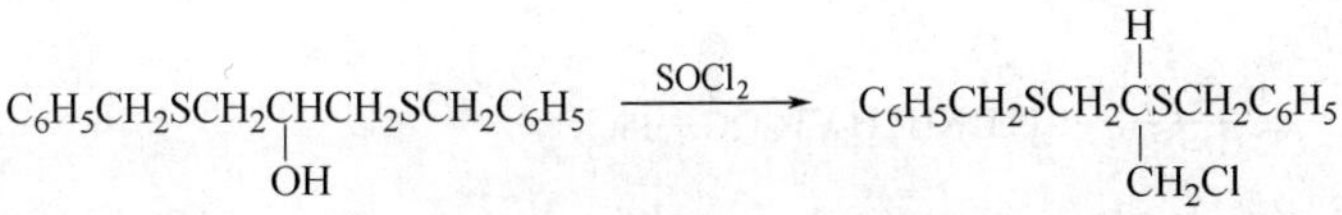

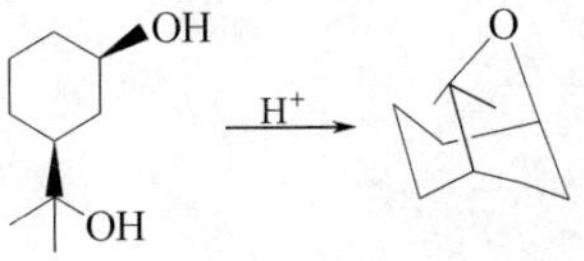

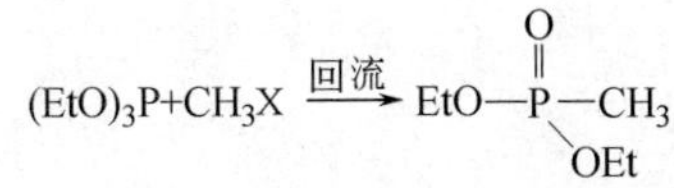

(5) 氯代烯醇 $\xrightarrow{H^+}$ 双环酮

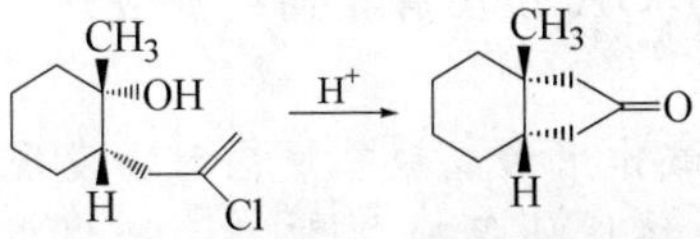

(6) $\text{CH}=\text{CH}-\text{CH}=\text{CH}-\text{CH}_2\text{OH} \xrightarrow[CH_3CH_2OH]{H^+}$ 乙氧基产物

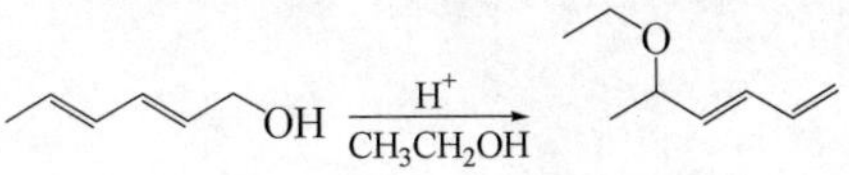

4.6 2-乙酰氧基环己醇对甲苯磺酸酯酸解时，发现反式异构体比顺式异构体快 670 倍。且顺式异构体得到的是反式的二醋酸酯（构型转化），而由反式异构体得到的却是构型保持的产物。试解释其原因？

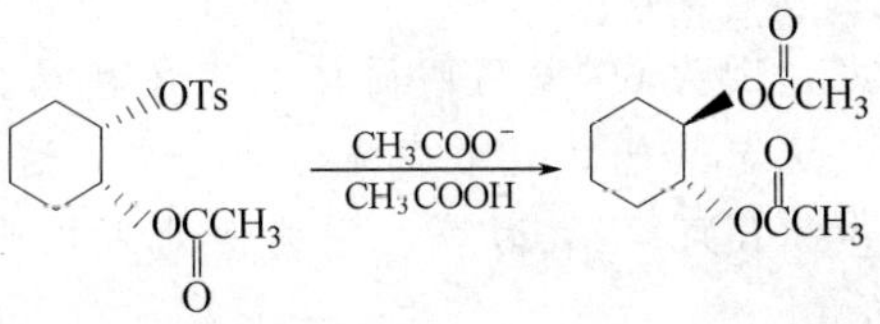

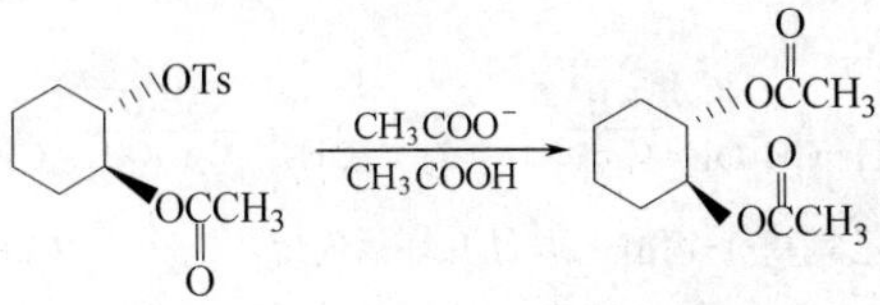

4.7 苏式及赤式的对甲苯磺酸-3-苯基-2-丁酯在醋酸中进行溶剂分解，前者得消旋化的苏式醋酸酯，后者得光学纯赤式醋酸酯，试用反应历程解释。

4.8 试对下列各反应提出合理的机理

(1) 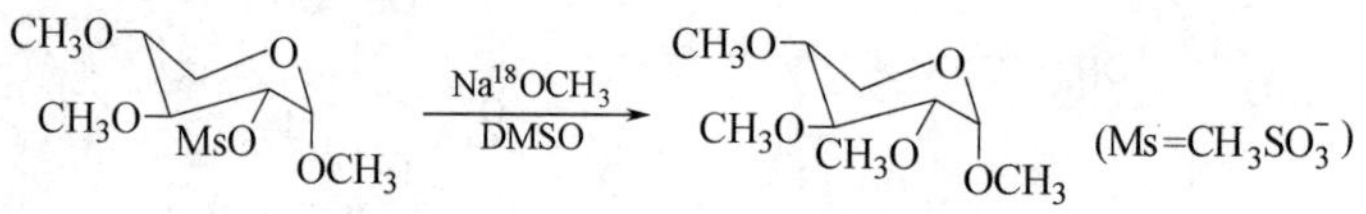 [结构式] $\xrightarrow{\text{Na}^{18}\text{OCH}_3}_{\text{DMSO}}$ [结构式] (Ms=CH$_3$SO$_3^-$)

产物中无 ^{18}O

(2) 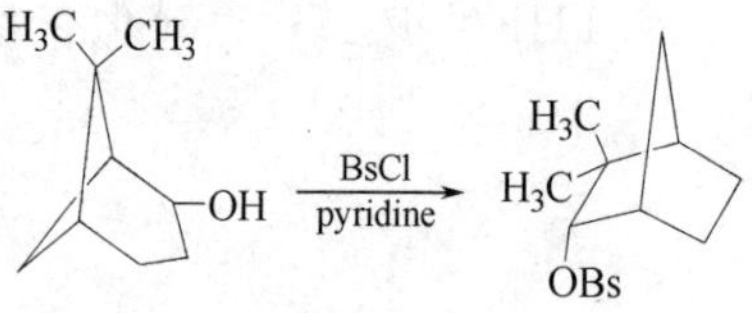 [结构式] $\xrightarrow[\text{pyridine}]{\text{BsCl}}$ [结构式]

(3) $HC\equiv CCH_2CH_2Cl \xrightarrow{CF_3CO_2H} H_2C=\underset{Cl}{C}-CH_2CH_2O-\underset{O}{\overset{\|}{C}}-CF_3$

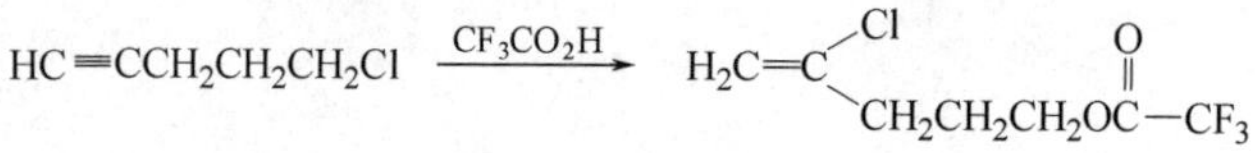

(4) 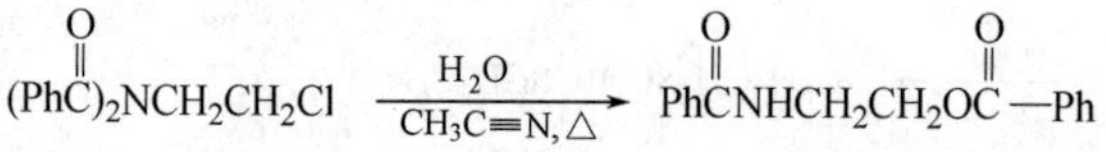 $(PhC)NHCH_2CH_2Cl \xrightarrow[CH_3C\equiv N, \triangle]{H_2O} PhCNHCH_2CH_2O-\underset{O}{\overset{\|}{C}}-Ph$

(5) 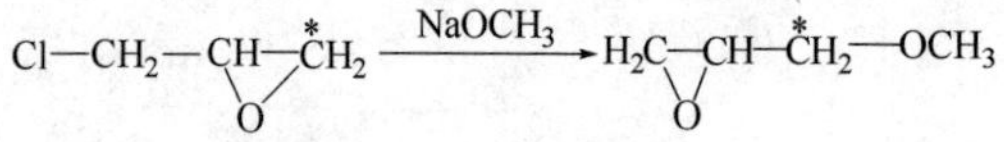 $Cl-CH_2-CH-\overset{*}{C}H_2 \xrightarrow{NaOCH_3} H_2C-\underset{O}{CH}-\overset{*}{C}H_2-OCH_3$

(6) 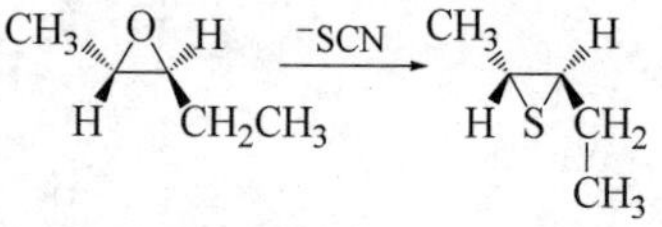 [环氧化合物] $\xrightarrow{-SCN}$ [硫杂环化合物]

4.9 解释 3-溴-1-丁烯与 1-溴-2-丁烯和 NaOCH$_3$/CH$_3$OH 反应有相同的反应速率和相同的产物组成。

4.10 研究 2,3,4,6-四-O-乙酰基-β-D-葡萄糖与杂环碱作用形成糖苷反应时，发现使用 A 加入反应体系，产率是高的，而且反应有立体选择性地得到 β-糖苷，试提出反应机理并解释其立体化学。

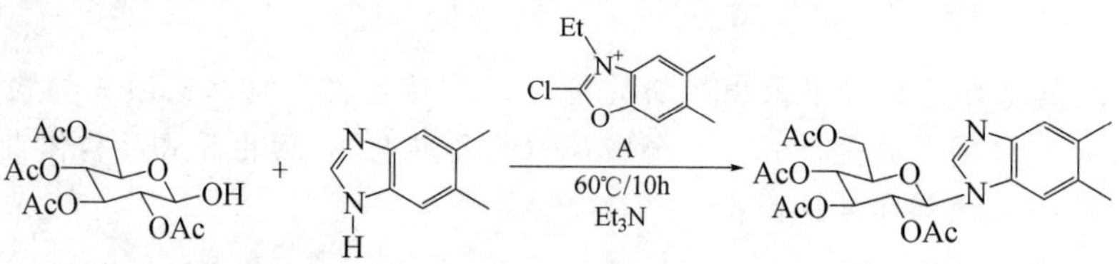

[反应式] $\xrightarrow[\text{Et}_3\text{N}]{A \atop 60℃/10h}$ [产物]

4.11 三元环承受很大的张力，因为 60°偏离四面体的夹角甚远。环氧乙烷十分活泼，许多试剂可使它的环打开，这与其他的醚形成强烈的对照。这自然是由于开环可以消除张力。有一种环醚，叫做 (R)-环氧丙烷，它的两处可以受到攻击，从而生成两种同分异构体，如下所示：

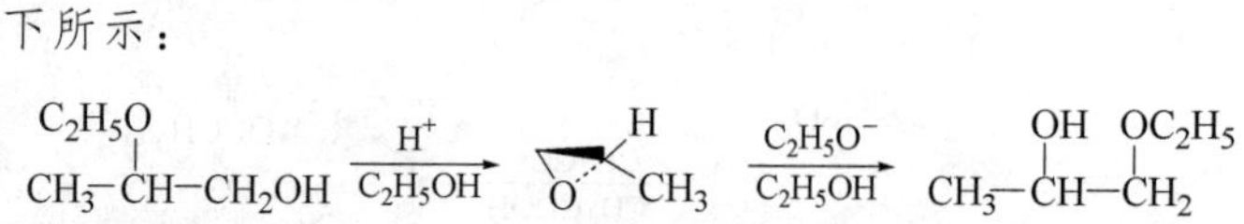

$\underset{(R,S)\text{-2-乙氧基-1-丙醇}}{\overset{C_2H_5O}{\underset{CH_3-CH-CH_2OH}{}}} \xleftarrow{H^+ \atop C_2H_5OH} \underset{(R)\text{-环氧丙烷}}{[环氧丙烷]} \xrightarrow{C_2H_5O^- \atop C_2H_5OH} \underset{(R)\text{-1-乙氧基-2-丙醇}}{\overset{OH \; OC_2H_5}{\underset{CH_3-CH-CH_2}{}}}$

给出与上述事实一致的详尽的反应机理。

4.12 化合物 1 和化合物 2 分别与 (CH_3)$_3$Al 按摩尔比 1：3 投料，发生下列反应：

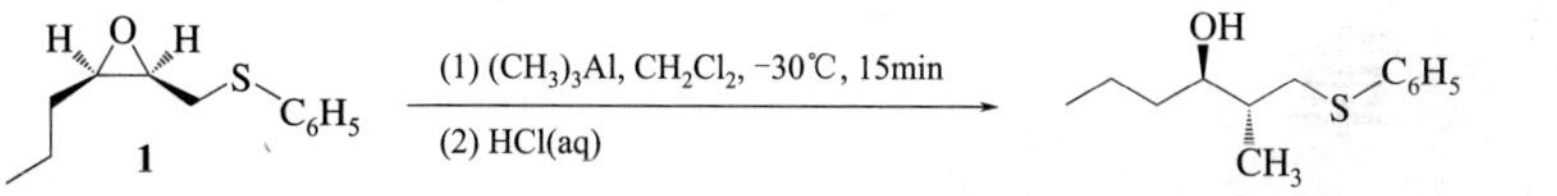

[反应式1：化合物 1 经 (1) (CH_3)$_3$Al, CH_2Cl_2, $-30℃$, 15min; (2) HCl(aq) 生成 A，即 (2R,3R)-2-甲基-(苯硫基)-己-3-醇]

[反应式2：化合物 2 经 (1) (CH_3)$_3$Al, CH_2Cl_2, $-30℃$, 15min; (2) HCl(aq) 生成 B]

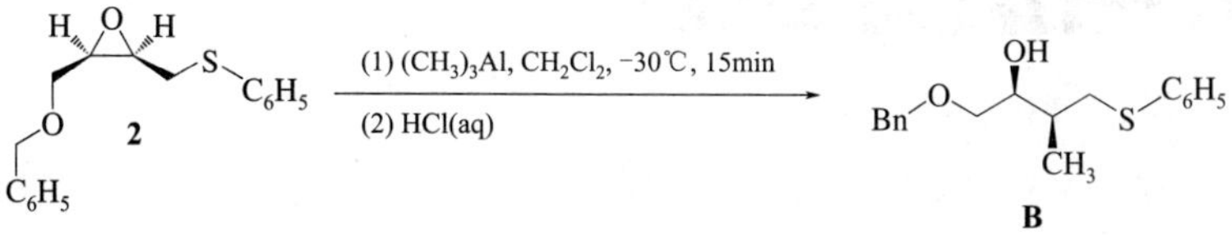

写出生成 A 和 B 的反应机理。

4.13 酚或醇在催化量 DMAP(4-二甲氨基吡啶) 的存在下，可方便地使羟基与甲磺酰氯快速地进行甲磺酰化反应。

4.14 对溴苯磺酸 2-辛酯在 80%CH_3OH 和 20%丙酮中的溶剂解反应，除生成预料的甲基 2-辛基醚外，还得出产率为 15% 的 2-辛醇，可以证明 2-辛醇的生成不是由于介质中偶然存在 H_2O 的结果。

第5章 加成与消除反应

5.1 亲电加成反应

5.1.1 亲电加成反应机理

亲电加成的机理一般有以下三种。

(1) 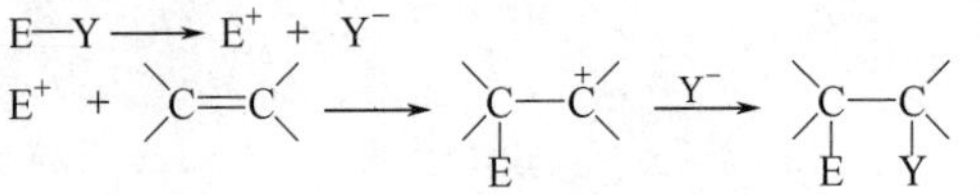 $E-Y \longrightarrow E^+ + Y^-$

$E^+ + \overset{}{C}=\overset{}{C} \longrightarrow \overset{}{C}-\overset{+}{C} \overset{Y^-}{\longrightarrow} \overset{}{C}-\overset{}{C}$
$\qquad\qquad\qquad\quad\; E \qquad\quad\; E\;\;Y$

(2) 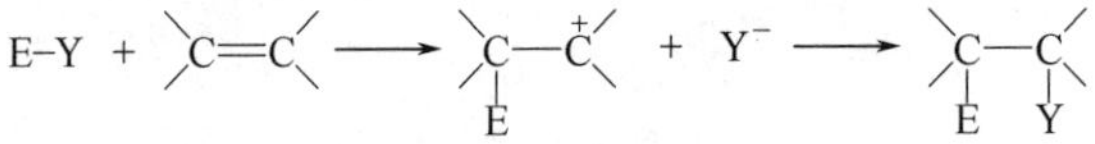 $E-Y + \overset{}{C}=\overset{}{C} \longrightarrow \overset{}{C}-\overset{+}{C} + Y^- \longrightarrow \overset{}{C}-\overset{}{C}$
$\qquad\qquad\qquad\qquad\quad\; E \qquad\qquad\quad\; E\;\;Y$

(3) 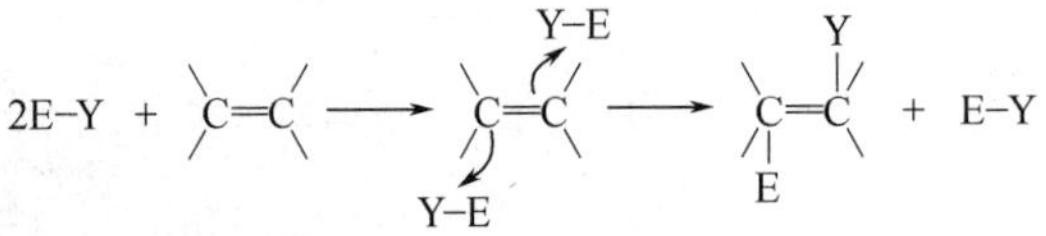 $2E-Y + \overset{}{C}=\overset{}{C} \longrightarrow$ ... $\longrightarrow$ ... $+ E-Y$

常见的亲电试剂和加成产物如下:

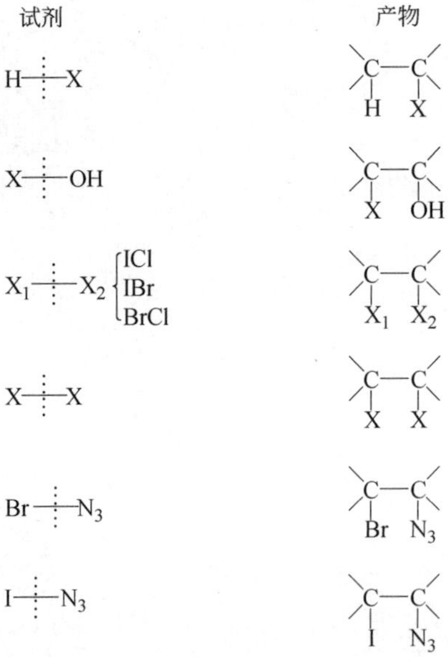

试剂	产物
H—X	C(H)—C(X)
X—OH	C(X)—C(OH)
X_1—X_2 {ICl, IBr, BrCl}	C(X_1)—C(X_2)
X—X	C(X)—C(X)
Br—N_3	C(Br)—C(N_3)
I—N_3	C(I)—C(N_3)

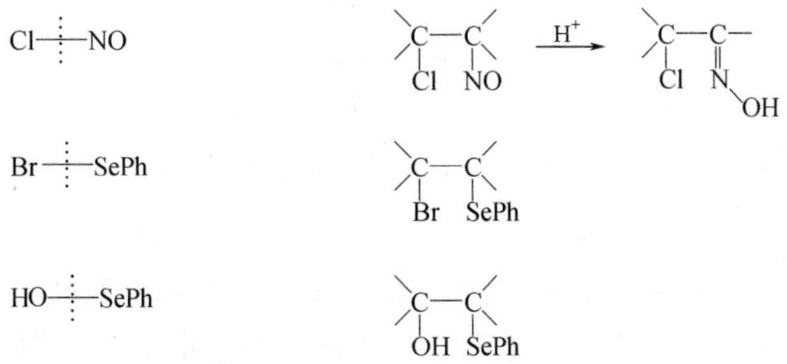

5.1.2 氢卤酸对双键的加成

$$R_2C=CHR \xrightarrow{HX} R_2\overset{+}{C}-CH_2R \xrightarrow{X^-} R_2CCH_2R \atop X$$

在这个加成反应中，氢加在双键上电荷偏负的碳原子上，对于脂肪烃取代的双键，加成过程经过三分子的过渡态。先形成 H—X 烯烃络合物，然后一分子 HX 从另一方向加成完成反应。

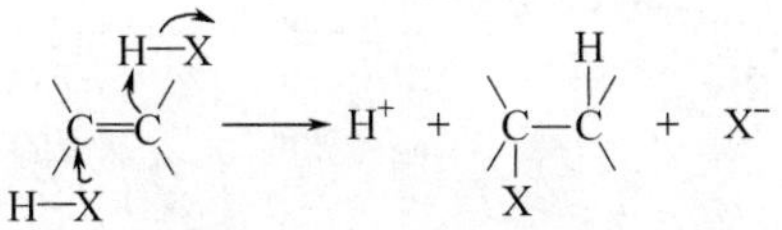

所以，最后的产物为"反式"加成，当取代基为芳香基时，由于形成的碳正离子较稳定，卤素以同面与碳正离子结合，得到的是"顺式"加成产物，在加成中除得到正常加成产物外，还会有重排产物。碳正离子都有重排成更稳定结构的趋势，碳正离子的稳定性顺序是苄基碳正离子＞烯丙基碳正离子＞三级碳正离子＞二级碳正离子＞一级碳正离子。

5.1.3 烯的酸催化水合反应

烯烃的酸催化水合与加卤化氢机理相同。首先是酸提供质子与烯烃加成生成碳正离子，然后水与碳正离子结合，并脱去质子生成醇，水合反应的立体选择性较差，加成产物为"顺式"和"反式"的混合物。烯烃的酸催化水合反应经常有碳正离子重排产物。如：

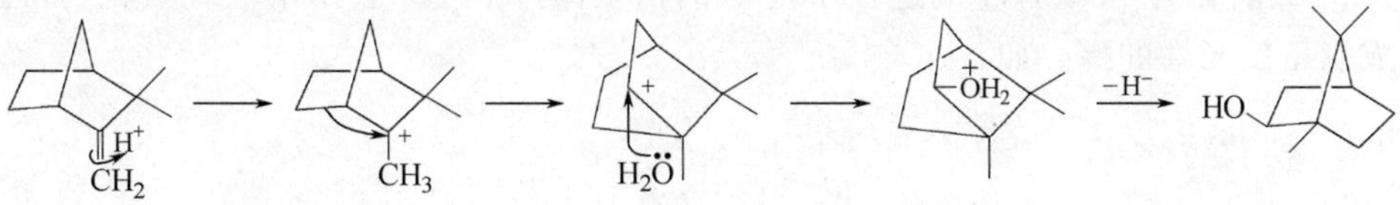

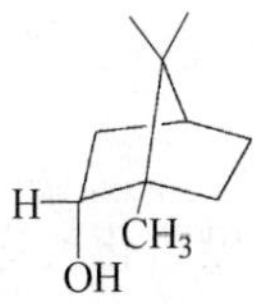

在上面的例子中，需要引进—OH，这时不能直接把羟基作为进攻试剂，因为反应条件是在酸性环境，不可能出现 HO⁻，故应采用 H_2O 进攻碳正离子，而后脱掉 H^+。由于连接六元环的桥键已经确定，只能使单—CH_3 的位置处在环下方，为了减少环张力，生成物中的—OH 位置应与该甲基的位置处于反式，这样就合理的解释了为什么生成上述产物而不是如左图所示的产物。

5.1.4 卤素与烯键的加成

烯烃与卤素的加成是经过卤鎓正离子进行的。

$$\begin{array}{c} R-CH\overset{X^+}{\underset{}{\triangle}}CH_2 \rightleftharpoons R-\overset{+}{C}H-CH_2X \\ \downarrow X^- \\ R-CH\overset{X^+}{\underset{\underset{X^-}{\uparrow}}{\triangle}}CH_2 \longrightarrow RCH-CH_2 \\ X\ \ X \end{array}$$

环状卤鎓离子最初是作为立体化学现象的一种合理解释而提出的，但随后就发现了确切的证据。1967 年 Olah 制得了一些正离子，其核磁共振谱说明它们的确是环状卤鎓离子。NMR 只出现一个信号，说明四个甲基完全等同。

$$(CH_3)_2C-C(CH_3)_2 + SbF_5 \xrightarrow[-60\,℃]{SO_2} (CH_3)_2C-C(CH_3)_2 \; SbF_6^-$$
$$ F \quad Br Br$$

溴鎓离子比氯鎓离子中间体稳定，溴加成的立体选择性较强，加成产物为"反式"，环戊二烯在 $CHCl_3$ 中加氯的产物比较特殊，主要为顺式产物。

$$\text{环戊二烯} + Cl_2 \xrightarrow{CHCl_3} \text{顺式-二氯} + \text{反式-二氯}$$
主要的　　　次要的

5.1.5 硼氢化反应

乙硼烷和烷基硼与烯烃迅速反应生成三烷基硼，然后用碱性 H_2O_2 氧化，同时水解，即得伯醇。

硼氢化物与碳碳不饱和键的加成反应，称为硼氢化反应，在硼氢化时，硼总是加到较少取代的不饱和碳原子上。硼氢化反应总是生成"顺式"加成产物。

在 $^*C-B$ 转化为 $^*C-OH$ 的过程中，$^*C$ 的构型保持不变。若用手性硼氢化物可进行不对称合成制备旋光性的醇。如：

98%　　　2%　　　98%　　　2%

硼氢化反应机理为：

$$\underset{R}{\overset{H}{>}}\!\!=\!\!\underset{}{\overset{H}{<}}\,\underset{R'}{\overset{B-R'}{}} \longrightarrow \underset{R}{\overset{H}{\cdots}}\!\!-\!\!\underset{}{\overset{H}{\cdots}}\,\underset{R'}{\overset{B-R'}{}} \xrightarrow[\text{反马氏规则}]{\text{顺式加成}} R-CH_2-CH-B\underset{R'}{\overset{R'}{}} \xrightarrow{O-OH} R-CH_2-CH-B\underset{}{\overset{OH}{\underset{R'}{}}} \xrightarrow{\text{类 Baeyer-Villiger 反应}}$$

$$R-CH_2-O-B\underset{R'}{\overset{R'}{}} \xrightarrow{-O-OH} R-CH_2-O-B\underset{OR'}{\overset{OR'}{}} \xrightarrow{-OH} R-CH_2-OH + B(OH)_3$$

炔烃亦进行类似的硼氢化-氧化反应，硼氢化速率较烯烃快，例如：

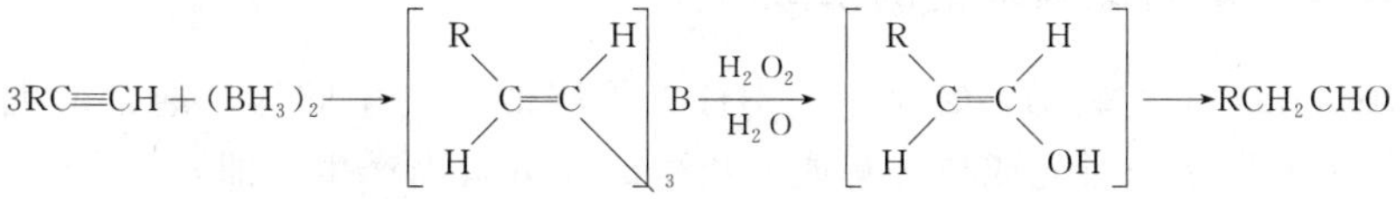

$$3RC\equiv CH + (BH_3)_2 \longrightarrow \left[\begin{array}{c}R\quad H\\ \diagdown C=C\diagup\\ H\quad B\end{array}\right]_3 \xrightarrow[H_2O]{H_2O_2} \left[\begin{array}{c}R\quad H\\ \diagdown C=C\diagup\\ H\quad OH\end{array}\right] \longrightarrow RCH_2CHO$$

末端炔烃，如 1-辛炔，与硼烷试剂可以发生同面加成，形成的反式烯烃在碱性条件下与溴反应后，可以转化为顺-1-溴辛烯。

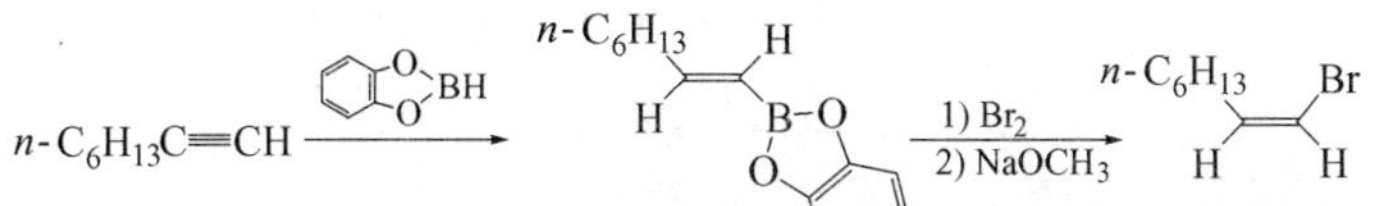

5.1.6 溶剂汞化

醋酸汞在亲核性溶剂（如 H_2O、ROH、RCOOH）中与烯烃加成，生成溶剂解的汞化物，汞化物经 $NaBH_4$ 还原，含汞原子基团被氢取代可得醇、醚、酯等产物。加成过程是通过桥式汞正离子进行的，加成产物为高选择性的"反式"加成。

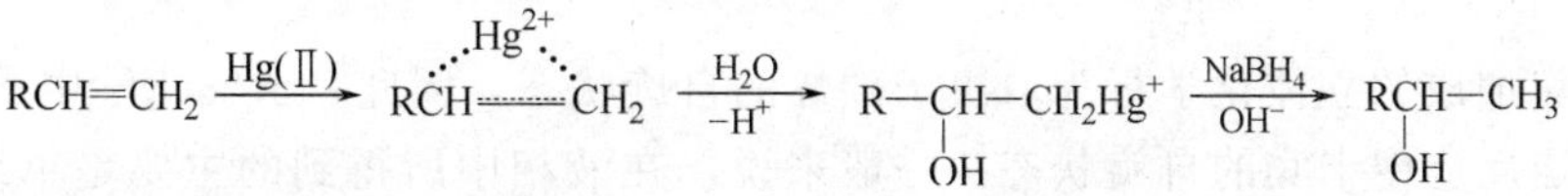

5.1.7 Normant 反应

Normant 反应是使用有机铜试剂和炔烃（多数情况下是乙炔）进行顺式加成，得到带有负电中心烯基铜，不必分离即可在原反应器中加入各种亲电试剂，进行"一锅煮"反应，从而得到高产率、高立体纯度的顺式烯烃。一般利用无官能团取代的端基炔烃，或用乙炔和 R_2CuLi 加成，所得顺式烯烃的立体纯度均可达 99.9% 以上。

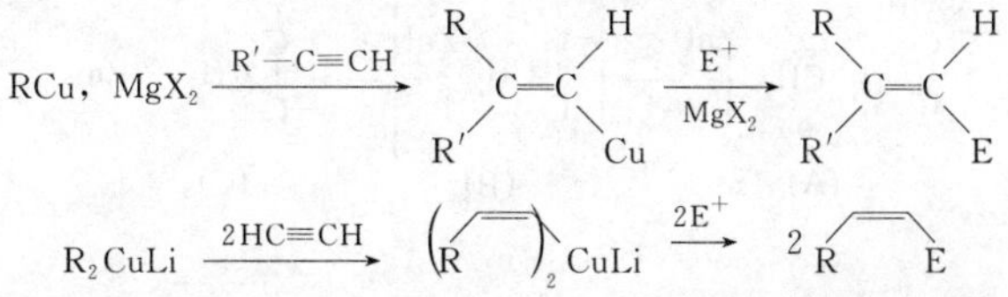

例如：

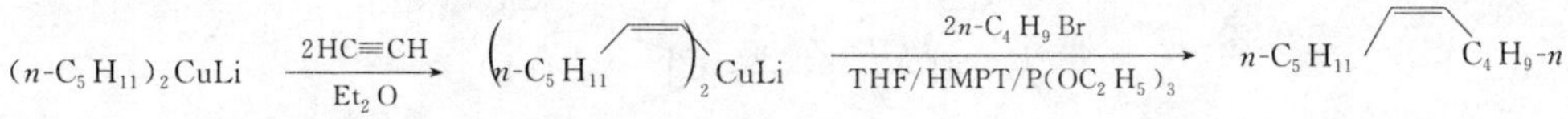

5.1.8 烯烃与其他亲电试剂的加成

选择特殊的亲电试剂与烯烃进行反应，可以制备一些特殊的化合物。如用 Cl—NO 与烯烃加成，再水解可以很方便地制备 α-氯酮。PhSeOAc 与烯烃加成，再用 H_2O_2 氧化很易得到醋酸烯丙酯。如：

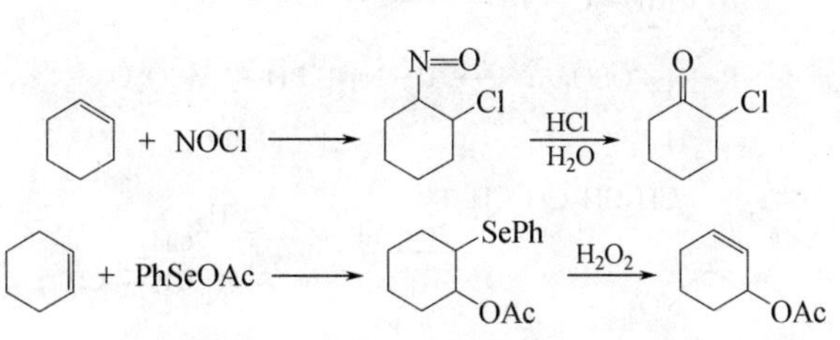

5.1.9 卡宾和氮烯对碳碳双键的加成

卡宾（carbene）又称碳烯，它是一个中性二价碳的活性中间体，通常由无 β-H 的卤代烃的 α-消除、重氮甲烷通过光或热分解或乙烯酮的光分解而产生。即：

$$CHCl_3 + (CH_3)_3COK \longrightarrow :CCl_2 + (CH_3)_3COH + KCl$$

$$CH_2N_2 \xrightarrow{\text{光或}\triangle} :CH_2 + N_2$$

$$CH_2=C=O \xrightarrow{h\nu} :CH_2 + CO$$

卡宾有单线态和三线态两种形式。卡宾对碳碳双键加成时，单线态的碳烯进行顺式加成，具有立体专一性，而三线态的碳烯加成时，没有立体专一性。如：

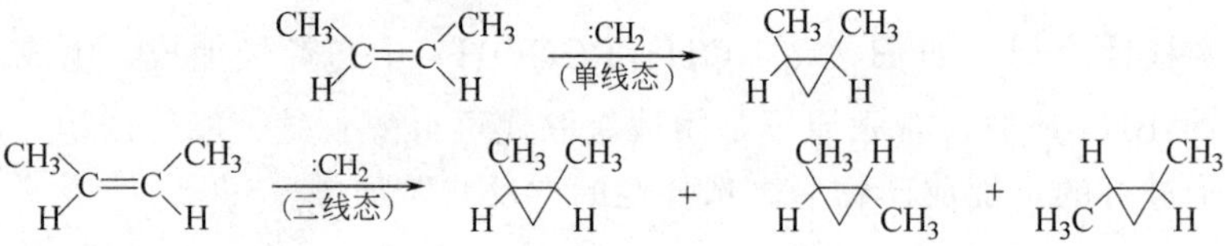

由于卡宾加成的立体化学行为取决于碳烯的自旋状态，因此，卡宾化学中的重要问题是确定某一给定反应中卡宾的自旋状态。一般来说，在液相中所得到的主要是单线态的碳烯，但如果在溶液中加入惰性溶剂（如 C_6F_6）稀释，则主要产生三线态的碳烯。在气相中直接光照下，如有氩气等惰性气体存在，以三线态的碳烯为主，如果加入 O_2 等双游离基，这些双游离基与三线态碳烯结合，留下单线态的碳烯。

把锌-铜（Zn-Cu）偶悬浮在 CH_2I_2 的乙醚溶液中称为 Simmons-Smith 试剂，当加入烯烃时，生成了环丙烷衍生物。该反应中间体具有类卡宾的结构。

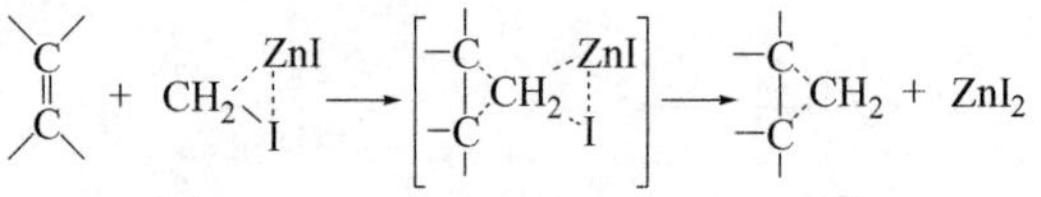

例如：

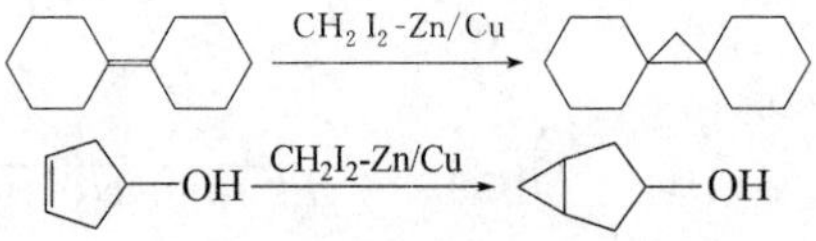

氮烯也叫氮宾或乃春（Nitrenes），是缺电子的一价氮活性中间体，与碳烯类似，也有单线态和三线态两种结构，单线态氮烯比三线态氮烯能量高 $154.8 \text{kJ} \cdot \text{mol}^{-1}$。氮烯通常由叠氮化合物的热和光分解、$\alpha$-消除和氧化还原反应产生，即：

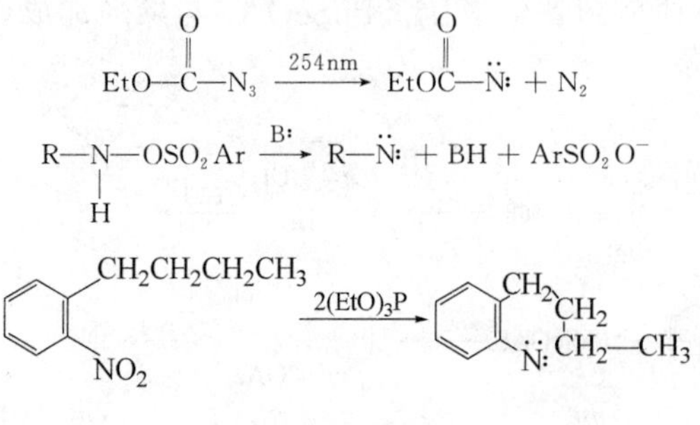

$$EtO-\underset{O}{C}-N_3 \xrightarrow{254nm} EtO\underset{O}{C}-\ddot{N}: + N_2$$

$$R-\underset{H}{N}-OSO_2Ar \xrightarrow{B:} R-\ddot{N}: + BH + ArSO_2O^-$$

氮烯与烯烃加成反应的立体化学特性与碳烯相同。氮烯的基态也是三线态，通常氮烯生成后，由单线态逐渐变为能量较低的三线态。

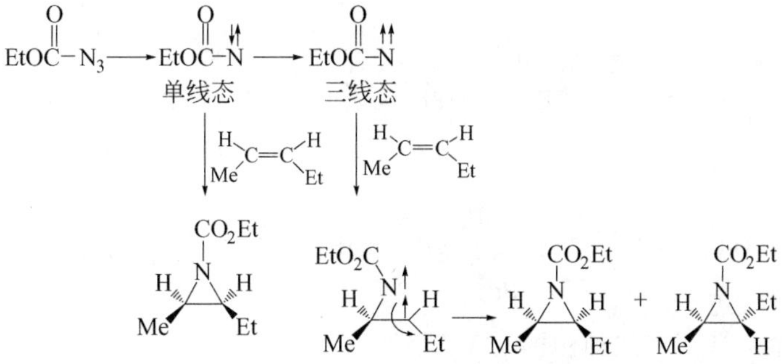

5.1.10 烯烃的复分解反应（Olefin Metathesis 反应）

两个底物烯烃在催化剂作用下发生卡宾交换反应，即一对烯烃中由双键相连接的两部分发生了交换，进而生成了两个新的烯烃。它是一种形成碳碳骨架的新颖有效方法。2005年的诺贝尔化学奖授予了法国化学家 Yves Chauvin、美国化学家 Richard R. Schrock 和 Rober H. Grubbs，以表彰他们在烯烃复分解反应中的杰出贡献。

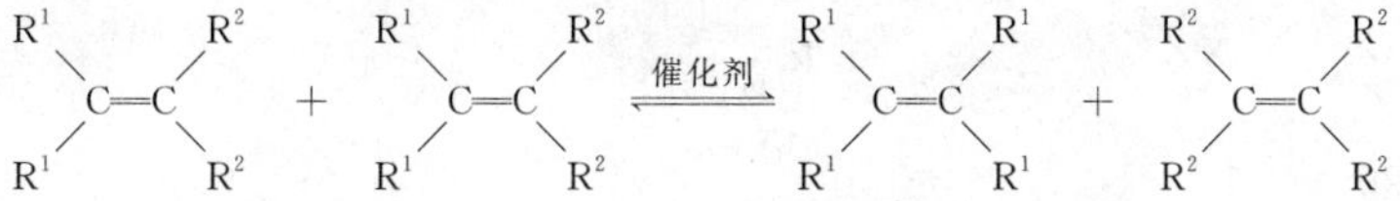

例如：

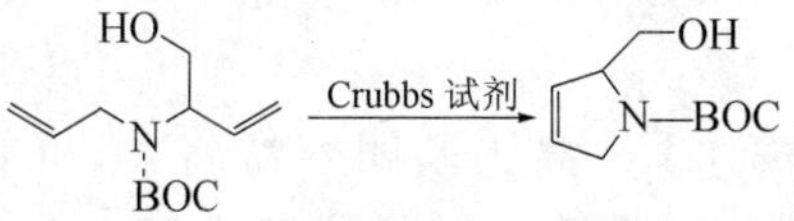

反应机理：该反应可看作是金属卡宾与烯烃的 [2+2] 反应，形成四元环中间体后再开环，生成交换后的新烯烃。

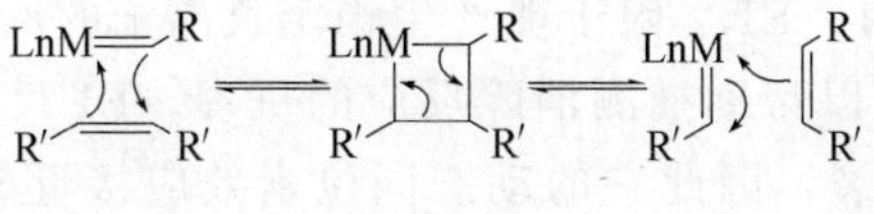

烯烃复分解反应所用的催化剂如 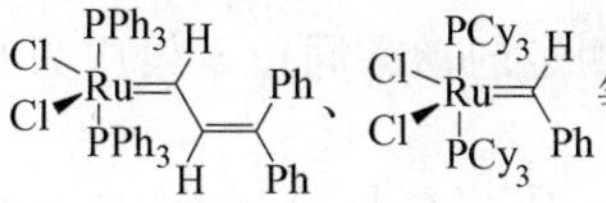 等，Cy 为环己基。

5.2 消除反应

消除反应有以下三种形式。

(1) 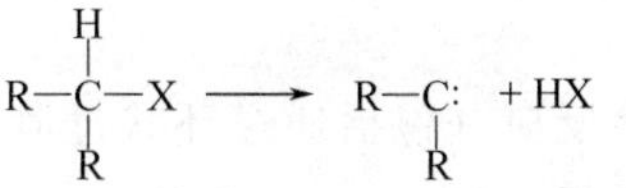 $R-\underset{R}{\underset{|}{C}}-X \longrightarrow R-\underset{R}{\underset{|}{C}}: + HX \quad \alpha\text{ 消除}$

如：$Ph_2C\underset{Br}{\overset{H}{<}} \xrightarrow{-HBr} Ph_2C: \xrightarrow{\text{重排}} PhC\equiv CPh$

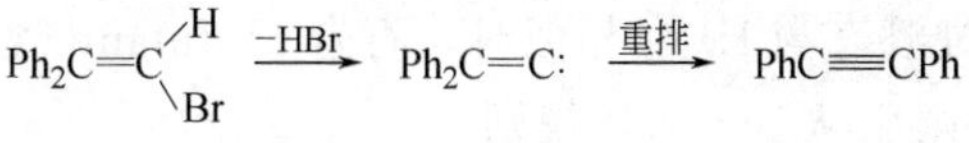

（2） $R-\underset{\underset{H}{|}}{\overset{\overset{H}{|}}{C}}-\underset{\underset{H}{|}}{\overset{\overset{R}{|}}{C}}-X \longrightarrow RCH=CHR + HX \quad \beta$ 消除

（3） $R-\underset{\underset{H}{|}}{\overset{\overset{H}{|}}{C}}-\underset{\underset{H}{|}}{\overset{\overset{H}{|}}{C}}-\underset{\underset{H}{|}}{\overset{\overset{X}{|}}{C}}-R \longrightarrow$ △(R,R) γ 消除

如 $\underset{Br}{H_2C}-\underset{H}{CH_2}-\overset{CH_2}{C(CO_2C_2H_5)_2} \xrightarrow{OH^-} \underset{Br}{H_2C}-\overset{CH_2}{C}(CO_2C_2H_5)_2 \xrightarrow{-Br^-} \triangle\!\!\begin{array}{c}CO_2C_2H_5\\CO_2C_2H_5\end{array}$

其中的 β 消除又有下列三种。

① E1 消除

$$R-CH_2-\underset{X}{\overset{}{C}H}R' \xrightarrow{-X^-} RCH_2\overset{+}{C}HR' \xrightarrow[B^-]{-H^+} RCH=CHR'$$

② E2 消除

$$R-CH_2-\underset{X}{\overset{}{C}H}R' + B^- \longrightarrow \begin{array}{c}B^-\\H\cdots H R'\\R H X\end{array} \longrightarrow RCH=CHR' + BH + X^-$$

③ E1$_{CB}$ 消除

$$RCH_2-\underset{X}{\overset{}{C}H}R' + B^- \longrightarrow R\bar{C}H-\underset{X}{\overset{}{C}H}R' \xrightarrow{-X^-} RCH=CHR'$$

下列因素有助于 E1 消除：（Ⅰ）离去基团容易离去，（Ⅱ）生成的碳正离子较稳定，（Ⅲ）溶剂的高度离子化能力。E2 消除与碱的浓度成正比，它是 E1 与 E1$_{CB}$ 的中间历程，当离去基团不易离解，碱的浓度、强度和硬度很大时，E2 历程移向 E1$_{CB}$ 方向。在强离子化溶剂中，E2 移向 E1 方向，E1$_{CB}$ 限于能产生稳定负离子的反应物中，如季铵碱的消除。

研究动态同位素效应可以帮助推测消除反应的机理。E1 反应决定速率的步骤是 C—X 键的离解，C—H 键没有断裂，因此它的动态同位素效应接近 1。在 E2 反应的过渡态中，C—H 键已开始断裂，实验测定的动态同位素效应为 2～8。例如：

$$CH_3CHBrCH_3 + C_2H_5O^- \xrightarrow{k_H} CH_2=CHCH_3$$
$$CD_3CHBrCD_3 + C_2H_5O^- \xrightarrow{k_D} CD_2=CHCD_3$$
$$k_H/k_D=6.7$$

5.2.1 消除反应的方向

① 按 E1 历程进行的消除反应，主要是生成在双键上连有烷基最多的烯烃（Saytzeff 规则）。

② 按 E1$_{CB}$ 历程进行的消除反应，如季铵碱的消除反应（包括通过环状过渡态进行的热消除反应）等，主要是生成在双键上连有烷基最少的烯烃（Hofmann 规则）。

③ 按 E2 历程进行的消除反应，如过渡态与 E1$_{CB}$ 相似时，符合 Hofmann 规则；如过渡态是与 E1 相似或完全协同的 E2 反应，则服从 Saytzeff 规则。

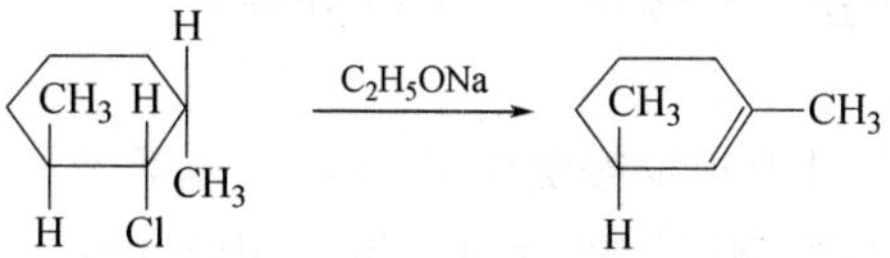

在 E1$_{CB}$ 反应中,如果第二步是反应速率决定步骤,由于其中没有 C—H 键的断裂,因此动态同位素在 1 左右。如果第一步即生成碳负离子的一步为速率决定步骤,由于其中 C—H 键发生断裂,动态同位素效应为 2~8。

在 E2 消除的过渡态时已有部分 π 键特征,故要求 H—C—C—X 四个原子必须在同一平面上,这样形成过渡态时,两个变形的 sp^3 杂化轨道可以尽量多地重叠而有利于消除反应的进行。下面两种构象可以满足此要求。这两种构象中,反式消除构象能量低。因此,E2 消除要求被消除的卤原子和 β-H 处于反式共平面关系,即反式消除。

反式消除　　　顺式消除
对位交叉式能量低　　重叠式能量高

又如氯代反丁烯二酸脱氯化氢的反应速率比顺式二酸快 48 倍。

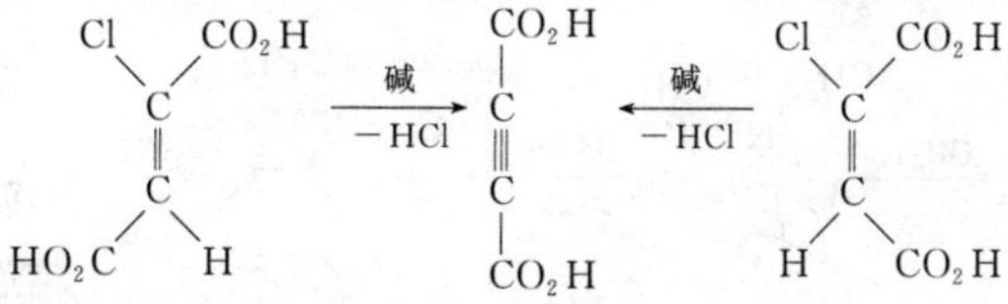

季铵碱受热分解成烯及叔胺的反应是经 E2 机理而完成的:

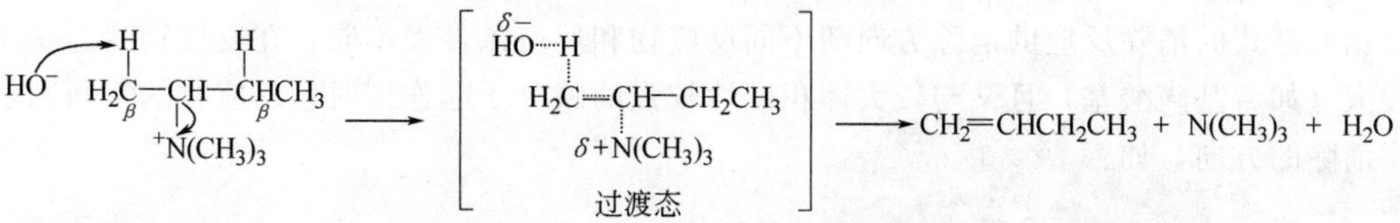

消除反应方向遵守霍夫曼规则,主要产物为烯键碳上取代基较少的烯烃。

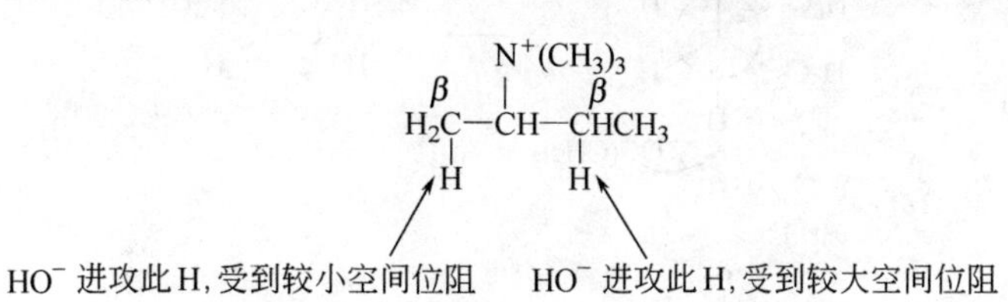

HO$^-$ 进攻此 H,受到较小空间位阻　　HO$^-$ 进攻此 H,受到较大空间位阻

立体化学要求:被消除的基团在过渡态时处于反式共平面关系(E2 消除的立体化学要求)。但在特殊结构的反应物中,由于空间和其他原因也可按顺式消除。如:

N,N,N-三甲基原菠基铵离子的消除为顺式消除。

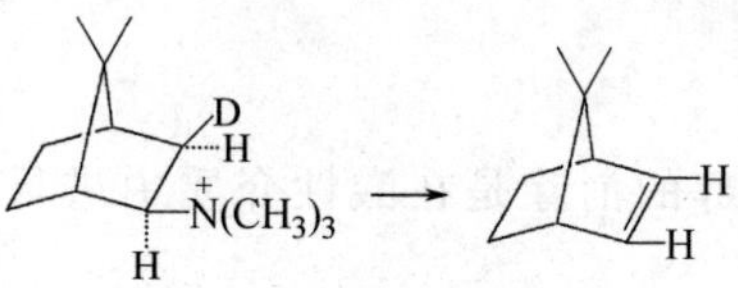

胺经彻底甲基化得季铵盐，季铵盐用 Ag_2O 处理得季铵碱，季铵碱受热则发生 Hofmann 消除生成烯烃。

Hofmann 彻底甲基化常用于测定胺类尤其是生成碱类及其他含氮杂环类的分子结构。对于未知结构的胺，可用足量的碘甲烷处理使其生成相应的季铵盐。根据所引入甲基的数目可推断原料是哪一级胺，伯胺、仲胺和叔胺可分别引入三个、二个和一个甲基。又可根据其季铵碱热分解得到的烯烃的结构，推断原料胺的分子结构。例如，六氢吡啶因有环状结构，所以经甲基化和季铵碱热分解生成具有烯键的叔胺，并进一步生成 1,4-戊二烯和三甲胺：

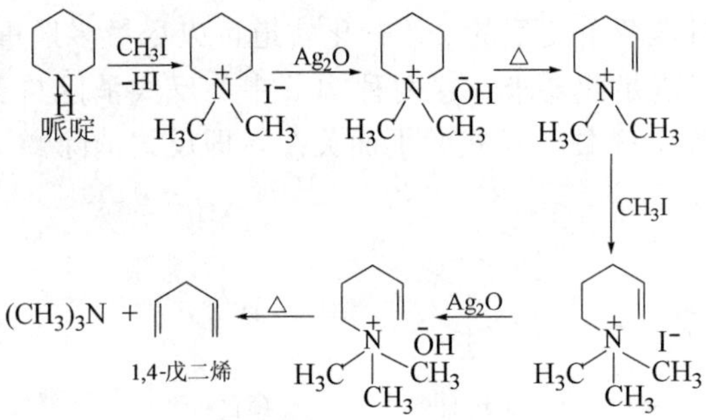

又如，用 Hofmann 彻底甲基化反应与 Hofmann 消除可把托品醇转化为环庚三烯。

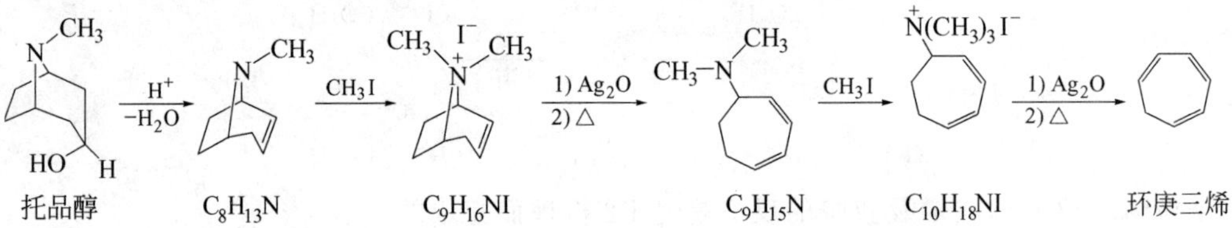

脂肪链式的消除反应的消除方向随不同反应物和反应条件而不同，在反应物离去基团体积较大（如芳基磺酸基）且又与较大体积碱性较强的碱分子起作用时，反应物的空间因素决定了消除的方向，如：

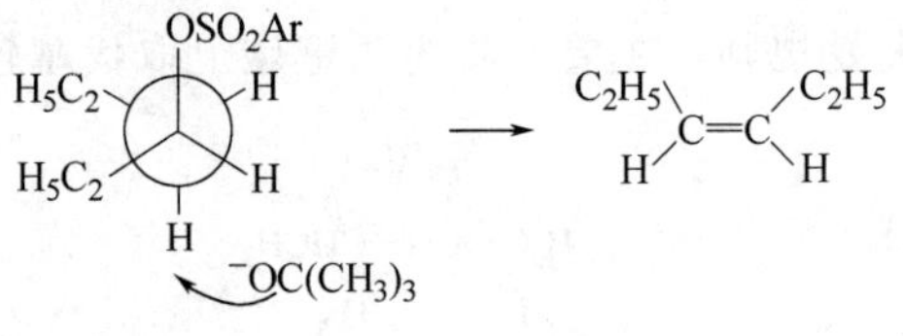

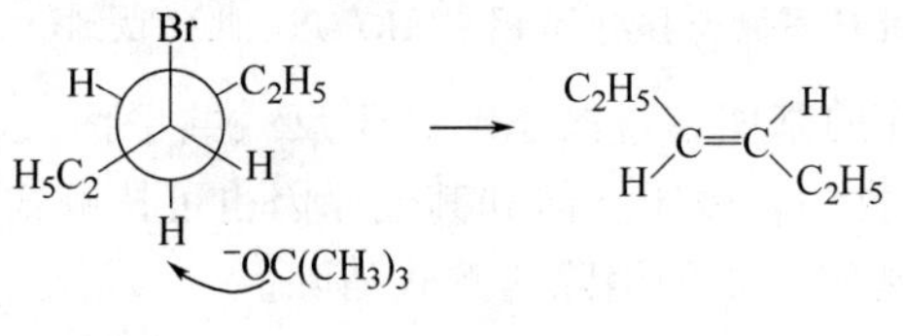

5.2.2 醇的消除

与卤化物和季铵碱不同，醇的消除是在酸性介质中进行的。醇的脱水消除按 E1 历程进行。

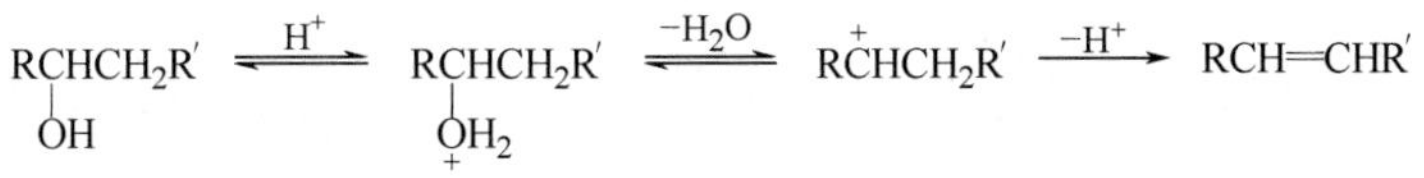

$$RCHCH_2R' \underset{}{\overset{H^+}{\rightleftharpoons}} RCHCH_2R' \underset{}{\overset{-H_2O}{\rightleftharpoons}} \overset{+}{R}CHCH_2R' \overset{-H^+}{\longrightarrow} RCH=CHR'$$
$$\underset{OH}{} \qquad \underset{\overset{+}{O}H_2}{}$$

碳正离子越稳定消除速度越快，因此，消除速度是叔醇＞仲醇＞伯醇，消除中会发生碳正离子重排。

5.2.3 邻二卤化物的消除

邻二卤化物消除卤素的反应是在还原剂（如 KI、金属锌）存在下进行的。如二溴化物可以消除溴而生成烯烃。这类反应在有机合成中也是常用的。实验证明，在丙酮中，邻二溴代烷与碘负离子的反应速率为：

$$v=k[1,2\text{-二溴代烷}][I^-]$$

这与简单的 E2 历程一致。从反应的立体选择性来看，也证实了这个历程。当溴原子与仲或叔碳原子相连时，则反式消除，生成反式烯烃，如：

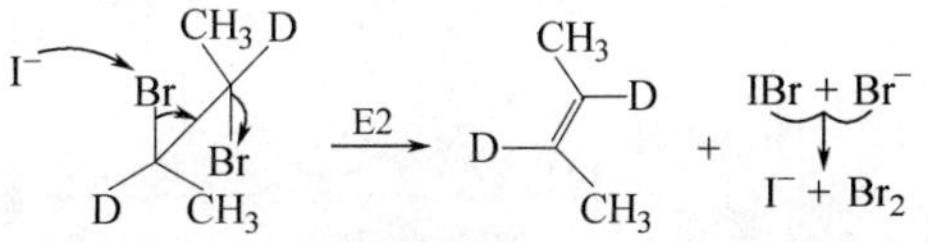

然而当溴原子与伯碳原子相连时，则反应是顺式消除，生成顺式烯烃。这是因为反应是综合 S_N2-E2 历程，溴先被碘负离子取代（S_N2），产生构型反转，随后反式消除，就生成了顺式烯烃，如：

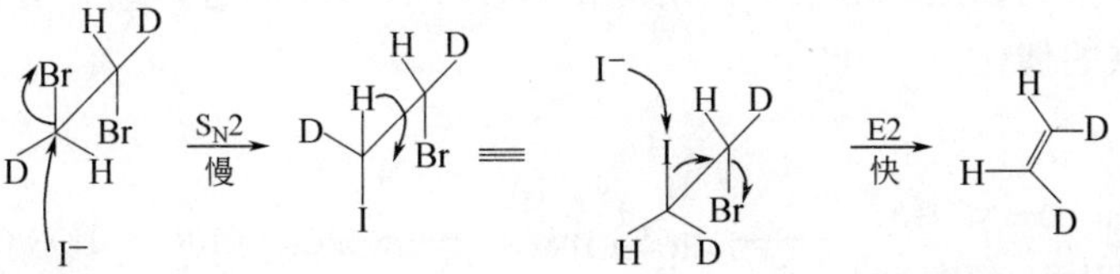

金属锌也可以引起 1,2-脱卤素反应。反应发生在金属表面上，生成金属卤化物，溶剂再把金属表面上生成的金属卤化物溶解，更新金属表面。对于一般的二溴化物，反应也具有一定的立体选择性——反式消除，反应历程通常属于简单的 E2 历程，如：

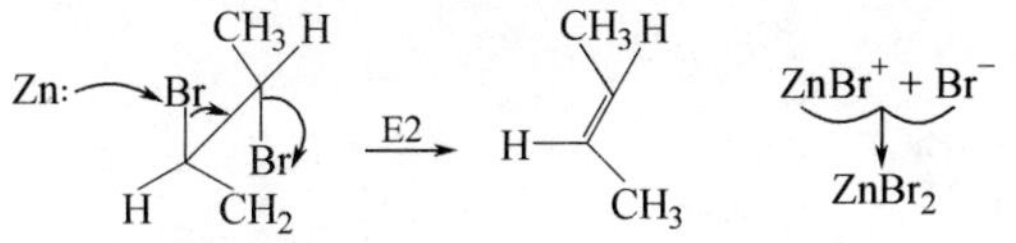

也有人认为锌对二溴化物的作用可能会因先生成有机锌 $\left(Zn-\overset{|}{\underset{|}{C}}-\overset{|}{\underset{|}{C}}-Br\right)$ 而加速消除反应，由于锌的电负性较小，溴变得非常容易带电子异裂出去。

5.2.4 Peterson 反应

α-硅基碳负离子与羰基化合物反应生成烯基化合物的反应。

(1) $\text{SiMe}_3\text{—CH}_2\text{—MgCl} \xrightarrow{\text{PhCHO}}$ [PhCH(O⁻)CH(SiMe₃)] $\xrightarrow{\text{H}_2\text{O}}$ [PhCH(OH)CH(SiMe₃)] $\xrightarrow{\text{酸或碱}}$ PhCH=CH₂

(2) $\text{(CH}_3\text{)}_2\text{C=CH—SiR}_3 \xrightarrow{\text{RCO}_3\text{H}}$ 环氧化物(SiR₃) $\xrightarrow{\text{H}_3\text{O}^+}$ β-hydroxysilane (HO–C(OH)–C(SiR₃)) → 烯醇 → 醛

反应机理

[环氧化物 SiMe₃, Ph, R] $\xrightarrow{\text{RLi}}$ [O⁻, Ph / SiMe₃, R] $\xrightarrow{\text{H}_2\text{O}}$ [HO, Ph / SiMe₃, R]

[HO, Ph / SiMe₃, R] $\xrightarrow{\text{碱(Na,K)}}$ [O⁻, Ph / SiMe₃, R] → [Me₃Si–O 四元环 Ph, R] $\xrightarrow{\text{反式消除}}$

[Ph, OH / SiMe₃, R] $\xrightarrow{\text{H}_3\text{O}^+}$ [Ph, O⁺H₂ / SiMe₃, R] $\xrightarrow{\text{反式消除}}$ PhCH=CHR

5.2.5 涉及环状过渡态的 β 消除

胺氧化物、羧酸酯和磺原酸酯的热消除是通过环状过渡态进行的，这类反应是单分子反应，不需要酸或碱的催化。

RCH₂—N⁺(CH₃)₂(O⁻)—CHR → [环状过渡态] → RCH=CHR + HON(CH₃)₂

RCOO—CHR—CH₂R → [六元环过渡态] → RCH=CHR + RCOOH

CH₃S—C(=S)—O—CHR—CH₂R → [六元环过渡态] → RCH=CHR + CH₃SH + SCO

[环己烷-SePh, OAc] $\xrightarrow{\text{H}_2\text{O}_2}$ [环己烷-Se(O)Ph, OAc] $\xrightarrow{\Delta}$ [环己烯-OAc]

通过用重氢同位素标记实验证明，这些热消除反应为顺式消除。例如：

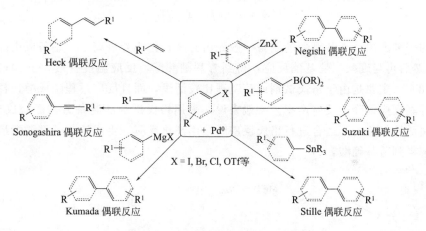

5.3 钯等过渡金属催化的偶联反应

Pd 等过渡金属催化的偶联反应如 Sonogashira 交叉偶联反应、Kumada 交叉偶联反应、Suzuki 偶联反应、Hiyama 交叉偶联反应、Negishi 交叉偶联反应、Stille 偶联反应和 Heck 反应（图 5-1），在有机合成上有重要应用，这些偶联反应机理都涉及氧化加碳、金属转移化和还原消除等步骤。

图 5-1 钯催化交叉偶联反应

上述钯催化的偶联反应由不饱和卤化物和零价钯的反应启动，这一步被称为"氧化加成"。形式上，零价钯金属插入到碳卤键中，钯金属被氧化为二价，从而使原本碳卤键中较为亲电的碳原子在与钯金属形成碳钯键后具有亲核性，从而大大提高了反应活性。这一活化过程使得相对不活泼的不饱和卤化物具有了较高活性，进而可分别与烯烃、有机锌试剂及有机硼试剂进行反应（图 5-2）。

在 Heck 偶联反应中，烯烃与钯配位后迁移插入碳钯键，形成新的碳碳键和一根新的碳钯键。此后，含钯中间体通过 β-氢消除，释放出产物不饱和烯烃分子，钯催化剂在碱促进下消除卤化氢，重新得到活性零价钯金属并进入下一个催化循环。而在 Suzuki 偶联和 Negishi 偶联中，氧化加成得到的碳钯键与另一分子中的碳锌键或碳硼键进行转金属反应，将锌或硼上的基团转移到钯金属上，以还原消除的方式，重新得到零价钯催化剂，并形成一根新的碳碳键。钯金属就是通过这样神奇的作用，不断地活化不饱和卤化物中的碳卤键，从而易于与其他底物进行配位插入或转金属，构建用其他方法难于建立的碳碳键。

在钯催化的偶联反应中，很容易通过对配体、碱，甚至添加剂的改变，精确地调节反应性以适应不同反应官能团或取代基。

例如，Suzuki 偶联反应是将芳基硼酸与芳基卤在 Pd 催化剂的作用下进行偶联形成联芳

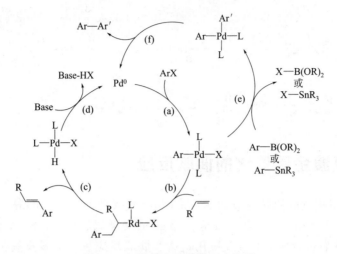

图 5-2 钯催化交叉偶联反应机理

(a) 氧化加成；(b) 迁移插入；(c) β-氢消除；(d) 碱促进的 HX 消除；
(e) 转金属；(f) 还原消除

基化合物的一种方法。芳基硼酸的制备一般先由芳卤转化成芳负离子（制备成格氏试剂或进行锂化），然后再与硼酸三烷基酯反应，得到芳基硼酸酯，反应温度一般在 $-40\,^\circ\!\mathrm{C}$ 以下，甚至低到 $-78\,^\circ\!\mathrm{C}$，主要是由于格氏试剂或芳基锂比较活泼，而且反应过程生成醇，容易发生偶联或攫氢等副反应，降低反应产率。一般来说，采用格氏试剂法制备芳基硼酸成本比较低，只有在芳卤活性较差、不适合进行格氏反应时采用锂化反应。生成的芳基硼酸酯最后在酸性条件下水解得到芳基硼酸：

自从 1979 年 Suzuki 等报道通过钯催化的有机硼化合物和卤代烃可以在很温和的条件下发生偶联反应制备不对称联芳烃以后，Suzuki 偶联反应已逐渐成为现代有机合成中碳碳键生成最为有效的方法之一。

习 题

5.1 试指出下列各对化合物中哪一个与所列出的试剂反应较快

(1) 醋酸中 1-己烯（Ⅰ）与顺-3-己烯（Ⅱ）同溴反应。

(2) 叔丁醇溶液中顺-(Ⅰ) 与反-$(CH_3)_3C$—〈环己基〉—CH_2Br(Ⅱ) 同叔丁氧基钾反应。

(3) $\underset{SO_2C_6H_5}{CH_3CH(CH_2)_3CH_3}$(Ⅰ) 与 $\underset{OSO_2C_6H_5}{CH_3CH(CH_2)_3CH_3}$(Ⅱ) 在叔丁醇中与叔丁氧基钾反应。

5.2 写出下列反应机理

(1) Ph₂C(OH)−C≡CH $\xrightarrow{H^+}$ Ph₂C=CH−CHO

(2) 顺-CH₃CH=CHCH₃ $\xrightarrow[\text{DMSO(无水)}]{\text{NBS}}$ CH₃CH(Br)−C(=O)CH₃ (erythro)

(3) 异丙基取代的甲基环戊烯酮 $\xrightarrow[\text{H}_2\text{O}]{\text{Br}_2}$ 溴代产物

(4) N-甲基吡咯烷酮 + (CF₃CO)₂O $\xrightarrow[\text{DMF, 60℃}]{\text{AlCl}_3 (1.5\ \text{mol})}$ 3-(1-氯-2,2,2-三氟乙叉基)-N-甲基吡咯烷酮

5.3 解释下列事实,顺-2-丁烯和溴的加成产物是一对对映的 2,3-二溴丁烷。反-2-丁烯和溴的加成产物是一个无光学活性的内消旋体 2,3-二溴丁烷。光照下,它们与 Br₂ 反应的产物如何?

5.4 用反应机理说明下列反应

(1) 1,2-二溴环戊烷(光学活性) $\xrightarrow{\Delta}$ 1,2-二溴环戊烷(外消旋体)

(2) (C₂H₅)(H)C=C(Si(CH₃)₃)(C₂H₅) $\xrightarrow[\text{2) CH}_3\text{O}^-\text{Na}^+,\text{CH}_3\text{OH}]{\text{1) Br}_2,\text{CH}_2\text{Cl}_2}$ (C₂H₅)(H)C=C(C₂H₅)(Br)

(3) EtO₂C−CH=CH−O−CH(nC₆H₁₃)−CH₂CH=CH₂ $\xrightarrow[\text{(2) K}_2\text{CO}_3, \text{EtOH}]{\text{(1) F}_3\text{CCO}_2\text{H}}$ C₁₅H₂₈O₄

(4) Cbz-保护的哌啶衍生物(OH, Cl, 烯丙基) $\xrightarrow{\text{NBS, MeCN-H}_2\text{O}}$ 双环氧并哌啶衍生物(OH, Br)

5.5 4-叔丁基环己基三甲基氯化铵的顺式及反式异构体同叔丁氧基钾(在叔丁醇溶液中)的反应已做过比较,其中顺式可生成 90% 的 4-叔丁基环己烯及 10% N,N-二甲基-4-叔丁基环己基胺,而反式仅(定量地)生成后一产物。试解释两者的差异。

5.6 通过合适的历程解释 3-(对甲氧基苯基)丙烯(Ⅰ)与卤素溴反应的产物(Ⅱ和Ⅲ)的形成过程。

对甲氧基苄基-CH₂CH=CH₂ (Ⅰ) + Br₂ ⟶ 对甲氧基苄基-CH₂CHBrCH₂Br (Ⅱ) + 对甲氧基苄基-CHBrCH₂Br 异构体 (Ⅲ)

5.7 在碱存在时（$t\text{-BuOK/BuOH}$），2-苯基-乙基磺酸酯经过消除反应得到苯乙烯，反应机理是 E2。

$$\text{A}\!-\!\overset{\beta}{\text{CH}_2}\overset{\alpha}{\text{CH}_2}-\text{OSO}_2\!-\!\text{B} \xrightarrow[t\text{-BuOH}]{t\text{-BuOK}} \text{Ph}-\text{CH}=\text{CH}_2 + \text{HOSO}_2\!-\!\text{Ph}$$

在环 A 上固定同样的取代基，而在环 B 上有不同的取代基时，对反应速率的动力学研究得到一条很好的哈密特线，斜率为 ρ。ρ 值是环 A 上取代基的函数，结果如下表所示：

环 A 上的取代基	p-OMe	p-Me	H	m-OMe	p-Cl	m-Cl
ρ 值	1.24	1.24	1.08	1.06	1.01	0.94

注：ρ 值愈正，说明积聚的负电荷越多。

从 ρ 值的变化趋势说明当环 A 上的取代基不同时，过渡态是怎样变化的？

5.8 用反应机理解释

(1) $\text{CH}_3\text{-C(CH}_3\text{)=CH}_2$ 的苯基衍生物 $\xrightarrow{\text{H}^+}$ 1,1,3-三甲基-3-苯基茚满结构

(2) $\text{CH}_3\text{CH}_2\text{C}\!\equiv\!\text{CH} \xrightarrow[\text{H}_2\text{O}]{\text{Br}_2} \text{CH}_3\text{CH}_2\text{-CO-CH}_2\text{Br}$

(3) $\text{CH}_3\text{CH}_2\text{CH}_2\text{CH}=\text{CHCH}_2\text{CH}_3} \xrightarrow[2)t\text{-BuOOH}]{1)\text{C}_6\text{H}_5\text{SeOH}} \text{CH}_3\text{CH}_2\text{CH}=\text{CHCH(OH)CH}_2\text{CH}_3$

(4) 1-(羟甲基)-3-环己烯-1-醇 $\xrightarrow[2)\text{NaBH}_4,\text{OH}^-,\text{H}_2\text{O}]{1)\text{Hg(OCOCH}_3)_2}$ 双环氧化产物

5.9 结构推测题

(1) Pinidine 是某些松树中的生物碱，通过以下反应推测其结构。写出反应中间体 A、B、C 和 Pinidine 的结构。

$$\text{Pinidine}(\text{C}_9\text{H}_{17}\text{N}) \xrightarrow{\text{CH}_3\text{I}(过量)} \text{A}(\text{C}_{11}\text{H}_{22}\text{NI}) \xrightarrow[\text{湿}]{\text{Ag}_2\text{O}/\triangle} \text{B}(\text{C}_{11}\text{H}_{21}\text{N}) \xrightarrow[2)湿\ \text{Ag}_2\text{O},\triangle]{1)\text{CH}_3\text{I}} \text{C}(\text{C}_9\text{H}_{14})$$

$$\xrightarrow[2)\text{Zn}/\text{H}_2\text{O}]{1)\text{O}_3} \text{CH}_2\text{O} + \text{CH}_3\text{CHO} + \text{OHC-CHO} + \text{OHC-CH}_2\text{-CHO}$$

(2) 一个生物碱 Skytanthine（$\text{C}_{11}\text{H}_{21}\text{N}$），其红外光谱在 3000cm^{-1} 以上无吸收，^1H NMR 中含 3 个甲基 [$\delta 1.20(\text{d}), \delta 1.32(\text{d}), \delta 2.52(\text{s})$]。根据以下对它结构测定的反应，写出 Skytanthine 及 A 和 B 的结构。

(ⅰ) $\text{Skytanthine}(\text{C}_{11}\text{H}_{21}\text{N}) \xrightarrow[2)\text{AgOH}/\triangle]{1)\text{CH}_3\text{I}} \text{A}(\text{C}_{12}\text{H}_{23}\text{N}) \xrightarrow[2)\text{Zn}/\text{H}_2\text{O}]{1)\text{O}_3} \text{CH}_2=\text{O} + \text{B}(\text{C}_{11}\text{H}_{21}\text{NO})$

(ⅱ) $\text{B} \xrightarrow{\text{PhCO}_3\text{H}} \xrightarrow{\text{OH}^-/\text{H}_2\text{O}} \text{CH}_3\text{CO}_2^- +$ 环戊烷衍生物[HO, CH$_3$, CH$_2$N(CH$_3$)$_2$取代]

(3) 从薰衣草油中提取的一种化合物叫沉香醇，分子式为 $\text{C}_{10}\text{H}_{18}\text{O}$，它可与 2mol Br_2

加成。沉香醇用 $KMnO_4$ 氧化可得到 CH_3COCH_3，$HOOCCH_2CH_2C(CH_3)(OH)CO_2H$ 和 CO_2。

当用氢溴酸与沉香醇反应得到 A ($C_{10}H_{17}Br$)，A 仍可使溴水褪色。A 还可由牻牛儿醇 [$(CH_3)_2C{=}CHCH_2CH_2\underset{\underset{CH_3}{|}}{C}{=}CHCH_2OH$] 与氢溴酸反应得到。写出沉香醇及 A 的结构式和由牻牛儿醇生成 A 的反应机理。

(4) 牻牛儿醇加一分子 H_2 的一种产物为 $(CH_3)_2C{=}CHCH_2CH_2\underset{\underset{CH_3}{|}}{C}HCH_2OH$，该醇与氢溴酸反应生成一种溴代烃 B($C_{10}H_{19}Br$)，B 不能使溴水褪色。写出 B 的结构式及形成 B 的反应机理。

5.10 通常用乙醇钠作催化剂，在乙醇试剂中进行 DDT 的消除反应：

$$(ClC_6H_4)_2CH{-}CCl_3 \xrightarrow{\text{(DDT)}} (ClC_6H_4)_2C{=}CCl_2 + HCl$$

请从下面反应现象综合判断，该反应可能是 E1、E2 或 E1cb 机理。

(1) DDT 和乙氧基离子的反应数分别都是一级反应；
(2) 在 DDT 的 2 位碳原子上引入重氢，反应速度下降到原来的 1/3.8；
(3) 用氘化的乙醇 (EtOH) 作试剂，则在未反应的 DDT 中并没有引入氘。

第6章 羰基化合物的反应

6.1 羰基化合物的反应机理

羰基的反应中,关键步骤是亲核体的加成,得到的中间体具有四面体结构。即:

$$R-\overset{O}{\underset{}{C}}-R' + Nu: \longrightarrow R-\overset{O^-}{\underset{Nu}{C}}-R'$$

其反应历程为:

碱催化:
$$\overset{R}{\underset{R'}{C}}=O \overset{Nu^-}{\underset{慢}{\rightleftharpoons}} \left[\overset{R}{\underset{R'}{C}}=O^{\delta-}\right] \rightleftharpoons \overset{R}{\underset{R'}{\overset{Nu}{C}}}-O^- \overset{H^+}{\underset{快}{\longrightarrow}} \overset{R}{\underset{R'}{\overset{Nu}{C}}}-OH$$

酸催化:
$$\overset{R}{\underset{R'}{C}}=\ddot{O} \overset{H^+}{\underset{快}{\rightleftharpoons}} \left[\overset{R}{\underset{R'}{C}}=\overset{+}{O}H \longleftrightarrow \overset{R}{\underset{R'}{\overset{+}{C}}}-OH\right] \overset{Nu^-}{\underset{慢}{\longrightarrow}} \overset{R}{\underset{R'}{\overset{Nu}{C}}}-OH$$

式中,R 为 H 或烃基,Nu 为亲核试剂。这两种历程,决定反应速率的关键步骤均为 Nu 对羰基的进攻。因此,羰基化合物的结构以及 Nu 的性质对加成反应进行的难易程度均有影响。但在相同的条件下,同一亲核试剂对不同羰基化合物的加成反应,影响反应活性的因素就只有羰基化合物的结构了。一般可从两方面论述羰基的反应活性:①电子因素,当羰基碳上连有给电子基团(如烷基、芳基等)时,由于中心碳原子的电正性减小,从而降低了它的亲电能力,使反应活性下降。另一方面,给电子作用还强化了过渡态中氧上发展出来的负电荷,使过渡态能量增加而不利于反应的进行。相反的,当羰基碳上连有吸电子基团(如 F_3C- 等)时,则会使反应速率加快。②空间因素,由于从反应物到过渡态及产物,羰基碳由 sp^2 杂化变为 sp^3 杂化,反应中存在着明显的空间特性。在反应过程中,R 基会被越来越近地挤在一起,非键张力使过渡态内能增加,不利于反应的进行。故当 R 基的体积增大时,反应速率迅速下降。当然,Nu 体积增大,同样也会降低反应速率。综合上述两方面的影响,可以得出一般醛、酮亲核加成反应的活性次序:

$$\overset{H}{\underset{H}{C}}=O > \overset{H}{\underset{R}{C}}=O > \overset{R}{\underset{CH_3}{C}}=O > \overset{R}{\underset{R'}{C}}=O$$

根据上述讨论，很容易给出下列各组醛酮的亲核加成反应活性：① $CF_3CH_2CHO >$ $CH_3CH_2CHO > CH_3COCH_2CH_3 > CH_3COCH_2CH_3$；② $ArCH_2COR > ArCOR > Ar_2CO$。

6.2 羰基加成反应及产物

在酸或碱的催化作用下，羰基可以与水加成生成水合物，在酸的催化下与醇加成生成缩醛或缩酮。

（1）加水

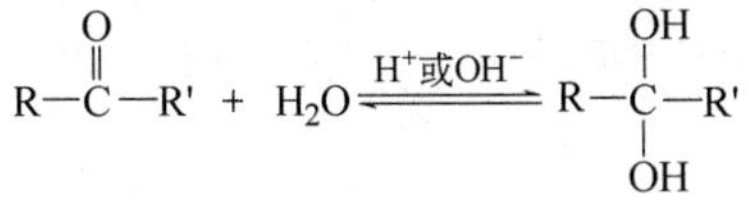

$$R\text{—}\underset{\underset{O}{\|}}{C}\text{—}R' + H_2O \xrightleftharpoons{H^+ \text{或} OH^-} R\text{—}\underset{\underset{OH}{|}}{\overset{\overset{OH}{|}}{C}}\text{—}R'$$

除甲醛、多卤代醛外，其他醛的水合反应平衡偏向左边。

（2）加醇

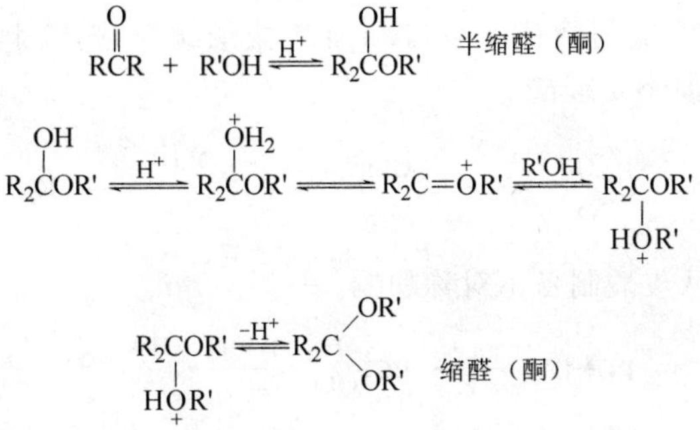

$$\underset{\underset{O}{\|}}{RCR} + R'OH \xrightleftharpoons{H^+} R_2\underset{\underset{OH}{|}}{C}OR' \quad \text{半缩醛（酮）}$$

$$R_2\underset{\underset{OH}{|}}{C}OR' \xrightleftharpoons{H^+} R_2\underset{\underset{\overset{+}{O}H_2}{|}}{C}OR' \xrightleftharpoons{} R_2C=\overset{+}{O}R' \xrightleftharpoons{R'OH} R_2\underset{\underset{H\overset{+}{O}R'}{|}}{C}OR'$$

$$R_2\underset{\underset{H\overset{+}{O}R'}{|}}{C}OR' \xrightleftharpoons{-H^+} R_2\underset{\underset{OR'}{|}}{\overset{\overset{OR'}{|}}{C}} \quad \text{缩醛（酮）}$$

例如：

$$HO\text{—}\!\!\!\diagup\!\!\!\diagup\!\!\!\text{—}CHO \xrightarrow[H^+]{CH_3OH} \begin{array}{c}\text{四氢呋喃环}\\ OCH_3\end{array}$$

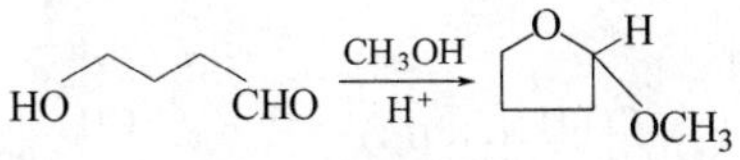

其机理为：

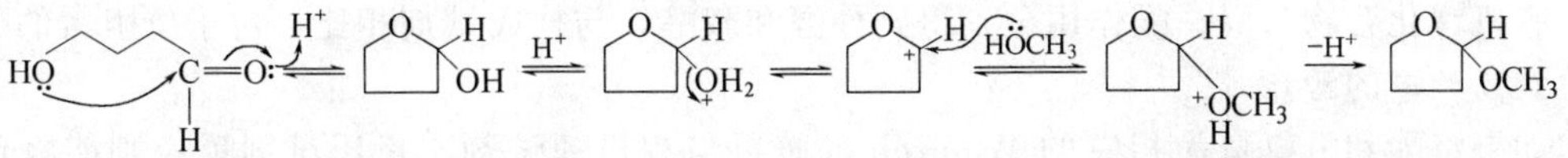

加醇反应活性随着羰基的烷基增大而减小，缩醛（酮）在碱中稳定，在酸中离解成醛（酮），硫醇与羰基加成得到硫化缩醛（酮）。

（3）羰基除与 H_2O、ROH 发生加成反应外，还与其他亲核试剂发生加成反应，常见的亲核试剂和加成产物如下所示。

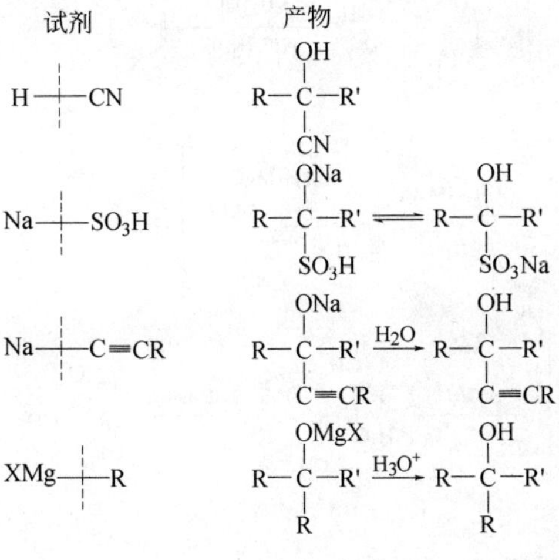

试剂	产物
H—CN	$R\text{—}\underset{\underset{CN}{\|}}{\overset{\overset{OH}{\|}}{C}}\text{—}R'$
Na—SO_3H	$R\text{—}\underset{\underset{SO_3H}{\|}}{\overset{\overset{ONa}{\|}}{C}}\text{—}R' \rightleftharpoons R\text{—}\underset{\underset{SO_3Na}{\|}}{\overset{\overset{OH}{\|}}{C}}\text{—}R'$
Na—C≡CR	$R\text{—}\underset{\underset{C\equiv CR}{\|}}{\overset{\overset{ONa}{\|}}{C}}\text{—}R' \xrightarrow{H_2O} R\text{—}\underset{\underset{C\equiv CR}{\|}}{\overset{\overset{OH}{\|}}{C}}\text{—}R'$
XMg—R	$R\text{—}\underset{\underset{R}{\|}}{\overset{\overset{OMgX}{\|}}{C}}\text{—}R' \xrightarrow{H_3O^+} R\text{—}\underset{\underset{R}{\|}}{\overset{\overset{OH}{\|}}{C}}\text{—}R'$

一般认为，Grignard 试剂与羰基化合物的亲核加成涉及一个 3 分子的六元环状络合物过渡态。

$$R'_2C=O\cdots Mg(R)(X) \longrightarrow [\text{环状过渡态}] \longrightarrow R'_2C(R)-O-Mg-R + MgX_2$$

酯与 Grignard 试剂反应最终生成叔醇，其反应式如下：

$$RMgX + R'C(=O)OR'' \longrightarrow R'C(R)(OMgX)(OR'') \longrightarrow RC(=O)R' + R''OMgX$$

$$R-C(=O)-R' + RMgX \xrightarrow{快} R_2C(R')OMgX$$

有机锂化合物比格氏试剂活泼，可以和羧酸盐继续反应，因此使用过量的有机锂和 CO_2 作用时得到的是酮而不是羧酸。

$$RLi + CO_2 \longrightarrow R-C(=O)OLi \xrightarrow{RLi} R_2C(OLi)_2 \xrightarrow{H_3O^+} R_2C=O$$

利用这个反应可以从羧酸制备不对称的酮。

$$RC(=O)OH \xrightarrow[-R'H]{R'Li} RC(=O)OLi \xrightarrow[2) H_3O^+]{1) R'Li} RC(=O)R'$$

如：

$$\text{Ph-cyclopropane-}CO_2H(CH_3) \xrightarrow[2) H_3O^+]{1) 2CH_3Li} \text{Ph-cyclopropane-}C(=O)CH_3(CH_3) \quad 90\%$$

有机锂化合物与醛、酮作用分别得到仲醇和叔醇，与格氏试剂相比，对于位阻大的酮也能得到高产率的醇。

如果将酯和酰氯变为相应的 Weinreb 酰胺再与有机锂试剂、格氏试剂反应则能将反应停止到醛或酮的阶段。Weinreb 酰胺即温勒伯酰胺或 N-甲氧基-N-甲基酰胺，是含有酰胺键的一种有机化合物。该种酰胺具有与一般酰胺不同的反应特性。它既可与有机锂或镁试剂反应作为一种优秀的酰基化试剂，又可作为醛基等价体。

$$\text{2-Cl-pyridin-3-yl-C(=O)N(OCH}_3\text{)(CH}_3) \xrightarrow{CH_3MgCl, THF, N_2, 0℃} \text{2-Cl-pyridin-3-yl-C(=O)CH}_3$$

机理：

$$R-C(=O)-N(CH_3)(OMe) \xrightarrow{CH_3-MgCl} \left[\begin{array}{c} R-C(CH_3)(O^- MgCl^+)-N(CH_3)(OMe) \end{array}\right]$$

$$\left[\begin{array}{c} R-C(CH_3)(O^- MgCl^+)-N(CH_3)(OMe) \end{array}\right] \xrightarrow{H_2O/H^+} R-C(CH_3)(OH)-N(CH_3)(OMe) \xrightarrow{H_2O/H^+} R-C(=O)CH_3 + H_3C-N^+H(H)(OMe)$$

$$R = \text{2-Cl-pyridin-3-yl}$$

有机金属试剂加成上去后生成的四面体中间体由于甲氧基的存在形成一个五元环的螯合物而相对稳定。因此不会发生胺的脱去，也不会与多余的有机金属试剂反应，从而加酸水解而得到酮。

烯丙基硅烷与醛酮在 Lewis 酸（如 $TiCl_4$）作用下，发生亲核加成反应，是制备高烯丙基醇的好方法。

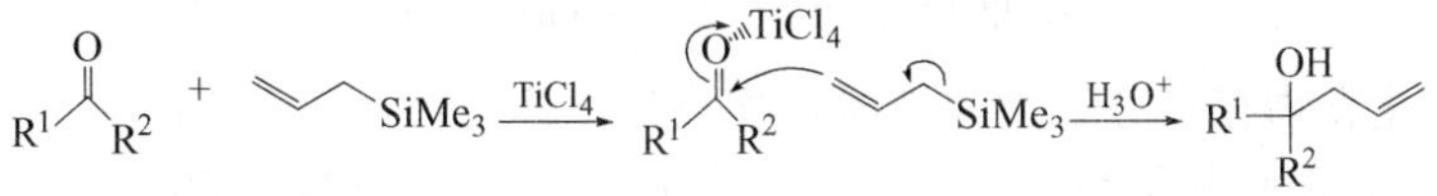

6.3 加成-消除反应

羰基化合物与胺的衍生物（羟胺、肼、苯肼、缩氨脲等）加成，然后消除一分子水得到含 C=N 双键的化合物，它们一般是黄色或橙色的晶体。

$$R_2C=O + H_2NB \longrightarrow R-\underset{R}{\underset{|}{C}}(OH)-NHB \longrightarrow R_2C=NB$$

B = R, NH_2, OH, NHC_6H_5, $NHCONH_2$, Ar

产物可用于鉴定和提纯醛酮。

6.4 羰基化合物的反应活性和加成的立体选择性

羰基化合物反应活性为：醛＞丙酮＞芳醛＞环丁酮＞环己酮＞环戊酮。

(1) 当羰基邻位的碳原子是手性碳原子时，用 $LiAlH_4$ 和 $NaBH_4$ 还原羰基或格氏试剂与羰基加成，亲核试剂在空间有一定的选择性，加成满足 Cram 规则一。

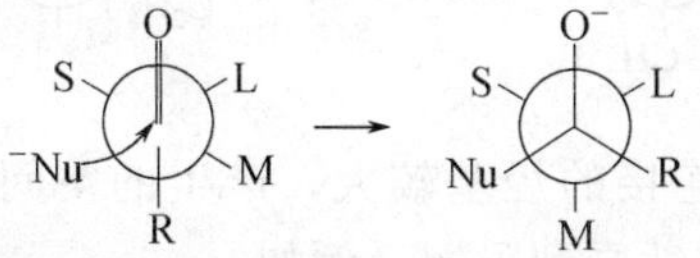

Cram 规则一：羰基与不对称碳原子相连时，反应试剂从 M 和 S 基团之间进攻羰基得到主要产物。

基团的大小顺序为 L＞M＞S，无分子内氢键。

例如：

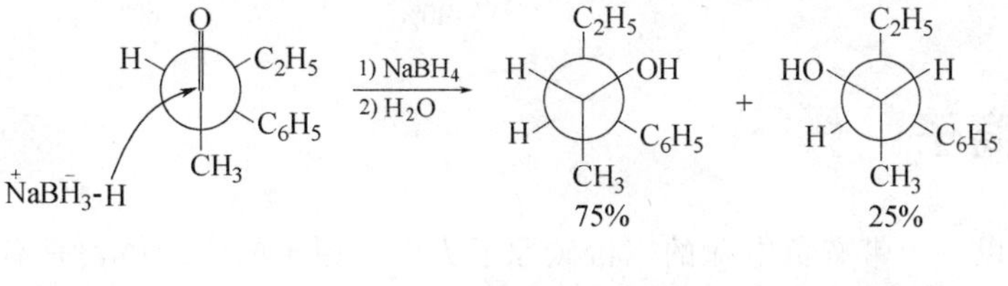

又如：

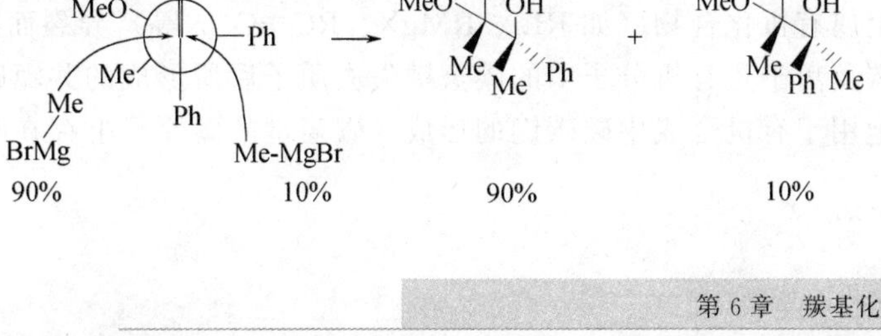

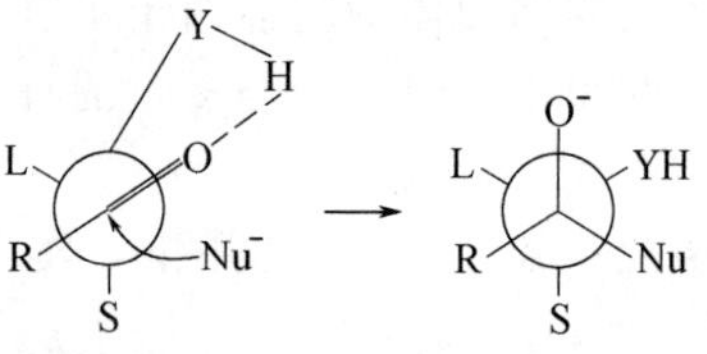

基团的大小为 L>S, YH = —OH, —NH₂

（2）当羰基化合物存在分子内氢键时，加成的立体选择性满足 Cram 规则二。

Cram 规则二：羰基邻位的不对称碳原子上有—OH，—NH₂ 等能与羰基氧形成氢键的基团时，亲核试剂从含氢键环的空间阻碍小的一边对羰基加成。

若试剂能与这些基团（如—OH，〉C=O）同时络合而呈重叠式构象，进攻试剂将从空间阻碍小的一边进攻羰基碳原子。如：

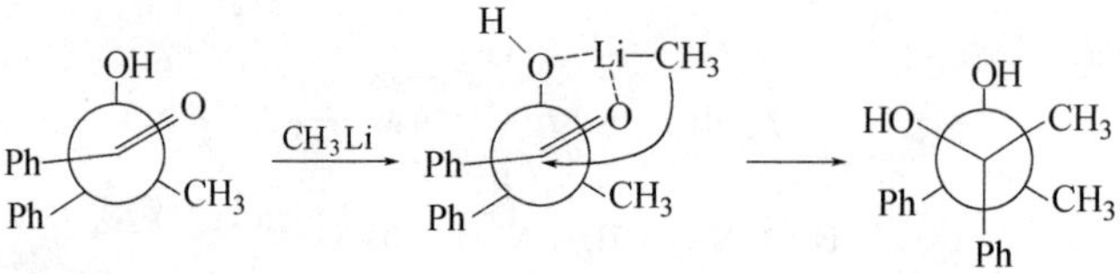

（3）Cornforth 规则 当酮的 α-手性碳原子上连接着卤原子时，由于卤原子与羰基的偶极相互作用，使酮的优势构象是卤原子与羰基在同一平面上处于对位交叉位置，羰基进行反应时，试剂优先从空间阻碍最小的一边即小基团一侧进攻羰基碳原子，称为 Cornforth 规则。例如：

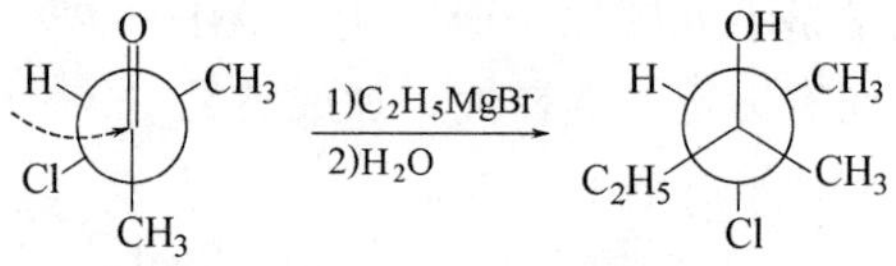

但是，若 α-手性碳原子上连接的烃基较大，产生的空间效应与氯原子的空间效应相差不多，则 Cornforth 规则的适用性受到限制。例如：

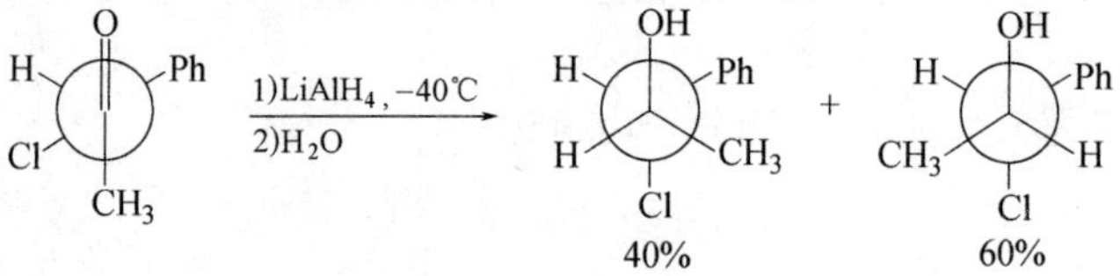

6.5 碳负离子

碳负离子是以一个带有负电荷的三价碳原子为中心原子的中间体，是有机化学反应中常见的活性中间体。如甲基负离子、烯丙基负离子、苄基负离子、三苯甲基负离子等。这些碳负离子可以通过金属有机化合物（如 RLi、RMgX、RC≡CNa 等）异裂而产生。

也可以认为碳负离子是有机分子中的碳氢键失去质子后所形成的共轭碱。它作为一种亲核性碳质体广泛地用于有机合成中碳碳键的形成。碳氢键的碳原子上存在吸电子基时易形成碳负离子。如：

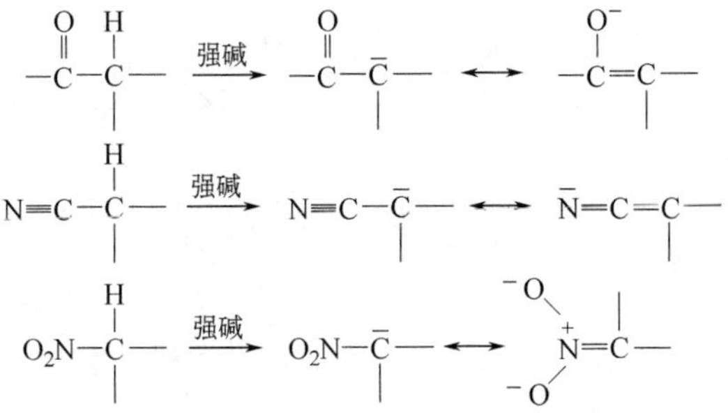

常用的强碱有 $(CH_3)_3CO^-$、NH_2^-、$CH_3S\overset{\underset{\parallel}{O}}{C}H_2^-$、$[(CH_3)_2CH]_2NLi$（记作 LDA）、$[(CH_3)_3Si]_2NLi$（记作 LHMDS），其中 LDA、LHMDS 等因有较大位阻而显示较小的亲核性，作为碱应用时副反应较少。碳负离子在反应中是一个亲核试剂，在许多情况下是以烯醇式负离子结构形式存在。为了满足合成的需要，常常需要形成单一部位的烯醇盐。这就需要从形成碳负离子时的条件上加以控制：①动力学控制，取决于形成碳负离子的部位碳上的氢被碱提取质子的相对速度。一般在较低温度下和体积较大的碱时，易使碳负离子在位阻较小部位的碳氢键处形成；②热力学控制，两种碳负离子能相互转化并达到平衡，一般在较高温度、体积较小的碱条件下，取代基较多部位的碳氢键易于形成碳负离子。如：

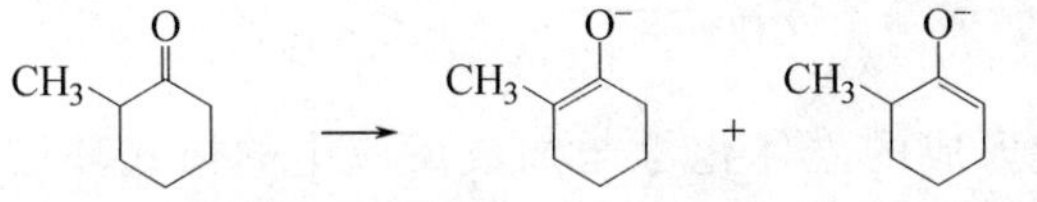

动力学控制	1	99 (LDA/二甲氧乙烷)
热力学控制	78	22 (Et_3N/DMF)

又如：下面的同一反应物用不同的碱和不同的温度，则得到不同的产物。显然反应（1）属动力学控制，反应（2）属热力学控制。

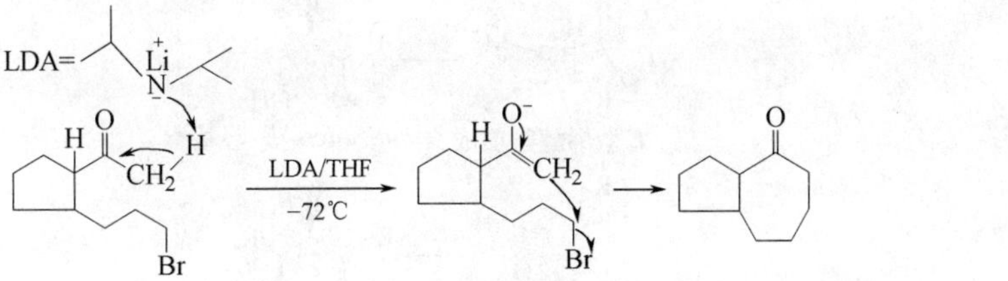

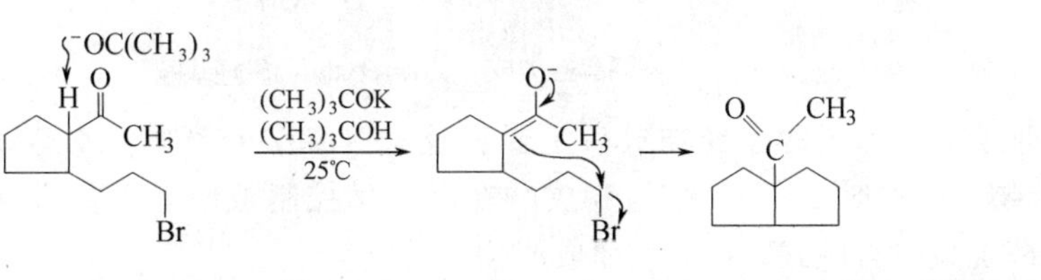

6.6 各种重要的缩合反应

各种缩合反应的机理都很相似，先是在碱或酸的催化作用下形成一个亲核试剂，然后对羰基加成，最后生成产物。

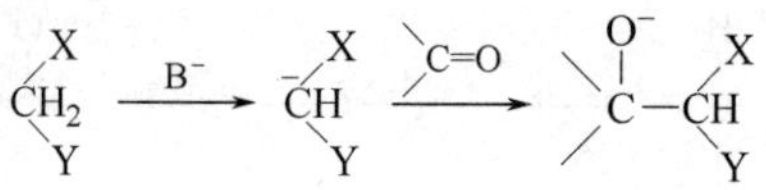

X、Y 为强的吸电子基团，如 —CHO、—COR、—COOR、—NO$_2$、—CN 等，X、Y 其中的一个可以是 H 或烷基。

(1) 羟醛（Aldol）缩合 $\left(\begin{array}{c}X\\CH_2,X=H,R;Y=\text{—CHO,COR}\\Y\end{array}\right)$ 醛、酮化合物在催化量酸或碱催化时，可自身反应形成两个分子的加成物羟醛（酮）。有时进一步脱水形成 α,β-不饱和羰基化合物，称为羟醛缩合，也称 Aldol 缩合。

在催化量碱作用下，这个反应是由形成少量的碳负离子引发的平衡反应，反应经过以下几个步骤。

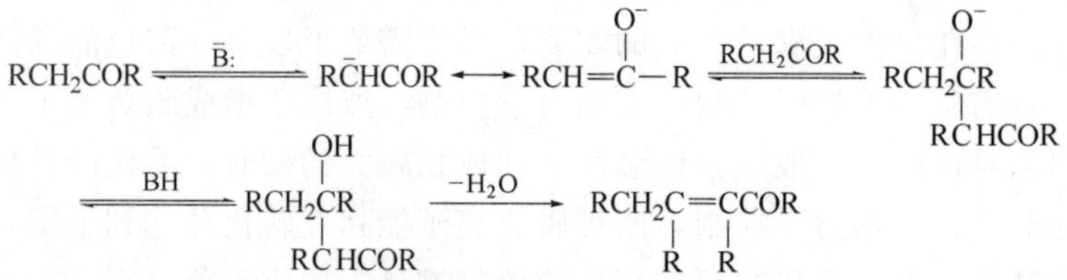

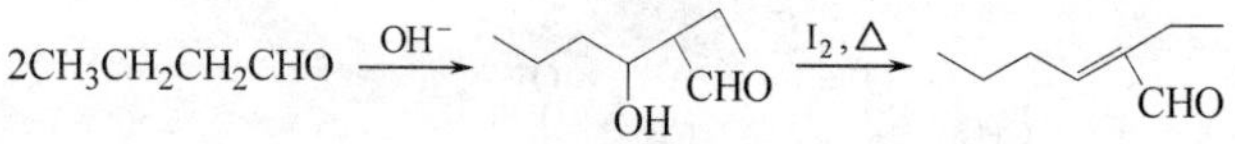

羟醛缩合反应中碳-碳键形成的立体化学与加成反应中的椅式环已烷过渡态构象有关。过渡态的构象取决于碳负离子共振结构中烯醇离子的 Z 型、E 型结构及反应属动力学控制还是热力学控制。

一个酮类化合物形成的烯醇盐结构可有 Z、E 两种构型。当它们分别与另一分子醛进行加成时可以形成下述两个加成反应的环状过渡态：

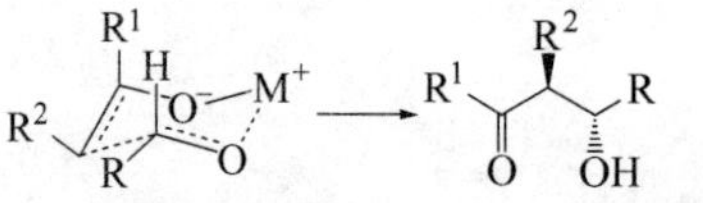

E 型烯醇盐加成　　anti(threo-)β-羟基酮

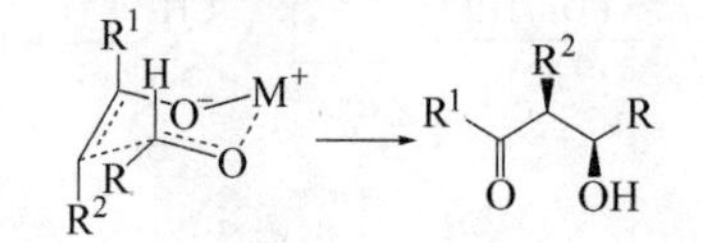

Z 型烯醇盐加成　　syn(erythro-)β-羟基酮

实验证明，E 型烯醇盐经加成后主要得反式（anti-）产物，Z 型烯醇盐则主要得顺式（syn-）产物。低温时 2,2-二甲基-3-戊酮在动力学控制条件下主要形成 Z 型烯醇盐。因此它与苯甲醛加成时得顺式（syn-）加成产物。

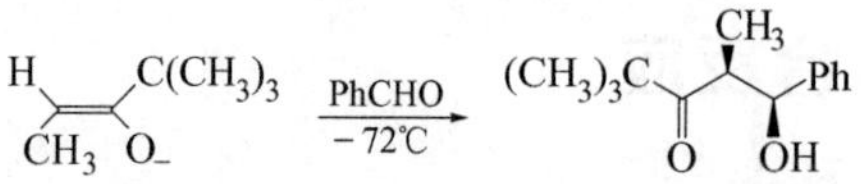

(78%, 100% syn)

羰基化合物中取代基越大，这种立体选择性越强。

$$\text{CH}_3\text{CH}_2\overset{O}{\underset{R}{C}} \xrightarrow{\text{LDA}} \underset{H}{\overset{CH_3}{C}}=\underset{OLi}{\overset{C(CH_3)_3}{C}} + \underset{R}{\overset{CH_3}{C}}=\underset{OLi}{\overset{O^-Li^+}{C}} \xrightarrow{\text{PhCH=O}} R\overset{O}{\underset{CH_3}{C}}\overset{OH}{\underset{}{C}}Ph + R\overset{O}{\underset{CH_3}{C}}\overset{OH}{\underset{}{C}}Ph$$

R	E	Z	anti	syn
C_2H_5	70	30	36	64
$CH(CH_3)_2$	40	60	18	82
$C(CH_3)_3$	2	98	2	98

上述反应如在室温条件下进行，反应产物则可由较大比例的 syn-异构体转化为 anti-异构体。因为 E 型烯醇离子加成时环状过渡态甲基处于平伏键，稳定增大，在热力学控制条件下就转化成更稳定的产物。

$$\underset{(CH_3)_3}{\overset{Li^+O^-}{C}}=\underset{H}{\overset{CH_3}{C}} \xrightarrow[\text{快}]{\text{PhCH=O}} (CH_3)_3\overset{OLi^-O^-}{\underset{CH_3}{C}}\overset{}{\underset{syn}{C}}Ph \xrightarrow[\text{慢}]{25℃} (CH_3)_3\overset{OLi^-O^-}{\underset{CH_3}{C}}\overset{}{\underset{anti}{C}}Ph$$

环状酮类化合物形成的烯醇盐只能取 E 型结构。如取代环己酮与苯甲醛加成时，选择性较高，以 anti-式产物为主。

为了改善 Aldol 缩合反应的立体选择性，可由两个方面入手：加强碳负离子形成时的立体选择性和改善加成反应过程中的立体选择性。选用硼化物代替其他金属离子时，由于硼化合物的烯醇盐（酯）中氧硼键结合比烯醇锂盐更具共价键特征，过渡态的结构比较紧密，这种立体效应使得加成选择性增加。在对许多乙基酮化合物的研究中，发现酮类化合物与二烃基硼的三氟甲磺酸酯在叔胺存在下主要形成 Z 型烯醇硼酸酯，它与醛进一步加成，得 syn-加成物。

大量的研究表明，该类醇醛缩合的立体选择性分别与硼化物上的取代基和反应溶剂有关，例如：当 α-重氮酮与三烃基硼烷反应可得到 E 型烯醇硼酸酯，进一步与醛加成主要得 anti-加成物。同时，催化量弱碱如酚盐可将上述 E 型烯醇硼酸酯转化成 Z 型。

羟醛缩合也可在酸性环境下进行，如：

反应历程如下：

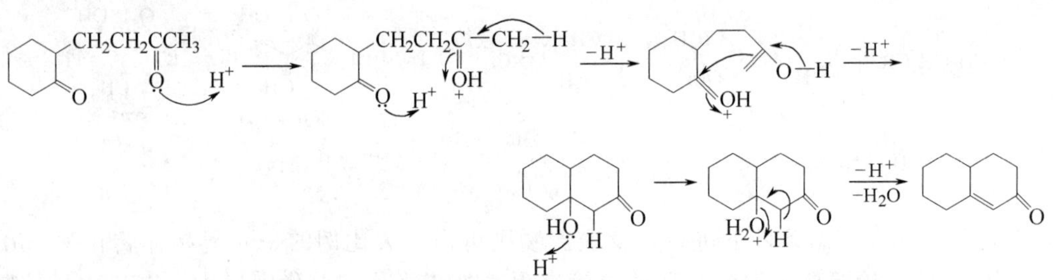

羰基的质子化形式更有利于亲核试剂进攻，而—OH 的离去是通过酸性环境作用而生成的—$\overset{+}{O}H_2$ 鎓盐。

Mukaiyama-Carreira 醇醛反应是对交叉羟醛缩合反应进行改进，将其中一分子羰基化合物预先制成更活泼的烯醇硅醚，在 Lewis 酸催化剂作用下，它与另一个分子羰基化合物进行定向交叉 Aldol 反应。这个反应通常在 -78 ℃进行，而且不存在自缩合反应。

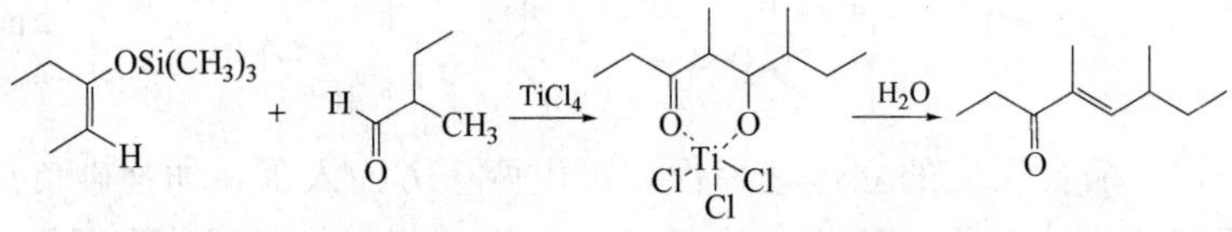

反应机理：

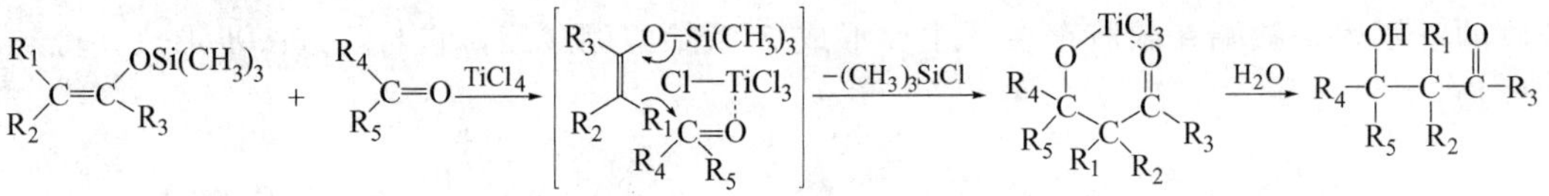

（2）Knoevenagel-Doebner 缩合（$CH_2\genfrac{}{}{0pt}{}{X}{Y}$，X＝—COOH，—CR，—CN，—$NO_2$，—H；Y＝—COOH，—COOR，—$NO_2$ 等）

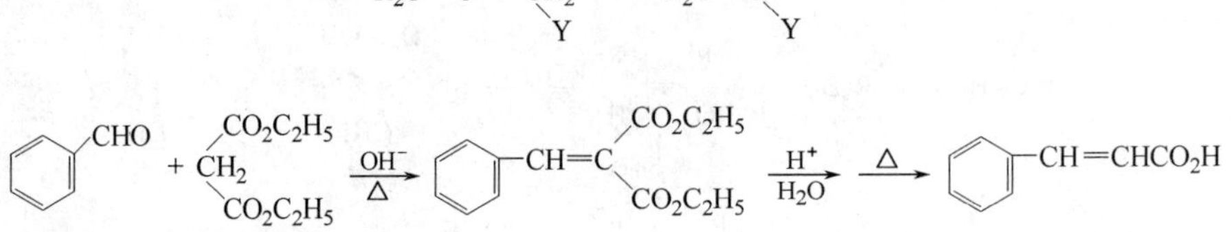

在酯与醛酮的缩合反应中，丁二酸酯类与醛或酮的缩合反应非常容易，而且出乎意料的是其中一个—COOR 在反应过程中总是转变为—COO$^-$，而且得到 α,β-不饱和衍生物，从来没有过醇醛型化合物，这个缩合反应称为 Stobbe 缩合反应。例如：

下面的反应机理能够说明这些事实：

$$R_2C=O + \begin{array}{c}CH-CO_2Et\\CH_2CO_2Et\end{array} \rightleftharpoons R_2CH\begin{array}{c}O\\C\\CH_2\\CO_2Et\end{array}OEt \rightleftharpoons R_2CH\begin{array}{c}O^-\\C\\CH_2\\CO_2Et\end{array}OEt \xrightarrow{-EtO^-}$$

$$R_2C\begin{array}{c}O\\C\\CH_2\\CO_2Et\end{array} \xrightleftharpoons[]{-H^+} R_2C\begin{array}{c}O\\C\\CH_2\\CO_2Et\end{array} \rightleftharpoons R_2C=C-CH_2COO^-\\|\\CO_2Et$$

在某些情况下，可将中间体环内酯分离出来。

（3）Mannich 反应　醛、胺和含活泼氢的化合物缩合，使全部 α-活泼氢都进行胺甲基化，得到 β-氨基酮。

$$\underset{H}{RCHCR'}\!\!\!\overset{O}{\|}\; + \;\underset{H}{C}\!\!\overset{O}{H}\; + \;NR''_2 \longrightarrow R-CH-CR'\\ \qquad\qquad\qquad\qquad\qquad\qquad\qquad |\quad\;\; \|\\ \qquad\qquad\qquad\qquad\qquad\qquad\quad CH_2NR''_2\; O$$

如用丁二醛、甲胺与戊酮二酸为原料进行 Mannich 反应，只用两步就得到了托品酮。

$$\begin{array}{c}CH_2-CH=O\\CH_2-CH=O\end{array} + CH_3NH_2 + \begin{array}{c}CO_2H\\O=\\CO_2H\end{array} \longrightarrow CH_3N\begin{array}{c}CO_2H\\\\CO_2H\end{array} \xrightarrow{-CO_2} \begin{array}{c}CH_3-N\\\\\end{array}=O \quad 托品酮$$

一般认为 Mannich 反应是由甲醛与胺在酸催化下首先缩合失水得到亚甲胺正离子，然后再与酮进行亲电加成而得到 Mannich 盐或 Mannich 碱。一般情况下，Mannich 反应是在水、醇或醋酸溶液中进行，甲醛可以用甲醛溶液、三聚甲醛或多聚甲醛；胺一般用游离胺，胺的水溶液、乙醇溶液或胺的盐酸盐。其反应机理为：

$$H_2C=O + HN(CH_3)_2 \rightleftharpoons H_2C\!\!\begin{array}{c}OH\\|\\\end{array}\!\!N(CH_3)_2 \xrightleftharpoons[]{H^+} H_2C=\overset{+}{N}(CH_3)_2$$

$$R'\overset{O}{\|}CCH_2R \xrightleftharpoons[]{H^+} R'-C=CHR \xrightarrow{H_2C=\overset{+}{N}(CH_3)_2} R'\overset{O}{\|}C\underset{R}{CH}CH_2\overset{+}{N}(CH_3)_2 \xrightleftharpoons[]{-H^+} R'\overset{O}{\|}C\underset{R}{CH}CH_2N(CH_3)_2$$

（4）Claisen 缩合　含 α-H 的酯在碱的作用下缩合得到酮酯。

$$R_2CHCOOR' \xrightarrow{\bar{B}:} R_2\bar{C}COOR' \xrightarrow{R_2CHCOOR'} R_2CHC\!\!\begin{array}{c}O^-\\|\\R_2CCOOR'\end{array}\!\!OR' \xrightarrow{BH^+} R_2CHC\!\!\begin{array}{c}O\\\|\\R_2CCOOR'\end{array}$$

酯缩合反应可在分子内进行，用于五、六元环化合物的制备，这个反应叫 Dieckmann 缩合。如：

$$\begin{array}{c}CO_2C_2H_5\\\\CO_2C_2H_5\end{array} \xrightarrow{C_2H_5ONa} \begin{array}{c}CO_2C_2H_5\\\\O\end{array}$$

其反应机理为：

[反应机理示意图：二乙酸酯在碱作用下发生 Dieckmann 环化，经脱 EtO⁻、质子化、H₃O⁺ 水解、脱羧得到环戊酮]

（5）Darzen 反应（α,β-环氧酯合成） 醛（酮）在碱作用下与 α-卤代酸酯反应生成 α,β-环氧酯。

$$ClCH_2COOC_2H_5 \xrightarrow{RONa} Cl\bar{C}HCOOC_2H_5 \xrightarrow{RCOR'} \underset{R'}{\overset{R}{C}}(\bar{O})-CHCOOC_2H_5 \longrightarrow \underset{R'}{\overset{R}{C}}\underset{\diagdown O\diagup}{-}CHCOOC_2H_5$$

Darzen 反应在合成上的应用是基于环氧酸酯以等物质的量的碱水解为钠盐，然后再用酸中和时发生如弧形箭头所示的失羧和开环过程，最后互变异构为一个在羰基碳原子上增长一个碳的醛。因此，从苯乙酮经 Darzen 反应可方便地合成 2-苯基丙醛。

[苯乙酮 + ClCH₂CO₂C₂H₅ → 经 NaOC₂H₅、NaOH/C₂H₅OH、HCl，最后 −CO₂ 得到 2-苯基丙醛 C₆H₅CH(CH₃)CHO 的反应流程]

又如维生素 A 合成中间体的制备，就用到了 Darzen 反应和酸作用的失羧开环过程。

[β-紫罗兰酮类化合物 + ClCH₂CO₂CH₃，CH₃ONa，吡啶 → 环氧酯，经 NaOH/H₂O, 0~5℃ 和 H⁺/Δ 得到延长一碳的 α,β-不饱和醛]

（6）Michael 加成反应 碳负离子与 α,β-不饱和羰基化合物发生的 1,4-加成反应称为 Michael 反应，例如：

$$R_2C=CH-\overset{O}{\overset{\|}{C}}-R' + LiCuR''_2 \xrightarrow[2)H_2O]{1)乙醚} R_2\overset{}{C}-CH_2-\overset{O}{\overset{\|}{C}}-R'$$
$$\phantom{R_2C=CH-\overset{O}{\overset{\|}{C}}-R' + LiCuR''_2 \xrightarrow[2)H_2O]{1)乙醚} R_2}\underset{R''}{|}$$

$$CH_2(CO_2C_2H_5)_2 + C_6H_5CH=CH-\overset{O}{\overset{\|}{C}}-C_6H_5 \xrightarrow{六氢吡啶} \underset{CH(CO_2C_2H_5)_2}{\underset{|}{C_6H_5CHCH_2COC_6H_5}}$$

$$CH_2(CO_2C_2H_5)_2 + (CH_3)_2C=CH-\overset{O}{\overset{\|}{C}}-CH_3 \xrightarrow{NaOC_2H_5} \underset{CH(CO_2C_2H_5)_2}{\underset{|}{(CH_3)_2C-CH_2-\overset{O}{\overset{\|}{C}}-CH_3}}$$

其反应机理：

$$CH_2(CO_2C_2H_5)_2 + \bar{O}C_2H_5 \rightleftharpoons \bar{C}H(CO_2C_2H_5)_2 + HOC_2H_5$$

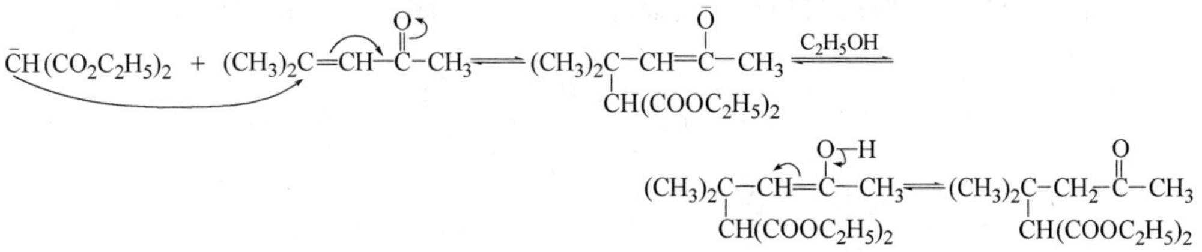

$\bar{C}H(CO_2C_2H_5)_2$ + $(CH_3)_2C=CH-C-CH_3$ ⇌ $(CH_3)_2C-CH=C-CH_3$ $\xrightarrow{C_2H_5OH}$
$\qquad\qquad\qquad\qquad\qquad\qquad\qquad\qquad\qquad\qquad\quad$ $CH(COOC_2H_5)_2$

$(CH_3)_2C-CH=C-CH_3$ ⇌ $(CH_3)_2C-CH_2-C-CH_3$
$\quad CH(COOC_2H_5)_2$ $\qquad\qquad\quad CH(COOC_2H_5)_2$

若 Michael 加成后分子内发生 Claisen 缩合获得 Dimedone。

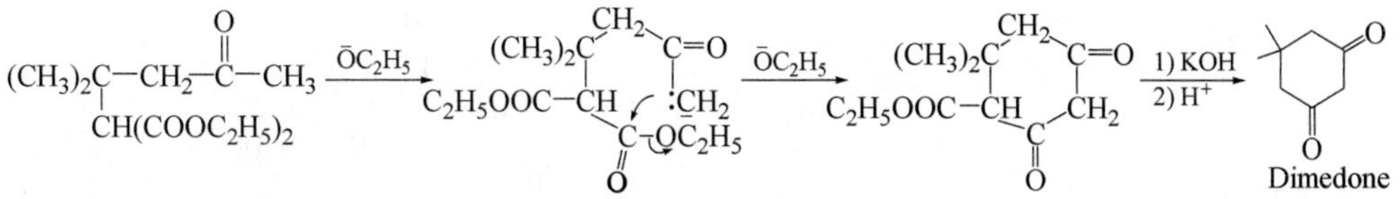

$(CH_3)_2C-CH_2-C-CH_3$ $\xrightarrow{\bar{O}C_2H_5}$ ... $\xrightarrow{\bar{O}C_2H_5}$ ... $\xrightarrow[2)H^+]{1)KOH}$ Dimedone
$\quad CH(COOC_2H_5)_2$

金属有机化合物与 α,β-不饱和醛酮反应时有 1,2-加成和 1,4-加成，一般有机锂试剂几乎专一地亲核进攻羰基碳原子发生 1,2-加成。例如：

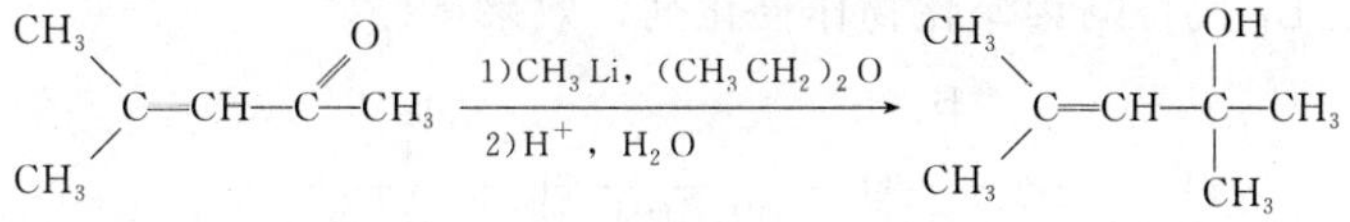

$\qquad\qquad\xrightarrow[2)H^+,H_2O]{1)CH_3Li,(CH_3CH_2)_2O}$

有机铜锂试剂与 α,β-不饱和醛酮发生 1,4-加成选择性高，例如：

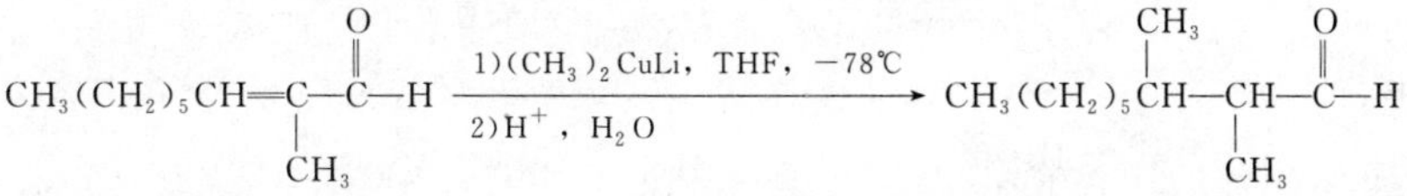

$CH_3(CH_2)_5-C=CH-C-H$ $\xrightarrow[2)H^+,H_2O]{1)(CH_3)_2CuLi,THF,-78℃}$ $CH_3(CH_2)_5CH-CH_2-C-H$
$\qquad\quad CH_3$ $\qquad\qquad\qquad\qquad\qquad\qquad\qquad CH_3$

由于有机铜参与的 1,4-加成反应是通过一个复杂的电子转移机理进行的，第一个能分离到的中间体是烯醇离子，它可以用烷基化试剂捕获，共轭加成后，接着进行烷基化，构建了一条对不饱和醛酮进行 α,β-二烷基化的途径。例如：

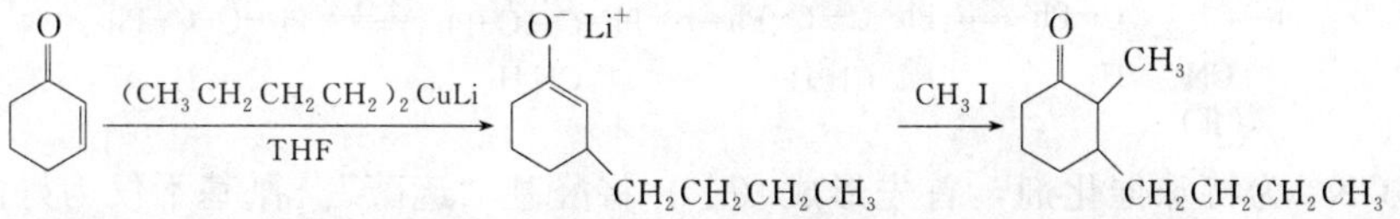

$\xrightarrow[THF]{(CH_3CH_2CH_2CH_2)_2CuLi}$ $\xrightarrow{CH_3I}$

经环酮的碳负离子与 α,β-不饱和酮的共轭加成所发生的分子内缩合反应，可以在原来环状结构基础上再引入一个环，这叫 Robinson 环化法。α-甲基环己酮和甲基乙烯基酮之间的共轭加成主要在叔碳原子上发生，从而顺利而有效地引入了甾族体系所特有的角甲基，可用于甾族化合物的全合成。如：

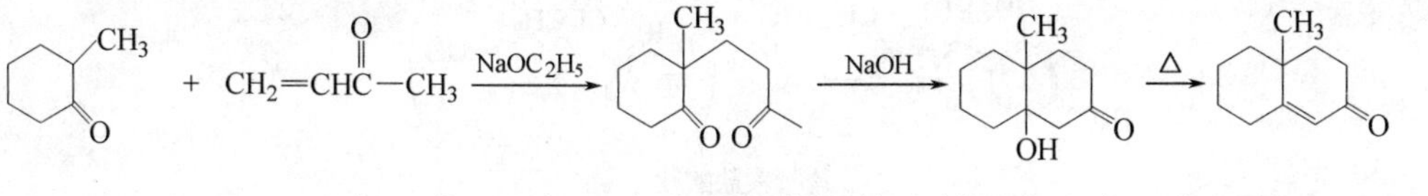

+ $CH_2=CH-C-CH_3$ $\xrightarrow{NaOC_2H_5}$ ... $\xrightarrow{NaOH}$ ... $\xrightarrow{\Delta}$ ...

（7）Reformatsky 反应 醛、酮与 α-卤代酯的有机锌试剂反应生成 β-羟基酯。

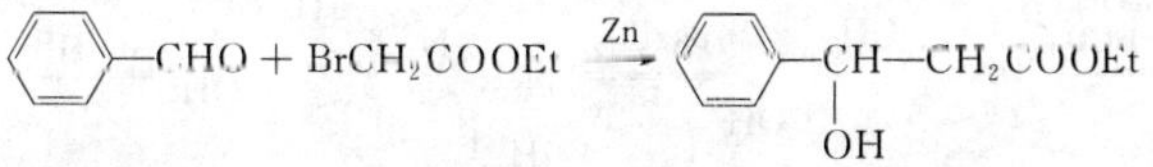

$Ph-CHO + BrCH_2COOEt \xrightarrow{Zn}$ $Ph-CH-CH_2COOEt$
$\qquad\qquad\qquad\qquad\qquad\qquad\quad OH$

反应机理为：

$XCH_2CO_2Et \xrightarrow{Zn} XZnCH_2CO_2Et \xrightarrow{\overset{\delta+}{R'}\overset{\delta-}{C}=O} R'-C(OZnX)(R'')-CH_2CO_2Et \xrightarrow{H^+/H_2O} R'-C(OH)(R'')-CH_2CO_2Et$

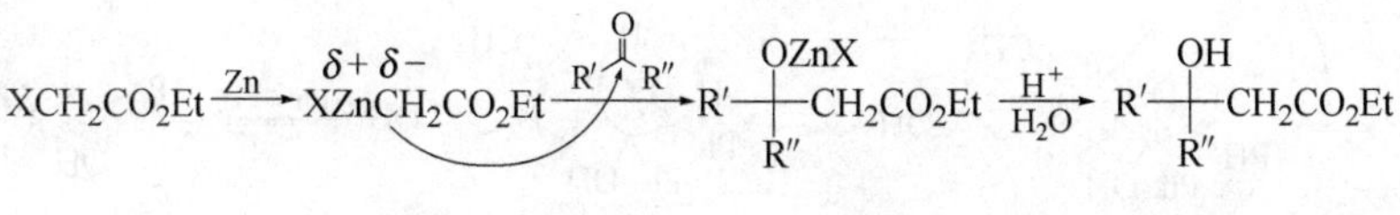

(8) **Perkin 反应** 芳香醛与羧酸酐的反应，可用于合成 α,β-不饱和羧酸。

$$PhCHO + (RCH_2CO)_2O \xrightarrow{\text{碱}} \underset{Ar}{\overset{H}{>}}C=C\underset{R}{\overset{COOH}{<}} + RCH_2COOH$$

$$(RCH_2CO)_2O \underset{\longleftarrow}{\overset{\text{碱}}{\longrightarrow}} R\overset{-}{C}H-CO-O-CO-CH_2R \xrightarrow{ArCHO} Ar\underset{H}{\overset{O^-}{\underset{|}{C}}}\underset{H}{\overset{R}{\underset{|}{C}}}-CO-O-CH_2-R$$

$$\xrightarrow{H_2O} \underset{Ar}{\overset{H}{>}}C=C\underset{R}{\overset{COOH}{<}} + RCH_2COOH$$

(9) **Benzoin（安息香）缩合** 芳香醛及少数不含 α-氢的脂肪醛类在 NaCN 或 KCN 的水-乙醇溶液中短时间温热则发生双分子缩合生成芳香族 α-羟基酮类的反应。现在，一般使用生物辅酶-维生素 B_1 代替剧毒氰化物作催化剂，效果良好。

$$2Ph-\overset{H}{\underset{}{C}}=O \xrightarrow[\text{EtOH, }H_2O]{\overset{-}{C}N, \triangle} Ph-\overset{O}{\underset{}{C}}-\overset{OH}{\underset{H}{C}}-Ph$$

安息香

反应机理：

$$Ph-\overset{H}{\underset{}{C}}=O + \overset{-}{C}N \rightleftharpoons Ph-\overset{H}{\underset{CN}{\underset{|}{C}}}-\overset{-}{O} \rightleftharpoons Ph-\overset{}{\underset{CN}{\underset{|}{C}}}-OH$$
$$\qquad\qquad\qquad\qquad\qquad (I) \qquad\qquad (II)$$

$$Ph-\overset{O-H}{\underset{CN}{\underset{|}{C}}} + \overset{O}{\underset{}{C}}-Ph \xrightarrow{\text{慢}} Ph-\overset{H}{\underset{CN}{\underset{|}{C}}}-\overset{O-H}{\underset{H}{\underset{|}{C}}}-Ph \rightleftharpoons Ph-\overset{OH}{\underset{CN}{\underset{|}{C}}}-\overset{O-H}{\underset{H}{\underset{|}{C}}}-Ph \xrightarrow{-CN^-} Ph-\overset{O}{\underset{}{C}}-\overset{O-H}{\underset{}{C}}-Ph$$
(II)

反应中 CN^- 为特殊催化剂，首先形成（I）将醛基"遮蔽"。氰基不仅为好的亲核试剂和易于脱离的基团，而且具有强的吸电子能力，增加（I）中 C—H 键的酸度，易形成碳负离子（II），由于氰基的极化作用可使（II）形成的碳负离子稳定。（II）与另一分子苯甲醛加成后，脱去 CN^- 恢复原来的羰基而得安息香。

用维生素 B_1（硫胺素）作为催化剂的反应机理为：

硫胺素盐酸盐

维生素 B_1 分子中最重要的部分是噻唑环。噻唑环上的氮原子和硫原子之间氢有较大酸性，在碱作用下，易被除去形成碳负离子，成为反应中心。它亲核加成到羰基碳上，导致该碳原子发生极性反转，生成一个负电中心，此时再由另一分子羰基化合物的碳正中心进攻该碳负离子，得到了由两分子羰基化合物与一分子催化剂组成的络合物，再脱去催化剂分子，最终生成含有一个新的立体中心的两分子缩合产物。

具有氢给予体和氢接受体性能的两种不同的芳醛间亦可发生缩合，生成混合安息香类。例如：

$$ArCHO + Ar'CHO \xrightarrow{CN^-} ArCH(OH)COAr' + Ar'CH(OH)COAr$$

芳醛中芳基的邻位或对位有强吸电子基（如硝基）或强供电子基（如二甲氨基）时，不发生相同分子的苯偶姻缩合，但能进行交叉的苯偶姻缩合。在此缩合反应中，缩合的两个芳香醛起的作用是不同时，一个作为电子给体，一个作为电子受体。因此，只具有吸电子基或只具有供电子基的芳香醛不发生这类反应，例如，对二甲氨基苯甲醛和对甲氧基苯甲醛都不能自身缩合。而将对硝基苯甲醛和对甲氧基苯甲醛二者混合则得到单一产物，而羟基总是连在吸电子基团的芳环一边。

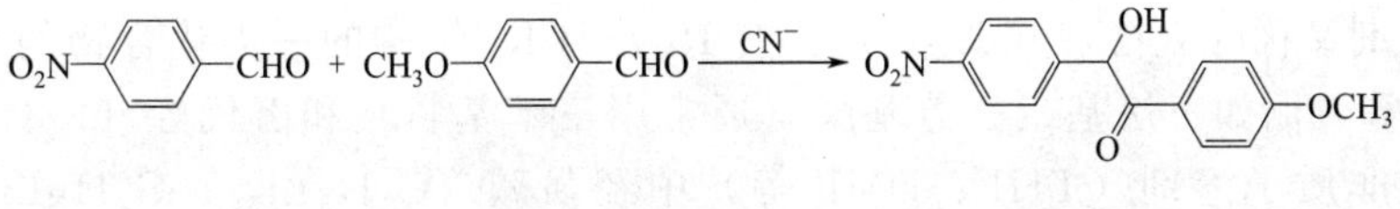

(10) Morite-Baylis-Hillman（MBH）反应 α,β-不饱和化合物与亲电试剂（醛、酮）在合适的催化剂作用下，生成烯烃 α 位加成产物。

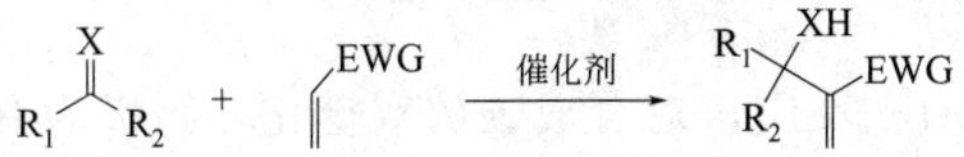

R_1 = aryl, alkyl, hereoaryl 等
R_2 = H, COOR, alkyl 等
X = O, NCOOR, NSOOAr 等
EWG = COOR, COR, CHO, CN, SOOR, PO(OEt)$_2$, CONR$_2$, CH$_2$=CHCOOMe 等

亲电试剂可以是醛、亚胺、亚胺盐以及活化的酮。α,β-不饱和化合物（活化烯烃）可以是丙烯酸酯、丙烯醛、乙烯基酮、丙烯腈、α,β-不饱和砜、亚砜、亚胺以及 α,β-不饱和环烯酮等缺电子烯烃。除 DABCO 可作为催化剂外，其他的叔胺和叔膦等弱亲核试剂也可以用于催化这个反应。例如：

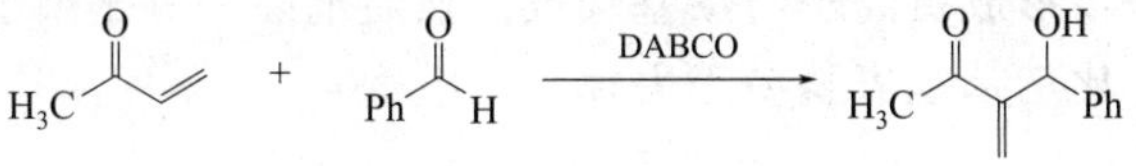

反应机理：

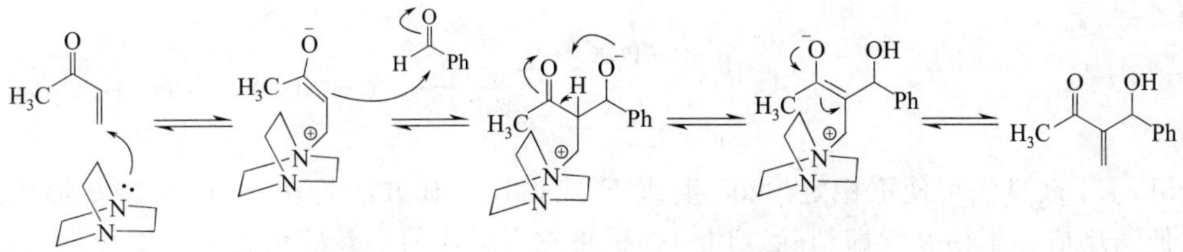

又如：

$$\text{(共轭加成反应机理图)}$$

6.7 羰基与叶立德的反应

(1) Wittig 反应

Wittig 试剂又称叶立德（ylide），是具有 $R_3\overset{+}{y}-\overset{-}{C}R_2$ 结构的一类化合物的总称，其中 y 为 P、As、S 等。例如三烷基或三芳基膦（通常用三苯基膦）和卤代烃（R_2CHX）反应生成的鏻盐，在非质子溶剂（THF、DMF 等）中经强碱（C_6H_5Li，n-C_4H_9Li，RONa 等）作用得磷叶立德（或称磷内鎓盐）。Wittig 从 1953 年开始研究叶立德试剂和醛酮反应，把 $\diagup\!\!\!\!\diagdown$C=O 转化为 $\diagup\!\!\!\!\diagdown$C=CR′R″，而羰基原有的氧则转移到磷上，使三苯基膦的衍生物变成 $(C_6H_5)_3$PO。这一反应称为 Wittig 反应，对合成碳碳双键化合物极为有用。

$$Ph_3P + RCH_2X \longrightarrow Ph_3\overset{+}{P}CH_2R\,X^- \xrightarrow{C_4H_9Li} Ph_3\overset{+}{P}-\overset{-}{C}HR$$
$$\text{ylide}$$

$$R_2C=O + Ph_3\overset{+}{P}\overset{-}{C}HR \longrightarrow \begin{array}{c} R_2C-O^- \\ | \\ RCH-\overset{+}{P}Ph_3 \end{array} \longrightarrow \left[\begin{array}{c} R_2C---O \\ \| \\ RHC---PPh_3 \end{array}\right] \longrightarrow R_2C=CHR + O=PPh_3$$

如：$\text{（视黄醇结构）} + \text{PPh}_3 + \text{（醛结构）OCOCH}_3 \longrightarrow \text{维生素A的乙酸酯}$

利用亚磷酸酯形成 ylide，它的亲核性较强。亚磷酸酯在形成鎓盐之后，发生 Arbuzov 重排生成磷酸酯。进一步形成负离子与羰基加成。然后消除一分子磷酸酯的盐形成烯烃，所形成的副产物溶于水，比三苯基氧膦易于去掉。

$$(C_2H_5O)_3P + RCH_2X \rightleftharpoons RCH_2\overset{+}{P}(OC_2H_5)_3 X^- \longrightarrow RCH_2\overset{O}{\overset{\|}{P}}(OC_2H_5)_2 \xrightarrow{NaH} R-\overset{-}{C}H-\overset{O}{\overset{\|}{P}}(OC_2H_5)_2 \xrightarrow{R\diagup\!\!C=O}$$

$$\begin{array}{c} R \\ | \\ R \end{array}\overset{O^-}{\underset{C-CH-R}{\overset{|}{C}}}\overset{+}{P}(OC_2H_5)_2 \longrightarrow \begin{array}{c} R \\ | \\ R \end{array}C=CH-R + \,^-O-\overset{O}{\overset{\|}{P}}(OC_2H_5)_2$$

Schlosser 改良法可使不稳定 ylide 生成 E-式烯烃。其方法是在 ylide 与羰基加成之后，仍放在低温反应，不使其立即消除。用一强碱将它再形成另一新碳负离子，继续加入叔丁醇质子化。利用这种转化中的平衡，生成相对稳定性较强的 threo-式构型产物。再加温后消除，则主要得 E-式烯烃。这种改进在合成上的另一种应用则是将锂化后的内盐与甲醛加成，可合成烯丙醇的衍生物。

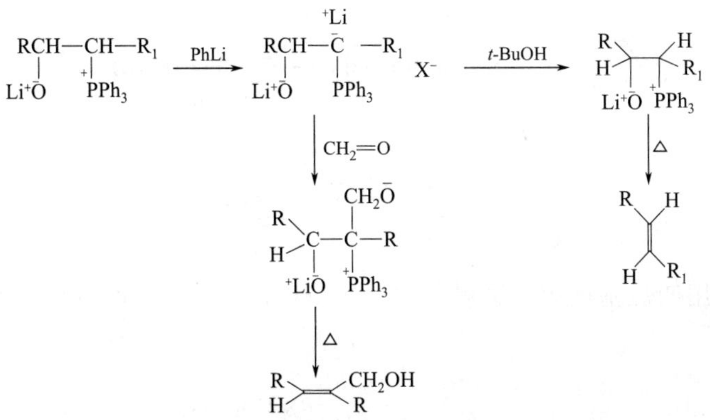

除此之外，Wittig 反应用于合成时还有许多改进。例如由甲氧甲基形成的 Ylide 与羰基化合物反应。可将羰基的碳原子上引入一个新的醛或酮基。

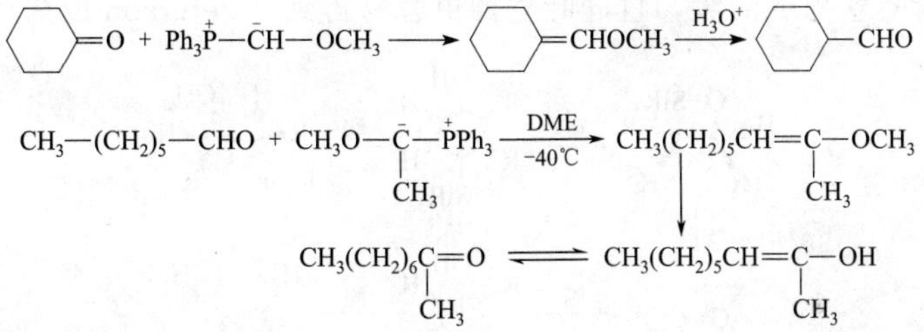

(2) 硫叶立德与羰基的反应　硫叶立德与羰基化合物反应得到环氧化合物。

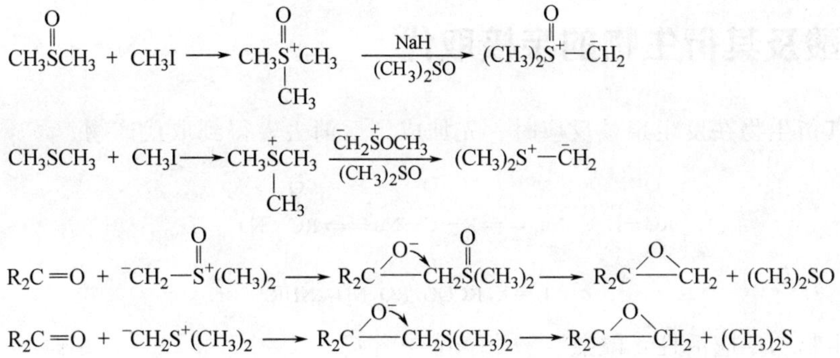

例如：

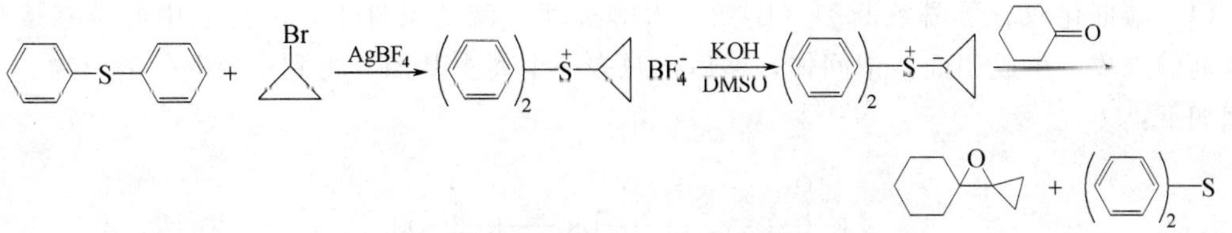

(3) 硅叶立德与羰基化合物的反应　Peterson 成烯反应是指从 α-硅基碳负离子（又称硅叶立德）和羰基化合物生成烯烃的反应，也称为含硅的 Wittig 反应。

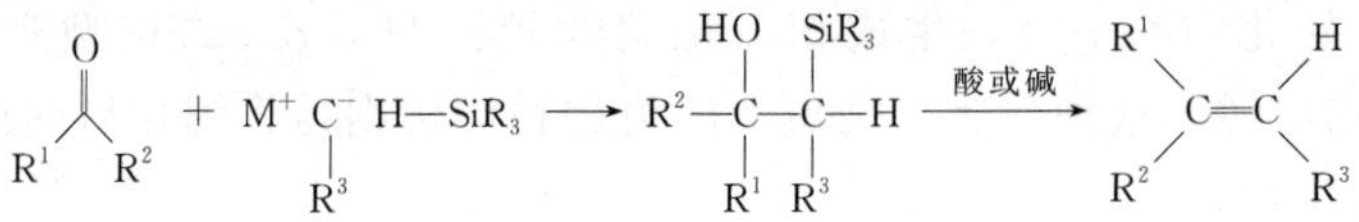

$$R^1R^2C{=}O + M^+ \bar{C}(R^3)H{-}SiR_3 \longrightarrow R^2C(OH)(R^1){-}C(SiR_3)(R^3)H \xrightarrow{酸或碱} R^1R^2C{=}CR^3H$$

例如：

$$\text{环己酮} + Me_3Si\bar{C}HCO_2EtLi^+ \longrightarrow \text{环己叉}{=}CH{-}CO_2Et \quad 95\%$$

$$\text{十氢萘酮衍生物} \xrightarrow{Me_3SiCH_2LiCl} \text{亚甲基产物}$$

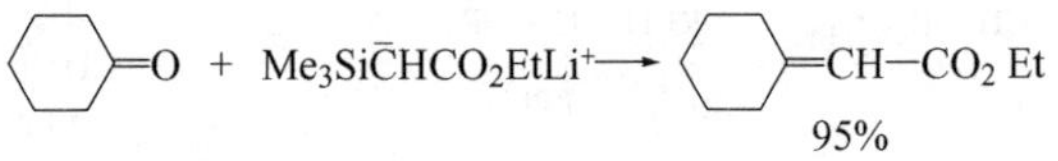

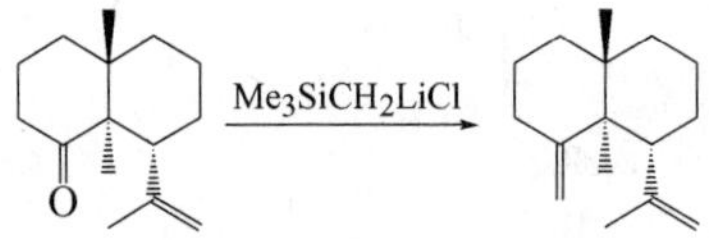

硅叶立德通常用四烃基硅烷在强碱如 BuLi 的作用下制得，也可用烷基氯硅烷同金属直接作用生成。

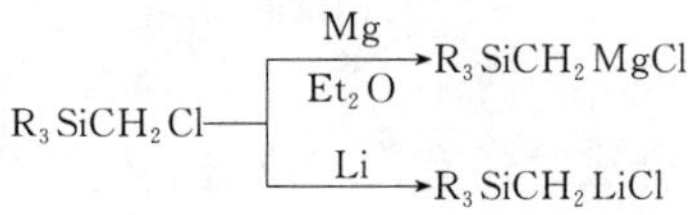

$$R_3SiCH_2Cl \xrightarrow[\text{Li}]{\text{Mg, Et}_2\text{O}} \begin{matrix} R_3SiCH_2MgCl \\ R_3SiCH_2LiCl \end{matrix}$$

由于形成 Si—O 键的高能键，可认为是其容易发生 β-消除的推动力。与 Wittig 试剂相比，硅叶立德比磷叶立德更活泼，且硅叶立德更容易得到。Peterson 成烯反应的机理为：

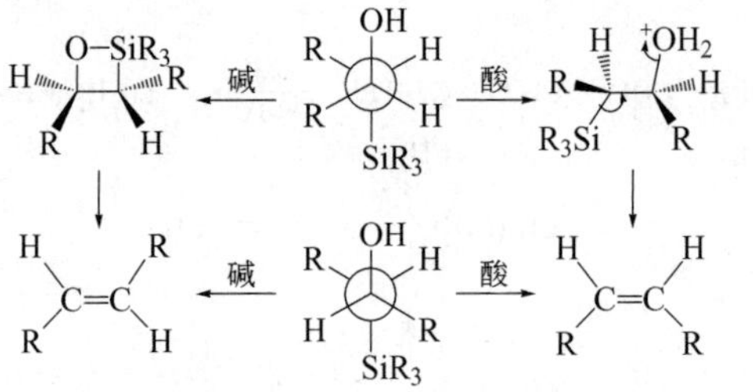

6.8 羧酸及其衍生物的亲核取代

羧酸及其衍生物在发生亲核反应时，先加成，后消去，得到取代产物。

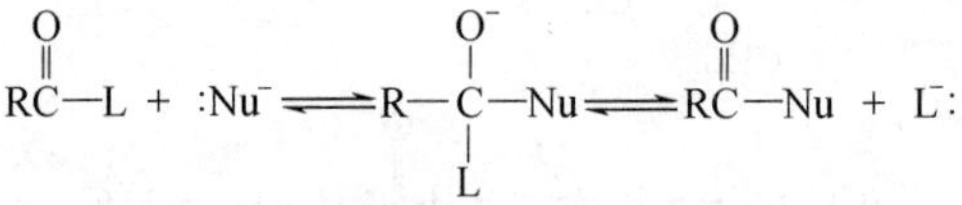

$$RC({=}O){-}L + :Nu^- \rightleftharpoons R{-}C(O^-)(Nu)(L) \rightleftharpoons RC({=}O){-}Nu + L:^-$$

$$L{=}X, RCOO, RO, NH_2, NHR$$

羧酸衍生物的反应活性：酰氯＞酸酐＞酯＞酰胺

下面以酯水解机理为例，讨论羧酸及其衍生物亲核取代反应的几种主要机理及其影响因素。

（1）碱催化双分子酰氧断裂（$B_{AC}2$）水解机理　碱性条件下，酯分子中的羰基接受亲核试剂的进攻，生成四面体中间体，然后再脱去一个离去基团，得到亲核取代的产物。反应机理如下：

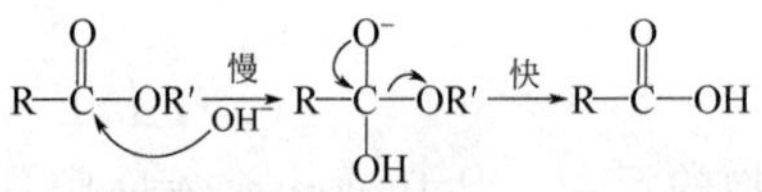

$$R{-}C({=}O){-}OR' \xrightarrow{\text{慢}}_{OH^-} R{-}C(O^-)(OH)(OR') \xrightarrow{\text{快}} R{-}C({=}O){-}OH$$

在 $B_{AC}2$ 水解机理中，影响反应速度的主要因素是取代基的电子效应和取代基的体积大小。

由于在速率决定步骤中生成的是带负电荷的四面体中间体，若分子中连有吸电子基团，提高了羰基的缺电子程度，有利于亲核试剂的加成，同时也有利于四面体上负电荷的分散，因而使总反应速率加快。例如：

$$RCOOC_2H_5 \xrightarrow[33℃]{H_2O, OH^-} RCOO^- + C_2H_5OH$$

R	CH_3	CH_2Cl	$CHCl_2$	CH_3CO	CCl_3
k	1	260	6130	7200	150

$$R-\!\!\!\!\bigcirc\!\!\!\!-COOC_2H_5 \xrightarrow{H_2O,\ OH^-} R-\!\!\!\!\bigcirc\!\!\!\!-COO^- + C_2H_5OH$$

R	H	CH_3	OCH_3	Cl	NO_2
k	1	0.5	0.2	4	110

在加成过程中，由于羰基碳原子由 sp^2 杂化转变成 sp^3 杂化，基团的空间拥挤程度增大，张力增加。取代基的体积越大，张力也越大，反应所需活化能越高，速度越慢。例如：

$$RCOOC_2H_5 \xrightarrow[25℃]{H_2O, OH^-} RCOO^- + C_2H_5OH$$

R	CH_3	CH_2CH_3	$CH(CH_3)_2$	$C(CH_3)_3$	2,4,6-三甲基苯基
k	1	0.79	0.37	0.03	0

$$CH_3COOR \xrightarrow[25℃]{H_2O, OH^-} CH_3COO^- + ROH$$

R	CH_3	CH_2CH_3	$CH(CH_3)_2$	$C(CH_3)_3$
k	1	0.6	0.15	0.0084

值得注意的是，虽然羧酸的酯化反应与酯的水解反应是一对可逆反应，但在 $B_{Ac}2$ 催化条件下，实际过程中逆反应基本上不可能发生。即在碱性条件下，只能由酯水解得到酸和醇，而不能由酸和醇在此条件下合成酯。原因是在碱性条件下，羧酸立即与碱发生酸碱中和反应转变成羧酸根负离子，羧酸根负离子中羰基的活性极低，不能接受亲核试剂（如 RO^- 等）的亲核进攻。

(2) 酸催化双分子酰氧断裂（如 $A_{Ac}2$）水解机理 在酸性条件下，可以由羧酸与醇生成酯，也可以发生逆反应。根据微观可逆性原理，它们具有相同的反应机理。

$$R-\underset{O}{\overset{O}{\|}}C-OR' \xrightarrow{H^+} R-\underset{OR'}{\overset{+OH}{\|}}C-OR' \xrightleftharpoons[H_2O]{} R-\underset{OR'}{\overset{OH}{|}}C-OH_2 \xrightleftharpoons{} R-\underset{HOR}{\overset{OH}{|}}C-OH \xrightleftharpoons{} R-\overset{+OH}{\|}C-OH \xrightarrow{-H^+} R-\underset{}{\overset{O}{\|}}C-OH$$

在 $A_{Ac}2$ 水解机理中，取代基的电子效应对反应速率的影响不大，原因是水解反应中，由于水的亲核性较弱，只能进攻活化的酯羰基（即质子化的羰基）。分子中若连有吸电子基团，虽然对羰基的亲核加成有利，但却不利于羰基的质子化（吸电子基团降低羰基的电子云密度，使其不易接受质子）。同样，给电子基团虽有利于羰基的质子化，但不利于羰基的亲核加成。由于这两种因素相互抵消，因而对总反应速率影响不大。

对 $A_{Ac}2$ 而言，主要影响因素是四面体中间体的空间张力作用。例如：

$$CH_3COOR \xrightarrow[25℃]{HCl} CH_3COOH + ROH$$

R	CH_3	CH_2CH_3	$CH(CH_3)_2$
k	1	0.97	0.53

$$RCOOH + C_2H_5OH \xrightarrow[25℃]{HCl} RCOOC_2H_5 + H_2O$$

R	CH_3	CH_2CH_3	$CH(CH_3)_2$	$C(CH_3)_3$
k	1	0.83	0.27	0.025
R	CH_3	CH_2Ph	$CHPh_2$	CPh_3
k	1	0.56	0.15	0

（3）酸性单分子烷氧断裂水解机理（$A_{Al}1$） 有些位阻很大的酯在酸性条件下仍能顺利进行水解。例如：

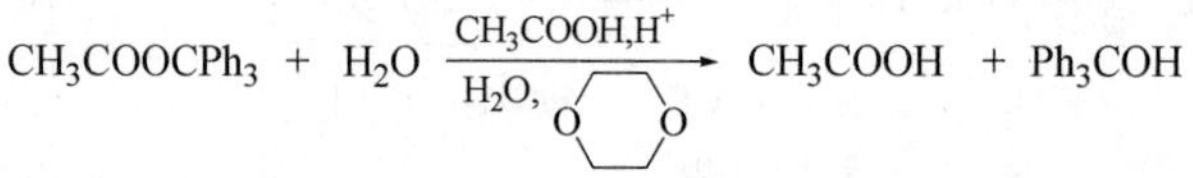

$$CH_3COOCPh_3 + H_2O \xrightarrow[H_2O, \text{二氧六环}]{CH_3COOH, H^+} CH_3COOH + Ph_3COH$$

用^{18}O标记的水进行反应时，发现^{18}O原子出现在三苯甲醇分子中，说明此时发生的是烷氧键的断裂。反应机理如下：

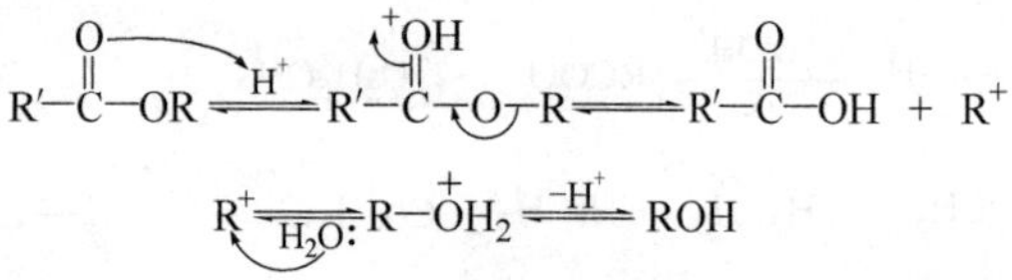

$$R'\text{-}C(\text{=}O)\text{-}OR \xrightleftharpoons{H^+} R'\text{-}C(\text{-}^+OH)\text{-}OR \xrightleftharpoons{} R'\text{-}C(\text{=}O)\text{-}OH + R^+$$

$$R^+ \xrightleftharpoons{H_2O:} R\text{-}^+OH_2 \xrightleftharpoons{-H^+} ROH$$

在$A_{Al}1$反应机理中，影响反应速度的主要因素是碳正离子的稳定性，能生成较为稳定碳正离子的化合物容易按此机理进行反应（如叔碳正离子、苄基碳正离子、烯丙基碳正离子等）。例如：

$$CH_3COOR \xrightarrow[25℃]{HCl} CH_3COOH + ROH$$

R	CH_3	$C(CH_3)_3$
k	1	1.15

需说明的是$R=CH_3$时，反应物仍以$A_{Ac}2$机理为主。此处只是以其反应速率作为相对标准。

（4）酸性单分子酰氧断裂水解机理（$A_{Ac}1$） 有一些位阻很大的酯，在一般的酸或碱催化条件下都不能发生水解反应，只有经过特殊处理才能得到水解产物。例如2,4,6-三甲基苯甲酸甲酯，由于2,6位两个甲基的位阻作用，不能生成正常的四面体中间体加成产物，故通常情况下不发生水解，但先将其溶于浓硫酸中再加水分解，则可得到相应的水解产物。

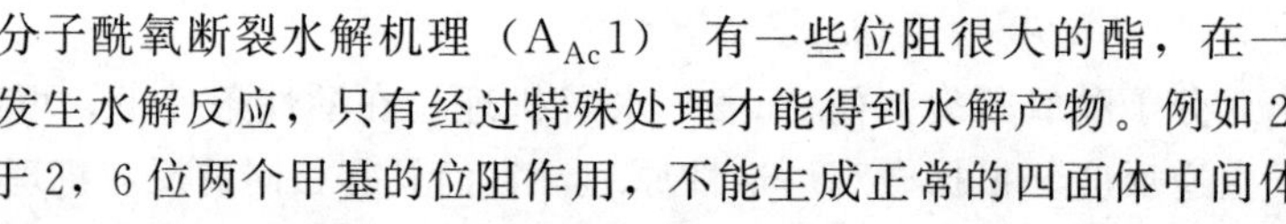

$$\text{2,4,6-(CH}_3\text{)}_3\text{C}_6\text{H}_2\text{COOCH}_3 \xrightarrow[\text{2) H}_2\text{O}]{\text{1) H}_2\text{SO}_4} \text{2,4,6-(CH}_3\text{)}_3\text{C}_6\text{H}_2\text{COOH} + CH_3OH$$

反应机理如下：

[反应机理示意图：2,4,6-三甲基苯甲酸甲酯经H^+质子化，然后CH_3OH离去生成酰基正离子，再与H_2O加成，最后失去H^+得到2,4,6-三甲基苯甲酸]

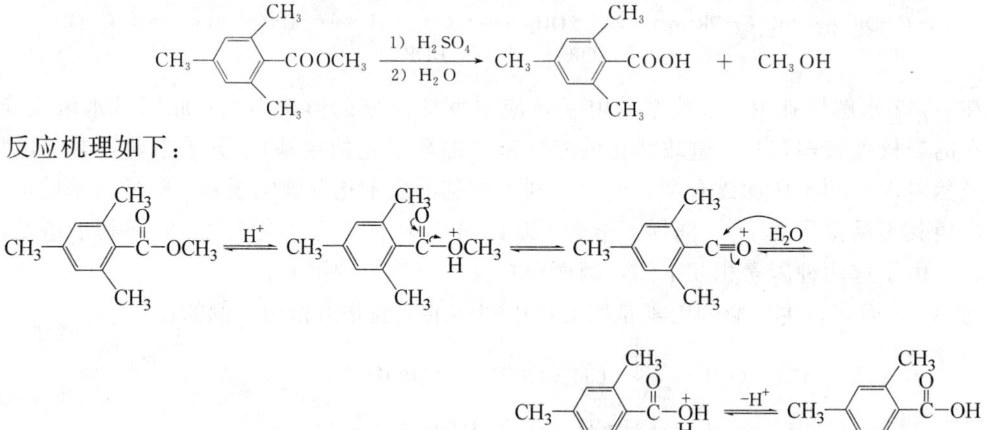

在反应过程中，生成的中间体不再是张力很大的四面体，而是张力较小的直线型离子，2，6 位的两个甲基的存在反而有利于中间体的生成（空间效应）。虽然第二步加成时 2，6 位的两个甲基的存在仍不利于正反应进行，但与通常的 $B_{Ac}2$ 或 $A_{Ac}2$ 机理相比较，张力因素对反应的影响程度已大大降低，因而使反应得以顺利进行。

6.9 亲核性碳

（1）烯醇负离子 从羰基化合物中移去一个质子得到的碳负离子是烯醇物，具有亲核性，与卤代烷反应生成烷基化产物，如：

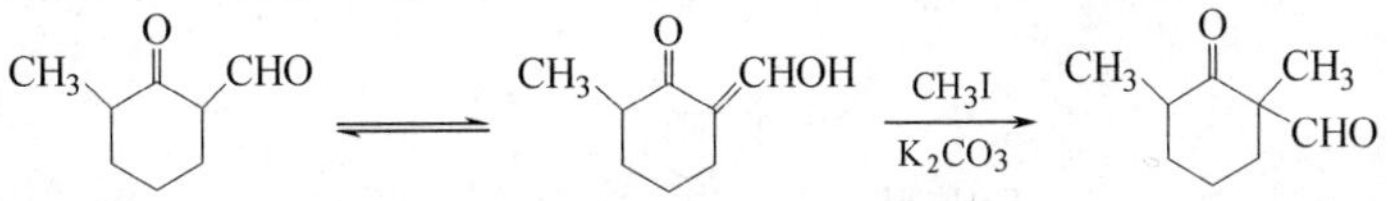

烯醇盐与三甲基氯硅烷反应生成烯醇硅醚：

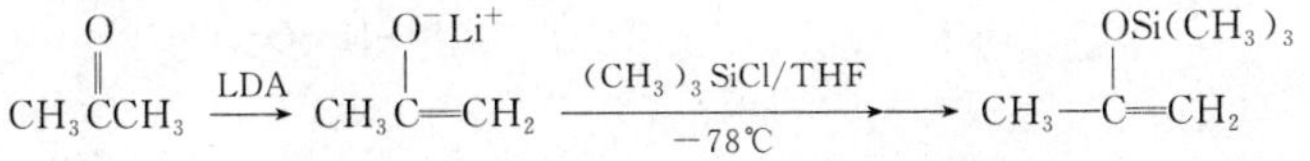

烯醇硅醚中存在 Si—O 键使羰基化合物（如酮）的烯醇式形式比较稳定。烯醇硅醚是潜在的烯醇负离子，C═C 双键由于富有电子，易进攻正电性的原子或基团。能与硅形成具有较高键能共价键的负离子（如 Cl^-、F^- 等）进攻 Si 原子，使 Si—O 键断裂，生成 α-取代酮。例如：

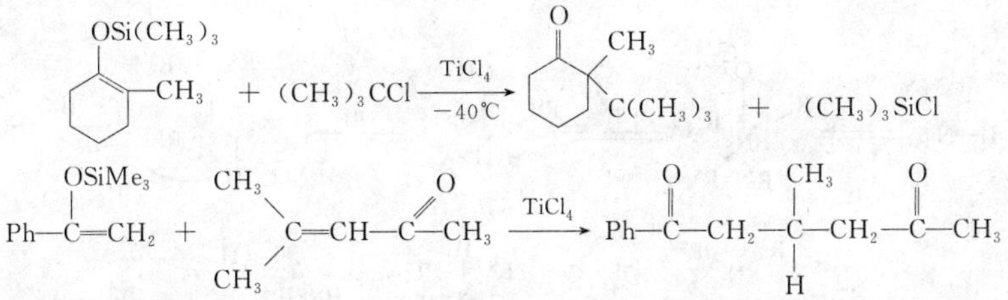

烯醇物碳负离子的电荷在碳及氧原子上非定域分布，因此它是两可性亲核试剂。当进行烃化反应时，除可在碳原子上进行烃化外，当结构有利时反应也可在氧原子上进行。如：

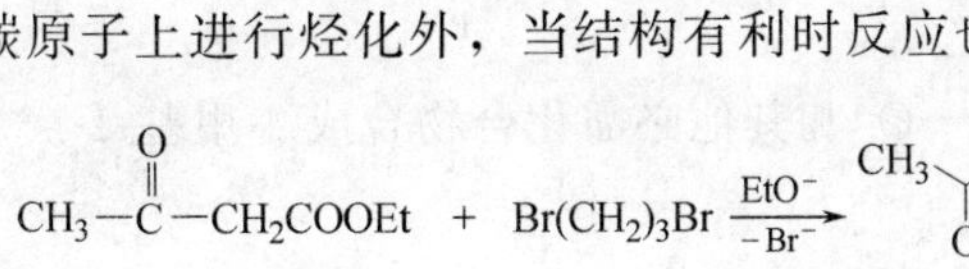

其反应机理为：

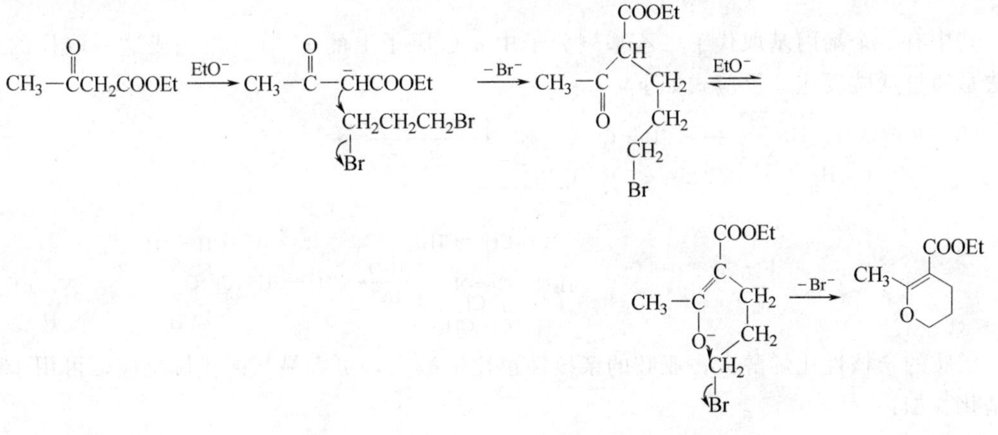

反应的推动力无疑来自形成六元环的稳定过渡态。

（2）仲胺与醛酮在酸催化下缩合得到烯胺 它与卤代物反应生成烷基化（或酰基化）产物，不对称酮和胺反应时，主要生成双键上取代最少的烯胺。如：

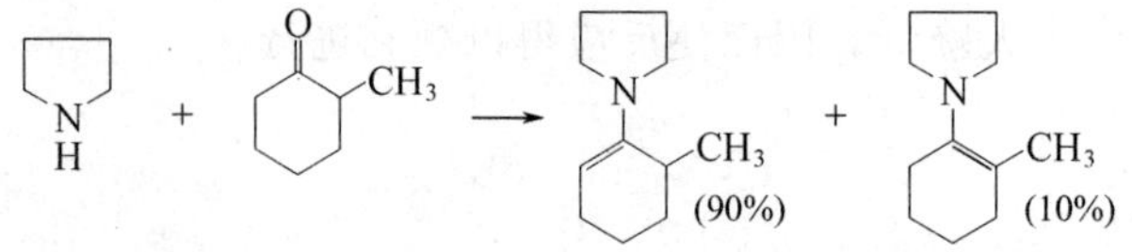

这是由于如果甲基在双键上，会和四氢吡咯环上的氢彼此排斥，使这个体系变得很不稳定，因此它以少量的副产物出现。所以这类烯胺进行麦氏加成或烃化时，总是在取代最少的 α 碳原子上，在质子溶剂中进行，烷基到取代最少的碳原子上去。下面的例子可说明这一问题：

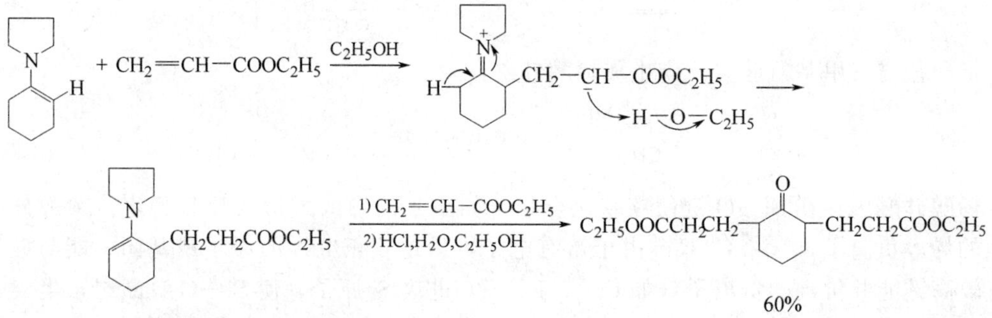

烯胺形成及烷基化（或酰基化）反应机理为：

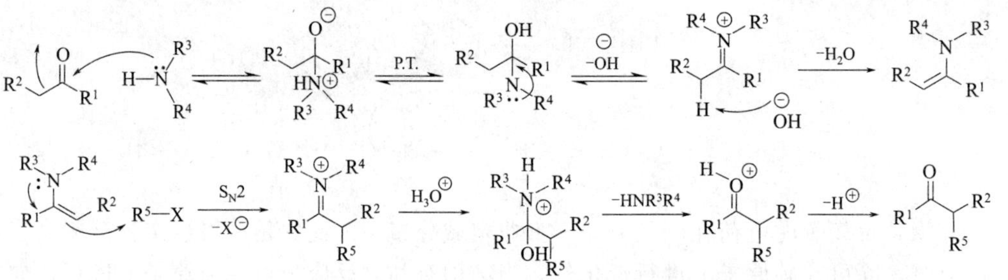

【例】 由 $(CH_3CH_2)_2C=O$ 和其他必需化合物合成 4-甲基-1-庚烯-5-酮。

解：目标化合物为 $CH_3CH_2\overset{O}{\underset{}{C}}CH\underset{CH_3}{|}CH_2CH=CH_2$

其中有一个烯丙基取代了二乙基酮分子中 α-C 原子上的 H 原子，完成这一取代的最好方法是通过烯胺反应。反应式如下

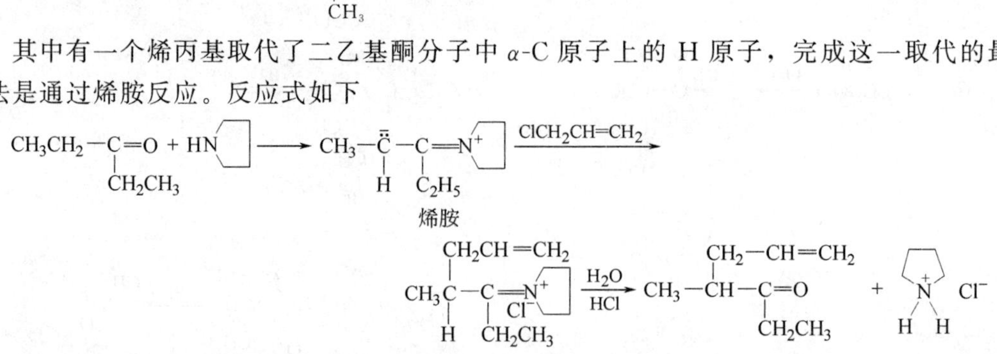

烯胺的亲核性比烯醇大，亚胺的亲核性也比烯醇大，更容易与卤代烷反应，可用于醛的烃基化。如：

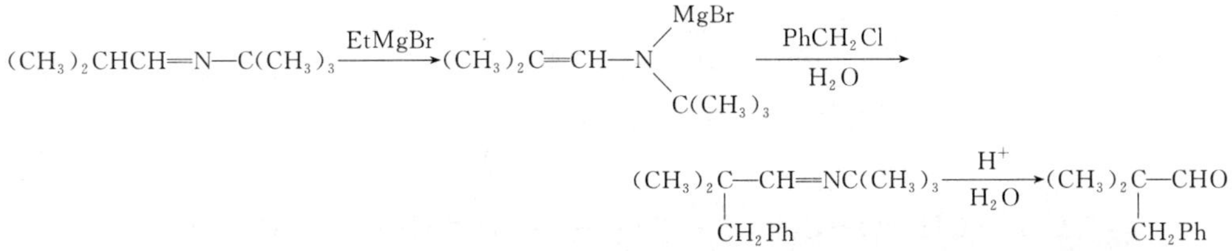

$(CH_3)_2CHCH=N-C(CH_3)_3 \xrightarrow{EtMgBr} (CH_3)_2C=CH-N\underset{C(CH_3)_3}{\overset{MgBr}{|}} \xrightarrow[H_2O]{PhCH_2Cl}$

$(CH_3)_2C-CH=NC(CH_3)_3 \xrightarrow[H_2O]{H^+} (CH_3)_2C-CHO$
$\quad\quad |\quad\quad\quad\quad\quad\quad\quad\quad\quad\quad\quad\quad\quad\quad\quad |$
$\quad CH_2Ph\quad\quad\quad\quad\quad\quad\quad\quad\quad\quad\quad\quad CH_2Ph$

（3）噁唑啉衍生物的 α-碳负离子　羧酸可与 2-氨基-1-丙醇作用生成 2-烷基-4,4-二甲基噁唑啉Ⅰ，Ⅰ像酯一样具有 α-氢，在强碱正丁基锂或二异丙基氨基锂存在下生成 α-碳负离子，再与卤代烃进行亲核取代反应生成导入烃基的噁唑啉衍生物Ⅱ，Ⅱ水解或醇解可得到烃基化的羧酸或酯。该法已成为合成羧酸和酯的新方法。其合成中采用手性的噁唑啉衍生物，则可制备特定构型的羧酸或酯。

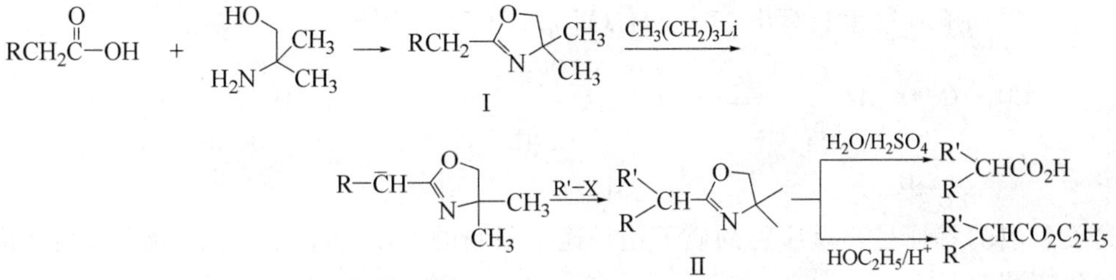

例如：

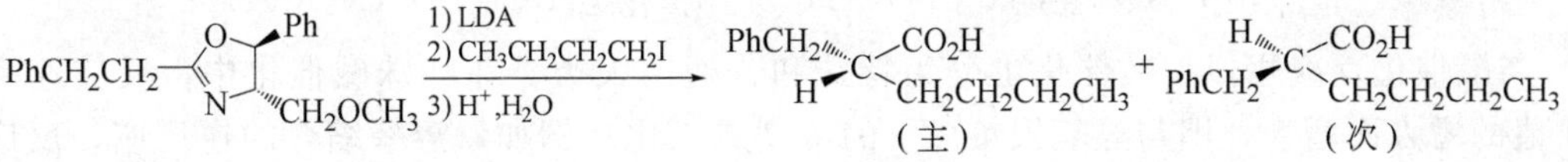

反应机理为：

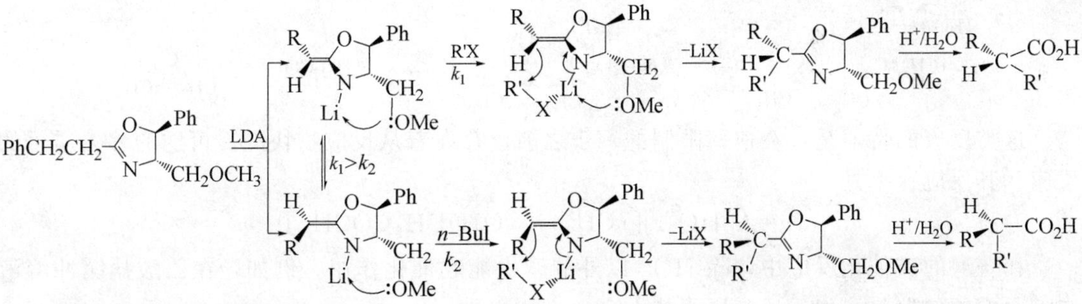

若羧酸直接在强碱如 LDA 作用下则生成双负离子中间体，然后在 α-位烃基化得 α,α-二取代羧酸。如：

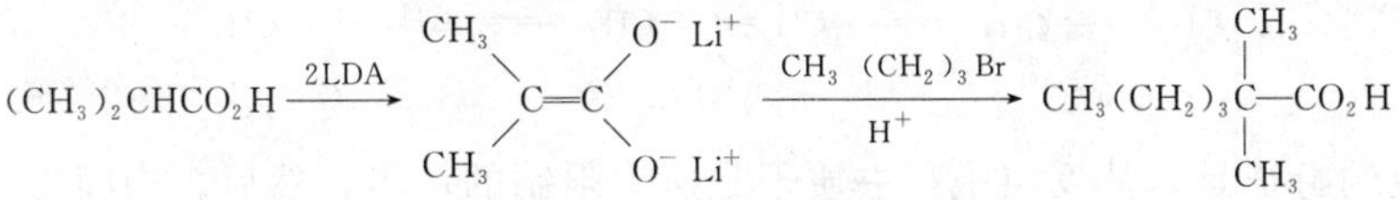

$(CH_3)_2CHCO_2H \xrightarrow{2LDA} \underset{CH_3}{\overset{CH_3}{|}}C=C\underset{O^-Li^+}{\overset{O^-Li^+}{|}} \xrightarrow[H^+]{CH_3(CH_2)_3Br} CH_3(CH_2)_3\underset{CH_3}{\overset{CH_3}{\underset{|}{\overset{|}{C}}}}-CO_2H$

6.10　特殊和普遍的酸碱催化

在有机化学反应中，最常见和最重要的催化剂是酸和碱。

特殊的酸催化是指在水溶液中，H_3O^+ 是催化反应的唯一的酸性物，当 pH 值降低时（即 H_3O^+ 的浓度增加），则反应速率增大。当加入其他酸（如 NH_4^+）时，则反应速率并不受影响。例如简单缩醛的水解，反应历程如下：

$$\text{CH}_3\text{CH}(\text{OC}_2\text{H}_5)_2 + \text{H}_3\text{O}^+ \underset{}{\overset{\text{快}}{\rightleftharpoons}} \text{CH}_3\text{CH}(\text{OC}_2\text{H}_5)(\overset{+}{\text{O}}\text{H})(\text{OC}_2\text{H}_5) \xrightarrow[-\text{C}_2\text{H}_5\text{OH}]{\text{慢}}$$

$$\text{CH}_3\text{CH}=\overset{+}{\text{O}}\text{C}_2\text{H}_5 \xrightarrow{\text{快}} \xrightarrow{\text{H}_2\text{O}} \text{CH}_3\text{CHO} + \text{C}_2\text{H}_5\text{OH}$$

这类反应的特征是：在慢的、速率限制的一步之前，存在着反应快的、可逆的质子化反应。其反应速率是：

$$v = k[\text{H}_3\text{O}^+][\text{CH}_3\text{CH}(\text{OC}_2\text{H}_5)_2]$$

普遍的酸催化反应是指那些反应不仅可以被 H_3O^+ 催化，而且还可以被体系中的其他酸催化，即质子给予体（酸）普遍地都催化反应。例如在酸（HA）存在下，原酸酯的水解，反应历程如下（这里只写出 HA，H_3O^+ 起同样的作用）：

$$\text{CH}_3\text{C}(\text{OC}_2\text{H}_5)_2(\text{OC}_2\text{H}_5) \cdots \text{H-A} \underset{}{\overset{\text{慢}}{\rightleftharpoons}} \text{CH}_3\overset{+}{\text{C}}(\text{OC}_2\text{H}_5)_2 \xrightarrow[\text{快}]{\text{H}_2\text{O}} \text{CH}_3\text{C}(=\text{O})\text{OC}_2\text{H}_5 + \text{C}_2\text{H}_5\text{OH}$$

$$\text{C}_2\text{H}_5\text{OH} + \text{A}^-$$

这类反应的特征是：反应物的质子化是速率限制的一步，随后，中间物迅速转变成为产物。其反应速率是：

$$v = k_{\text{H}_3\text{O}^+}[\text{H}_3\text{O}^+][\text{CH}_3\text{C}(\text{OC}_2\text{H}_5)_3] + k_{\text{HA}}[\text{HA}][\text{CH}_3\text{C}(\text{OC}_2\text{H}_5)_3]$$

与酸催化反应相似，碱催化也分为特殊和普通两大类。在特殊碱催化中，反应速率随 pH 值的增大而增大，即与氢氧根负离子的浓度成正比。例如，羟醛缩合的逆反应，反应历程如下：

$$\text{HO}^- \cdots \text{H-O}-\text{C}(\text{CH}_3)_2-\text{CH}_2-\text{C}(=\text{O})\text{CH}_3 \underset{}{\overset{\text{快}}{\rightleftharpoons}} (\text{CH}_3)_2\text{C}(\text{O}^-)\text{CH}_2\text{C}(=\text{O})\text{CH}_3 \xrightarrow{\text{慢}} (\text{CH}_3)_2\text{CO} + \text{CH}_2=\text{C}(\text{O}^-)\text{CH}_3$$

这类反应的特征是：在速率限制的一步之前，存在着从反应物快的、可逆的移去质子的反应。其反应速率是：

$$v = k[\text{HO}^-][(\text{CH}_3)_2\text{C}(\text{OH})\text{CH}_2\text{COCH}_3]$$

在普遍的碱催化反应中，除 HO^- 以外的碱也能起催化作用。例如，在乙酸盐缓冲溶液中，丙酮的碱催化溴代，反应历程如下：

$$:\text{B}^- \cdots \text{H-CH}_2\text{C}(=\text{O})\text{CH}_3 \xrightarrow{\text{慢}} \text{CH}_2=\text{C}(\text{O}^-)\text{CH}_3 \cdots \text{Br-Br} \xrightarrow{\text{快}} \text{BrCH}_2\text{C}(=\text{O})\text{CH}_3 + \text{Br}^-$$

这类反应的特征是，从反应中移去质子是速率限制的一步，然后，中间物可以很快转变成产物。其反应速率是：

$$v = k_{\text{HO}^-}[\text{HO}^-][\text{CH}_3\text{COCH}_3] + k_{\text{CH}_3\text{COO}^-}[\text{CH}_3\text{COO}^-][\text{CH}_3\text{COCH}_3]$$

6.11 分子内催化作用

分子内的催化作用是指在反应物的分子中，某官能团的几何形状有利于催化该基团且和反应基团相接近时，则该官能团作为催化剂就能更有效地起作用。这方面的研究工作，对于了解生物反应机理是重要的。因为酶被认为有着极为有效的催化作用,这种作用至少部分是把催化某一反应所需要的碱性基团,亲核性基团或酸性基团一起带到活化中心上。有关这方面的例子很多。

苯甲醛的混合缩醛水解反应速率能被分子内一般酸催化而加快。如:

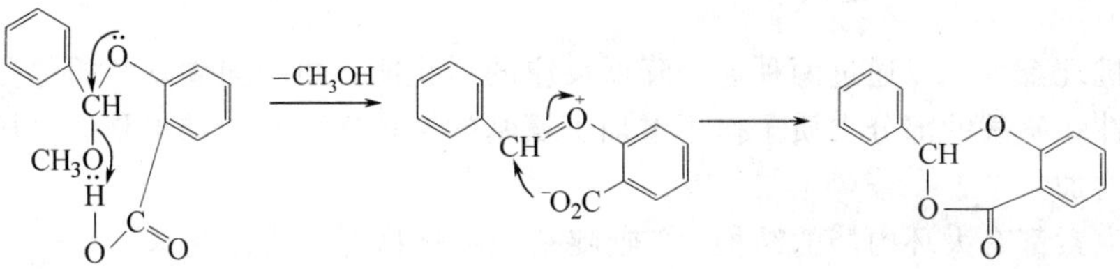

在同样酸性条件下,邻羧基苯基-β-D-葡萄糖苷的水解反应速率比对羧基苯基-β-D-葡萄糖苷的水解反应速率快 10^4 倍。

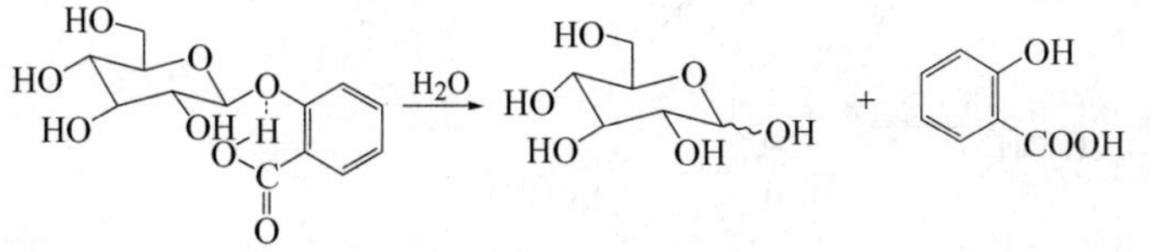

邻羧基苯基-β-D-葡萄糖   D-葡萄糖   邻羟基苯甲酸

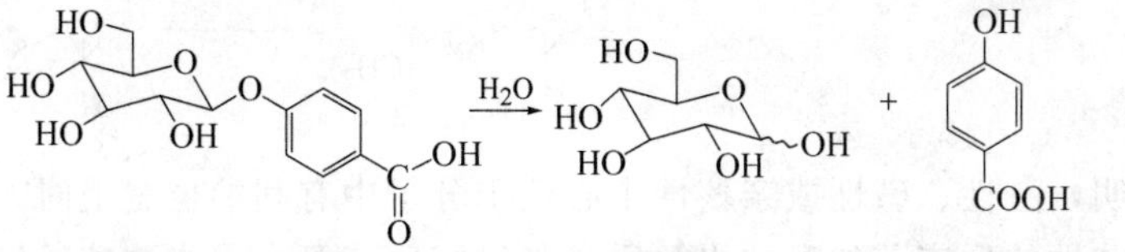

对羧基苯基-β-D-葡萄糖   D-葡萄糖   对羟基苯甲酸

原因是邻羧基苯基-β-D-葡萄糖苷中糖苷键的邻位羧基的"参与"(形成氢键),即分子内一般酸催化加速了糖苷键水解速率。

乙酰水杨酸及其衍生物对酯水解反应中分子内催化的研究表明,负离子体水解比中性化合物快,同样也说明羧酸根离子以某种方式参与了反应。

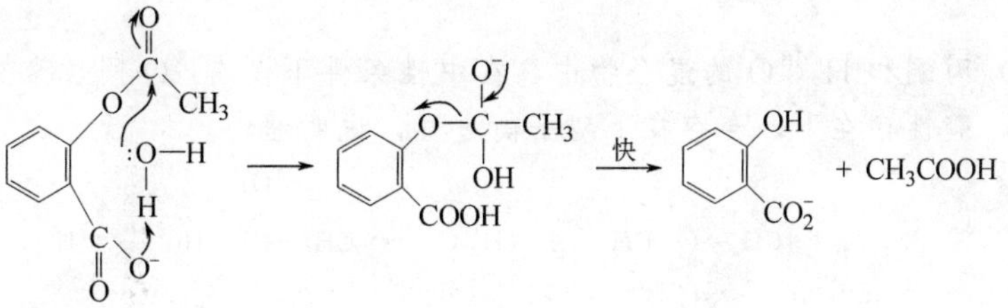

这种反应机理一般被称为碱性催化机理。

具有良好离去基团的取代苯基酯类,其水解反应是通过亲核催化作用的机理进行的。

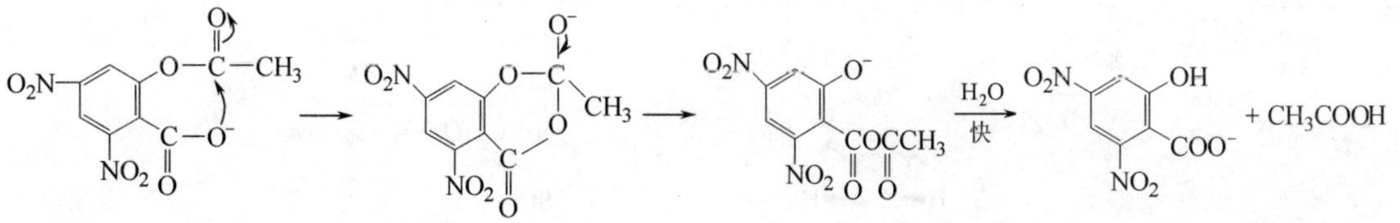

在氨解反应中,水杨酸苯酯比没有羟基的类似物活泼,说明反应中有邻位羟基的分子内参与作用。动力学上总的表现为三级,对胺为二级。这说明在过渡态中分子内一般碱催化作

用（通过另一分子胺）和分子内一般酸催化作用（通过羟基）都在起作用。

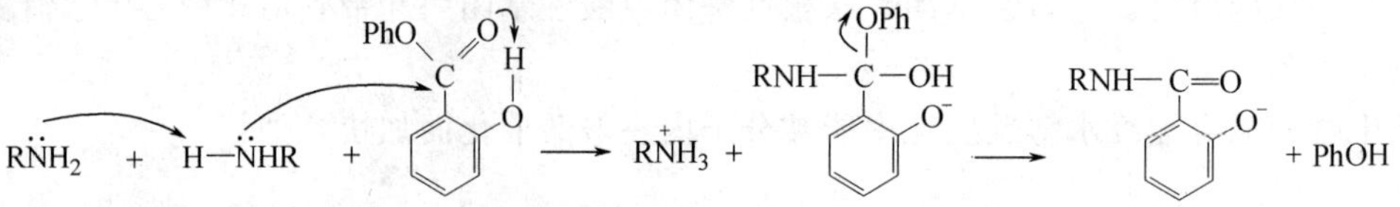

这样的机理至少可以通过两种途径降低反应的活化能，质子向羰基氧的部分转移增加了羰基的亲电性；氨基的部分去质子作用增加了氨基的亲核性。总的结果是使水杨酸苯酯氨解反应的活性增加。

许多抗生素都有大环内酯的结构，2-吡啶基二硫化物可以活化酰基，经分子内催化的亲核取代可高产率合成大环内酯。

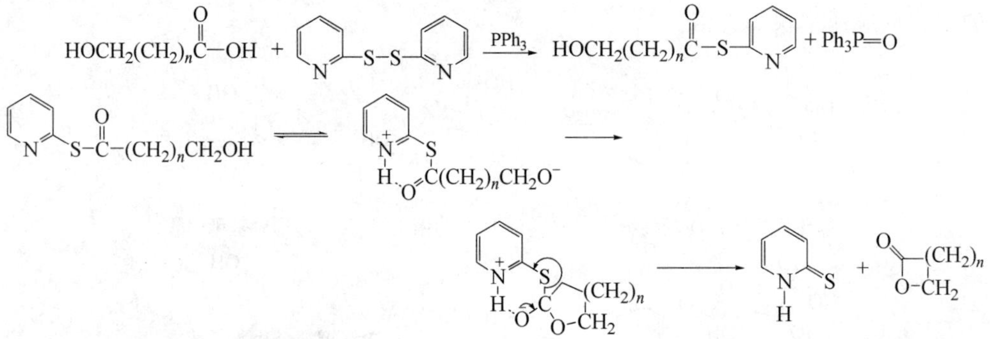

上述几例说明，酸性、碱性或亲核性中心处于分子中有利的位置上时，将显著地加速羰基化合物的一些共性的反应，如酯的水解反应和氨解反应等。因为这些反应活性的增加，都是由于分子内基团的催化作用引起的，故称分子内的催化作用。

习 题

6.1 解释：(1) 丙酮和 $H_2^{18}O$ 的混合物中，在中性条件下没有 ^{18}O 同位素交换，但在微量酸性存在下，会存在下列平衡过程，说明理由。

$$CH_3-\underset{O}{\overset{\|}{C}}-CH_3 + H_2^{18}O \rightleftharpoons CH_3-\underset{O}{\overset{^{18}O\|}{C}}-CH_3 + H_2O$$

(2) 在碱性溶液里，黄曲霉素 B_1 的半缩醛易外消旋化。（其结构式为 A）

(3) 从化合物 B 释放 p-硝基苯酚负离子的速度在 pH＞10 的水溶液中，与 pH 值无关。

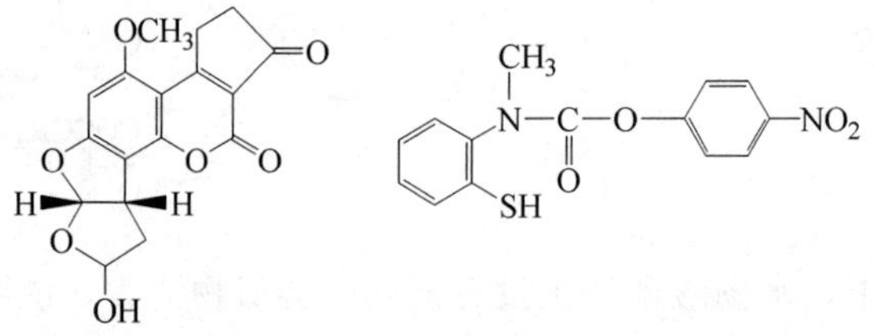

A　　　　　　B　　pK_a=10.7

(4) 在二氧六环水溶液中，酯（Ⅰ）比酯（Ⅱ）的碱性水解速度快 8300 倍。

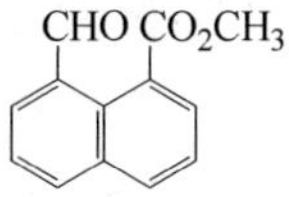

(5) 为什么 $O_2N{-}C_6H_4{-}COCl$ 与 $HOCH_2CH_2N(CH_3)_2$ 反应的产物只有酯而没有酰胺？

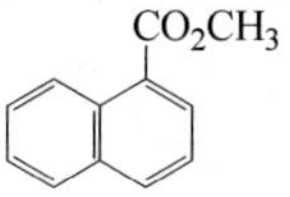

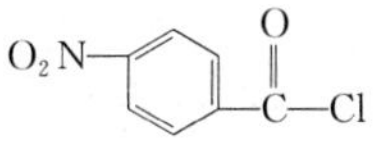

6.2 在生物体系亮氨酸合成中，2-丁酮酸与丙酮酸在乙酰乳酸合成酶（acetolactate synthase）催化下生成 α-乙酰-α-羟基丁酸为重要步骤。该反应在生物体外也可以通过硫胺素（维生素 B_1）在碱 :B 催化下进行。试写出其反应机理。

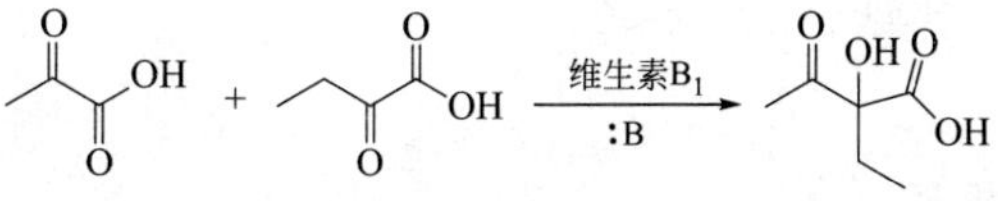

6.3 写出下列反应的机理

(1)

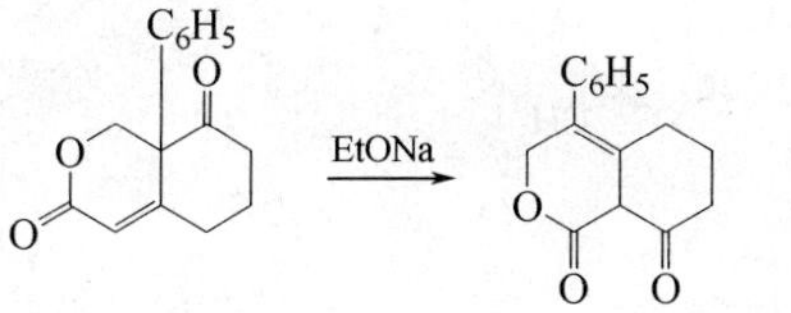

(2)

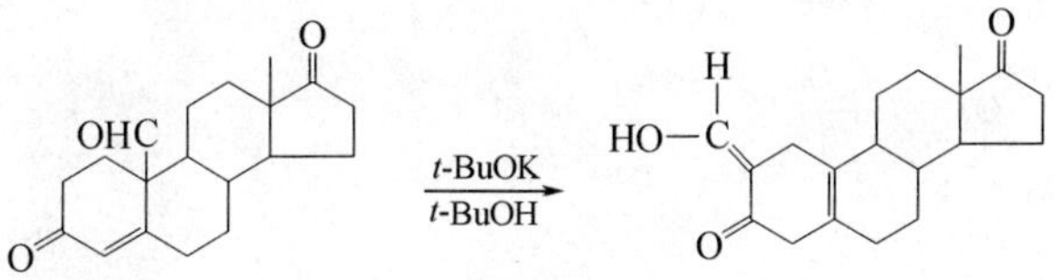

(3)

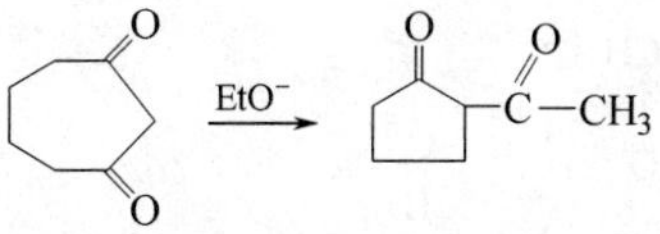

(4)

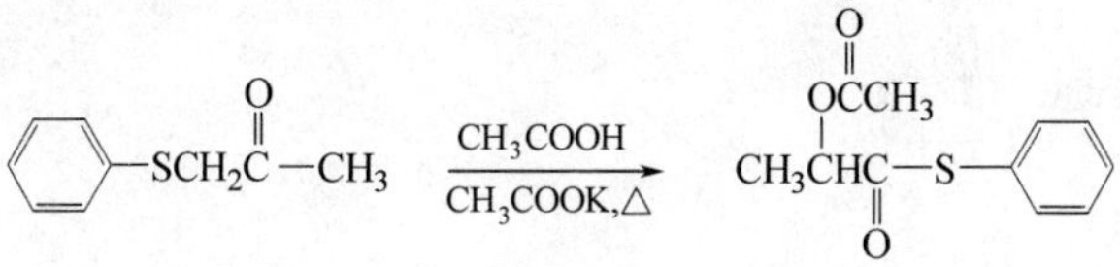

(5)

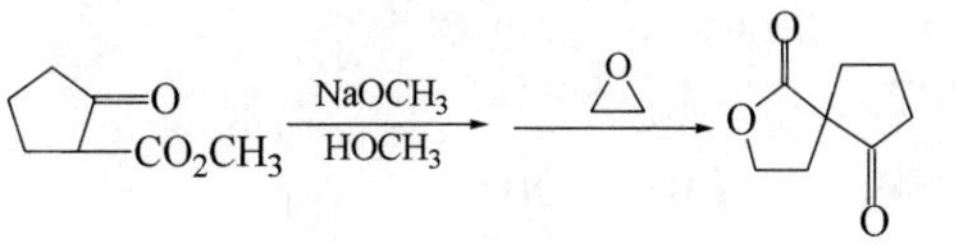

(6)

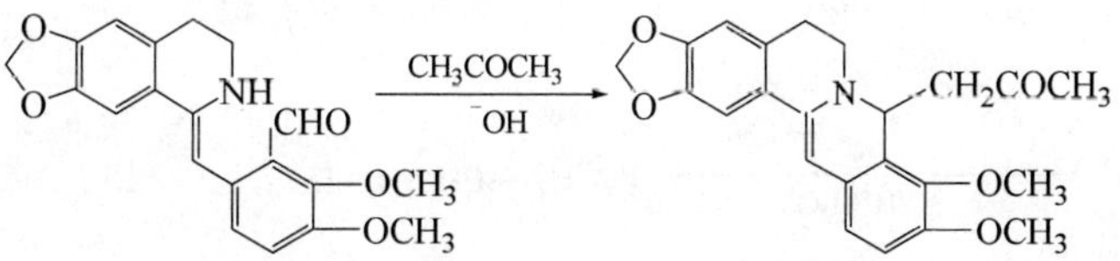

6.4 完成下列合成

(1) 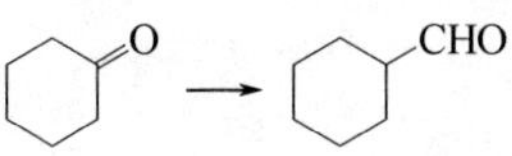 环己酮 → 环己基甲醛

(2) 由 $CH_2=CH\overset{O}{\underset{\|}{C}}CH_2CH_3$ 与 [cyclohexanone with CO$_2$C$_2$H$_5$] 合成 [bicyclic product with CO$_2$C$_2$H$_5$, CH$_3$, and ketone]

(3) [decalin-type structure] → [hydroazulenone structure]

(4) [THP-O(CH$_2$)$_3$CHO] → [THP-O(CH$_2$)$_3$-CH=C(CH$_3$)-CH$_2$OH, with H shown]

(5) [cyclopentanone with CO$_2$Et and CH$_2$CH$_2$COCH$_3$ side chain] $\xrightarrow{\text{NaOEt}/\text{HOEt}}$ [bicyclic diketone with CO$_2$Et]

6.5 写出下列反应的机理

(1) $CH_3\overset{O}{\underset{\|}{C}}CH_2CO_2C_2H_5 + CH_3\overset{O}{\underset{\|}{C}}CH_2Cl \xrightarrow[25℃]{\text{pyridine}}$ [furan with CH$_3$, CO$_2$C$_2$H$_5$, CH$_3$]

(2) $MeO_2C-CH=CH-CHO \xrightarrow{Ph_3P=}$ MeO_2C-[cyclopropane]-CH=C(CH$_3$)$_2$

(3) [cyclohexanone with Me, CHO, allyl] $\xrightarrow[H_2O]{OH^-}$ [cyclohexanone with Me and allyl]

(4) $HO-(CH_2)_n-\overset{O}{\underset{\|}{C}}-OH \xrightarrow{Ph_3P, (2\text{-Py-S})_2}$ [lactone ring (CH$_2$)$_n$] + [2-pyridinethione]

(5) [cyclopentanone with R and CO$_2$C$_2$H$_5$] $\underset{}{\overset{C_2H_5O^-}{\rightleftharpoons}}$ [cyclopentanone with R, EtO$_2$C group]

(6) [macrolactone with CH$_3$O groups] $\xrightarrow[2) H_3O^+]{1) NaOH, CH_3OH}$ [naphthalene with CH$_3$O, OH, (CH$_2$)$_4$CHCH$_3$OH]

(7) $Ph-CH_2-\underset{\overset{+}{N}H_3}{\overset{}{C}}H-COO^- + $ [pyridoxal derivative with CHO, OH, CH$_3$, CH$_2$OR] $\xrightarrow{H^+/H_2O}$ $PhCH_2-CH_2NH_2$

(8) [γ-butyrolactone] $\xrightarrow{BrMgCH_2CH_2CH_2CH_2MgBr, \text{THF}} \xrightarrow{H^+/H_2O}$ [1-(3-hydroxypropyl)cyclopentanol]

6.6 试为下列反应提出合理的机理

(1) 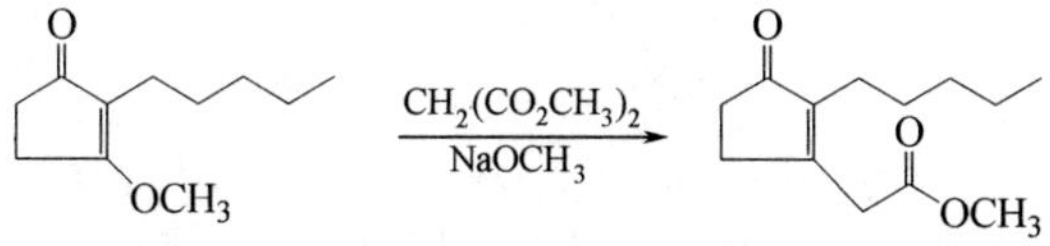 环戊烯酮衍生物 + CH₂(CO₂CH₃)₂ / NaOCH₃ → 产物

(2) 邻苯二甲酸二甲酯 + C₂H₅COC₂H₅ / NaH, 苯 → 2-甲基-1,3-茚二酮

(3) 取代环己烯酮(CHCl₂, Me) / Na₂CO₃, DMSO, 85°C → 双环产物

(4) CH₂(CO₂CH₃)₂ + 环氧乙烷 / CH₃ONa, CH₃OH → γ-丁内酯衍生物

(5) 2-甲基-2-羧基环己酮 / D₂O, Δ → 2-甲基-2-氘代环己酮

(6) (CH₃)₂C=CHCH₂SPh + PhSCH₂Cl / (CH₃)₃COK, DMF → (CH₃)₂C(CH=CH₂)CH(SPh)₂

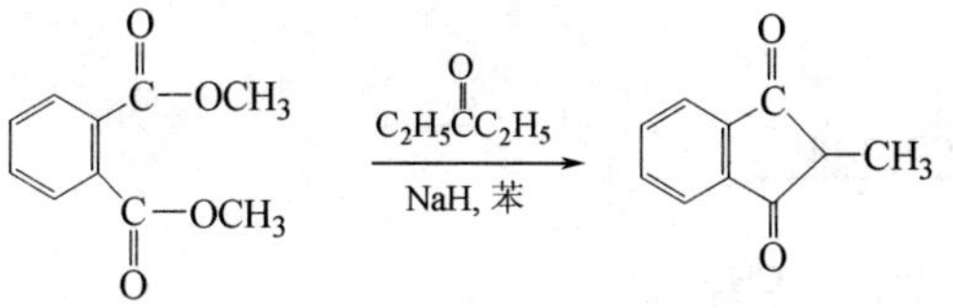

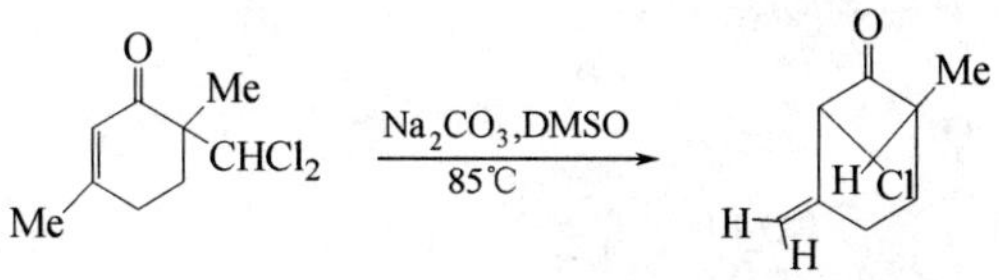

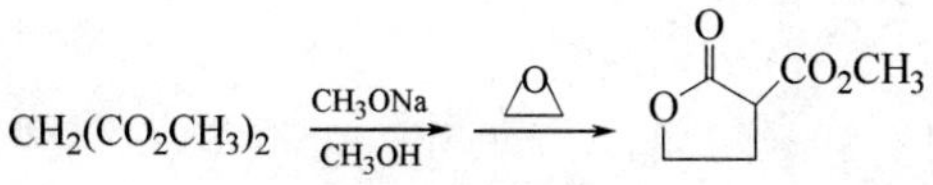

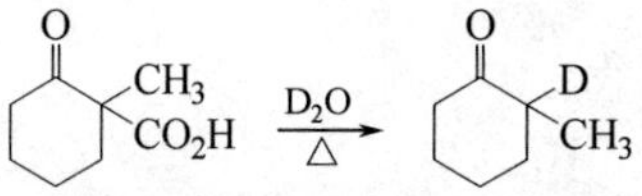

(7) 缩酮-CH₂CO₂H / H⁺, H₂O → δ-羟基-δ-甲基-δ-内酯 + CH₃COCH₃

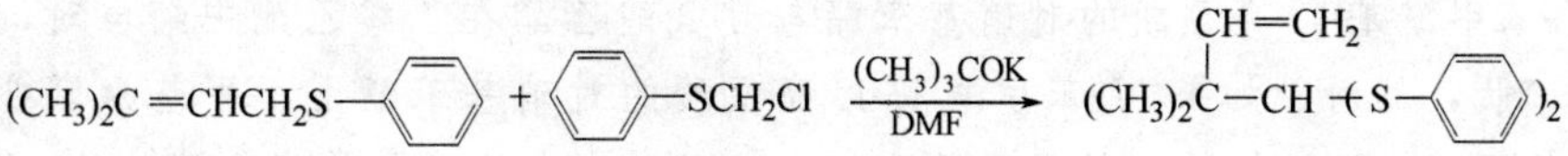

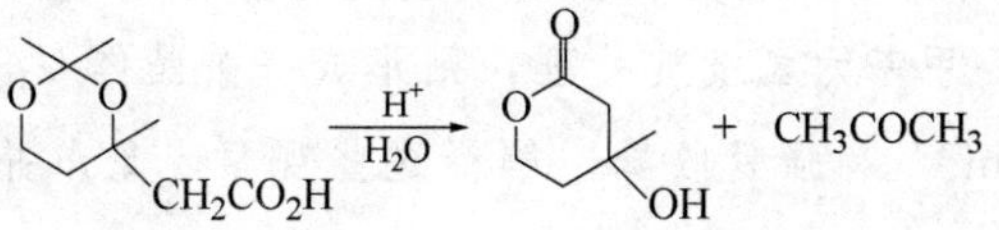

(8) 邻苯二甲醛 + OHC-CHO / HCN → 1,2,3,4-四羟基萘

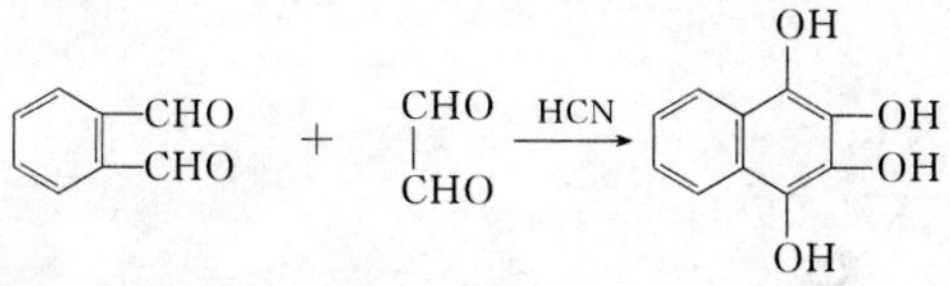

6.7 写出下列反应的机理

(1) 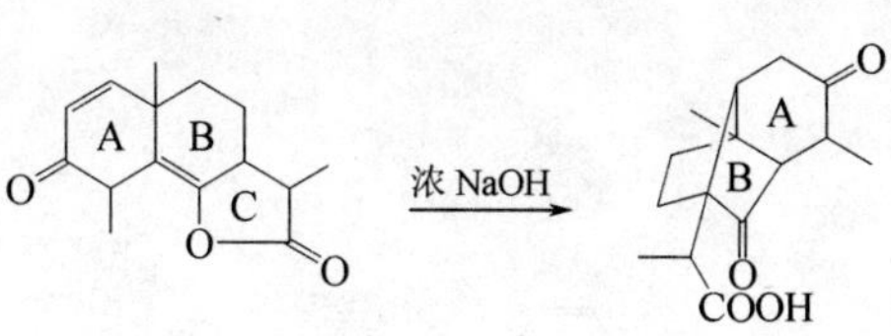 三环内酯 / 浓 NaOH → 开环羧酸产物

(2) 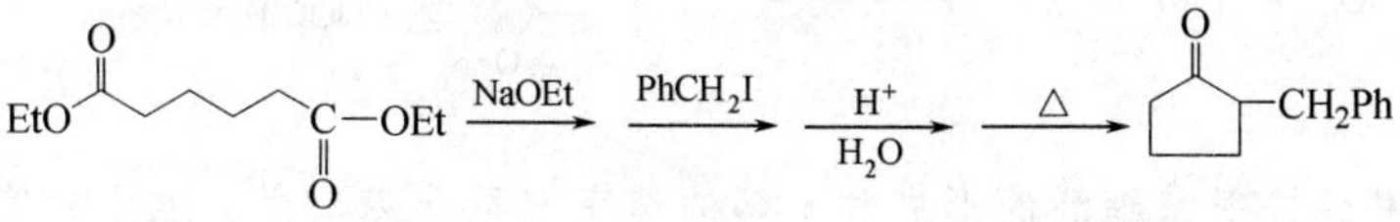 EtO₂C(CH₂)₃CO₂Et / NaOEt / PhCH₂I / H⁺,H₂O / Δ → 2-苄基环戊酮

(3) 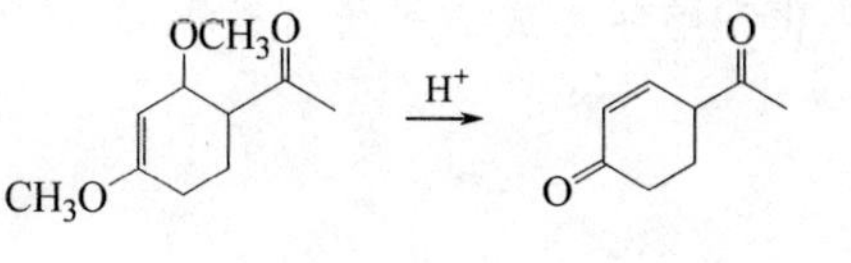 2,2-二甲氧基-6-乙酰基环己烯 / H⁺ → 4-乙酰基环己-2-烯酮

(4) 1,3-环己二酮 + Br(CH₂)₅Br / C₂H₅O⁻ → 环己基-CO-(CH₂)₅CO₂C₂H₅

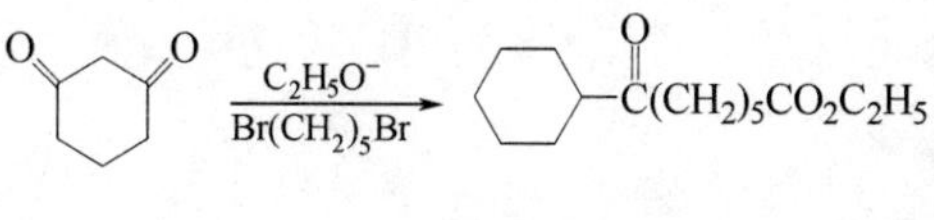

(5) 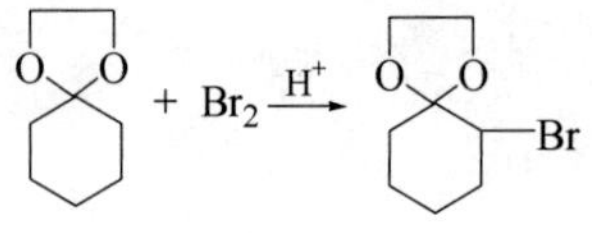 [环己酮缩乙二醇] + Br₂ →(H⁺) [α-溴代产物]

(6) 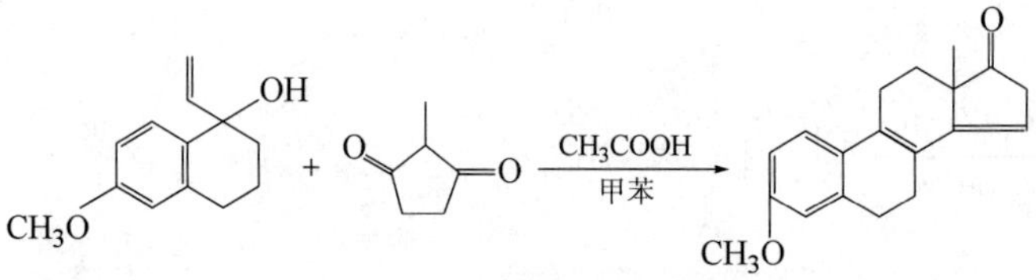 [含乙烯基的甲氧基四氢萘醇] + [2-甲基-1,3-环戊二酮] →(CH₃COOH / 甲苯) [甾体酮产物]

(7) 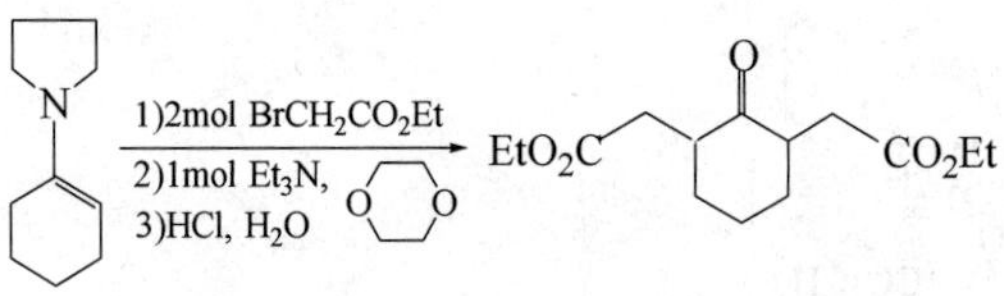 [1-(1-环己烯基)吡咯烷] →(1) 2mol BrCH₂CO₂Et; 2) 1mol Et₃N, 二氧六环; 3) HCl, H₂O) EtO₂C-CH₂-[2,6-二取代环己酮]-CH₂-CO₂Et

(8) 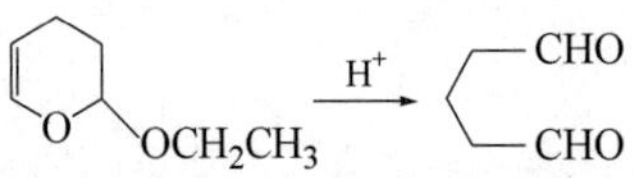 [2-乙氧基-3,4-二氢-2H-吡喃] →(H⁺) OHC-CH₂CH₂CH₂-CHO

6.8 当 N-苯甲酰基-L-亮氨酸的对硝基苯酯与甘氨酸乙酯在乙酸乙酯中缩合时，形成光学纯的二肽，然而，如果 N-苯甲酰基-L-亮氨酸的对硝基苯酯用 1-甲基六氢吡啶的氯仿溶液处理 30min，然后与甘氨酸乙酯缩合，而分离出的二肽是完全消旋的。若 N-苯甲酰基-L-亮氨酸的对硝基苯酯只用 1-甲基六氢吡啶处理，则形成一个晶体 $C_{13}H_{15}NO_2$，红外（IR）在 1832cm^{-1} 和 1664cm^{-1} 有强吸收峰，解释这些观察现象，并为此晶体提出一个合理的结构式。

6.9 写出下列反应机理

(1) 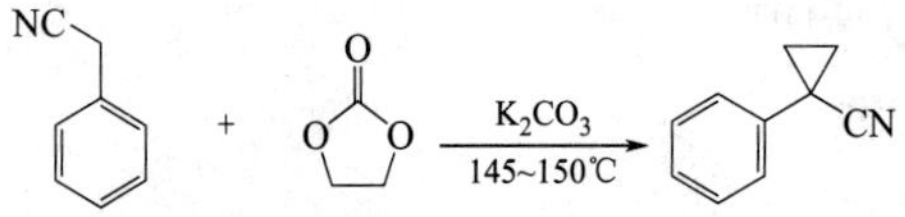 [PhCH(NC)] + [碳酸乙烯酯] →(K₂CO₃, 145~150℃) [1-苯基-1-氰基环丙烷]

(2) 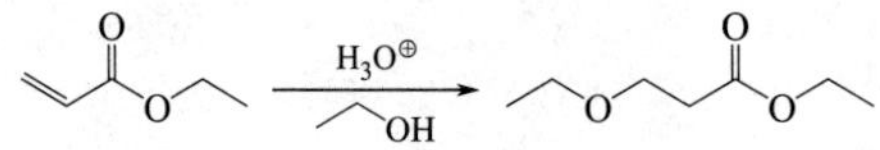 CH₂=CH-COOEt →(H₃O⊕, EtOH) EtO-CH₂CH₂-COOEt

(3) 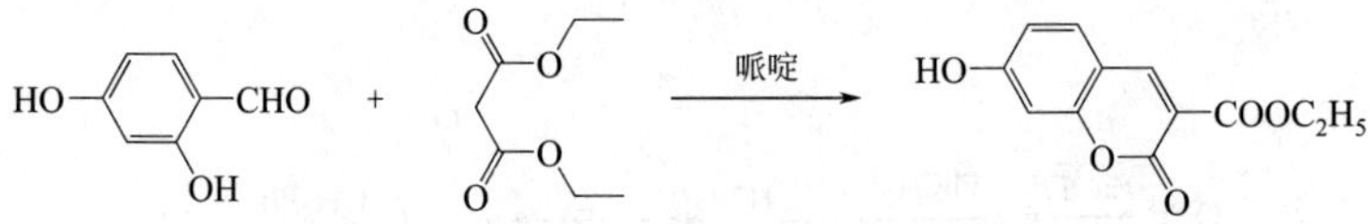 [2,4-二羟基苯甲醛] + [丙二酸二乙酯] →(哌啶) [7-羟基香豆素-3-甲酸乙酯]

6.10 对位取代的苯甲醛二甲基缩醛的形成和水解的速率与取代基有关。预计随着对位取代基的吸电子能力增加 $k_{形成}$ 或 $k_{水解}$ 怎样变化？缩醛形成的平衡常数 K 怎样变化？

6.11 写出下列反应机理

(1) 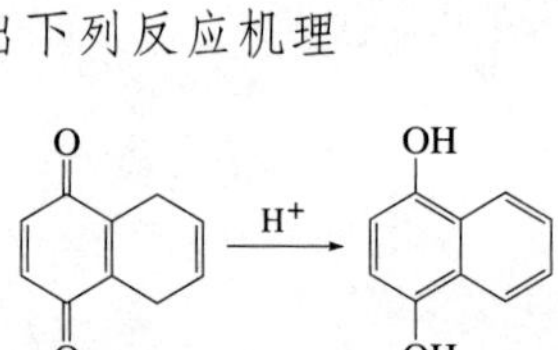 [5,8-二氢-1,4-萘醌] →(H⁺) [1,4-二羟基萘]

(2) [结构式：螺环丙烷-二氧六环二酮] → [结构式：N-苯基-2-氧代吡咯烷-3-甲酸]

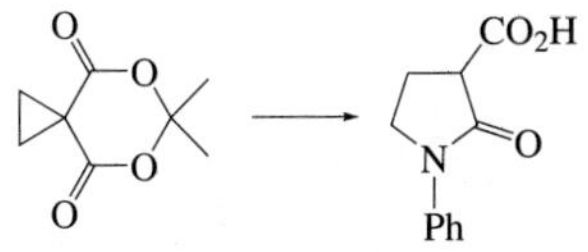

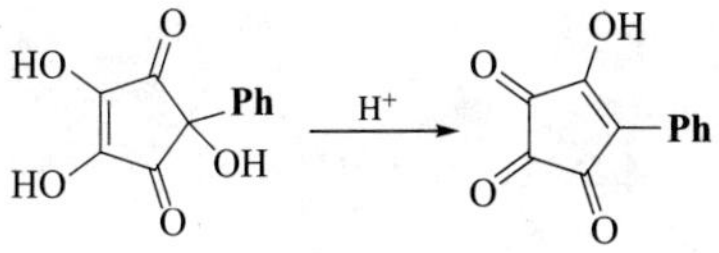

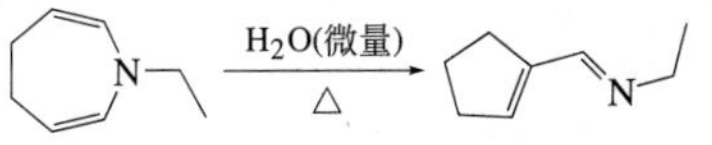

(3) [结构式：2,3-二羟基-4,4-二羟基-5-苯基环戊-2-烯酮] —H⁺→ [结构式：2-羟基-3-苯基环戊-2-烯-1,4,5-三酮]

(4) [结构式：N-乙基-氮杂环庚烯] —H₂O(微量), Δ→ [结构式：N-乙基环戊烯甲亚胺]

(5) [结构式：环丙基甲基酮] —(1) CH₃MgBr; (2) HBr→ [结构式：4-甲基-3-戊烯基溴]

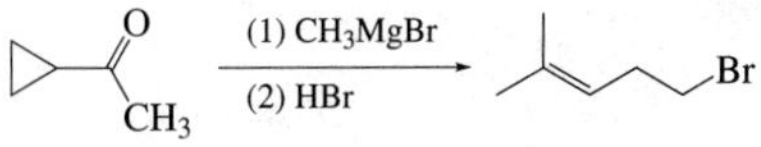

6.12 1-苯基-1,2-乙二醇用少量对甲苯磺酸处理生成 A (C_8H_8O) 和 B ($C_{16}H_{16}O_2$)。A 与 2,4-二硝基苯肼作用生成黄色沉淀而 B 不能，B 用稀酸水溶液处理可得到 A 和原反应物。写出 A、B 的结构，并注明生成的过程。

6.13 手性诱导剂可诱导立体选择合成，下列反应利用手性试剂完成酮立体选择性烷基化。反应中考虑空间效应的影响，得到立体选择的主要产物。写出 A、B、C 的构型。

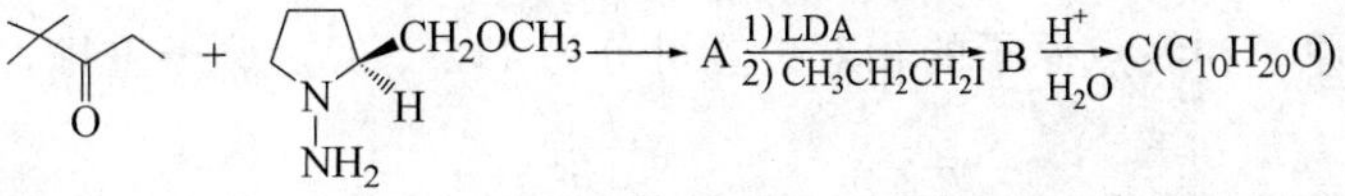

[结构式：叔丁基甲基酮] + [结构式：(S)-1-氨基-2-甲氧甲基吡咯烷] → A —1) LDA; 2) CH₃CH₂CH₂I→ B —H⁺/H₂O→ C($C_{10}H_{20}O$)

6.14 写出茚三酮在微酸性条件下水合反应的机理，为什么是中间的羰基被水合？

6.15 写出反应机理

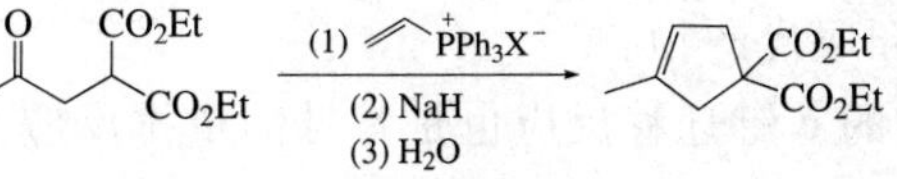

[结构式：4-氧代戊二酸二乙酯] —(1) CH₂=CH–PPh₃⁺X⁻; (2) NaH; (3) H₂O→ [结构式：1-甲基-3,3-二(乙氧羰基)环戊烯]

第 7 章

分子重排反应

在有些反应中，原子或基团迁移使碳架的位置发生变化，这种反应称为重排反应。

下式表示分子重排反应，其中 Z 代表迁移基团或原子，A 代表迁移起点原子，B 代表迁移终点原子。A、B 常是碳原子，有时也可以是 N、O 等原子。

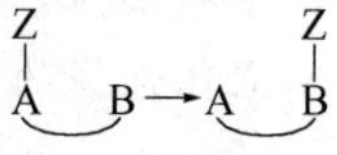

$$\overset{Z}{A}\!-\!B \longrightarrow A\!-\!\overset{Z}{B}$$

根据起点原子和终点原子的相对位置可分为 1,2-、1,3-、…重排，但大多数重排反应属于 1,2-重排。

重排反应根据反应机理中迁移终点原子上的电子多少可分为缺电子重排（亲核重排）、富电子重排（亲电重排）和自由基重排。

重排反应一般分三步：生成活性中间体（碳正离子、碳烯、氮烯、碳负离子、自由基等）；重排；生成消去和取代产物。

此外，周环反应中的 σ 键迁移反应也是常见的重排反应。

7.1 缺电子重排

缺电子重排的中间体为缺电子碳（碳正离子）、碳烯或缺电子氮（氮烯）。研究这类反应历程的方法有化学动力学法、示踪原子法、交叉实验法、中间体的分离鉴定法和立体化学法等。

（1）碳正离子重排　反应过程产生碳正离子中间体的，都可能会发生碳正离子重排。如烯烃的亲电加成、芳烃的亲电取代、亲核取代反应等。重排往往发生在 1,2 位，在重排反应中，重排后的碳正离子更稳定，基团迁移的顺序为芳基＞烷基（3°＞2°＞1°）＞氢。例如：

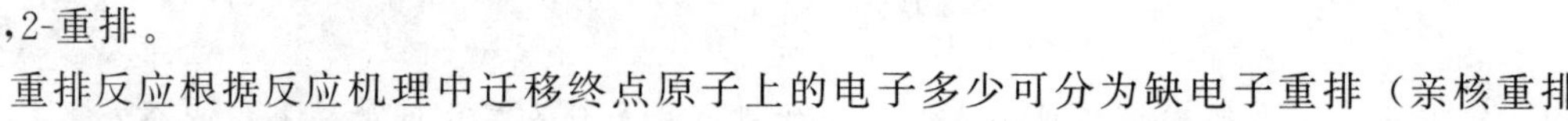

由蒎烯合成樟脑的过程：

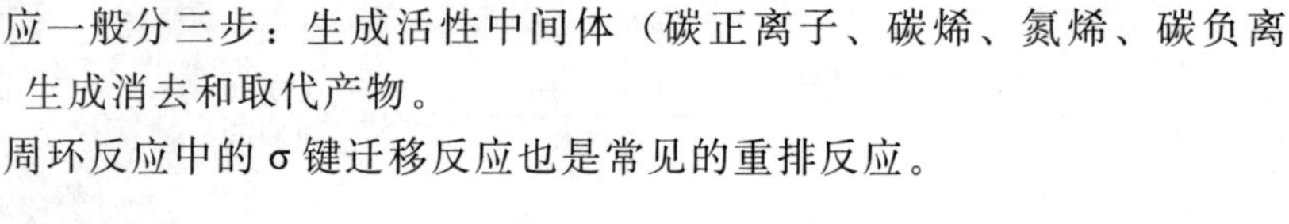

α-蒎烯　　　　　　　　　　　　　　莰烯　异冰片　（±）-樟脑

（2）Wangner-Meerwein 重排（原菠烷重排） 原菠烷正离子和萜类化合物的亲核重排发生在环上，俗称瓦格涅尔-米尔文重排。

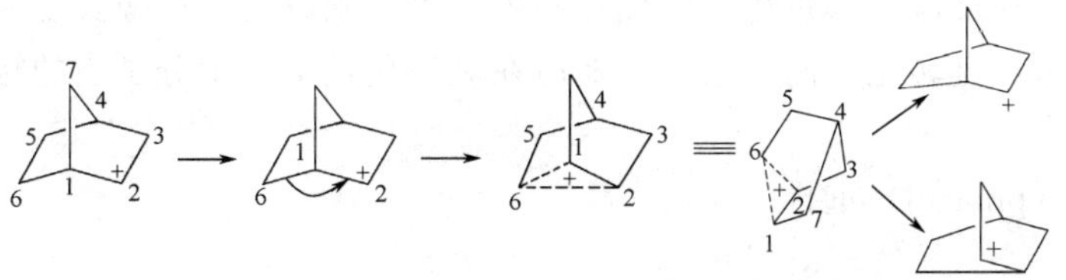

碳正离子重排及 Wangner-Meerwein 重排也可发生在生物体，例如羊毛甾醇（Lanosterol）的生化合成，就是由一个直链化合物经连续的碳正离子重排、关环而成的。

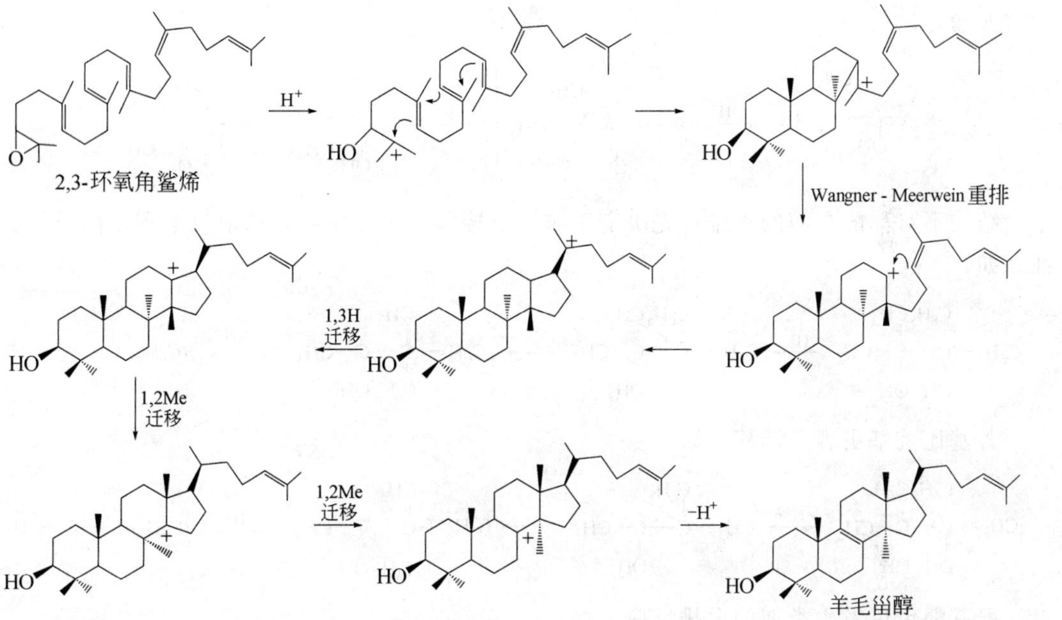

这种在一次反应中形成多个化学键（还可能形成多个环），从而有可能将较简单的原料经过很短的步骤转化成很复杂的分子过程，称为多米诺反应（domino reaction）。与传统的分步反应相比，巧妙的多米诺反应不仅能提高反应效率，还能大量减少溶剂、试剂、能量的消耗，很大程度上满足了人们对绿色有机合成的期望。黄体酮的仿生合成就是这样的例子。

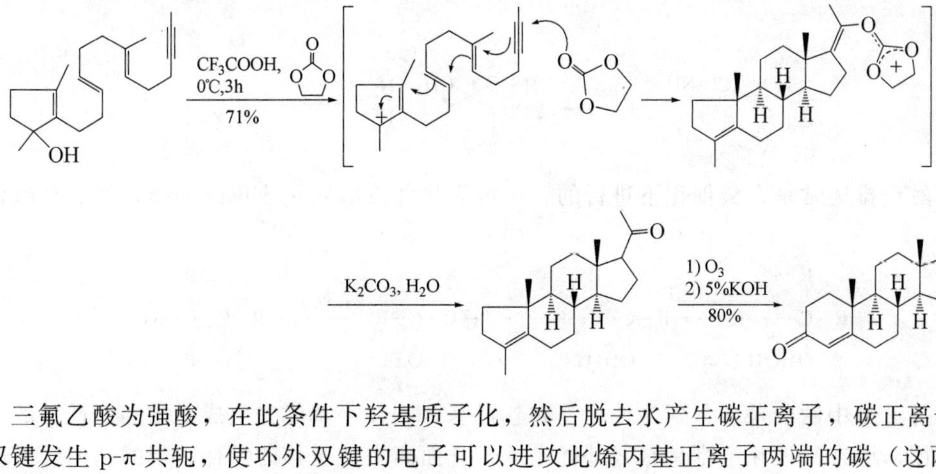

三氟乙酸为强酸，在此条件下羟基质子化，然后脱去水产生碳正离子，碳正离子与边上的双键发生 p-π 共轭，使环外双键的电子可以进攻此烯丙基正离子两端的碳（这两个碳相

同），随后不饱和键上的电子进攻新产生的碳正离子，连关 3 个环，最后碳酸酯中羰基氧的亲核进攻产生较稳定的正离子，此时分子内已没有合适的反应基团，反应结束。此过程中产生的手性碳的构型与反应时（重排）的优势构象有关。水解后，烯醇式变为酮式，产生一个甲基酮。臭氧化将双键转化为两个羰基，随后在碱催化剂下发生分子内的羟醛缩合，脱水得到黄体酮。

(3) 频哪醇（pinacol）重排

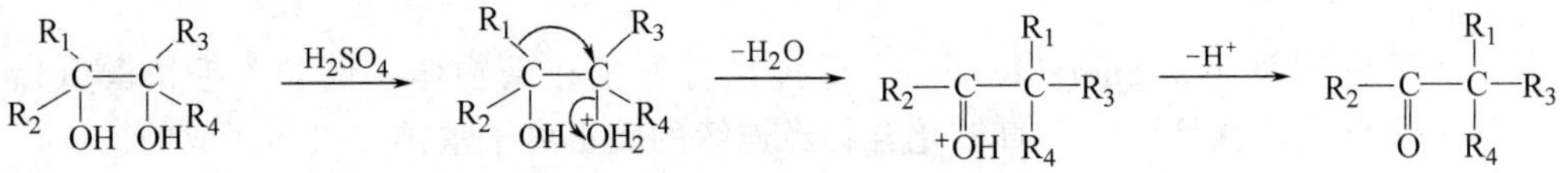

$$\underset{\underset{OH}{R_2}}{\overset{\overset{R_1}{\underset{|}{C}}}{C}}-\underset{\underset{OH}{R_4}}{\overset{\overset{R_3}{\underset{|}{C}}}{C}} \xrightarrow{H_2SO_4} \cdots \xrightarrow{-H_2O} \cdots \xrightarrow{-H^+} \cdots$$

例如：

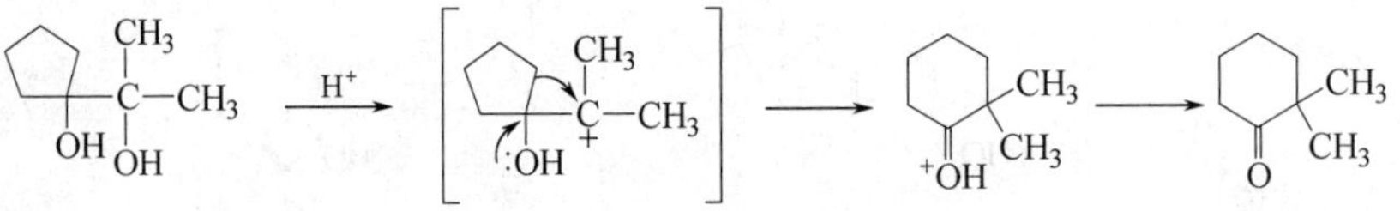

结构不对称的二醇的重排首先决定于哪一个羟基是离去基团，这取决于碳正离子的稳定性。如：

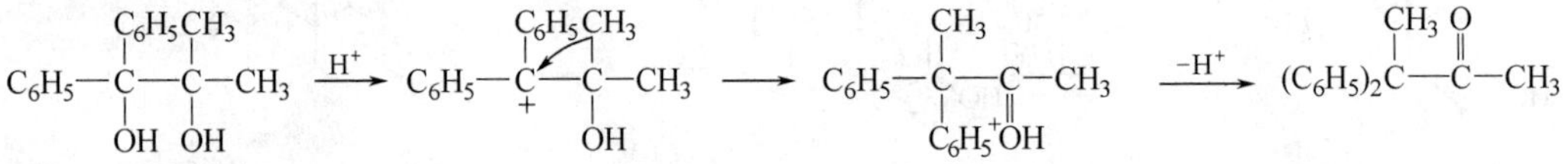

芳基比烷基更容易迁移，如：

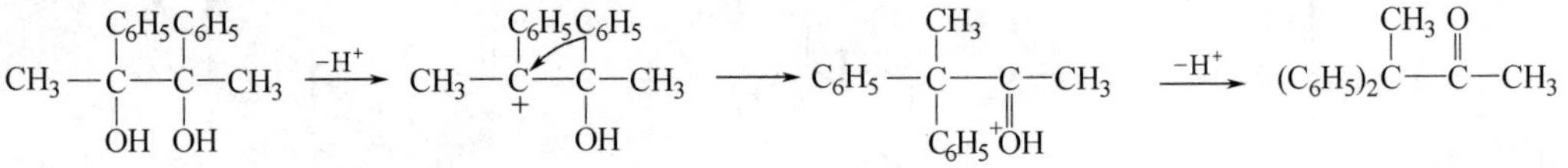

氨基醇也可发生类似的重排反应。如：

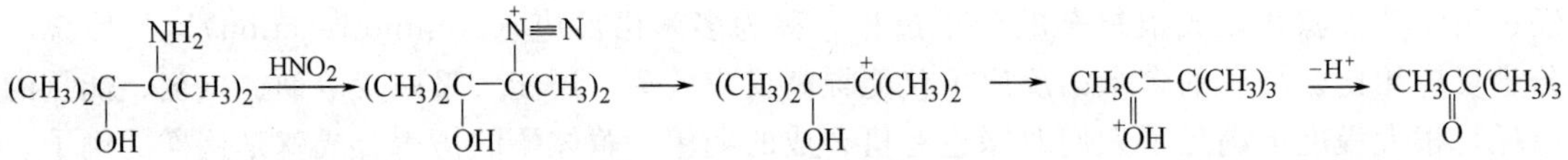

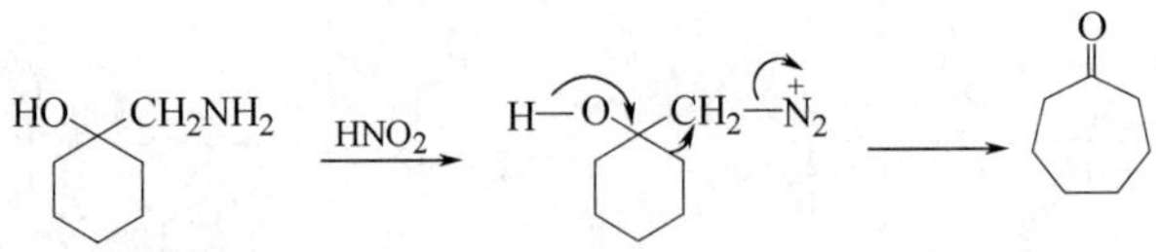

频哪醇重排通常是在酸催化下进行的，也可先将邻二醇转化成单磺酸酯，然后在碱催化下进行：

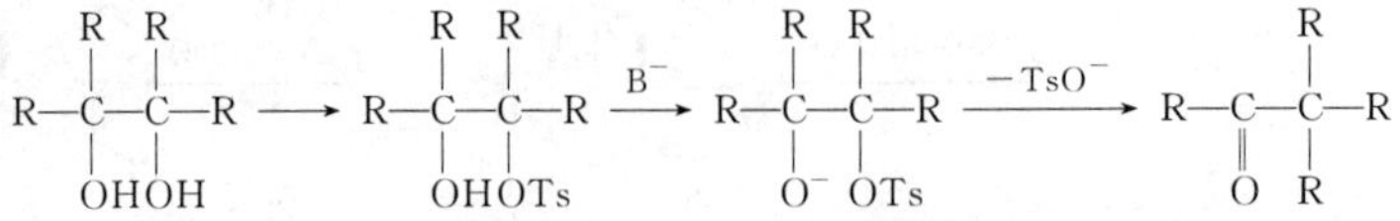

如果邻二醇中两个羟基分别为仲羟基和叔羟基，则仲羟基优先生成磺酸酯，迁移的是叔碳上的基团。而在酸催化下则是叔羟基优先质子化而离去，迁移的是仲碳上的基团。因此邻

二醇酸催化重排的产物与邻二醇单磺酸酯碱催化重排的产物是不同的。后者在脂环化学特别是萜烯化学中应用较多，如：

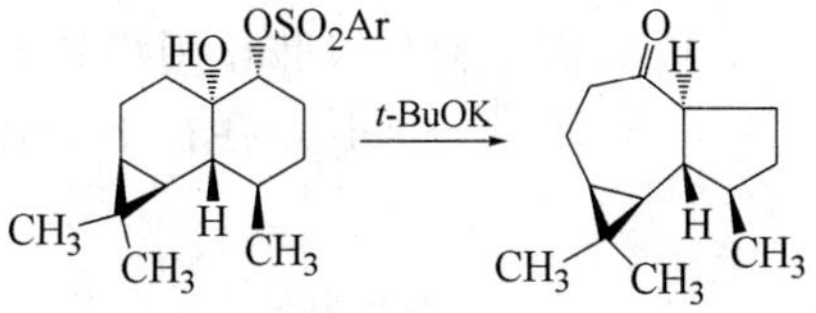

(4) 碳烯重排（Wolff 和 Arndt-Eistert 重排）　重氮甲烷与酰氯作用形成 α-重氮甲酮，然后在加热、光照或银离子催化下经酰基碳烯重排生成烯酮。烯酮经水解可得到多一个碳原子的羧酸，烯酮也可与醇或氨反应分别生成酯或酰胺。

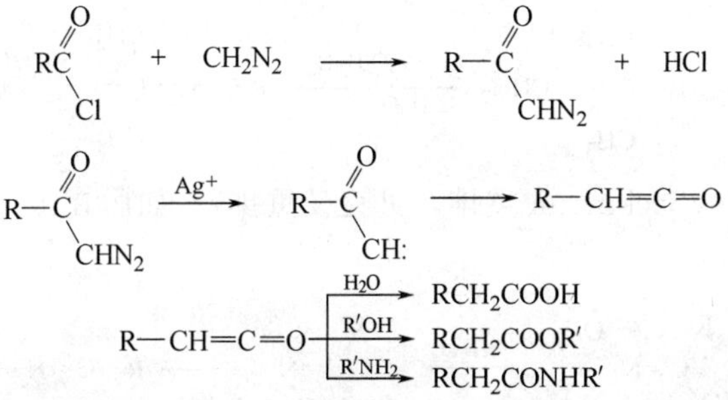

^{13}C 同位素曾用于阐明 Arndt-Eistert 反应的机理：

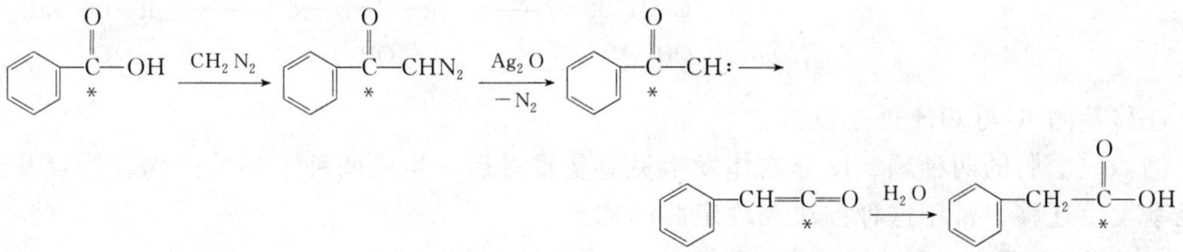

这个反应的关键问题在于苯甲酸的羰基碳是否也变成了最后产物苯乙酸中的羰基碳。从苯甲酸的 CO_2 分析 ^{13}C 和从苯乙酸的 CO_2 分析 ^{13}C，它们的结果在实验误差范围内是完全等同的，这指出原料酸的羰基碳确实变为了产物酸的羰基碳。

(5) 氮烯重排

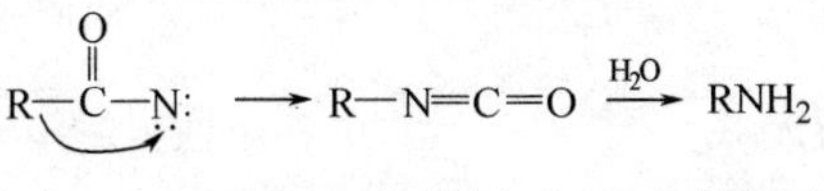

① Hoffmann 重排指酰胺与 Br_2（Cl_2）在碱性介质中作用得到少一个碳的胺。

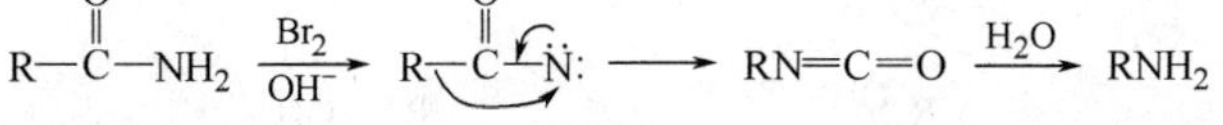

② Curtius 重排指酰基叠氮化合物受热发生脱氮重排生成异氰酸酯，后者分别发生水解、醇解和胺解等生成胺、氨基甲酸酯和取代脲等。如：

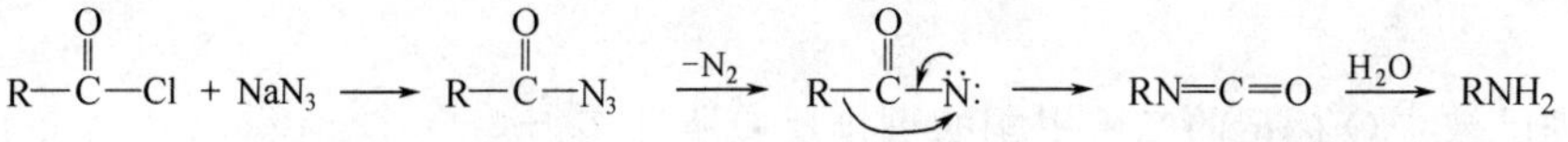

③ Schmidt 重排指在强酸存在下，叠氮酸与羧酸作用生成比原羧酸减少一个碳原子的胺。

$$RCOOH + HN_3 \xrightarrow{H_2SO_4} RCON_3 \longrightarrow RC(=O)-\ddot{N}: \longrightarrow RN=C=O \xrightarrow{H_2O} RNH_2$$

④ Lossen 重排指酰氯或酯等羧酸衍生物与羟胺作用得到的异羟肟酸或其 O-酰基衍生物在单独加热或在碱脱水剂（P_2O_5，Ac_2O，$SOCl_2$）存在下加热发生重排，生成异氰酸再经水解，脱羧转变为伯胺。

$$RCOCl \xrightarrow{NH_2OH} RC(=O)-NHOH \xrightarrow{\Delta} RC(=O)-\ddot{N}: \longrightarrow R-N=C=O \xrightarrow{H_2O} RNH_2$$

碳烯重排和氮烯重排属分子内重排，若 R 基团具有手性，经过重排后产物仍保持原来的手性，如：

$$n\text{-}C_4H_9\overset{C_6H_5}{\underset{CH_3}{\overset{|}{C^*}}}\overset{O}{\overset{\|}{C}}CHN_2 \xrightarrow[2)H_3O^+]{1)Ag_2O/H_2O} n\text{-}C_4H_9\overset{C_6H_5}{\underset{CH_3}{\overset{|}{C^*}}}CH_2COOH$$

（6）氮正离子重排（Backmann 重排，贝克曼重排） 如肟在浓 H_2SO_4、PCl_5 等酸性试剂作用下生成酰胺。

$$\underset{R'}{\overset{R}{C}}=N-OH \xrightarrow{H^+} \underset{R'}{\overset{R}{C}}=\overset{+}{N}-OH_2 \xrightarrow{-H_2O} \underset{R'}{\overset{R}{C}}=\overset{+}{N}: \longrightarrow R-\overset{+}{C}=N-R' \xrightarrow{H_2O}$$

$$\underset{OH_2}{\overset{R}{\underset{|}{C}}}=N-R' \xrightarrow{-H^+} \underset{OH}{\overset{R}{\underset{|}{C}}}=N-R' \longrightarrow R-\overset{O}{\overset{\|}{C}}-NHR'$$

迁移基团 R′ 与 OH 处于反式。

例如，酮肟的两种顺、反异构体发生贝克曼重排后，生成两种不同的产物，肟羟基反位的烃基发生迁移。常用这种方法来检定肟的构型。

$$\underset{\underset{OH}{\overset{\|}{N}}}{\overset{C_6H_5-C-C_6H_4OCH_3\text{-}p}{}} \xrightarrow[-10℃]{PCl_5} O=C-C_6H_4OCH_3\text{-}p \atop NHC_6H_5$$

m.p.= 147℃

$$\underset{\underset{HO}{\overset{\|}{N}}}{\overset{C_6H_5-C-C_6H_4OCH_3\text{-}p}{}} \xrightarrow[-10℃]{PCl_5} C_6H_5-C=O \atop NHC_6H_4OCH_3\text{-}p$$

m.p.= 117℃

（7）Baeyer-Villiger 重排（拜耳-维利格重排） 醛和酮被过氧化氢或过氧酸氧化生成酯。

$$R-\overset{O}{\overset{\|}{C}}-R' + R''\overset{O}{\overset{\|}{C}}-O-OH \rightleftharpoons \underset{R'}{\overset{OH}{\underset{|}{C}}}-O-O-CR'' \xrightarrow{H^+} \underset{R'}{\overset{OH}{\underset{|}{C}}}-\overset{+}{O}-O-CR'' \longrightarrow R-\overset{+}{\overset{OH}{\underset{|}{C}}}-OR' + R''COOH$$
$$\downarrow -H^+$$
$$R-\overset{O}{\overset{\|}{C}}-OR'$$

该机理已被 ^{18}O 标记的二苯甲酮的重排反应所证实：

$$Ph-\overset{^{18}O}{\overset{\|}{C}}-Ph \xrightarrow{RCO_3H} Ph-\overset{^{18}O}{\overset{\|}{C}}-OPh$$

烷基的迁移顺序为：叔烷基＞仲烷基＞苯基＞正烷基＞甲基。
因而下列酮的拜耶尔-维利格重排反应，氧原子应当插入到箭头所指的部位。

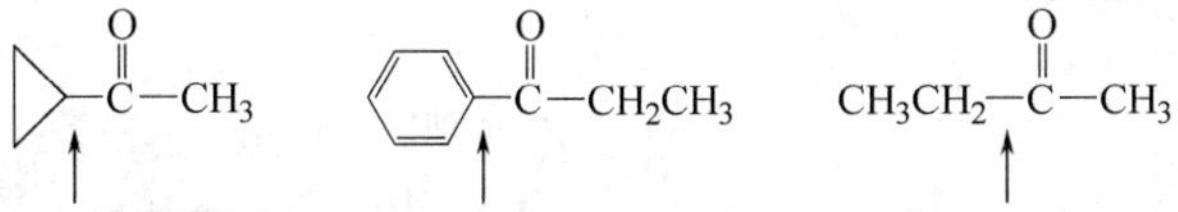

（8）环氧丙烷重排　环氧丙烷在 BF_3 作用下开环氧化重排成醛。

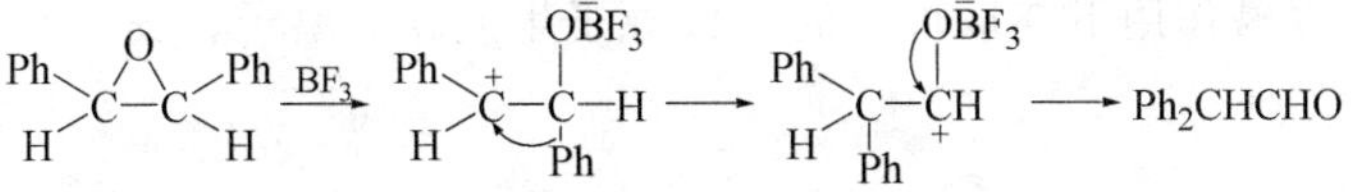

环氧乙烷类化合物在酸性条件下发生的重排反应又称 Yamamoto 重排反应。

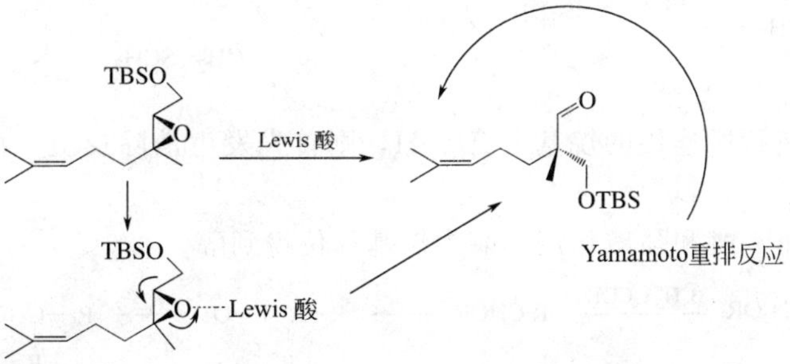

7.2 富电子重排

大多数富电子重排是在碱中进行的。

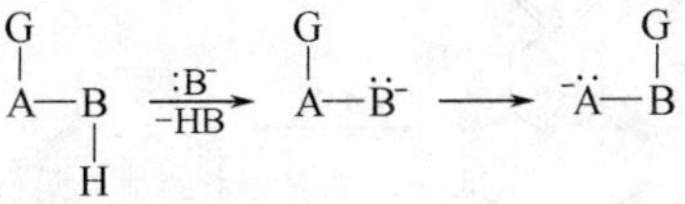

（1）Stevens 重排　季铵盐或锍盐在碱的作用下，烃基从氮或硫原子上迁移到邻近的碳负离子上得到胺。如：

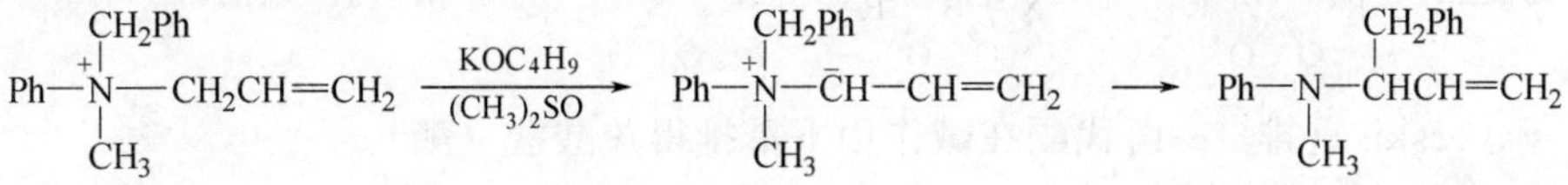

其中，迁移基团的构型不变，C—N 链断裂与 C—C 键生成协同进行。

（2）邻二酮重排　如在强碱催化下，二芳基乙二酮重排为二芳基乙醇酸的反应。

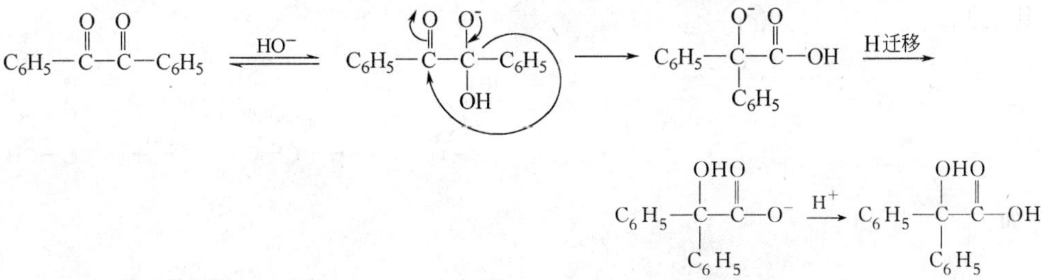

具有供电子基的芳环有利于重排，而具有吸电子基时则不利于重排。

（3）Sommelet 重排　如苯甲基三甲基季铵盐，用 $NaNH_2$ 处理，得到苯甲基三级胺。

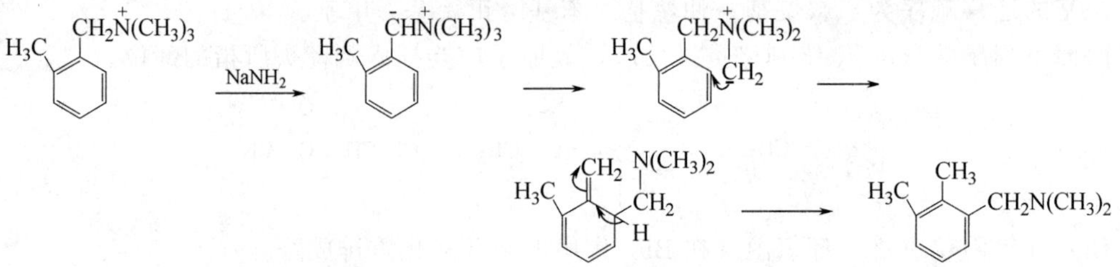

叔锍盐也可在强碱作用下夺取烷基的 α-H 原子生成碳负离子，发生 Sommelet 重排生成二烃基硫醚。如

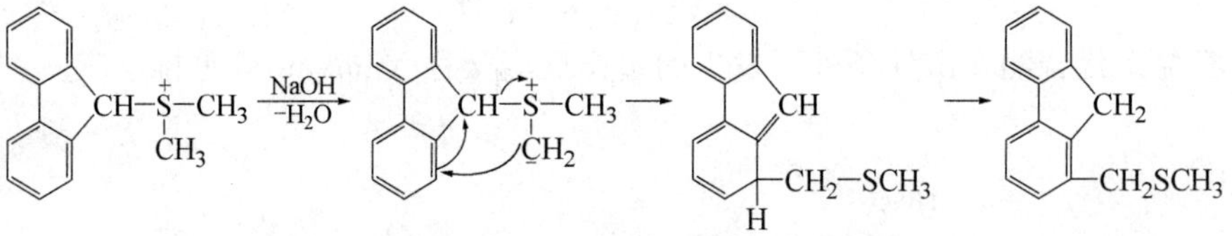

若季铵盐或叔锍盐所连接的烷基上有 β-H，则首先发生消除反应，而得不到 Sommelet 产物。

（4）Wittig 重排　醚和强碱作用，醚中烷基移位得到醇。

$$RCH_2OR' \xrightarrow{(CH_3)_3COK} R\bar{C}HOR' \longrightarrow R-\underset{R'}{CH}-O^- \xrightarrow{H^+} R-\underset{R'}{CHOH}$$

基团的迁移顺序为：烯丙基＞苄基＞甲基、乙基＞苯基

（5）Ramberg-Bäcklund 重排　α-卤代乙基砜在过量碱水溶液中高产率重排得到烯烃类化合物，如：

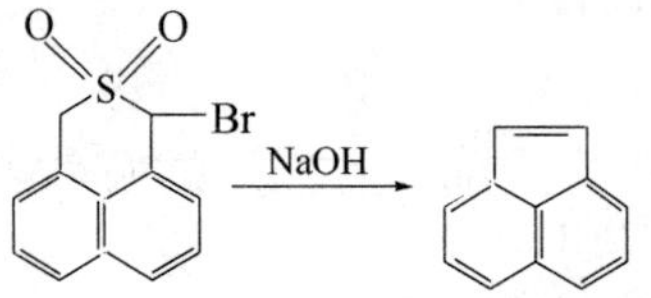

反应机理：

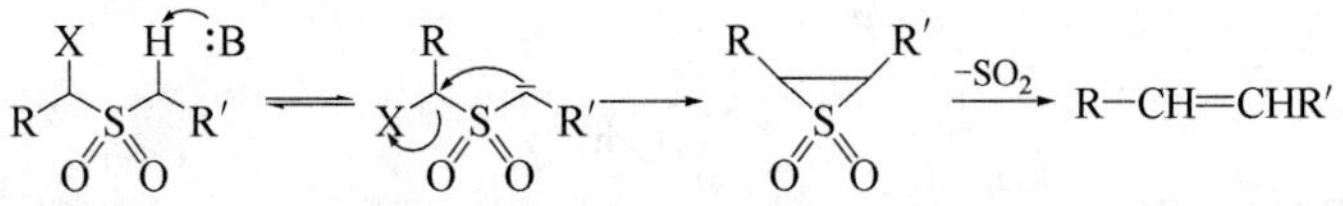

（6）Favorskii 重排　α-卤代酮在碱作用下重排得羧酸盐（酯）。

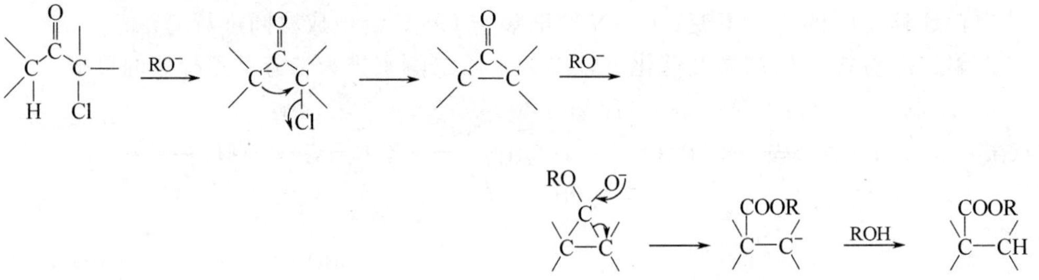

例如：

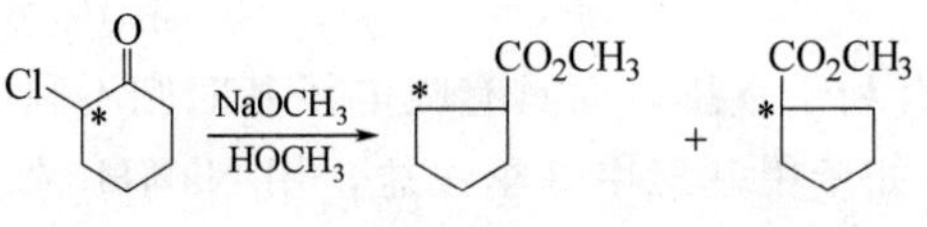

其过程如下：

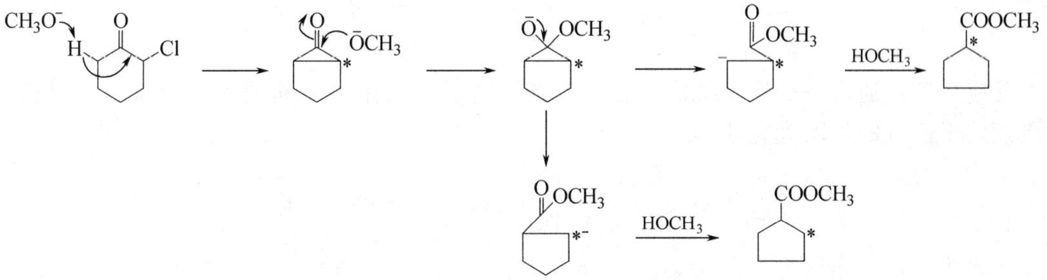

[反应机理图：环己酮α-氯代物在CH₃O⁻作用下经过对称中间体重排，两边断裂生成两种环戊烷甲酸甲酯产物]

在 Favorskii 重排中，若使反应生成两种产物的产率相等，必须通过一对称的三元环中间体，从而达到由六元环缩成五元环时，两边断裂概率等同的目的。

当 α-卤代酮的 α′位无酸性氢原子时，在醇碱作用下，亦可重排生成酯。反应历程与联苯酰-二苯乙醇酸重排相似，称为半二苯乙醇酸重排（semibenzilic rearrangement）。

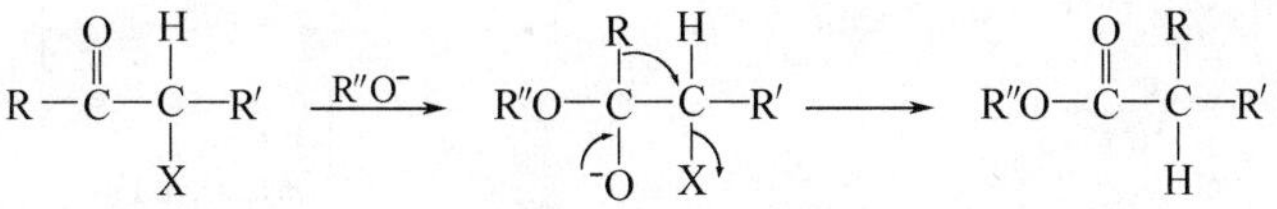

$$R-\overset{O}{\underset{X}{C}}-\overset{R'}{\underset{}{C}}-R' \xrightarrow{R''O^-} R''O-\overset{O^-}{\underset{X}{C}}-\overset{R'}{\underset{}{C}}-R' \longrightarrow R''O-\overset{O}{\underset{}{C}}-\overset{R'}{\underset{H}{C}}-R'$$

如：[环己酮衍生物重排生成环戊烷甲酸的反应式]

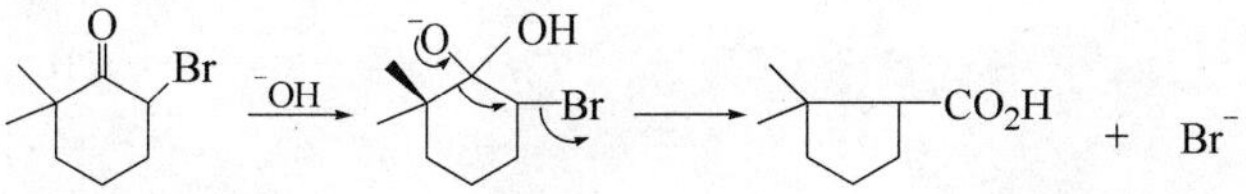

具有 α′-氢的 α,α-二卤代酮（Ⅰ）和具有 α-氢的 α,α′-二卤代酮（Ⅱ）重排时，产物为 α,β-不饱和酯（Ⅳ）。两种反应物均形成同样的环丙酮中间体（Ⅲ）。开环方式与前述不同，系同时消除卤素离子。

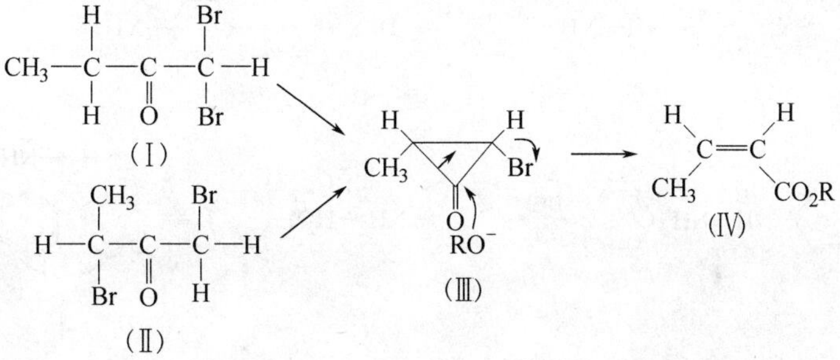

[反应式：化合物(Ⅰ)和(Ⅱ)经过环丙酮中间体(Ⅲ)生成α,β-不饱和酯(Ⅳ)]

脂肪族 α-卤代酮的 Favorskii 重排，对结构因素和反应条件甚为敏感。$(CH_3)_2CBrCOR$ 的 R 为甲基、乙基或正丙基时，采用干燥的烷氧化物在乙醚中重排，收率为 39%～69%。R 为异丙基时，收率仅 29%。而 R 为叔丁基（无 α′-氢原子）则不发生 Favorskii 重排。反之，当卤素相邻碳上有烷基取代时，有利于重排反应的进行。

（7）Pummerer 重排　用乙酸酐将亚砜转变为 α-酰氧基硫醚的重排反应，如

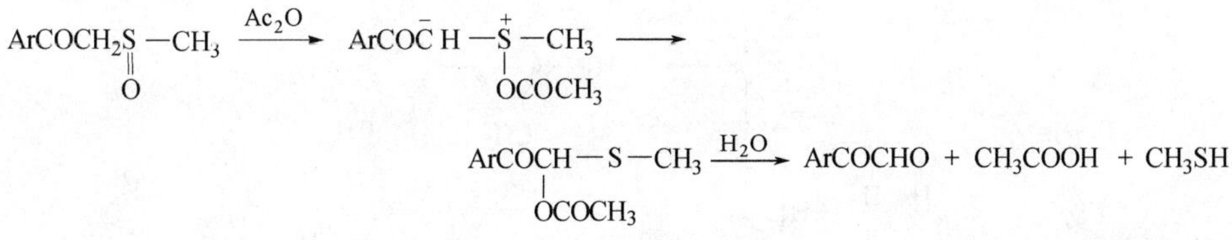

$$ArCOCH_2\overset{O}{\underset{}{S}}-CH_3 \xrightarrow{Ac_2O} ArCO\overset{-}{C}H-\overset{+}{\underset{OCOCH_3}{S}}-CH_3 \longrightarrow$$

$$ArCOCH-S-CH_3 \xrightarrow{H_2O} ArCOCHO + CH_3COOH + CH_3SH$$
$$\underset{OCOCH_3}{|}$$

（8）Fritsch-Wiechell 重排　卤代烯烃在强碱作用下，失去卤素并重排变成炔烃。如：

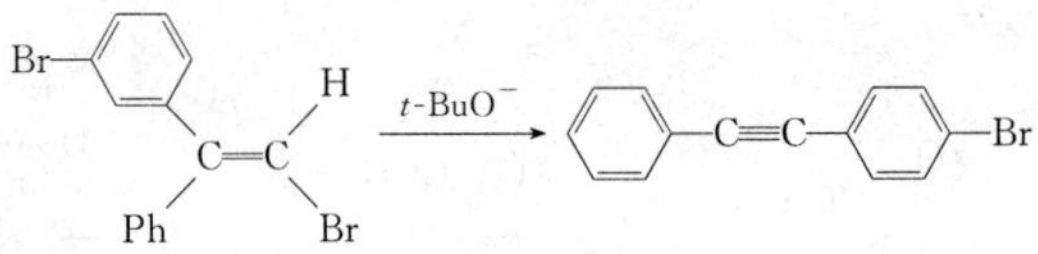

反应机理：通过一个构型稳定的乙烯基碳负离子中间体的协同消去—重排反应进行的，与卤素处于反位的基团优先迁移。

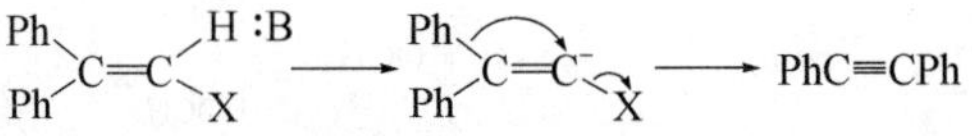

反应速率：Br>I≫Cl

利用 Fritsch-Wiechell 重排反应可合成多炔，例如鬼针草中存在的天然产物三炔化物的合成，其中中间体被亲电试剂碘甲烷捕获。

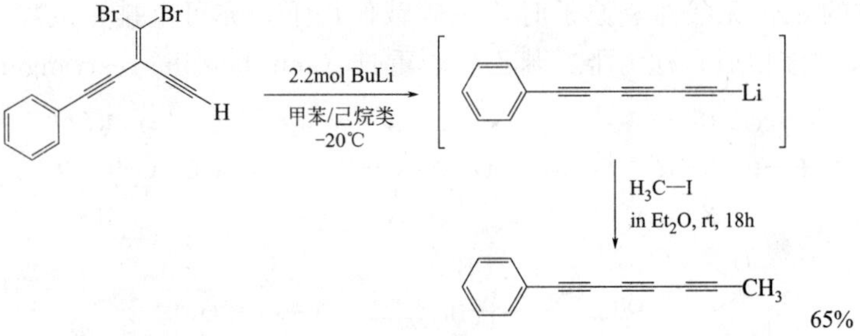

7.3 芳环上的重排

（1）联苯胺重排　在强酸催化下，氢化偶氮苯类重排生成 4,4′-二氨基联苯类的反应。

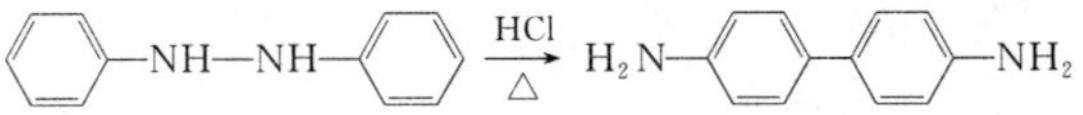

其反应机理为：

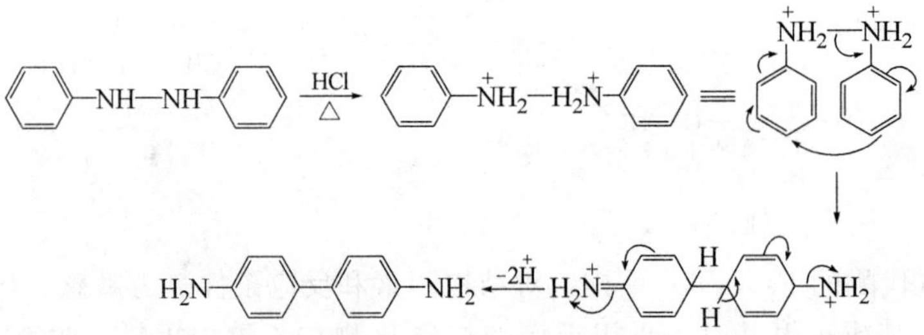

重排发生在分子内，不发生交叉重排。偶联可发生在对位、邻位或氮原子上。例如：

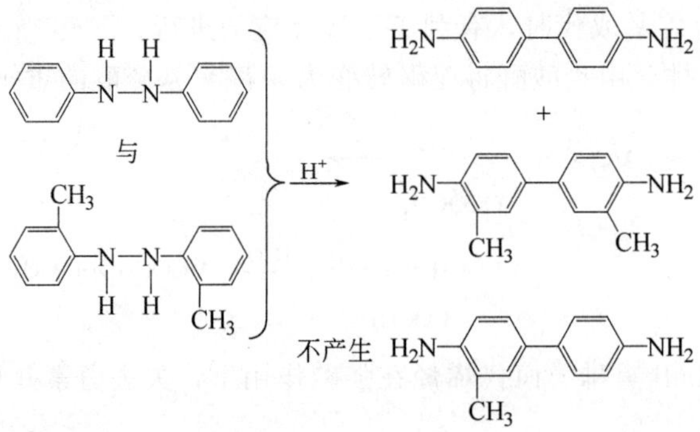

(2) **N-取代苯胺重排** 如：

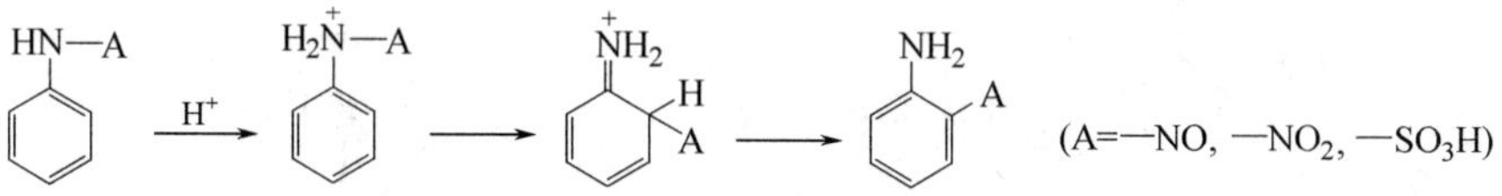

[反应式图：苯胺HN-A经H⁺质子化，再经过渡态，生成邻位取代的苯胺 (A=—NO, —NO₂, —SO₃H)]

重排产物主要为对位，对位占据时重排至邻位。

(3) **苯腙重排** 苯腙在酸催化下加热发生 [3,3] σ 重排并消除一分子氨得到 2-取代或 3-取代吲哚衍生物。这个方法叫费歇尔（Fischer）吲哚合成法：

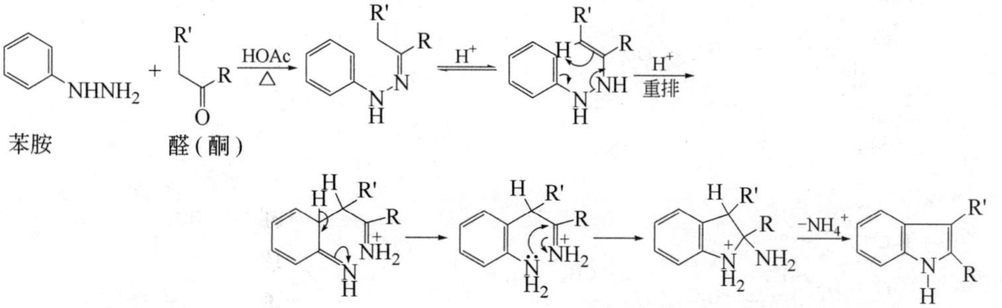

[反应式图：苯肼 + 醛(酮) 经HOAc/Δ生成苯腙，经H⁺重排，最终得到吲哚衍生物，消除NH₄⁺]

(4) **Fries 重排** 羧酸的酚酯在 Lewis 酸（如 $AlCl_3$、$ZnCl_2$、$FeCl_3$ 等）催化剂存在下加热，发生酰基迁移到邻位和/或对位生成邻和/或对酚酮的反应。

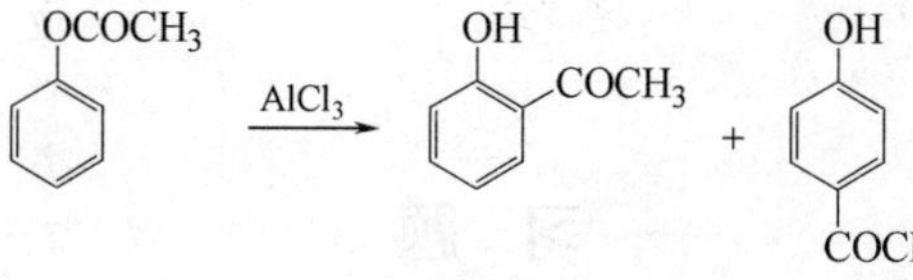

[反应式图：苯酚乙酸酯经AlCl₃生成邻羟基苯乙酮和对羟基苯乙酮]

(5) **Claisen 重排** 酚或烯醇的烯丙醚在加热至 190～200℃ 时发生烯丙基由氧原子迁移至碳原子上，分别生成 C-烯丙基酚或 C-烯丙基酮的反应，此重排为分子内重排，一般认为其中经过了六元环状过渡态。

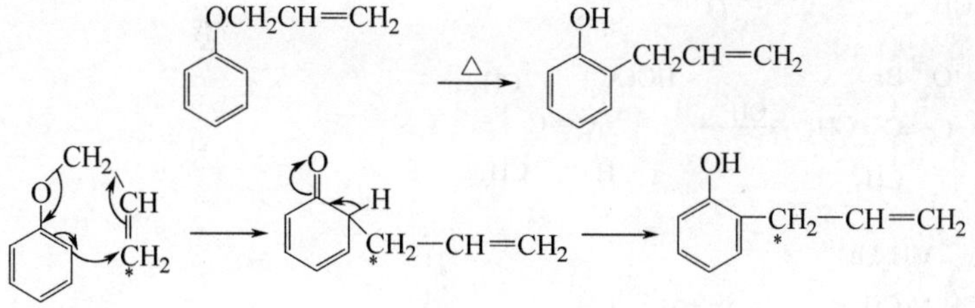

[反应式图：苯基烯丙基醚经Δ生成邻烯丙基苯酚，机理显示六元环过渡态]

若芳环的邻位被占据，则重排生成对位产物。如：

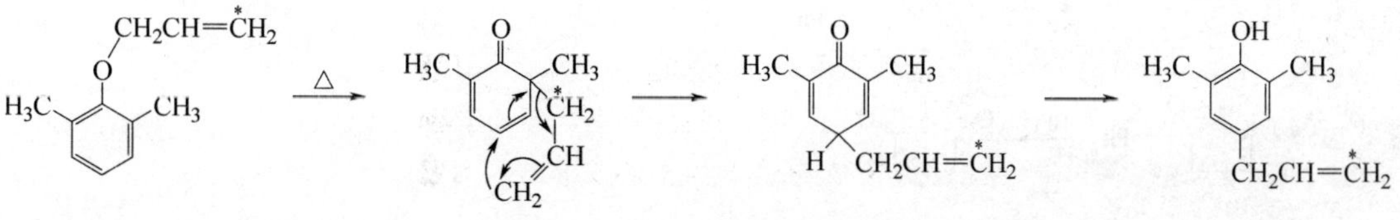

[反应式图：2,6-二甲基苯基烯丙基醚经Δ经两次[3,3]迁移生成对位取代产物]

此重排经历了两次反转和两度迁移，可用同位素 ^{14}C 标记的实验所证明。也可在反应中加入顺丁烯二酸酐通过 Diels-Alder 反应"捕获"其第一个二烯酮中间体来证明。如下式所示：

第7章 分子重排反应

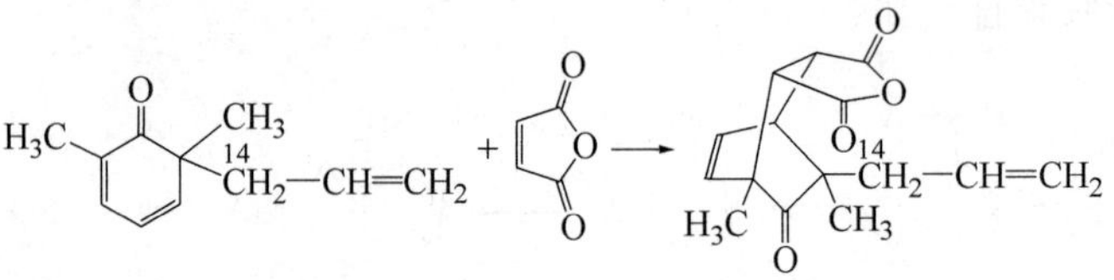

[反应式图：2-甲基-6-甲基-6-烯丙基环己二烯酮 + 马来酸酐 → Diels-Alder 加成产物]

当取代的烯丙基芳基醚发生重排时，无论原来的烯丙基双键是 Z-构型还是 E-构型，重排后的新双键的构型都是 E-构型，这是因为重排反应所经过的六元环状过渡态具有稳定椅式构象。

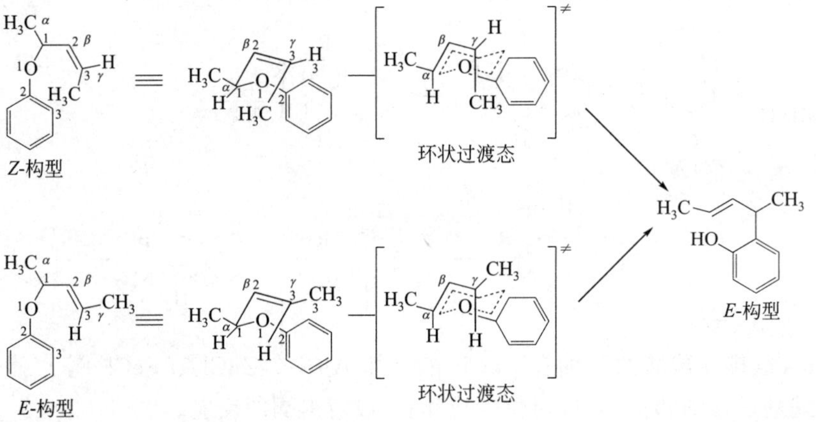

[示意图：Z-构型和 E-构型的烯丙基芳基醚经六元环状过渡态重排均得到 E-构型产物]

习 题

7.1 试写出下列反应的机理

（1）1,1'-二羟基二环戊基 $\xrightarrow{\text{HCl}}$ 螺[5.5]十一烷-1-酮

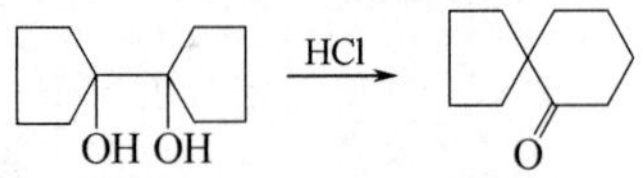

（2）$\text{BrCH}_2\text{-C(=O)-C(CH}_3)_2\text{Br} \xrightarrow{\text{OH}^-}$ (E)-2-甲基-2-丁烯酸

（3）$\text{PhCH}_2\text{-N}^+(\text{CH}_3)_2\text{CH}_2\text{Ph} \xrightarrow[\text{液氨}]{\text{NaNH}_2}$ 邻甲基-α-苯基-N,N-二甲基苄胺

（4）1-氧杂螺[2.4]庚-2-酮（2-苯基）$\xrightarrow{\text{BF}_3}$ 2-苯基-1,3-环己二酮

（5）1-(1-羟基-1-甲基乙基)环丁烷 $\xrightarrow[\text{CH}_3\text{SH}]{\text{H}^+}$ 1-甲硫基-2,2-二甲基环戊烷

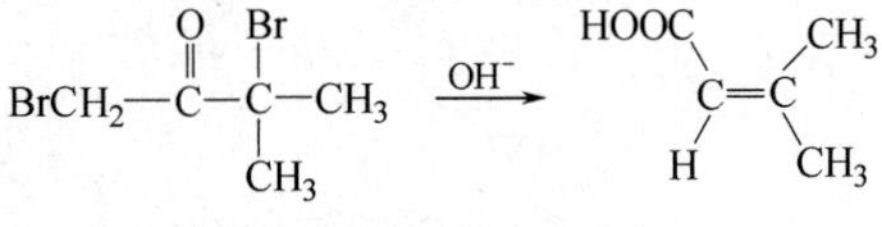

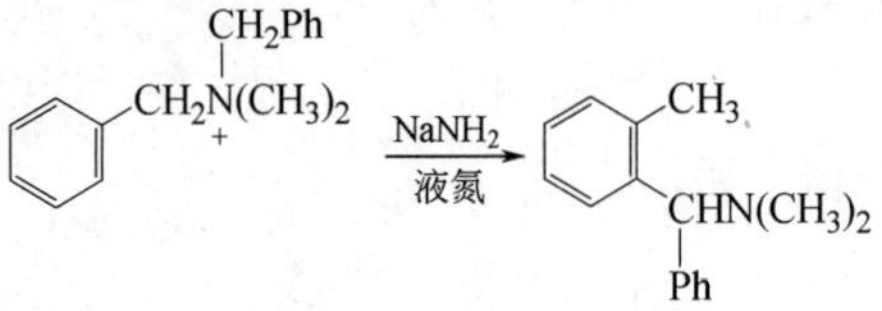

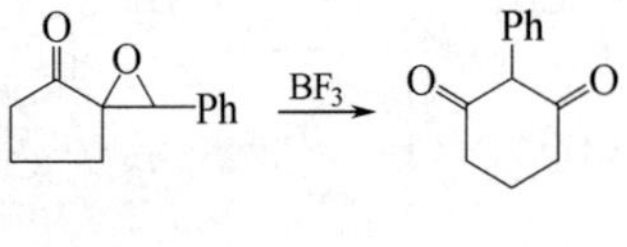

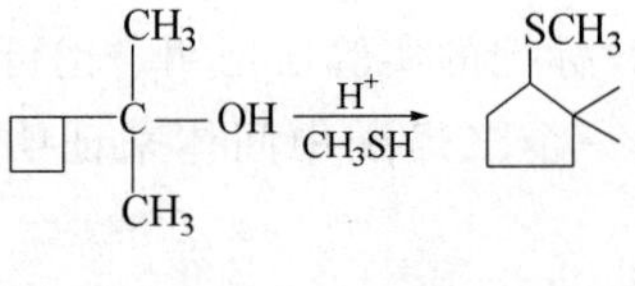

7.2 写出下列反应的主要产物

(1) 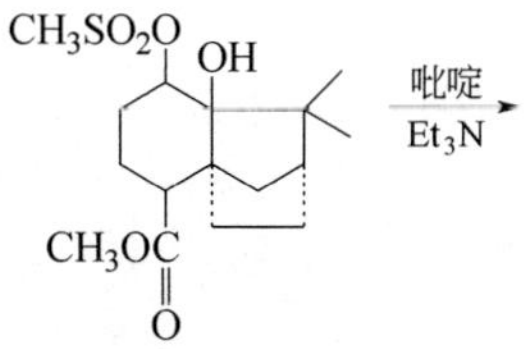 [结构式:含CH₃SO₂O, OH, CH₃OC(=O), 偕二甲基环系] $\xrightarrow{\text{吡啶}, \text{Et}_3\text{N}}$

(2) 2-丁基环戊酮 $\xrightarrow{\text{CH}_3\text{CO}_3\text{H}}$

(3) 苯乙酮肟 (PhC(=NOH)CH₃) $\xrightarrow{\text{PCl}_5}$

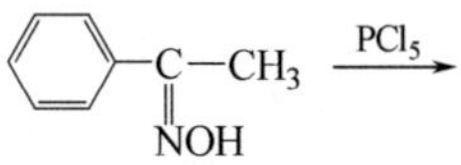

(4) 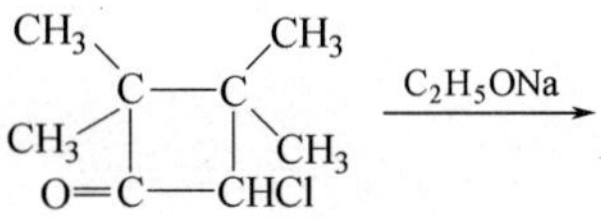 [结构式:四甲基环丁酮α-氯代物] $\xrightarrow{\text{C}_2\text{H}_5\text{ONa}}$

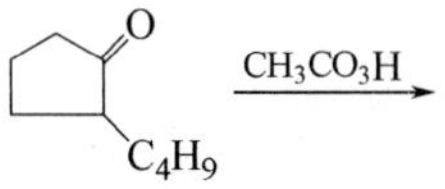

7.3 写出下列反应的机理

(1) 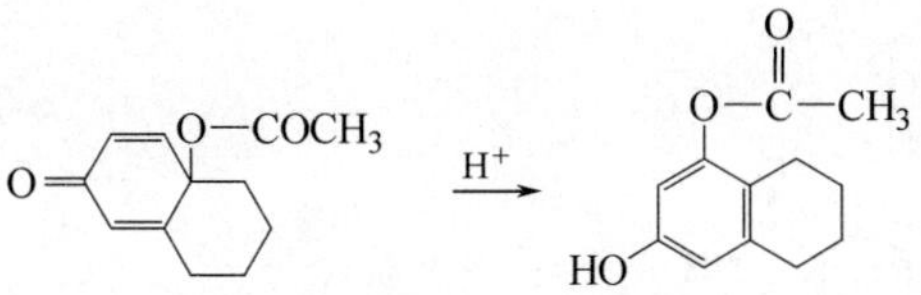 [4a-乙酰氧基-4a,5,6,7-四氢-2(8aH)-萘酮] $\xrightarrow{\text{H}^+}$ [8-乙酰氧基-6-羟基-5,6,7,8-四氢萘]

(2) [4a-R取代-4a,5,6,7-四氢-2(8aH)-萘酮] $\xrightarrow{\text{H}^+}$ [8-R-5-羟基-5,6,7,8-四氢萘]

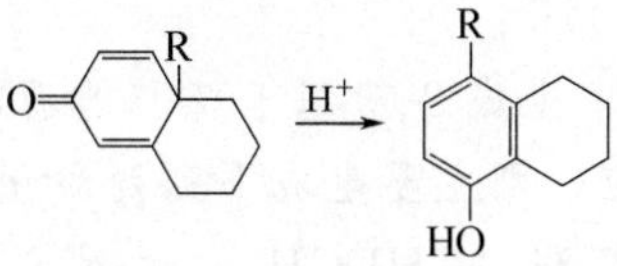

7.4 写出下列反应机理

(1) 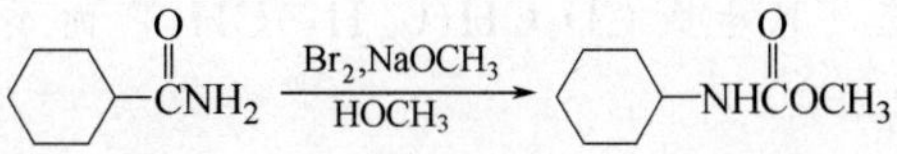 环己基甲酰胺 $\xrightarrow[\text{HOCH}_3]{\text{Br}_2, \text{NaOCH}_3}$ 环己基-NHCOCH₃

(2) [5-甲酰胺基-4-氨基-2-三氟甲基嘧啶] $\xrightarrow[\text{Br}_2/\text{H}_2\text{O}]{\text{NaOH}}$ [2-三氟甲基-8-羟基嘌呤]

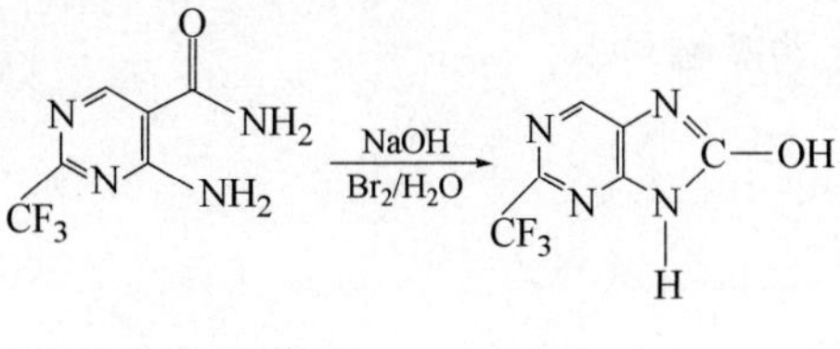

7.5 写出下列反应的机理

(1) 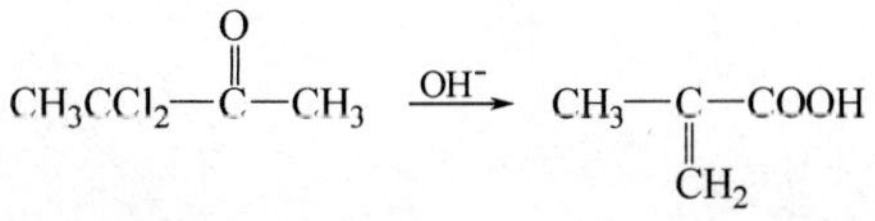 $\text{CH}_3\text{CCl}_2\text{C(=O)CH}_3 \xrightarrow{\text{OH}^-} \text{CH}_3\text{C(=CH}_2\text{)COOH}$

(2) [1,4-二氯双环[2.2.2]辛-2-酮] + OH⁻ → [1-氯-4-羧基双环[2.2.0]己烷]

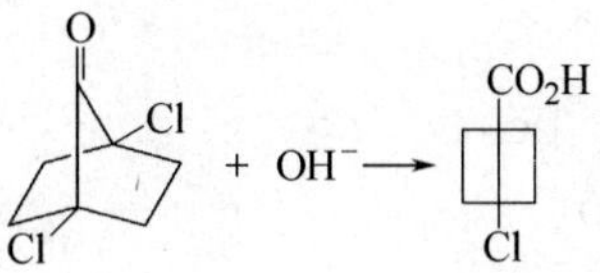

(3) $(CH_2)_8$ C(Br)—C(=O)—Br $\xrightarrow{EtO^-}$ $(CH_2)_8$ =C—CO$_2$CH$_3$

(4) [环氧酮] $\xrightarrow[HOCH_3]{NaOCH_3}$ [环戊基产物]

7.6 写出下列反应的机理

(1) CH$_3$—C(=O)—环戊基 $\xrightarrow{CH_3CO_3H}$ CH$_3$—C(=O)—O—环戊基

(2) 2-乙酰基环己酮 $\xrightarrow{30\% H_2O_2}$ 环戊基—CO$_2$H

(3) C$_6$H$_5$CH$_2$CH$_2$CH(OH)C(CH$_3$)$_3$ $\xrightarrow{H^+}$ 1,1-二甲基四氢萘

(4) 3-CH$_3$O-C$_6$H$_4$-CH$_2$CH$_2$C(=O)N$_3$ $\xrightarrow[H_2O]{\triangle}$ 6-甲氧基-3,4-二氢异喹啉-1(2H)-酮

7.7 (1) 2-丁醇与 BF$_3$ 及苯在 0℃发生反应，以很高产率生成 2-苯基丁烷。然而，若 2-氘-2-丁醇 CH$_3$CD(OH)CH$_2$CH$_3$ 与 BF$_3$ 及苯反应，则主要生成下列两种化合物的混合物：CH$_3$CD(C$_6$H$_5$)CH$_2$CH$_3$ 及 CH$_3$CH(C$_6$H$_5$)CHDCH$_3$，试对上述事实进行说明。

(2) CD$_3$CH(OH)CH$_3$ 与 BF$_3$ 及苯反应，只生成 CD$_3$CH(C$_6$H$_5$)CH$_3$，而不发生 D 的转移。为什么？

(3) 1-氘-2-丙醇（CD$_3$CHOHCH$_3$），具有一个手性碳原子，为光学活性物质。试推断这个醇与 BF$_3$ 及苯反应是否会发生构型翻转？

7.8 为下列反应提出合理机理

(1) 螺[3.5]壬-1-酮 $\xrightarrow{H^+}$ 螺[4.4]壬-1-酮

(2) 1-萘基-C(=O)-CPh$_3$ $\xrightarrow{H^+}$ 苊二醇衍生物（C$_6$H$_5$, C$_6$H$_5$, OH, C$_6$H$_5$）

(3) 6-甲氧基-2-萘基-C(OCH$_3$)(OCH$_3$)-CH(Br)CH$_3$ $\xrightarrow[\triangle]{无水 ZnBr_2}$ 6-甲氧基-2-萘基-CH(CH$_3$)CO$_2$CH$_3$

(4)
$$\text{(环戊烯二酮二羟基化合物)} + CH_2N_2(\text{过量}) \longrightarrow \text{(三甲氧基对苯醌)}$$

(5)
$$HO\text{—}CH_2CH=CH\text{—}Ph + \text{水杨醛} \xrightarrow[CH_2Cl_2, rt]{SnCl_4} \text{(稠合双环产物)}$$

7.9 试写出化合物 A 经 Favorskii 重排后的产物结构。

$$A \xrightarrow{CH_3O^-}$$

实验表明，A 重排既可经过环丙酮也可经过半安息香酸的历程，依反应条件而定。试设计出两个实验，验证在给定操作条件下发生的反应机理。

7.10 Backmann 重排反应大多是协同过程 a, 可是叔烷基取代的肟在强酸作用下的重排过程被发现是经由分步过程进行的。若已经有原料肟 A 和 B，怎样实验并通过哪些现象可以说明反应是经由 b 过程进行的？

a.
$$\underset{R}{\overset{R'}{C}}=N\overset{+}{O}H_2 \xrightarrow{-H_2O} R'\text{—}\overset{+}{C}=N\text{—}R \xrightarrow{H_2O} R'\text{—}\underset{O}{\overset{}{C}}\text{—}NHR$$

b.
$$\underset{R}{\overset{R'}{C}}=N\overset{+}{O}H_2 \xrightarrow{-H_2O} R'\text{—}C\equiv N + R^+ \xrightarrow{H_3O^+} R'\text{—}\underset{O}{\overset{}{C}}\text{—}NHR$$

$$\text{(叔丁基甲基酮肟) A}; \quad \text{(苯基叔丁基酮肟) B}$$

7.11 解释下列反应产物的立体化学。

$$\underset{Ph}{\overset{^{14}Ph}{HO\text{—}C\text{—}C\text{—}H}}\underset{NH_2}{\overset{CH_3}{}} \xrightarrow{HONO} \underset{O}{\overset{^{14}Ph}{Ph\text{—}C\text{—}C\text{—}CH_3}}\underset{H}{\overset{}{}} + \underset{O}{\overset{^{14}Ph\text{—}C\text{—}C\text{—}H}{\underset{Ph}{\overset{CH_3}{}}}}$$

(注：^{14}Ph 为 ^{14}C 标记的苯环)   88%   12%

7.12 某酸 $C_6H_8O_4$ (A)，不能使 $KMnO_4$ 溶液褪色，与 PCl_5 作用后转变为 $C_6H_6O_2Cl_2$ (B)，在 $AlCl_3$ 存在下用苯处理 B 可得 $C_8H_6O_2$ (C)，C 不能使 $KMnO_4$ 溶液褪色，但可与羟胺作用，生成二肟，此二肟在 PCl_5 存在下能转变成 $C_8H_8O_2N_2$ (D)，D 经酸化水解又重新生成 A，写出 A、B、C、D 结构式。

第8章
芳香亲电和亲核取代反应

8.1 亲电取代反应

在芳烃的亲电取代反应中,反应是以芳烃阳离子机理进行的。首先亲电体和芳香环的 π 电子体系发生非专一的络合作用生成 π 络合物。π 络合物的形成是一个迅速可逆反应。然后 π 络合物很快变为 σ 络合物。σ 络合物的形成也是可逆的,通常这一步是决速步骤。最后是亲电体离去生成产物。

亲电芳香取代反应机理的通式为:

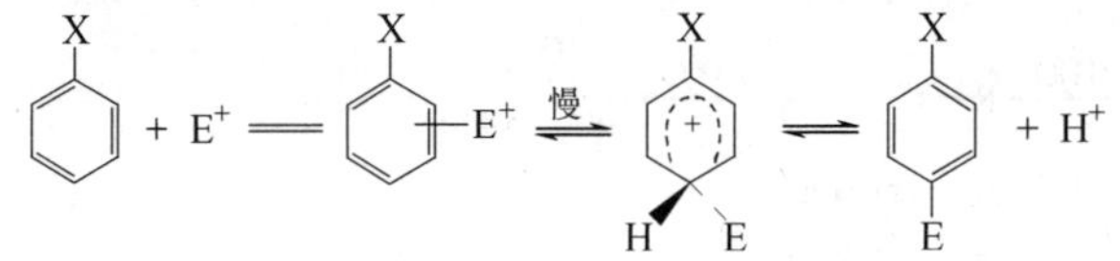

$$\text{Ar-X} + E^+ \rightleftharpoons [\pi\text{络合物}] \underset{}{\overset{慢}{\rightleftharpoons}} [\sigma\text{络合物}] \rightleftharpoons \text{Ar-X-E} + H^+$$

通过中间体的分离和捕获等方法,已证明了芳香亲电取代反应中 σ 络合物的存在。

例如,在低温下用硝酰氟和氟化硼硝化三氟甲苯的反应,其中间体 σ 络合物已被分离出来,结构也为核磁共振所证实。

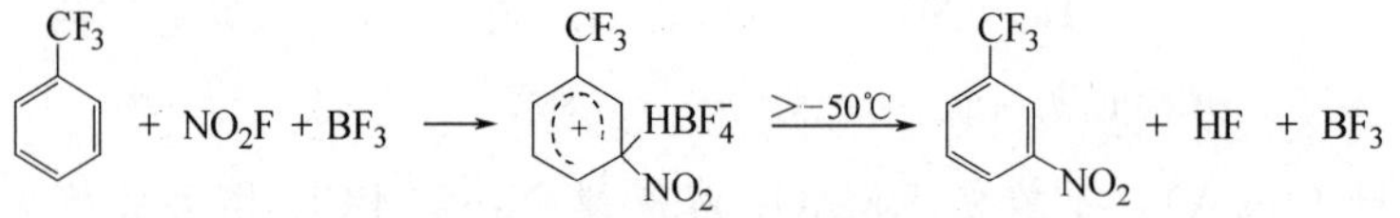

$$\text{PhCF}_3 + NO_2F + BF_3 \longrightarrow [\sigma\text{络合物}]\,HBF_4^- \xrightarrow{\geqslant -50℃} m\text{-}O_2N\text{-}C_6H_4\text{-}CF_3 + HF + BF_3$$

又如1,3,5-三甲苯的质子宽带去偶 ^{13}C NMR 谱中有三条峰,δ:20.5(CH_3),137.8(C-1),127.2(C-2)。在 −20℃ 的超强酸(如发烟的 H_2SO_4-SbF_5,SO_2FSO_3-SbF_5 等)中,对应的 δ:27.5,194.2,135.4,并出现一条新峰(δ 54.5),为质子化的碳的吸收峰,质子化的碳,屏蔽作用大大增强,δ 增向高场位移 72.7($\Delta\delta$=54.5~127.2)。证明有一个电子转移到质子化的碳原子上,由于苯环上的 π 电子不再均匀分布,形成了碳正离子(即 σ 络合物),除质子化碳外,其余碳的 δ 值均低场位移。

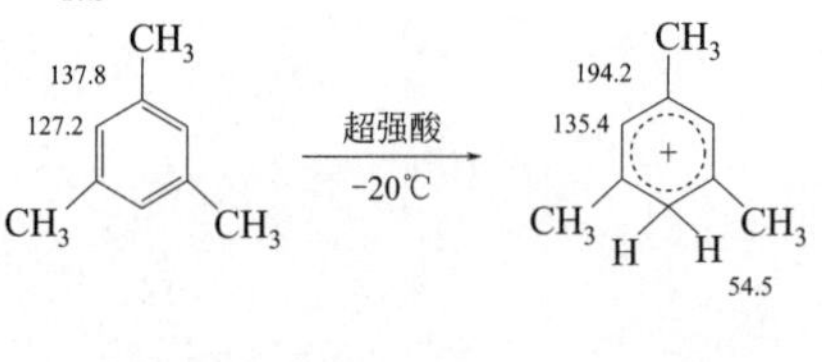

σ络合物系一种活性中间体,在某些情况下,可由亲核试剂捕获,再根据捕获生成物推论σ络合物的存在,以证明芳烃正离子机理。如:

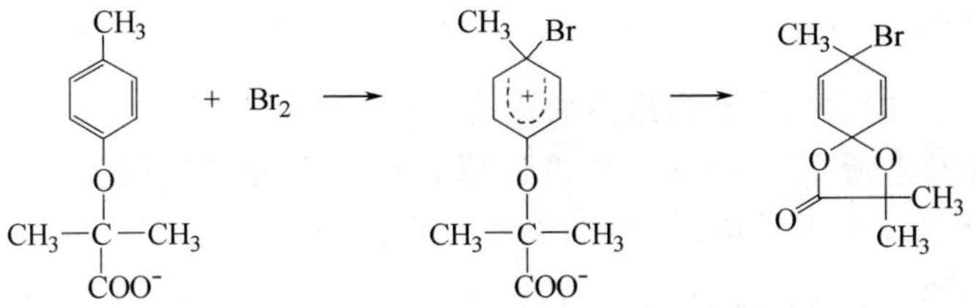

上述亲电试剂进攻,系发生在芳环上已有取代基的位置上,这种亲电进攻称为 ipso 进攻。在这种情况下生成的σ络合物,特别有可能被亲核体捕获而生成上述加成产物。不过,即使亲电试剂进攻发生在芳香环无取代基的位置上,也可生成这种加成产物。

亲电体 E^+ 在不同的反应中可以进攻 X 的邻位、对位、间位和 X 所在之位。反应既可在分子间发生也可在分子内发生。不同的芳香亲电取代反应其区别在于亲电体的不同及进攻芳环位置的不同。不同的亲电体是由不同的试剂和催化剂产生的。进攻芳环的位置不同是由芳环上已有取代基团的定位效应引起的。

下面为常见的亲电试剂及其生成的形式。

亲电试剂	生成形式
NO_2^+	$2H_2SO_4 + HNO_3 \rightleftharpoons NO_2^+ + H_3O^+ + 2HSO_4^-$
Br_2-MX_n	$Br_2 + MX_n \rightleftharpoons Br_2-MX_n$
$Br-\overset{+}{O}H_2$	$BrOH + H_3O^+ \rightleftharpoons Br-\overset{+}{O}H_2 + H_2O$
Cl_2-MX_n	$Cl_2 + MX_n \rightleftharpoons Cl_2-MX_n$
$Cl-\overset{+}{O}H_2$	$Cl-OH + H_3O^+ \rightleftharpoons Cl-\overset{+}{O}H_2 + H_2O$
SO_3	$H_2S_2O_7 \rightleftharpoons H_2SO_4 + SO_3$
RSO_2^+	$RSO_2Cl + AlCl_3 \rightleftharpoons RSO_2^+ + AlCl_4^-$

(MX_n 为 Lewis 酸型卤化物,如 $AlCl_3$、BF_3 等。)

(以上亲电试剂是强亲电体,既可取代含致活定位基的芳环也可取代含致钝基团的芳环。)

R_3C^+	$R_3CX + AlCl_3 \rightleftharpoons R_3C^+ + AlCl_3X^-$
	$R_3COH + H^+ \rightleftharpoons R_3C^+ + H_2O$
	$R_2C=CR_2' + H^+ \rightleftharpoons R_2\overset{+}{C}CHR_2'$
$R\overset{O}{\overset{\|}{C}}{}^+$	$RCOX + AlCl_3 \rightleftharpoons R\overset{O}{\overset{\|}{C}}{}^+ + AlCl_3X^-$
H^+	$HX \rightleftharpoons H^+ + X^-$
R_2C^+OH	$R_2CO + H^+ \rightleftharpoons R_2C=\overset{+}{O}H \rightleftharpoons R_2C^+OH$
$R_2\overset{+}{C}=O-MX_n$	$R_2CO + MX_n \rightleftharpoons R_2\overset{+}{C}O-MX_n$

(以上亲电试剂只能取代含致活取代基团的芳环。)

$$HC\overset{+}{=\!=}NH \quad HCN + HX \rightleftharpoons HC\overset{+}{=\!=}NHX^-$$

$$NO^+ \quad HNO_2 + H^+ \rightleftharpoons NO^+ + N_2O$$

$$Ar\overset{+}{N}\equiv\!\!\equiv N \quad ArNH_2 + HNO_2 + H^+ \rightleftharpoons Ar\overset{+}{N}\equiv\!\!\equiv N + 2H_2O$$

（以上亲电试剂只能取代含有高致活取代基团的芳环。）

芳环和丁二酐发生傅-克氏反应，接着还原和再一次分子内的傅-克氏反应给出四氢萘酮，这个过程称为 Haworth 反应。

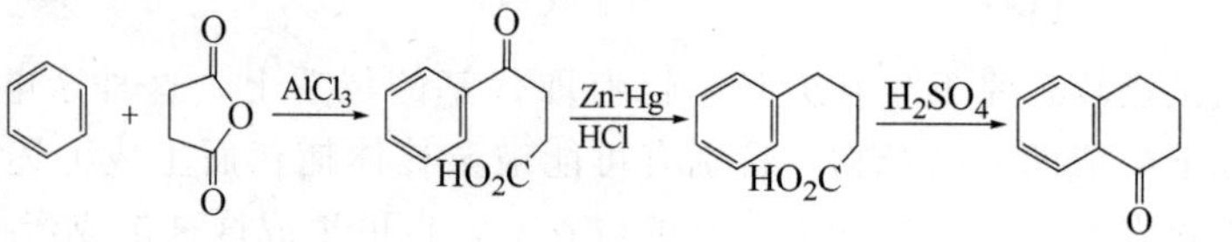

其反应机理为：

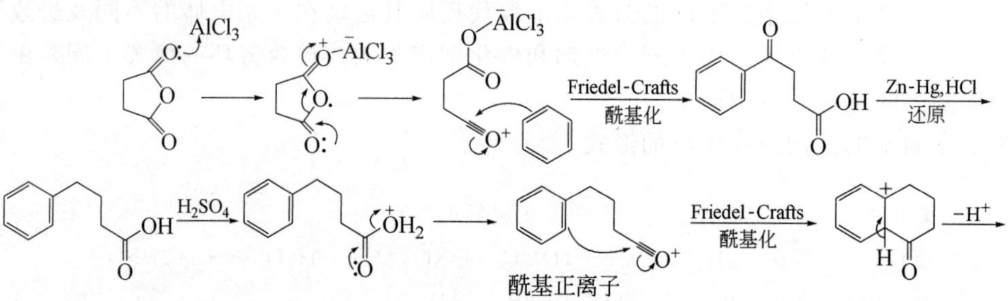

其他芳香环如吡咯也可作为芳香化合物进行亲电取代反应合成卟啉类化合物。卟啉类化合物如血红素、叶绿素在生物体内扮演着重要的角色，生命以许多方式依靠卟啉和其衍生物，因此人们对卟啉类化合物的分子结构和合成十分感兴趣。例如，由苯甲醛和吡咯合成 5,10,15,20-四苯基卟啉的反应机理如下：

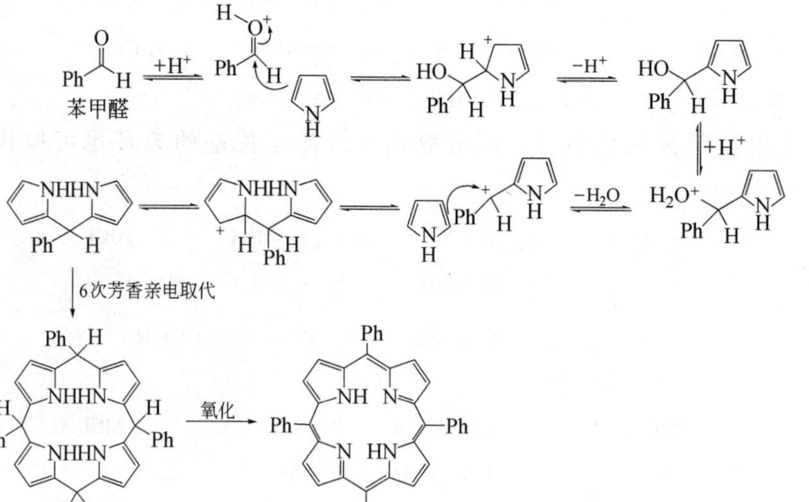

苯甲醛和吡咯通过 8 次亲电取代反应，形成 8 个新的 C—C 键。初始产物不是卟啉而是卟啉原，是一个还原的卟啉，含有饱和亚甲基分离的吡咯片段。卟啉原空气氧化得到最终卟啉产物，这是一种完全共轭的、具 18 电子体系的芳香化合物。

8.2 结构与反应活性

芳环上的取代基对芳烃的亲电取代反应有重要影响。使 σ 络合物变得稳定的给电子取代基使亲电取代反应主要在邻、对位发生，这类取代基称为致活基团。使 σ 络合物稳定性降低的吸电子基团使亲电取代反应在间位发生，这类取代基称为致钝基团。常见的致活基团有 O$^-$、—NR$_2$、—NHR、—NH$_2$、—OH、—OR、—NHCOR、—OCOR、—SR、—R、—Ar 和 —COO$^-$。致钝基团有 —$\overset{+}{N}$R$_3$、—NO$_2$、—CN、—SO$_3$H、—CHO、—COR、—COOH、—COOR、—CONH$_2$、—CCl$_3$、—$\overset{+}{N}$H$_3$ 等。卤素是一类特殊的取代基，它们是致钝的，但却是邻、对位定位基。

为了定量表示基团的定位效应，引入分速度因子（或因数）的概念，它以苯的六个位置之一为比较标准（规定其值为 1），衡量取代苯中某个取代位置的反应活性的数值。其值大于 1 的，说明该位置的反应活性大于苯，小于 1 者则反应活性小于苯。其计算式为：

$$f = \frac{6 \times k_{底物} \times z \text{ 位产物的分数}}{y \times k_{苯}}$$

式中，f 为分速度因数；$k_{底物}$ 为取代苯的反应总速率；z 为所在取代位置的产物百分数；y 为 z 位的数目；$k_{苯}$ 为苯的反应速率。

例如，甲苯和苯在乙酸中 45℃ 时用硝酸硝化，甲苯比苯快 24.5 倍。而得到的异构体比例：o 为 57%，m 为 3.2%，p 为 40%。据此可计算出：

$$f_o^{CH_3} = 24.5 \times 6 \times \frac{0.57}{2} = 42$$

$$f_m^{CH_3} = 24.5 \times 6 \times \frac{0.032}{2} = 2.4$$

$$f_p^{CH_3} = 24.5 \times 6 \times 0.4 = 59$$

分速度因子取决于取代基和进攻基团的性质以及所用的反应条件（如温度、溶剂）。

8.3 同位素效应

$$E^+ + \bigcirc X \underset{k_{-1}}{\overset{k_1}{\rightleftharpoons}} X \underset{H}{\overset{E}{\bigodot}} \qquad S + X \underset{H}{\overset{E}{\bigodot}} \xrightarrow{k_2} X \bigcirc E + SH^+$$

σ 络合物

如果决定取代反应速率的步骤为 C—H 键的断裂，则取代芳环上的氢将比取代芳环上的氘或氚更容易。但实验证明 C$_6$H$_5$D 或 C$_6$H$_5$T 发生硝化反应的速率与 C$_6$H$_6$ 是相同的，而 C$_6$H$_5$NO$_2$ 与 C$_6$D$_5$NO$_2$ 发生硝化反应的速率也是一样的，这就说明硝基取代 H、D 或 T 并非关键步骤，与硝化相同，在多数亲电取代反应中观察不到同位素效应。因此，在这些反应中 C—H 键的断裂不是决定反应速率的步骤，即 $k_2 \gg k_1$、$k_2 \gg k_{-1}$，从而证明 σ 络合物的存在。然而当 $k_2 < k_1$、$k_2 < k_{-1}$ 时，则 C—H 键的断裂就成了决速步骤，因而也能观察到同位素效应。事实上在一些亲电取代反应的例子中，已经观察到同位素效应的存在。例如，下列化合物 I 的重氮偶联反应没有同位素效应（$k_H/k_D \approx 1$），而化合物 III 的重氮偶联有明显的同位素效应（$k_H/k_D \approx 6.5$）。

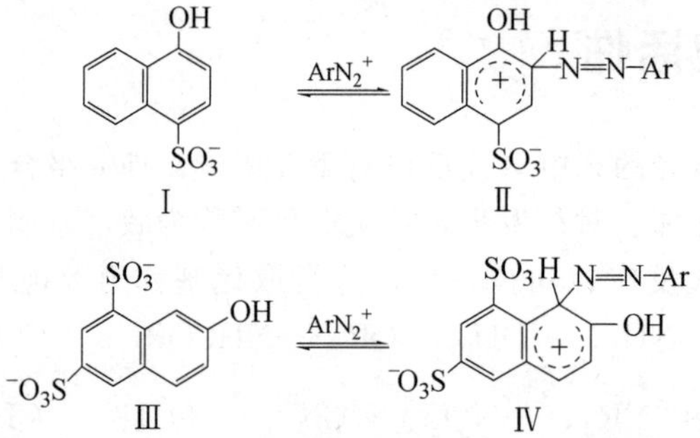

σ 络合物Ⅳ和Ⅱ相比，由于强的给电子基团使中间体Ⅳ稳定化，另一方面由于空间位阻的原因，妨碍了碱（包括 Lewis 碱）对它的接近，使Ⅳ较Ⅱ难于失去质子，而易向逆反应方向进行回到原反应物。所以化合物Ⅲ的重氮偶联，第二步 C—H 键的断裂成了决速步骤。有时提高碱的浓度，由于 k_2 增加会使同位素效应减弱或消除，如当吡啶浓度为 $0.0232\text{mol}\cdot\text{L}^{-1}$ 和 $0.905\text{mol}\cdot\text{L}^{-1}$ 时，k_H/k_D 分别降低至 6.01 和 3.62。

8.4 离去基团效应

在大多数芳香亲电取代反应中，离去基团是 H^+，但其他基团在某种反应条件下也可离去。基团离去能力一般有下面的顺序：①对离去时不用协助的离去基团（相对离去基团的 S_N1 过程）$NO_2^+ < i\text{-}Pr^+ \sim SO_3 < t\text{-}Bu^+ \sim ArN_2^+ < ArCHOH^+ < NO^+ < CO_2$；②对于离去需由外面亲核试剂协助的离去基团（$S_N2$ 过程），$Me^+ < Cl^+ < Br^+ < D^+ \sim RCO^+ < H^+ \sim I^+ < Me_3Si^+$。

8.5 芳香亲核取代反应

（1）S_NAr 机理　其过程示意如下：

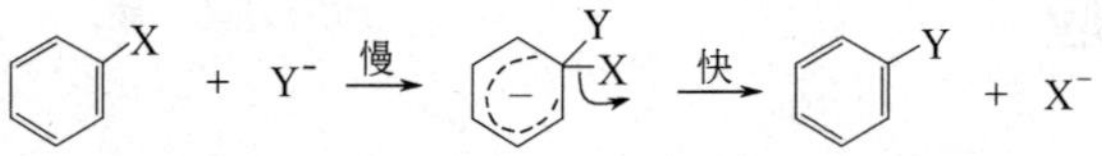

亲核试剂先与芳香环加成，然后消去一个取代基完成亲核取代反应，这一历程的主要步骤为加成中间体的生成，这一步可被强的吸电子基所活化（如硝基），其他吸电子基团如—CN、—C(O)R、—CF_3 也增加活性，但比硝基稍差。加成中间体在特定条件下相对稳定，常称为 Meisenheimer 络合物。如 2,4,6-三硝基苯乙醚与甲氧负离子反应生成的中间体——Meisenheimer 络合物已被分离出来。

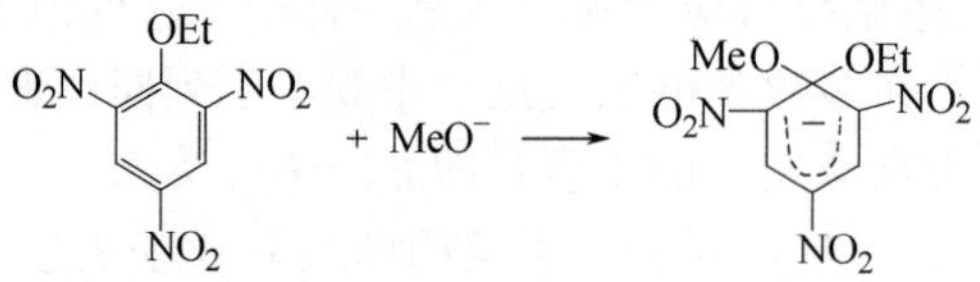

芳香亲核取代机理与亲电取代反应机理非常相似，属于 S_N2 型，芳环上的 S_N2 反应称 S_NAr。

Smiles 重排是指符合下列通式的一组重排：

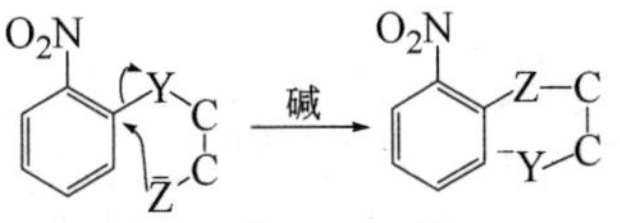

Y=S, SO, SO$_2$, O, COO 等
Z=OH, NH$_2$, NHR, CONH$_2$, CONHR, SH 及 CH$_3$ 的共轭碱

如：

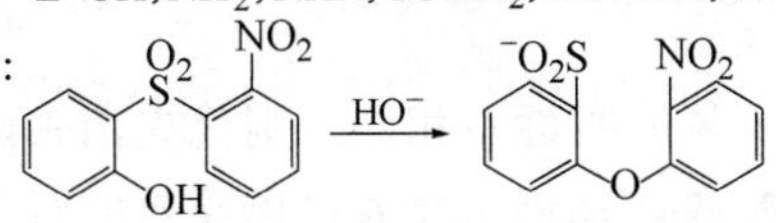

反应机理：

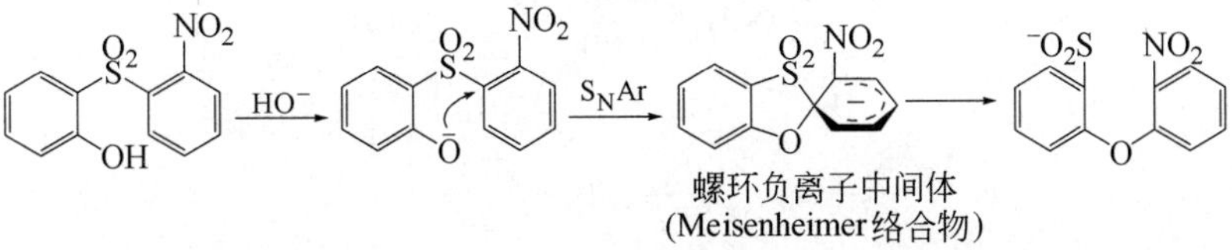

螺环负离子中间体
(Meisenheimer 络合物)

(2) **单分子亲核取代机理** 在芳香族重氮离子 ArN_2^+ 中，由于 $-\overset{+}{N}\equiv N$ 是一个离去倾向极强的基团，以 N_2 的形式离去后，形成非常活泼的中间体苯基正离子，苯基正离子与亲核试剂结合，得到相应的重氮基被取代的产物。例如：

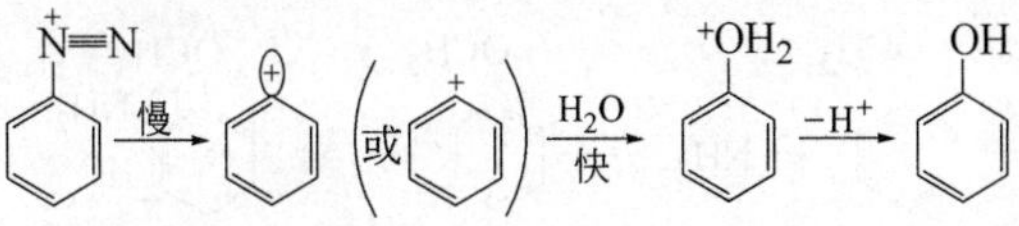

由于第一步失去 N_2 是反应速率慢的一步，反应速率只与底物重氮盐的浓度有正比关系，而与亲核试剂的浓度无关，所以是芳环上的单分子取代反应。然而芳环上的单分子亲核取代反应又与饱和碳原子上的 S_N1 反应不完全相似。这里溶剂的极性对反应速率的影响很小，这可能是由于在离去基团离去的这一步中，$-\overset{+}{N}\equiv N$ 的离去性极强和 N_2 的高度稳定性，使得溶剂没有参与反应的过渡态。芳环上的取代基若有利于苯基正离子稳定，将使反应速率加快；相反，则使反应速率减慢。

(3) **苯炔机理** 对于芳环上没有强吸电子基团的卤代芳烃，通常在氢氧化钠水溶液或醇钠溶液中加热很难起相应的亲核取代反应。但在强烈的反应条件下，或在 $NaNH_2/NH_3$（液）等极强的碱的作用下，仍可起卤素原子被取代的亲核取代反应。例如：

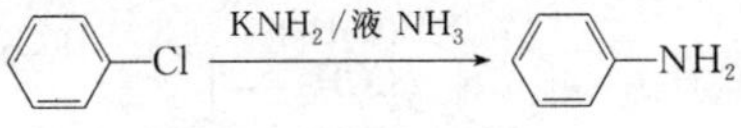

经对用 ^{14}C 标记的氯苯-1-^{14}C 与强碱 KNH_2/NH_3（液）反应的研究，结果发现生成几乎等量的苯胺-1-^{14}C 和苯胺-2-^{14}C。

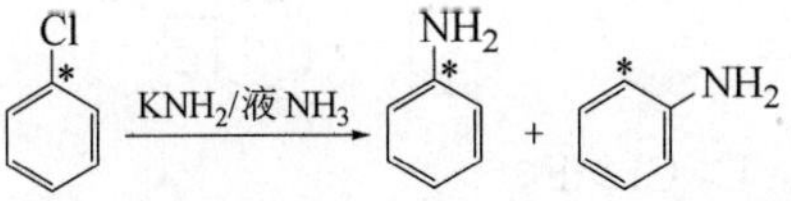

这显然不能用前面的加成-消去机理解释，大量的实验事实表明是经中间体苯炔的消去-加成机理进行的。反应同样分两步进行：第一步为卤代苯在强碱作用下起消去反应，生成活泼中间体苯炔；第二步为亲核试剂对苯炔中的三键起亲核加成。

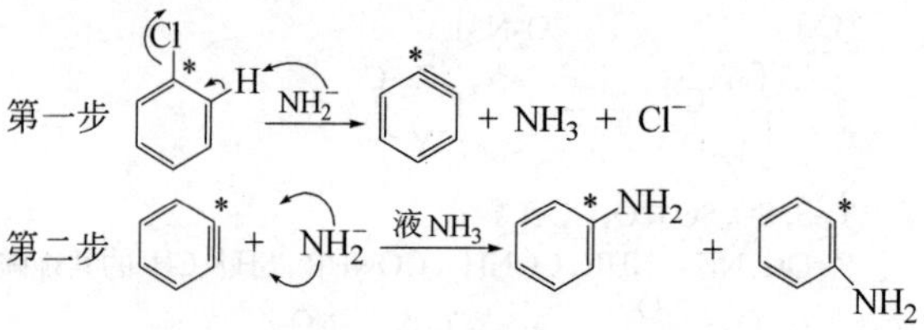

第一步: 邻氯苯(*标记H) + NH$_2^-$ → 苯炔(*) + NH$_3$ + Cl$^-$

第二步: 苯炔(*) + NH$_2^-$ $\xrightarrow{\text{液 NH}_3}$ 邻*-氨基苯 + 间*-氨基苯

在第一步中，如卤素邻位的两个氢的酸性不相同，则优先消去酸性强的氢。在苯炔与亲核试剂起加成反应时，苯炔环上原有取代基将主要通过诱导效应对加成的区域选择性产生影响。例如：

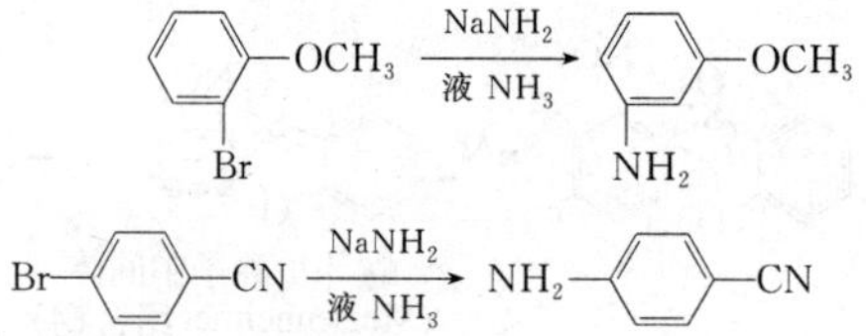

2-溴苯甲醚 $\xrightarrow[\text{液 NH}_3]{\text{NaNH}_2}$ 3-甲氧基苯胺 （A）

4-溴苯甲腈 $\xrightarrow[\text{液 NH}_3]{\text{NaNH}_2}$ 4-氨基苯甲腈 （B）

反应(A)中的活泼中间体为 (邻-OCH$_3$苯炔)，反应(B)中的活泼中间体为 (对-CN苯炔)。由于从诱导效应来说，CH_3O、CN 都具有 $-I$ 效应，所以

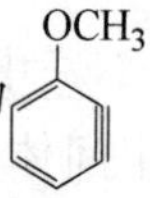

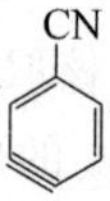

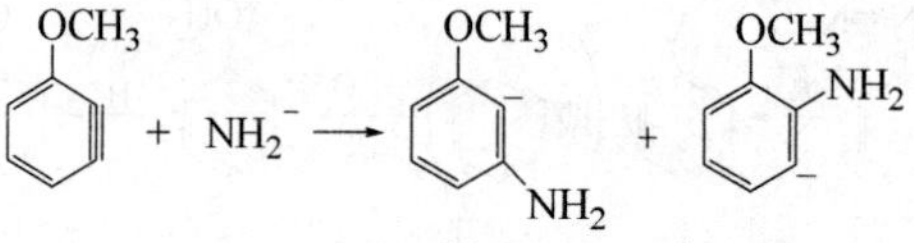

OCH$_3$-苯炔 + NH$_2^-$ → (a) 间位碳负离子 + (b) 邻位碳负离子

因 (a) 比 (b) 稳定，主要产物为 3-甲氧基苯胺。

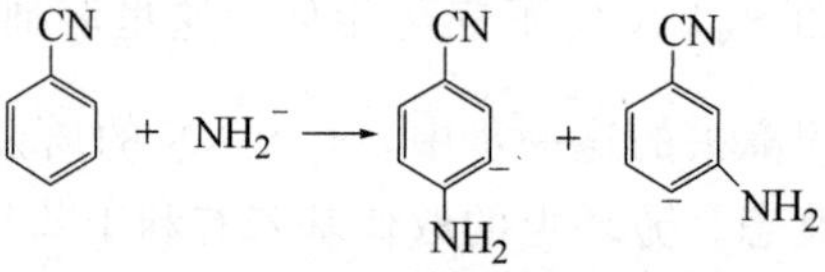

CN-苯炔 + NH$_2^-$ → (c) 对位碳负离子 + (d) 间位碳负离子

因 (c) 比 (d) 稳定，主要产物为 4-氰基苯胺，只是诱导效应随着传递距离增加迅速减弱，所以反应（B）的区域选择性有时可能不如反应（A）。

苯炔除可发生亲核加成反应外，也可发生亲电加成反应。如：

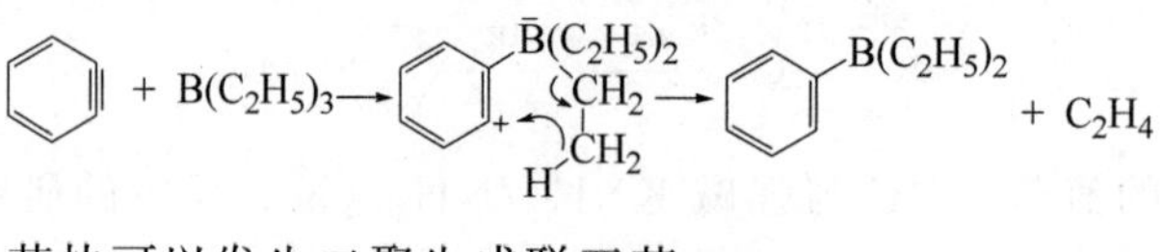

苯炔 + B(C$_2$H$_5$)$_3$ → 中间体 → 苯-B(C$_2$H$_5$)$_2$ + C$_2$H$_4$

在惰性溶剂中，苯炔可以发生二聚生成联亚苯：

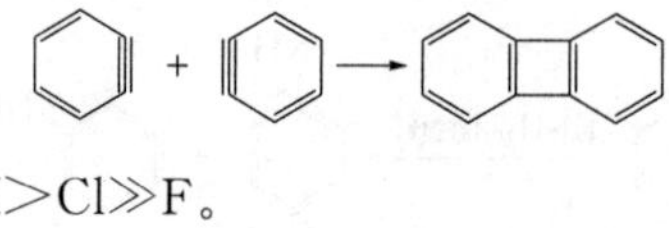

苯炔 + 苯炔 → 联亚苯

卤代烃的反应顺序为 Br＞I＞Cl≫F。

在芳香亲核取代反应中，基团的离去能力顺序为 $F^- > NO_2^- > OTs^- > SOPh^- > Cl^-$，$Br^-$，$I^- > N_3^- > NR_2^- > OAr^- $，$OR^-$，$SR^-$，$SO_2R^-$，$NH_2^-$。离去基团在不同的亲核机理中，其离去能力有差别。

亲核试剂的亲核性大小顺序为 $NH_2^- > Ph_3C^- > PhNH^- > ArS^- > RO^- > R_2NH > ArO^- > OH^- > ArNH_2 > NH_3 > I^- > Br^- > Cl^- > H_2O > ROH$。$CN^-$一般不能发生亲核取代反应。

习 题

8.1 写出下列反应的机理

(1) 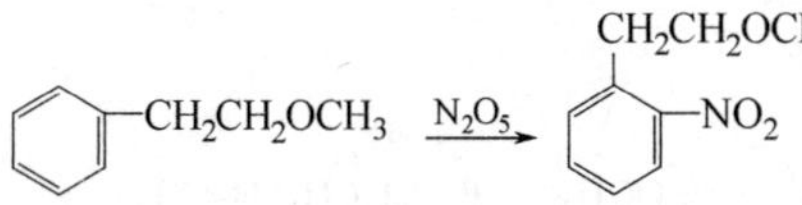 PhCH$_2$CH$_2$OCH$_3$ $\xrightarrow{N_2O_5}$ 邻-NO$_2$-C$_6$H$_4$-CH$_2$CH$_2$OCH$_3$

(2) 4-甲基苯氧基-C(CH$_3$)$_2$-CO$_2^-$ + Br$_2$ → 螺环产物

(3) 2-溴-2'-氨基二苯硫醚 $\xrightarrow{\text{NaNH}_2, \text{液氨}}$ 吩噻嗪

(4) 苯 + 2,2,5,5-四甲基四氢呋喃 $\xrightarrow{\text{H}_2\text{SO}_4}$ 1,1,4,4-四甲基四氢萘

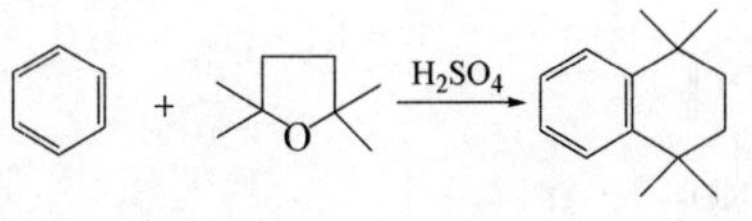

8.2 写出下列反应机理

(1) 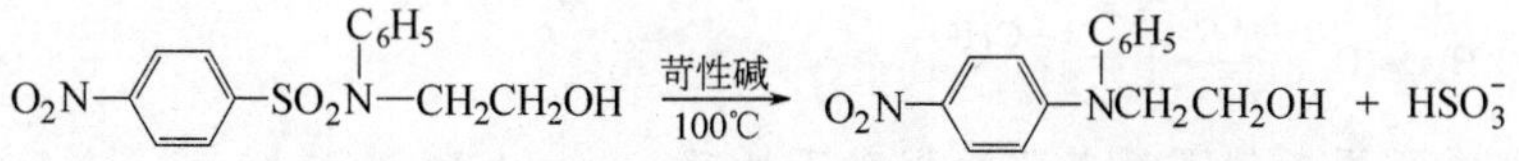 O_2N-C$_6$H$_4$-SO$_2$N(C$_6$H$_5$)CH$_2$CH$_2$OH $\xrightarrow[100℃]{\text{苛性碱}}$ O_2N-C$_6$H$_4$-N(C$_6$H$_5$)CH$_2$CH$_2$OH + HSO$_3^-$

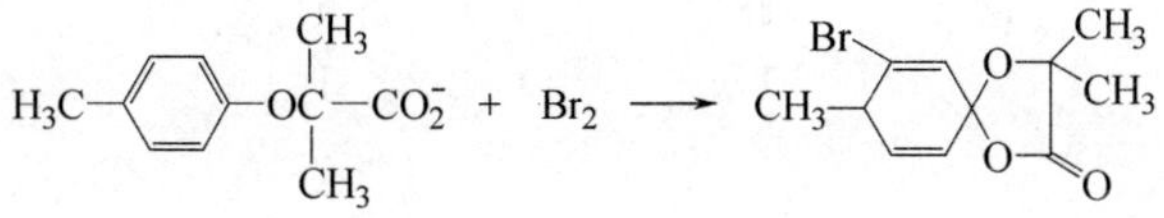

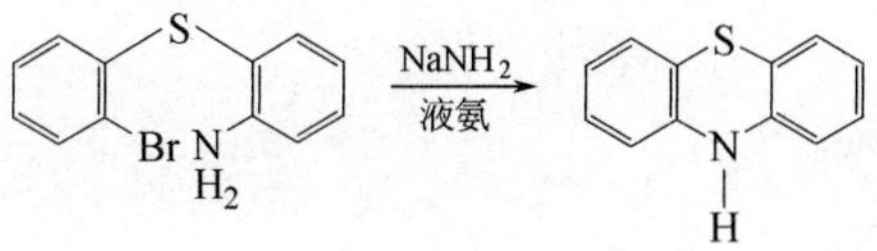

(2) 3,4-二甲氧基苯乙胺 + 3,4-二甲氧基苯乙醛 $\xrightarrow{H^+}$ 四氢异喹啉衍生物

(3) 呋喃衍生物 $\xrightarrow{CH_3COOH(aq)}$ 环化产物

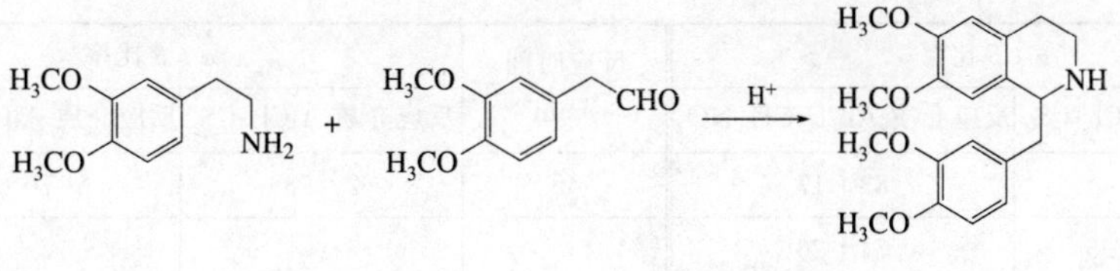

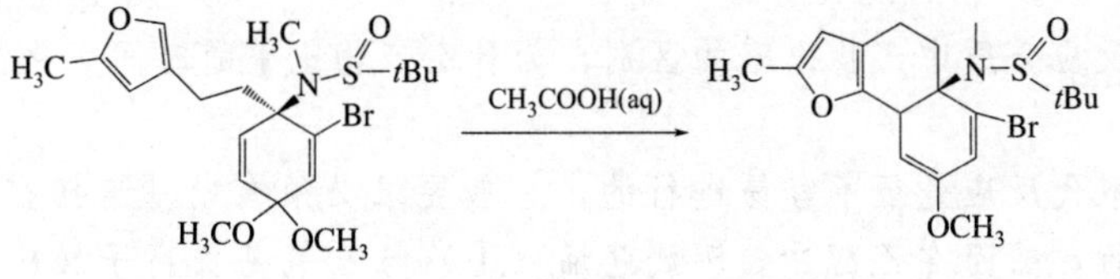

8.3 由指定原料合成下列化合物

(1) 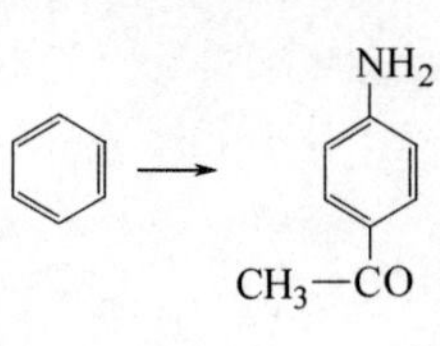 苯 → 对氨基苯乙酮 (4-NH$_2$-C$_6$H$_4$-COCH$_3$)

(2) 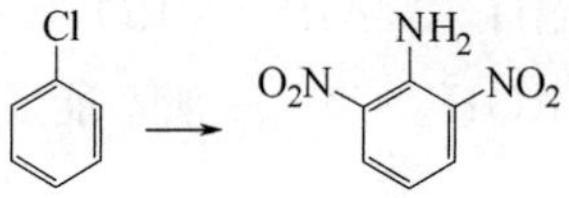 氯苯 → 2,6-二硝基苯胺

(3) 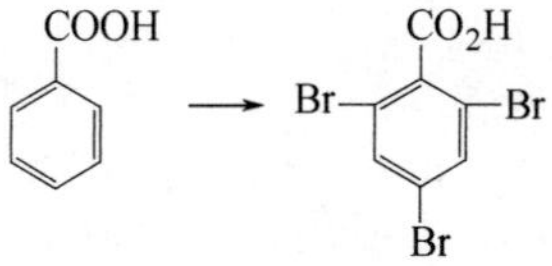 苯甲酸 → 2,4,6-三溴苯甲酸

(4) 苯 → 萘

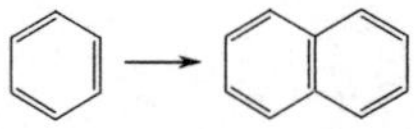

8.4 试写出下列反应的机理

(1) 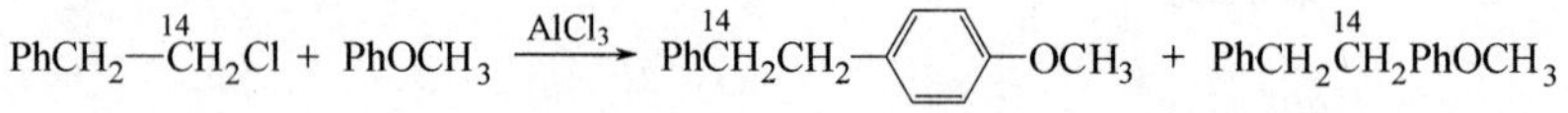 PhCH$_2$—^{14}CH$_2$Cl + PhOCH$_3$ $\xrightarrow{AlCl_3}$ PhCH$_2$^{14}CH$_2$—⟨ ⟩—OCH$_3$ + PhCH$_2$^{14}CH$_2$PhOCH$_3$

    i   ii   iii

                                                                 1   :   1

即 ii 与 iii 是等量分布。

(2) 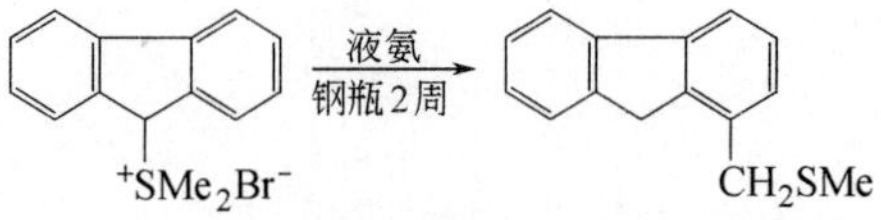 芴-9-基二甲基溴化锍 $\xrightarrow[\text{钢瓶2周}]{\text{液氨}}$ 1-(甲硫基甲基)芴

(3) 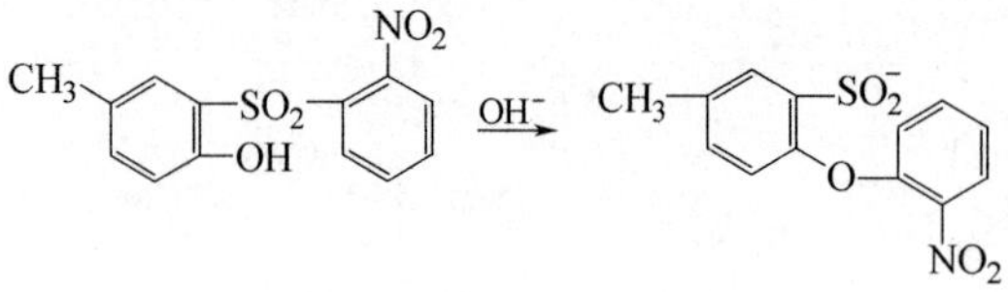 3-甲基-2-羟基苯磺酸 + 邻硝基苯基 $\xrightarrow{OH^-}$ 醚产物

(4) 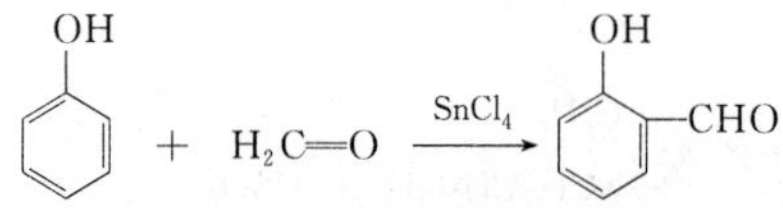 苯酚 + H$_2$C=O $\xrightarrow{SnCl_4}$ 邻羟基苯甲醛

8.5 萘与异丙基溴在不同条件下烃基化数据如下所示：

反应时间 /min	α : β 比率		反应时间 /min	α : β 比率	
	反应介质 AlCl$_3$-CS$_2$	反应介质 AlCl$_3$-CH$_3$NO$_2$		反应介质 AlCl$_3$-CS$_2$	反应介质 AlCl$_3$-CH$_3$NO$_2$
5	4 : 96	83 : 17	45	2 : 98	70 : 30
15	2.5 : 97.5	74 : 26			

什么因素引起两种反应介质中产物比率的区别，为什么产物比率随时间变化？

8.6 解释下列事实。

(1) 芳香族的亲核取代反应是很不容易进行的，一般要求必须有硝基连接在苯环上去影响反应的进行，然而在乙醇中，5-氯苊烯（I）与乙氧基负离子反应，得到5-乙氧基苊烯，却出现了亲核取代反应。

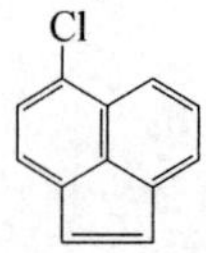

（I）5-氯苊烯结构

(2) 有氚标记的溴苯的磺化反应，比正常苯的反应速率要慢得多，而硝基苯的硝化作用并不受芳香环上同位素取代的影响。

(3) 为什么 2,6-二甲基乙酰苯胺溴化时主要得到 3-位上的溴代产物。

8.7 当化合物 A 在 −78℃ 溶于 FSO_3H 中，核磁共振显示有一个碳正离子生成。如将此溶液调到 −10℃，生成另一种碳正离子，第一种碳正离子可给出化合物 B（用碱猝灭冷却），而第二种碳正离子则给出化合物 C。这两种碳正离子的结构是什么？并用反应机理解释。

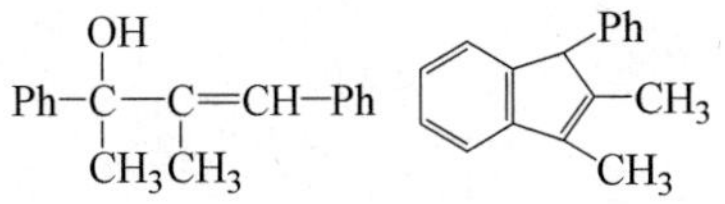

8.8 溴苯与丙二酸二乙酯在乙醇钠存在下不能生成苯基丙二酸酯，但改用 $NaNH_2/NH_3$ 体系则可以生成，用反应机理解释。

8.9 无论是自然界还是合成化学家，在构建复杂的多环分子包括甾族化合物的过程中都会运用酸催化的串联（连锁反应），请提出下列多项环化过程的机理。

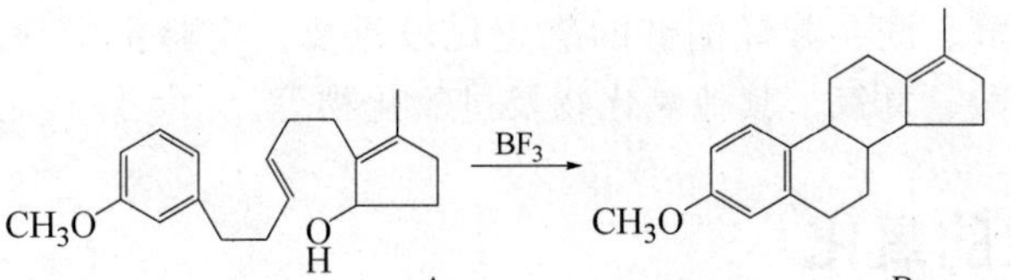

8.10 2,4-二硝基氯苯在碱性条件下得到产物 D 和 E，其产率分别为 74.3% 和 25.7%。

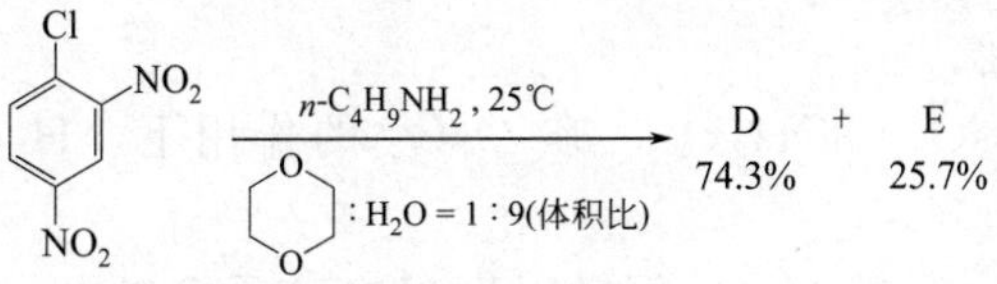

(1) 写出产物 D 和 E 的结构简式。
(2) 指出此反应所属的具体反应类型。
(3) 简述 D 产率较高的原因。
(4) 简述反应体系中加入二氧六环的原因。

第 9 章
氧化还原反应

有机反应中的氧化是指在分子中得到氧（氮、氯等）或从分子中失去氢的反应，还原是指从分子中失去氧（氮、氯等）或加入氢的反应。氧化反应的种类很多，历程多种多样。其中对碳碳双键、醇、醛、酮、芳烃侧链的氧化比较重要。实验室中常用的氧化剂有高锰酸钾、铬酸、有机过氧酸、臭氧、其他氧化物及过氧化物等。

9.1 碳碳双键的氧化

（1）高锰酸钾　在碱性条件下把烯烃氧化为二醇，中间经过锰酸酯，得到的醇为顺式。若条件强烈则继续氧化。

（2）四氧化锇（OsO_4）和 H_2O_2　在 OsO_4 的作用下，H_2O_2 可把烯烃氧化为顺式邻二醇。

用 H_2S 或 Na_2SO_3 代替 H_2O_2 同样得到邻二醇顺式产物，但 OsO_4 的用量就要大大增加。用 H_2O_2 时，OsO_4 只要催化量就够了。

在金鸡纳生物碱为配体的铁催化下烯烃发生对映选择性顺式二羟（基）化反应，称为 Sharpless 二羟基化反应。

$$\begin{array}{c} \text{AD-mix-}\beta \\ \Downarrow \\ R_S \underset{R_L}{\overset{R_M}{\diagdown}}\!\!=\!\!\underset{H}{\diagup} \\ \Uparrow \\ \text{AD-mix-}\alpha \end{array} \xrightarrow[K_2CO_3,\, K_2Fe(CN)_6]{\substack{(DHQD)_2\text{-PHAL} \\ K_2O_5O_2(OH)_4 \\ (DHQ)_2\text{-PHAL}}} \begin{array}{c} HO\;\;\;\;OH \\ R_S\overset{|}{\underset{R_L}{C}}\!\!-\!\!\overset{|}{\underset{H}{C}}R_M \\ \\ R_L\;\;\;\;R_S\;\;\;R_M \\ \overset{|}{C}\!\!-\!\!\overset{|}{C} \\ HO\;\;\;\;OH \end{array}$$

AD：不对称二羟（基）化

（3）有机过氧酸　双键用有机过氧酸氧化得到环氧化合物，然后在酸或碱作用下开环得产物。Sharpless 不对称环氧化反应是在烯丙醇氧化中，使用叔丁基过氧化氢、四异丙氧基钛并加入光学纯的酒石酸酯诱导产生高光学纯的环氧化合物。如：

$$CH_3(CH_2)_2\underset{H}{\overset{H}{\diagdown}}\!\!C\!\!=\!\!C\underset{H}{\overset{CH_2OH}{\diagup}} \xrightarrow[Ti(i\text{-}PrO)_4/t\text{-}BuOOH]{(+)\text{酒石酸二乙酯}} CH_3(CH_2)_2\underset{H}{\overset{H}{\diagdown}}\!\!C\!\!-\!\!\underset{O}{\overset{CH_2OH}{\diagup}}\!\!C\underset{H}{}$$

97% e.e

乙烯基硅烷被有机过氧酸氧化成 α,β-环氧硅烷，后者可顺利地转变成多类化合物。例如，用酸催化可以在原 α-碳上引入羰基，反应机理如下：

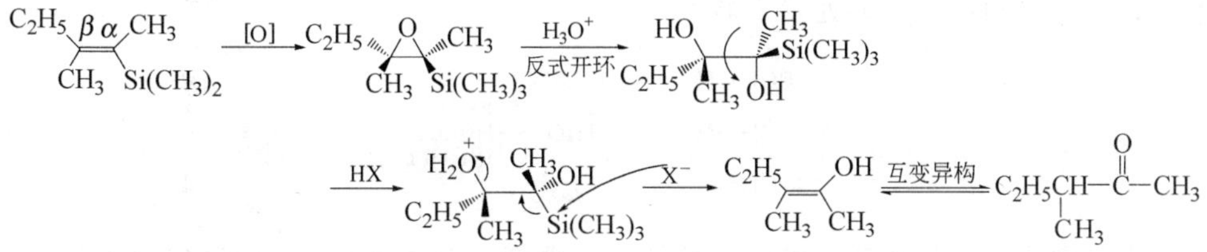

（4）臭氧　烯烃臭氧化后，经还原水解得到醛或酮。

碳碳双键的氧化反应总结如下：

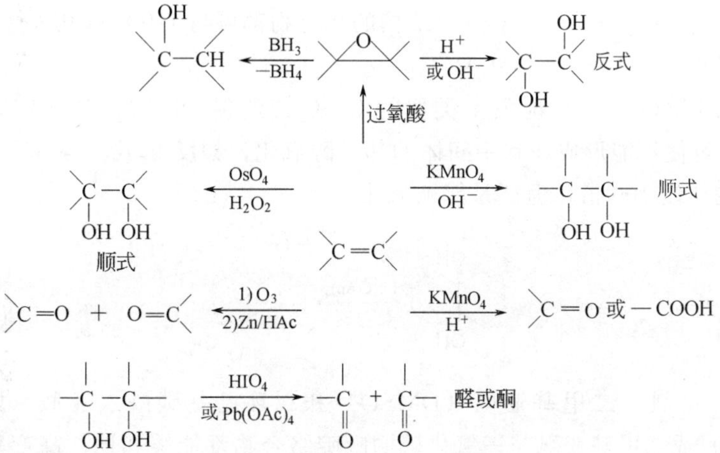

9.2 醇的氧化

（1）铬酸　铬酸可以把醇氧化为醛、酮或酸，浓溶液中铬酸主要以重铬酸的形式存在，稀溶液中以铬酸为主，铬酸的酸酐是 CrO_3。

把 CrO_3 加入吡啶的二氯甲烷溶液中所形成的溶液称为 Collin 试剂；若将 CrO_3 溶于盐酸中，并加入吡啶形成 CrO_3 · HCl-吡啶络合物，将其混悬在 CH_2Cl_2 或 DMF 中使用，称为 PCC 试剂；它们均可使醇快速高产率地被氧化，且不影响分子中的碳碳双键。如：

$$PhCH{=}CHCH_2OH \xrightarrow[CH_2Cl_2]{C_5H_5N\cdot CrO_3} PhCH{=}CHCHO$$

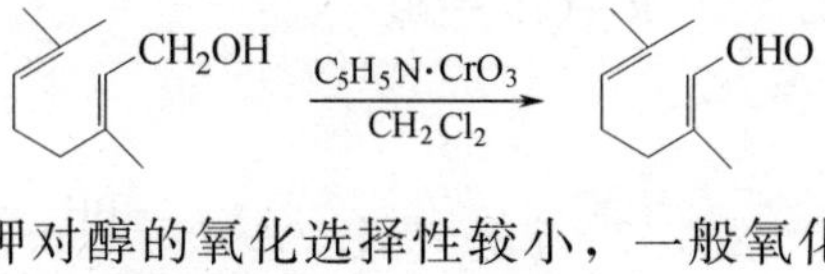

（2）高锰酸钾　高锰酸钾对醇的氧化选择性较小，一般氧化至酮或酸，且破坏分子中的双键，但用硫酸锰与高锰酸钾溶液在碱作用下沉淀出来的 MnO_2 专门进攻烯丙基和苄基的羟基，具有一定的选择性，不破坏烯丙醇中的双键。

（3）高碘酸　邻二醇与 HIO_4 反应，发生 C—C 键断裂，生成两分子羰基化合物。

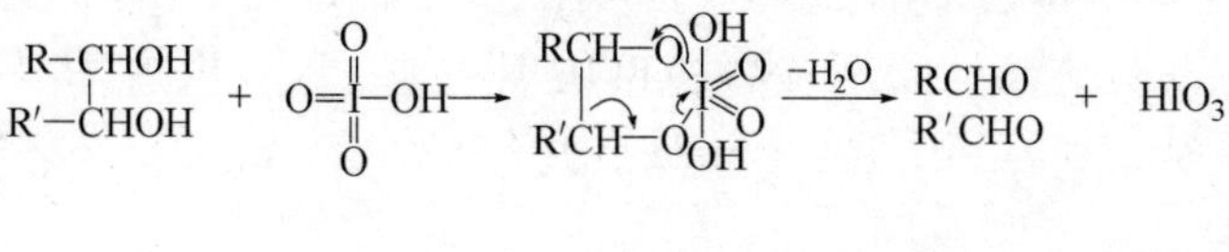

1,3-二醇或两个羟基相隔更远的二元醇与 HIO_4 不发生反应,该反应可用于邻二醇的鉴别。此外,还可以根据邻二醇与 HIO_4 反应生成的产物来推断邻二醇的结构,如果在分子中有多个相邻羟基,则可以在多处发生断裂。

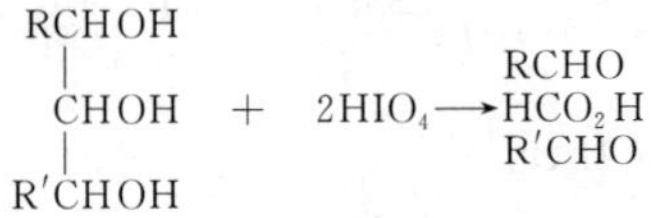

$$\begin{array}{c} RCHOH \\ | \\ CHOH \\ | \\ R'CHOH \end{array} + 2HIO_4 \longrightarrow \begin{array}{c} RCHO \\ HCO_2H \\ R'CHO \end{array}$$

该反应是定量的,每断裂一组邻二醇结构,消耗一分子 HIO_4,所以根据 HIO_4 用量可推测反应物分子中有多少组邻二醇结构。

含有 $-\underset{\underset{OH}{|}}{C}-\underset{\underset{NHR}{|}}{C}-$、$-\underset{\underset{OH}{|}}{C}-\underset{\underset{O}{\|}}{C}-$、$-\underset{\underset{O}{\|}}{C}-\underset{\underset{O}{\|}}{C}-$ 结构的化合物都可与 HIO_4 作用发生碳链断裂。

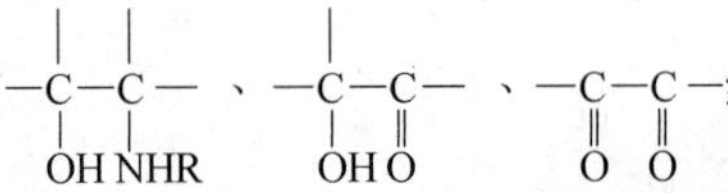

邻二醇也与 $Pb(OAc)_4$ 反应发生类似的 C—C 键断裂,通常也是先生成一个环状中间体。$Pb(OAc)_4$ 可使不能形成环状中间体的邻二醇氧化,如反-9,10-二羟基十氢化萘的氧化,虽然比顺式异构体慢 100 倍,但还是能被氧化。

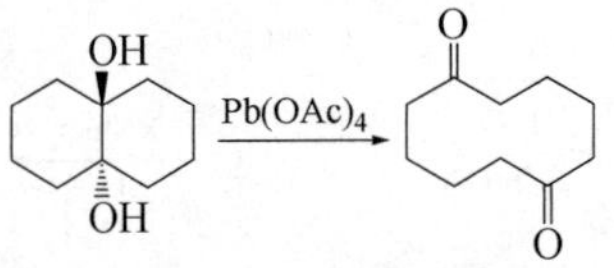

(4) 其他氧化剂 二甲基亚砜(DMSO)和二环己基碳酰二亚胺($C_6H_{11}N=C=NC_6H_{11}$,DDC)或二甲基亚砜与三氧化硫的吡啶络合物都能缓和地、高产率地把醇、卤代烃氧化成醛或酮。这种方法适用于对强氧化剂高度敏感,不能用其他氧化方法氧化的分子。如:

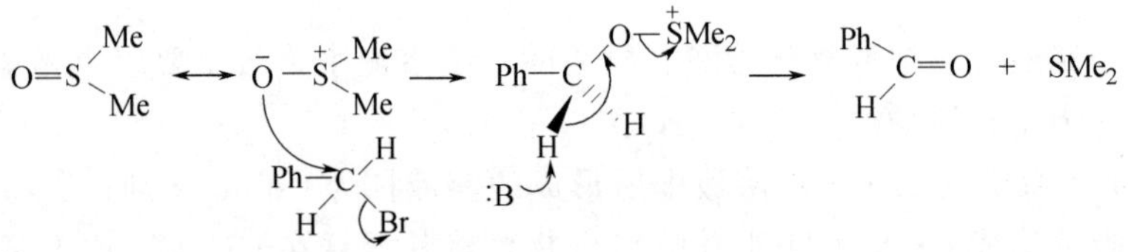

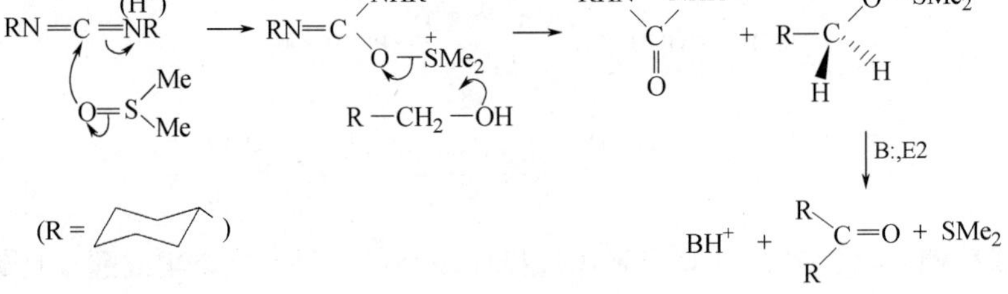

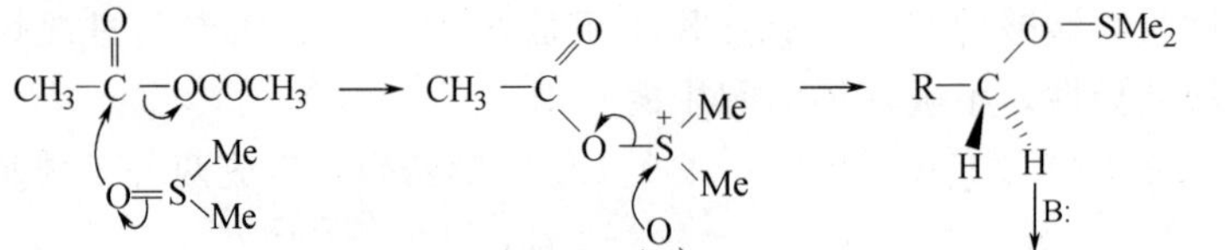

又如:

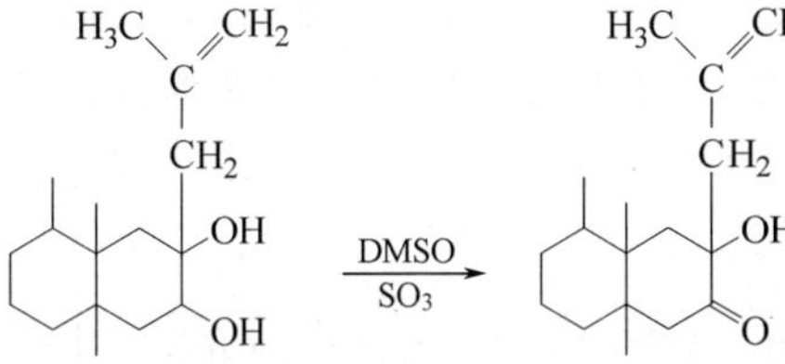

[反应式: 二醇经 DMSO/SO₃ 氧化为羟基酮，产率 44%]

异丙酸铝和丙酮也是很缓和的氧化剂，它能把二级醇氧化为酮。

Ley-Griffith 氧化法采用 TPAP（tetrapropyl perruthenate）和 NMO（N-甲基吗啉的 N-氧化物）能在温和条件下高产率将一级醇和二级醇分别氧化成醛和酮。如：

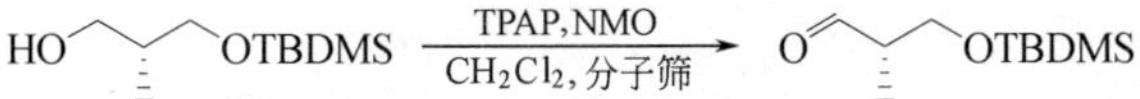

[反应式: HO—CH—OTBDMS 经 TPAP, NMO / CH₂Cl₂, 分子筛 氧化为 O=CH—OTBDMS]

Dess-Martin 试剂是过碘酸酯化合物，可在氯仿、乙腈等惰性溶剂中迅速氧化伯醇和仲醇生成醛或酮。

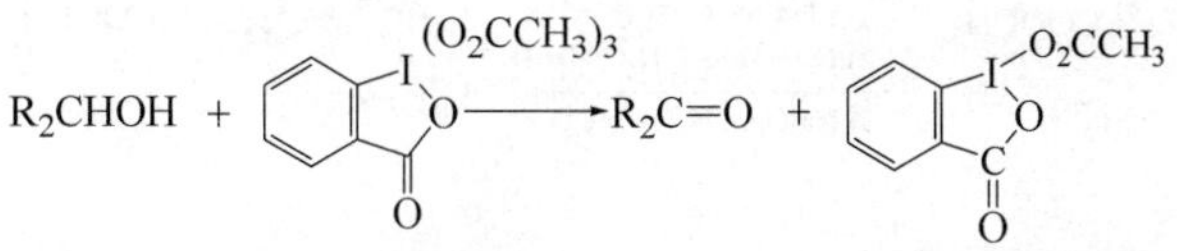

[反应式: R_2CHOH + Dess-Martin 试剂 → $R_2C=O$ + 副产物]

其反应机理为：

[机理反应式]

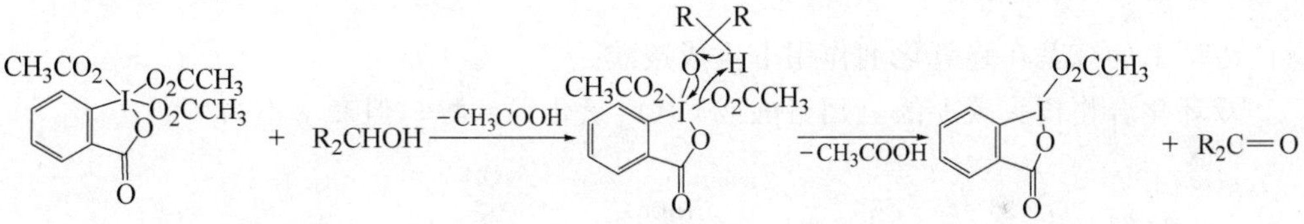

9.3 醛酮的氧化

① 铬酸和高锰酸钾氧化醛得到酸，酮被氧化发生碳碳键断裂，产物较复杂。

② 二氧化硒（SeO_2）氧化醛酮得到 α-二羰基化合物。如：

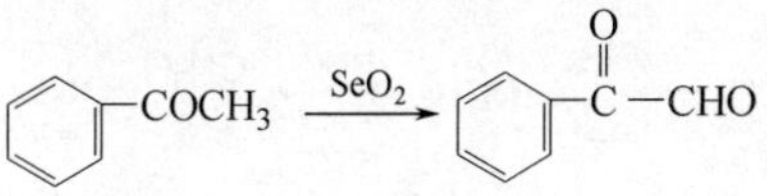

[反应式: $C_6H_5COCH_3$ 经 SeO_2 氧化为 $C_6H_5CO-CHO$]

不对称酮最容易烯醇化的 α 位易被氧化。

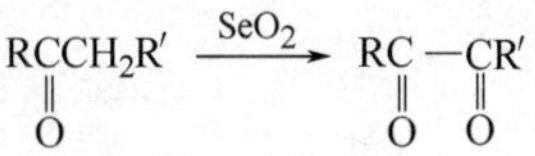

[反应式: $RCCH_2R'$ 经 SeO_2 氧化为 $RC(O)-C(O)R'$]

③ 醛在弱氧化剂碱性氧化银作用下成为酸。

④ 甲基酮用次氯（溴）酸处理得到少一个碳的羧酸。

⑤ 将酮类化合物转变为 α,β-不饱和酮。采用溴代-脱溴化氢的方法，收率不高并且选择性差。另可通过 α-苯硒代羰基化合物的转化得到，α-苯硒化羰基化合物可由羰基化合物在室温下与苯硒基氯反应制得，也可由相应的烯醇负离子在 -78℃ 与二卤氧化硒或二苯基二硒作用得到。用过氧化氢或高碘酸钠氧化 α-苯硒代羰基化合物生成相应的硒氧化物，硒氧化物发生顺式 β-消除，就可以得到反式 α,β-不饱和酮，并且收率很高。此方法中，醇羟基、酯

基和碳-碳双键等官能团不会受到影响。例如，苯基乙烯基酮因其容易聚合且对亲核进攻极为敏感而难以制备，使用此方法，苯基乙基酮可转化为苯基乙烯基酮，收率为 89%。

此法可用于制备饱和酯，也可制备 α,β-不饱和酯和内酯。

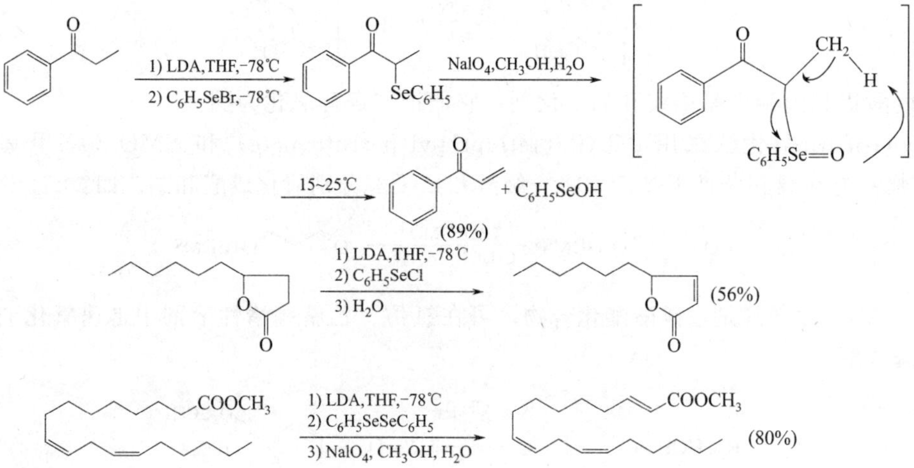

9.4 其他化合物的氧化

① 芳环上的烷基在强氧化剂作用下生成羧酸。

② 双环化合物桥头碳上的氢用铬酸或 CrO_3 氧化得到醇，但产率不高。如：

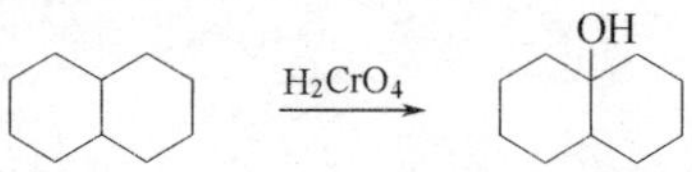

③ 氧化脱氢试剂（DDQ）常用于脱氢芳构化。一般 DDQ 对于完全饱和的脂环化合物是不能脱氢的，但只要存在一个双键，即可使之脱氢形成共轭体系。

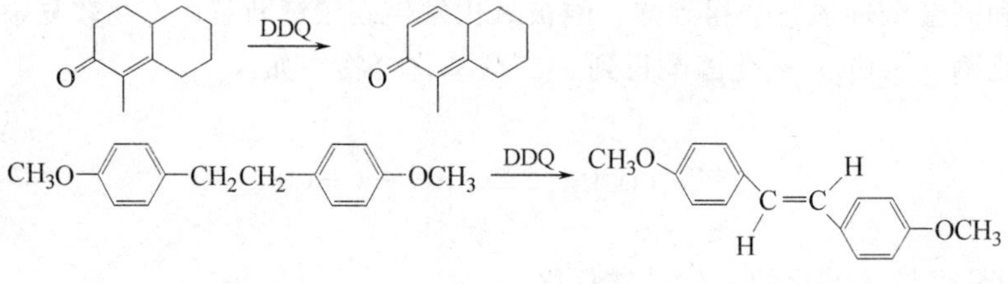

DDQ： 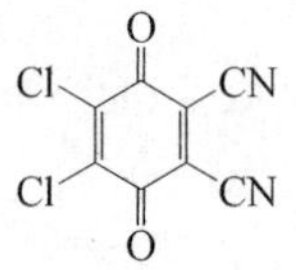 2,3-二氯-5,6-二氰基苯醌

④ Nicolaou 脱氢反应：当量的邻碘酰基苯甲酸（IBX）氧化醛酮制备 α,β-不饱和醛酮的反应。

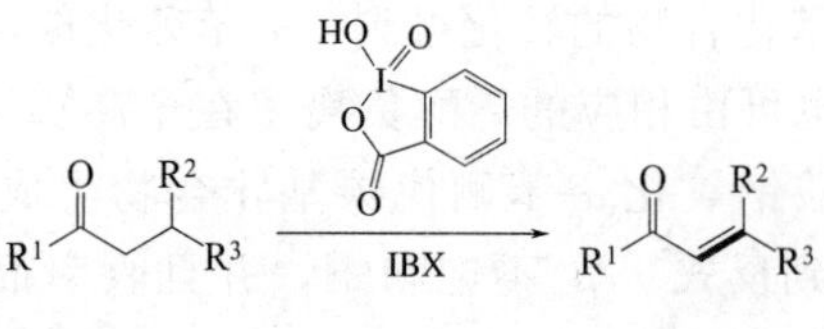

⑤ Rubottom 氧化反应：即硅烯醇醚在 m-CPBA 等过氧酸中被环氧化后，能够快速进行重排，得到 α-硅氧基酮。该反应经常被用于在 α 位选择性导入羟基。反应机理为：

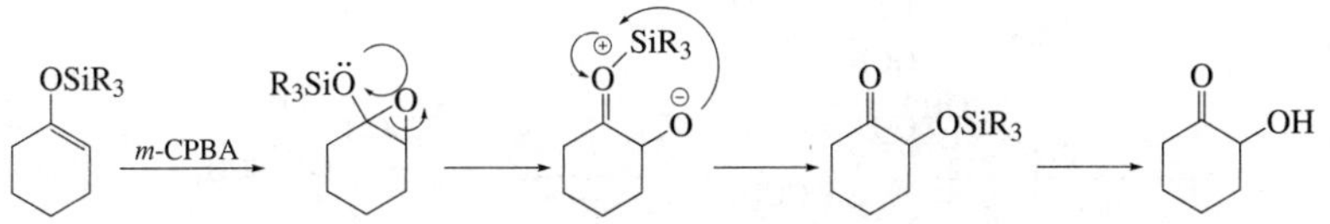

⑥ Saegusa 氧化反应：利用醋酸钯区域选择性地将烯醇硅醚氧化成 α,β-不饱和羰基化合物。该反应的特点：a. 使用 0.5 倍量的 $Pd(OAc)_2$ 和 0.5 倍量的对苯醌作为共氧化剂，对苯醌的作用是使反应过程中生成的零价钯重新氧化生成二价 Pd。b. 如果使用化学计量的 $Pd(OAc)_2$，则不需要使用对苯醌。c. 后改进使用催化量的 $Pd(OAc)_2$，在氧气气氛中进行氧化反应，氧气用来将 Pd(0) 重新氧化为 Pd(Ⅱ)，反应在 DMSO 中给出最佳结果。如：

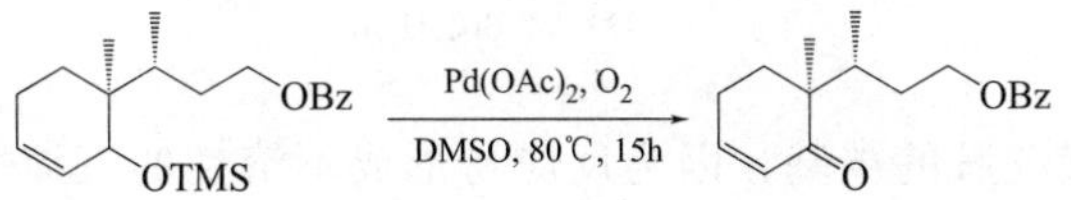

9.5 还原反应

常见的还原方法有催化氢化、氢化物氢化和金属还原氢化。氢化物（如 $NaBH_4$、$LiAlH_4$、AlH_3 等）有较强的选择性和立体化学控制，它们提供负氢离子与羰基加成。

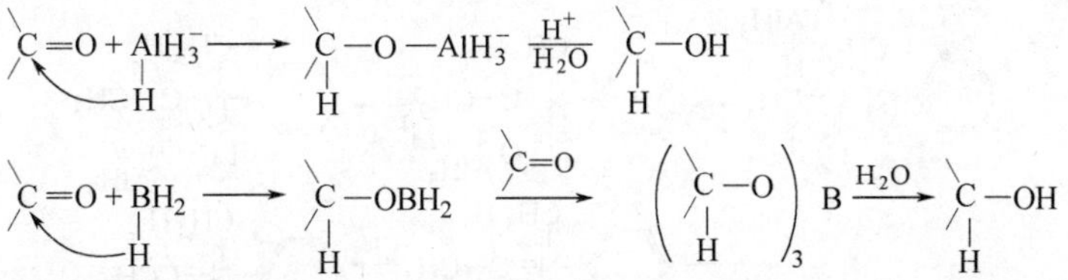

$NaBH_4$ 是较温和的还原剂，只能迅速还原醛酮为醇。但与 Lewis 酸组合后还原性增强，如 $NaBH_4/BF_3 \cdot Et_2O$、$NaBH_4/ZnCl_2$ 等也可还原羧酸。$LiAlH_4$ 的还原能力很强，它能迅速还原醛、酮、酯、羧酸、酰胺及腈，但碳碳双键不受影响。例如：

$$CH_2=CHCH=CHCO_2C_2H_5 \xrightarrow{LiAlH_4} CH_2=CHCH=CHCH_2OH$$

炔烃还可被 $LiAlH_4$ 还原为烯烃，反应高立体选择性地生成 E 式烯烃，因此也是一种制备 E 式烯烃的好方法。如 3-己炔用 $LiAlH_4$ 在 120～125℃时可被还原为 E 式烯烃。

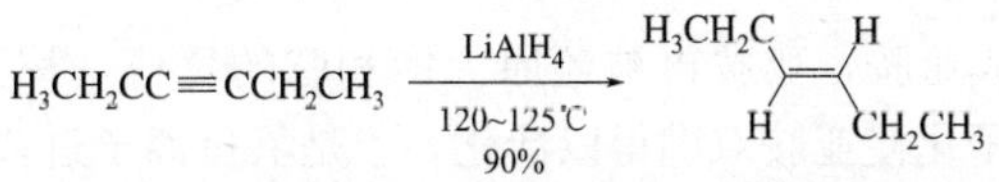

炔烃分子的适当部位含羟基时，可使 $LiAlH_4$ 还原的速度加快，从而在更温和的条件下进行，这是由于羟基能与还原剂中的铝配位而形成环状中间体，从而促进该反应的进行。如炔丙醇或炔丁醇型反应物用 $LiAlH_4$ 还原时可在更低的温度下进行，下列反应的温度为 65℃时反应就可以顺利进行。

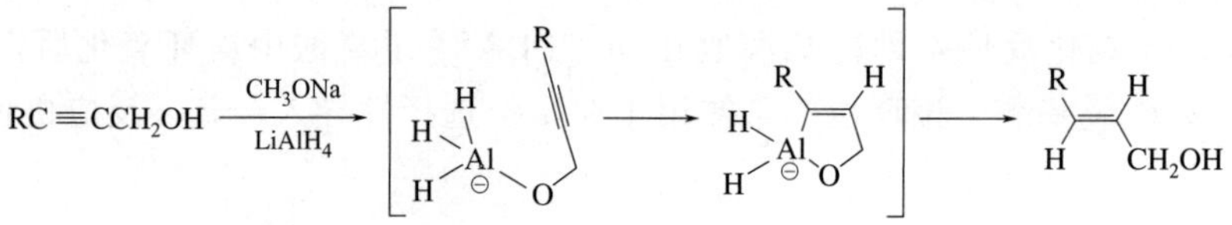

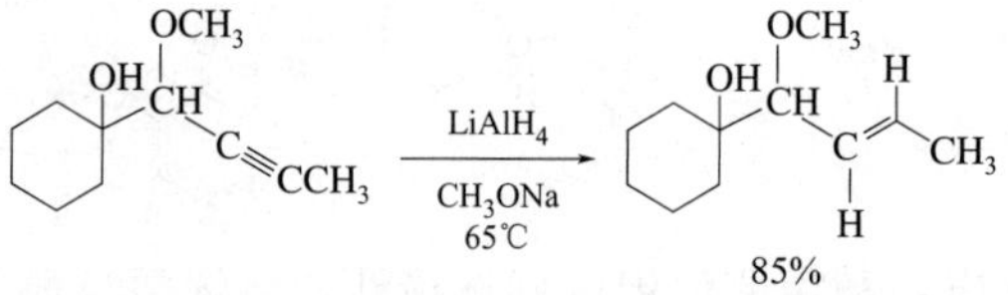

$$RC\equiv CCH_2OH \xrightarrow[LiAlH_4]{CH_3ONa} \left[\begin{array}{c} \text{H}\\ \text{H}-\text{Al}^{\ominus}-\text{O}\\ \text{H} \end{array} \begin{array}{c} R\\ \diagdown\\ \diagup \end{array} \right] \longrightarrow \left[\begin{array}{c} R\\ \text{H}-\text{Al}^{\ominus}\\ \text{H} \end{array} \right] \longrightarrow \begin{array}{c} R\\ \diagdown\\ H \end{array}\begin{array}{c} H\\ \diagup\\ CH_2OH \end{array}$$

炔烃与硼烷经过硼氢化和质子分解也可以得到烯烃，反应具有高度的顺式选择性。如 3-己炔与烷基硼烷发生单硼氢化，高立体选择性地得到顺式烯基硼烷。该步加成反应是氢和硼原子协同进行的。顺式烯基硼烷与羧酸再发生质子分解反应，构型保持地得到顺式烯烃。

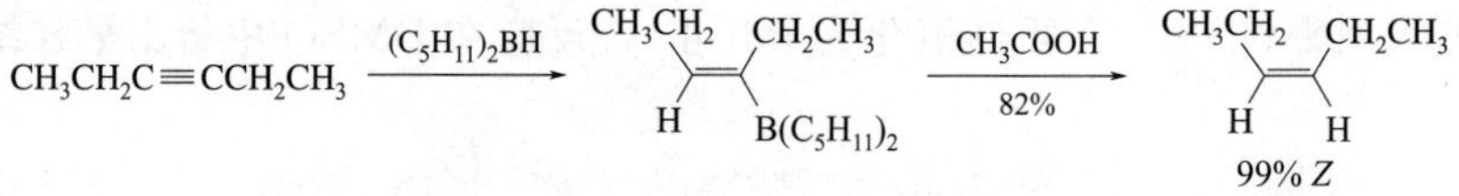

$LiAlH_4$ 还原未取代酰胺的羰基，因为反应易形成不溶性的沉淀，所以反应速率很慢。

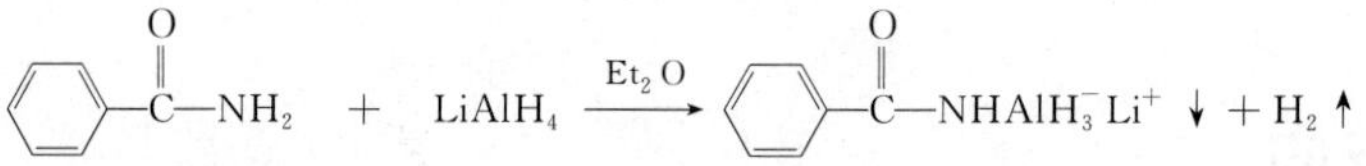

$LiAlH_4$ 易还原 N-取代酰胺的羰基为亚甲基而得到产物胺。

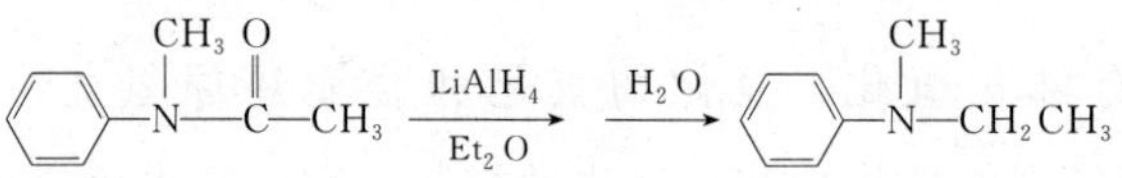

反应机理：

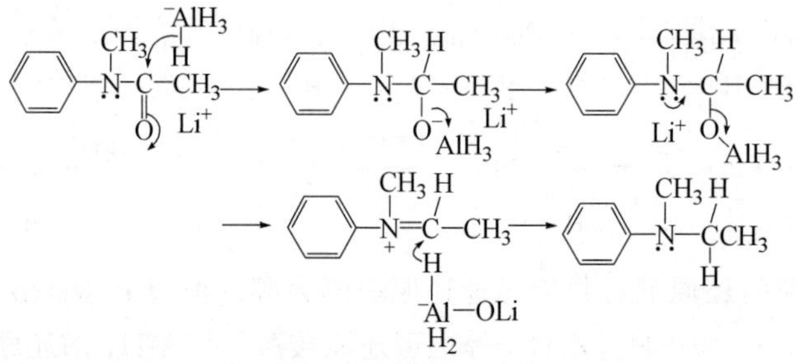

当 N,N-二烃基酰胺过量时，还原产物为醛：

$$C_6H_5CONR_2(\text{过量}) \xrightarrow[Et_2O]{LiAlH_4} C_6H_5CHO$$

二烷基铝氢化物可还原酰胺为醛：

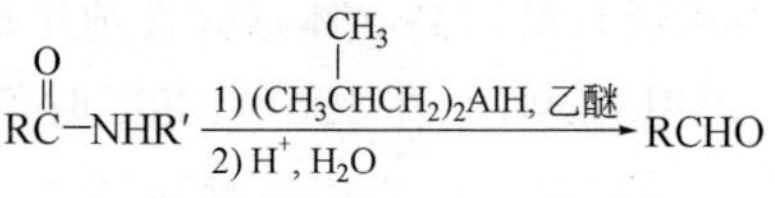

$$RC(O)-NHR' \xrightarrow[2) H^+, H_2O]{1)(CH_3CHCH_2)_2AlH, \text{乙醚}} RCHO$$

醛酮与氨或胺反应生成亚胺，亚胺再被还原为饱和胺的反应，称为还原胺化。微酸性（pH 为 2~3）时，由于氮的质子化使亚胺双键得以活化，于是氢负离子进攻碳变得容易。例如：

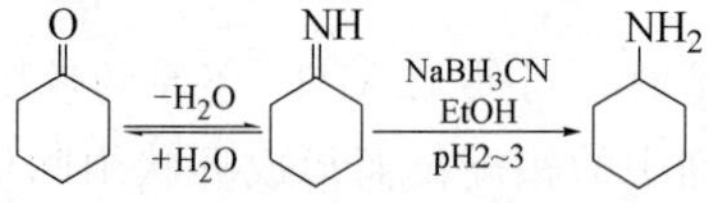

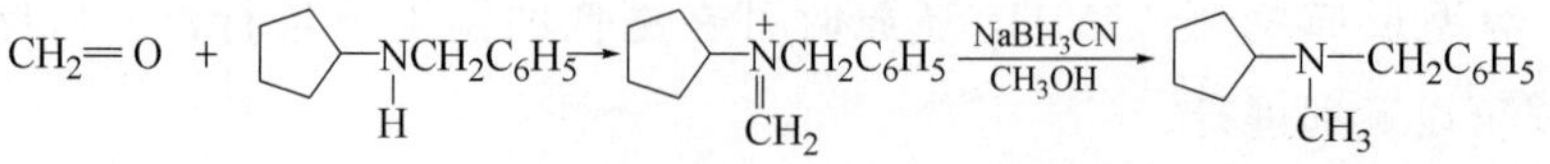

弱酸条件一方面使羰基质子化增强了亲电性促进了反应，另一方面也避免了胺过度质子化造成亲核性下降的发生。用氰代硼氢化钠比硼氢化钠要好，因为氰基的吸电诱导效应削弱了硼氢键的活性，使得氰代硼氢化钠只能选择性地还原席夫碱而不会还原醛、酮的羰基，从而避免了副反应的发生。

生物体内存在类似的过程，是由维生素 B_6（吡哆醛/胺）和 NADPH（大自然的硼氢化钠）来介导的，氨基酸经此可以和酮体（ketone bodies）相互转换。

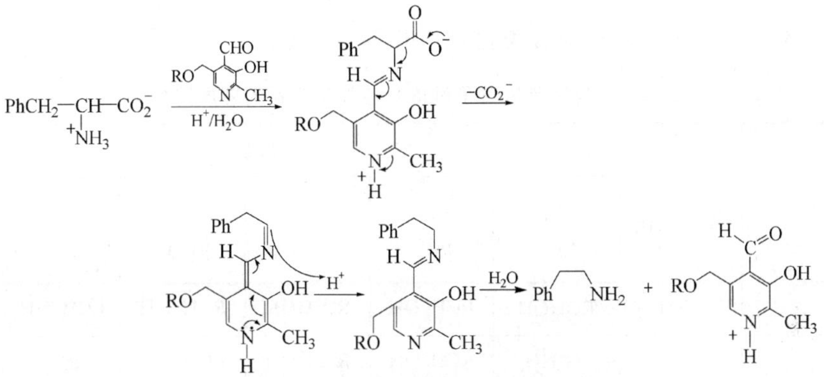

Wolff-Kishner-黄鸣龙还原法能将醛酮还原为烃。如：

$$\rangle C=O \xrightarrow{NH_2NH_2} \rangle C=NHNH_2 \xrightarrow[\text{封管150～200℃}]{NaOEt/EtOH} \rangle CH_2$$

原来 Wolff-Kishner 的方法是将醛或酮与肼和金属钠或钾在高温（约 200℃）下加热反应，需要在封管或高压釜中进行，操作不方便。黄鸣龙改进不用封管而在高沸点溶剂如一缩二乙二醇（二甘醇，b. p. 245℃）中，用氢氧化钠或氢氧化钾代替金属钠反应。黄鸣龙改进法只需将酮类和醛类与氢氧化钾和氢氧化钠（代替金属钠）、85%（有时可用 50%）水合肼（代替无水肼）及双缩乙二醇或三缩乙二醇（代替封管或高压釜）同置于圆底烧瓶内，回流 1h，移去冷凝管，继续加热，直到溶液温度上升至 190～200℃时，再插上冷凝管，保持此温度 23h，然后按常规方法处理即得。若被还原的物质还原后的生成物沸点低于 190～200℃，则在蒸去水分时，物质亦随之逸去，故必须在冷凝管与烧瓶间装一分液管，借以除去水分。Wolff-Kishner-黄鸣龙还原反应机理：

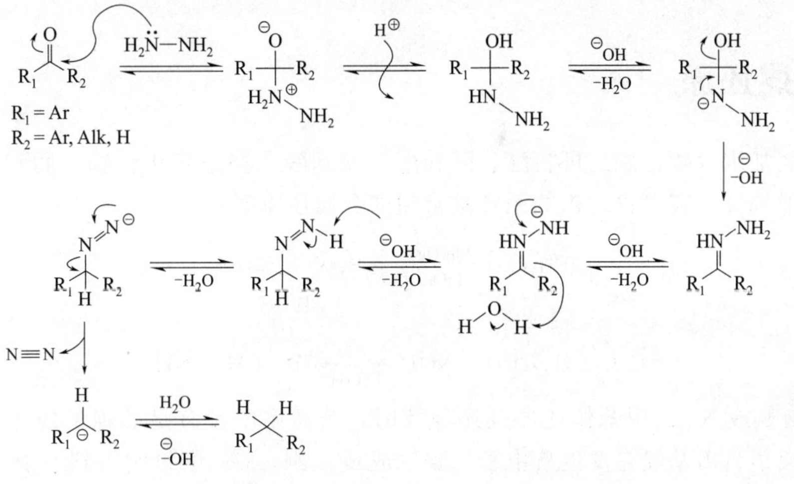

Rosenmund 还原能将酰氯还原为醛。如：

$$\text{4-Cl-C}_6\text{H}_4\text{-COCl} \xrightarrow[\text{Pd/BaSO}_4]{\text{H}_2} \text{4-Cl-C}_6\text{H}_4\text{-CHO}$$

缩硫醛（或酮）可被瑞利镍还原为亚甲基。

$$\text{环己酮} \xrightarrow[\text{BF}_3]{\text{HS SH}} \text{缩硫酮} \xrightarrow{\text{H}_2,\text{瑞利镍}} \text{环己烷} + \text{HS-SH}$$

表 9-1 为常见负氢离子供体对各类化合物的还原产物。

表 9-1　常见负氢离子供体对各类化合物的还原产物

还原剂	可还原的基团					
	$\overset{+}{C}=NHR$	RCX (O)	RCH (O)	$R-C-R$ (O)	$RCOR$ (O)	$R-C-NH_2$ (O)	$RCO^- M^+$ (O)
$LiAlH_4$	$-NH_2$	$RCHOH$	RCH_2OH	R_2CHOH	RCH_2OH	RCH_2NH_2	RCH_2OH
$LiAlH[OC(CH_3)_3]_3$		$RCHO$	RCH_2OH	R_2CHOH	RCH_2OH	$RCHO$	×
$NaBH_4$	$-NH_2$		RCH_2OH	R_2CHOH	RCH_2OH	×	×
$NaBH_3CN$	$-NH_2$		RCH_2OH	×	×	×	×
B_2H_6			RCH_2OH	R_2CHOH	×	RCH_2NH_2	RCH_2OH
AlH_3		RCH_2OH	RCH_2OH	R_2CHOH	RCH_2OH	RCH_2NH_2	RCH_2OH
$[(CH_3)_2CHCH_2]_2AlH$			RCH_2OH	R_2CHOH	$RCHO$	$RCHO$	RCH_2OH

锡氢化物如 $[(CH_3)_3C]_3SnH$ 也是一类重要的氢原子给予体，主要用于还原卤代物，如：

$$\text{碘代内酯} \xrightarrow[\text{苯, 25°C}]{[(CH_3)_3C]_3SnH} \text{内酯}$$

9.6　金属还原

（1）金属加水（醇、酸）可将醛、酮和酯还原到醇；将硝基化合物、肟和腈还原到胺；将卤代烷还原到烃。镁、锌、铝的汞齐是常用的金属还原剂。

$$(CH_3)_2CO \xrightarrow[\text{EtOH}]{\text{Mg(Hg)}} (CH_3)_2C-C(CH_3)_2 \\ \quad\quad\quad\quad\quad\quad\quad\quad\quad OH\ OH$$

$$CH_3(CH_2)_5CH=NOH \xrightarrow[\text{EtOH}]{\text{Na}} CH_3(CH_2)_6NH_2$$

用 Na-液氨或 Na-二甲苯作还原剂还原酯时，若体系中没有足够强的质子供给体存在，则中间体负离子自由基优先发生自由基二聚生成 α-二酮，α-二酮继续得到电子，生成自由基负离子，继而质子化形成 α-烯二醇，最后异构为 α-羟基酮。如：

$$\underset{\substack{\text{CO}_2\text{CH}_3 \\ (\text{CH}_2)_8 \\ \text{CO}_2\text{CH}_3}}{} \xrightarrow{\text{Na-二甲苯}} \xrightarrow{\text{CH}_3\text{CO}_2\text{H}} (\text{CH}_2)_8 \underset{\text{CHOH}}{\overset{\text{C=O}}{\diagup}}$$

反应机理为:

$$\underset{\text{RCOR}'}{\overset{\text{O}}{\|}} \xrightarrow{\text{Na}} \underset{\text{RCOR}'}{\overset{\text{O}^-}{\cdot}} \xrightarrow{\text{二聚}} \text{R}-\underset{\text{R}-\underset{\text{O}^-}{\overset{\text{OR}'}{\text{C}}}}{\overset{\text{OR}'}{\text{C}}} \longrightarrow \underset{\text{R}-\text{C}=\text{O}}{\overset{\text{R}-\text{C}=\text{O}}{}} \longrightarrow \underset{\text{R}-\text{C}-\text{O}^-}{\overset{\text{R}-\text{C}-\text{O}^-}{\|}} \xrightarrow{\text{EtOH}} \underset{\text{RC}-\text{OH}}{\overset{\text{RC}-\text{OH}}{\|}} \updownarrow \text{异构} \; \underset{\text{RCHOH}}{\overset{\text{RC}=\text{O}}{}}$$

金属还原也是制备某些烯醇硅醚的方法之一。例如，酯与金属钠、三甲基氯硅烷（TMSCl）在甲苯中反应，生成酯的双分子还原产物——烯二醇的双硅醚，此烯醇双硅醚又可进一步在酸性条件下水解获得偶姻产物。

$$2 \sim \text{CO}_2\text{Et} \xrightarrow{\text{Na}}{\text{PhCH}_3} \sim \underset{\text{O}^-}{\overset{\text{O}^-}{\diagup}} \xrightarrow{\text{TMSCl}} \sim \underset{\text{OSiMe}_3}{\overset{\text{OSiMe}_3}{\diagup}} \xrightarrow{\text{H}_3\text{O}^+} \sim \underset{\text{OH}}{\overset{\text{O}}{\diagup}}\sim$$

克莱门森还原是将醛酮与锌汞齐和浓盐酸一起加热，将羰基还原为亚甲基。如：

$$\text{(α-tetralone)} \xrightarrow[\text{HCl}]{\text{Zn(Hg)}} \text{(tetralin)}$$

Julia 偶合反应是有机合成中重要的合成 E-烯键化合物的方法之一。

$$\underset{\text{R}_2}{\overset{\text{PhO}_2\text{S}}{\diagup}}\underset{\text{R}_1}{\overset{\text{M}}{\diagup}} + \underset{\text{R}_3}{\overset{\text{O}}{\|}}\text{R}_4 \longrightarrow \underset{\text{R}_1 \; \text{OM}}{\overset{\text{R}_2 \; \text{SO}_2\text{Ph}}{\diagup}}\underset{\text{R}_3 \; \text{R}_4}{} \longrightarrow \underset{\text{R}_1 \; \text{OR}}{\overset{\text{R}_2 \; \text{SO}_2\text{Ph}}{\diagup}}\underset{\text{R}_3 \; \text{R}_4}{} \xrightarrow{\text{Na(Hg)}} \underset{\text{R}_2}{\overset{\text{R}_1}{\diagup}}=\underset{\text{R}_4}{\overset{\text{R}_3}{\diagup}}$$

R = CH$_3$SO$_3$,CH$_3$COO, CH$_3$-⟨ ⟩-SO$_3$,OCOPh; M = Mg, Li

其反应机理涉及 Na 汞齐的还原消除。

(2) 金属加液氨可还原芳烃、共轭烯、炔、醚和卤代烷等。

该类反应的机理一般为：碱金属溶液中含有溶剂化的金属阳离子和溶剂化的电子，反应过程中，重键先获得一个电子生成自由基负离子，接着作为反应介质的质子溶剂向负离子提供质子，得到加氢还原产物。自由基负离子中间体的存在已由电子顺磁共振谱证实。就这类反应而言，随反应底物的不同需要使用不同的质子溶剂提供质子。

非末端炔烃被还原时，中间体（A）和（B）均为乙烯基型的碳负离子，其共轭酸乙烯的 pK_a=36.5，而液氨的 pK_a=34，所以液氨的酸性比乙烯型化合物强，能将质子转移到（A）和（B）上，用液氨就可以完成加氢还原，实例如下：

$$\text{CH}_3\text{CH}_2\text{CH}_2\text{C}\equiv\text{CCH}_2\text{CH}_3 \xrightarrow[\text{NH}_3(1)]{\text{Na}} \underset{\text{H}}{\overset{\text{CH}_3\text{CH}_2\text{CH}_2}{\diagup}}\text{C}=\text{C}\underset{\text{CH}_2\text{CH}_3}{\overset{\text{H}}{\diagup}}$$

末端炔烃由于能和金属生成金属炔化物，使三键带上负电荷，排斥电子，因此难以继续接受电子而不能被还原。

例如，α,β-不饱和酮在液氨中能被碱金属还原成烯醇盐，然后水解重排可得饱和酮。

该烯醇盐可发生烃基化反应。

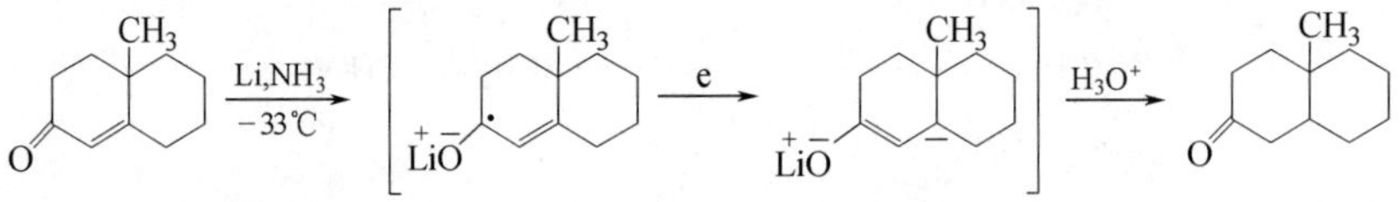

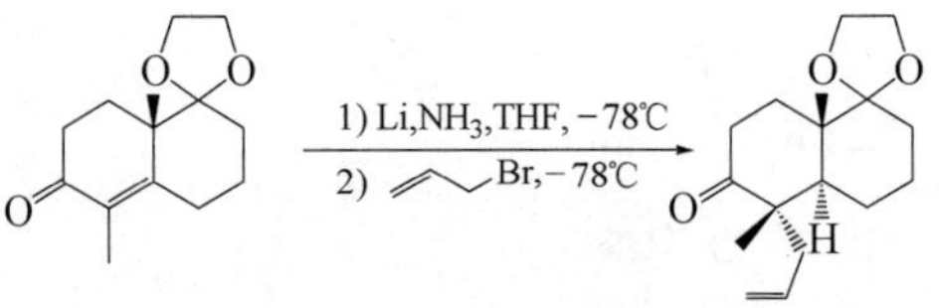

芳烃在液氨中被金属锂（或钠）与醇部分还原的反应在有机合成中占有重要地位。这个反应是 1949 年澳大利亚有机化学家伯奇（A. J. Birch）发现的，称为 Birch 还原。

如苯的 Birch 还原产物为非共轭的环乙二烯。

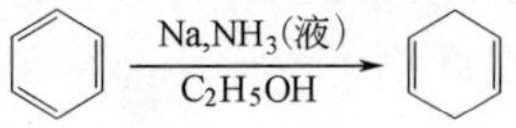

反应机理：$Na + NH_3 \longrightarrow Na^+ + e^-(NH_3)$（氨溶剂化的电子很活泼。）

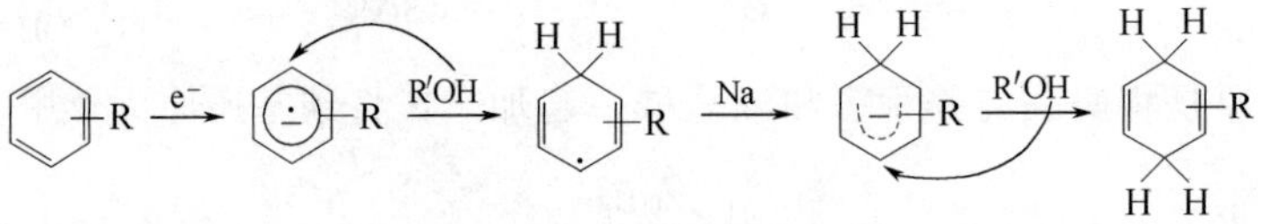

芳环上连吸电子取代基时，反应速率快，且生成取代基不在双键碳原子上的产物。如：

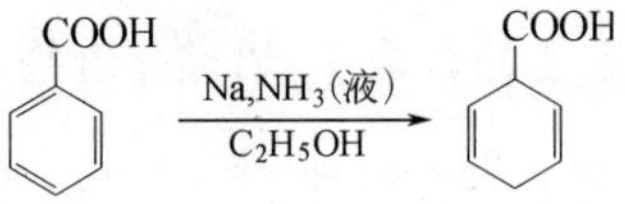

芳环上连给电子取代基时，反应速率减慢，生成取代基位于双键碳原子上的产物。如：

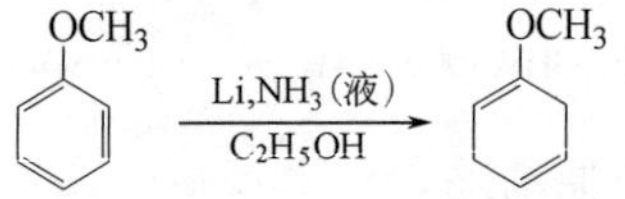

当苯环上有烷基或羟基等取代基时，还原选择性地发生于另一环上。如：

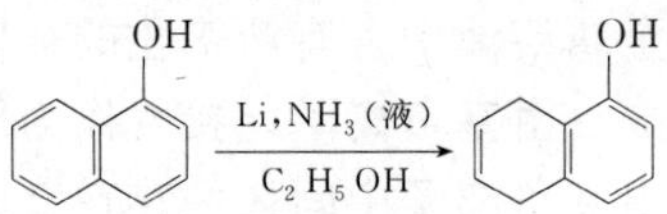

（3）金属络合物的催化还原

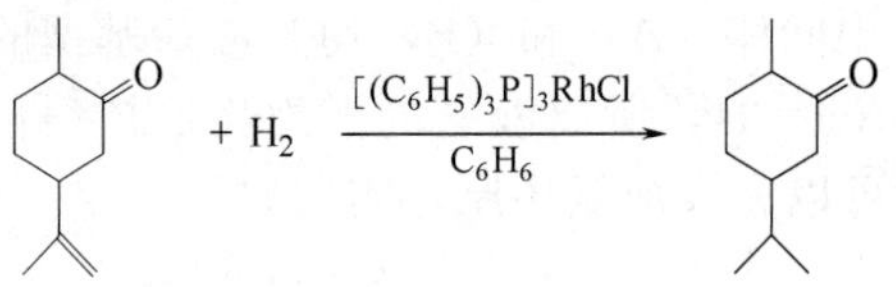

其中，$RhCl_3 \cdot 3H_2O \xrightarrow[C_2H_5OH]{(C_6H_5)_3P} [(C_6H_5)_3P]_3RhCl$

$[(C_6H_5)P]_3RhCl$ 称为 Wilkinson 催化剂，它溶于有机溶剂，常温常压下能使不饱和键有效地加 H_2，生成顺式产物，而其中的—NO_2、—Cl、—N═N—和—C═O 不受影响。若把这种催化剂的三苯基膦部分改变成手性的，从而就可以不对称催化氢化潜手性烯烃。经过改变后的 Wilkinson 催化剂都是含有二苯基叔膦的单齿或双齿配位体，其手性可以在碳链上，也可以在磷原子上。

习　题

9.1 注明下列反应的试剂

(1) $R-\overset{O}{\underset{}{C}}-OR' \xrightarrow{?} R-\overset{O^-}{\underset{}{C}}=\overset{O^-}{\underset{}{C}}-R \xrightarrow{?} R-\overset{O}{\underset{}{C}}-\overset{OH}{\underset{}{C}}H-R$

(2) 1-萘酚 $\xrightarrow{?}$ 5,6,7,8-四氢-1-萘酚负离子 $\xrightarrow{?}$ 5,6,7,8-四氢-1-萘酚

(3) N-苄基吡咯烷酮-3-甲酸甲酯 $\xrightarrow{?}$ N-苄基吡咯烷-3-甲酸甲酯

(4) 4a-苄基-7,7-二甲基-4a,5,6,7,8,8a-六氢萘-2(1H)-酮 $\xrightarrow{?}$ 对应的1,3-二硫戊环缩酮 $\xrightarrow{?}$ 脱硫产物

9.2 (1) 用反应机理解释三级醇不被氧化，但特殊结构的三级醇能够与氧化剂反应，用 $(PyH)^+(O-CrO_2-Cl)^-$ (PPC) 处理 $Bu-CH=C(Me)(Me)-OH$ 时，有何结果，用反应式表示详细过程。

(2) 已经发展起一种在羰基 α,β-位引入碳碳双键的方法。经常使用 PhSeCl 与酮、醛或酯发生反应而首先生成 α-苯基硒衍生物，后者再用过氧化氢或高碘酸处理：

$$RCH_2CH_2-\overset{O}{\underset{}{C}}-R' \xrightarrow{\substack{1) LDA \\ 2) PhSeBr}} RCH_2\overset{O}{\underset{SePh}{\overset{|}{C}H}}-\overset{}{\underset{}{C}}-R' \xrightarrow{[O]} RCH=CH-\overset{O}{\underset{}{C}}-R'$$

9.3 写出下列两步反应的反应机理

苯甲醚 $\xrightarrow[HOCH_3]{Li, NH_3(液)}$ 1-甲氧基-2,5-二氢苯 $\xrightarrow{H^+}$ 环己烯酮

9.4 写出下列反应机理

(1) $H_3C\text{-(1,3-二氧戊环)-}CH_2CH_2CONH_2 \xrightarrow{\substack{(1) LiAlH_4, 乙醚 \\ (2) H^+, H_2O}} H_3C\text{-}2\text{-甲基-1-吡咯啉}$

(2) $(CH_3)_3CCH_2NH_2 + 2HCHO \xrightarrow[CH_3OH]{NaBH_3CN} (CH_3)_3CCH_2N(CH_3)_2$

(3)

$\text{(CH}_3\text{)}_2\text{C=CHCH}_2\text{CH}_2\text{C(CH}_3\text{)=CHCHO}$
$\xrightarrow[\text{(2) H}_2\text{O, H}^+]{\text{(1) 2,6-dimethyl-3,5-bis(ethoxycarbonyl)-1,4-dihydropyridine, Bn}_2\text{NH}_2^+\text{F}_3\text{CCO}_2^-, \text{THF, 25°C}}$
$\text{(CH}_3\text{)}_2\text{C=CHCH}_2\text{CH}_2\text{CH(CH}_3\text{)CH}_2\text{CHO}$

9.5 提出下列反应机理

(1) 3-乙氧基-5-羟甲基-2-环己烯酮 $\xrightarrow[\text{2) H}_3\text{O}^+]{\text{1) LiAlH}_4}$ 3-羟甲基-2-环己烯酮

(2) $\text{BrCH}_2\text{COOEt} \xrightarrow{\text{(CH}_3\text{)}_2\text{SO}} \text{OHC—COOEt} + \text{(CH}_3\text{)}_2\text{S}$

(3) $\text{HCOCH}_2\text{CH}_2\text{CH(NH}_2\text{)CH}_2\text{CHO} \xrightarrow[\text{CH}_3\text{OH}]{\text{NaBH}_3\text{CN}}$ pyrrolizidine

9.6 不饱和化合物 A($C_{16}H_{16}$) 与 OsO_4 反应，再用亚硫酸钠处理得 B($C_{16}H_{18}O_2$)，B 与四乙酸铅反应生成 C(C_8H_8O)，C 经黄鸣龙还原得 D(C_8H_{10})，D 只能生成一种单硝基化合物。B 用无机酸处理能重排为 E($C_{16}H_{16}O$)，E 用湿 Ag_2O 氧化得酸 F($C_{16}H_{16}O_2$)，写出化合物 A、B、C、D、E、F 的结构式。

9.7 化合物 A，分子式为 C_7H_{12}，能使 Br_2-CCl_4 溶液褪色，A 与稀冷 $KMnO_4$ 溶液反应得到一对旋光异构体 B 和 C，若 A 与 $C_6H_5CO_3H$ 作用后水解，则得到另一对旋光异构体 D 和 E。B、C、D、E 互为同分异构体，将它们分别用 HIO_4 处理后都得到同一化合物 F，F 能与 2mol 苯肼反应，与 Tollen 试剂呈正反应，与 $NaOH+I_2$ 溶液作用生成黄色沉淀，试推测 A、B、C、D、E、F 的结构式。

9.8 化合物 A(C_9H_{12})，A 催化氢化生成化合物 B(C_9H_{18})，A 与顺丁烯二酸酐加热时生成化合物 C($C_{13}H_{14}O_3$)。A 经臭氧氧化后用锌粉及水处理时得化合物 D($C_6H_8O_3$)，此外也被检出有甲醛及乙二醛。D 经铬酸氧化生成化合物 E($C_6H_8O_5$)，E 可溶于 $NaHCO_3$ 水溶液，加热到 150°C 时生成化合物 F($C_5H_8O_3$)。F 也可溶于 $NaHCO_3$ 水溶液，但不发生碘仿反应，经光谱测定表明分子中含两个甲基。化合物 A 与无机酸共热时，生成异构体 G，G 不容易被还原。

(1) 写出 A、B、C、D、E、F 的结构式及有关反应式。
(2) 解释 A 与无机酸共热生成异构体 G 的机理，并解释 G 不易被还原的原因。
(3) 写出化合物 C 的全部立体异构体。

9.9 化合物 A 是从日本通常用作鱼饵的海洋环节动物中分离出来的对昆虫具有毒性的化合物，其光谱数据如下，MS(m/z)：151(相对丰度 1.09)，149(M^+，相对丰度 1.00)，148。IR(cm^{-1})：2960，2850，2775。^1H NMR(δ)：2.3(s,6H)，2.6(d,4H)，3.1~3.3(m,1H)。^{13}C NMR(δ)：38(CH_3)，43(CH_2)，75(CH)。

下面这些反应可用来获得 A 结构的更多信息：

$A \xrightarrow{NaBH_4} B \xrightarrow{C_6H_5COCl} C \xrightarrow{Raney\ Ni} D$

化合物 B 在 2570 cm^{-1} 处有新的红外吸收峰。^1H NMR(δ)：1.6(t,2H)，2.3(s,6H)，2.6~2.63(m,4H)，3.3~3.1(m,1H)。^{13}C NMR(δ)：28(CH_2)，38(CH_3)，70(CH)。

化合物 C 有下列数据，IR(cm^{-1}):3050,2960,2850,1700,1610,1500,760,690。^{1}H NMR(δ):2.3(s,6H),2.9(d,4H),3.0～3.1(m,1H),7.4～7.5(m,4H),7.6～7.7(m,2H),8.0～8.2(m,4H)。^{13}C NMR(δ):34(CH$_2$),39(CH$_3$),61(CH),128(CH),129(CH),134(CH),187(C)。

化合物 D，MS(m/z):87(M$^+$),86,72。IR(cm^{-1}):2960,2850,1385,1370,1170。^{1}H NMR(δ):1.0(d,6H),2.3(s,6H),3.0(七重峰,1H)。^{13}C NMR(δ):21(CH$_2$),39(CH$_3$),55(CH)。

试推出化合物 A、B、C、D 的结构。

9.10 化合物 A(C$_{10}$H$_{16}$O) 能吸收溴，也能使高锰酸钾溶液褪色。其红外吸收如下：在 1700cm^{-1}(强)、1640cm^{-1}(弱) 有吸收峰；其 NMR 数据如下：δ1.05(s,6H)，δ1.70(s,br,3H)，δ2.0～2.4(m,4H)，δ2.6～2.8(m,2H)，δ5.1～5.4(m,1H)。A 与水合肼作用，再在二乙二醇中与 KOH 加热得 B(C$_{10}$H$_{18}$)；B 与臭氧作用再用锌和水得 C(C$_{10}$H$_{18}$O$_2$)，C 对 Tollens 试剂呈阳性反应，且能生成双苯腙；化合物 C 在稀碱中加热得 D(C$_{10}$H$_{16}$O)，D 用 Pd-C 催化氢化吸收 1mol 氢生成 E(C$_{10}$H$_{18}$O)，E 与碘/NaOH 反应生成碘仿和 4,4-二甲基-1-环己烷甲酸。试写出 A、B、C、D、E 的结构式。

第 10 章 周环反应

周环反应（pericyclic reaction）是指在化学反应过程中，化学键的断裂与生成是通过环状过渡态协同进行的基元反应，主要有三大类型：电环化反应、环加成反应和 σ 迁移反应。

周环反应有以下特点：

① 周环反应在反应过程中，旧键的断裂和新键的生成是同时进行、一步完成的，只通过环状过渡态，不经过自由基或离子等活性中间体阶段，是协同反应。

② 周环反应受反应条件加热或光照的制约，而且加热和光照两种影响产生的结果也不同。但一般不受溶剂极性、酸碱催化和自由基引发剂及抑制剂的影响。

③ 周环反应具有高度的立体化学专属性（或叫专一性），一定立体构型的反应物，在一定的反应条件下，只生成特定构型的产物。

Woodward 和 Hoffmann 在 1965 年提出了"分子轨道对称守恒原理"，指出当反应物和产物的轨道对称性相同时，协同反应容易发生。而对称性不同时，反应难于进行。为了说明这个原理，人们提出了能级相关理论、前线轨道理论和芳香过渡态理论。

10.1 电环化反应

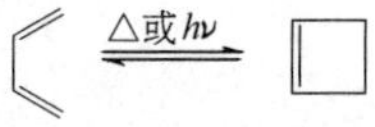

这是一个立体选择性很高的反应。如：

反,反-2,4-己二烯 → 反-3,4-二甲基环丁烯

反,顺-2,4-己二烯 → 顺-3,4-二甲基环丁烯

上述反应现象用一般的取代基立体效应或极性效应无法说明，而用 R. B Woodward 和 R. Hoffmann 提出的协同反应中轨道对称性守恒原理可以解释。

10.1.1 前线轨道理论

福井谦一在分子轨道理论的基础上提出，在化学反应过程中，对分子中旧化学键断裂和新化学键形成起决定作用的是分子的最外层轨道，称之为前线轨道（FMO）。前线分子轨道理论的要点如下：

① 进行化学反应时起决定作用的轨道是一个分子的最高占有轨道（HOMO）和另一个分子的最低空轨道（LUMO）。

② 前线轨道之间发生作用时，一个分子的 HOMO 与另一个分子的 LUMO 必须对称性一致，即按轨道正与正、负与负同号重叠，以致使两个轨道产生净的有效重叠。

③ HOMO 与 LUMO 的能量必须接近（约 6eV）。

④ 电子密度从一个分子的 HOMO 转移到另一个分子 LUMO，转移的结果必须与反应过程中旧键断裂、新键生成相适应。

服从上述 4 点的反应称为对称允许的反应，反之称为对称禁阻的反应。一个对称允许反应通常对应低活化能，对称禁阻的反应则需要高活化能。

共轭多烯烃在进行电环化反应时，起决定作用的是共轭多烯烃的 HOMO。为了使共轭多烯烃两端碳原子的 p 轨道关环形成 σ 键，这两个 p 轨道必须发生同相重叠。因此，共轭多烯烃的 HOMO 的对称性，就决定了该化合物的立体选择性，即决定了产物的立体构型。例如 (2Z,4E)-2,4-己二烯分子中，四个 p 轨道线性组合而成的四个分子轨道如图 10-1 所示。

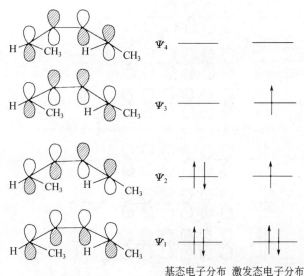

基态电子分布　激发态电子分布

图 10-1　(2Z,4E)-2,4-己二烯分子轨道图

4 个 π 电子在基态时占据 Ψ_1、Ψ_2，所以加热时 Ψ_2 是 HOMO。从 Ψ_2 的对称性可知，要使关环时发生同相重叠形成 σ 键，那么，C2、C5 原子的 p 轨道必须分别绕 C2—C3 键、C5—C4 键顺旋 90°（顺时针或逆时针旋转）进行同相重叠，得到关环产物 (3R,4S)-3,4-二甲基环丁烯。

(3R,4S)-3,4-二甲基环丁烯

光照时，Ψ_2 上的一个电子跃迁到 Ψ_3，此时 Ψ_3 是 HOMO，从 Ψ_3 的对称性可知，只有 C2、C5 原子的 p 轨道分别绕 C2—C3 键、C5—C4 键对旋 90°（向内对旋或向外对旋）才能发生同相重叠，关环得到两个产物（3S,4S)-3,4-二甲基环丁烯和（3R,4R)-3,4-二甲基环丁烯。

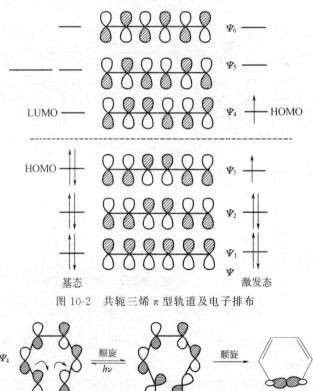

又如，由开链共轭三烯转变为环己二烯，作为单分子反应起决定作用的只是前线轨道中的 HOMO。基态共轭三烯 Ψ_3 是 HOMO，在光照条件下共轭三烯处于激发态，Ψ_4 则为 HOMO（见图 10-2）。当 Ψ_4 两端碳原子的 p 轨道顺旋（向同一方向旋转）时，位相相同的两瓣可重叠（并重新杂化）形成 σ 键，即生成环己二烯。

图 10-2　共轭三烯 π 型轨道及电子排布

对于周环反应，采用 Woodward-Hoffmann 的分子轨道对称守恒原理和福井谦一的前线轨道（FMO）理论得到的反应规则是一致的。

10.1.2　轨道能级相关理论

轨道能级相关图是用来判断周环反应能否进行的方法之一。这种方法和前线轨道理论相比，它考虑了所有参加反应的分子轨道，因而既简洁又严密。根据分子中某一对称元素，将反应物和生成物的所有分子轨道按某一对称操作进行分类，是对称轨道（用 S 表示）还是反对称轨道（用 A 表示）。根据化学反应中轨道对称性守恒建立起的反应物转变成为生成物的分子轨道能级之间相互转化的关系图，称为轨道能级相关图。

轨道能级相关理论的要点：
① 把反应物和产物的分子轨道按能级高低顺序排列。
② 选出在整个反应中有效的对称元素把相关的分子轨道按对称性分类。
③ 把相同对称性的轨道用线相连构成相关图。对称性相同的两条线不能相交。

若反应物的成键轨道与产物的轨道相关，则反应为热允许的。若反应物的成键轨道与产物的反键轨道相关，则反应为热禁阻的，需在光照的条件下进行。

以丁二烯的电环化反应为例，采用分子轨道相关图来解释（图 10-3）。

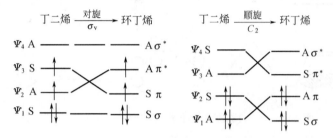

图 10-3　丁二烯的电环化反应相关图

对旋合环时（图 10-4 左），反应物和产物的分子轨道始终与对称元素 σ_v 保持一致，反应需在光照下进行；顺旋合环时（图 10-4 右），反应物和产物的分子轨道始终要与对称元素 C_2 保持一致，反应需在加热下进行。

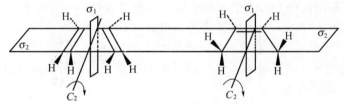

图 10-4　对旋合环和顺旋合环

从 1,3-丁二烯和环丁烯的分子模型可以看出，在这两个分子中都存在对称元素：二重对称轴 C_2，对称面 σ_1 和 σ_2。因而，它们同属于 C_{2v} 点群。

1,3-丁二烯分子中四个分子轨道为 Ψ_1、Ψ_2、Ψ_3 和 Ψ_4。环丁烯分子中四个分子轨道为：C1 和 C4 原子间的 σ 和 σ^*（反键）轨道，C2 和 C3 原子间的 π 和 π^*（反键）轨道。这四个分子轨道形状、能级次序以及相对于 C_2 轴或 σ_1 面各分子的对称性如图 10-5 所示。

根据轨道对称守恒原理，反应物的分子轨道只能与能级相近的、对称性相同的生成物的分子轨道相关联。即 S 与 S 相关联或 A 与 A 相关联。不允许 S 与 A 相关联。属于同一种类型的轨道能级关联线不能相关，即两条 S 与 S 关联线（或两条 A 与 A 关联线）不能相关。根据这些原则只能得到上图中所示的唯一的关联方式。这就是轨道能级相关图。

从轨道能级相关图可以看出，1,3-丁二烯以顺旋方式环化时，其基态能级和环丁烯的基态能级相关联，说明反应物在基态时直接转变成为生成物的基态，活化能低，反应在加热下易进行，是对称允许反应。当 1,3-丁二烯以对旋方式环化时，反应物必须首先由 Ψ_2 A 状态

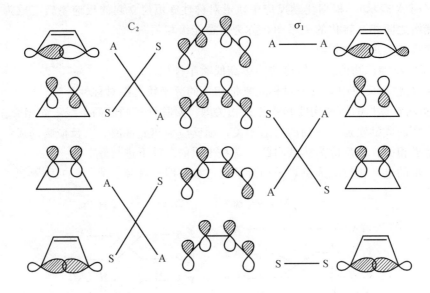

图 10-5 1,3-丁二烯电环化反应的两种旋转方式的相关图

激发到 $\Psi_3 S$ 反键轨道上去之后，才能落到生成物 πS 成键轨道而完成反应。显然，这样反应的活化能要高一些，在加热条件下不能实现，是对称禁阻反应。

10.1.3 芳香过渡态理论

对 Hückel 体系，含有 $4n+2$ 个 π 电子时，具有芳香性；$4n\pi$ 电子体系是反芳香性的。而 Möbius 体系则是含有 $4n\pi$ 电子时具有芳香性；$(4n+2)\pi$ 电子体系是反芳香性的。在 Hückel 体系中，分子轨道的节点数为零或偶数个，而 Möbius 体系的节点数为奇数个，在应用时，先正确区分过渡态是哪种体系，然后可根据所含 π 电子数决定该过渡态是否有芳香性，芳香过渡态的能量最低。

在丁二烯分子中，考虑 Ψ_1，顺旋时过渡态有一个节点为 Möbius 体系，有 4 个 π 电子，因此具有芳香性，反应是热允许的。对旋时，过渡态无节点为 Hückel 体系，由于体系有 4 个 π 电子不具有芳香性，因此对旋是热禁阻的。用 Ψ_2、Ψ_3 和 Ψ_4 讨论，都可以得到相同结论。

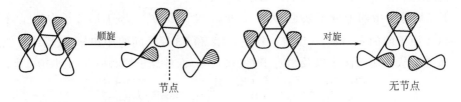

10.1.4 电环化反应的选择规律

(1) 1,3-丁二烯体系（$4n\pi$ 电子体系）

热反应与分子的基态有关，前线轨道是能量最高占有轨道 Ψ_2。顺旋成键，对称性允许；对旋成键，对称性禁阻。

光反应与分子的激发态有关，前线轨道是能量最高占有轨道 Ψ_3。对旋成键，对称性允许；顺旋成键，对称性禁阻。

可见对 $4n\pi$ 电子体系：热反应，顺旋成键；光反应，对旋成键。

因此一定构型的取代 1,3-丁二烯电环合反应的立体选择性取决于反应条件是加热还是光照。

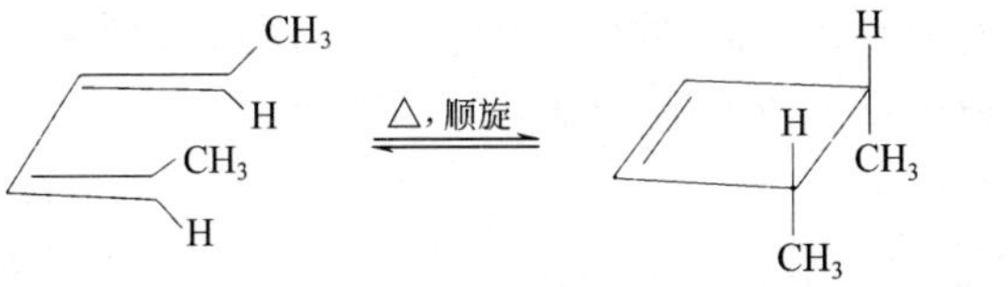

(2Z,4E)-2,4-己二烯 $\xrightarrow{\triangle, 顺旋}$ (3R,4S)-3,4-二甲基环丁烯

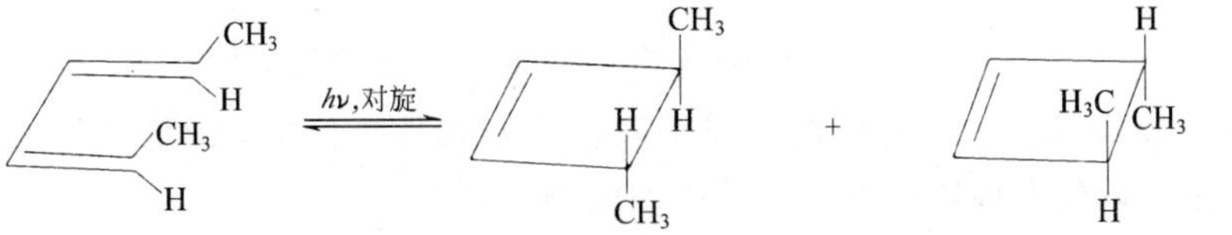

(2Z,4E)-2,4-己二烯 $\xrightarrow{h\nu, 对旋}$ (3S,4S)-3,4-二甲基环丁烯 + (3R,4R)-3,4-二甲基环丁烯

(2) 1,3,5-己三烯体系 [$(4n+2)\pi$ 电子体系]

热反应前线轨道是 Ψ_3，光反应是 Ψ_4，其电环合选择规律为：热反应，对旋成键；光反应，顺旋成键。

开环反应的选择规律与环合时相同。

10.2 环加成反应

所谓环加成反应主要是指两个烯烃或共轭多烯烃分子由于双键的相互作用，通过两个 σ 键连接成一个单一的新的环状化合物的反应。环加成反应主要是 [2+2] 和 [2+4] 两类反应，在共轭二烯烃中讨论的狄尔斯-阿尔德反应就是一个 [2+4] 环加成反应。环加成反应也属协同反应，其反应规律也可用前线轨道法按分子轨道对称守恒原理进行解释。

环加成反应：

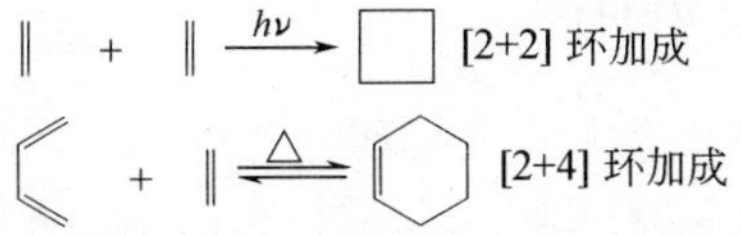

∥ + ∥ $\xrightarrow{h\nu}$ □ [2+2] 环加成

╲╱ + ∥ $\xrightarrow{\triangle}$ ⬡ [2+4] 环加成

(1) [2+4] 环加成

丁二烯与乙烯的环加成反应能够进行，但产率很低。亲二烯体中双键碳原子上的吸电子取代基使加成反应容易进行。如：

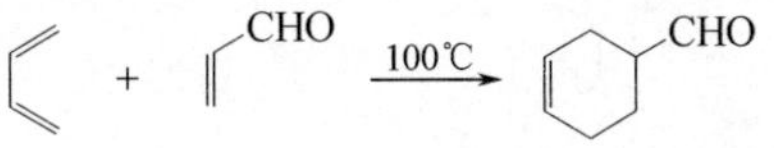

1,3-丁二烯 + CHO $\xrightarrow{100℃}$ 3-环己烯基甲醛

Diels-Alder 反应是立体选择性的顺式加成反应，二烯和亲二烯体中取代基的立体关系均保持不变。如：

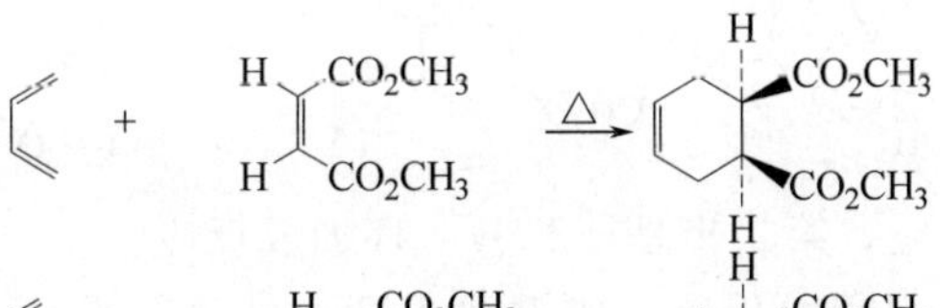

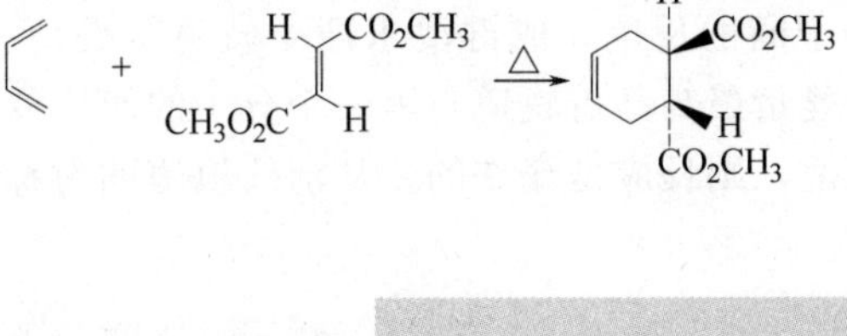

环加成反应还遵从内型加成规则，以马来酸酐与环戊二烯的加成反应为例，根据二烯体和亲二烯在过渡态中所处的方式，应该能形成内型（endo）和外型（exo）两种不同构型的产物，而实际上主要生成内型加成产物。即：

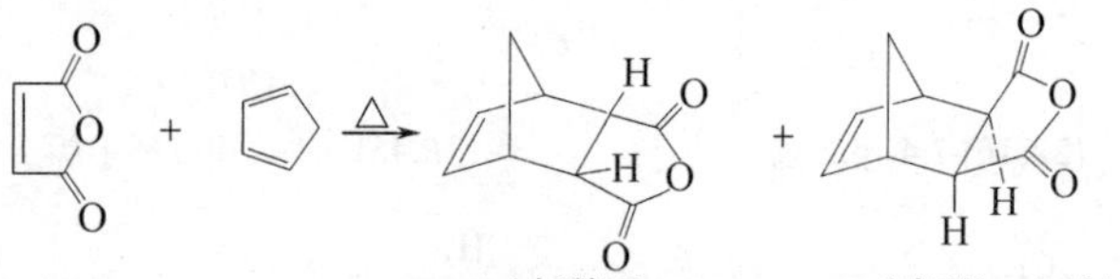

$$endo（内型）约100\% \qquad exo（外型）<1.5\%$$

Diels-Alder 反应具有方位选择性。与 1-取代亲双烯体反应时，1-取代双烯体优先生成邻位加成物，而 2-取代双烯体优先生成对位加成物。例如：

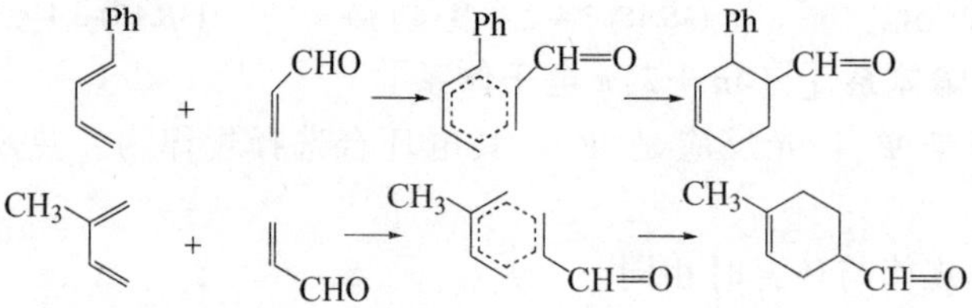

这种事实可通过协同历程来解释，双烯合成反应的过渡态是 6π 电子体系，类似于苯，像在苯中那样，其过渡态中的基团处于邻位或对位时由于共轭而稳定。

影响 Diels-Alder 反应活性的因素，有电子效应和双烯体构象。

① 电子效应因素　双烯体上有供电子基时，反应活性增加。例如：

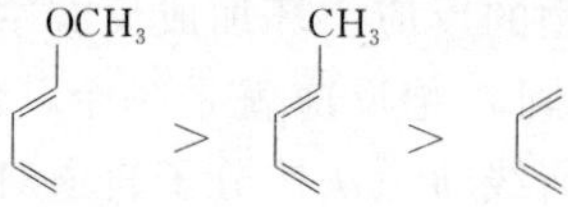

相对速度　　　　12.3　　　　3.3　　　　1

亲双烯体被吸电子基活化。例如：

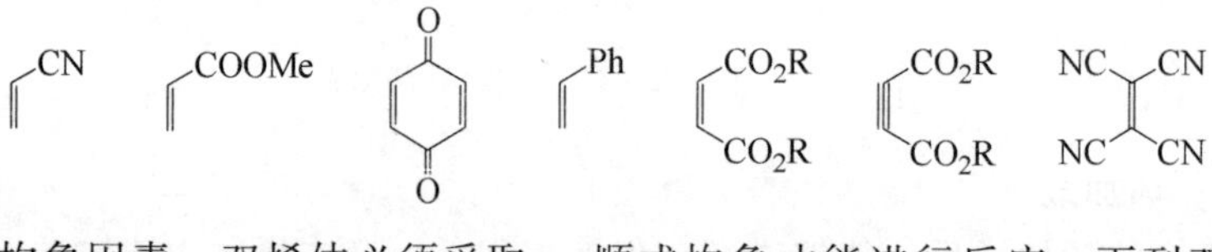

② 双烯体构象因素　双烯体必须采取 s-顺式构象才能进行反应，下列双烯由于不能转变为 s-顺式构象，所以不能发生 Diels-Alder 反应。

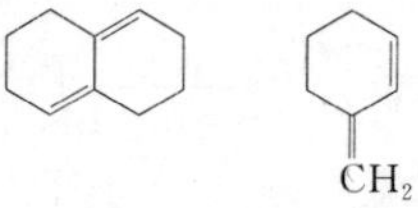

分子内的 D-A 反应在天然产物和药物合成中经常使用，例如，雌甾酮甲醚的合成：

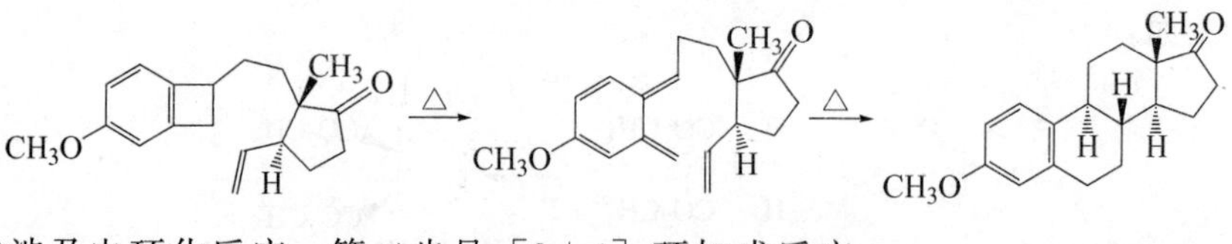

第一步涉及电环化反应，第二步是 [2+4] 环加成反应。

环加成反应是两个分子间的反应，成键要求两个轨道重叠，一个轨道只能容纳两个电子，因此，由一个分子的能量最高已占轨道与另一个分子的能量最低未占轨道重叠，它们相互作用后若轨道对称性匹配，则反应是允许的。从前线轨道的对称性可知：[4+2] 环加成对于热反应是对称允许的。下面以 1,3-丁二烯与乙烯在加热条件下生成环己烯为例，来说明这种相互作用。

若用 1,3-丁二烯的 HOMO 和乙烯的 LUMO 相互作用，则有：

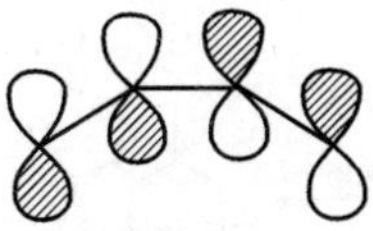

丁二烯的 HOMO

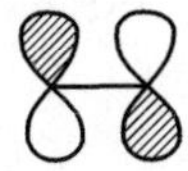

乙烯的 LUMO

若用 1,3-丁二烯的 LUMO 和乙烯的 HOMO 相互作用，则有：

丁二烯的 LUMO

乙烯的 HOMO

由上面两组基态丁二烯和乙烯的前线轨道图可以看出它们的对称性是匹配的，进行同面重叠均可形成成键的 σ 轨道（σ 键）。因而，1,3-丁二烯和乙烯在加热条件下是对称允许的反应。

如果 1,3-丁二烯和乙烯的反应在光照下进行，则反应物分子之一，例如，1,3-丁二烯从基态激发为第一激发态，丁二烯的激发态的 HOMO* 就是它的基态时的 LUMO，它和基态乙烯的 LUMO 相互作用，即：

激发态的丁二烯的 HOMO

基态乙烯的 LUMO

显然，这对前线轨道的对称性不匹配，进行同面重叠不能都形成成键的 σ 轨道（σ 键），因而是对称禁阻的反应。

某些反应中，用来与其他原子键联的同一原子上两根 σ 键同时形成或破裂，这些反应有立体专一性，也经由一步周环反应机理，称为环加成-消除反应，也称为螯变反应（cheletropic reaction）。其历程与 D-A 反应类似，是一种以单个原子作为相互作用的组分之一的环加成反应。

利用环加成-消除反应可合成某些特殊的化合物。如：

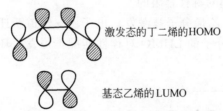

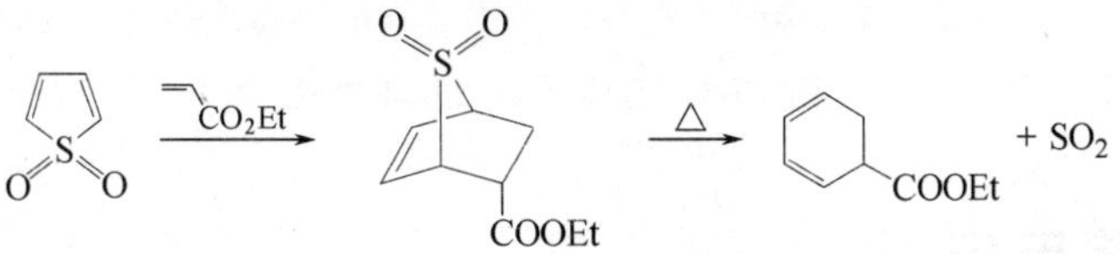

又如：立体结构上特别拥挤的 2,3,4,5,6-五苯基苯甲醛是合成新型红色荧光材料的重要中间体，该中间体的合成难度较大，利用环加成-消除则容易得到目标物。

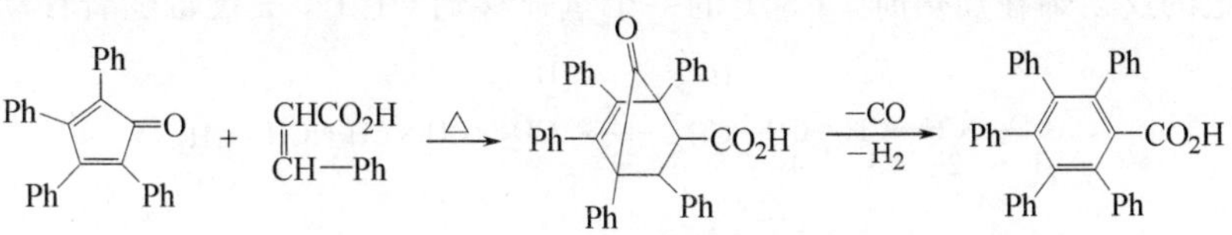

具有烯丙型氢原子的烯烃与强的亲双烯体通过 H 的迁移生成加成产物,称为 ene 反应。ene 反应类似于 Diels-Alder 环加成和烯丙型氢原子的 1,5-σ 迁移,所需温度比二烯与亲双烯体的加成要高一些。如:

碳氧双键与碳碳双键一样发生 ene 反应,该反应可用烷基铝催化。如:

(2) [2+2] 环加成

以乙烯环加成变为环丁烷的反应为例,说明其反应条件及轨道叠加情况(图 10-6)。

在加热条件下,乙烯分子处于基态,其 HOMO 和 LUMO 分别为 π_{2p} 和 π_{2p}^*。当一个分子的 HOMO 与另一个分子的 LUMO 接近时,对称性不匹配,不能发生环加成反应。即 [2+2] 环加成热反应是轨道对称性禁阻的。

但在光照条件下,部分乙烯分子被激发,电子由 π 轨道跃迁到 π* 轨道,此时 π* 轨道变为 HOMO,与另一乙烯分子的 LUMO 对称性匹配,可发生环加成反应生成环丁烷。

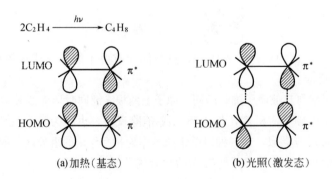

图 10-6 乙烯 [2+2] 环加成

10.3 σ 迁移反应

用氘标记的戊二烯在加热时,C5 上的一个氢迁移到 C1 上,π 键也随着移动。

$$\underset{12345}{CD_2=CH-CH=CH-\overset{H}{\underset{H}{C}}H_2} \xrightarrow{\triangle} CD_2-CH=CH-\overset{H}{\underset{}{C}}=CH_2$$

在反应中一个 σ 键迁移到新的位置，因此叫做 σ 迁移。

碳碳键或碳氧键也可以发生 σ 迁移。

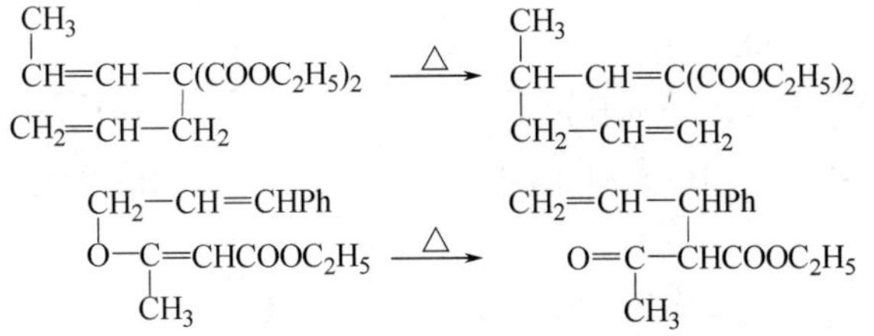

$$\underset{\substack{CH_2=CH-CH_2}}{\underset{CH_3}{CH=CH-C(COOC_2H_5)_2}} \xrightarrow{\triangle} \underset{\substack{CH_2-CH=CH_2}}{\underset{CH_3}{CH-CH=C(COOC_2H_5)_2}} \quad 科普(Cope)重排$$

$$\underset{\substack{CH_3}}{\underset{O-C=CHCOOC_2H_5}{CH_2-CH=CHPh}} \xrightarrow{\triangle} \underset{\substack{CH_3}}{\underset{O=C-CHCOOC_2H_5}{CH_2=CH-CHPh}} \quad 克莱森(Claisen)重排$$

这些反应都是协同反应，旧的 σ 键的断裂与新的 σ 键的生成和 π 键的移动是协同进行的。σ 迁移反应有 [1,3] 迁移，[1,5] 迁移和 [3,3] 迁移等。

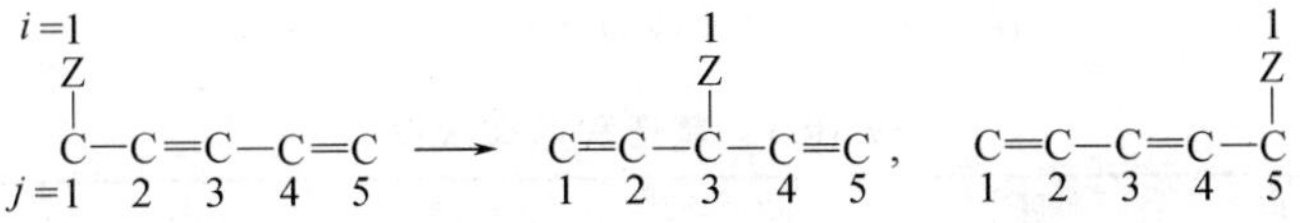

$$\underset{j=1\ 2\ 3\ 4\ 5}{\underset{i=1}{Z}}{C-C=C-C=C} \longrightarrow \underset{1\ 2\ 3\ 4\ 5}{\underset{1}{Z}}{C=C-C=C-C}, \quad \underset{1\ 2\ 3\ 4\ 5}{\underset{1}{Z}}{C=C-C=C-C}$$

$$\qquad\qquad\qquad\qquad\qquad [1,3]迁移 \qquad\qquad [1,5]迁移$$

$$\underset{j=1\ 2\ 3}{\underset{i=1\ 2\ 3}{C-C=C}}{C-C=C} \longrightarrow \underset{1\ 2\ 3}{\underset{1\ 2\ 3}{C=C-C}}{C=C-C}$$

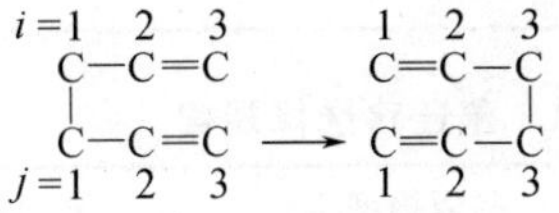

$$\qquad\qquad\qquad [3,3]迁移$$

方括号中的数字 $[i,j]$ 表示迁移后 σ 键所联结的两个原子的位置，i、j 的编号分别从作用物中以 σ 键联结的两个原子开始进行。

σ 键迁移的平衡受重排前后两种化合物的热力学相对稳定性控制。例如：

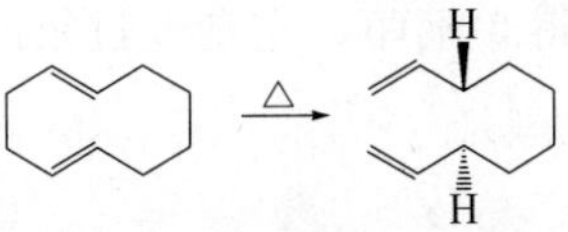

由于反应物为十元环，分子内存在较大的跨环张力，热力学稳定性较差。而产物由于消除了跨环张力，热力学稳定性较高，因而反应可顺利进行。又如：

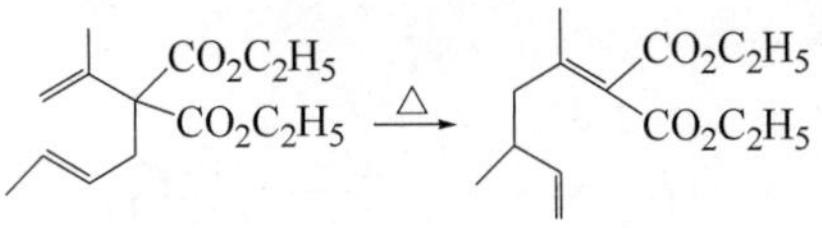

（100%）

产物由于形成共轭大 π 键体系，具有较高的热力学稳定性，因而使平衡向右移动。

σ 迁移过程可以通过两种在拓扑学上互不相同的途径来进行，从几何构型来看，可以将 σ 迁移反应为两种类型：迁移基团在迁移前后保持在共轭 π 体系平面的同一面者为同面迁移；迁移基团在迁移后移向 π 体系的反面者为异面迁移。

以上迁移类型，在实际反应中规律性很强。如图 10-7 所示。

σ 迁移分为氢迁移和碳迁移，其选择规律如表 10-1 和表 10-2 所示。

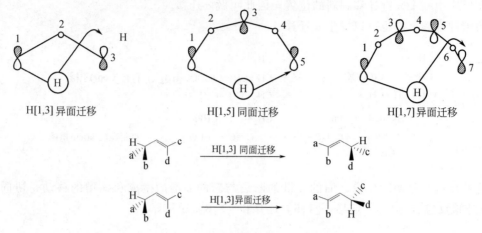

图 10-7 同面迁移和异面迁移示意图

表 10-1 氢迁移选择规律

$[i,j]$	同 面	异 面	$[i,j]$	同 面	异 面
[1,3]	禁阻	允许	[1,7]	禁阻	允许
[1,5]	允许	禁阻			

表 10-2 碳迁移选择规律

$[i,j]$		同面构型保持	同面构型翻转	异面构型保持	异面构型翻转
$4n$	[1,3]	禁阻	允许	允许	禁阻
$4n+2$	[1,5] [3,3]	允许 允许(同面/同面迁移)	禁阻	禁阻	允许

氢 σ 迁移反应的实例如下。

1-氘茚在加热至 200℃时，可得 2-氘茚，它是经过氘的 σ 键 [1,5] 迁移，而后又经过氢的 σ 键 [1,5] 迁移而得到的。

无环的共轭二烯中，氢 [1,5] 迁移活化能是较低的，氢的 [1,5] 同面迁移加热就能实现。如：

[3,3] σ 迁移反应是通过类椅式过渡态按同面-同面迁移的，即经过 σ 键的断裂和形成，两端的构型保持不变，因此，产物的立体选择性很高。[3,3] σ 迁移的立体化学过程可做如下分析：假定 σ 键断裂后生成两个烯丙基自由基，其最高占据轨道 Ψ_2 中的 3 和 3' 两个碳原子的 p 轨道以同位相重叠成键。当碳原子 1 和 1' 间的键开始断裂时，3 和 3' 间开始成键（如下图所示），此种重叠方式属对称性允许的同面迁移。反应所需能量较低。在 σ 迁移反应中以 [3,3] 迁移的例证为最多，典型反应为 Claisen 重排和 Cope 重排。

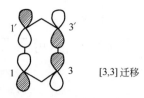
[3,3]迁移

可以设想 Claisen 和 Cope 重排通过六边形的过渡态发生，有明显的立体专一性。其过渡态的轨道组合关系的立体过程有以下四种可能性：

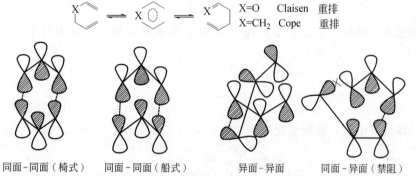

同面-同面（椅式）　　同面-同面（船式）　　异面-异面　　同面-异面（禁阻）

前三种立体关系中轨道属同位相，为对称性允许，其中又以椅式构象的空间阻碍较少，环张力也较船式构象小。异面组合虽属对称性允许，但其构象存在轨道的扭曲关系，张力太大，不可能存在。同面和异面组合因其一端为异相关系，属对称性禁阻，即在加热时不可能发生。后两种组合关系也存在着相当大的轨道扭曲，位能较大，所以在 Claisen 和 Cope 重排中，以保持分子几何形态为椅式构象为主，即经椅式过渡态得到各种比例的几何状态产物。

反,反-巴豆基丙烯基醚（Ⅰ）的热重排产物主要为苏式结构（Ⅱ），证实轨道对称守恒规则与实验结果一致，即以椅式构象同面-同面的 [3,3] 迁移方式发生反应。

但产物中仍有少量赤式异构体（Ⅲ）（<3%），它来自船式异构体。

内消旋 3,4-二甲基-1,5-己二烯在加热重排时几乎只生成（2Z,6E）-辛二烯（99.7%）。这表明在 Cope 重排中椅式构象的同面-同面迁移占优势。

又如，光学活性的己二烯热重排时经过类椅式过渡态，因这时苯基处于 e 键，较 a 键能量低，所得的两种异构体的比例为 87∶13，光学纯度在 90% 以上。

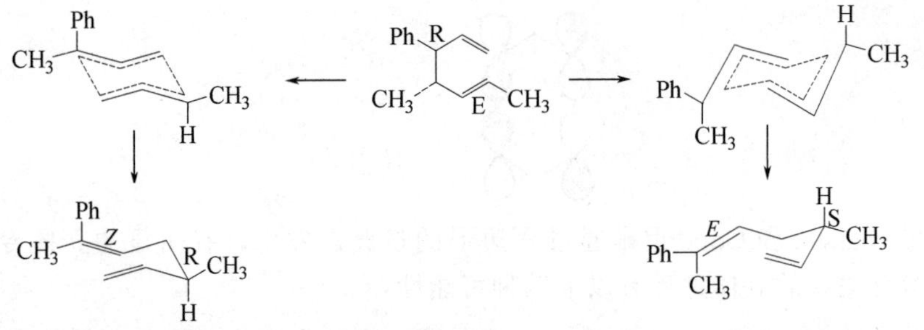

在碱催化下，将烯丙基醇和 β-酮酯转化为 γ-酮羰基烯烃。这种类似于 Claisen 重排的 [3,3] σ 迁移又称 Carroll 重排。

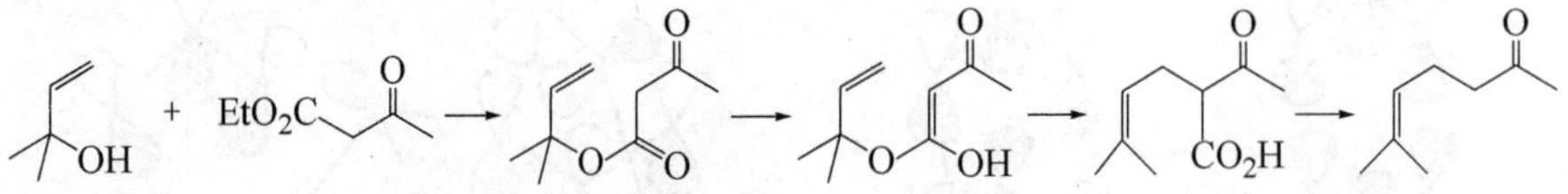

重排前体也可由原乙酸酯反应得到：

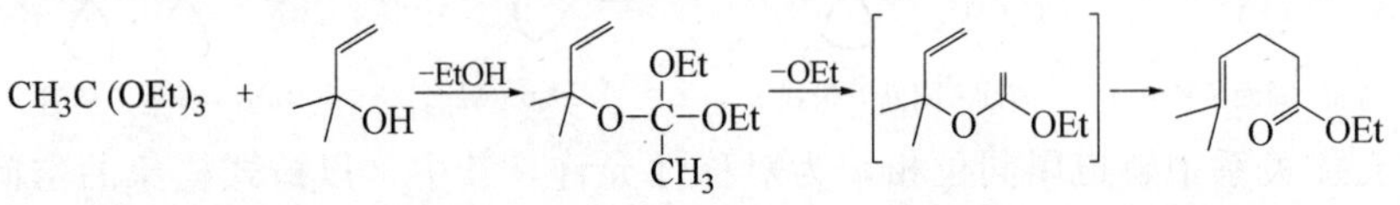

若用手性的烯丙醇化合物与原乙酸三乙酯反应，重排后得到手性产物。

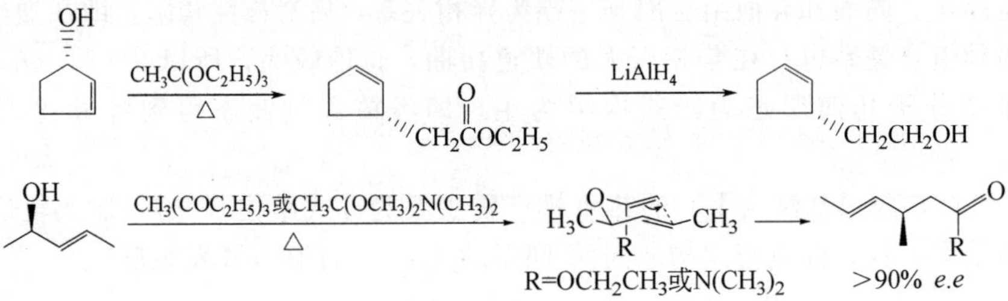

将脂肪族 Claisen 重排进行改进，即在烯丙基乙烯基醚中乙烯基的 α-位上引入其他官能团，如在烃胺基锂作用下与氯代三甲基硅烷（TMSCl）反应，使羧酸烯丙酯变成烯醇硅醚，然后进行重排。可用于合成具有不饱和键的羧酸。

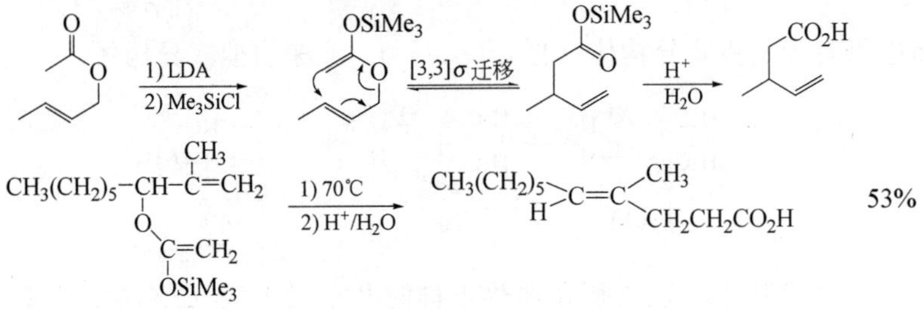

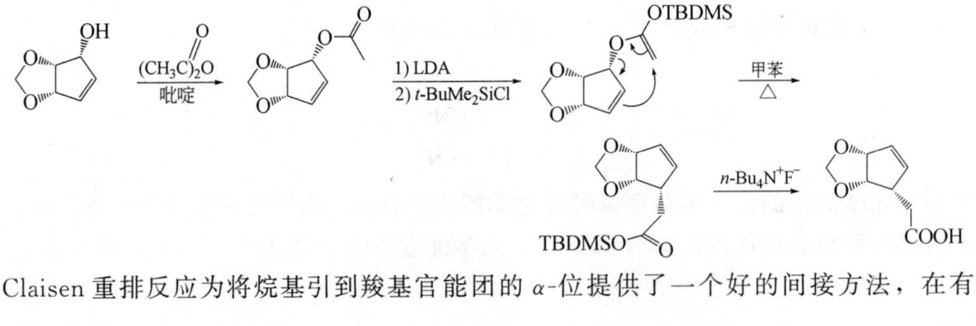

Claisen 重排反应为将烷基引到羧基官能团的 α-位提供了一个好的间接方法，在有机合

成中具有重要应用。如：

[反应式图：环己酮 + CH₂=CHCH₂OH + (CH₃)₂C(OCH₃)₂ 对甲苯磺酸(催化剂)/苯,回流,除丙酮,甲醇 → 环己基(OCH₂CH=CH₂)₂ 对甲苯磺酸(催化剂)/甲苯,蒸馏 → 中间体 → 2-烯丙基环己酮 85%~91%]

杂原子和烯丙基相连的硫叶立德、氮叶立德、烯丙基醚的共轭碱，烯丙基亚砜能进行 [2,3] σ 迁移。

[反应式图：硫叶立德、氮叶立德、烯丙基醚的共轭碱、烯丙基亚砜的 [2,3] σ 迁移反应]

硫叶立德　　　　　　　氮叶立德

烯丙基醚的共轭碱　　　烯丙基亚砜

例如：

[反应式图：硫鎓盐 + K⁺ ⁻OC(CH₃)₃ → 中间体 → 产物 85%]

[反应式图：含溴化物 + 二硫环 → 中间体 BuLi/THF,-78℃ → 中间体 20℃/80% → 水解 → γ-cyclocitral]

10.4　1,3-偶极加成

1,3-偶极化合物和偶极亲和物进行环化加成生成五元环化合物的反应，叫做1,3-偶极加成。即：

$$\left[\begin{matrix}a^+\\:b\leftrightarrow b^+\\:c^-\quad:c^+\end{matrix}\right] + \begin{matrix}d\\||\\e\end{matrix} \longrightarrow \begin{matrix}a\quad d\\b\quad\\c-e\end{matrix}$$

1,3-偶极化合物简称1,3-偶极体，其分子中含有一个三原子四电子的共轭体系，可以用偶极共振的极限式来表示。如：

名称	分子式	电子结构	偶极共振极限式
重氮甲烷	CH_2N_2	$H_2\overline{C-N=N}$	$H_2\overset{-}{C}-\overset{+}{N}\equiv N \longleftrightarrow H_2C=\overset{+}{N}=\overset{-}{N}$
叠氮化物	RN_3	$R-\overline{N=N=N}$	$R-\overset{-}{N}-\overset{+}{N}\equiv N \longleftrightarrow R-\overset{+}{N}=\overset{+}{N}=\overset{-}{N}$

1,3-偶极体分子轨道的 HOMO 对称性与普通双烯相同，因此可以代替双烯与亲双烯体进行类似 Diels-Alder 的环加成反应。如果用前线轨道理论来处理1,3-偶极环加成，基态时，其反应过渡的分子轨道对称性是允许的。如：

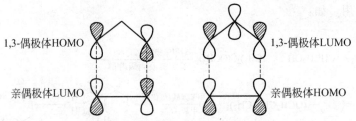

可以看出，无论是1,3-偶极体的HOMO与亲偶极体的LUMO还是1,3-偶极体的LUMO与亲偶极体的HOMO，轨道的位相都是匹配的，可以交叠成键，生成五元环化合物。

1,3-偶极体的种类很多，例如，氧化腈（—C≡N⁺—Ö:⁻）、氧化甲亚胺（ C=N⁺—Ö:⁻ ）、腈叶立德（—C≡N⁺—C⁻ ）、亚胺叶立德（ C=N⁺—C⁻ ）、腈亚胺（—C≡N⁺—N⁻— ）、亚胺亚胺（ C=N⁺—N⁻: ）等。亲偶极体可以是含C、N、O、S重键，如 C=C 、—C≡C—、C=S、C=N、C=O、—N=O等的化合物。如：

[reaction scheme: pyridine N-oxide + alkyne diester → bicyclic isoxazoline diester]

1,3-偶极加成与Diels-Alder反应相似，只要将两种作用物混合或混合后加热，反应就可以进行，不需要加催化剂用光照射。在动力学上为二级反应（对两个作用物各为一级反应），溶剂的极性变化对反应速率影响很小。大多数1,3-偶极化合物是作为电子给予体与缺电子的不饱和化合物起反应。容易起Diels-Alder反应的亲二烯体也容易与1,3-偶极化合物加成。1,3-偶极加成也是立体定向的协同反应。如：

[reaction scheme: PhC=N⁺—N⁻Ph + cis-alkene diester → pyrazoline product]

[reaction scheme: aziridine diester ⇌ 100°C [ylide intermediate] → pyrrole product with EtOOC—C≡C—COOEt]

【例】 试说明1,3-偶极环加成为什么是[4+2]环加成过程？

解：1,3-偶极分子是指 O=O⁺—Ö⁻、 R₂C—N⁺≡N⁻ 这样的一类分子。它们与π键发生[4+2]环加成反应，生成五元环状化合物。

[reaction scheme: CH₂=CHCOOCH₂CH₃ + ⁻CH₂—N⁺≡N → pyrazoline with COOCH₂CH₃]

从1,3-偶极体系的分子轨道以及电子的填充方式可以看出（图10-8），该体系的HOMO为Ψ_2，LUMO为Ψ_3，它们与π键相应的HOMO和LUMO对称性匹配。因此说，1,3-偶极体系与双键进行[4+2]的环加成是对称允许的反应。

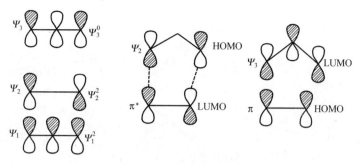

图 10-8　1,3-偶极体系分子轨道及其填充方式

常见的 1,3-偶极环加成反应中，炔烃与叠氮化物发生 Huisgen 叠氮化物-炔烃环加成反应生成 1,2,3-三唑；最近发现，在 Cu(Ⅰ) 催化下，反应速率可增加大约 10^6 倍。几乎定量的选择性生成 1,4-取代的 1,2,3-三唑，反应能在各种溶剂甚至纯水中很好地进行。例如：

重氮化合物与亲偶极体发生 1,3-偶极环加成反应，若亲偶极体为烯烃，则反应产物是吡唑啉；硝酮与烯烃加成得到异噁唑烷；烯烃臭氧化反应，实际上，反应中首先发生臭氧分子对烯烃的 1,3-偶极环加成反应，生成邻三氧杂五元环中间体。它发生逆-1,3-偶极环加成，生成一个羰基化合物和 Criegee 中间体。而后羰基转位，再发生一个 1,3-偶极环加成，得到 1,2,4-三氧杂的中间体，经后面的还原或氧化得到最终产物。

2001 年诺贝尔化学奖获得者 Sharpless 提出 "Click Chemistry"（点击化学）的概念，即通过小单元的拼接，来快速可靠地完成形形色色分子的化学合成。"点击化学"反应类型中最常见的就是环加成反应（1,3-偶极环加成反应，Diels-Alder 反应）。点击反应的特征有：产率高；副产物无害；反应有很强的立体选择性；反应条件简单；原料和反应试剂易得；合成反应快速；不使用溶剂或在良性溶剂中进行，最好是水；产物对氧气和水不敏感。

10.5　反 Diels-Alder 反应

Diels-Alder 反应（简称 D-A 反应）是一个可逆反应，在某一条件下，亲双烯体和双烯体反应生成加成物，而在另一条件下，该加成物会分解成原来的或新的双烯体或亲双烯体。

$$\text{亲双烯体} + \text{双烯体} \xrightleftharpoons[\text{反 D-A 反应}]{\text{D-A 反应}} \text{加成物}$$

一般来说，活泼的亲双烯体和双烯体在惰性溶剂中微热后即可发生 D-A 反应，生成加成物。而加成物要发生反 D-A 反应则需较高的温度，即逆反应的活化能通常比正反应的活化能高。因此温度是控制反应进行方向的关键。

由于 D-A 反应是按协同历程进行的，故其逆反应，反 D-A 反应也必定是协同历程，并且都遵循顺式原则。这是由"微观可逆性原理"决定的。

反 D-A 反应在有机合成上，特别是在制备一些通常难得到的有机化合物上有重要应用。如：

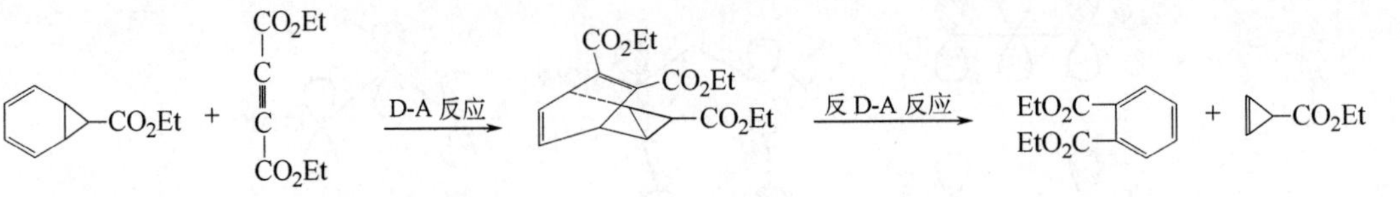

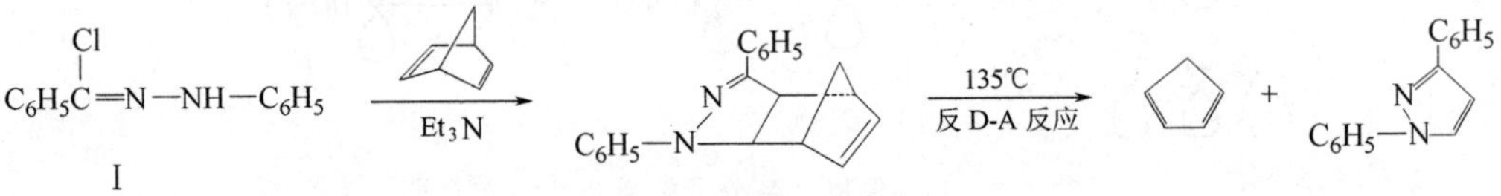

化合物（Ⅰ）在碱性条件下脱氯化氢生成 1,3-偶极化合物（Ⅱ），它有 4 个 π 电子，可作为双烯体。

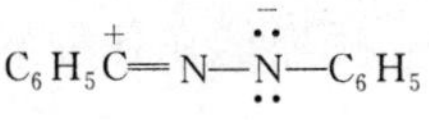

$$C_6H_5\overset{+}{C}=\overset{..}{N}-\overset{..}{\underset{..}{N}}-C_6H_5$$

Ⅱ

习 题

10.1 对于下列 A、B 反应途径，注明反应条件，并解释之。

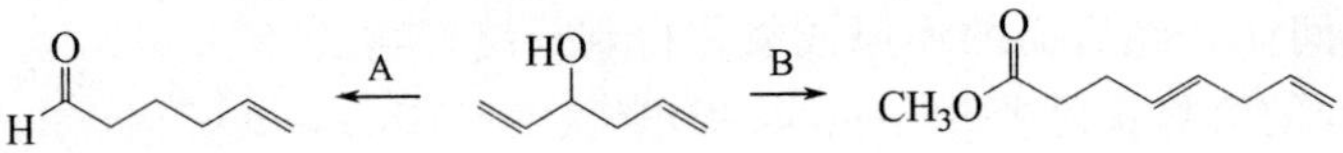

10.2 将化合物 A 加热时，可从反应混合物中分离出化合物 B。两个电环化反应相继发生：第一个反应涉及一个 4π 电子体系，而第二个反应则牵涉到一个 6π 电子体系。略述二个电环化反应，并写出中间体的结构。

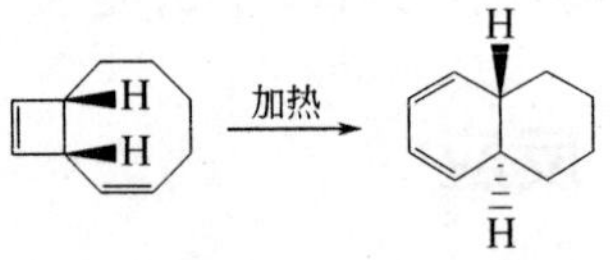

10.3 (1) 下列所示的反应中，1,3-戊二烯加热可发生氢原子的 [1,5] σ 键迁移，而未观测到氢原子的 [1,3] σ 键迁移反应，说明理由。

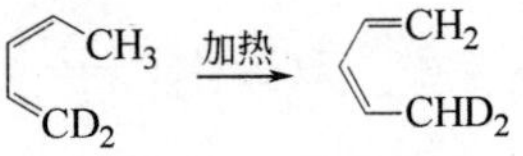

(2) 下列反应，发生 [1,3] σ 键迁移反应，指出生成物的 X、Y、Z 所代表的原子，说明得到生成物的理由。

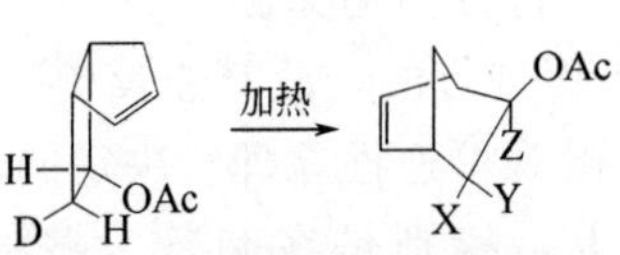

（3）试设计一个方法证实下列的分子确实已发生了重排。

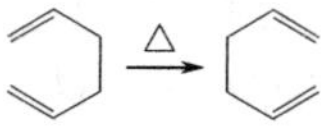

（4）化合物 A 具有旋光性，当加热后发现生成了无旋光性的物质，给出合理解释。

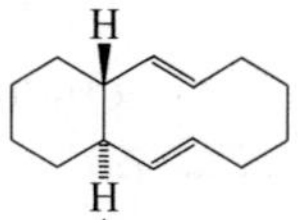

A

10.4 解释下列反应

（1）

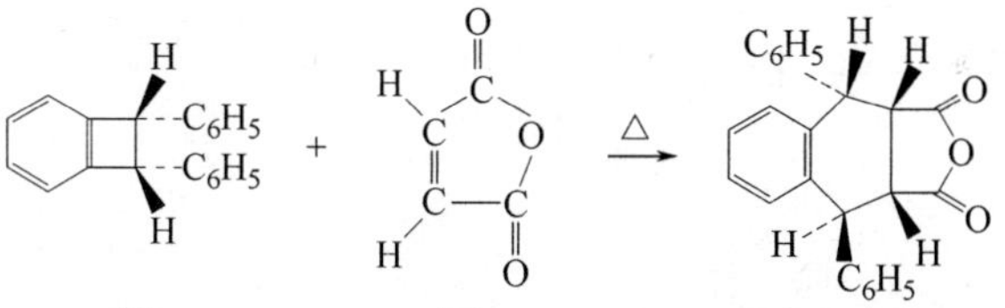

(Ⅰ)　　　(Ⅱ)

（2）

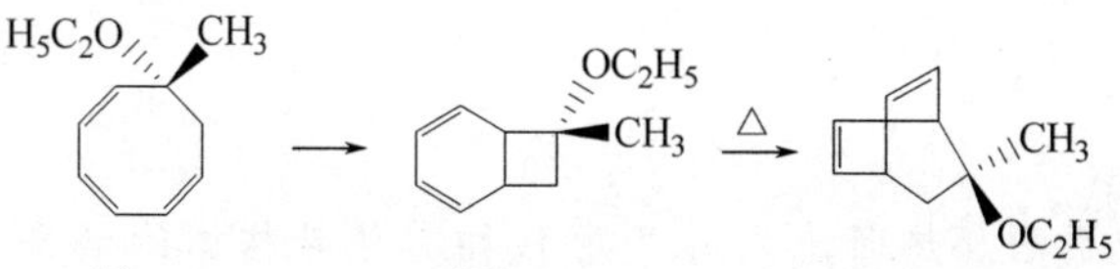

(Ⅰ)　　　(Ⅱ)

（3）

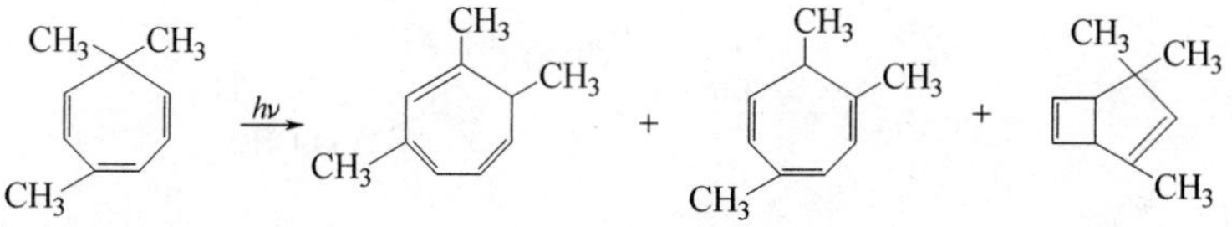

(Ⅰ)　　　(Ⅱ)　　　(Ⅲ)

（4）

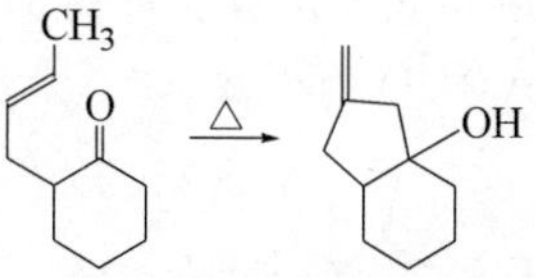

（5）

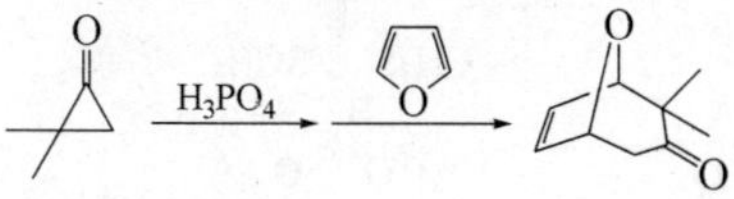

10.5 写出下列反应机理

（1）Boekelheide 反应

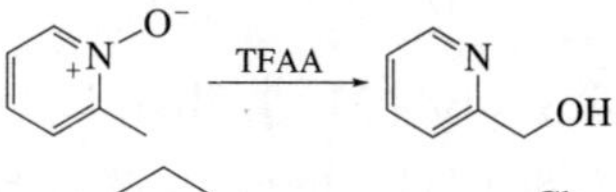

（2）

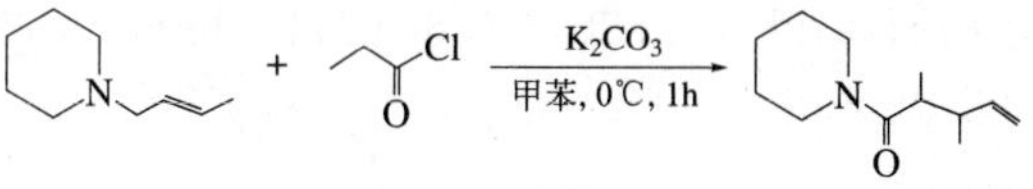

（3）

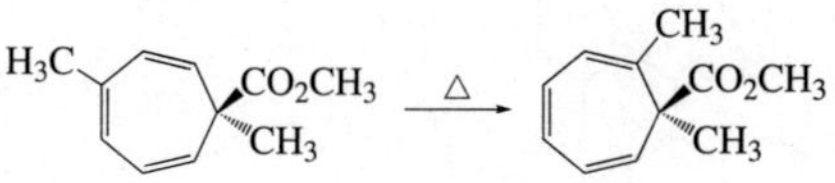

（4）

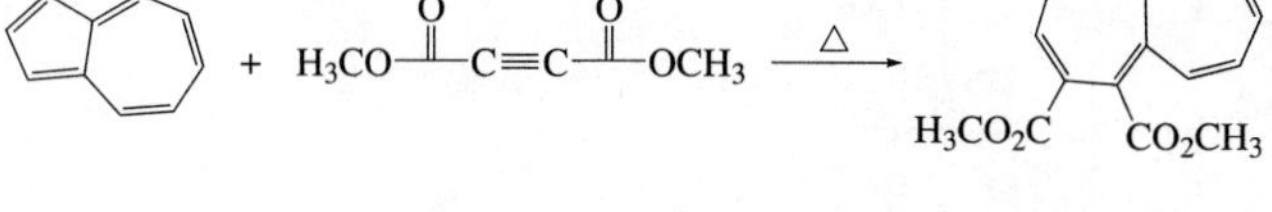

10.6 某化合物 A($C_{10}H_{12}O$) 加热到 200℃时异构化为化合物 B。用 O_3 作用时，A 产生甲醛，没有乙醛；B 产生乙醛，无甲醛。B 可溶于稀 NaOH 溶液中，并可被 CO_2 再沉淀。此溶液用 PhCOCl 处理时得 C($C_{17}H_{16}O_2$)，$KMnO_4$ 氧化 B 得水杨酸（邻羟基苯甲酸）。确定化合物 A、B、C 的结构，并写出各步的变化过程。

10.7 写出反应机理

(1) 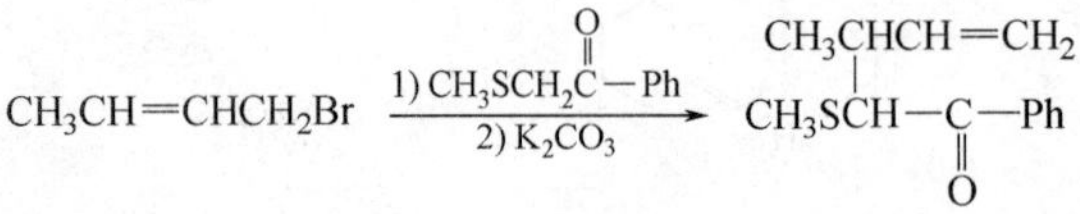 $CH_3CH=CHCH_2Br$ $\xrightarrow[\text{2) }K_2CO_3]{\text{1) }CH_3SCH_2C(O)Ph}$ 产物

(2)

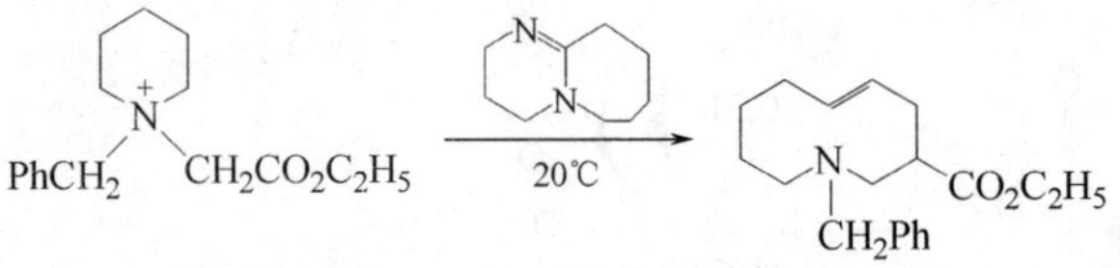

(3)

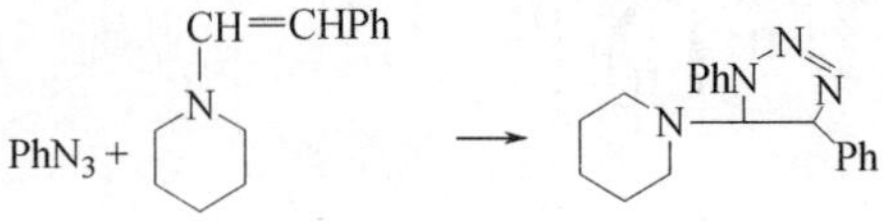

(4)

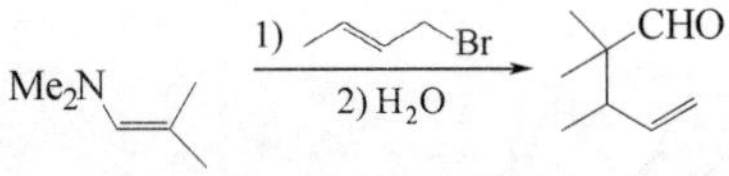

10.8 (1) 将 α-吡酮 A 和丙烯酸甲酯加热回流，得产物 B 和其他异构体的混合物。解释产物 B 生成的原因。

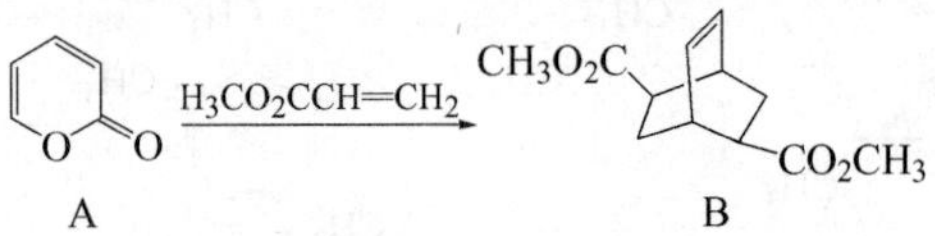

(2) 乙酰丙酮在碱性条件下和二硫化碳反应生成双硫负离子 A，双硫负离子 A 和碘甲烷经亲核取代反应生成 B；双硫负离子 A 和烯丙基氯反应除得到少量化合物 C 外，主要产物为化合物 D。试用反应机理解释 A 和 D 的形成。

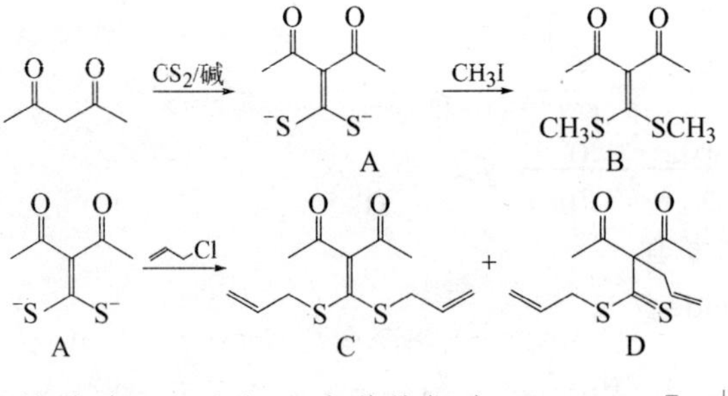

(3) 化合物 A 加热重排得到 B，B 的部分波谱数据为 MS：310 [M^+]；IR：2735 cm^{-1}，1720 cm^{-1}；^1H NMR：9.64（1H, dd），5.20～4.80（4H, m），3.79（3H, s），1.14（3H, s）。对 B 的结构作出说明。

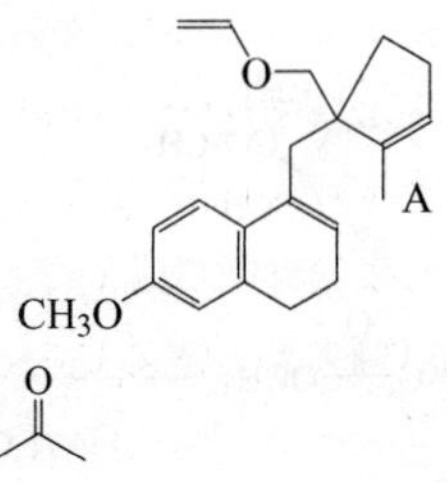

(4)

10.9 维生素D系抗佝偻病药物,对骨骼的生长起重要作用,其中以维生素D_2和维生素D_3作用为最强。人体皮肤中含有7-脱氢胆甾醇,在阳光照射下即可转变为维生素D_3。试用反应机理解释这一过程。

7-脱氢胆甾醇 $\xrightarrow{h\nu}$ 维生素D_3

10.10 (1) 写出化合物(A)、(B)、(C)的结构,并指出每步反应为何种反应。

$$\text{亚甲基环丁烷} + \text{马来酸酐过氧化物} \xrightarrow{RT} (A) \xrightarrow{50℃} (B) \xrightarrow{\text{马来酸酐}} (C)$$

(2) 化学家由环辛四烯合成具有奇特结构的篮烯(basketene),经过了五步反应,其中三步是周环反应,试写出各步反应的反应方式和中间产物。

环辛四烯 $\xrightleftharpoons{\triangle(\text{电环合})}$ [C_8H_8](I) $\xrightarrow{}$ [$C_{12}H_{10}O_3$](II) $\xrightleftharpoons{h\nu(\text{环加成})}$ [$C_{12}H_{10}O_3$](III) $\xrightarrow{Na_2CO_3}$ $\xrightarrow[-2CO_2]{Pb(OAc)_4}$ 篮烯

(3) 写出山梨酸乙酯(CH$_3$CH=CHCH=CHCOOCH$_2$CH$_3$)和顺丁烯二酸酐(马来酸酐)加热时反应的主要产物,并写出反应的主体化学模式。

(4) 在亲二烯体B存在下加热,cis-3,4-二甲基环丁烯A,生成唯一的非对映体C,请解释之。

A + B $\xrightarrow{\triangle}$ C

10.11 文献甲报道将四苯基环戊二烯酮(A)与3-苯基丙炔醛(B)在甲基异丙基苯溶剂中回流得到一种立体结构上特别拥挤的2,3,4,5,6-五苯基苯甲醛:

A + B $\longrightarrow$ C $\xrightarrow{-CO}$ 2,3,4,5,6-五苯基苯甲醛

文献乙报道了A与肉桂酸(D)在无溶剂条件下直接加热的类似反应:

A + D $\longrightarrow$ E $\xrightarrow{-CO}$ F $\xrightarrow{-H_2}$ 2,3,4,5,6-五苯基苯甲酸

请结合原料D和B的结构区别分析两篇文献的工作特点并设计以二苄基甲酮、联苯甲酰、肉桂醛为原料合成2,3,4,5,6-五苯基苯甲醛的方法。

10.12 顺,顺,顺-1,3,5-环辛三烯加热得到化合物 M(C_8H_{10}),化合物 M 与丁炔二酸二甲酯作用得到化合物 N($C_{14}H_{16}O_4$),化合物 N 加热分解产物为环丁烯和邻苯二甲酸二甲酯。写出化合物 M 和 N 的立体结构,并说明在各反应中发生了什么过程。

10.13 2,3-二甲基-1,3-丁二烯和乙炔二羧酸加热后得到一个产物,其分子式为 $C_{16}H_{20}O_3$(A),含有两个双键。A 在丙酮中经光照后到一个 A 的异构体 B,但不含双键,探讨 A 及 B 的结构。

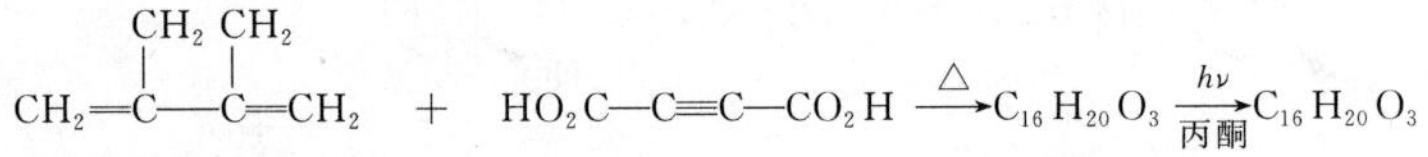

$$CH_2=\overset{\overset{\displaystyle CH_2}{|}}{C}-\overset{\overset{\displaystyle CH_2}{|}}{C}=CH_2 \;+\; HO_2C-C\equiv C-CO_2H \xrightarrow{\triangle} C_{16}H_{20}O_3 \xrightarrow[\text{丙酮}]{h\nu} C_{16}H_{20}O_3$$

第 11 章 自由基和光化学反应

11.1 自由基

11.1.1 自由基结构

具有未成对电子的顺磁性物质叫自由基。自由基的结构有两种类型，一种是采取 sp^2 杂化构型，如 $CH_3 \cdot$、$ClCH_2 \cdot$ 等；另一种是 sp^3 杂化构型，如 $CCl_3 \cdot$、$(CH_3)_3C \cdot$ 等。自由基的稳定性顺序为：苄基＞三级碳＞二级碳＞一级碳＞甲基＞芳基，F＞Cl＞Br＞I。键离解能越小，得到的自由基越稳定。

【例】 试比较下列碳自由基的稳定性？

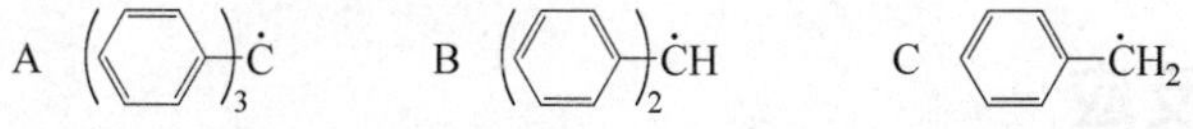

A (C₆H₅)₃Ċ   B (C₆H₅)₂ĊH   C C₆H₅ĊH₂

解：A 碳自由基可与 3 个苯环发生 p-π 共轭，B 碳自由基可与 2 个苯环发生 p-π 共轭，C 碳自由基可与 1 个苯环发生 p-π 共轭。故碳自由基离域顺序为：A＞B＞C。其稳定性为：A＞B＞C。

11.1.2 自由基的产生

自由基的产生有多种方法，常见的有热均裂法、光解法和单电子氧化还原法。大多数有机化合物在高温下可以均裂成为自由基，有些含弱键的化合物在低温时就能发生均裂，这种用加热产生自由基的方法叫做热均裂法。例如，偶氮二异丁腈和过氧化苯甲酰在加热时分解产生自由基。

$$PhC(O)OOC(O)Ph \xrightarrow{80\sim100℃} 2PhCO_2 \cdot \longrightarrow 2Ph \cdot + CO_2$$

在光的照射下分子处于激发状态，这时分子能量较高者会发生均裂产生自由基。用光照产生自由基的方法叫光解法。例如，N-溴代丁二酰亚胺和氯气在光照下均裂成自由基。

在氧化还原反应中由于电子的得失也会产生自由基，用这种方法产生自由基叫单电子氧化还原法。如羧酸盐负离子在电解池的阳极作用下发生电子转移反应，生成烷基自由基。

$$RCO_2^- \xrightarrow[-e]{阳极} RCO_2 \cdot \longrightarrow R \cdot + CO_2$$

11.1.3 自由基的检测

由于自由基可以产生电子自旋共振谱，因此可以用电子自旋共振谱（ESR）来检测自由基，并确定其浓度。采用特殊技术如自旋捕捉技术，ESR 可以检测出 $10^{-9}\,\mathrm{mol\cdot L^{-1}}$ 低浓度的自由基。

自旋捕捉技术旨在检测和辨认短寿命自由基，将一不饱和的抗磁性化合物（自旋捕捉剂）加入反应体系与活泼自由基进行加成反应，生成相对稳定的自旋化合物，根据加合物的电子自旋共振谱（ESR）推断原来活泼自由基的结构。目前应用最多的两类自旋捕捉剂是亚硝基化合物和硝酮化合物。

NMR 也可以用来检测自由基，当反应中形成产物时，出现 NMR 信号的升高或减小，这种现象称为化学引发动态核极化作用（CIDNP）。某一反应若出现 CIDNP，则说明反应是按自由基机理进行的。除 ESR、自由基捕获剂和 NMR 法外，化学上还可用自由基抑制剂来检测自由基。

11.2 自由基的反应特点及机理

（1）**自由基反应的特点**　自由基反应有以下几个特点：①反应在气相中进行和在液相中进行相似；②反应不受酸碱和溶剂极性的影响；③反应被光或引发剂引发或加速；④反应能被抑制剂（氧、醌等）所减速或抑制。

（2）**自由基反应的机理**　自由基反应过程主要包括三步：引发→链增长→链终止。自由基可发生取代、加成和重排反应，反应既可以是分子间的也可以是分子内的。自由基反应的速度取决于引发剂的浓度，在动力学上为一级半反应。

11.3 自由基反应

11.3.1 自由基取代反应

常见的自由基取代有烷烃的卤代、芳烃的取代和氧化反应。卤代试剂有 $(CH_3)_3COCl$、SO_2Cl_2 和 NBS 等。

以 AIBN（偶氮二异丁腈）或光照下的 NBS 为催化剂，用 NBS 进行自由基引发烯丙位溴化反应。如：

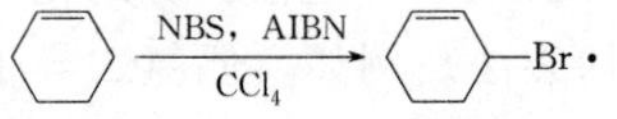

$$\text{环己烯} \xrightarrow[CCl_4]{NBS,\ AIBN} \text{环己烯-Br} \cdot$$

其反应机理为：

引发：琥珀酰亚胺-N—Br $\xrightarrow{均裂}$ 琥珀酰亚胺-N· + Br·

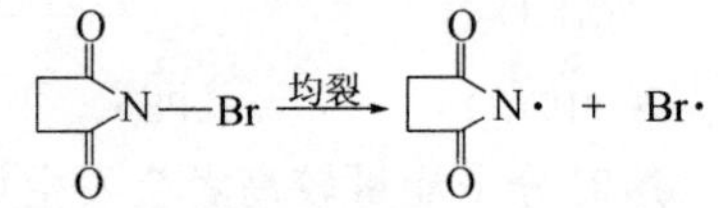

链增长：琥珀酰亚胺-N· + H—环己烯 $\xrightarrow{夺氢}$ 琥珀酰亚胺-NH + ·环己烯

终止：琥珀酰亚胺-N—Br + ·环己烯 ⟶ Br—环己烷 + 琥珀酰亚胺-N·

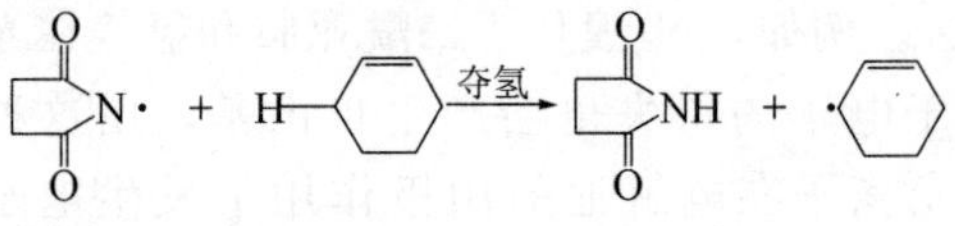

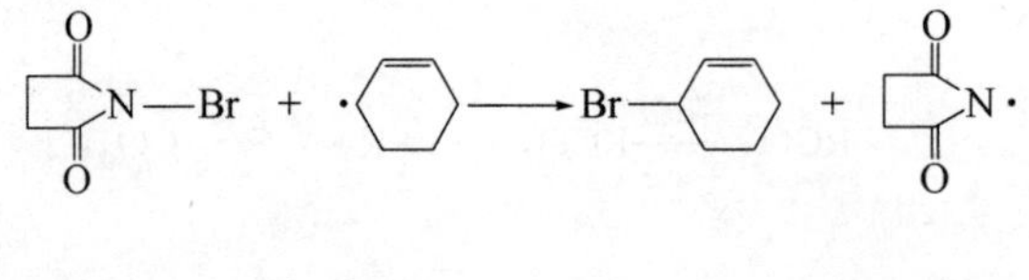

丁二酰亚胺自由基可以进入下一个自由基链反应的循环中。

芳胺与亚硝酸酯 RONO 在有机溶剂中与芳烃反应得联苯。

$$PhNH_2 + PhH \xrightarrow[\Delta]{RONO} Ph-Ph \quad 50\%$$

其反应机理为：

$$ArNH_2 + RONO \longrightarrow ArN(H)N=O + ROH \longrightarrow ArN=NOR + H_2O$$

$$ArN=NOR \longrightarrow Ar\cdot + N_2 + \cdot OR$$

$$Ar\cdot + Ph \longrightarrow [\text{环己二烯自由基}] \xrightarrow{RO\cdot} Ar-Ph + ROH$$

芳香族重氮盐在相应的氰化亚铜、氯化亚铜、溴化亚铜催化下，重氮基分别被 CN、Cl、Br 取代，例如：$ArN_2X \longrightarrow ArCN \quad ArN_2Cl \longrightarrow ArCl \quad ArN_2Br \longrightarrow ArBr$

这称为 Sandmeyer 反应，反应产率一般都比较高。芳环上如有 HO、RO、COOH、NO_2、卤素等通常不受影响。Sandmeyer 反应的机理可能为：

$$ArN_2X + CuX \longrightarrow Ar\cdot + N_2 + CuX_2$$

$$Ar\cdot + CuX_2 \longrightarrow ArX + CuX$$

在自由基引发剂存在下，苄基、烯丙基和叔碳可被分子态的氧氧化。

$$In\cdot + H-R \longrightarrow In-H + R\cdot$$

$$R\cdot + O_2 \longrightarrow R-O-O\cdot$$

$$R-O-O\cdot + H-R \longrightarrow R-O-O-H + R\cdot$$

异丙苯的自由基氧化反应在工业上用来制造苯酚和丙酮。

干燥的脂肪酸银盐和卤素（如 Br_2）在无水有机溶剂（如 CCl_4、苯、硝基苯）中，在室温或受热条件下失 CO_2 生成卤代烃及 AgX 的反应称为 Hunsdiecker 反应。

$$RCOOAg + X_2 \xrightarrow{\Delta} RX + CO_2 + AgX$$

$$\text{环己基-COOAg} \xrightarrow{Br_2/\Delta} \text{环己基-Br} + CO_2 + AgBr$$

其反应机理为：

$$R-\overset{O}{\underset{\|}{C}}-OAg + Br_2 \longrightarrow R-\overset{O}{\underset{\|}{C}}-OBr + AgBr$$

$$R-\overset{O}{\underset{\|}{C}}-OBr \longrightarrow R-\overset{O}{\underset{\|}{C}}-O\cdot + Br\cdot$$

$$R-\overset{O}{\underset{\|}{C}}-O\cdot \longrightarrow R\cdot + CO_2$$

$$R\cdot + RCOOBr \longrightarrow R-\overset{O}{\underset{\|}{C}}-O\cdot + RBr$$

11.3.2 自由基加成反应

溴化氢和卤甲烷在自由基引发剂存在下与双键发生加成反应。

$$\text{norbornene} + CCl_4 \xrightarrow{(PhCO_2)_2} \text{(CCl}_3\text{, Cl 产物)} (73\%) + \text{(异构体)} (4\%)$$

在过氧化物存在下，烯烃与 HBr 的加成反应是反马氏规则产物。这是自由基加成反应，它经由链引发、链增长和链终止三个阶段。

（1）链引发　产生参加反应的自由基。

$$RO\text{—}OR \xrightarrow{h\nu} 2RO\cdot$$
$$Br\text{—}H + \cdot OR \longrightarrow Br\cdot + ROH$$

（2）链增长　通过自由基参与的反应形成产物，并获得参加循环反应的自由基。

$$CH_3\text{—}CH\text{=}CH_2 + Br\cdot \longrightarrow CH_3\text{—}\overset{\cdot}{C}H\text{—}CH_2\text{—}Br$$
$$CH_3\text{—}\overset{\cdot}{C}H\text{—}CH_2\text{—}Br + H\text{—}Br \longrightarrow CH_3\text{—}\underset{H}{\overset{}{C}H}\text{—}CH_2\text{—}Br + Br\cdot$$

反应中间体是烷基自由基。

（3）链终止　通过下面的反应途径终止反应，即自由基之间相互结合使自由基数目减少，或者自由基将能量传递给反应器壁，或者反应体系中的杂质，自由基的能量降低到不能继续反应。

$$Br\cdot + Br\cdot \longrightarrow Br_2$$
$$CH_3\overset{\cdot}{C}H\text{—}CH_2\text{—}Br + Br\cdot \longrightarrow CH_3\underset{Br}{\overset{}{C}H}\text{—}CH_2\text{—}Br$$
$$CH_3\overset{\cdot}{C}HCH_2\text{—}Br + CH_3\overset{\cdot}{C}HCH_2Br \longrightarrow BrCH_2\underset{CH_3}{\overset{CH_3}{C}H}\text{—}\overset{}{C}HCH_2Br$$

在自由基反应中，优先生成较稳定的自由基，较不稳定的自由基可以通过取代基的重排转化为较稳定的自由基。例如：

$$\underset{\text{伯碳自由基}}{CH_3\text{—}\underset{CH_3}{\overset{CH_3}{C}}\text{—}CH_2\text{—}\overset{\cdot}{C}H_2} \xrightarrow{H\text{-迁移}} \underset{\text{仲碳自由基}}{CH_3\text{—}\underset{CH_3}{\overset{CH_3}{C}}\text{—}\overset{\cdot}{C}H\text{—}CH_3} \xrightarrow{CH_3\text{-迁移}} \underset{\text{叔碳自由基}}{CH_3\text{—}\underset{\overset{\cdot}{C}H_2}{\overset{CH_3}{C}}\text{—}CH_2\text{—}CH_3}$$

3,3-二甲基丁烯在过氧化物存在下与 HBr 反应是一个自由基加成反应，主要生成 1-溴-2,3-二甲基丁烷。

$$(CH_3)_3CCH\text{=}CH_2 + HBr \xrightarrow{\text{过氧化物}} \underset{\text{次要产物}}{(CH_3)_3C\overset{}{C}H\text{—}CH_2\text{—}Br} + \underset{\text{主要产物}}{(CH_3)_2\underset{CH_3}{\overset{H}{C}}\text{—}\overset{}{C}H\text{—}CH_3\text{—}Br}$$

其反应机理为：

$$(CH_3)_3CCH\text{=}CH_2 + HBr \xrightarrow{\text{过氧化物}} (CH_3)_3C\overset{\cdot}{C}H\text{—}CH_2Br \xrightarrow{\text{重排}} (CH_3)_2\overset{\cdot}{C}CH\text{—}CH_2Br$$
$$\downarrow HBr \qquad\qquad\qquad\qquad\qquad \downarrow CH_3$$
$$\underset{\text{次要产物}}{(CH_3)_3C\underset{H}{\overset{}{C}}HCH_2Br} \qquad\qquad \underset{\text{主要产物}}{(CH_3)_2\underset{CH_3}{\overset{H}{C}}\text{—}CHCH_2Br}$$

自由基进攻双键的部位和双键的空间位阻有很大关系，对于单取代烯烃，反应一般发生在没有取代基的一端。

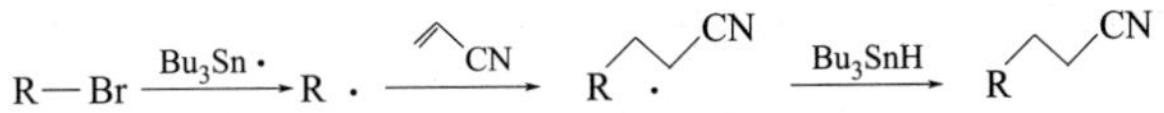

$$R-Br \xrightarrow{Bu_3Sn \cdot} R \cdot \xrightarrow{\diagup\!\!\diagdown CN} R \diagup\!\!\diagdown CN \cdot \xrightarrow{Bu_3SnH} R \diagup\!\!\diagdown CN$$

自由基对分子内双键的加成也称作分子内自由基环化反应，在有机合成中常用来合成环状化合物。5-烯基自由基动力学上优先形成五元环状结构而非六元环状结构。

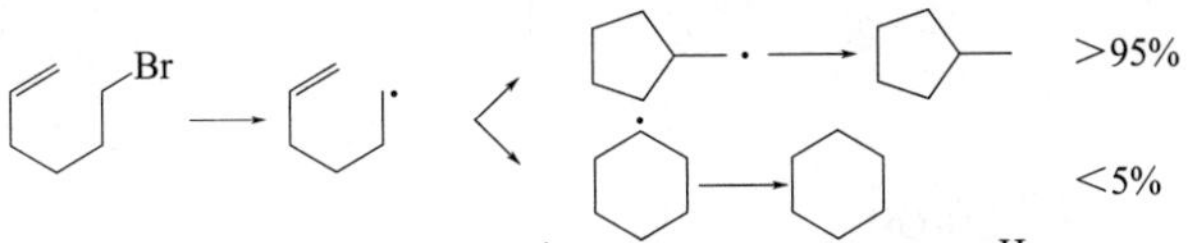

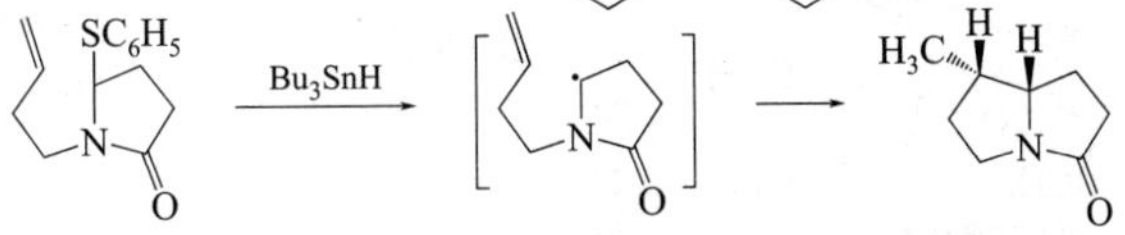

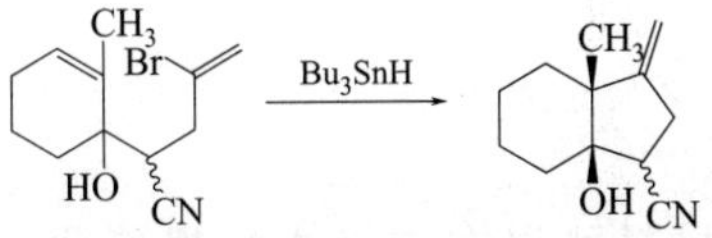

三正丁基锡化氢是一个很好的还原卤代烃的试剂，它也是通过自由基链式反应过程参与反应，它在有机合成化学上很有用。

$$Bu_3SnH \longrightarrow Bu_3Sn \cdot + H \cdot$$
$$Bu_3Sn \cdot + RX \longrightarrow Bu_3SnX + R \cdot$$
$$R \cdot + Bu_3SnH \longrightarrow RH + Bu_3Sn \cdot$$

在三正丁基锡化氢的引发下，从比较简单的碘化物（Ⅰ）一步形成两个五元环，高度立体选择性地得到三环天然产物（Ⅱ），很好地体现了自由基反应在有机合成中的优越性。

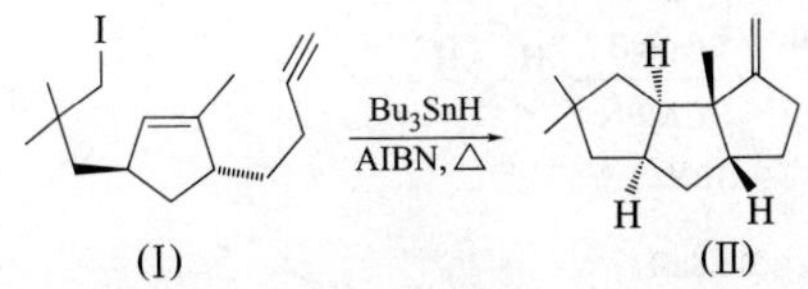

这种连续的自由基环化反应起始于不稳定的 AIBN 热分解引发形成 $Bu_3Sn \cdot$，然后 $Bu_3Sn \cdot$ 从弱的 C—I 键获取一个碘原子，生成烷基自由基，再一步发生二次成环，然后从三正丁基锡烷夺取氢生成产物，同时生成的 $Bu_3Sn \cdot$ 再进入催化循环。

11.3.3 自由基偶联反应

如苯酚在铁氰化钾作用下，生成的酚氧自由基容易偶联成醌类化合物，后者异构化成二酚。

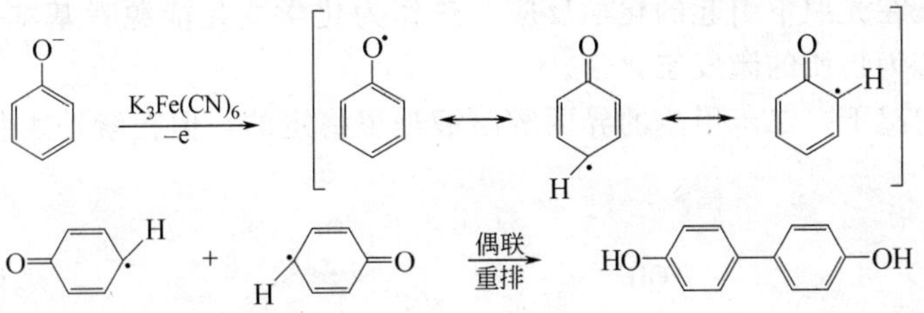

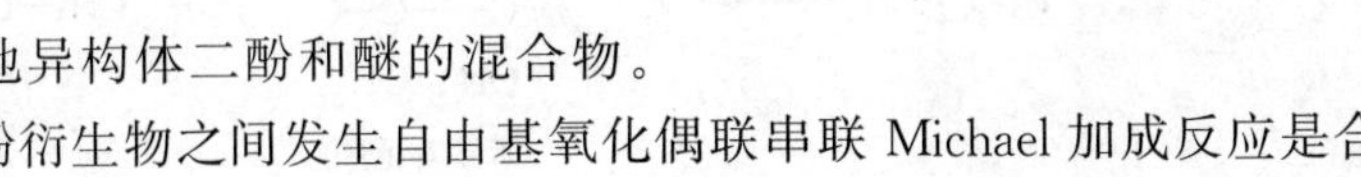

此外还有其他异构体二酚和醚的混合物。

又如，丙烯酚衍生物之间发生自由基氧化偶联串联 Michael 加成反应是合成苯并二氢呋喃类木脂素等天然产物的重要途径。化学合成这类天然产物时，可采用 Ag_2O、$K_3[Fe(CN)_6]$ 等作为氧化偶联剂。其反应机理是：

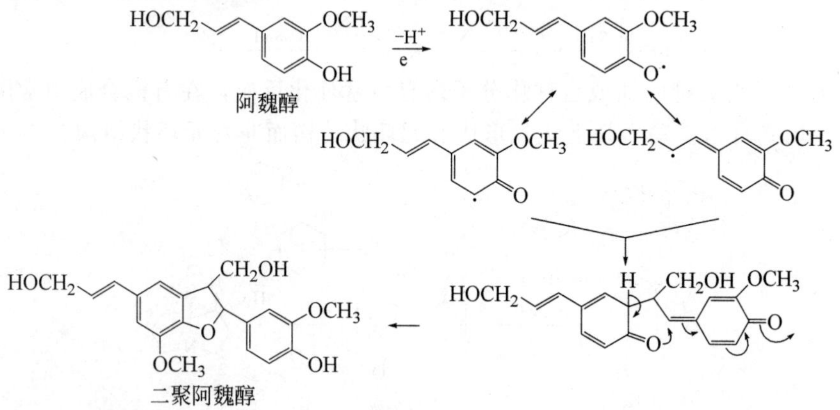

阿魏醇

二聚阿魏醇

11.3.4 自由基自氧化反应

许多有机化合物如醛、醚、高分子材料可以在空气中慢慢氧化，称为有机化合物自氧化。这是因为氧分子具有二价自由基结构容易参加自由基反应。

11.3.5 Barton-McCombie 去氧反应

Barton-McCombie 去氧反应是一个有机自由基反应。在反应中，有机化合物中的羟基被氢取代。该反应是由醇变换到硫酮后，在自由基条件下脱氧的反应，是将羟基脱去的最有效的方法。该反应以英国化学家德里克·巴顿（1918—1998 年）和 Stuart W. McCombie 命名。

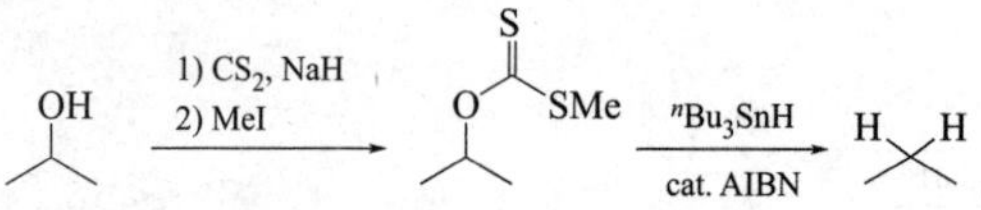

其反应机理如下：

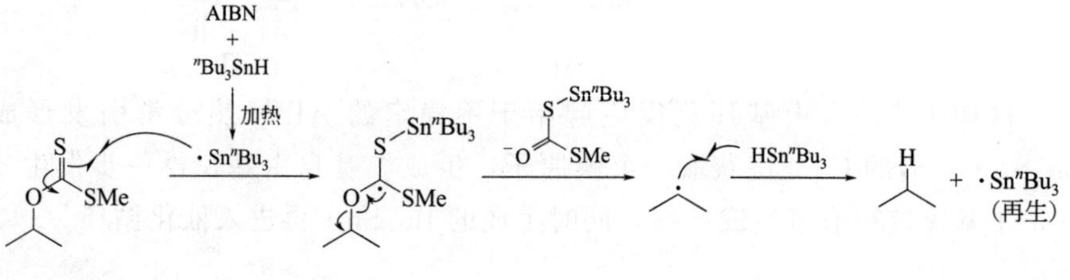

11.4 光化学反应

光化学反应是在光照下引起的化学反应。热作为化学变化能源者基本上属于基态化学。光化学则可以理解为物质的激发态化学。

例如在通常情况下，二苯甲酮的异丙醇溶液是很稳定的，但在紫外线照射下，则发生如下反应：

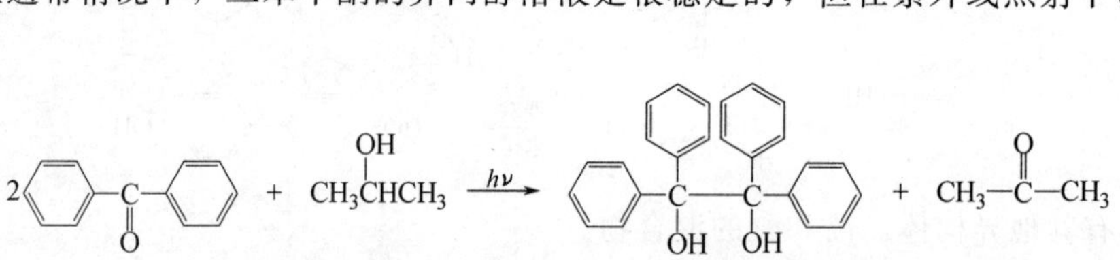

苯吩呐醇

光化学的必要条件：①光源具一定强度和波长；②存在吸收光的化学物质。其中吸收的光一部分重新透射或反射到环境，一部分吸收的光活化反应物质，主要是激活分子中的电子，使电子被激发到高能态（激发态）进行化学反应。

光化学反应的特点：①依分子吸收的光的波长，可以选择性地激发某一种分子；②吸收光子得到的能量远远超过在热反应中得到的能量。

光化学反应满足下面的定律。

① Gratthus-Draper 光化学第一定律：只有被分子吸收的光能才能有效地引起光化学变化。

② Starn-Einstein 光化学当量定律：一个分子只有吸收一个光子后才能发生光化学反应，光能量由 $\Delta E = h\nu = \dfrac{hc}{\lambda}$ 算出。

③ Frank-Condon 原理：分子激发的瞬间，只有电子重组，但不发生电子自旋和原子核位置的改变。

④ Beer-Lambert 定律：跃迁所需能量在一个范围内变化得到一个宽吸收带，吸收带强度满足下式。

$$\lg \dfrac{I_0}{I} = \varepsilon c l$$

式中，ε 为吸收系数，表示某一化合物吸收给定波长光的效率。

11.4.1 电子激发

分子吸收光使电子从低能级向高能级跃迁，有机分子每一特定跃迁的吸收波长取决于分子结构。不饱和烃分子发生 $\pi \to \pi^*$ 跃迁，羰基化合物分子可能有 $n \to \pi^*$ 和 $\pi \to \pi^*$ 两种跃迁。

因为 1 个分子的激发能量为 $E = hc/\lambda$，而 1mol 分子所需激发能量为 $E = Nhc/\lambda$（N 是阿伏伽德罗常数 6.0225×10^{23}）。

$$E = Nhc/\lambda = \dfrac{6.0225 \times 10^{23} \times 6.625 \times 10^{-34} \times 3 \times 10^8}{\lambda \times 10^{-9}} = \dfrac{1.20 \times 10^5}{\lambda} \text{kJ} \cdot \text{mol}^{-1}$$

波长越短，能量越大。如：200nm 紫外线，能量 600kJ·mol^{-1}；400nm 蓝光，能量 300kJ·mol^{-1}。这样的能量如能被分子吸收，就能够使化学键断裂，发生反应。

以乙烯为例来看 π 电子的激发情况：

	S_0	S_1	T_1
π^* 反键轨道	—	↓	↑
π 成键轨道	↑↓	↑	↑
	基态	单重态	三重态

乙烯处于基态（S_0）时吸收 162nm 的光能，电子跃迁进入单重态（S_1），如果分子的多重态发生了变化，则变为三重态（T_1）。

电子跃迁时满足下面的选择定则。

① 自旋保持的跃迁允许，自旋反转的跃迁禁阻。例如，S→S、T→T 是允许的，而 S→T 是禁阻的。

② 波函数是中心对称的称为 g，中心反对称的称为 u。电子跃迁满足对称性规则，g→u 和 u→g 的跃迁是允许的，而 g→g 和 u→u 是禁阻的。

③ 空间相同的轨道之间跃迁是允许的，例如乙烯的 π 和 π* 轨道在同一平面，它的 π→π* 是允许的。空间不同的轨道间跃迁是禁阻的，例如羰基的 n 轨道和 π* 轨道在不同平面内，它的 n→π* 跃迁是空间禁阻的。

11.4.2　激发态的失活

分子中电子从激发态返回到基态释放出能量称为失活。失活过程有以下三种方式。

① 从一个电子状态到另一电子状态的非辐射失活。在这种失活过程中，分子的激发态能量以振动（热）能方式转移给周围分子。若转移过程中分子的多重态不变，则称为内转换（IC），如 $S_2 \to S_1$；如果分子的多重态发生了变化，则称为系间窜跃（ISC）或系间交叉，如 $S_1 \to T_1$。

② 电子状态之间的辐射降级，分子发出荧光（$h\nu_f$）或磷光（$h\nu_p$）。荧光是由 S_1 放出光能而衰退至 S_0（在能量消失过程中有辐射）产生的，一般发生在 $10^{-9} \sim 10^{-6}$ s 之间。磷光是由长寿命的 T_1 态辐射转化到基态 S_0 时产生的，寿命较长，可延续 $10^{-3} \sim 10$ s。

③ 分子间的能量传递。

光激发作用后发生的过程如下图所示：

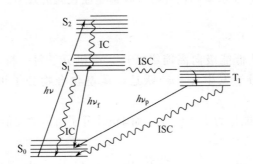

11.4.3　激发态的能量传递

(1) 敏化和猝灭　一个处在激发态（S_1 或 T_1）的分子可以把它的激发能一次全部地传递给周围的另一个分子，在此过程中，激发态分子敏化了另一分子，这种作用称为敏化作用。敏化另一分子的激发态分子称为敏化剂。敏化剂产生敏化作用后失去能量成为无活性的基态分子，这种过程称猝灭。例如：

$$D^* + A \longrightarrow A^* + D$$
$$T_1 \quad\ \ S_0 \quad\ \ T_1 \quad\ \ S_0$$

上式中激发态分子称为给体 D^*，发生敏化作用后猝灭到 S_0 态。另一分子称为受体 A，它夺取 D^* 的能量后被激发到 T_1 态。

如果 A 不再进行光化学反应，而通过其他途径把能量散失在其介质环境中，这种物质叫做猝灭剂。

例如用 366nm 的光照射萘和二苯甲酮的混合物，这里只有二苯甲酮吸收这个波长的光。

$$(C_6H_5)_2CO(S_0) \xrightarrow{h\nu} (C_6H_5)_2CO(S_1)$$

$$(C_6H_5)_2CO(S_1) \xrightarrow{ISC} (C_6H_5)_2CO(T_1)$$

$$(C_6H_5)_2CO(T_1) + C_{10}H_8(S_0) \longrightarrow (C_6H_5)_2CO(S_0) + C_{10}H_8(T_1)$$

$$C_{10}H_8(T_1) \xrightarrow{磷光发射} C_{10}H_8(S_0)$$

萘就是这个光化学反应的猝灭剂。

（2）发生敏化的条件 ①给体三线态 D^* 能量比受体三线态 A^* 的高。给体三线态要有足够长的寿命以完成能量的传递。②受体第一激发态的单线态能量比给体高，否则单线态能量传递要参加竞争。③避免敏化剂和受体吸收同一区域的光，否则给体和受体竞争吸收辐射能。

在用光照射时不能把一个分子变成期待的激发态时，光敏化是实现光化学反应的一个重要方法。

（3）Wigner 自旋规则 只要该体系的总自旋保持为常数，电子交换机理的能量转移就是允许的。

11.5 羰基的光化学反应

在有氢原子供给体存在的情况下，羰基在光照条件下从溶剂或其他氢供给体夺得氢而被还原。饱和脂肪酮的最低激发态是 $n \to \pi^*$，芳香酮的最低激发态是 $\pi \to \pi^*$。

（1）还原偶联 分子间夺取氢然后发生偶联反应，这种反应多半发生在芳香酮分子之间。如二苯甲酮在异丙醇中，在光的作用下还原偶联成四苯基乙二醇。

在异丙醇中二苯甲酮的光照还原偶联反应机理为：

光吸收 $\quad C_6H_5COC_6H_5\ (S_0) \xrightarrow{h\nu} C_6H_5COC_6H_5\ (S_1)$

系间窜跃 $\quad C_6H_5COC_6H_5\ (S_1) \xrightarrow{ISC} C_6H_5\overset{O}{\underset{\|}{C}}C_6H_5\ (T_1)$

夺取氢 $\quad C_6H_5\overset{O}{\underset{\|}{C}}C_6H_5(T_1) + CH_3\overset{OH}{\underset{|}{C}}CH_3 \longrightarrow C_6H_5\overset{OH}{\underset{|}{\dot{C}}}C_6H_5 + CH_3\overset{OH}{\underset{|}{\dot{C}}}CH_3$
$\qquad\qquad\qquad\qquad\qquad\qquad\quad |$
$\qquad\qquad\qquad\qquad\qquad\qquad\,\,H$

氢转移 $\quad CH_3\overset{OH}{\underset{|}{\dot{C}}}CH_3 + C_6H_5\overset{O}{\underset{\|}{C}}C_6H_5 \longrightarrow CH_3\overset{O}{\underset{\|}{C}}CH_3 + C_6H_5\overset{OH}{\underset{|}{\dot{C}}}C_6H_5$

偶联 $\quad 2C_6H_5\overset{OH}{\underset{|}{\dot{C}}}C_6H_5 \longrightarrow C_6H_5\overset{\overset{C_6H_5}{|}}{\underset{\underset{OH}{|}}{C}}\!\!-\!\!\overset{\overset{C_6H_5}{|}}{\underset{\underset{OH}{|}}{C}}C_6H_5$

（2）分子内偶联 又称 Norrish R I 型（α-断裂）反应，在激发态酮类化合物中，连接羰基的 C—C 键是最弱的，因此断裂常在此发生得到酰基和烃基自由基，然后再进一步发生后续反应，如酰基没有夺取氢而是失去 CO，然后发生偶联反应。脂肪酮多数发生分子内偶联（或均裂偶联）。

$$R\overset{O}{\underset{\|}{C}}R' \xrightarrow{h\nu} R\overset{O}{\underset{\|}{C}}\cdot + \cdot R' \longrightarrow R\cdot + CO + \cdot R' \longrightarrow R\text{—}R'$$

（3）关环和断裂 脂环酮或适当的烷基酮，常发生分子内夺取 γ-氢使羰基碳与 γ-碳成键关环的反应，生成环丁烷类产物，称为 Norrish R II 型（分子内光消除）反应；或发生 α、β-碳键断裂，产生烯烃和甲基酮。

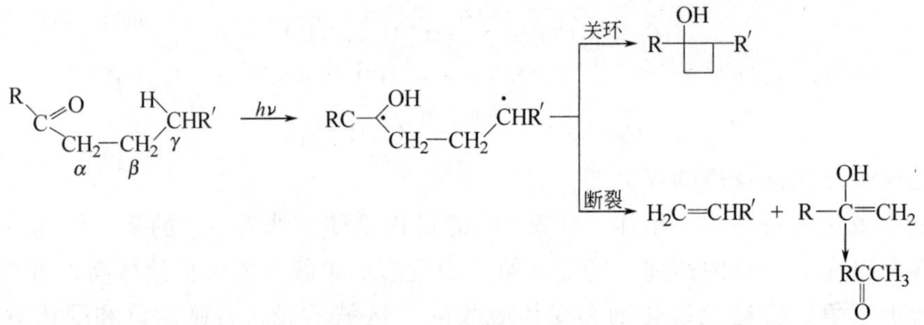

如果芳香酮或分子的邻位有 γ-氢可作为供氢的基团，分子内夺氢将是主要的，中间体为烯酮，它与亲电烯体结合发生 D-A 反应。如：

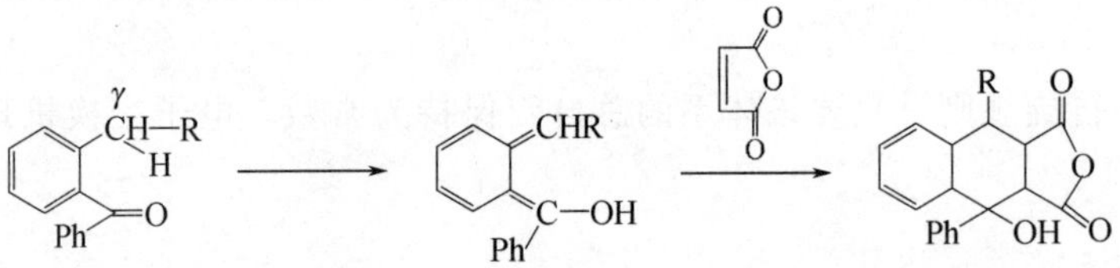

(4) 分子内重排反应　α,β-不饱和环己酮在光的作用下发生骨架重排，环戊烯酮发生夺氢。即：

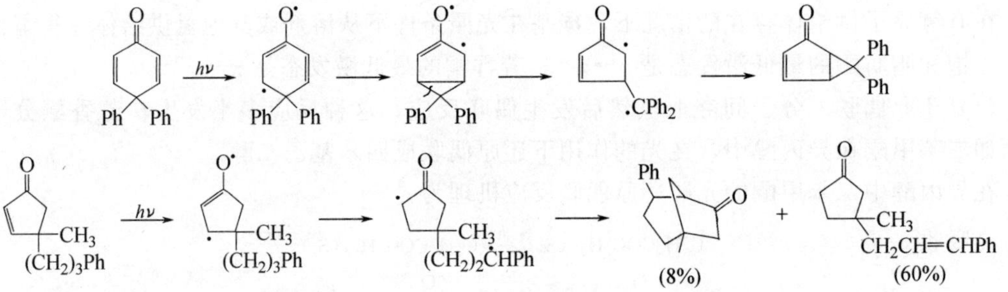

羰基化合物和富电子烯烃在光照条件下发生加成反应形成氧杂环丁烷。

Paternó-Büchi（P-B）反应是羰基-烯的［2＋2］光环加成生成氧杂环丁烷的经典有机光化学反应。

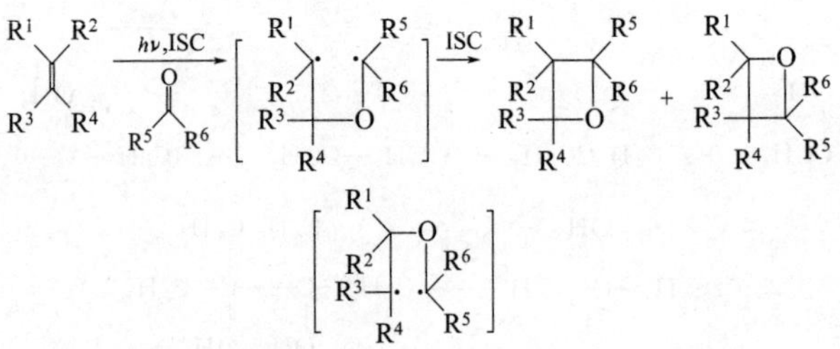

它是构建取代氧杂环丁烷的可靠方法，并且利用氧杂环丁烷的不同开环方式，可获得一些常规方法难于得到的、结构精巧的化合物。

Paternó-Büchi（P-B）反应历程大致为羰基化合物（A）吸收光子被激发到激发单线态，可直接与烯组分反应，可经历系间窜跃（ISC）到激发三线态再与烯组分反应。

11.6　烯和二烯的光化学

烯在光的作用下发生顺式和反式异构体的相互转化。异构化是通过一个激发态进行的，在这个激发态中，两个 sp^2 碳相对于基态来看扭转了 90°，这种状态称为 P（垂直）几何状态。例如，用光（313nm）直接照射顺-1,2-二苯乙烯或反-1,2-二苯乙烯都得到 93% 的顺式和 7% 的反式异构体。它们之间的异构化可简单表示如下：

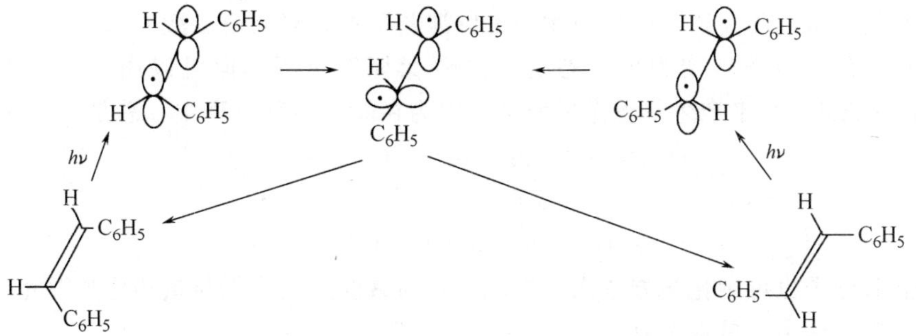

烯烃的光诱导顺-反异构化反应是非常普遍的光化学反应，在有机合成中有一些成功的实例，如下述 Wittig 反应得到维生素 A 和其 11-顺式衍生物的混合物，光异构反应可将混合物中的 11-顺式衍生物转化为全反式，即维生素 A，在医药合成中是关键的一步。

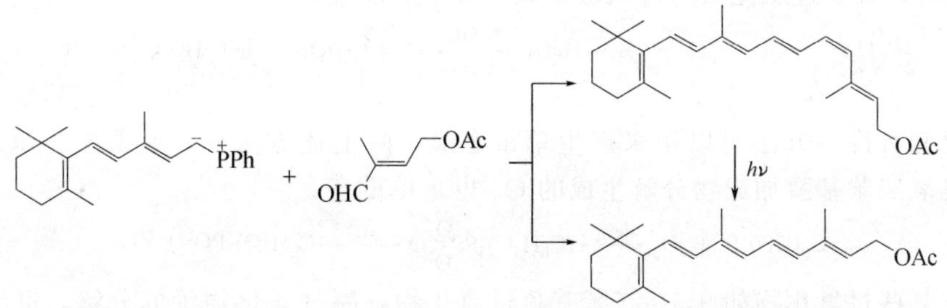

共轭二烯在光的作用下可以发生异构化或环加成。一般来说在有光敏剂存在时发生环加成。1,4-双烯可进行分子内关环，称为二-π-甲烷重排。

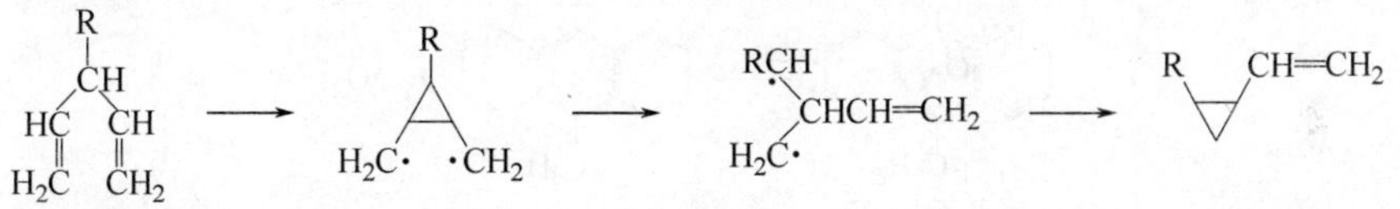

11.7 烯烃的光氧化反应

三重态的光敏剂是用来产生别种分子的三重态，但也有例外。氧分子在它的基态时就是以三重态存在的，而它的最低激发态是单重态。氧分子的 16 个电子在其基态时是处于如下的分子轨道：$(1\sigma_s)^2 (1\sigma_s^*)^2 (2\sigma_s)^2 (2\sigma_s^*)^2 (2\sigma_z)^2 (2\pi_x)^2 (2\pi_y)^2 (2\pi_x^*)^1 (2\pi_y^*)^1$。有两个电子处于两个简并 π* 轨道，每个电子占一个轨道，取向自旋平行（Hund 规则），这就是氧分子的基态三重态。事实上，在两个简并轨道可有三种不同的方式来安排这两个电子，一种就是上述的三重态，这种三重态是能量最低最稳定的；另外两种是单重态，它们可用下列式子表示：

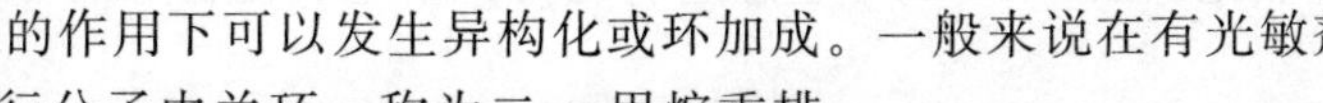

(↑)·Ö—Ö·(↑)　　　　Ö = Ö　　　　(↓)·Ö—Ö·(↑)
基态（三重态）　　第一激发态（单重态）　　第二激发态（单重态）

氧分子的这三种能态如下图所示：

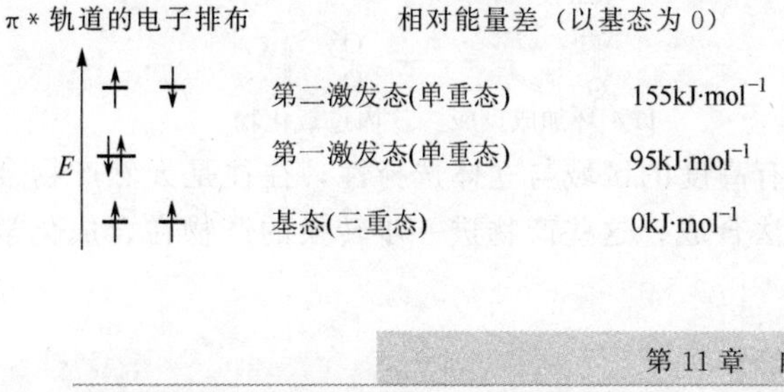

π* 轨道的电子排布	相对能量差（以基态为 0）
↑ ↓ 第二激发态(单重态)	155 kJ·mol^{-1}
↑↓ 第一激发态(单重态)	95 kJ·mol^{-1}
↑ ↑ 基态(三重态)	0 kJ·mol^{-1}

氧的第二激发态寿命很短，它迅速失去能量生成较稳定的第一激发态。后者具有大于 10^{-6} s 的半衰期，在反应中它是所涉及的单重态氧的有用形式。在某些光氧化反应中，通过使用能量高的光敏剂和高浓度的反应物，可以涉及单重态氧的第二激发态。

直接用光使氧分子转变为单重态是"自旋-禁阻"过程，但可以用一种三重态光敏剂（$E_T > 95 \text{kJ} \cdot \text{mol}^{-1}$）来产生单重态氧分子，因为在能量转移过程中，总是自旋守恒的。

$$O_2(\uparrow\uparrow) + A(\uparrow\downarrow) \longrightarrow {}^1O_2(\uparrow\downarrow) + A(\uparrow\downarrow)$$
$$\quad T_{1'} \qquad\qquad S_1 \qquad\qquad\qquad\qquad S_{0'}$$

$^1O_2$ 代表单重态氧分子，A 代表光敏剂

单重态氧分子也可用化学方法来产生。已知的碱性过氧化氢与氯的化学发光反应所形成的氧分子，现在认为是单重态氧。

$$H_2O_2 + Cl_2 + 2OH^- \longrightarrow 2Cl^- + 2H_2O + {}^1O_2$$

因为反应物都是单重态，所有的电子都是成对的，所以产物最初生成时也都是单重态，包括 O_2 在内。又如过氧化氢与过氧酸在碱溶液中的反应：

$$C_6H_5-C(=O)-O-O^- Na^+ + H_2O_2 \xrightarrow[H_2O]{NaOH} C_6H_5C(=O)-ONa + H_2O + {}^1O_2$$

目前已知有许多方法可以用来产生单重态氧，除上述方法外，亚磷酸三苯酯与 O_3 作用，所得臭氧三苯基膦加成物分解生成的 O_2 也是单重态。

$$(C_6H_5)_3P + O_3 \xrightarrow{-80℃} (C_6H_5)_3P\overset{O}{\underset{O}{\diagdown}}O \xrightarrow{-20℃} (C_6H_5)_3PO + {}^1O_2$$

另外，某些过氧化物如 9,10-二苯基蒽过氧化物、酮过氧化物等的分解，也能生成单重态氧。

[9,10-二苯基蒽过氧化物 $\xrightarrow{\Delta}$ 9,10-二苯基蒽 + $^1O_2$]

[双环己基四氧化物 $\xrightarrow[\text{或}\Delta]{h\nu}$ 2 环己酮 + $^1O_2$]

在描述单重态氧分子的轨道对称所需要的条件时，可以认为单重态氧分子符合乙烯的同样规则。这样，它的 1,4-加成类似于 Diels-Alder 反应。

[环己二烯 + $\ddot{O}=\ddot{O}$ → 内过氧化物]

$^1O_2$ 是一种亲电试剂，与烯烃可发生如下三种加成反应：

[1,2]环加成反应 → 二氧环丁烷

[1,3]加成反应（ene反应）→ 烯丙基氢过氧化物

[1,4]环加成反应 → 内过氧化物

$^1O_2$ 的氧化反应具有高度的区域与立体选择性，往往是天然产物合成中的关键步骤。上述产物很难用热化学方法合成，这些产物进一步转换的产物在合成化学同样很有意义。

11.8 芳烃光化学

苯的电子吸收在 230~270nm，能量约为 450kJ·mol^{-1}，相对于 $S_0 \to S_1$ 跃迁，已经远远超过了苯的共轭能 (151kJ·mol^{-1})，因此苯在光作用下形成的产物很可能不具有芳香性了。在低于 200nm 光照射下也会得到异构化产品。

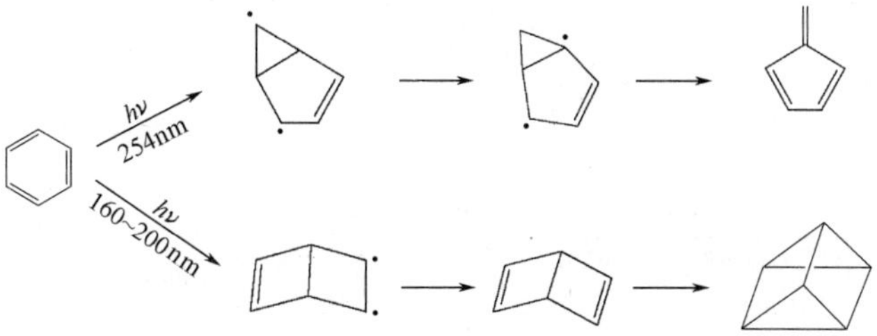

11.9 巴顿（Barton）反应

应用光化学反应合成的有机分子最成功的例子之一是巴顿（Barton）反应。光反应中有机亚硝酸酯在 220~230nm 和 310~385nm 处吸收，发生 O—N 键断裂。继之 δ-碳上的氢原子被烷氧基提取，形成碳自由基再按不同的反应途径反应。在 Barton 反应中，碳自由基和最初光化学步骤放出来的 NO 再结合形成烷基亚硝基化合物并异构化为肟。有机亚硝酸酯光解转化成肟醇的反应称为 Barton 反应。反应时通常使用滤波器限制辐射光波长在 300nm 以上，以避免高能短波辐射引起有害的副反应。

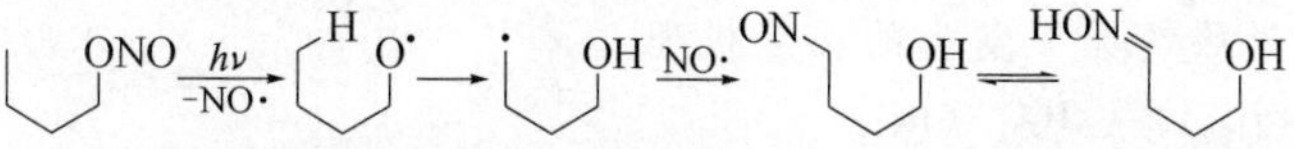

δ-碳上有氢原子以利于发生氢原子转移是该反应的一个关键因素。利用这个反应将甾族化合物中不活泼的部位变成活泼的基团是较为成功的。

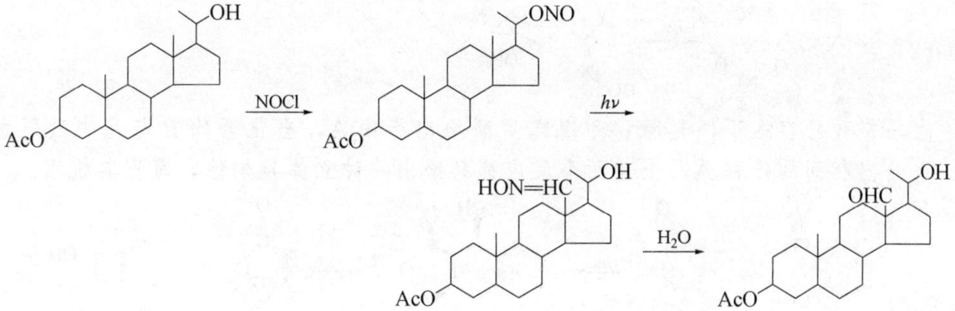

习 题

11.1 填充题

有机光化学反应中，分子的激发态常有_____态和_____态两种，但大多数光化学反应是按_____态进行的。在二苯甲酮与异丙醇的光化学反应中，当加入萘时，该反应中止，反应中的二苯甲酮是_____剂，而萘是二苯甲酮激发态的一种_____剂。

11.2 解释

(1) 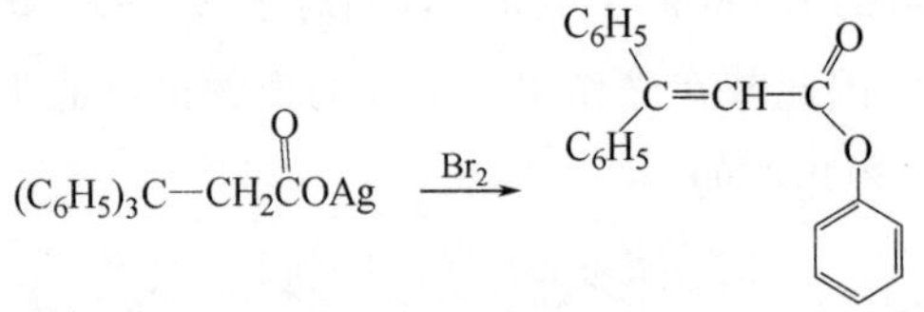 $(C_6H_5)_3C-CH_2COAg \xrightarrow{Br_2}$ [结构式：C_6H_5 和 C_6H_5 取代的丙烯酸苯酯]

(2) [对甲基苯酚] $\xrightarrow[\text{pH值为9的缓冲液,16h,20℃}]{K_3Fe(CN)_6}$ [产物：含 HO、CH_3 取代的二苯并呋喃结构]

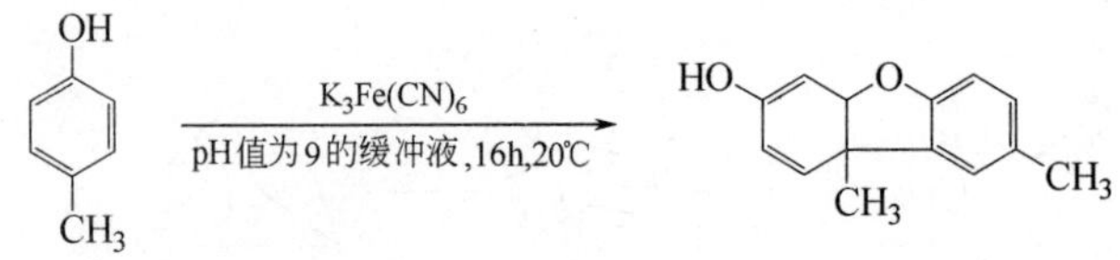

11.3 写出反应机理

(1) $ArN_2^+Cl^- + H_2C=CHCN \xrightarrow{CuCl_2} ArCH_2-\overset{Cl}{\underset{}{C}}HCN + ArCH=CHCN + HCl$

(2) 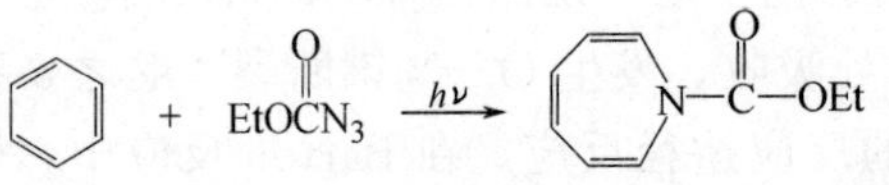 [苯] $+ EtOCON_3 \xrightarrow{h\nu}$ [氮杂环庚三烯-N-COOEt 结构]

(3) $C_6H_5\overset{O}{\underset{}{C}}CH_3 + CH_3C(CH_3)=CHCH_3 \xrightarrow{h\nu}$ [含 C_6H_5, CH_3, CH_3, CH_3, CH_3 的氧杂环丁烷]

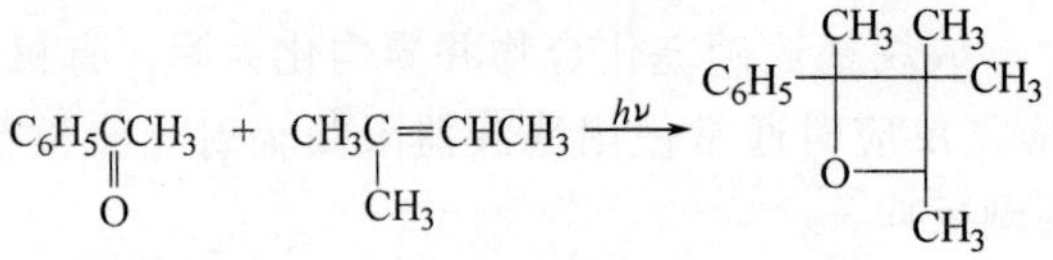

11.4 写出下列在光照情况下发生的反应机理

(1) 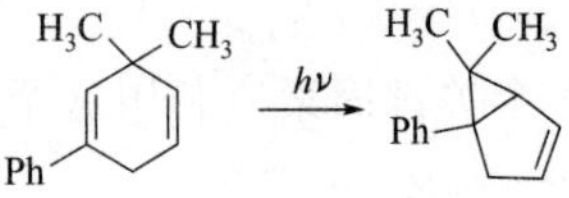 [1,1-二甲基-4-苯基环己二烯] $\xrightarrow{h\nu}$ [双环产物 Ph 取代]

(2) [螺环亚硝酸酯] $\xrightarrow{h\nu}$ [含 HON= 和 OH 的螺环产物]

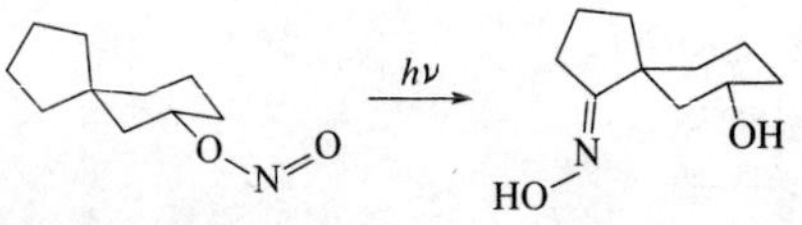

11.5 在马来酸酐存在下，光照 o-甲基苯甲醛给出产物 A，当化合物 B 与马来酸酐加热时也给出相同的产物 A，上述两个反应都只给出一种立体异构体，写出其机理。

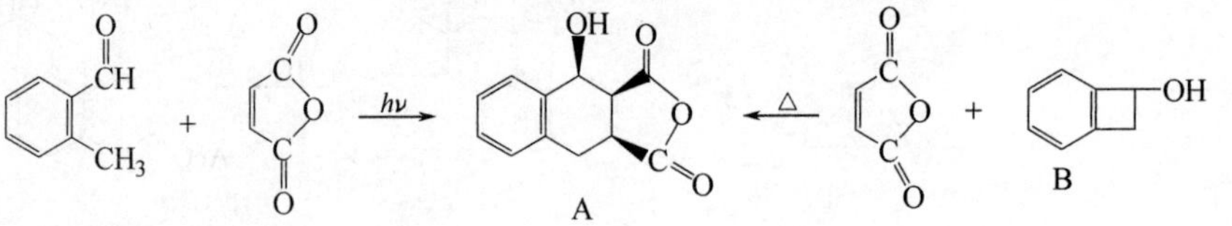

[o-甲基苯甲醛] + [马来酸酐] $\xrightarrow{h\nu}$ A [含 OH 的稠环产物] $\xleftarrow{\Delta}$ [马来酸酐] + B [苯并环丁烯醇]

11.6 提出合适的反应机理

(1) 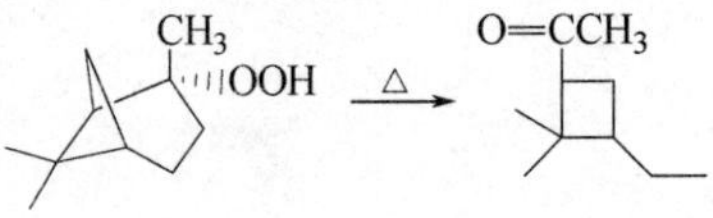 [含 CH_3 和 OOH 的双环结构] $\xrightarrow{\Delta}$ [含 COCH_3 的环丁烷产物]

(2) [2-甲基-5-异丙烯基环己烯酮] $\xrightarrow{h\nu}$ [三环酮产物]

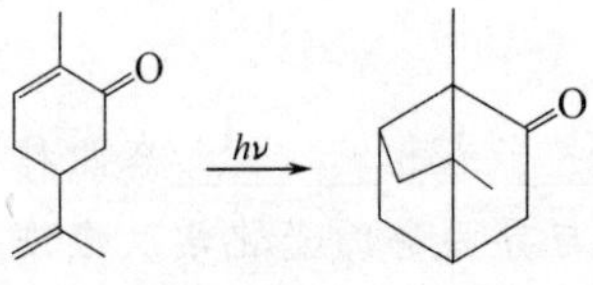

(3) 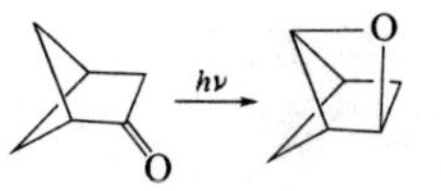 ![norbornanone hv → oxetane]

11.7 提出反应机理

(1) 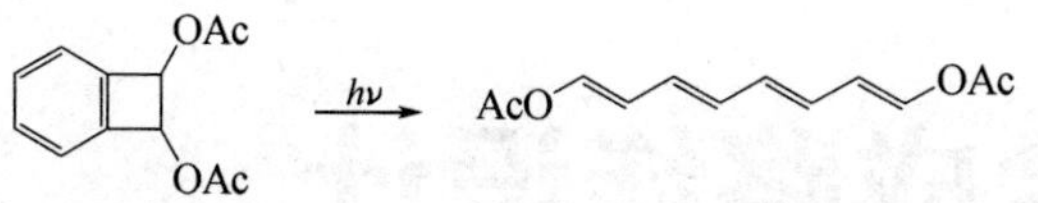 ![benzocyclobutene diOAc hv → AcO-tetraene-OAc]

(2) 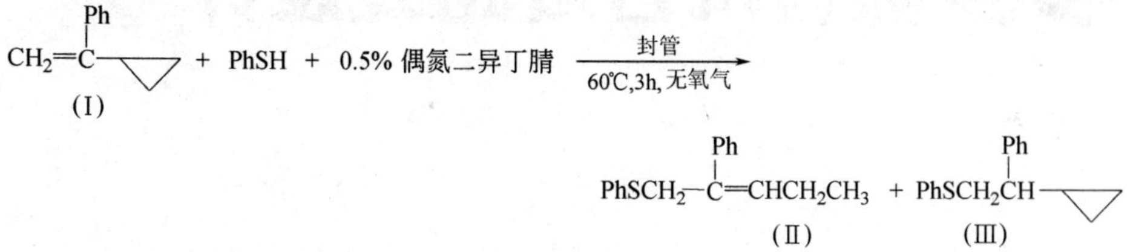
$$CH_2=C(Ph)(cyclopropyl) \text{ (I)} + PhSH + 0.5\% \text{ 偶氮二异丁腈} \xrightarrow[60℃,3h,无氧气]{封管}$$

PhSCH$_2$–C(Ph)=CHCH$_2$CH$_3$ (II) + PhSCH$_2$–CH(Ph)–cyclopropyl (III)

11.8 写出下列反应的机理

(1) 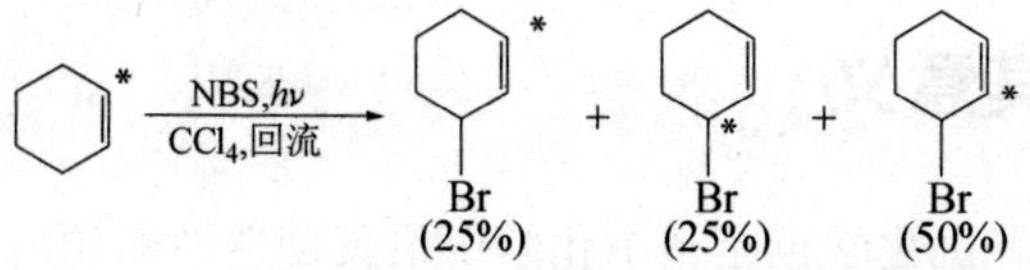 环己烯* $\xrightarrow[CCl_4,回流]{NBS, h\nu}$ 3-溴环己烯* (25%) + 3-溴环己烯(带*) (25%) + 3-溴环己烯(带*) (50%)

(2) CCl_4 + $CH_2=CHCH_2C(CH_3)_2CO_2Et$ $\xrightarrow[2) t\text{-BuOK}]{1) BPO}$ 二氯乙烯基偕二甲基环丙烷-CO$_2$Et

(3) ![iodo-gem-dimethyl-methylcyclopentene-butyne substrate] $\xrightarrow[\text{苯, 回流}]{n\text{-Bu}_3\text{SnH}, \text{AIBN(cat)}}$![triquinane product]

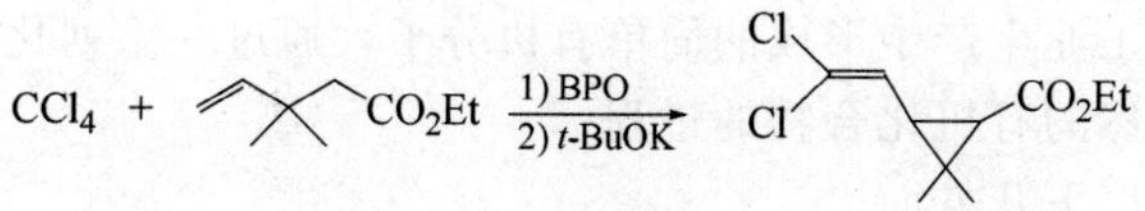

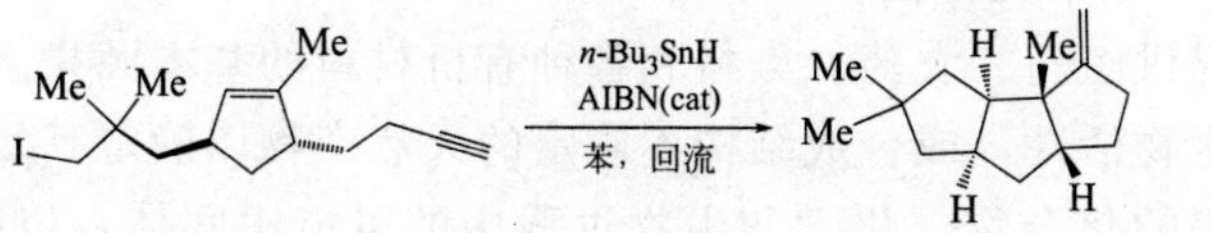

第12章 多步骤有机合成路线设计

12.1 有机合成的概念及其意义

有机合成是有机化学的中心,是有机化学也是整个化学中最具创造性的领域之一。

有机合成是利用天然资源或工业生产中形成的简单有机分子,通过一系列化学反应合成得到各种复杂结构的天然或非天然的有机化合物的过程。

有机合成的应用主要体现在以下几方面。

① 它是向现代人类社会提供医药、农药、染料和各种有机材料的基本源泉。

② 合成天然产物以探讨生物活性,或合成结构不确定的天然产物以确定其复杂结构。

③ 合成供探讨反应机理用的化合物,化学和生物过程中的可能中间体,以探讨其化学和生物功能。

虽然许多有机化合物可以从天然物质中提取和分离出来,但是从天然物质中提取有机物是有限的。有些药物,例如可的松,用2万头牛的肾上腺作原料,才可分离出200mg。又如抗癌药紫杉醇(Taxol),需砍伐约11t红豆杉树木(约4800棵树),才可得紫杉醇1kg。因此,人工合成药物是医药的主要来源之一。

有机反应的进步,尤其是各种有机金属和有机金属络合物(如Na、Mg、Zn、Al、Li、Si、P、S、B、过渡金属等)试剂的广泛应用,使有机合成中反应选择性这一当今的核心问题取得了突出的进展。人们已能有效地使合成反应在化学选择性、区域选择性和立体选择性,亦即从一维到三维空间上得到控制。与此同时,20世纪60年代以来发展的有机合成设计,使有机合成从一向认为是"科学的艺术"发展成为可以计划的"系统工程"。60年代末维生素B_{12}的全合成和90年代初海葵毒素(Palytoxin,分子式为$C_{130}H_{229}N_3O_{53}$,分子量为2697,分子内有64个手性碳原子)的合成是有机合成领域里程碑式的成就。此外,利用光、电、声等物理因素的有机合成反应和利用微生物和酶催化的不对称有机合成反应特别引人注目,展现了广阔的发展前景。

12.2 逆合成分析法

著名美国有机化学家E.J.Corey在1967年提出了具有严密逻辑的逆合成分析法(retrosynthesis)。它的中心思想是对合成的目标化合物(TM)按可再结合的原则在合适的键上进行分割，使其成为合理的、较简单的各种可能前体或结构单元（合成子）。再进一步剖析一直推导出合成时所需的基本化学原料。即：目标分子⇒中间体…中间体⇒起始原料。这种理性推导可以设计出各种复杂目标化合物的合成路线。

合成路线通常是指有机合成时使原料按一定的顺序进行一系列的反应，最后生成具有指定结构的产物。这种按顺序进行的一系列反应，就构成了合成路线。

$$\underbrace{甲 \longrightarrow \underbrace{乙 \longrightarrow 丙}_{（中间物）} \longrightarrow \underset{（产物）}{丁}}_{合成路线}$$

而逆合成法的顺序正好与合成路线相反。即：

$$\underset{（产物）}{丁} \Longrightarrow \underbrace{丙 \Longrightarrow 乙}_{（中间物）} \Longrightarrow \underset{（原料）}{甲}$$

在逆合成分析中，需运用切断法（disconnection），即逆推一个反应，想象中的一根键断裂，使分子"裂分"成两种可能的起始原料。下面通过具体的实例来说明。

【例1】

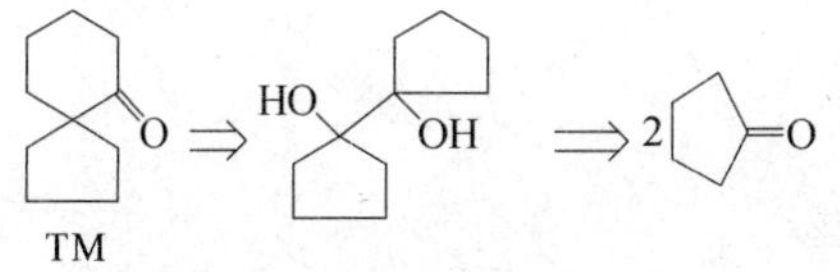

【例2】

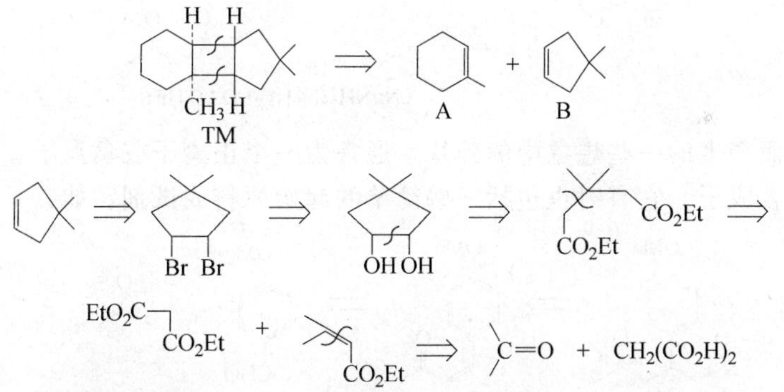

【例3】

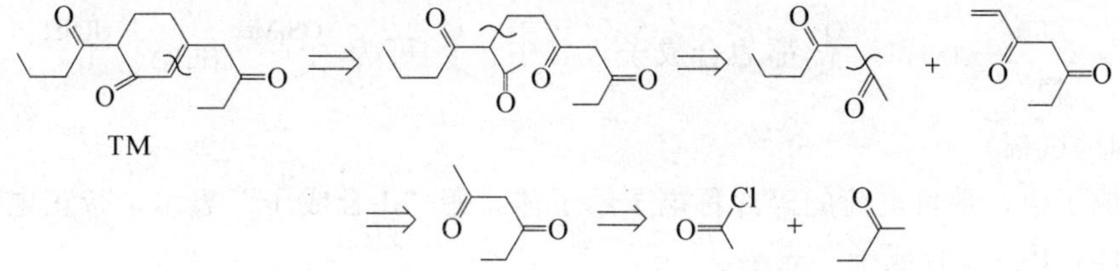

【例4】

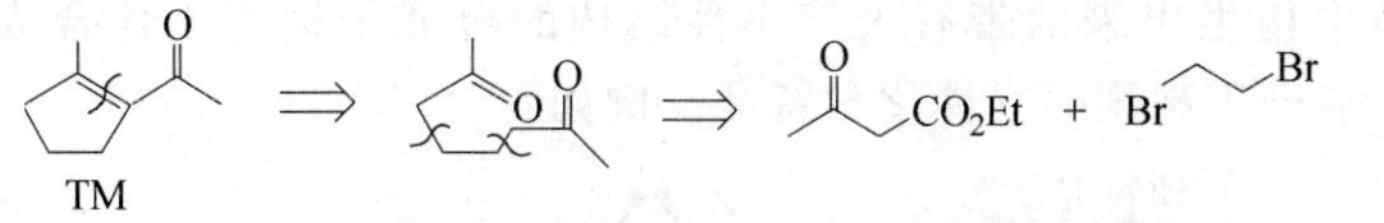

【例5】（①Na/(CH$_3$)$_3$SiCl；②H$_2$O）

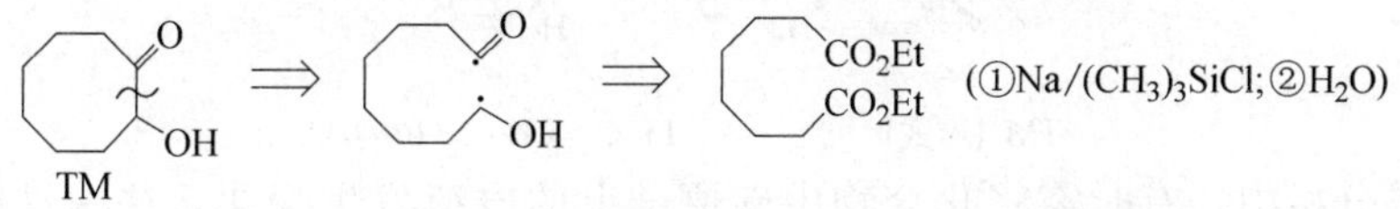

【例6】

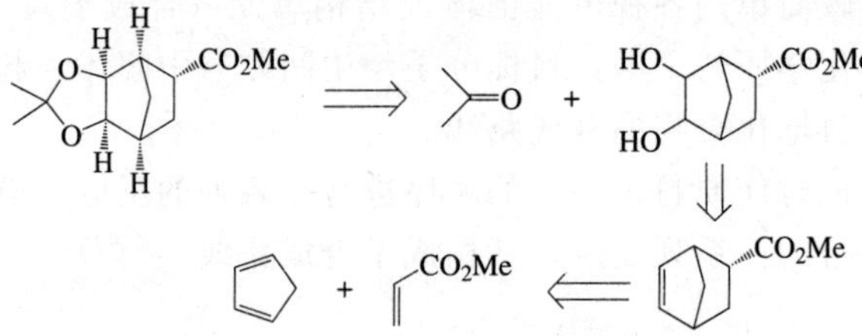

注意到该目标分子中邻二醇的结构是以缩酮的形式隐藏，去掉缩酮之后，邻二醇就会暴露出来，迅速地推出前体烯烃——环己烯，且双键的"对面"还有一个吸电子基，很显然这是通过 Diels-Alder 反应形成的，正向反应的立体化学控制也符合目标分子的结构。

【例7】

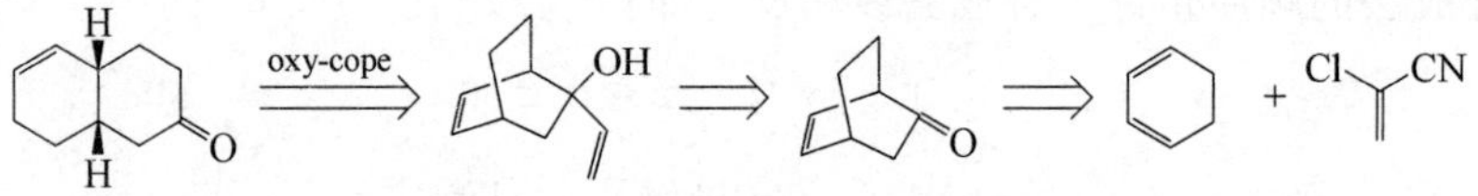

【例8】

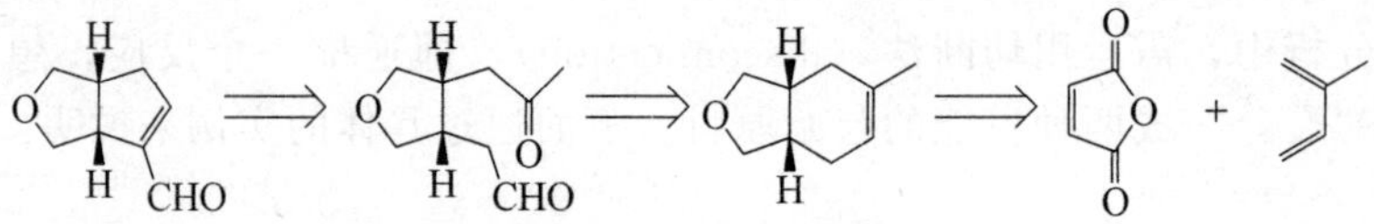

有时可能有几种切断的方式。如：

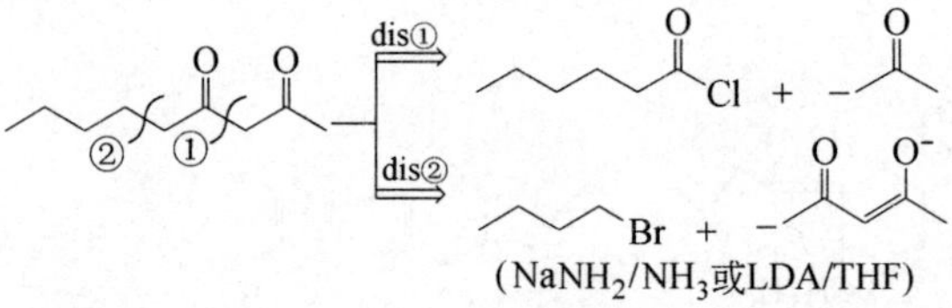

上述通过切断而产生的一些想象中的碎片，通常为一个正离子或负离子、卡宾及合成等价物，通常称其为合成子。它有时也包括一些简单的起始原料或试剂。如：

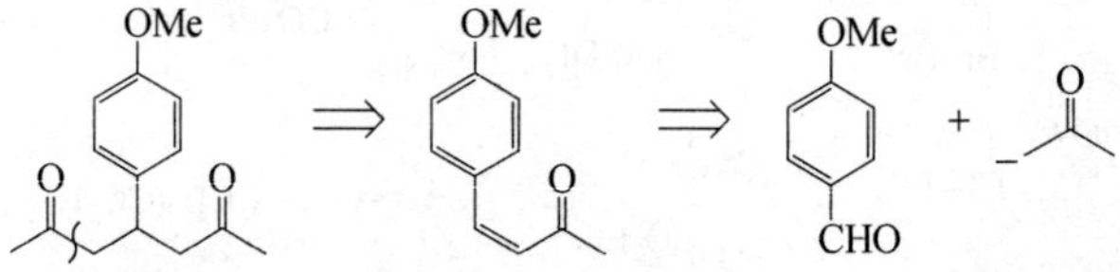

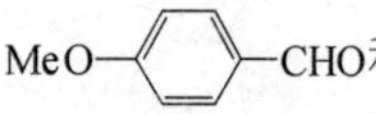

MeO—C$_6$H$_4$—CHO 和 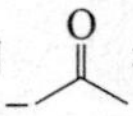 都为合成子，其中 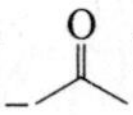 可为 (TiCl$_4$)、 、 或 (最适用的试剂)。

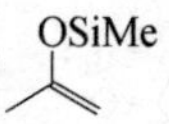

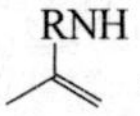

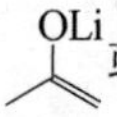

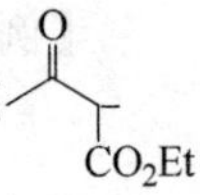

合成子中，带负电荷的碎片称电子给予体，用"d-合成子"表示，带正电荷的碎片称电子接受体，用"a-合成子"表示。

易得的手性前体中衍生出来的带有天然手性结构的合成子称为手性合成子（chiron）。这种手性元的组合，能产生高度的立体化学特征。例如：

TM (赤式) $^+$Li $^-$C≡CH   (trans)

在逆合成分析中，有时需将化合物中碳原子上的电荷发生变化，这一过程为极性转换（umpolung）。例如下面的反应：

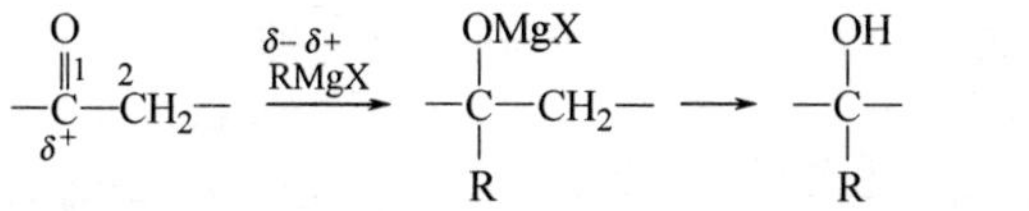

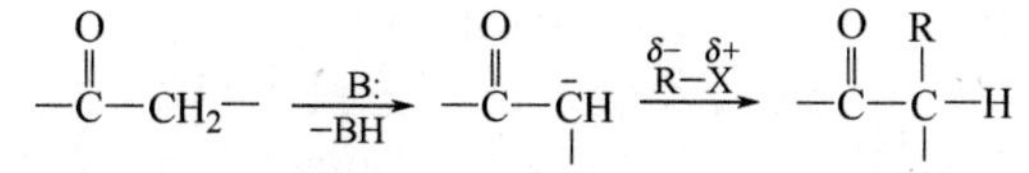

假如要让亲核试剂（如RMgX）进攻C2，而让亲电试剂（如RX）进攻C1，这似乎不可能发生。但是可以利用改变与其连接或相邻的杂原子，来改变碳原子的电荷，使反应发生。如：

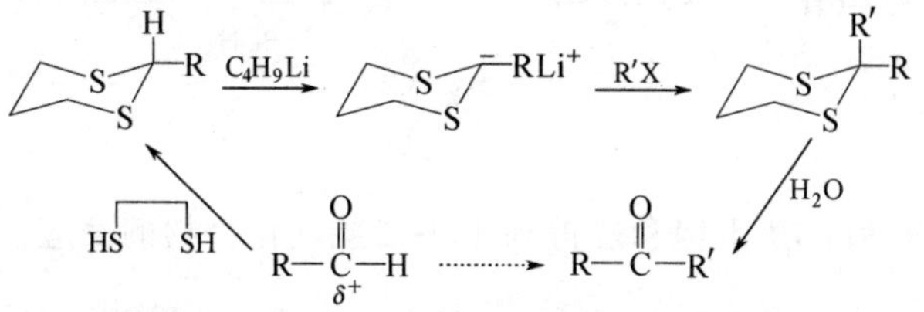

目前已有不少极性转换试剂，常见的具有重要实用价值的是1,3-二噻烷试剂，它容易与羰基形成硫缩醛，与丁基锂作用后生成1,3-二噻烷基锂在0℃以下是稳定的，并具有较高的活性，与各种亲电试剂反应后，1,3-二噻烷也容易水解除去。特别适合于某些醛酮的合成。例如：

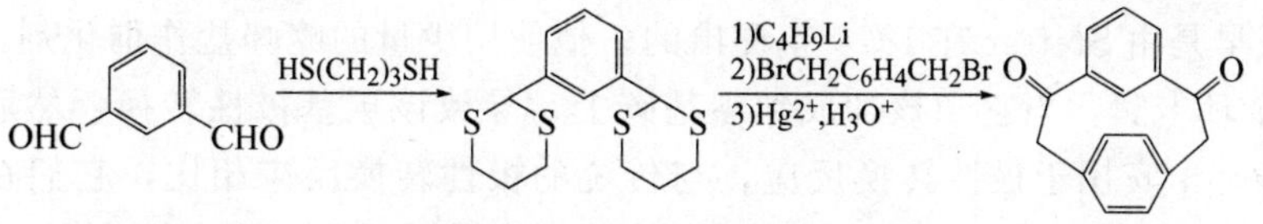

1,3-二噻烷基锂与氯化三甲硅烷反应后，再经丁基锂除去氢原子，可得一负离子产物。

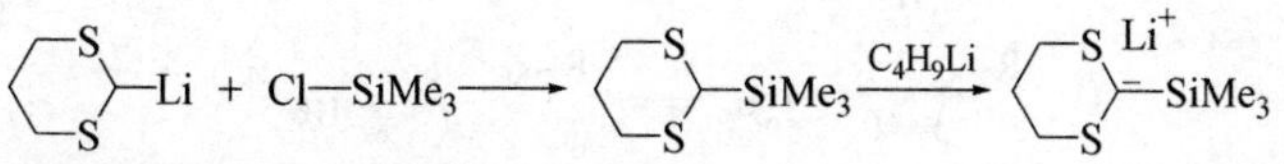

这个负电子产物可以和醛、酮发生相应的反应。如与苯甲醛反应：

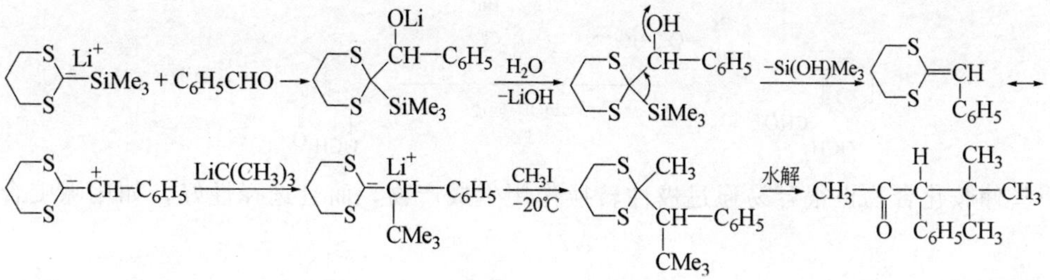

又如：$PhCHO \xrightleftharpoons{CN^-} Ph-\overset{O^-}{\underset{CN}{\overset{|}{C}}}-H \rightleftharpoons Ph-\overset{OH}{\underset{CN}{\overset{|}{C}}}$

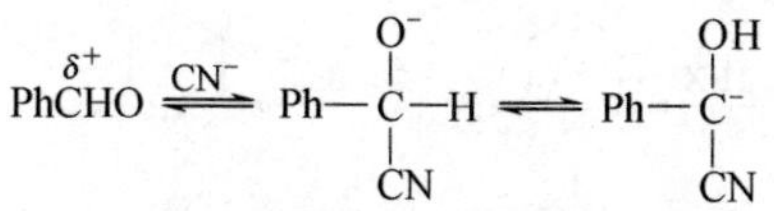

经极性转换后，将本不是亲电或亲核的试剂，转变为相当于亲电或亲核的试剂，称为合成等价基（equivalent）。如下列反应是不能一步完成的。

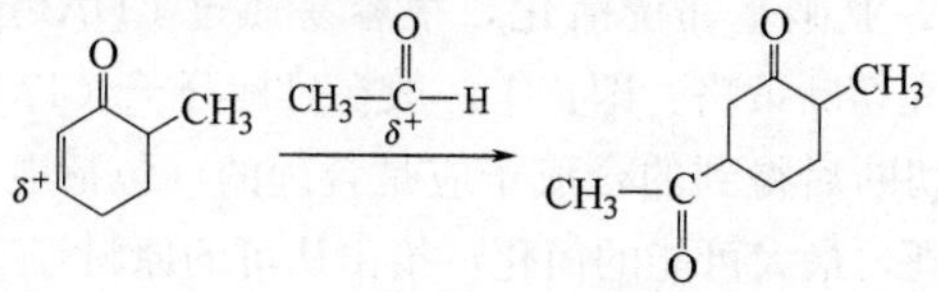

将反应物进行极性转换为合成等价基可得到产物。即：

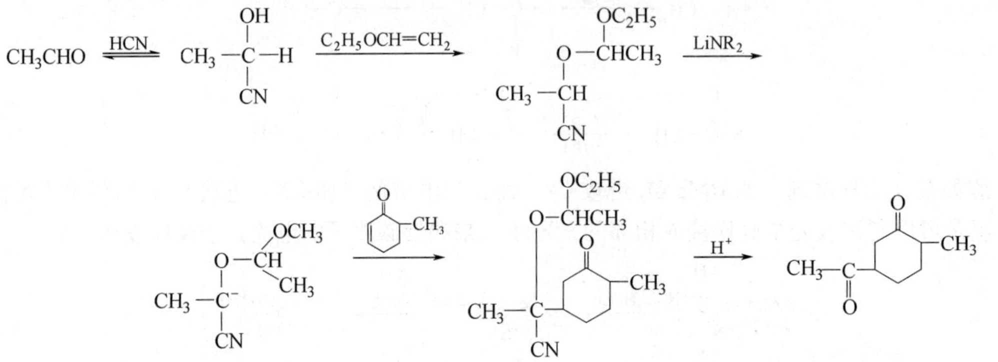

[反应式：CH₃CHO —HCN→ CH₃-CH(OH)(CN) —C₂H₅OCH=CH₂→ 缩醛中间体 —LiNR₂→ 碳负离子 + 环己烯酮 → 加成产物 —H⁺→ 3-甲基-5-乙酰基环己酮]

Stetter 反应是从醛和 α,β-不饱和醛得到 1,4-二羰基化合物的反应。

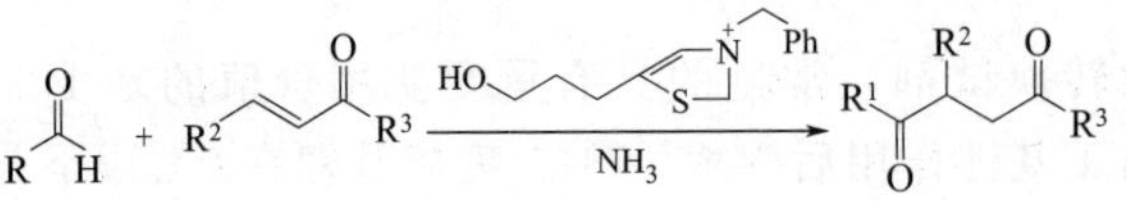

[反应式：RCHO + R²CH=CHCOR³ —噻唑盐催化剂/NH₃→ R¹COCH(R²)CH₂COR³]

Stetter 反应作为极性转换的亲核有机催化反应的范例，是合成很多重要的有机化合物如 1,4-二羰基化合物、环戊烯酮化合物、取代吡咯化合物、取代呋喃化合物等的重要途径。Stetter 反应最早是由 Stetter 在 1976 年提出的，他使用少量的噻唑盐作催化剂，在弱碱性条件下形成 N-杂环卡宾，当它亲核加成到羰基碳上，导致该羰基极性转换，然后加成到活性双键上。N-杂环卡宾用于极性转换反应，与传统的极性转换反应相比，它们在反应中不需要化学当量的，催化量的 N-杂环卡宾就可以实现醛的羰基碳原子的极性转换。N-杂环卡宾的结构如下。

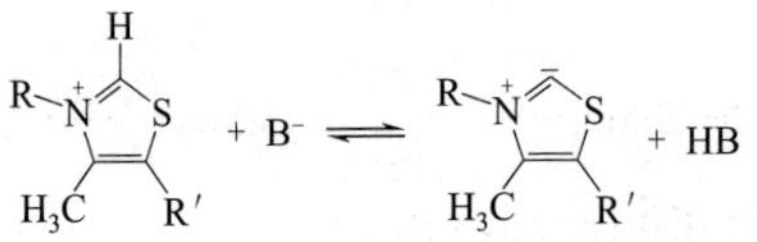

[噻唑盐 + B⁻ ⇌ N-杂环卡宾 + HB]

例如：

[反应式：带有环戊烯酮和醛基的底物 + 噻唑盐/Et₃N，EtOH 回流 → 螺环产物]

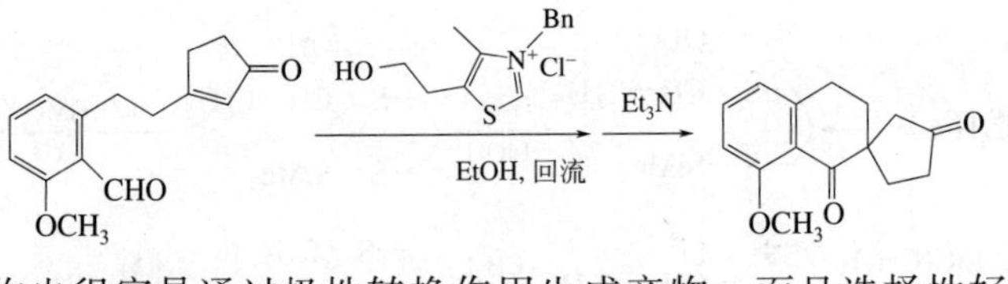

一些仲胺化合物也很容易通过极性转换作用生成产物，而且选择性好，如用哌啶合成毒芹碱：

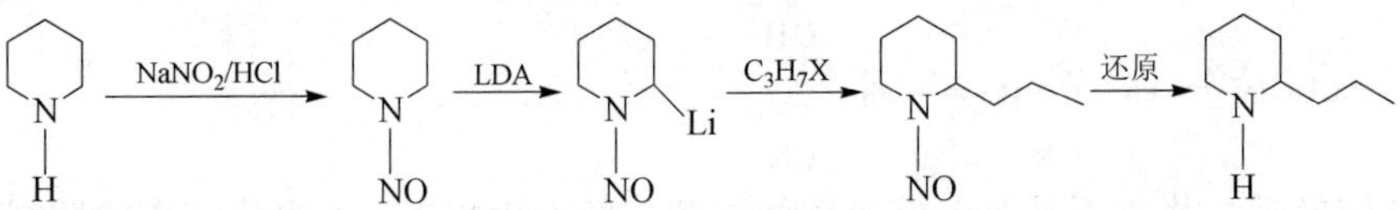

[反应式：哌啶 —NaNO₂/HCl→ N-亚硝基哌啶 —LDA→ 2-锂代-N-亚硝基哌啶 —C₃H₇X→ 2-丙基-N-亚硝基哌啶 —还原→ 2-丙基哌啶]

反应前哌啶仲胺上的氮原子带负电荷，反应中生成的 N-亚硝基哌啶使氮原子通过极性转换而带正电荷。这才使 N-亚硝基邻位活化，很容易通过 LDA 引入亚丙基。

在逆合成分析中，要讲究切断策略，即：①一般在目标分子（TM）中有官能团的地方切断；②在带支链的地方切断；③切断后得到的合成子应是合理的（包括电荷合理）；④一个好的切断应同时满足有合适的反应机理，最大可能的简化，给出认可的原料等三个条件。例如：

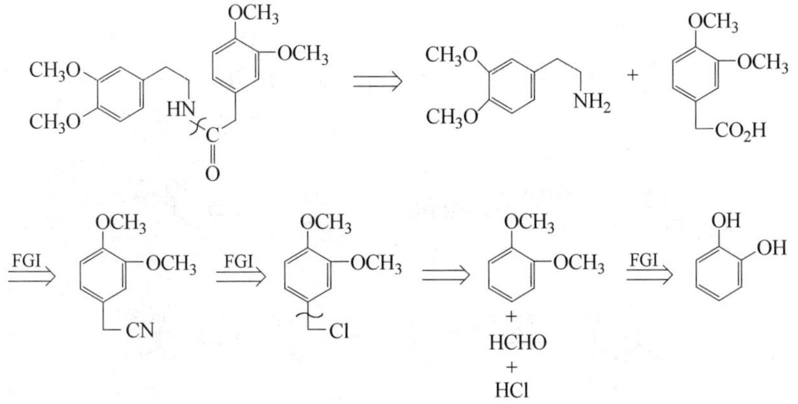

FGI 表示官能团转换。

从上面的逆合成分析，可设计如下合成路线，即：

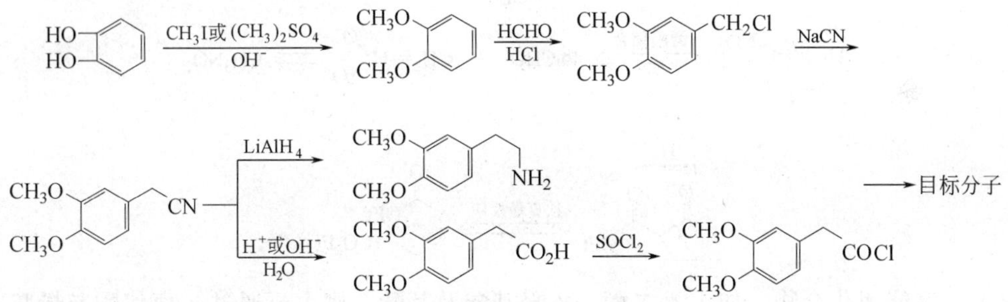

在含有两个以上官能团的目标分子中，两个官能团的关系表现在它们之间的距离方面，这是帮助选择切断的指南。

对于1,2-二官能团目标分子，如1,2-二酮、α-氰醇、α-羟基酸、α-羰基酸、1,2-二醇等，可采用醛酮与 HCN 反应、安息香缩合、烯烃的双羟基化、烯烃和邻二醇的断裂等反应。

以甲酰甲酸丁酯为例，它是一个1,2-二官能团目标分子。显然，它的 FGI 前体是草酸二丁酸和羟基乙酸丁酯。然而，目标分子中的醛基也能通过烯或乙二醇的氧化断裂进行有效制备。原料可用三个对称的二酸，即富马酸（反丁烯二酸）、马来酸（顺丁烯二酸）和酒石酸（2,3-二羟基丁二酸），它们都是理想的原料。烯烃和乙二醇的氧化断裂是常用的合成方法，其部分还原和部分氧化都可能成为实用的方法，但常常难以控制。

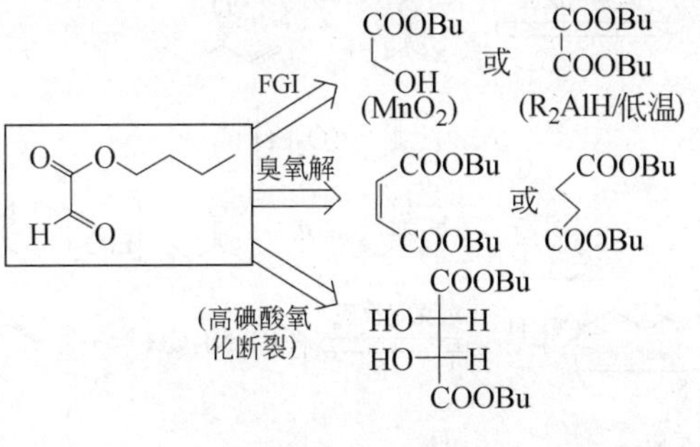

1,3-二官能团产物的典型合成方法是各种分子间或分子内的缩合反应、烯胺与酰卤的反应、乙酰乙酸乙酯与酰卤的反应、Mannich 反应、瑞弗尔马茨基反应等。

如：

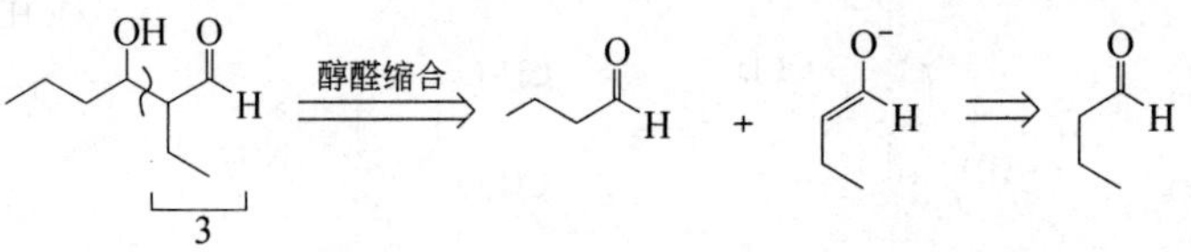

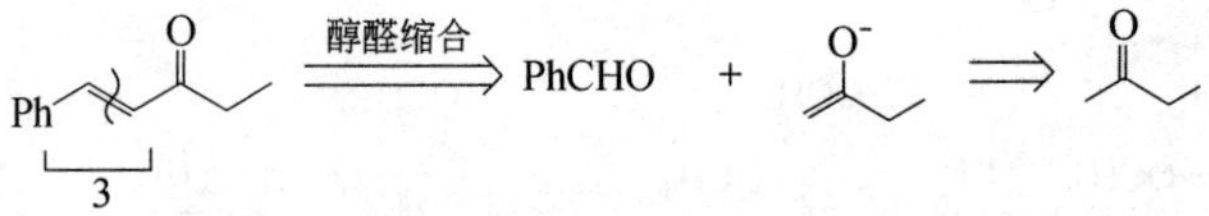

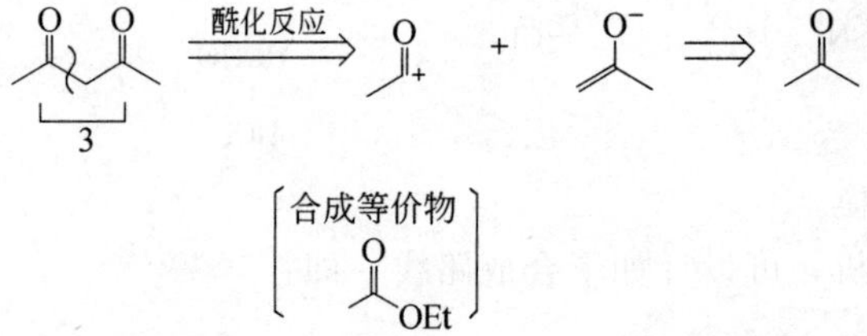

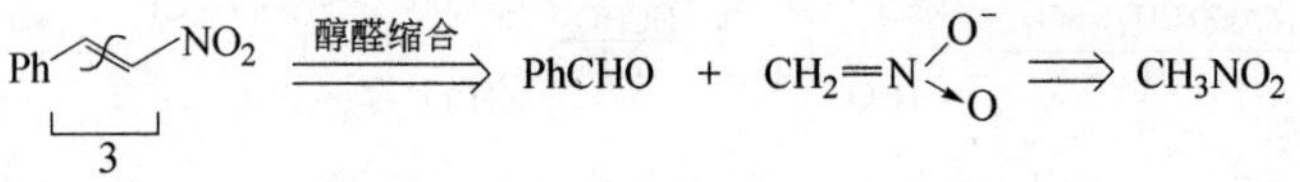

[反应式：2-乙基-3-羟基己醛 醇醛缩合⇒ 丁醛 + 烯醇负离子 ⇒ 丁醛]

[反应式：PhCH=CH-CO-CH₂CH₃ 醇醛缩合⇒ PhCHO + 烯醇负离子 ⇒ 丁酮]

[反应式：2,4-戊二酮 酰化反应⇒ 乙酰正离子 + 丙酮烯醇 ⇒ 丙酮]

$$\begin{bmatrix} 合成等价物 \\ CH_3COOEt \end{bmatrix}$$

[反应式：PhCH=CHNO₂ 醇醛缩合⇒ PhCHO + CH₂=NO₂⁻ ⇒ CH₃NO₂]

[反应式：2-乙氧羰基环戊酮 狄克曼反应⇒ 己二酸二乙酯]

1,4-二官能团化合物，如 1,4-二酮、γ-羟基酸及其酯，则主要通过 α-卤代酮与烯胺或乙酰乙酸乙酯，α-卤代酮或酯与环氧乙烷等反应得到。如：

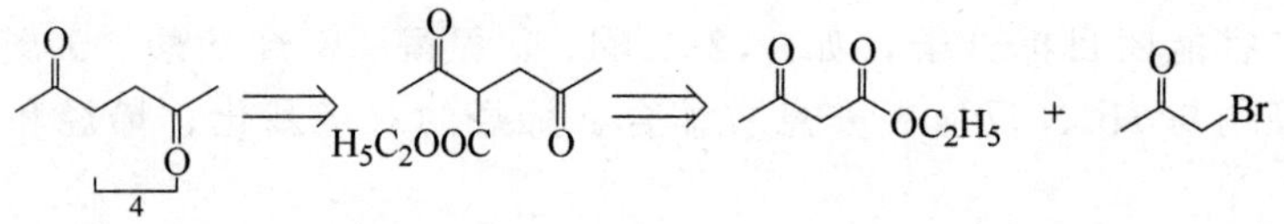

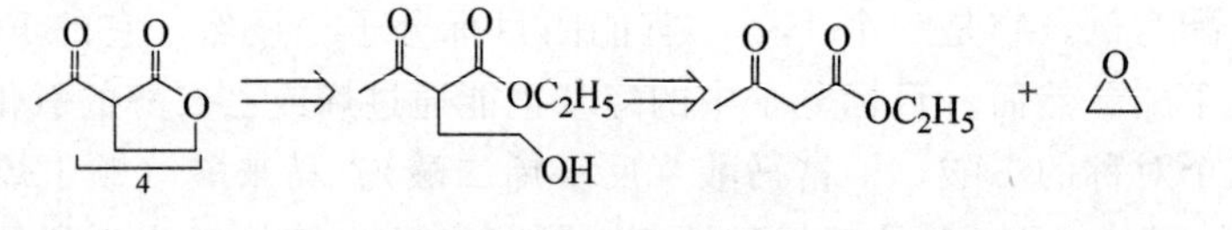

[反应式：1,4-二酮 ⇒ 乙酰乙酸乙酯衍生物 ⇒ 乙酰乙酸乙酯 + 溴代丙酮]

[反应式：γ-丁内酯衍生物 ⇒ 羟基酯 ⇒ 乙酰乙酸乙酯 + 环氧乙烷]

1,5-二官能团目标分子的典型切断方法是采用逆向 Michael 型变换。如：

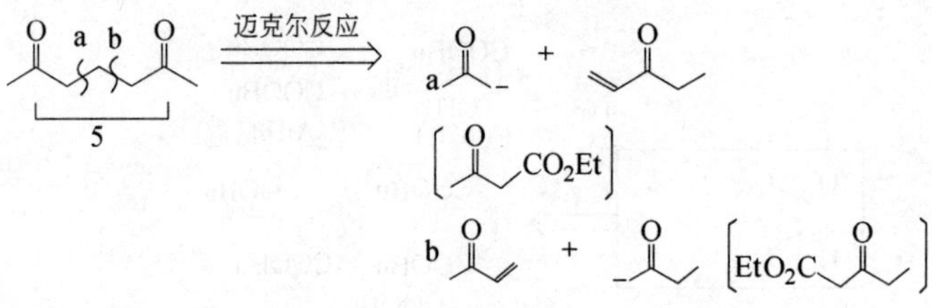

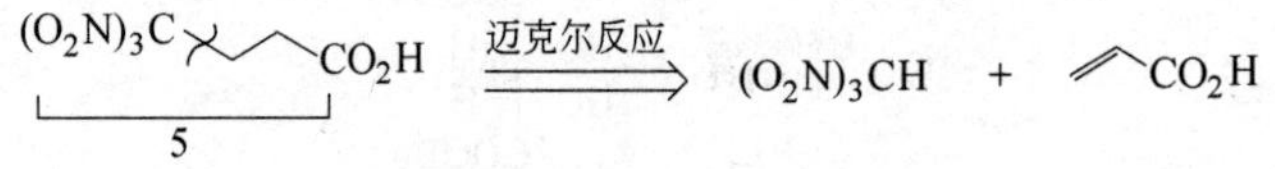

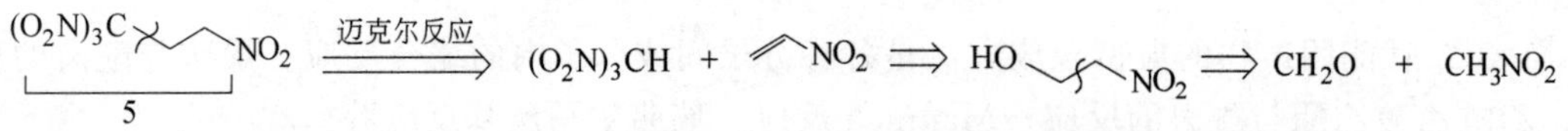

[反应式：1,5-二酮 迈克尔反应⇒ a 烯醇负离子 + 乙烯基酮]

$$\begin{bmatrix} O \\ \quad CO_2Et \end{bmatrix}$$

[b 烯醇负离子 + 乙烯基酮 [EtO₂C-CO-]]

[反应式：(O₂N)₃C-(CH₂)₃-CO₂H 迈克尔反应⇒ (O₂N)₃CH + CH₂=CHCO₂H]

[反应式：(O₂N)₃C-CH₂CH₂-NO₂ 迈克尔反应⇒ (O₂N)₃CH + CH₂=CHNO₂ ⇒ HOCH₂CH₂NO₂ ⇒ CH₂O + CH₃NO₂]

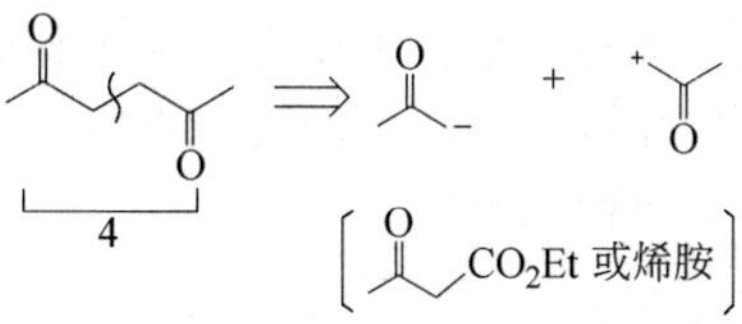

对于合成子 ![ketone cation], 则需找到一个与正常极性颠倒的羰基化合物作为合成等价物, α-卤代酮就是一个理想的对象。此外 $BrCH_2C{\equiv}CH$ 也是此合成子的合成等价物。

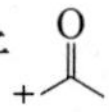

1,6-二官能团目标分子可由环己烯或其衍生物氧化来制备, 环己烯衍生物来源于 Diels-Alder 反应、Birch 还原、醇脱水等反应。如：

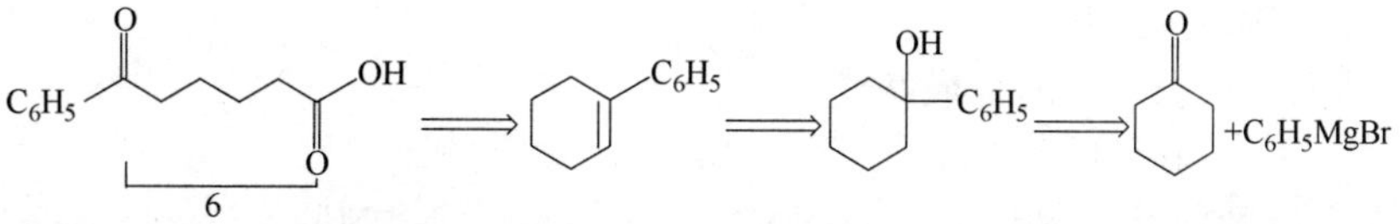

在三官能团开链分子的逆合成分析中, 要注意选择合适的二官能团化合物作为原料, 而且, 这种原料也容易进一步切断为一官能团的原料。例如, 3-庚酮二酸二乙酯很容易被拆分为戊二酰和乙酰乙酸合成子（如乙酰乙酸乙酯, 切断 1）。切断 2 将导致丙烯酸和乙酰乙酸乙酯作为试剂, 而乙酰乙酸乙酯的二负离子主要被用作合成乙酰丙酮, 它与丙烯酯将不可避免地发生羟醛缩合型的副反应, 从而产生副产物。

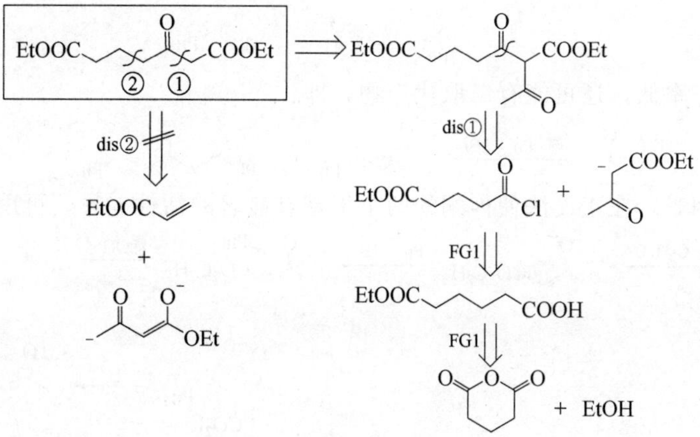

在多步骤有机合成中, 路线的选择非常重要, 一般有汇总合成和一条线合成两种途径, 如下所示。

汇总合成：$A+B \longrightarrow C \xrightarrow{D} G$
$E+F \longrightarrow H$ ⟩ $\longrightarrow G{-}H \xrightarrow{I} G{-}H{-}I$

一条线合成：$A+B \longrightarrow C \xrightarrow{D} G \xrightarrow{E} G{-}E \xrightarrow{F} H \longrightarrow G{-}H \xrightarrow{I} G{-}H{-}I$

汇总合成优于一条线合成。如对于一条线合成：

$$A \to B \to C \to D \to E \to TM（目标分子）$$

若每步得率为 90%, 则五步总收率为 59%。

而对于汇总合成：

$$\left.\begin{array}{c}A \to B \to C\\ D \to E \to F\end{array}\right\} \longrightarrow TM$$

若每步得率 90%，则总收率为 73%。

选择多步骤合成路线的三个重要指导原则：①要有最少步骤的收敛型合成路线。②选用的反应至少要有一个高产率的良好的先例。③选用的反应没有竞争反应发生，因为竞争反应不但严重影响产量，而且还会导致分离的困难。

12.3 导向基

引入导向基可形容为借东风。即"招之即来，挥之即去"。

引入导向基的目的：①活化作用；②钝化作用；③利用封闭特定位置来导向。

下面通过具体例子说明。

【例1】 设计 1,3,5-三溴苯 的合成路线

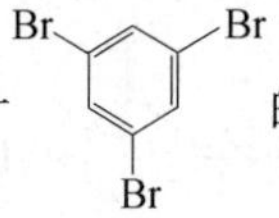

苯 → 硝基苯 → 苯胺 → 2,4,6-三溴苯胺 → 重氮盐 → 1,3,5-三溴苯

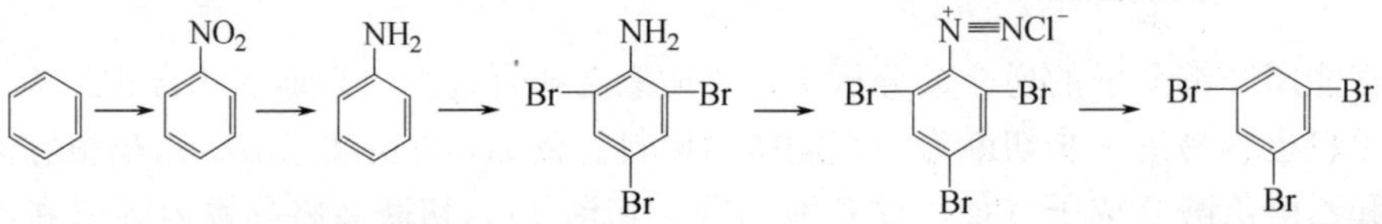

—NH$_2$ 在这里起活化、导向作用。

【例2】 合成 苄基丙酮 (苄基丙酮)

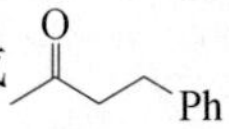

PhCH$_2$COCH$_3$ → 丙酮 + BrCH$_2$Ph

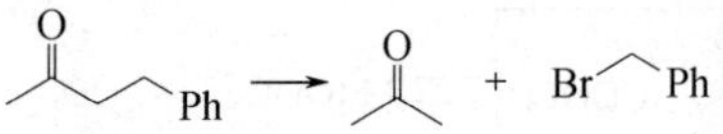

若用丙酮，产率低，还可能有二取代产物，即：

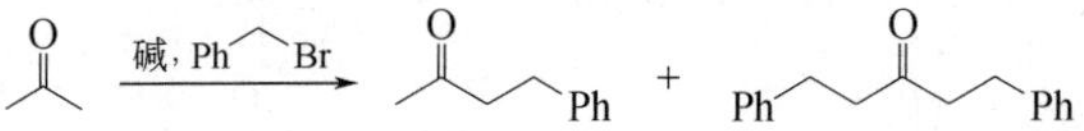

丙酮 $\xrightarrow{\text{碱, PhCH}_2\text{Br}}$ 单取代 + 二取代产物

若要解决此困难，在于设法使丙酮的两个甲基有显著的活性差异，可用 β-酮酸酯，即：

CH$_3$COCH$_2$CO$_2$C$_2$H$_5$ $\xrightarrow{\text{C}_2\text{H}_5\text{ONa}}$ 烯醇负离子 $\xrightarrow{\text{PhCH}_2\text{Br}}$ CH$_3$COCH(CH$_2$Ph)CO$_2$C$_2$H$_5$ $\xrightarrow[\triangle]{\text{稀OH}^-}$

活化、导向

CH$_3$COCH(CH$_2$Ph)CO$_2$K $\xrightarrow[\triangle]{\text{H}^+}$ CH$_3$COCH$_2$CH$_2$Ph + CO$_2$

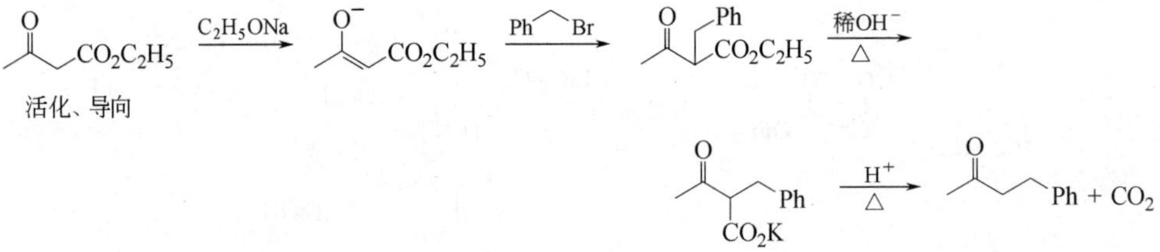

【例3】 合成 对溴苯胺

苯胺 → 乙酰苯胺 → 对溴乙酰苯胺 → 对溴苯胺

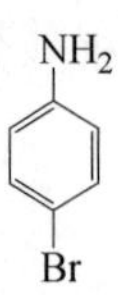

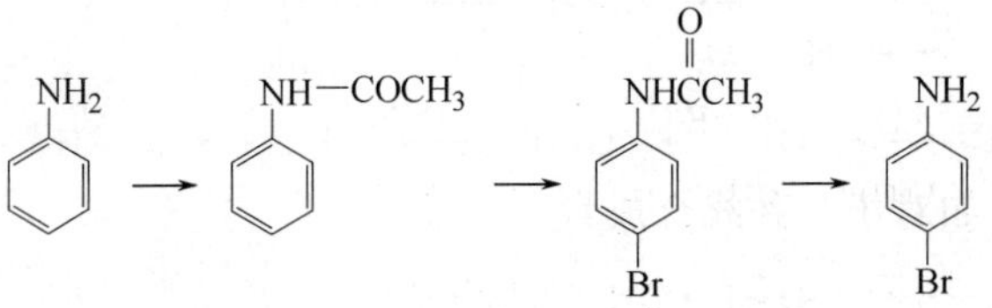

引入乙酰基后降低反应活性，只生成单溴代产物。

【例4】 合成 邻氯甲苯

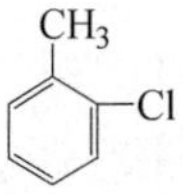

若采用下列方法，即：

$$\text{甲苯} + Cl_2 \xrightarrow{Fe} \text{邻-氯甲苯 (b.p.:159℃)} + \text{对-氯甲苯 (162℃)}$$

因两产物沸点相近，很难提纯。引入磺酸基封闭一个反应活性部位，则做到了产物的专一性。即：

$$\text{甲苯} \xrightarrow{H_2SO_4} \text{对甲苯磺酸} \xrightarrow{Cl_2, Fe} \text{氯代对甲苯磺酸} \xrightarrow{H^+, H_2O, 150℃} \text{邻氯甲苯}$$

芳环上易磺化，且芳环上的磺酸基易被除去，因此，可利用磺酸基在芳环上的定位作用来合成某些用一般方法难以制备的化合物。又如：

$$\text{苯酚} \xrightarrow{H_2SO_4} \text{2,4-二磺酸苯酚} \xrightarrow{Br_2} \text{溴代二磺酸苯酚} \xrightarrow{H_2O, \Delta} \text{邻溴苯酚}$$

12.4 保护基

在合成中，常遇到目标分子含有多官能团的化合物的合成问题。如果官能团活性相近，只使其中某一官能团发生反应显然是困难的。解决这个问题的办法之一是将不期望发生反应的官能团用某一试剂保护起来，即让该官能团同特定试剂先反应，合成完成后，再除去这个试剂，因此，人们常把这一试剂称为保护基。保护基因保护的官能团不同而不同。羟基常采用2,3-二氢-4H-吡喃保护，氨基常用乙酰基保护，羰基常用二醇保护，羧基常用醇保护，双键用卤素保护。

【例1】 $HOCH_2C\equiv CCO_2H$

分析： $HOCH_2C\equiv CCO_2H \Longrightarrow HOCH_2C\equiv C\,MgBr + CO_2 \Longrightarrow HOCH_2C\equiv CH + C_2H_5MgBr$

因Grignard试剂不应有活泼氢存在，所以制备Grignard试剂前必须将羟基保护起来。

合成： $HOCH_2C\equiv CH \xrightarrow[H^+]{\text{二氢吡喃}} \text{THP-}OCH_2C\equiv CH \xrightarrow{C_2H_5MgBr} \text{THP-}OCH_2C\equiv C\,MgBr \xrightarrow[2)\text{稀}H_2SO_4]{1)CO_2} TM$

保护羟基的常用试剂还有氯化三甲基硅、氯甲醚（MOMCl），保护羟基的依据是将活泼的羟基转变成不活泼的醚链或缩醛。

末端炔烃由于具有酸性，在合成中常常需要保护。末端炔常用于有机金属合成及氧化偶合反应，若不进行保护，在强碱性介质中会发生金属化或聚合反应。保护末端炔烃的最有效基团为三烷基硅基。它极易由炔负离子与三烷基氯硅烷反应得到。$RC\equiv C-SiR_3$键对有机金属试剂是稳定的，它可以定量地用稀碱或$AgNO_3$醇溶液和NaCN水溶液处理除去。对溴苯乙炔不能直接与金属镁反应制备Grignard试剂，但用三甲硅基保护后就可以，即：

$$Br\text{-}C_6H_4\text{-}C\equiv CH \xrightarrow[2)Me_3SiCl]{1)EtMgBr} Br\text{-}C_6H_4\text{-}C\equiv CSiMe_3 \xrightarrow[2)CO_2]{1)Mg/THF}$$

$$BrMgO_2C\text{-}C_6H_4\text{-}C\equiv C\text{-}SiMe_3 \xrightarrow[2)H_3O^+]{1)^-OH} HOOC\text{-}C_6H_4\text{-}C\equiv CH$$

【例2】 通过保护醛基的方法将 $HOCH_2\text{-}C_6H_4\text{-}CHO$ 转化成 $HOOC\text{-}C_6H_4\text{-}CHO$

合成：
$$HOCH_2\text{-}C_6H_4\text{-}CHO \xrightarrow[\text{无水 HCl}]{CH_3CH_2OH} HOCH_2\text{-}C_6H_4\text{-}CH(OCH_2CH_3)_2 \xrightarrow[[O]]{KMnO_4}$$

$$HOOC\text{-}C_6H_4\text{-}CH(OC_2H_5)_2 \xrightarrow[H^+]{H_2O} HOOC\text{-}C_6H_4\text{-}CHO + 2C_2H_5OH$$

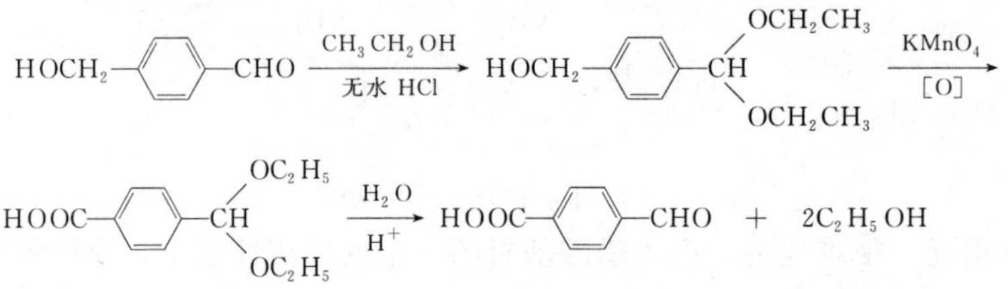

12.5 立体化学的控制

当目标分子含有 n 个手性中心时，在合成过程中就有可能产生 2^n 个立体异构体。因此在考虑合成程序时，就必须采用立体专一的或立体有择的反应，以保证正确的构型。立体化学控制的主要反应及其伴随的构型转化有以下几种。

① S_N2 反应过程发生构型转化。
② 碳碳双键的亲电加成，其立体化学过程为反式加成。
③ 碳碳不饱和键的催化加氢是顺式加成，而且通常是从位阻较小的一边加氢。如炔烃在 Lindlar 催化下的加氢反应，通常生成顺式烯烃。

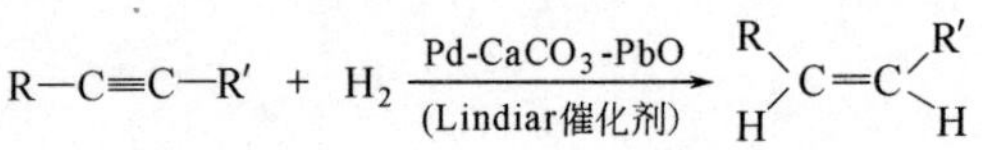

$$R\text{-}C\equiv C\text{-}R' + H_2 \xrightarrow[\text{(Lindlar催化剂)}]{Pd\text{-}CaCO_3\text{-}PbO} \underset{H}{\overset{R}{>}}C=C\underset{H}{\overset{R'}{<}}$$

脂环中的双键，氢通常是从庞大取代基的反面加入。

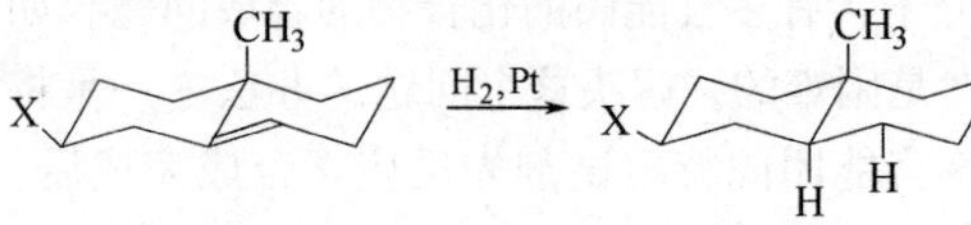

$R\text{-}C\equiv C\text{-}R'$ 在碱金属的液氨溶液中还原，则为反式加成。

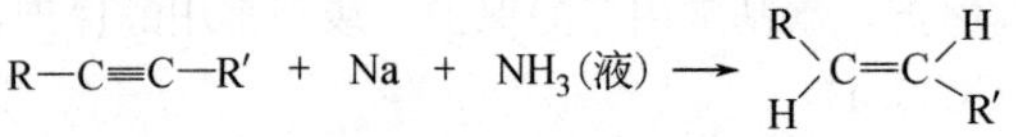

$$R\text{-}C\equiv C\text{-}R' + Na + NH_3(液) \longrightarrow \underset{R'}{\overset{R}{>}}C=C\underset{H}{\overset{H}{<}}$$

④ 环己酮用 $NaBH_4$ 或 $LiAlH_4$ 还原时，产生较稳定的羟基为 e 键的异构体。如用有空间位阻的硼烷还原时，则有利于羟基为 a 键的异构体的形成。

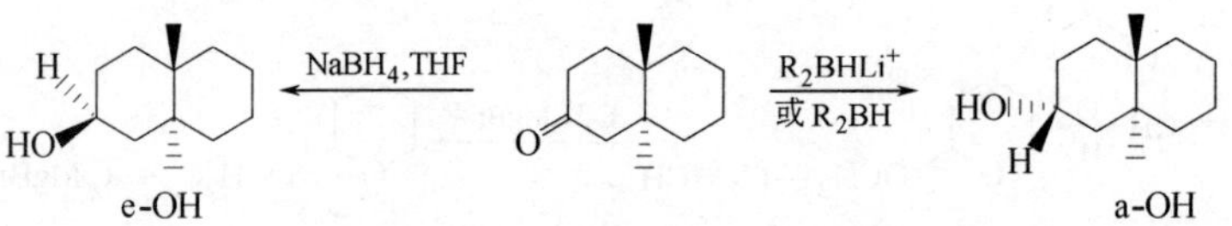

e-OH   a-OH

⑤ 羰基化合物的 α-C 为手性中心时，在酸或碱催化下发生烯醇化，当达到平衡后以稳定的异构体占优势。

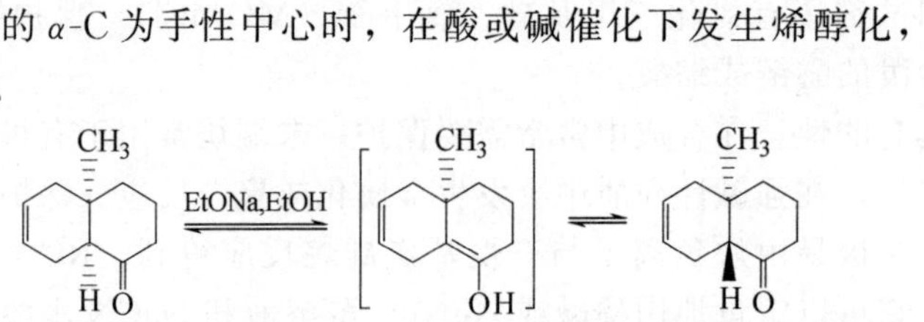

顺式异构体   反式异构体(较稳定)

⑥ 环化加成，像狄尔斯-阿尔德反应是顺式加成。

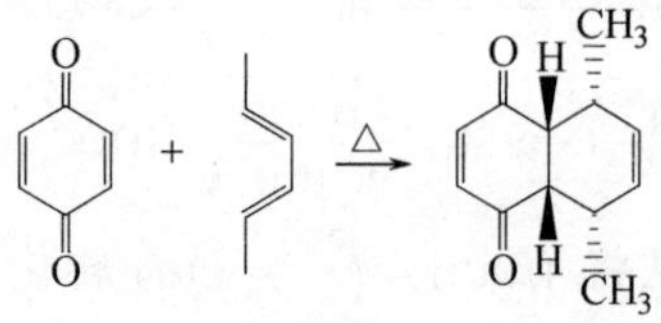

⑦ E_2 反应为反式消除。

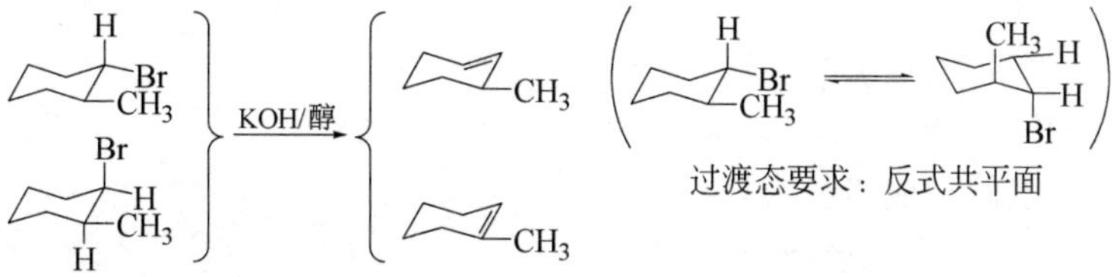

过渡态要求：反式共平面

⑧ Hofmann 热消除为反式消除；氧化叔胺的热消除为顺式消除。

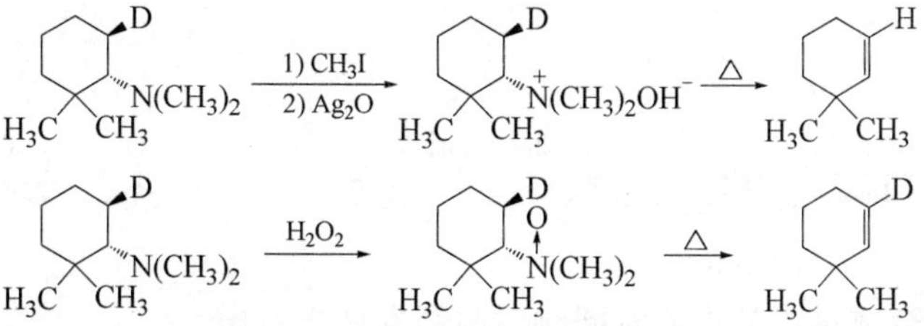

12.6 合成问题简化

（1）利用分子的对称性　例如女性激素代用品，治疗女性内分泌机能不全的己烷雌酚的合成。

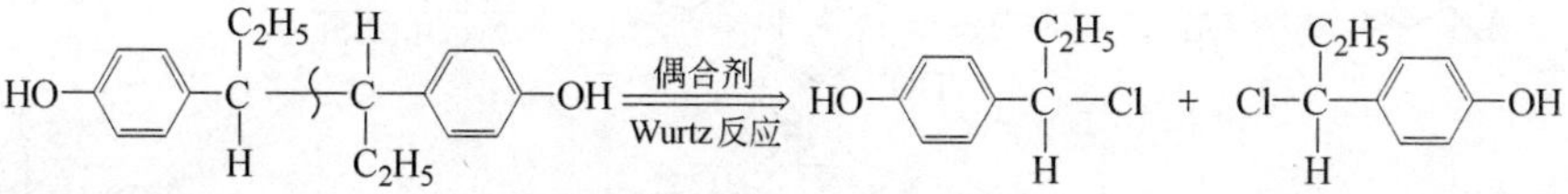

其工业合成路径如下：

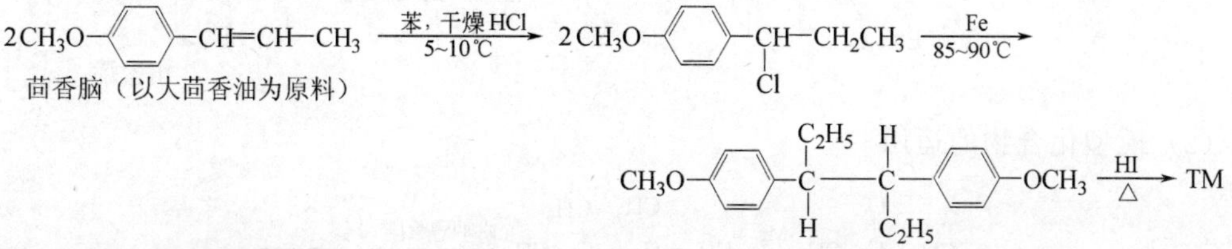

茴香脑（以大茴香油为原料）

生物碱鹰爪豆碱（sparteine）也是一个对称分子，可由哌啶、甲醛和丙酮作起始原料经两步 Mannich 反应合成。

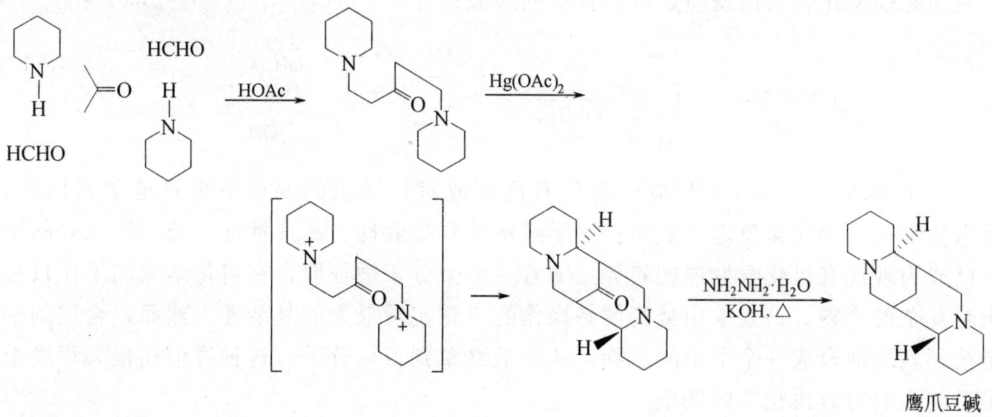

鹰爪豆碱

仙鹤草酚的逆合成分析为：

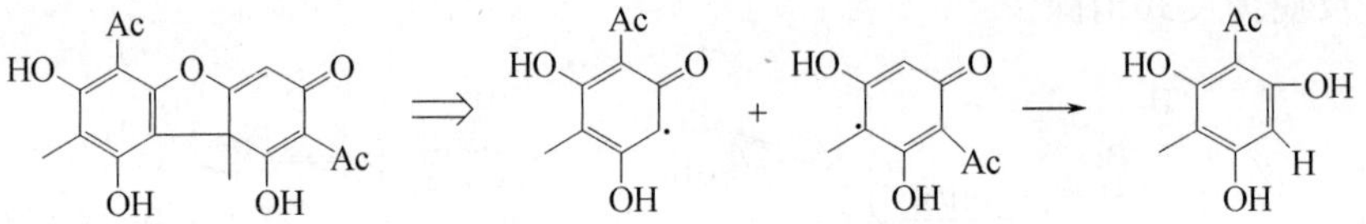

一种昆虫信息素的合成路线为：

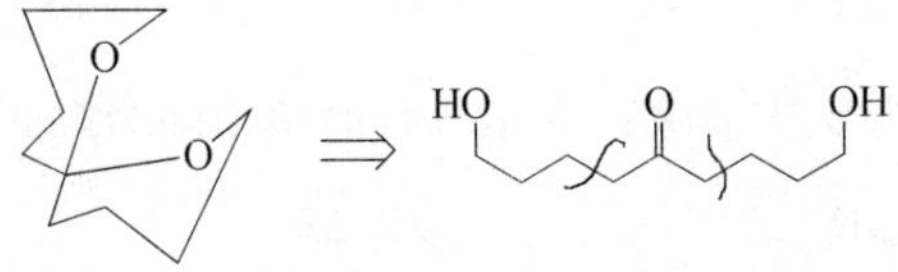

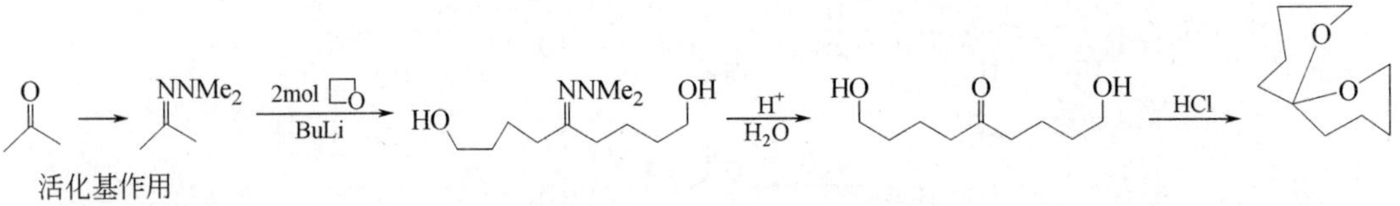

又如角鲨烯的合成可以从中心点同时向两侧发展来考虑：

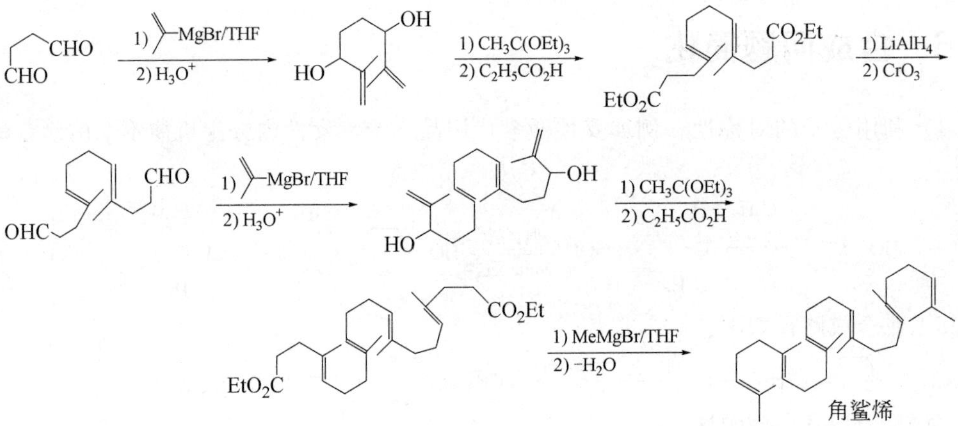

(2) 模型化合物的运用

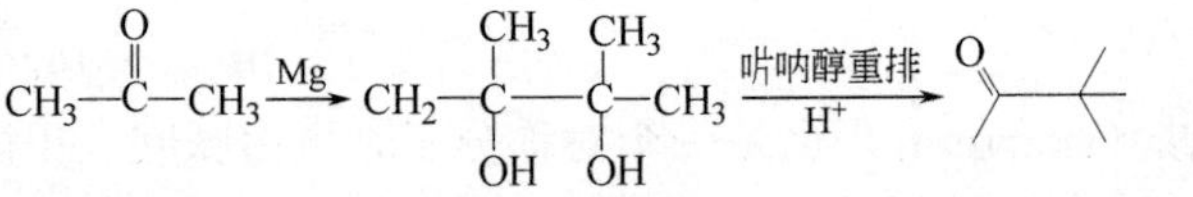

利用此模型化合物的反应，可进行下列合成设计。

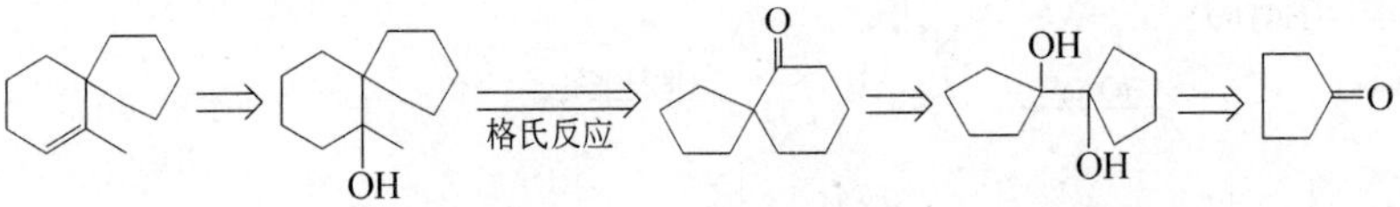

(3) 多米诺（Domino）反应　现代有机合成对化学家的要求不再只是拿到目标分子，还要求化学家更加注重反应的效率和原子经济性要高效性、高选择性。与环境友好的绿色化学，已成为现代有机化学发展的趋势。随着一个个分子被征服，有机化学家的工作目标指向越来越复杂的产物，这要求用最简便易操作的步骤实现最大的复杂性。然而，合成的一般过程是按部就班地合成一个个中间产物，从而最终拿到目标分子。这种过程在很大程度上难以满足目前人们对有机化学的期望。

一种有效提高合成效率的方法是将多个反应条件相似的反应结合起来一次性完成，将上一个反应得到的新官能团用于下一个反应，或是将上一个反应生成的活性中间体在合适的条件下直接进行下一步反应，而跨越了取出中间体产物这一环节。这样，在一次反应中形成多个化学键（还可能形成多个环），从而有可能将较简单的原料经过很短的步骤转化成很复杂的分子。这就是多米诺反应（domino reaction），也称串联反应（tandem reaction，cascade reaction）是将多个反应串联实现的"一瓶"反应，它从比较简单、廉价的反应物出发，不分离中间体而直接得到结构复杂的化合物。显然这样的方法能实现原子经济性和环境友好的合成。早年的例子是罗宾森（Robinson，1947 年获得诺贝尔化学奖）合成托品酮的反应。

20 世纪 80 年代后，一系列串联反应被发现并成功地应用于复杂分子的合成，例如 Noyoli 的前列腺素合成，才使其成为一个流行的合成反应名称。

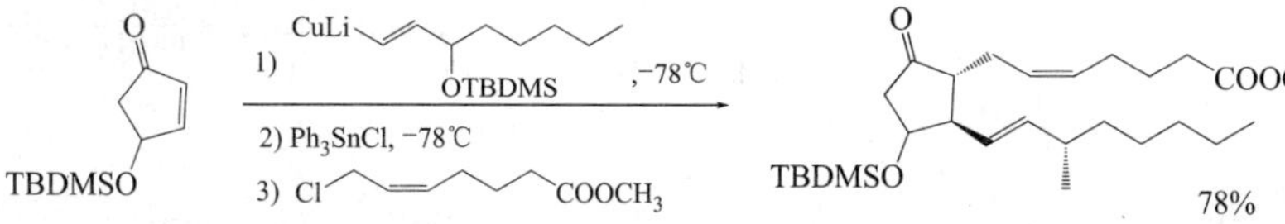

很明显，与传统的分步反应相比，巧妙的多米诺反应不仅能提高反应效率，还能大量减少浪费，如溶剂、试剂、能量等损耗将大大减少。近 20 年来发展了多样的串联反应，如 Michael 加成-Aldol 缩合、Knoevenagel 缩合-Diels-Alder 反应、Witting 反应-烯烃复分解反应等。

又如自由基反应的一般过程为链引发、链增长和链终止，如果反应得到控制而有选择性地依次进行，并且一条链的终止与另一条链的引发连接起来，便得到解决自由基的多米诺反应，以下是一个具体例子。

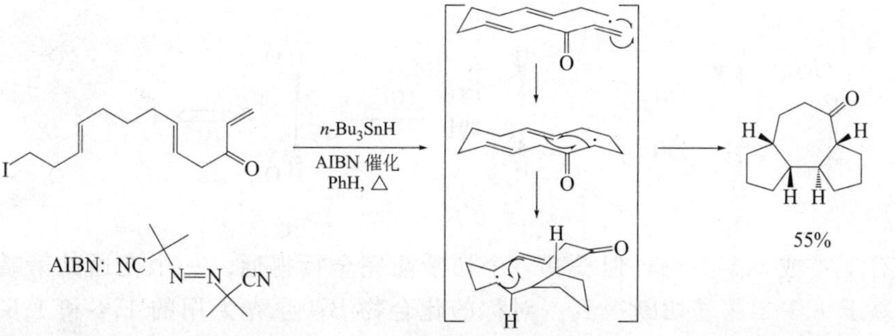

在加热条件下，AIBN 放出氮气，产生异丙基腈自由基。异丙基腈自由基与三丁基锡烷反应，产生三丁基锡自由基。三丁基锡自由基夺取卤代烷中的卤素，生成烷基自由基。烷基自由基先与和羰基共轭的碳碳双键反应，生成较稳定的羰基发生 p-π 共轭的自由基，此时分子中还有两个空间位置合适的碳碳双键，因此连续形成 2 个五元环，最后生成的烷基自由基再夺取三丁基锡烷中的氢，完成循环。反应中的立体化学由反应过程中相应的优势构象决定。由于自由基较活泼，难以控制，因此产率不高；但此反应总共形成 3 个碳碳键，并从直链化合物生成 3 个脂环，其中还包括用一般方法较难合成的七元环，仍很有价值。

12.7　多步骤有机合成实例

【例 1】　试设计合成 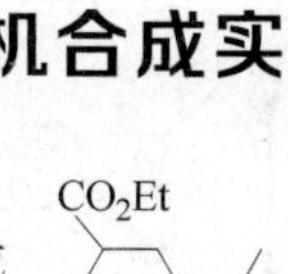 （2-氧代-5-异亚丙基-环己烷-1-羧酸乙酯）

逆合成分析为：

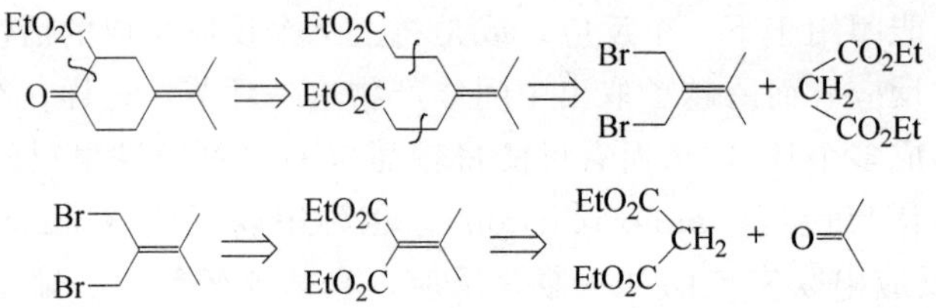

合成路线为

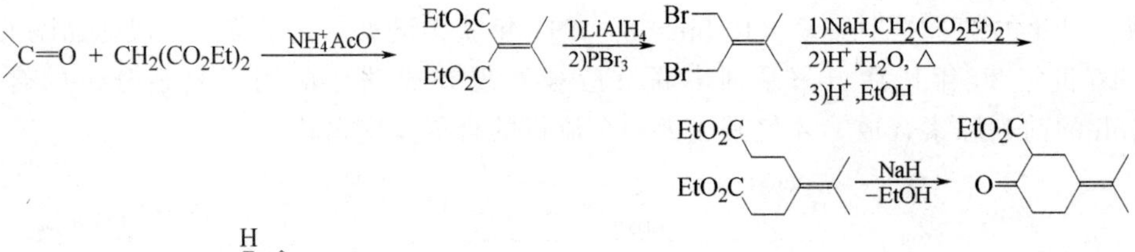

【例 2】 合成 [双环缩酮酮结构]

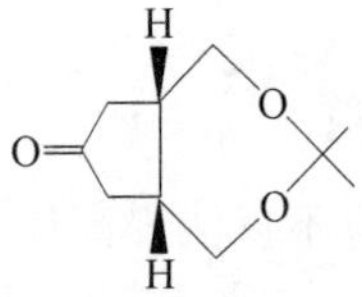

认出缩醛结构，在该处进行切断。

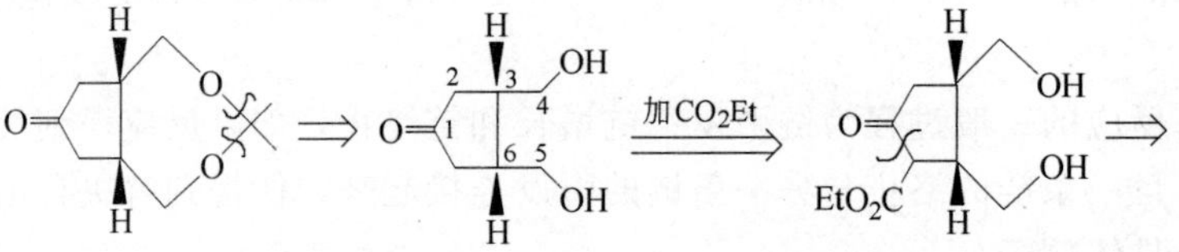

A 中有 1,4- 或 1,5- 关系，但没有一个切断能完全行得通。一个变通的策略是引入一个致活基。基于 1,3- 二羰基切断得到一对称的化合物 B；原先无用的 1,4- 和 1,5- 关系依然存在，但是出现了一个新的 1,6- 关系。调节氧化态之后便显示出了一个 D-A 反应加成物 C。

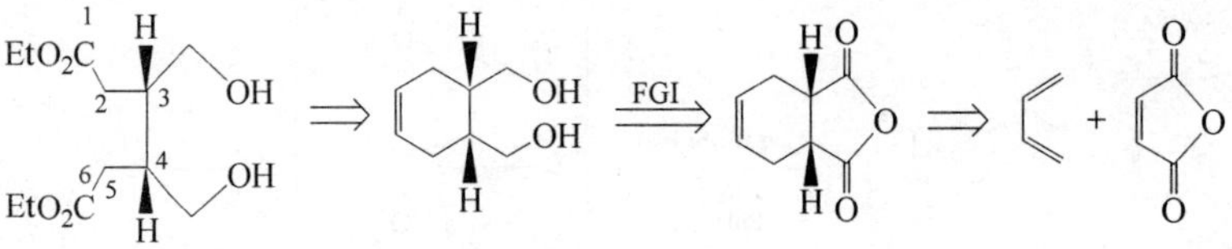

顺丁烯二酸酐作为亲二烯体保证了两个手性中心间的正确关系，最好在氧化性开裂以前进行还原和保护，以避免可能的副反应。

具体合成中，在制备缩酮时，利用丙酮缩二甲醇进行缩酮交换反应；酯化反应用温和的重氮甲烷。

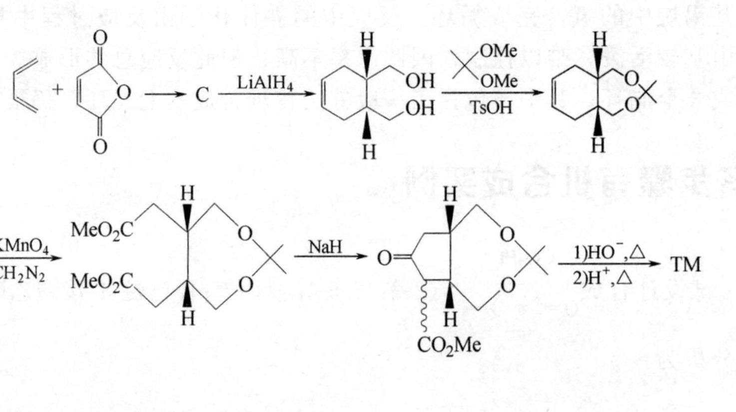

【例3】 试设计合成

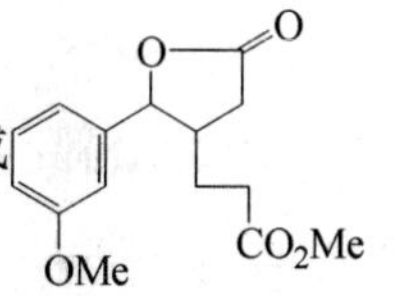

逆合成分析：

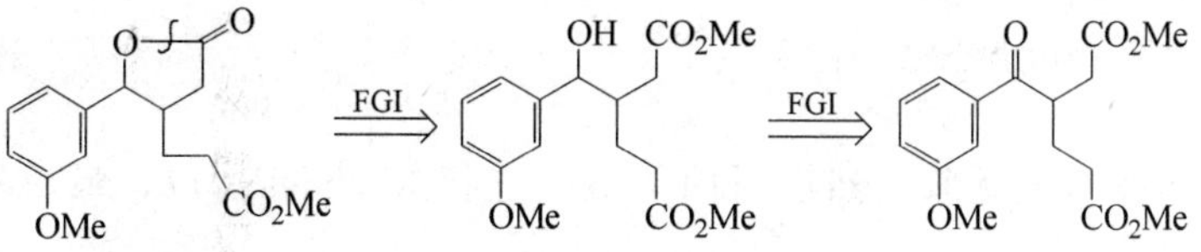

在 A 中各羰基之间包括多种关系，故可有许多可能的切断，如

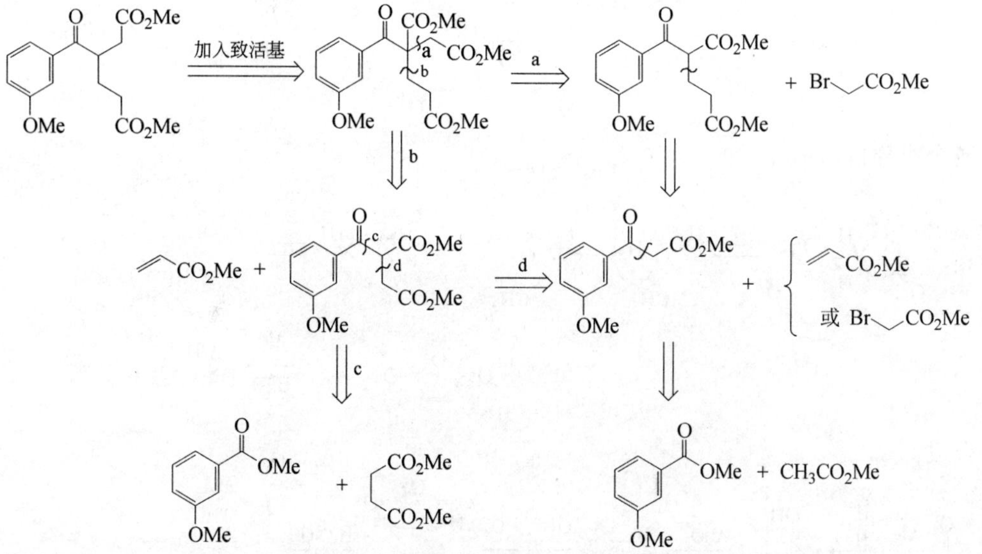

伍德沃德（Woodward）曾用所有这些路线进行过合成，结果都是成功的。但他最后选用了 b、c 路线。

合成：

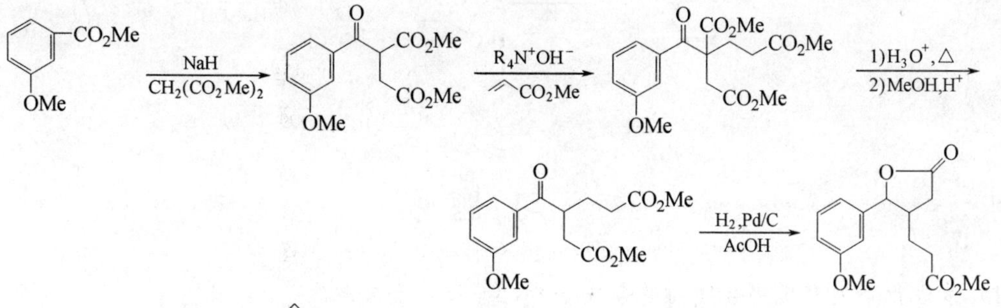

【例4】 试设计合成

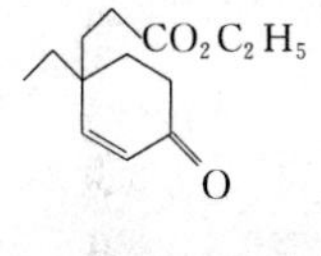

逆合成分析：

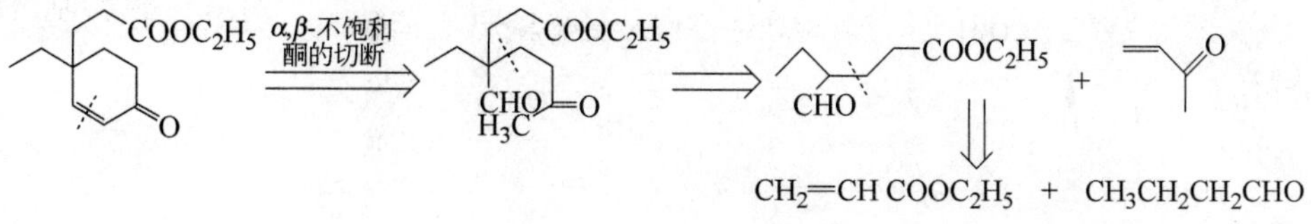

合成：

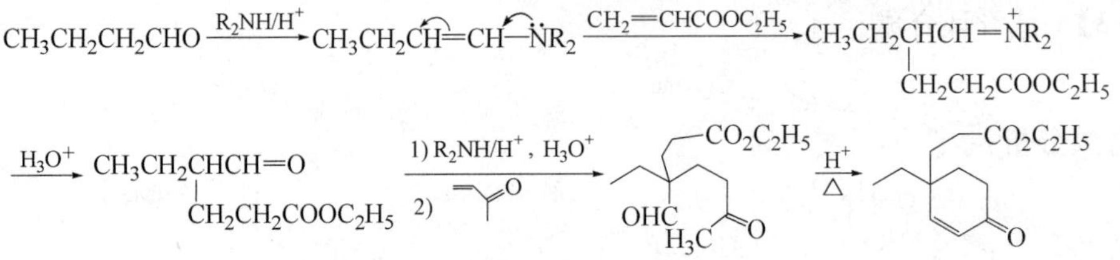

$$CH_3CH_2CH_2CHO \xrightarrow{R_2NH/H^+} CH_3CH_2CH=CH-NR_2 \xrightarrow{CH_2=CHCOOC_2H_5} CH_3CH_2\underset{CH_2CH_2COOC_2H_5}{CH-CH}=\overset{+}{N}R_2$$

$$\xrightarrow{H_3O^+} CH_3CH_2\underset{CH_2CH_2COOC_2H_5}{CHCH}=O \xrightarrow[2)]{1) R_2NH/H^+, H_3O^+} \text{（产物）} \xrightarrow[\triangle]{H^+} \text{（最终产物）}$$

首先醛与二级胺形成烯胺，然后对丙烯酸酯进行 Michael 加成，最后发生羟醛缩合反应，得到最后产物。

【例 5】 用不超过 5 个碳的简单有机原料合成下列化合物：

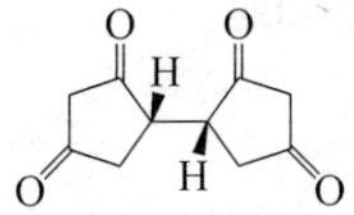

逆合成分析：

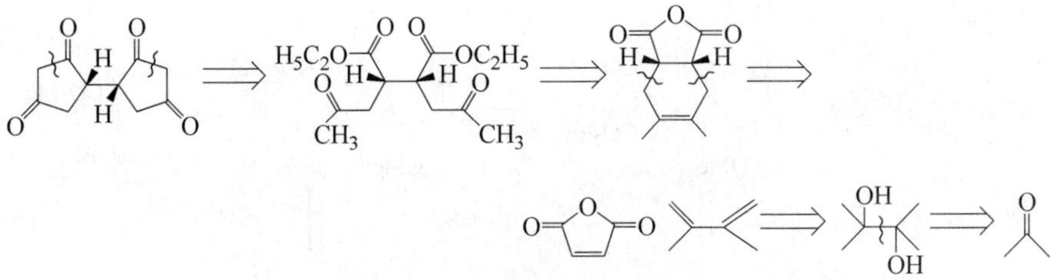

合成：

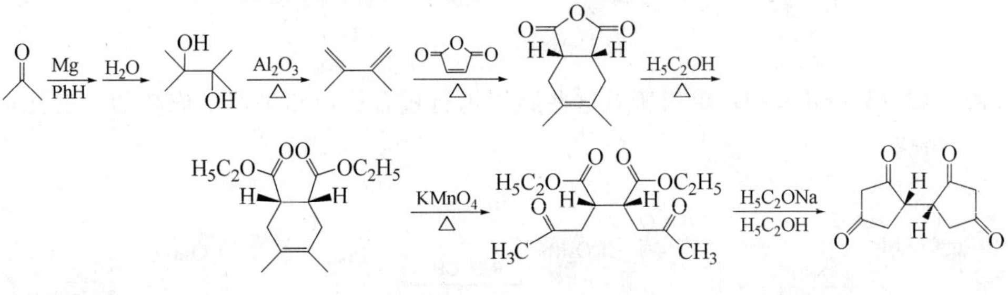

习 题

12.1 试进行下列有机化合物的逆合成分析，并设计合成路线。

（1） 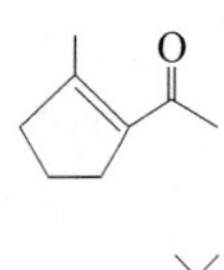　　　　　　　　　（2）

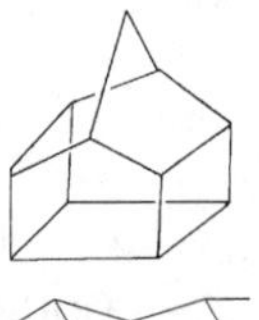

（3） 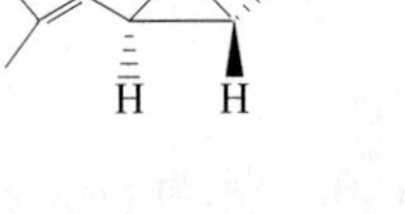　　　　　　　　　（4）

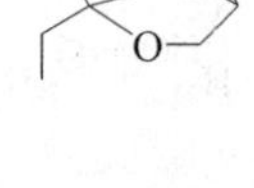

(5) [structure] (6) [structure]

(7) [structure] (8) [structure]

12.2 写出由化合物 A 开始，下列各步反应的产物（包括化合物 B、C、D、E、F、G、H、I，以及起始物 A）的结构式。

$$A \xrightarrow{Mg/无水乙醚} B \xrightarrow{1) \triangle O \atop 2) H_2O} C \xrightarrow{PBr_3} D \xrightarrow{NaCN} E \xrightarrow{H_2O/H_2SO_4 \atop \triangle} F \xrightarrow{SOCl_2}$$

$$G \xrightarrow{Friedel-Crafts反应} H \xrightarrow{H_2 \atop (催化剂)} I \xrightarrow{浓H_2SO_4 \atop \triangle} [茚结构] 茚$$

12.3 Haloperidol 是一种治疗精神病的药物，其实验室合成可用下述途径：4-氯苯甲酸甲酯在无水乙醚中，与过量的乙烯基镁溴化物反应后再经水解，则得 M；当 M 在无水条件和苯甲酰过氧化物存在下，与过量的溴化氢反应，即得 N，而当 N 与氨反应时则生成 4-(4-氯苯基)-4-羟基哌啶 O（哌啶为 $C_5H_{11}N$）。

(1) 请写出化合物 M、N 和 O 的结构。
(2) 请写出生成化合物 M 的反应过程。

12.4 (1) Fromtalin 是西方松树甲虫的一种信息素。组成为：C 67.58%，H 9.92%，O 22.5%。分子量 $M=142$。它是一种缩醛。可从钠代丙二酸二乙酯（即丙二酸二乙酯的钠盐）和 3-氯-2-甲基丙烯的反应开始，经一相当长的路线来合成。

(2) 第一步反应的产物是 A，A 用浓氢氧化钾水解，然后用热的乙酸处理，发生脱羧反应，得到化合物 B。B 性质是，若和 $NaHCO_3$ 溶液反应会观察到气体放出，和冷的 $KMnO_4$ 溶液反应，$KMnO_4$ 变成棕色。

(3) B 用 $LiAlH_4$ 处理便转化成新的化合物 C（组成为 $C_6H_{12}O$）。

(4) C 用溶于吡啶的对甲基苯磺酰氯处理，然后用溶于二甲亚砜的氰化钠处理，得到 D（组成为 $C_7H_{11}N$）。

(5) 用甲基碘化镁处理 D，然后水解，就得到 E（组成为 $C_8H_{14}O$）。E 的红外光谱（IR）在 1700 cm^{-1} 附近有一吸收。

(6) 用 MCPA（即"间氯过氧苯甲酸"）对 E 进行环氧化反应，得到 F（组成为 $C_8H_{14}O_2$）；而用稀酸处理 F，就转化为缩醛 G（fromtalin）。

试写出 A～G 七种化合物的结构式和各步反应。

12.5 下面为某天然有机化合物合成的一部分反应过程。

[Reaction scheme I → II → III → IV → V with reagents: 1) Zn, A; 2) B for I→II; H₂/Ni for II→III; 1) KOH, 2) C, 3) D for III→IV; LiAlH(OEt)₃ for IV→V]

V [Mass: m/z 178(M⁺), IR: 1725 cm^{-1}]

(1) 如何合成起始化合物 I？
(2) A、B、C、D 各为何种试剂？
(3) 化合物 III、IV 可由红外光谱（IR）区别，指出各自的 IR 特征。
(4) 化合物 V 的结构式？

12.6 下面是 Vogel 报告的合成(+)-Castanospermine[见 J. Org. Chem.,56,2128(1991)]的整个反应过程的一部分。
(1) 化合物 C 的光谱数据如下，据此推出 C 的结构式，试解释这些特征峰的归属。
(2) 写出 A、B、D 的结构式。
(3) 提出从 II 到 III 的反应机理。

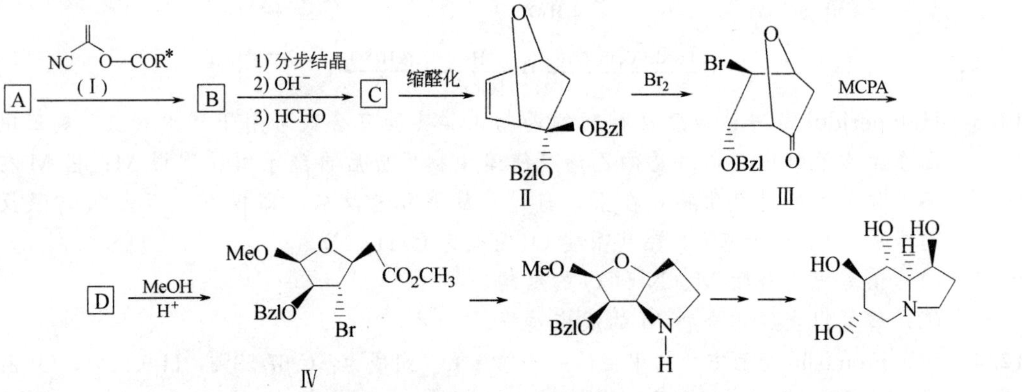

化合物 C 的光谱数据为 IR(CCl_4)：$1775cm^{-1}$，$1615cm^{-1}$；^{1}H NMR：6.75（1H，dd，$J=5.8Hz$，1.5Hz），6.48（1H，dd，$J=5.8Hz$，1.8Hz），5.32（1H，dd，$J=4.1Hz$，1.5Hz），4.52（1H，d，$J=1.8Hz$），2.15（1H，dd，$J=16.0Hz$，4.1Hz），1.86（1H，d，$J=16.0Hz$）；^{13}C NMR：207.2，142.1，130.5，82.0，78.9，33.9；MS：m/z 110（M^+）。

12.7 合成题
(1) 由甲苯合成间溴甲苯（其他试剂任选）。
(2) 以 (叔丁基苯) 为原料合成 (2,6-二溴-4-叔丁基-1-溴苯)。
(3) 由 (邻甲苯) 合成 (3,5-二溴苯胺)。

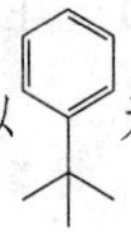

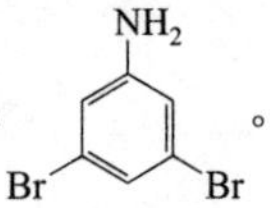

12.8 合成题
(1) 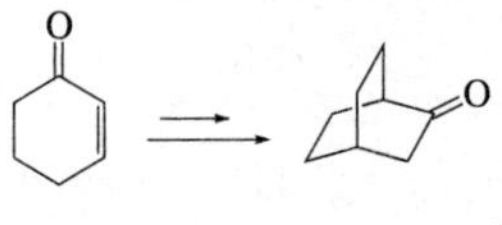 环己烯酮 → 双环酮
(2) $(CH_3)_2CHCH=O$ → (烯酯)
(3) $Ph_2C=O$ → $Ph_2C=CHCHO$

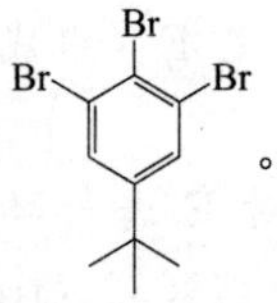

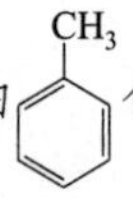

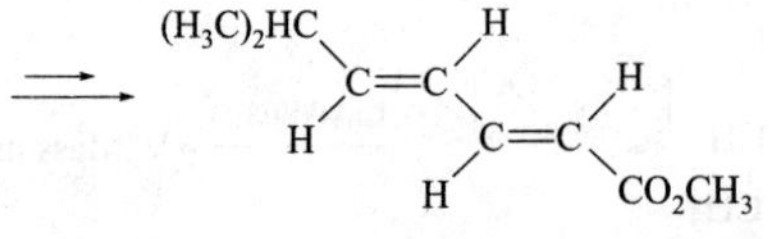

(4) 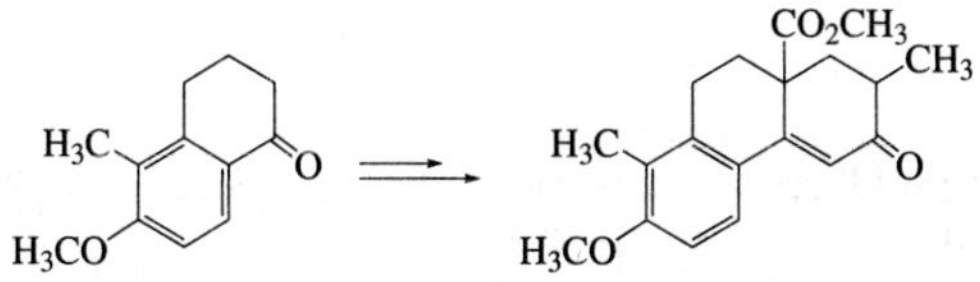 [structure: methyl-methoxy tetralone] ⟹ [tricyclic product with CO₂CH₃, CH₃, and ketone]

(5) 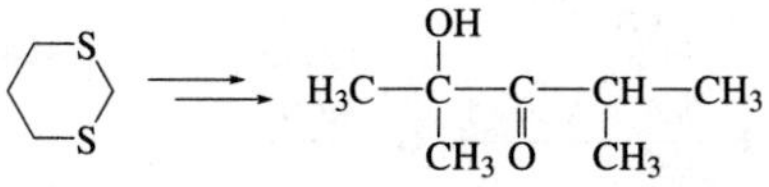 [1,3-dithiane] ⟹ H₃C–C(OH)(CH₃)–C(O)–CH(CH₃)–CH₃ [with labels: OH, O, CH₃'s]

(6) 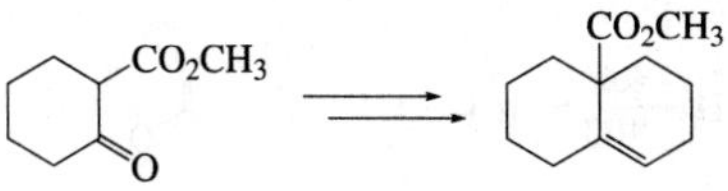 [methyl 2-oxocyclohexanecarboxylate] ⟹ [octahydronaphthalene with CO₂CH₃ at ring junction, double bond]

(7) 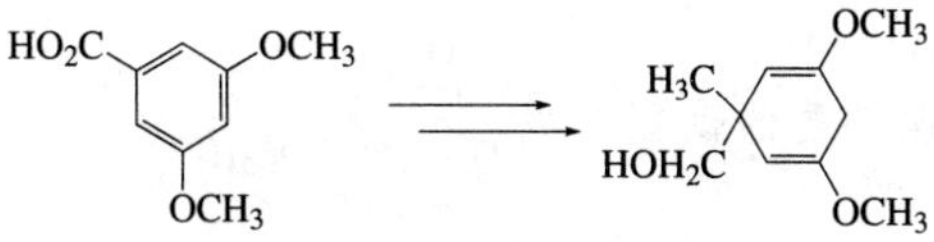 [3,5-dimethoxybenzoic acid, HO₂C with two OCH₃] ⟹ [cyclohexadiene with H₃C, HOH₂C, and two OCH₃]

(8) 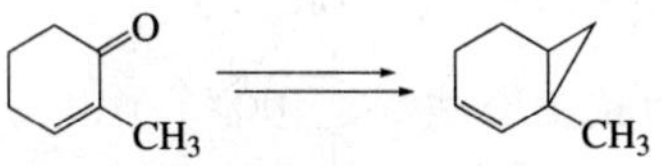 [2-methylcyclohex-2-enone] ⟹ [bicyclic structure with CH₃]

12.9 化合物 A，分子式为 $C_5H_{10}O_2$，与二当量溴化乙烯基镁反应，产物为一混合物，含有 B 和 C，不能用简单蒸馏分开，此混合物用乙酸-乙酐和催化量对甲苯磺酸在 0℃ 处理，产物用简单蒸馏可分得沸点较低的未起反应的 C 和高沸点馏分 D 与 E 的混合物，后者无法用简单蒸馏分开，此混合物与苯醌反应生成结晶化合物 F，其结构如图所示。母液中可回收未反应的 E，量约为 D、E 混合物的一半，E 的分子式为 $C_9H_{14}O_2$，C 经分析，分子式为 $C_7H_{12}O$，IR：1725，1645，$920cm^{-1}$，^1H NMR：1.10 (3H, t)，2.38 (6H, m)，4.94 (1H, d, J = 11Hz)，5.10 (1H, d, J = 17Hz)，5.4~6.2 (1H, m)，上述反应可表示如下：

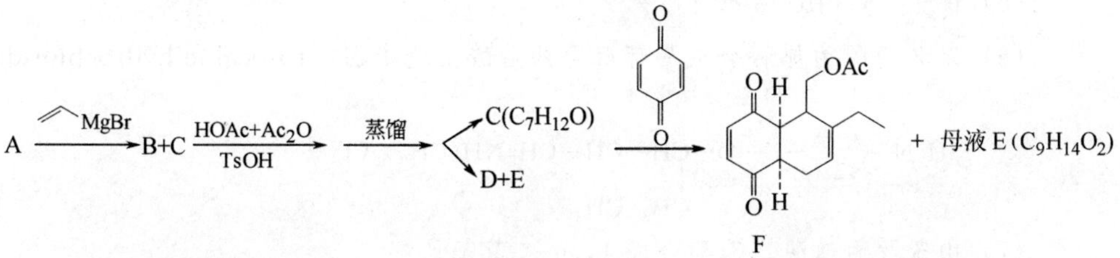

$$A \xrightarrow{\text{MgBr}} B+C \xrightarrow[\text{TsOH}]{\text{HOAc+Ac}_2\text{O}} \xrightarrow{\text{蒸馏}} \begin{array}{c} C(C_7H_{12}O) \\ D+E \end{array} \xrightarrow{\text{[benzoquinone]}} F + \text{母液 } E(C_9H_{14}O_2)$$

试根据所给数据及产物 F 的结构，推断 A、B、C、D、E 的结构。

12.10 已知 L-肉碱的结构式如下：

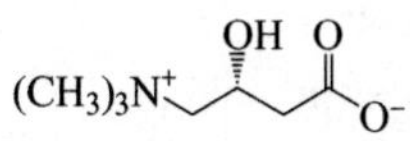

$(CH_3)_3N^+$–CH₂–CH(OH)–CH₂–COO⁻

研究发现，它能促进脂肪酸的 β-氧化，用作运动员饮料，可提高运动持久力和爆发力，同时有降脂减肥、助消化、促食欲、降血脂等功效，然而其异构体 D-肉碱对肉碱乙酰转移酶和肉碱脂肪转移酶有竞争性抑制作用，因而，选择性合成 L-肉碱成为人们追求的目标。

(1) 请写出 L-肉碱和 D-肉碱的 Fischer 投影式，标明手性中心的 R、S 构型。
(2) 以手性化合物为原料是合成手性化合物的策略之一。1982 年 M. Fiorini 以 D-甘露糖为原料经如下多步反应合成了 L-肉碱，请写出 A、B、C、D、E、F、G、H 所代表的化合物的结构式或反应条件，完成下列合成反应，如遇立体化学问题，应写出正确的立体结构式。

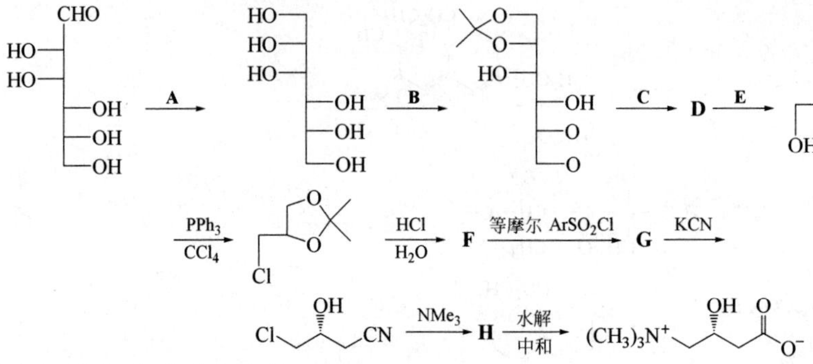

12.11 由指定原料合成下列化合物

(1) 由 C_3 或 C_3 以下有机物及其他必要的试剂合成

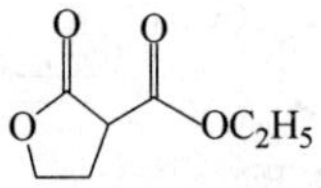

(2) 由 $CH_2=CH-CH=CH_2$ 及其他必要的试剂合成

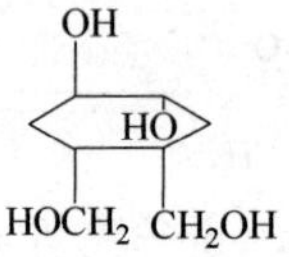

(3) 由丙二酸二乙酯经 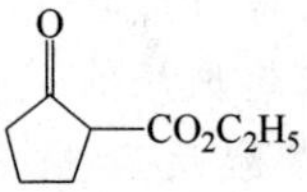 合成

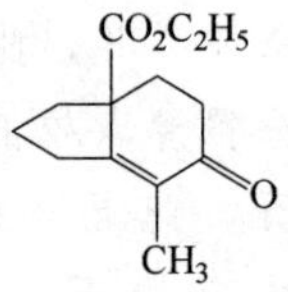

(4) 由不多于 4 个碳的有机物为原料合成

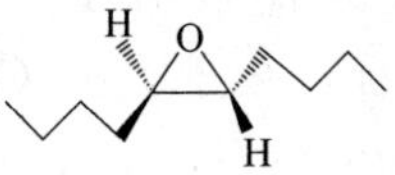

(5) 由 PhCHO 合成

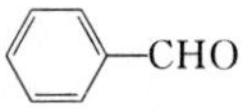

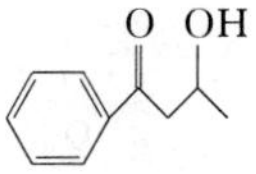

(6) 以 2-丁酮为原料合成局部麻醉药盐酸土透卡因（tutocaine hydrochloride）

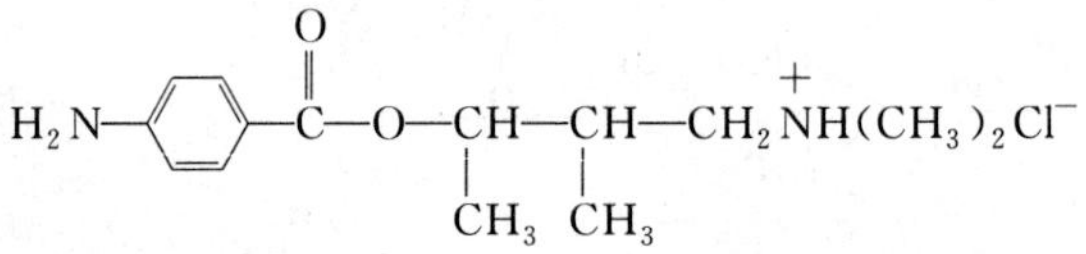

(7) 由苯及丙二酸二乙酯合成 1,6-二苯基己烷

(8) 由乙酰乙酸乙酯、环己酮及其他必要的试剂合成

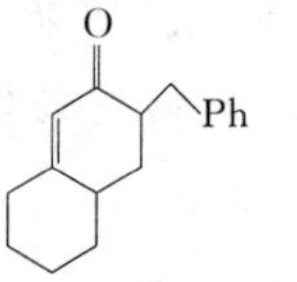

12.12 由丙氨酸、甘氨酸、苯丙氨酸和必要的保护试剂及缩合剂合成甘氨酰苯丙氨酰丙氨酸。

12.13 合成题

(1) 以甲胺、$CH_2=CHCO_2Et$ 和 C_6H_5— 为原料合成 C_6H_5—⟨N⟩—CH_3（N-甲基-4-苯基哌啶）。

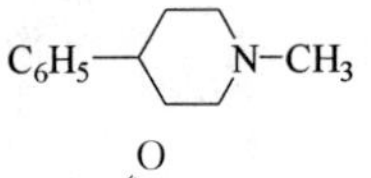

(2) 以 ⟨⟩=O 和 $CH_2(CO_2Et)_2$ 为原料合成 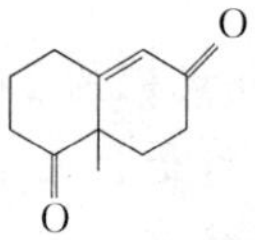 （其他试剂任选）

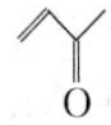

(3) 由 $H_3C-\overset{O}{C}-\overset{H}{C}=CH_2$ 合成 $H_3C-\overset{O}{C}-$⟨⟩$=O$

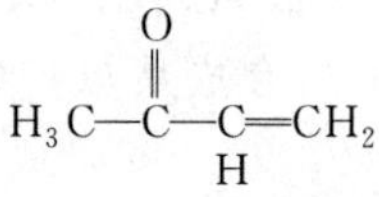

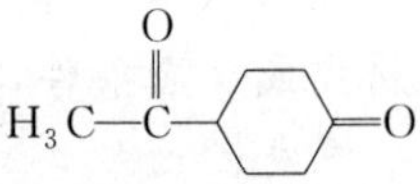

第1章 习题解答

1.1 (1) 3,5-二甲基硝基苯的偶极矩大于3,6-二甲基硝基苯

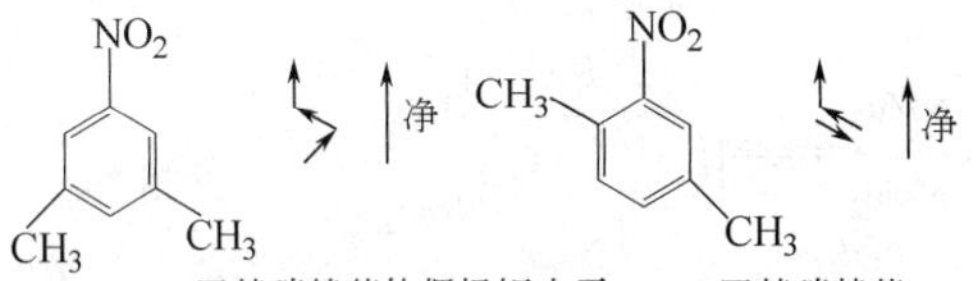

(2) 因此A的偶极矩大于B

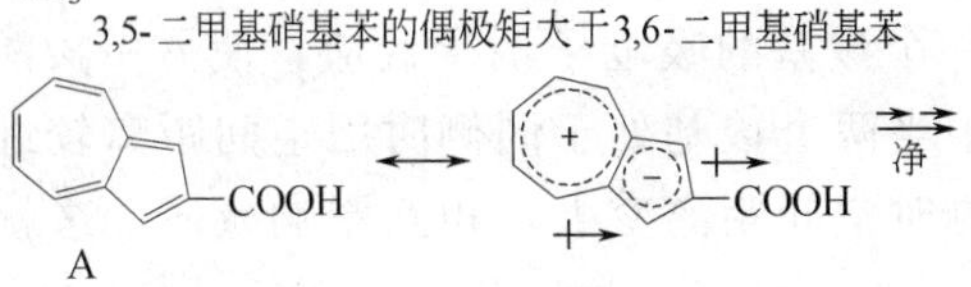

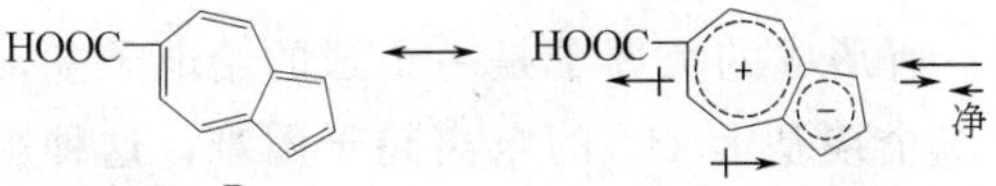

(3) 吡咯环从氮上吸引电子

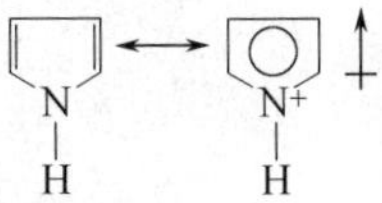

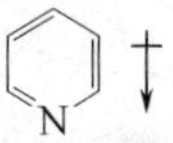

吡啶环中氮以较大的电负性吸引环中电子

故两者极性相反。

1.2 (1) $-SO_2R > -SO_3^- > -SOR > -SR$

$-I$ 效应随着 S 原子上正电荷增加而增加，$-SO_3^-$ 净负电荷减小，$-I$ 效应。

(2) 这些化合物有共同的共振结构形式：

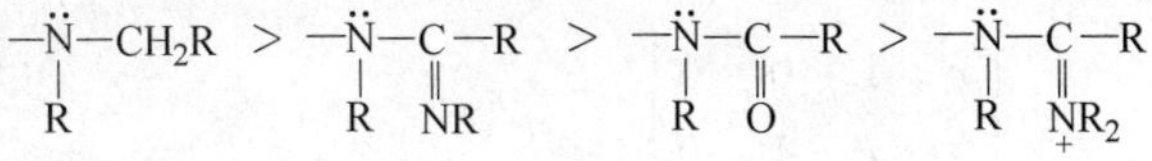

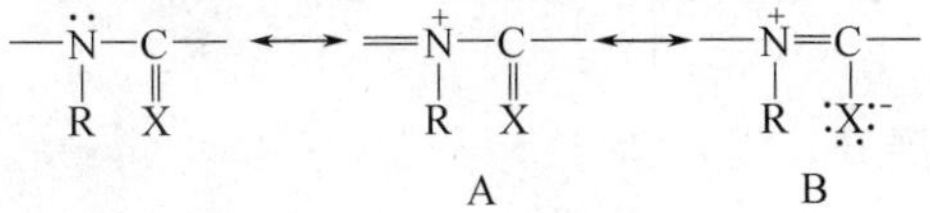

如果 X 是强吸电子的（如 O），则 B 是主要的贡献者，若 X 不是强吸电子的，则 A 的贡献是主要的，基团的吸电子顺序为：$=\overset{+}{N}R_2 > =O > =NR \gg H$

(3) 基团吸电子能力 $=N- < =O < =\overset{+}{N}$

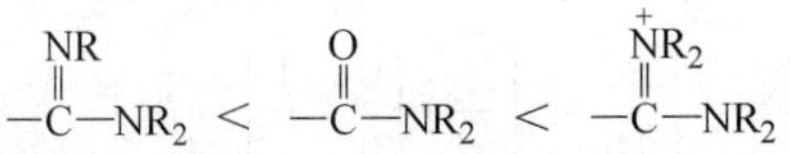

1.3 (1) 无芳香性

分子没有一个闭合的共轭体系，因而无芳香性，然而失去 H⁻ 以后生成的 A 为含有六

个 π 电子的䓬鎓离子体系，则有芳香性。

$$\text{（图：环庚三烯-COOH} \xrightarrow{-H^-} \text{环庚三烯正离子-COOH} \leftrightarrow \text{芳香性环-COOH}\text{）}$$
A

（2）无芳香性

分子中的 π 电子数虽符合 $4n+2$ 规则，但因为环内氢原子之间拥挤，使分子扭曲处于非共平面结构，故失去芳香性。

（3）有芳香性

1.4 由于羧基是吸电子基，丁烯二酸中一个羧基的吸电子诱导效应，使另一羧酸的 H^+ 更加容易发生电离。在丁烯二酸分子中当两个羧基处于同侧时因空间距离较近，故相互影响比较大；而当两个羧基处于异侧时空间距离变大，相互影响减弱，这就说明了第一电离常数是顺式大于反式。

当第一个羧基上的 H^+ 电离后，所形成的负离子是一个强的给电子基，它对第二个羧基所发生的直接诱导，将使第二个羧基上 H^+ 的电离趋于困难，这种影响也是顺式大于反式，所以丁烯二酸的第二电离常数是顺式小于反式。这种诱导影响是通过空间或溶剂间的场效应传递的。

1.5 应用 1.3 中 Hückel 假设的（1）～（3）得：

$$\begin{vmatrix} \alpha-E & \beta & 0 & 0 \\ \beta & \alpha-E & \beta & 0 \\ 0 & \beta & \alpha-E & \beta \\ 0 & 0 & \beta & \alpha-E \end{vmatrix} = 0$$

两边同除以 β，并设 $x = \dfrac{\alpha-E}{\beta}$，代入则得：

$$\begin{vmatrix} x & 1 & 0 & 0 \\ 1 & x & 1 & 0 \\ 0 & 1 & x & 1 \\ 0 & 0 & 1 & x \end{vmatrix} = 0$$

将上述行列式按第一行（或第一列）展开，得：

$$x\begin{vmatrix} x & 1 & 0 \\ 1 & x & 1 \\ 0 & 1 & x \end{vmatrix} - 1\begin{vmatrix} 1 & 1 & 0 \\ 0 & x & 1 \\ 0 & 1 & x \end{vmatrix} + 0\begin{vmatrix} 1 & x & 0 \\ 0 & 1 & 1 \\ 0 & 0 & 1 \end{vmatrix} - 0\begin{vmatrix} 1 & x & 1 \\ 0 & 1 & x \\ 0 & 0 & 1 \end{vmatrix} = 0$$

$$x^2\begin{vmatrix} x & 1 \\ 1 & x \end{vmatrix} - x\begin{vmatrix} 1 & 1 \\ 0 & x \end{vmatrix} - 1\begin{vmatrix} x & 1 \\ 1 & x \end{vmatrix} + 1\begin{vmatrix} 0 & 1 \\ 0 & x \end{vmatrix} = 0$$

$$x^2(x^2-1) - x(x-0) - (x^2-1) + 0 = 0$$

$$x^4 - 3x^2 + 1 = 0$$

令 $y = x^2$，代入上式得 $y^2 - 3y + 1 = 0$

故　$y = \dfrac{3 \pm \sqrt{9-4}}{2} = 2.62$ 或 0.38

因　$x = \pm \sqrt{y}$

故　$\begin{cases} x = \pm\sqrt{2.62} = \pm 1.62 \\ x = \pm\sqrt{0.38} = \pm 0.62 \end{cases}$

又　$x = \dfrac{\alpha - E}{\beta}$，故 $E = \alpha - x\beta$

将四个 x 值先后代入此式可求得四个离域 π 轨道的能级

$$x_4 = 1.62 \qquad E_4 = \alpha - 1.62\beta$$
$$x_3 = 0.62 \qquad E_3 = \alpha - 0.62\beta$$
$$x_2 = -0.62 \qquad E_2 = \alpha + 0.62\beta$$
$$x_1 = -1.62 \qquad E_1 = \alpha + 1.62\beta$$

1,3-丁二烯的分子轨道能级如图所示，基态时 4 个碳原子的 4 个 π 电子（$2p_z$ 电子）填充在能级为 E_1 和 E_2 的两个成键轨道中，形成了包含 4 个碳原子的离域 π 键。

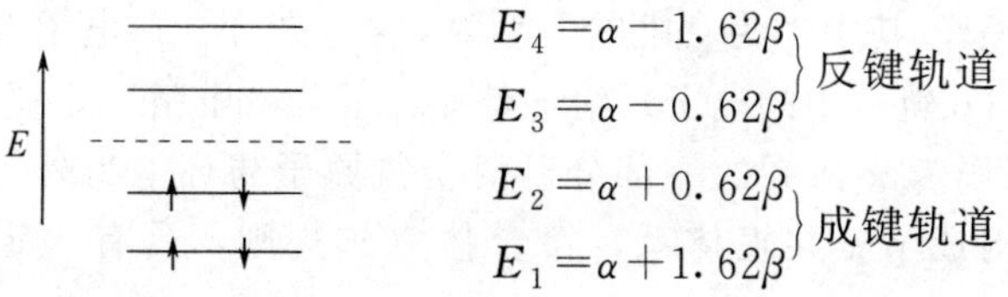

$E_4 = \alpha - 1.62\beta$
$E_3 = \alpha - 0.62\beta$ } 反键轨道
$E_2 = \alpha + 0.62\beta$
$E_1 = \alpha + 1.62\beta$ } 成键轨道

$E_\pi = 2(\alpha + 1.62\beta) + 2(\alpha + 0.62\beta) = 4\alpha + 4.48\beta$

$E_{\text{定}} = 4(\alpha + \beta) + 0 \times \alpha = 4\alpha + 4\beta$

DE（离域能）$= 4\alpha + 4.48\beta - 4\alpha - 4\beta = 0.48\beta$

1.6

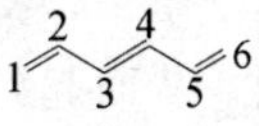

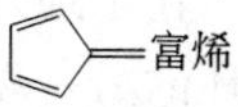

$$\begin{vmatrix} x & 1 & 0 & 0 & 0 & 0 \\ 1 & x & 1 & 0 & 0 & 0 \\ 0 & 1 & x & 1 & 0 & 0 \\ 0 & 0 & 1 & x & 1 & 0 \\ 0 & 0 & 0 & 1 & x & 1 \\ 0 & 0 & 0 & 0 & 1 & x \end{vmatrix} \qquad \begin{vmatrix} x & 1 & 0 & 0 & 0 & 0 \\ 1 & x & 1 & 0 & 0 & 1 \\ 0 & 1 & x & 1 & 0 & 0 \\ 0 & 0 & 1 & x & 1 & 0 \\ 0 & 0 & 0 & 1 & x & 1 \\ 0 & 1 & 0 & 0 & 1 & x \end{vmatrix} \qquad \begin{vmatrix} x & 1 & 0 & 0 & 0 & 1 \\ 1 & x & 1 & 0 & 0 & 0 \\ 0 & 1 & x & 1 & 0 & 0 \\ 0 & 0 & 1 & x & 1 & 0 \\ 0 & 0 & 0 & 1 & x & 1 \\ 1 & 0 & 0 & 0 & 1 & x \end{vmatrix}$$

1.7

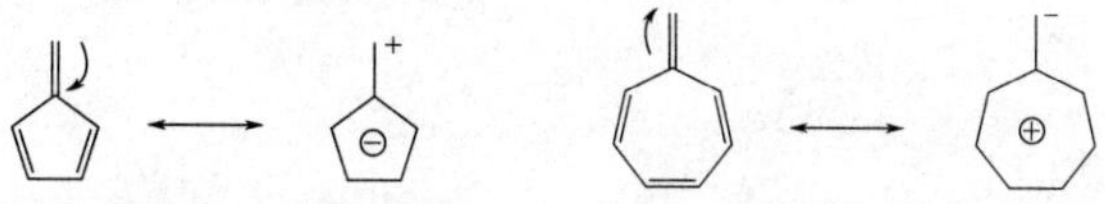

富烯分子中环外双键的 π 电子流向五元环形成稳定的 6π 体系，从而环外双键中的末端碳原子带部分正电荷，因而五元环接受电子后变成负电荷的中心，因此分子具有极性。环庚富烯中，七元环外双键的 π 电子向外流动，使得环外双键的末端碳原子带有部分负电荷，而七元环给出电子后趋于 6π 体系，分子极性方向与环庚富烯相反。

1.8 环辛四烯一般以非平面的船式或盆式存在，如溴化，产物如下：

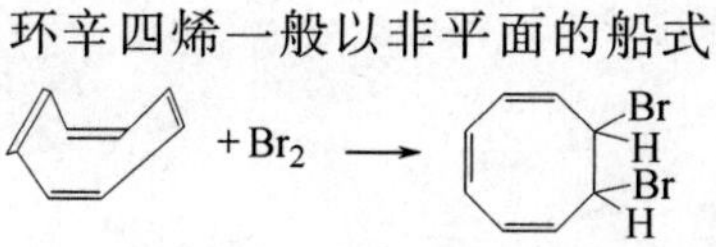

环辛四烯双负离子与铀以 π 络合键结合呈如下所示的夹心结构。它的 8 个氢在 NMR 谱上呈现的化学位称 δ 值移向低场（比环辛四烯的 δ 值要大），约在 8～9 之间。

1.9 SbF$_5$ 是强 Lewis 酸，当把 A 溶解在 SbF$_5$ 和 SO$_2$ 的混合物中时，A 脱去氯负离子生成正离子 B。正离子 B 和 SbF$_5$ 进一步反应生成二价正离子 C，C 是一闭环化合物，π 电子数满足休克尔规则，是一对称分子。

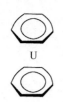

二环辛四烯双负离子

$$\underset{\underset{A}{\delta 1.5}}{\overset{\delta 2.6}{\underset{H_3C}{\overset{H_3C}{\square}}\underset{Cl}{\overset{CH_3}{\square}}\underset{CH_3}{\overset{Cl}{\square}}}} \xrightarrow[SO_2]{SbF_5} [SbF_5Cl]^- + \underset{\underset{B}{\delta 2.65\ \delta 2.20}}{\overset{\delta 2.25\ \delta 2.65}{\underset{H_3C}{\overset{H_3C}{\square}}\underset{CH_3}{\overset{CH_3}{\square}}\underset{Cl}{\overset{+}{\square}}}} \xrightarrow[SO_2]{SbF_5} \underset{C}{\overset{\delta 3.68}{\underset{H_3C}{\overset{H_3C}{\square}}\underset{CH_3}{\overset{CH_3}{\square}}}}$$

1.10

方酸电离出 2 个质子，因有 4 个等价共振结构和一个非苯芳烃结构而稳定。

1.11 (1) 咪唑环有两种类型的氮原子，其中 I 为"吡啶"型氮，sp^2 杂环，孤电子对占据 sp^2 杂化轨道，提供一个电子（p 轨道中的电子）给 π 体系。II 为"吡咯"型氮，sp^2 杂化，孤电子对占据 p 轨道并作为 π 体系的一部分。两个氮原子与环上另外三个 C 原子（各提供一个 π 电子）构成 p-π 共轭体系，符合休克尔规则，具有一定的芳香性。

(2) 咪唑环中既有酸性的"吡咯"型氢，可以提供质子，又有碱性的"吡啶"型氮，可作为质子接受体。因此，它既是一个弱酸，又是一个弱碱，其 pK_a 值接近生理 pH 值（7.35）的唯一组成氨基酸的基团，在生理环境下，它既能接受质子，又能解离质子。具有在环的一端接受质子，而在环的另一端给出质子的功能，从而起到质子传递作用。

(3) 碱性：脂肪族的伯胺氮原子 N(a) ＞ "吡啶"型 N(b) ＞ "吡咯"型 N(c)。

第2章 习题解答

2.1 (1) ①S；② i：S，ii：R；③R；④S

(2) ① ($2E$, $6E$, $10Z$)-3-甲基-10,11-环氧-3,7,11-三甲基十三碳二烯酸甲酯。

② ($2S$, $3S$)-2-甲基-2-烯丙基-3-羟基环戊酮。

2.2 (1) [结构式：稳定构象 → HONO/0℃ → 重排 → 产物]

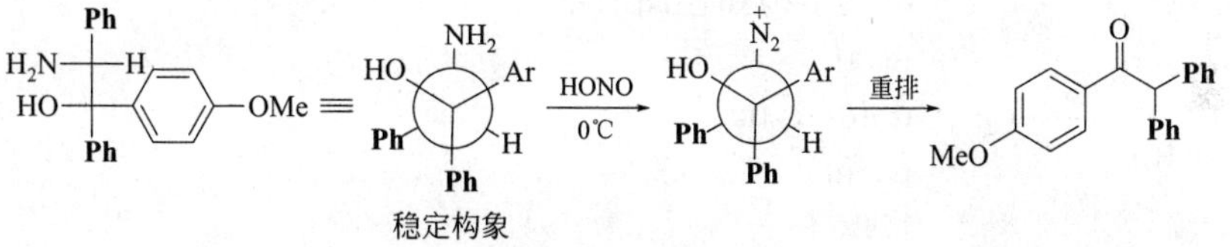

(2) [结构式：稳定构象 → HONO/0℃ → 重排 → 产物]

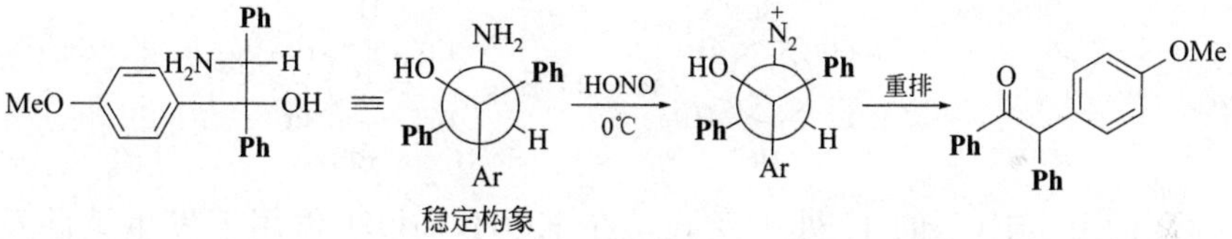

2.3 (1) 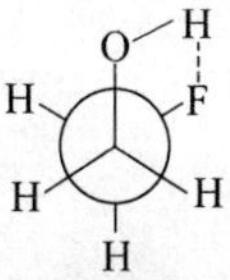 邻位交叉式（形成氢键） (2) NR_2和OH间形成氢键 (3) [环己烷结构]

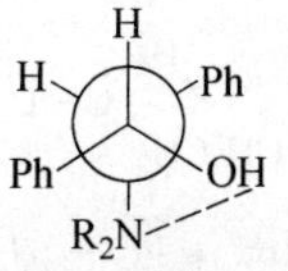

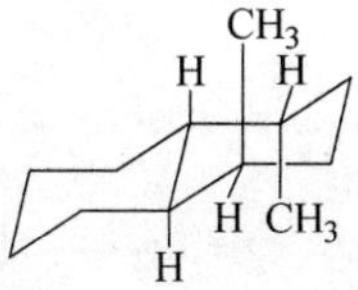

2.4 (1) A为赤式，B为苏式；

(2) A可拆分为旋光的对映体，因它为手性轴化合物；B为非手性化合物；

(3) ($2S$, $3R$)-2,3-丁二醇。

2.5 (R)-2-丁醇 →(TsCl)→ →NaN₃→ →H₂/Pt→ (S)-2-丁胺

↓PCl₅

→NaN₃→ →H₂/Pt→ (R)-2-丁胺

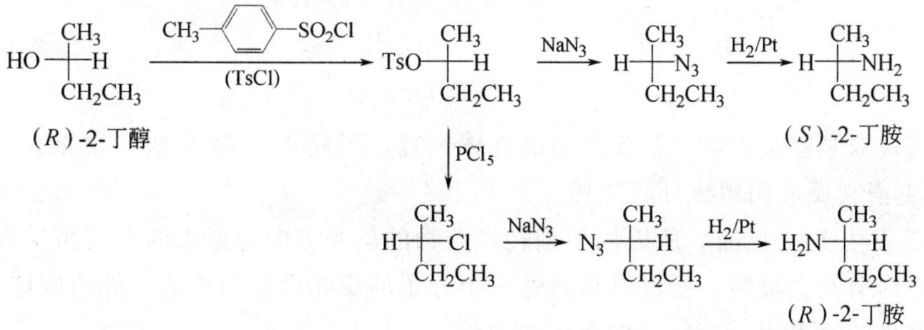

2.6 取代环烯烃硼氢化氧化反应的特点是：顺式加成，反式产物。

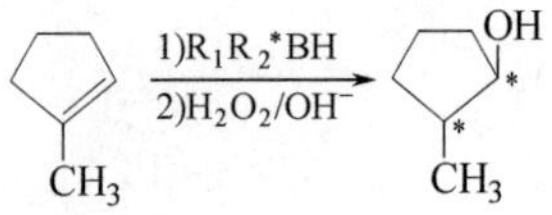

因硼氢化试剂具有手性，对烯烃平面加成的机会不均等，使对映体量不等，一种产物占优势，所以混合醇有光学活性。

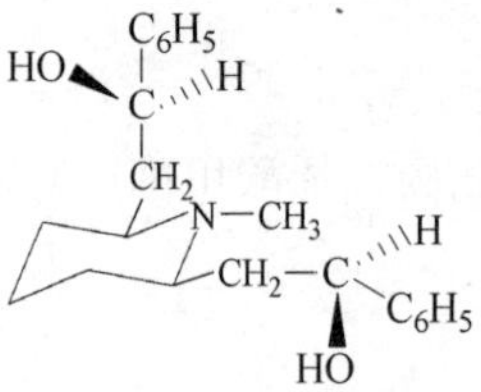

2.7 从（I）的构造式可以看出它含有手性碳原子，但据题意（I）不具旋光性，且不能拆分，表明（I）应具内消旋体结构，分子内应有对称面，这要求（I）在环上应为顺式二取代，并且两边侧链的手性碳原子应具有相反的手性，由此推出其结构如左图所示。

2.8 Z-3-己烯 经 Br_2 反应生成外消旋体。

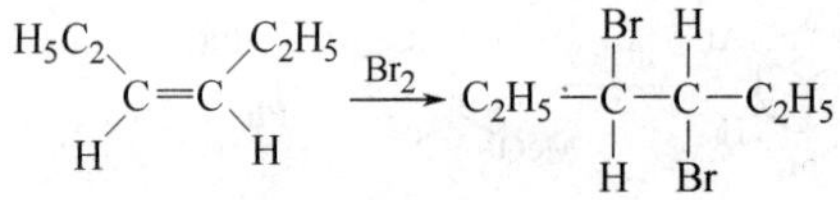

产物围绕 $C_3 \sim C_4$ 旋转的纽曼投影式为：

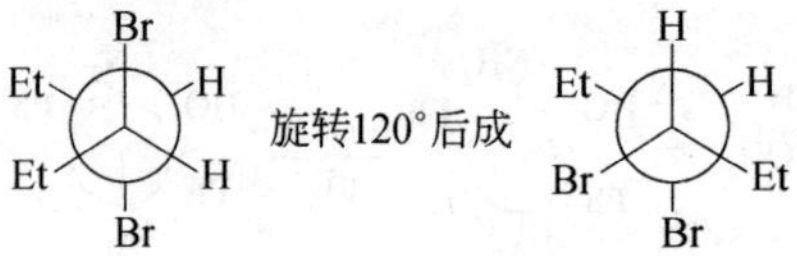

旋转120°后成

这时，C_3 的 Br 与 C_4 的 H 处于反式，在 KOH/EtOH 作用下发生消除反应，生成 (3Z)-3-溴己烯，即：

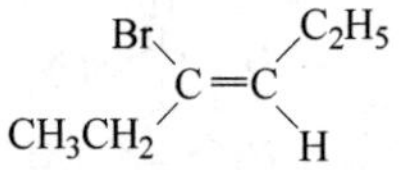

而 环己烯 + Br_2 → 反-1,2-二溴环己烷

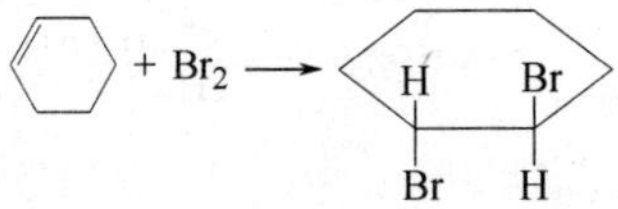

其构象式为：

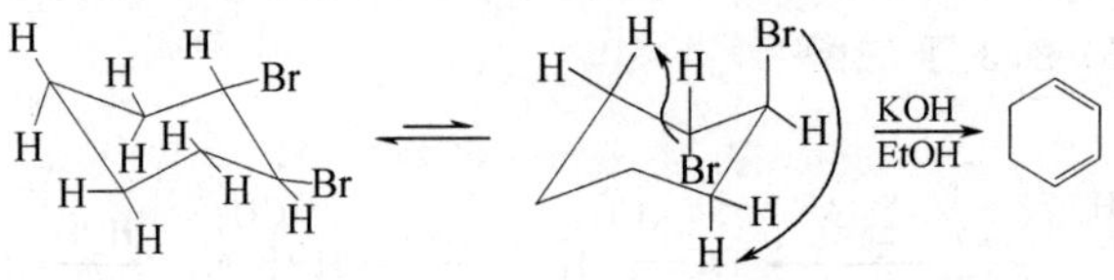

（反式消去）

由于反式双竖键是有利于消除反应的立体位置，因此式中 Br 只能与相邻亚甲基的竖键 H 发生消去反应而生成环己二烯。

2.9 Br 与溴丁烷发生 S_N2 反应，所以构型翻转，产物的旋光方向与原来的方向相反，每有一个分子的构型发生翻转，便可以和另外一个分子的旋光性互相抵消（外消旋体），所以旋光度减小的速率为 *Br 结合的速率的两倍。

2.10 （I）既有游离羟基的伸缩振动，又有分子内氢键缔合的伸缩振动。

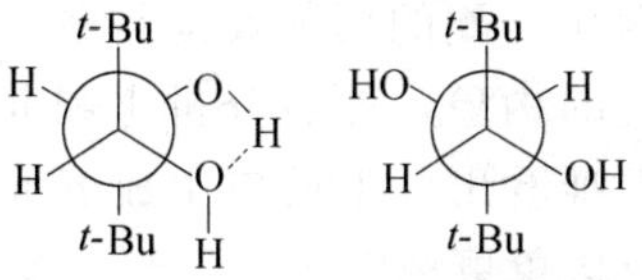

光学活性形式　　内消旋形式
（Ⅰ）　　　　　（Ⅱ）

（Ⅱ）体积大的叔丁基彼此不能处于邻位交叉形式，而只能处于对位交叉形式，两羟基不能形成分子内氢键，并表现为化学等价，因此只能观察到一种羟基的伸缩振动。

2.11 （1）先沿着化学反应的程序写出每步反应的产物结构：

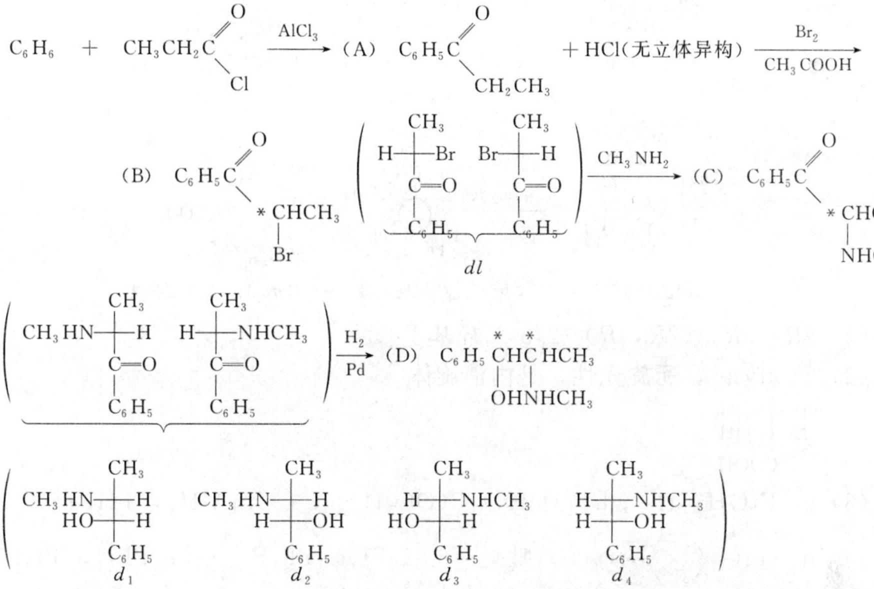

C_6H_6 + CH_3CH_2COCl $\xrightarrow{AlCl_3}$ (A) $C_6H_5COCH_2CH_3$ + HCl（无立体异构）$\xrightarrow[CH_3COOH]{Br_2}$

(B) $C_6H_5CO\overset{*}{C}HCH_3Br$ （dl 对映体对） $\xrightarrow{CH_3NH_2}$ (C) $C_6H_5CO\overset{*}{C}H(NHCH_3)CH_3$

$\xrightarrow{H_2/Pd}$ (D) $C_6H_5\overset{*}{C}H(OH)\overset{*}{C}H(NHCH_3)CH_3$

（d_1, d_2, d_3, d_4 四种异构体）

(2) 原料无光学活性，以上几步反应均无手性因素参与，因此最终产物 D 也不会有旋光活性。若用手性条件将产物 B、C、D 分别进行拆分，即可分出有旋光活性的异构体。

(3) 化合物 B 和 C 分别含一个手性碳原子，因此它们各有一对对映异构体。化合物 D 含 2 个手性碳原子，因此它应该有 2 对对映异构体，即共有 4 个旋光异构体：d_1、d_2、d_3、d_4。其中 d_1 与 d_4、d_2 与 d_3 互为对映异构体；d_1 与 d_2、d_1 与 d_3、d_2 与 d_4、d_3 与 d_4 互为非对映异构关系。

(4) 化合物 C 稳定构象的 Newman 投影式为：

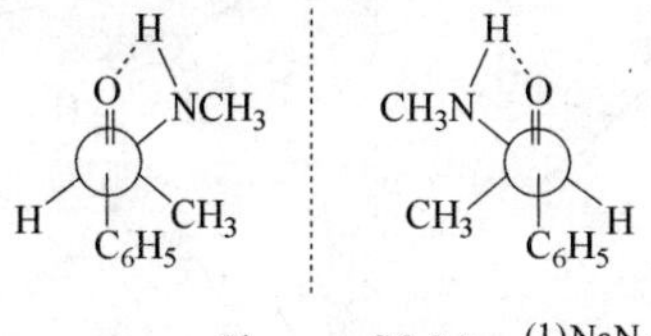

2.12 $I \xrightarrow[\text{(+)-DIPT}]{\text{t-BuOOH, Ti(OPr-i)}_4}$ Ph-环氧-CH$_2$OH $\xrightarrow[\text{(2)CH}_3\text{OH/SOCl}_2]{\text{(1)[O]}}$ Ph-环氧-CO$_2$Me $\xrightarrow[\text{(2)H}_2\text{/Pd-C}]{\text{(1)NaN}_3}$

Ph-CH(NH$_2$)-CH(OH)-CO$_2$CH$_3$ ≡ H$_2$N-CH(Ph)-CH(OH)-CO$_2$CH$_3$ $\xrightarrow[\text{PhCOCl}]{1\,\text{mol}}$ II

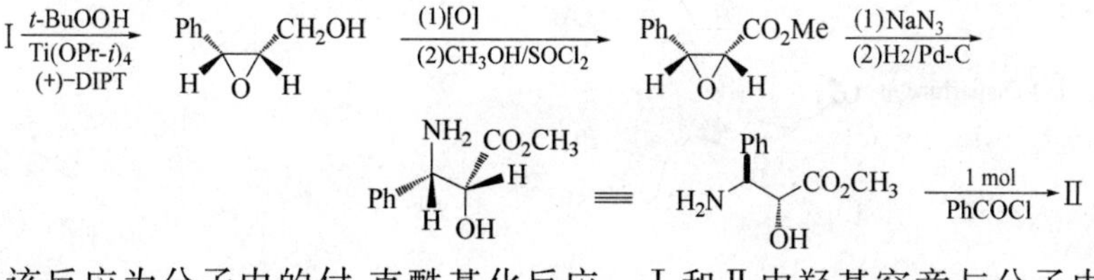

2.13 该反应为分子内的付-克酰基化反应。Ⅰ 和 Ⅱ 中羟基究竟与分子中哪一个苯环反应与反应中构象稳定性直接相关。我们用 Newman 投影式分别写出 Ⅰ 和 Ⅱ 的稳定构象，

以及生成五元环酮和六元环酮的可能反应构象，可以认为反应构象是羧基和参与反应的苯环同处一平面上的构象，然后分析 I 和 II 分别生成五元环酮和六元环酮的可能反应构象稳定性。不难看出，I 反应中成五元环酮的反应构象更稳定，而 II 反应中生成六元环酮的反应构象更稳定。

构象分析：

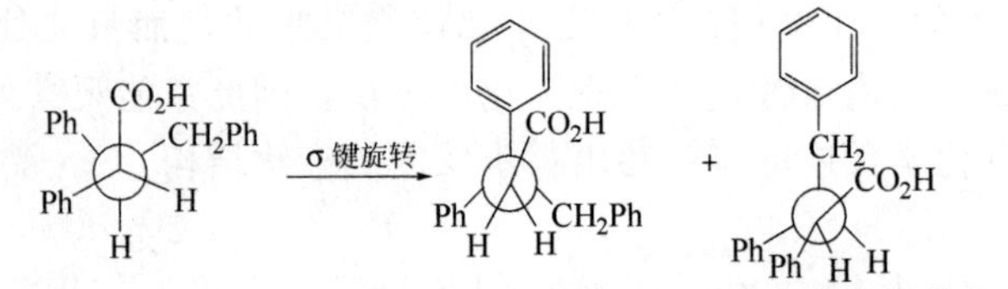

I 稳定构象　　a. 成五元环反应构象　　b. 成六元环反应构象

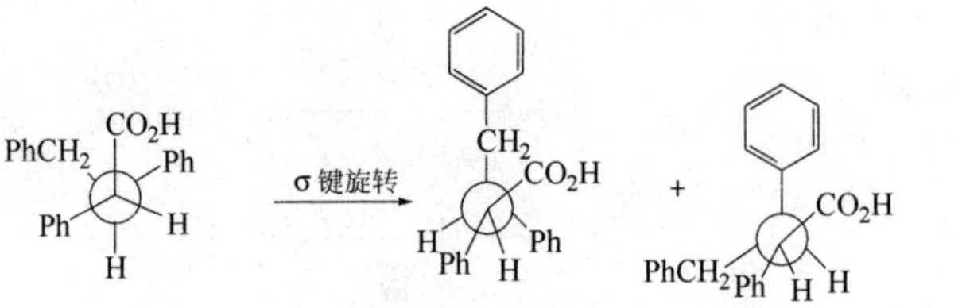

II 稳定构象　　c. 成六元环反应构象　　d. 成五元环反应构象

2.14 (1) $2R$，$3R$，$(2R,3R)$-2,3-二羟基丁二酸

(2) 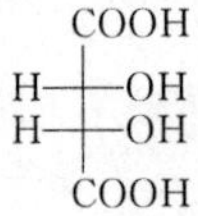 ，无旋光性，是内消旋体

(3) a　EtOH，H^+；b　$(CH_3)_2C(OC_2H_5)_2$；c　$LiAlH_4$，THF；

　　d　$CH_3\text{-}C_6H_4\text{-}SO_2Cl$，吡啶；e　$LiPPh_2$ $(Ph_3P \xrightarrow[THF]{Li} Ph_2PLi)$，THF

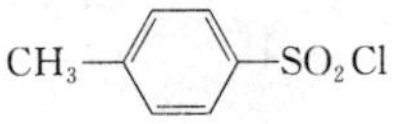

(4)

A. 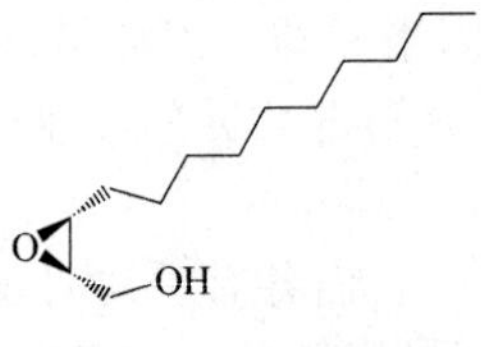　　　　　　　　　B.

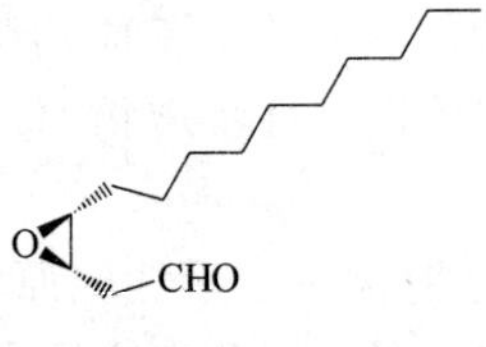

C. 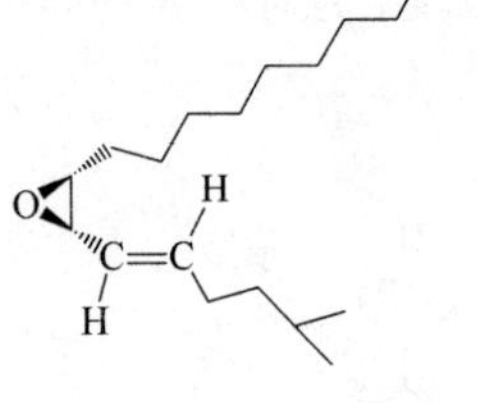　　　　　　　　　D.

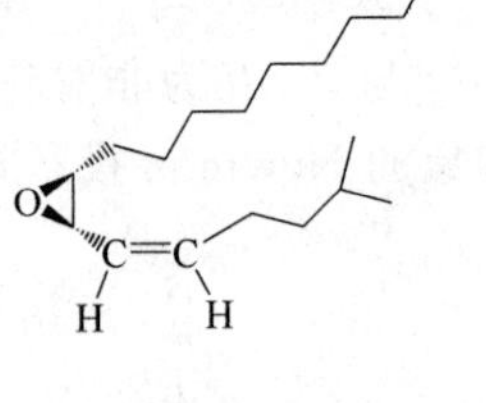

(+)-Disparlure 为

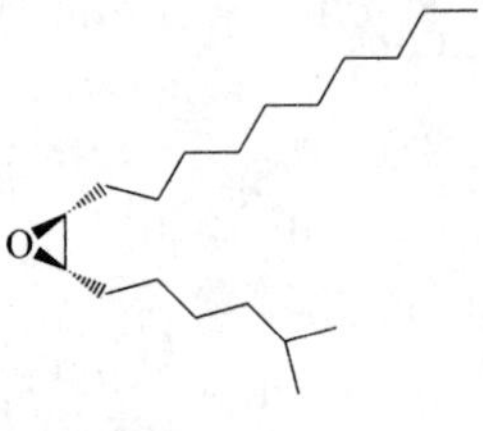

第3章 习题解答

3.1 (1) A 中氮上的孤电子对，使其具有碱性。

B 中氮上孤电子对，可与苯环共轭，碱性变小。

C 中氮上孤电子对，与苯环共轭的同时和氮相连的两个甲基使氮上孤电子对不裸露，碱性比 B 稍小。

(2) 因为 A 中 COOH 与 OH 形成分子内氢键，酸性较大。即：

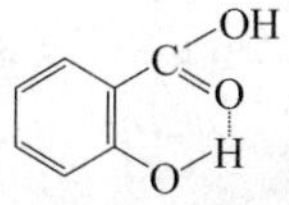

$$\text{（水杨酸分子内氢键结构）}$$

3.2 A 是羧酸三级醇酯，其烷氧基空间位阻大；B 是羧酸二级醇酯，其烷氧基空间位阻相对较小。所以，A 酸性水解是 S_N1 型反应，发生烷氧键断裂，其具体过程如下：

$$R\text{-COO-}CR_1R_2R_3 \xrightarrow{H^+} R\text{-C(OH}^+\text{)-O-}CR_1R_2R_3 \longrightarrow R_1R_2R_3C^+ + R\text{COOH}$$

$$\xrightarrow{H_2^{18}O} \quad R_1R_2R_3C\text{-}^{+18}OH_2 \longrightarrow R_1R_2R_3C\text{-}^{18}OH$$

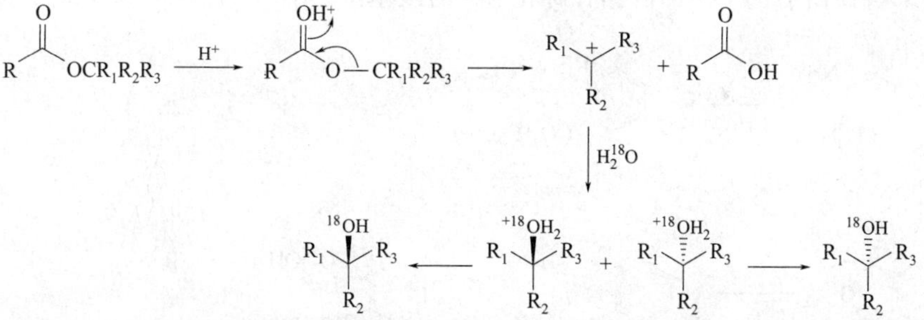

B 为羧酸二级醇酯，酸性水解多数为 $H_2^{18}O$ 对质子化的酯羰基进行亲核加成，然后发生酰氧键断裂，其具体过程如下：

$$R\text{-COO-}CHR_1R_2 \xrightarrow{H^+} R\text{-C(OH}^+\text{)-O-}CHR_1R_2 \xrightarrow{H_2^{18}O} R\text{-C(}^{18}OH_2^+\text{)(OH)-O-}CHR_1R_2$$

$$\longrightarrow R\text{-C(}^{18}OH\text{)=O} + HO\text{-}CHR_1R_2$$

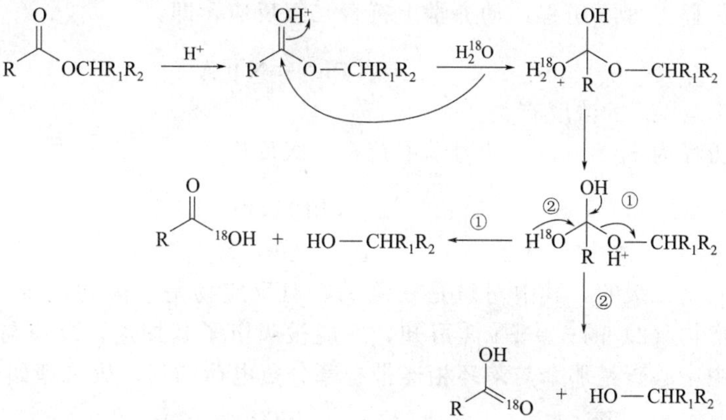

3.3 重氢化合物反应更慢，因为 C—D 键比 C—H 键更强，这时决定速率的步骤应是硝基甲烷的电离，醋酸根负离子可以作为催化这步反应的碱，然后是硝基甲烷负离子与溴

的快速反应。

$$CH_3NO_2 + CH_3COO^- \xrightarrow{慢} {}^-CH_2NO_2 + CH_3COOH$$

$$^-CH_2NO_2 + Br_2 \xrightarrow{快} CH_2BrNO_2 + Br^-$$

3.4 (1) D 取代一个 H，然后使用光活性的 PhCHDCl 确定是构型转化（S_N2）还是消旋化（S_N1）。

(2) S_N2 机理是双分子的，速率取决于卤代物及 OH^- 两者的浓度；S_N1 机理是单分子的，速率仅决定于卤代物的浓度。所以测量速率是取决于 OH^- 浓度还是与 OH^- 浓度无关，将有助于确定其反应机理。

(3) S_N1 机理过渡态中出现正电荷，这意味着环上的吸电子基团将使反应变慢，所以测量环上带有 m- 和 p-取代基的反应速率并计算 ρ，ρ 值为负时，表明是 S_N1；ρ 值为正则证实为 S_N2。

3.5 (1)

$$R'\overset{..}{O}-CH=CHR \xrightarrow{H^+} R'\overset{+}{O}=CH-CH_2R \xrightarrow{H_2^{18}O} \xrightarrow{-H^+}$$

$$R'O-CH-CH_2R \xrightarrow{H^+} R'\overset{+}{O}-CH-CH_2R \xrightarrow{-H^+} R'OH + RCH_2CH^{18}O$$
$$\quad\quad |\quad\quad\quad\quad\quad\quad\quad\quad\quad H\ |$$
$$\quad ^{18}OH \quad\quad\quad\quad\quad\quad\quad\quad ^{18}OH$$
（半缩醛）

(2) 反应途径之一是 H_2O 直接进攻到酰胺基上，生成邻苯二甲酸（途径 a），这样的结果将使所有的 ^{18}O 都占据在标记 ^{13}C 的羧基上。

然而途径 b 生成对称的酸酐，则导致 ^{18}O 在两个羧基间有相等的分配。

3.6 第一种历程为 S_N2 历程，动力学上符合二级反应，即：

$$v = k[\text{Ph}\overset{+}{\text{N}}\equiv\text{N}][A^-]$$

反应速率与 A^- 的浓度有关。

第二种历程为 S_N1 历程，动力学上符合一级反应

$$v = k[\text{Ph}\overset{+}{\text{N}}\equiv\text{N}]$$

反应速率与 A^- 的浓度无关

3.7 由于反应是二级的，其中对碱是一级的，对反应物是一级的，该反应是通过 E2 进行的，由产物（2）的 $\rho = +1.4$ 可知，反应被吸电子基加速，反应与取代基有关，过渡态分子中心碳是那个与苯环相连带有部分负电荷的碳，故机理如下：

由对产物（3）的 $\rho=-0.1\pm0.1$，接近 0，所以不受取代基的影响，反应机理如下：

$$X-\text{C}_6\text{H}_4-\text{CH}_2-\underset{\underset{\text{Cl}}{|}}{\overset{\overset{\text{CH}_3}{|}}{\text{C}}}-\text{CH}_3 + \text{NaOCH}_3 \longrightarrow \left[X-\text{C}_6\text{H}_4-\text{CH}_2\cdots\underset{\underset{\text{Cl}}{|}}{\overset{\overset{\text{CH}_3}{|}}{\text{C}}}\cdots\text{CH}_2\cdots\text{H}\cdots\text{OCH}_3\right] \longrightarrow X-\text{C}_6\text{H}_4-\text{CH}_2-\underset{\underset{\text{CH}_3}{|}}{\text{C}}=\text{CH}_2$$

3.8 由给出的反应条件，可以推断这一反应为亲电反应，反应速率取决于 H^+ 与酮络合形成碳正离子这一步。因而推电子取代基对反应有利。碳正离子形成后迅速使 H^+ 离解，变成取代苯乙酮的烯醇式，由于碳碳双键上同时带有给电子的 —OH 和苯环，故和 Br^+ 的亲电加成非常快，这样溴的浓度变化也就无关紧要了。反应可用如下历程表示：

$$X-\text{C}_6\text{H}_4-\overset{\overset{\text{O}}{\|}}{\text{C}}-\text{CH}_3 \underset{}{\overset{\text{H}^+}{\rightleftharpoons}} X-\text{C}_6\text{H}_4-\overset{\overset{+\text{OH}}{|}}{\text{C}}-\text{CH}_3 \underset{-\text{H}^+}{\rightleftharpoons} X-\text{C}_6\text{H}_4-\overset{\overset{\text{OH}}{|}}{\text{C}}=\text{CH}_2$$

$$X-\text{C}_6\text{H}_4-\overset{\overset{\text{O-H}}{|}}{\text{C}}=\text{CH}_2 \xrightarrow{\text{Br—Br}} X-\text{C}_6\text{H}_4-\overset{\overset{\text{O}}{\|}}{\text{C}}-\text{CH}_2\text{Br} + \text{HBr}$$

3.9 碱催化水解非常容易进行分析，因为第一步是决速步骤：

$$X-\text{C}_6\text{H}_4-\overset{\overset{\text{O}}{\|}}{\text{C}}-\text{OEt} \xrightarrow[\text{慢}]{:\text{OH}^-} X-\text{C}_6\text{H}_4-\underset{\underset{\text{OEt}}{|}}{\overset{\overset{\text{O}^-}{|}}{\text{C}}}-\text{OH} \longrightarrow \text{略}$$

在这一步中，带有部分正电荷的羰基碳原子变成了带有邻位负电荷的四面体碳原子。通过诱导效应，这一电荷的一部分将会留在碳原子上。所以这个碳原子从带部分正电性变成了带部分负电性，这个过程在对位有吸电子取代基作用下将会加速。这与一个大的、正的 ρ 值为 2.19 有关。因为任何一个都不是完整的电荷，所以小于 4～5 的值在这种情况下就可能被观测到。

在酸催化水解过程中，决速步通常仍然是亲核进攻，这一亲核进攻发生在第二步。

$$X-\text{C}_6\text{H}_4-\overset{\overset{\text{O}:}{\|}}{\text{C}}-\text{OEt} \xrightarrow{\text{H}-\overset{+}{\text{O}}\text{H}_2} X-\text{C}_6\text{H}_4-\underset{\underset{\text{OEt}}{|}}{\overset{\overset{+\text{OH}}{|}}{\text{C}}} \xrightarrow[\text{慢}]{:\text{OH}_2} X-\text{C}_6\text{H}_4-\underset{\underset{\text{OEt}}{|}}{\overset{\overset{\text{HO}}{|}}{\text{C}}}-\overset{+}{\text{OH}_2} \longrightarrow \text{略}$$

在决速步中，羰基碳（通过共振）上一个非常强的正电荷变成了一个明显较弱的正电荷（通过诱导）。正电荷弱化的方向与碱催化反应中所观测到的正电荷变成负电荷的方向一致，所以这与观测到的正的 ρ 值相一致。然而，观测值 0.14，对于电荷的大量减少来讲则显得非常的小。一个竞争的效应是，起始的平衡会受到吸电子基团的反作用，使得质子化的酯的浓度降低，导致水解过程的减慢。总体上来说，预想中对于平衡步骤负的 ρ 值部分抵消了第二步中所预料的正的 ρ 值，因此总体上的 ρ 值是一个小的正值。

3.10 DMF 是极性非质子性溶剂，卤素离子在 DMF 中的亲核性为：$\text{Cl}^->\text{Br}^->\text{I}^-$。各负离子在质子溶剂（如 H_2O）中的溶剂化能力为：$\text{F}^->\text{Cl}^->\text{Br}^->\text{I}^-$。溶剂化程度愈强，负离子的亲核反应活性愈低。

3.11 在控制步骤的过渡态中，如观察到原子化学键被减弱，通常此反应就显示初级同位素效应，据此，在上述反应中的 H_a 和 C_b 键必然是在慢步骤中断裂，在多数情况下，一个键的断裂即构成了慢步骤，而在上述反应中观察到两个同位素效应，说明这是一个"协同"或者"没有机理"的反应，此现象和双键的移动，说明存在一个环状的过渡态。

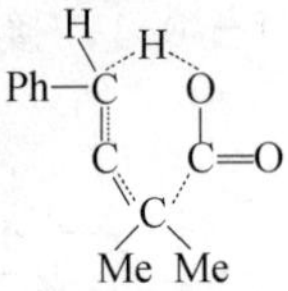

3.12 得到两个正负不同的 ρ 值，说明反应可能有两种不同的反应历程

设：

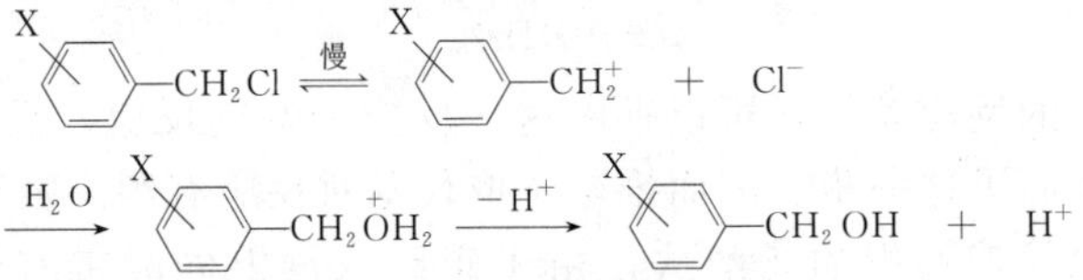

$$X\text{-}C_6H_4\text{-}CH_2Cl \xrightleftharpoons{\text{慢}} X\text{-}C_6H_4\text{-}CH_2^+ + Cl^-$$

$$X\text{-}C_6H_4\text{-}CH_2^+ \xrightarrow{H_2O} X\text{-}C_6H_4\text{-}CH_2OH_2^+ \xrightarrow{-H^+} X\text{-}C_6H_4\text{-}CH_2OH + H^+$$

反应第一步为速率控制步骤，当 X 为推电子基时，对 Cl^- 离去有利，该反应 ρ 为 -0.87，表明 X 为推电子取代基时，反应按 S_N1 历程进行。

当 X 为吸电子取代基时，ρ 值为 $+0.85$，表明过渡态时反应中心正电密度高对反应有利，进而证明该反应为 S_N2 历程。

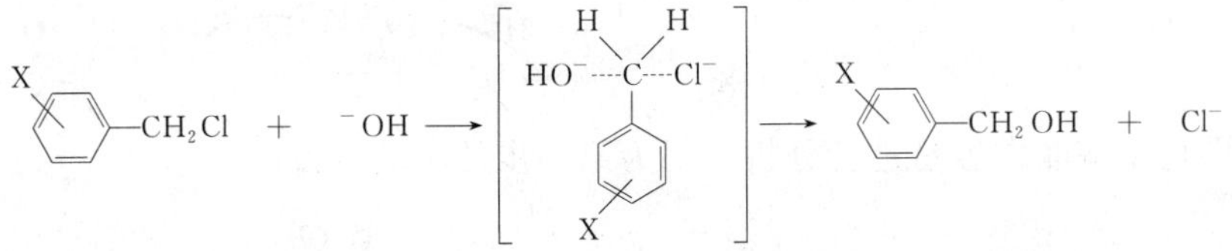

$$X\text{-}C_6H_4\text{-}CH_2Cl + {}^-OH \longrightarrow [HO\cdots C\cdots Cl]^- \longrightarrow X\text{-}C_6H_4\text{-}CH_2OH + Cl^-$$

3.13 (1) 同位素标记法：

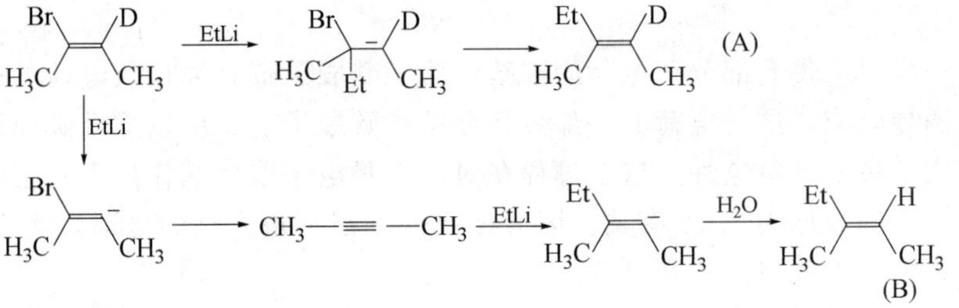

[反应式图示 (A) 和 (B)]

(2) 同位素效应方法：

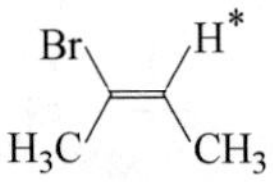

机理 (A) 未发生 C—H 键断裂 $K_H/K_D = 1$
机理 (B) 发生了 C—H 键断裂 $K_H/K_D > 1$

3.14 (1) 用同位素标记 $Ph\overset{*}{C}H_2CH_2CHO$，分析产物组成有无 $PhCH_2\overset{*}{C}H_3$。

(2) 以 $R\text{-}C_6H_4\text{-}C(Ph)=CHBr$ 为原料，若为碳负离子历程，产物为 $Ph\text{-}\overset{\cdot}{C}\equiv C\text{-}C_6H_4\text{-}R$；以 $R\text{-}C_6H_4\text{-}C(Ph)=CHBr$（构型相反）为原料，若为碳负离子历程，产物为 $R\text{-}C_6H_4\text{-}\overset{\cdot}{C}\equiv C\text{-}Ph$；若为卡宾历程，产物为混合物，非立体专一性。

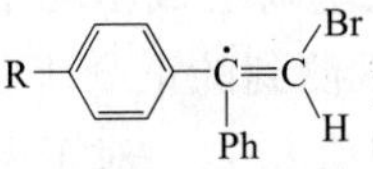

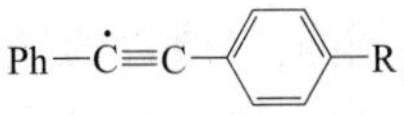

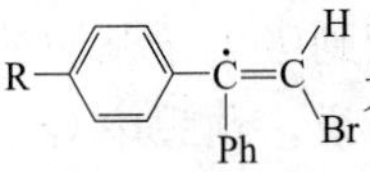

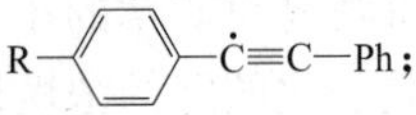

(3) 以 ${}^*OH^-$ 为碱，若为机理 (a)，在反应未完成前回收原料可检测到 $Ph{}^*CO\text{-}COPh$。

3.15 (1) 反应有两个过渡状态。A-B 间过渡态对反应影响最大。

(2) $k_3 > k_2 > k_4 > k_1$。

(3) 放热反应。

(4) B 不稳定，因为它是中间体。

第4章 习题解答

4.1 (1)（Ⅱ）比（Ⅰ）快，因反应属 S_N1 历程，由于苯环上的强吸电子基—CF_3 的诱导效应增加了（Ⅰ）解离过程的活化能，对形成的碳正离子有去稳定化作用，而（Ⅱ）中的—CH_3 具有弱的斥电子作用，所以（Ⅱ）比（Ⅰ）快。

(2)（Ⅱ）比（Ⅰ）快，因为（Ⅱ）中，与反应中心碳原子相连的碳是不饱和的，在过渡态成中间体时，中心碳原子的 p 轨道与双键 p 轨道重叠，使之稳定化；但在（Ⅰ）分子中，双键只能通过非经典的环状离子 ◇ 来稳定碳正离子，不如前者显著，所以（Ⅱ）比（Ⅰ）快。

(3)（Ⅱ）比（Ⅰ）快

芳环上的邻位取代基 PhOCO— 可作分子内的亲核试剂参加反应，即邻基参与而促进反应的进行。

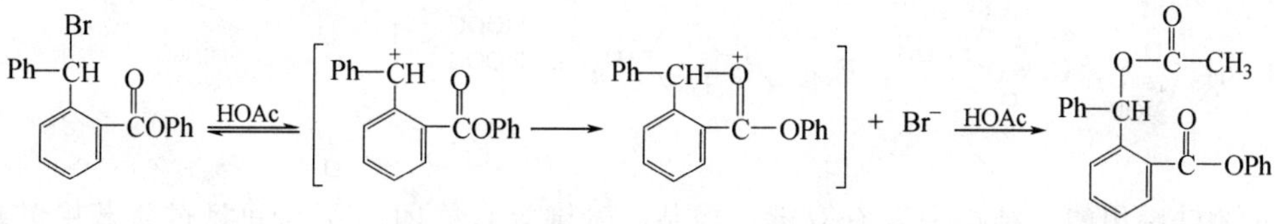

4.2 (1)

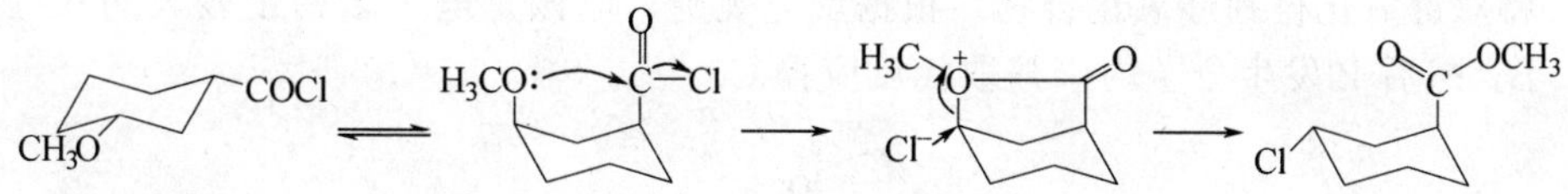

(2)

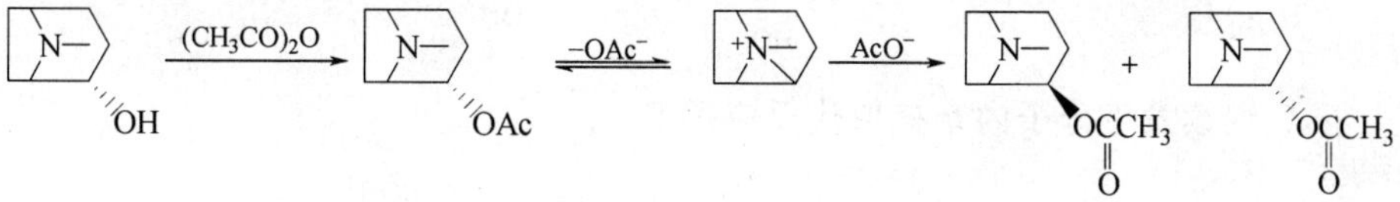

(3)

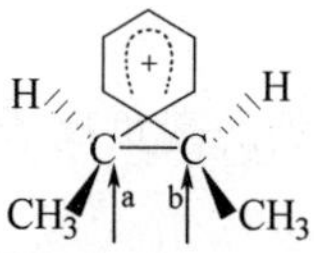

从两个方向进攻机会相等，所以得外消旋体。

(4)

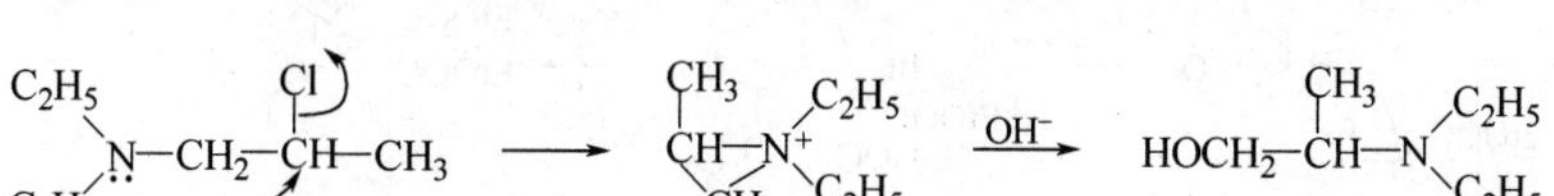

(5) 略

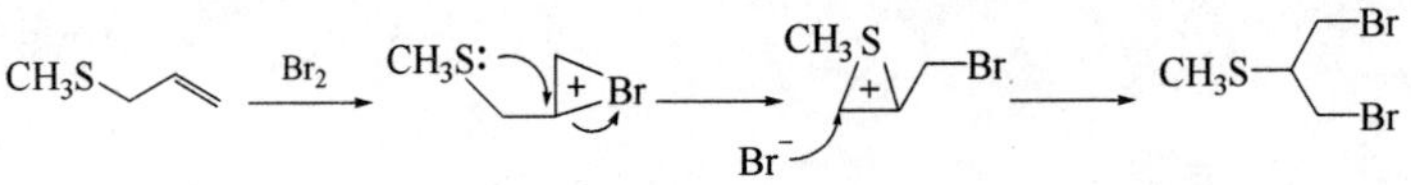

(6) 略

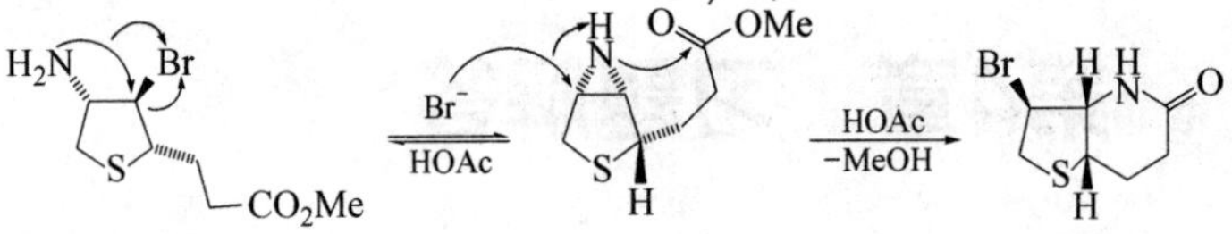

4.3 产物：

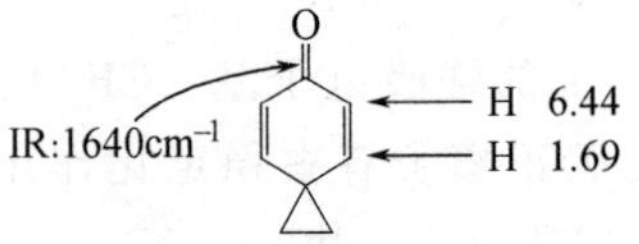

对位取代的环己二烯酮，带螺环丙基。IR:1640 cm⁻¹，H 6.44，H 1.69。

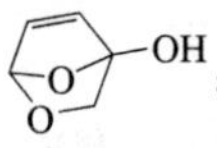

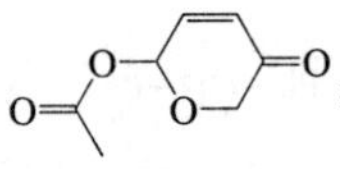

形成过程：

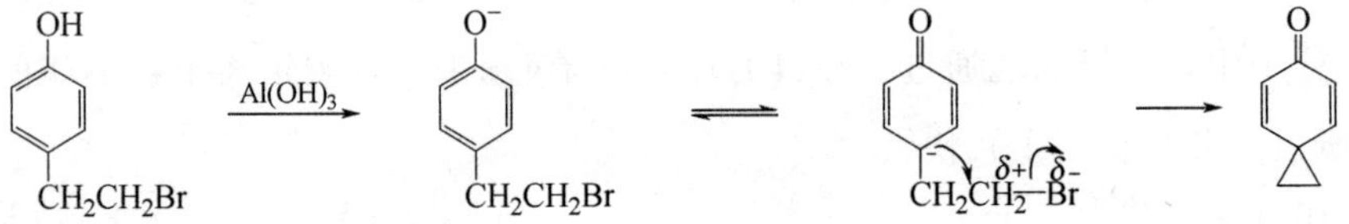

对-(2-溴乙基)苯酚 $\xrightarrow{Al(OH)_3}$ 酚氧负离子 $\rightleftharpoons$ 烯酮式中间体（$\delta+$/$\delta-$的CH_2CH_2Br侧链）$\rightarrow$ 螺[2.5]环己二烯酮

4.4

B. 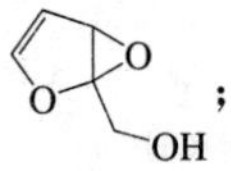 环氧呋喃甲醇； C. 双环缩醛-OH； E. 乙酰氧基二氢吡喃酮； F. 含EtOOC基的双环结构

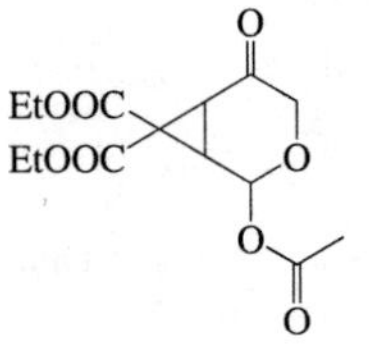

A 是呋喃甲醇，结构中含有双键、羟基、醚键等官能团。A 与间氯过氧苯甲酸反应，将双键氧化得到环氧化合物，根据反应规则，应该是电子云密度较大的双键被氧化得B。然后 B 发生分子内亲核取代反应得 C。

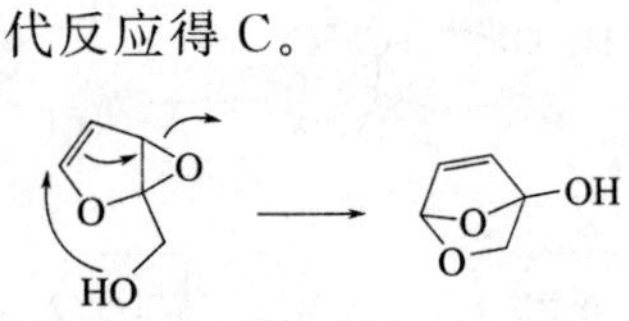

C 继续发生分子内亲核取代反应得 D。

D 与乙酰氯反应得到 E，2-溴丙二酸二乙酯与 DBU 反应得到的碳负离子与 E 反应得到 F。

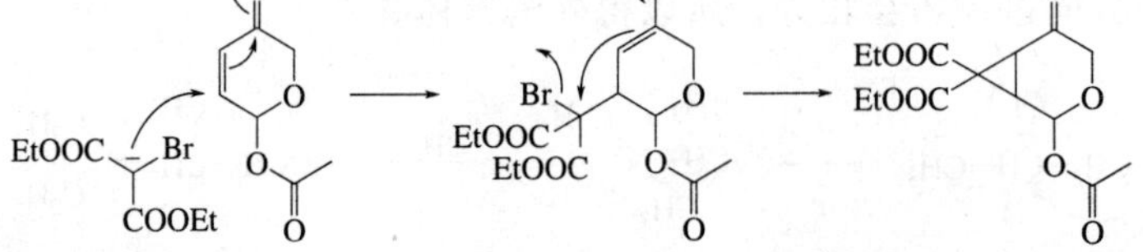

4.5 (1) [reaction scheme showing Ph₃P + Cl-CCl₃ reacting with geraniol to form geranyl chloride via phosphonium intermediate, releasing Ph₃P=O]

(2) $C_6H_5CH_2SCH_2CHCH_2SCH_2C_6H_5 \xrightarrow{SOCl_2}$ intermediate with OS(=O)Cl group → cyclic sulfonium intermediate attacked by Cl⁻ → $C_6H_5CH_2SCH_2\text{-}CH\text{-}CH_2Cl$ with $SCH_2C_6H_5$

(3) [cyclohexane diol with H⁺ → protonated → −H₂O → carbocation → ring closure → oxonium → −H⁺ → bicyclic ether]

(4) $(EtO)_3P: + CH_3\text{-}X \longrightarrow (EtO)_3P^+\text{-}CH_3 \xrightarrow{-EtOX} (EtO)_2P(=O)CH_3$

(5) [reaction of methylcyclohexanol with allylic chloride substituent, H⁺, −H₂O, cyclization, H₂O addition, −HCl, −H⁺ giving bicyclic ketone]

(6) [hexadienol + H⁺ → oxonium → loss of water giving resonance-stabilized pentadienyl cation → attacked by CH₃CH₂OH → protonated ether → ethoxy diene product]

4.6 其原因是在反式异构体中有乙酰氧基的邻基参与，导致反应速率加快，顺式异构体中则无此效应。因为在反式异构体中乙酰氧基位于离去基团—OTs 的反位，可以从背面进攻乙酰氧基鎓离子，可得构型保持的产物（相当于二次构型转化）。

[scheme showing (+) trans starting material with OTs and OC(=O)Me → cyclic acetoxonium ion intermediate → (±) trans products with OAc/OCOMe]

(+) trans   (±) trans

4.7 苏式及赤式的对甲苯磺酸-3-苯基-2-丁酯在醋酸中进行溶剂解，形成苯鎓离子以后，醋酸分子直接进攻苯鎓离子，得产物。即：

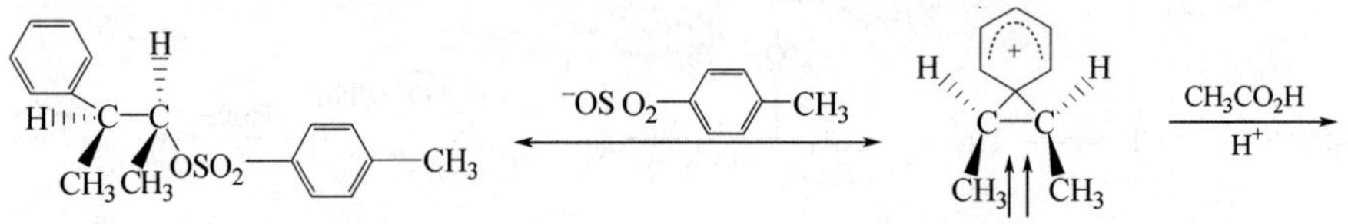

赤式-对甲苯磺酸-3-苯基-2-丁酯 ⟶(−OSO₂-C₆H₄-CH₃) 对两个位置进攻概率相等 ⟶(CH₃CO₂H / H⁺)

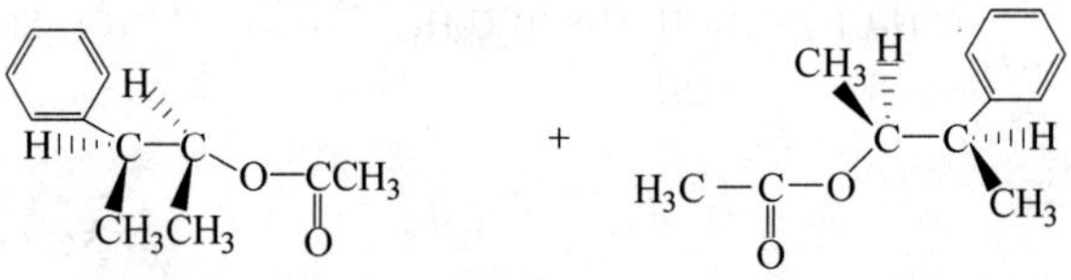

取代产物 + 重排产物

外消旋的苏式醋酸酯

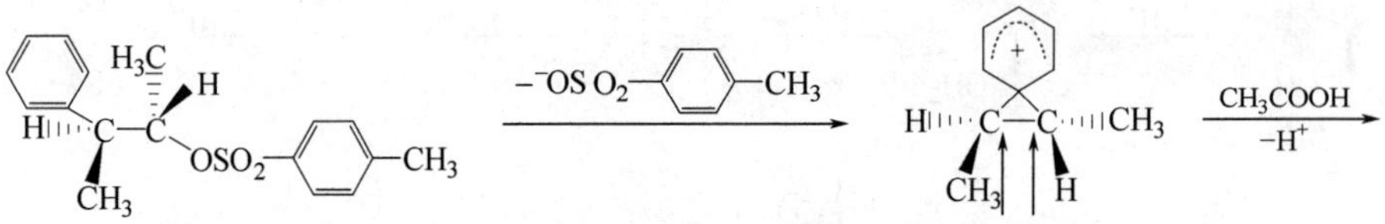

赤式-对甲苯磺酸-3-苯基-2-丁酯 ⟶(−OSO₂-C₆H₄-CH₃) 对两个位置进攻概率相等 ⟶(CH₃COOH / −H⁺)

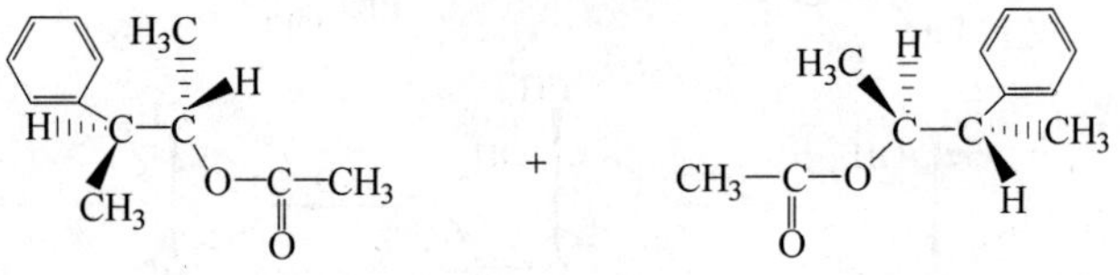

取代产物 + 重排产物

光学纯赤式 醋酸酯

4.8 (1)

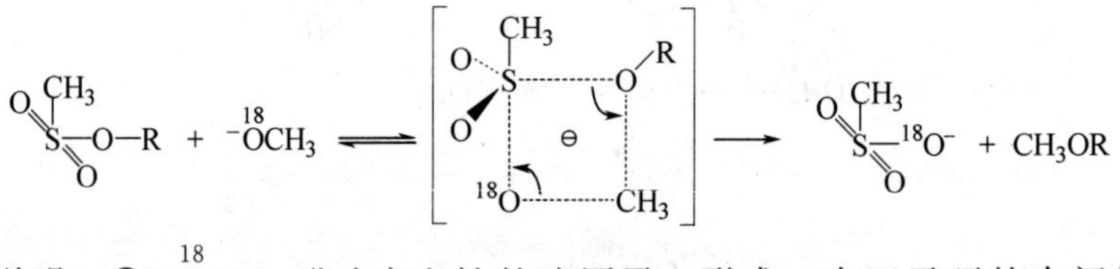

说明：① $^{-18}OCH_3$ 进攻亲电性的硫原子，形成一个四元环的中间体络合物，其中 S 原子采取 sp^3d 杂化，是三角双锥形。

② 此络合物重排，使 S—O 键完全断裂，^{18}O—C 键断裂，S—^{18}O 键形成。

(2)

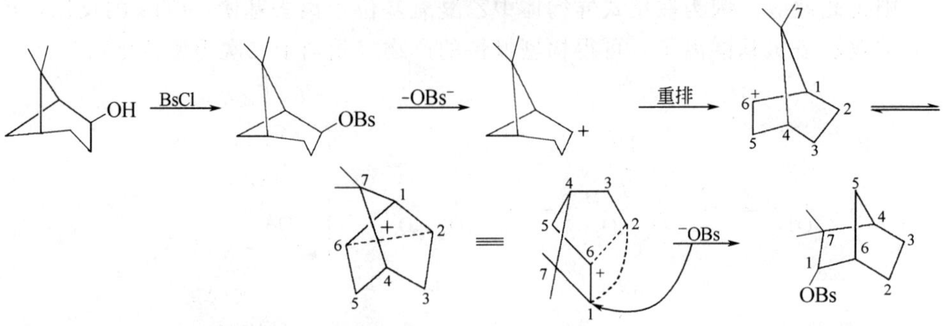

说明：① BsCl 为 $p\text{-}BrC_6H_4SO_2Cl$

② 该过程首先使—OH 酰基化生成酯的衍生物，这样使原—OH 变成一良好的离去基。

③ 脱去—OBs⁻得到经典的碳正离子，该碳正离子又重排为另一碳正离子。
④ 由经典的二级碳正离子转变为冰片桥碳正离子。
⑤ 非经典的桥正离子与⁻OBs再结合得产物。

(3) 三氟乙酸和 5-氯代-1-戊炔反应，经过一个乙烯基正离子中间体，然后发生 1,4 氯迁移（可能经过一个五元环中间体），CF_3COO^- 进攻伯碳原子，得到产物。

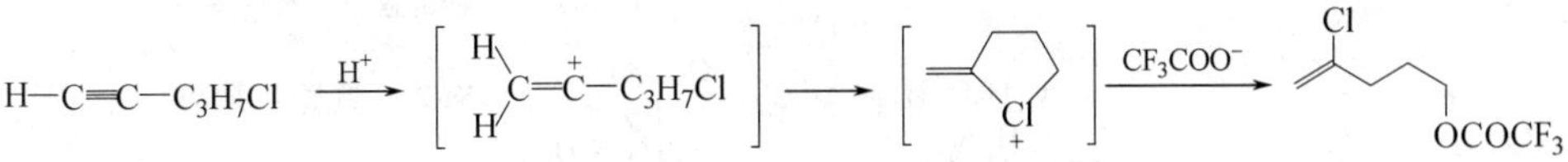

$$H-C\equiv C-C_3H_7Cl \xrightarrow{H^+} \left[\begin{array}{c}H\\ \\ H\end{array}C=\overset{+}{C}-C_3H_7Cl\right] \longrightarrow \left[\begin{array}{c}H_2C=\\ \\ \overset{+}{}\end{array}\overset{Cl}{\underset{}{\bigcirc}}\right] \xrightarrow{CF_3COO^-} \begin{array}{c}Cl\\ \\ OCOCF_3\end{array}$$

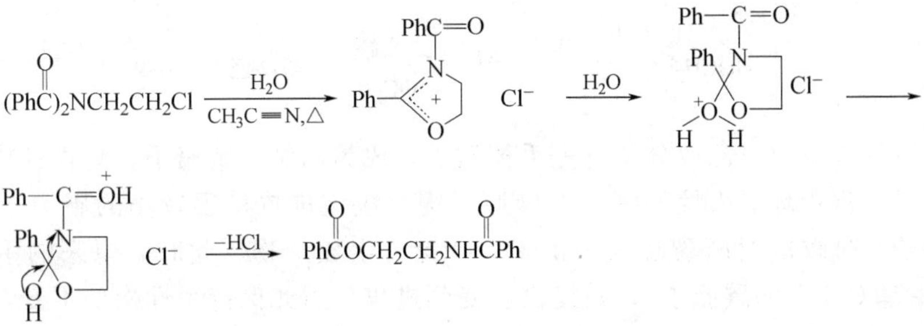

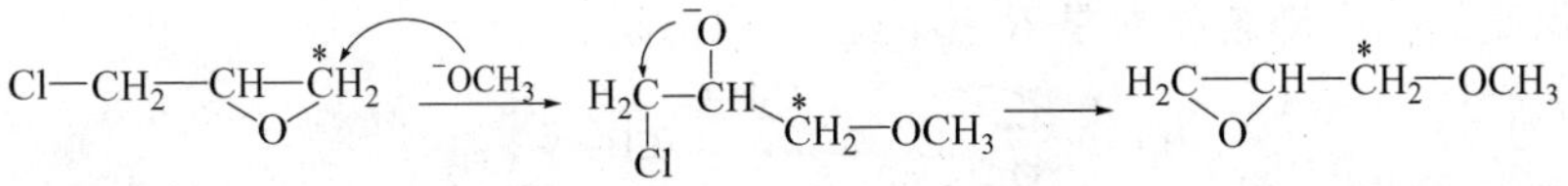

(4) $(PhC)_2NCH_2CH_2Cl$ 图示反应过程 → $PhCOCH_2CH_2NHCPh$

(5) 图示反应过程

(6) 图示反应过程

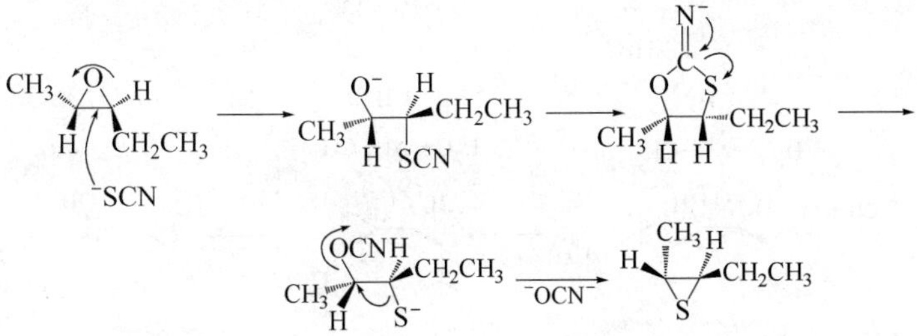

4.9

图示反应过程

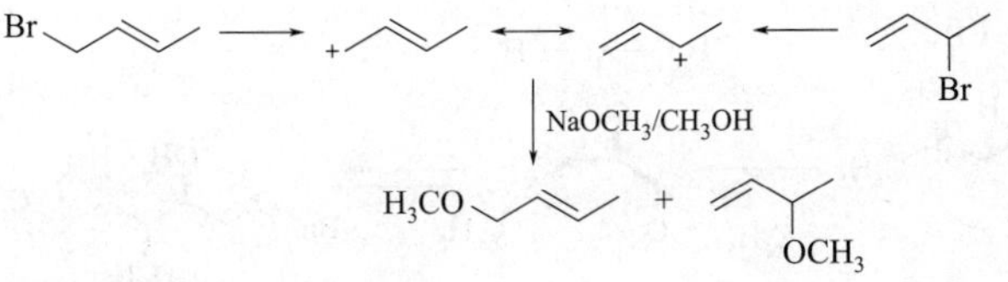

中间体碳正离子存在 p-π 共轭，产物为 $CH_3OCH_2CH=CHCH_3$ 和 $CH_2=CHCH(OCH_3)CH_3$

4.10 图示反应过程

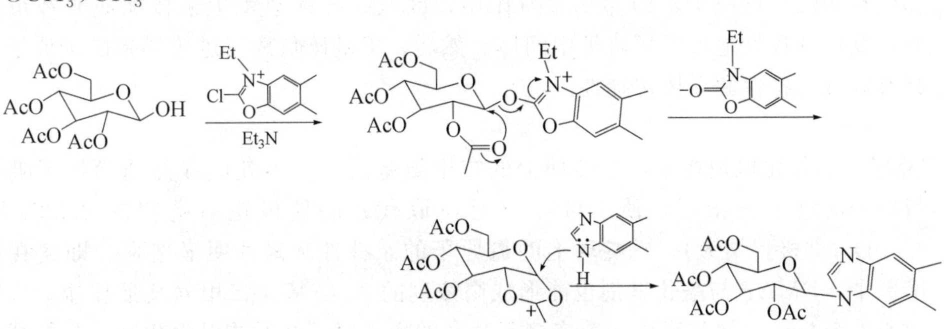

4.11 环氧丙烷中两个 C—O 键都有可能断裂。在酸性介质中，氧原子先得到质子，再断裂碳氧键，优先生成较稳定的碳正离子，然后接受乙醇分子的进攻，这是 S_N1 机理。

由于碳正离子是平面型的,乙醇分子可以从该平面的上方或下方进攻,机会相等,所以得到的是外消旋体,即 R-和 S-型异构体各半。

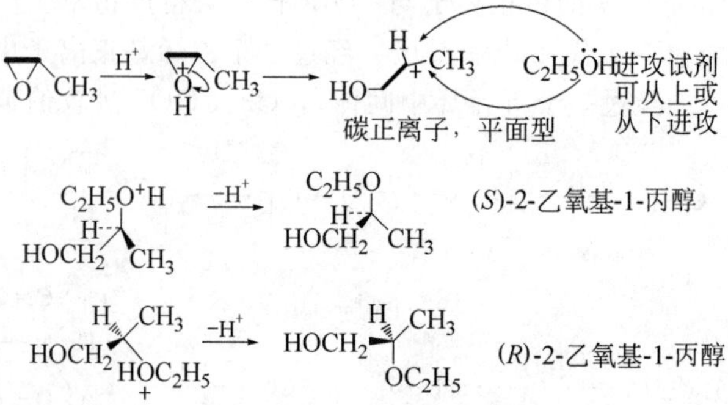

[反应机理示意图：环氧丙烷经 H^+ 质子化，开环形成平面型碳正离子，然后 C_2H_5OH 从上方或下方进攻，经脱质子分别得到 (S)-2-乙氧基-1-丙醇 和 (R)-2-乙氧基-1-丙醇]

在碱性介质中,乙醇分子首先丢掉质子,成为乙氧基负离子,它再进攻环氧丙烷的碳原子。进攻环氧丙烷的哪一个碳原子呢？应该进攻位阻较小的碳原子,即 CH_2 的碳原子。进攻同时断裂环氧上的 C—O 键,生成产物。此时,原来的手性碳原子（即次甲基 CH 上的碳原子),始终没有受到进攻,因此保持手性构型不变,产物是唯一的,保型结构。即若原料是 R-型的,产物仍是 R-型。

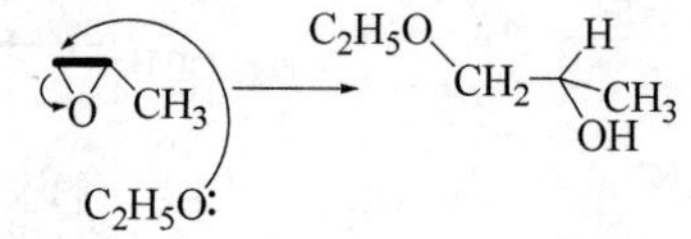

[反应示意图]

4.12

[反应机理示意图：两个环氧化合物与 $(CH_3)_3Al$ 反应]

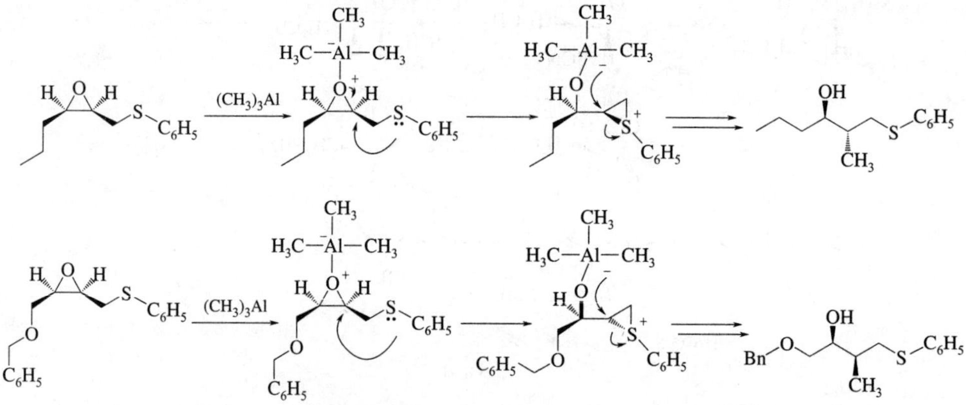

三甲基铝与环氧烷的氧原子配位,形成配合物,硫醚的硫原子作为亲核试剂进攻邻位环氧烷的碳原子,即邻基参与作用,区域选择性地发生亲核加成开环反应,同时,立体选择性地形成环硫类中间体。然后,甲基碳负离子进攻环硫的碳原子,同样具有区域选择性和立体选择性。

4.13 DMAP 的催化机理在于：吡啶环上的二甲氨基的给电子效应强烈地增加了吡啶环中氮原子的电子云密度,使 DMAP（对位取代）的偶极矩由吡啶的 2.33D 增加到 4.40D（即极性增大),吡啶环上的氮原子的亲核性和碱性明显增强。即使在非极性溶剂中,DMAP 与酰化试剂也能形成高浓度的 N-酰基-4-二甲氨基吡啶盐。该盐分子中心电荷分散,使其形成一个连接不紧密的离子对,在酸或碱催化下,与酚或醇反应时,有利于活化的负离子基团进行亲核进攻反应。

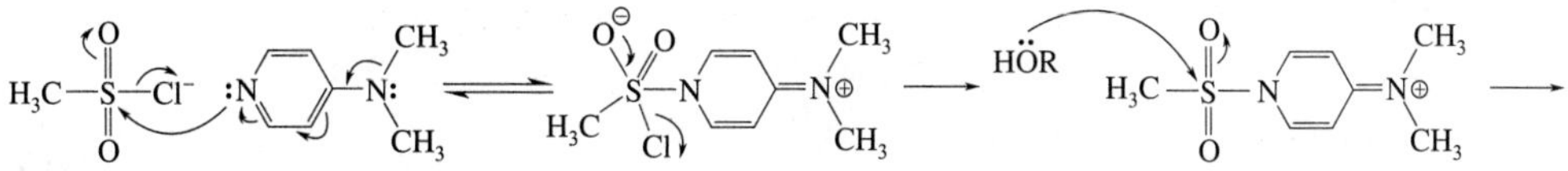

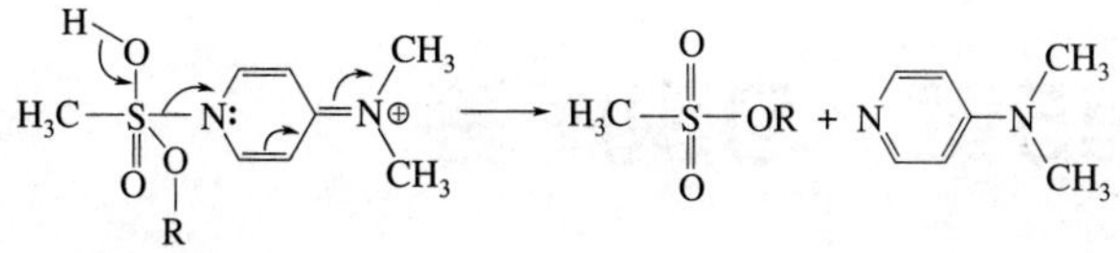

4.14 对溴苯磺酸 2-辛酯在 CH_3OH 中可与 CH_3OH 发生亲核取代生成甲基 2-辛基醚，无需解释，这里着重解释 2-辛醇的生成。Me_2C=O 中氧原子有孤对电子，可以作为亲核试剂发生亲核取代反应。

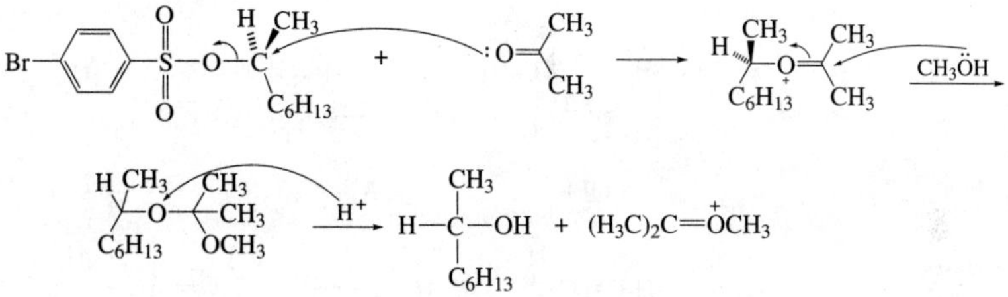

第5章 习题解答

5.1 (1) (Ⅱ)>(Ⅰ)

$$\underset{(Ⅱ)}{\overset{H}{\underset{C_2H_5}{C}}=\overset{C_2H_5}{\underset{H}{C}}} + Br_2 \longrightarrow \overset{H}{\underset{C_2H_5}{C}}\underset{Br}{\overset{+}{\cdots}}\overset{C_2H_5}{\underset{H}{C}}$$

$$\underset{(Ⅰ)}{\overset{H_2C}{\underset{C_4H_7}{}}=\overset{H}{\underset{C_4H_7}{C}}} + Br_2 \longrightarrow \overset{H}{\underset{H}{C}}\underset{Br}{\overset{+}{\cdots}}\overset{C_4H_7}{\underset{H}{C}}$$

烯烃与溴的加成反应中速率决定步骤是中间体溴鎓离子的生成，很明显溴鎓中间体上碳所连的推电子基越多，正电荷越易被分散，中间体越稳定，从而降低了反应活化能，使反应加快。

(2) (Ⅰ)>(Ⅱ)

顺反异构体的稳定构象为：

顺式异构体   反式异构体

它们经消除反应都可生成 $Me_3C\text{—}\bigcirc\text{=}CH_2$

在顺式中 a 碳原子的 sp^3 杂化变成 sp^2 杂化，消除了原 sp^3 杂化对较大体积的 —CH_2Br 与两个氢原子的 1,3-相互作用，而且大体积的 $(CH_3)_3COK$ 更容易进攻空间阻力较小的平伏键氢原子。因此顺式的消除反应比反式更快。

(3) (Ⅱ)>(Ⅰ)

因为它们的离去基团是—$OSO_2C_6H_5$、—$SO_2C_6H_5$。离去能力显然是前者大于后者，这是由于离去后的碎片稳定性是：$C_6H_5SO_3{}^-$>$C_6H_5SO_2{}^-$。

5.2 (1)

$$\underset{Ph}{\overset{Ph}{C}}\underset{OH}{\overset{|}{C}}\text{—}C\equiv CH \xrightarrow[-H_2O]{H^+} \underset{Ph}{\overset{Ph}{C}}\underset{\overset{+}{OH_2}}{\overset{|}{C}}\text{—}C\equiv CH \longrightarrow \underset{Ph}{\overset{Ph}{C}}=C=\overset{+}{C}H$$

$$\xrightarrow{H_2\ddot{O}} \underset{Ph}{\overset{Ph}{C}}=C=\overset{H}{\underset{\overset{+}{OH_2}}{C}} \xrightarrow{-H^+} \underset{Ph}{\overset{Ph}{C}}=C=C\text{—}OH \rightleftharpoons \underset{Ph}{\overset{Ph}{C}}=\overset{H}{\underset{}{C}}\text{—}CHO$$

(2) 反应机理图示

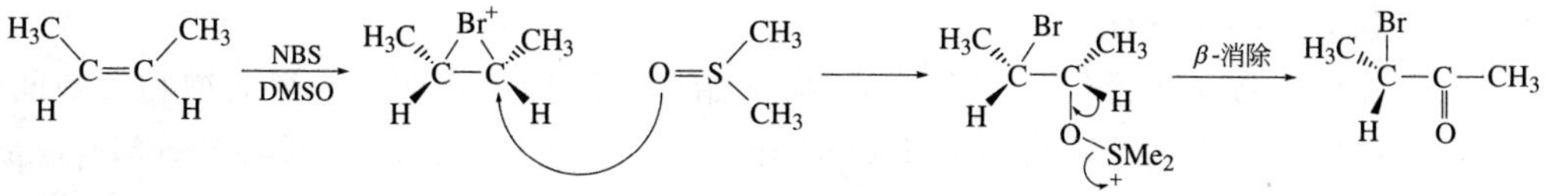

(3) 反应机理图示

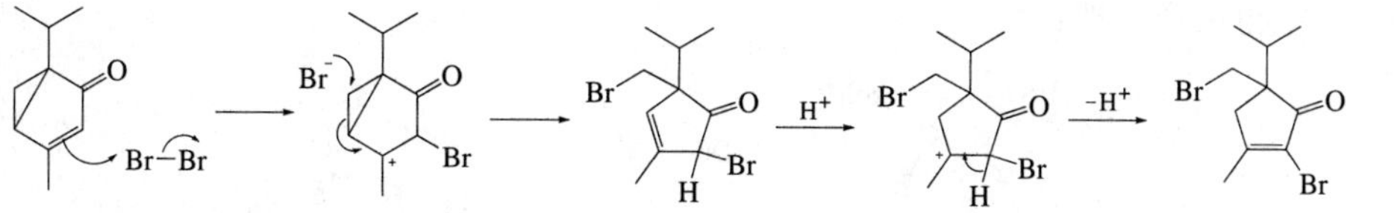

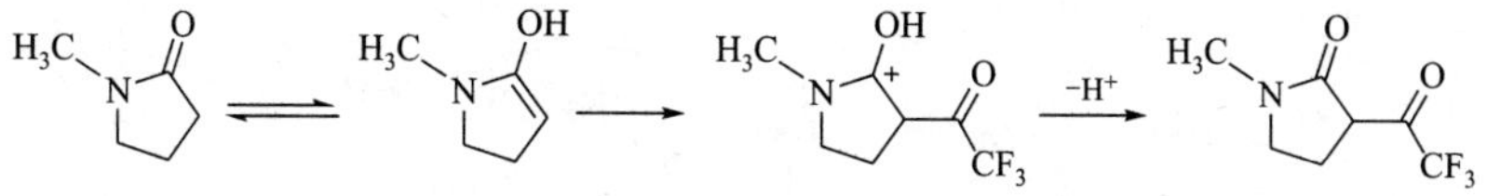

(4) 反应机理图示

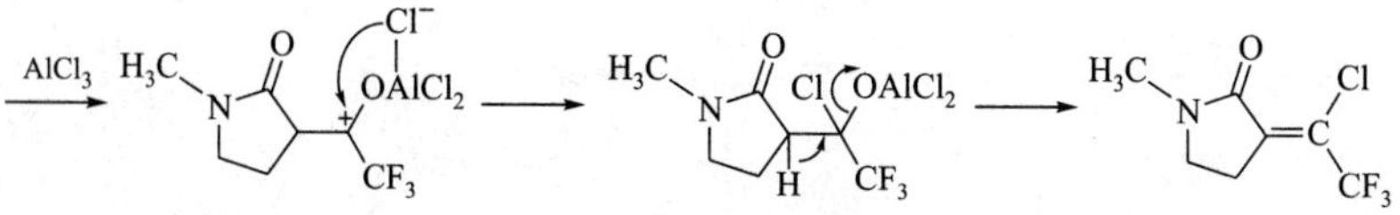

5.3

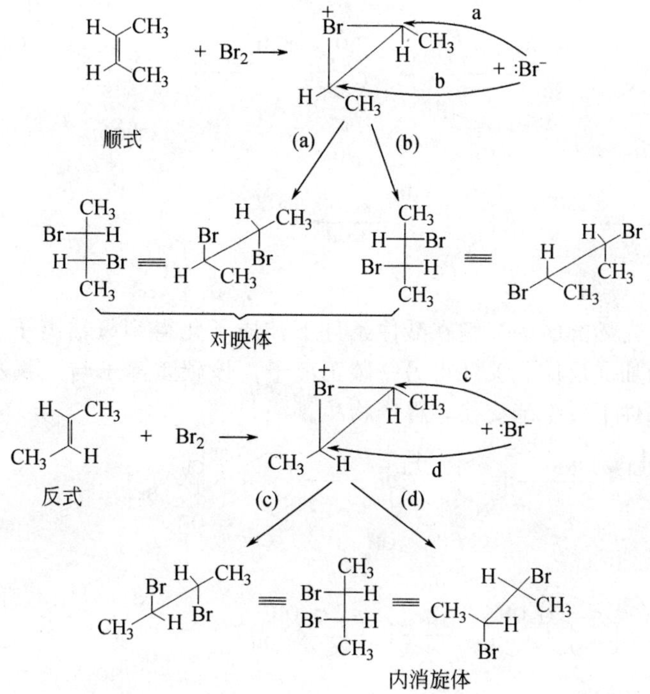

顺式-2-丁烯 + Br$_2$ → 溴鎓离子中间体 (a)(b) → 对映体（两个构型相反的2,3-二溴丁烷）

反式-2-丁烯 + Br$_2$ → 溴鎓离子中间体 (c)(d) → 内消旋体

光照下：Br$_2$ → 2Br·

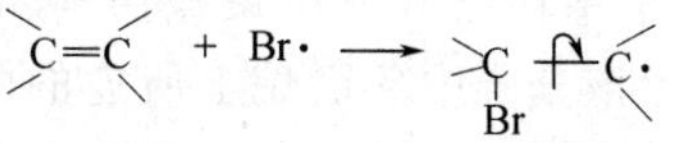

$C=C$ + Br· → 自由基中间体

中间体中的 C—C 键可以发生旋转，从而失去立体选择性。

5.4 (1) 反式-1,2-二溴环戊烷 A 在（无）极性溶剂存在下，加热形成非经典中间体 B，此中间体在同样条件下也可转变为 C，A 与 C 互为对映体。

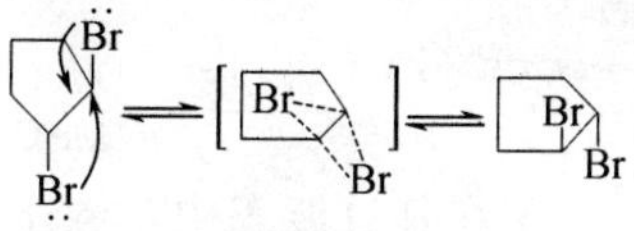

A ⇌ [B] ⇌ C

由于 A，C 性质相似，稳定性相差较小，因此生成 A、C 都比较容易，故得到的是外消旋体。

(2) 该反应按两步进行，首先，Br_2 向起始烯烃进行反式加成，形成饱和的中间产物，然后，使中间产物再在 CH_3ONa 作用下，进行反式消除，消去 $BrSiMe_3$，形成产物烯烃。即：

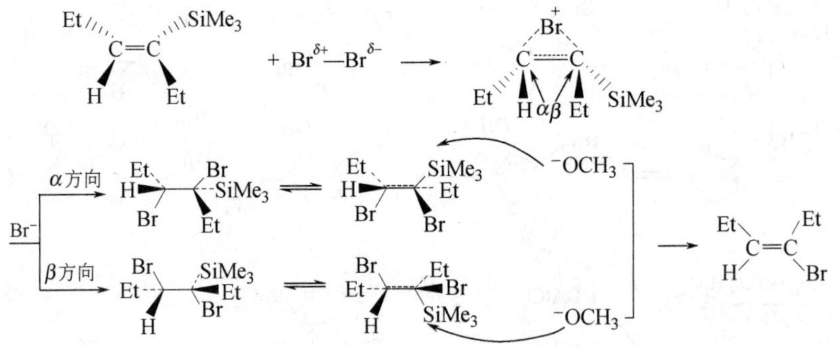

(3)

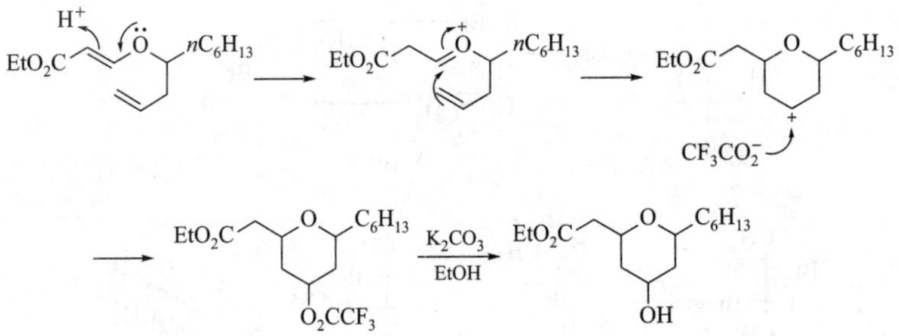

首先烯醇醚的双键在酸性条件下被质子化得到氧鎓离子，再发生双键对碳正离子的加成反应，关环得另一碳正离子，该碳正离子与三氟乙酸根加成，随后在碱性条件下发生酯交换，得产物醇。

(4)

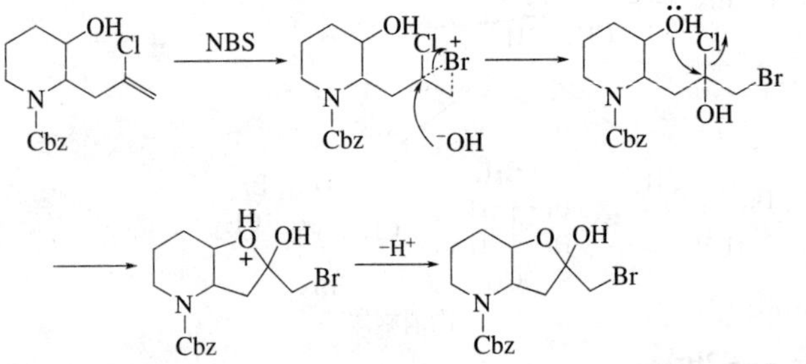

5.5 红外光谱表明，反式的 4-叔丁基环己基三甲铵盐用 $(CH_3)_3COK/(CH_3)_3COH$ 处理时，没有烯烃生成，这是因为该分子中环己烷上所连的两个较大基团都可以处于 e 键有利构象。其过渡态不能满足消除反应反式共平面的要求，故此时不能发生消除反应，而是发生不受立体因素影响的亲核取代反应，此时 $(CH_3)_3CO^-$ 亲核进攻—$\overset{+}{N}(CH_3)_3$ 基上的 CH_3，可以预期这一反应对三甲胺的立体取向的依赖性较小。

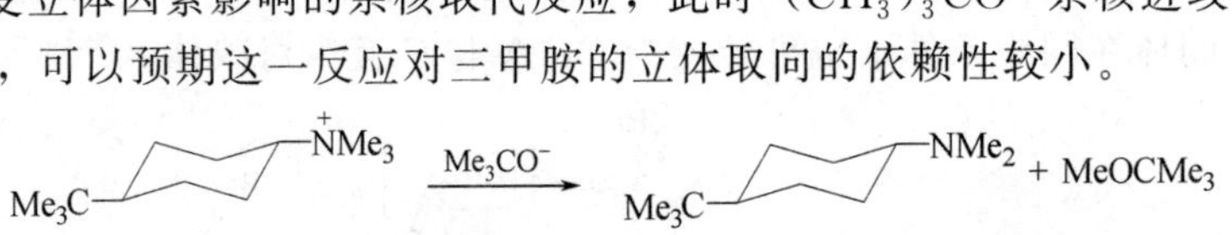

对于顺式异构体，由于在其过渡态中，叔丁基或三甲胺基必有一个处于 e 键位置，而另一个处于 a 键位置（此时环己烷采取椅式构象）。这样，顺式 4-叔丁基环己基三

甲胺可以说是一个"立体效应平衡化"的分子。当—$\overset{+}{N}Me_3$ 基团处于 a 键时，其过渡态能满足反式共平面的立体化学要求发生消除反应。当—$\overset{+}{N}Me_3$ 基团处于 e 键时，不能发生消除反应，而发生亲核取代反应。值得注意的是：当—$\overset{+}{N}Me_3$ 基团处于 a 键时，同样也可以发生亲核取代反应，原因是这种反应对于立体因素的依赖性较小（指这一具体情况而言）。可见反应的结果是生成取代反应为主的产物。

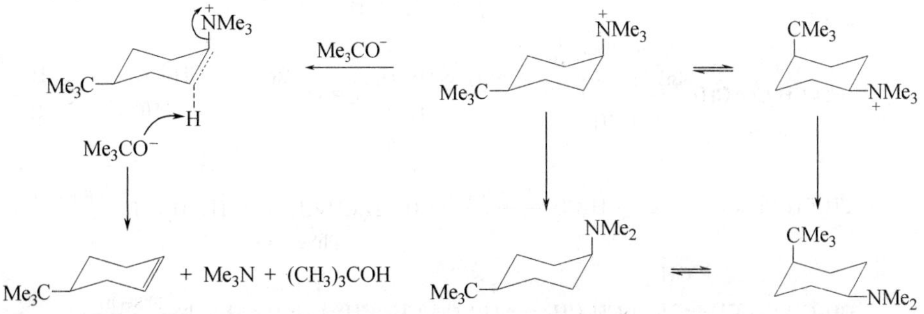

5.6 产物Ⅱ很好解释，但产物Ⅲ却出乎意料。此题先是Ⅰ与溴形成正常的溴鎓离子（Ⅳ）后，溴负离子（Br^-）直接进攻左边或右边都得到Ⅱ；但如果苯基作为邻基参与的基团进攻溴鎓离子右边的碳原子，形成三元环的非经典碳正离子（Ⅴ），再接受溴负离子（Br^-）进攻Ⅴ上边或下边的碳原子，将分别得到Ⅲ和Ⅱ。

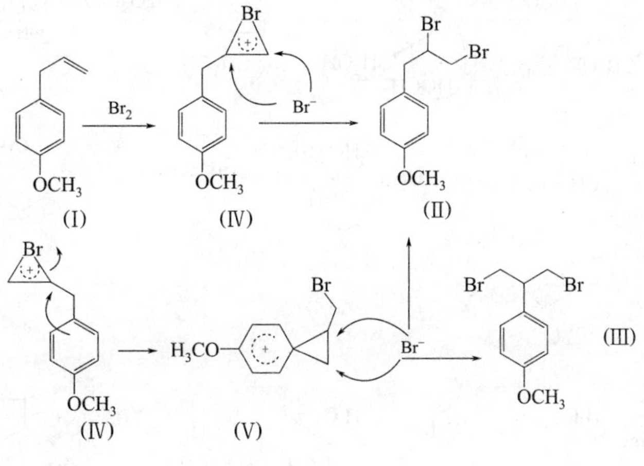

5.7 消除反应的机理如下：

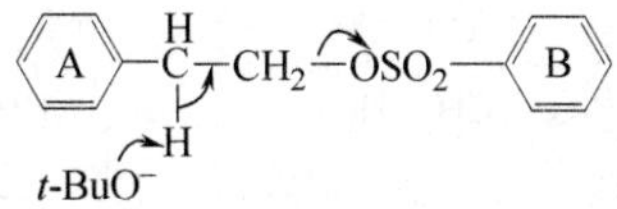

C_β—H 或 C_α—O 断裂的程度反映了过渡态的变化。如环 A 上的取代基固定，则 ρ 值的大小（和环 B 上取代基的变化有关）反映了过渡态磺酸基上氧的负电荷的多少。所以在环 A 上，取代基 p-OMe 比 m-Cl 使磺酸基上有更多的负电荷。这些取代基也影响 β-碳原子上氢的酸性，酸性最大的是 m-Cl 取代基。因此，在过渡态中，C_β—H 键愈弱，C_α—O 键就愈强。在环 A 中，p-OMe 取代基将给出最少的类碳负离子的过渡态，而 m-Cl 取代基将给出最多的类碳负离子的过渡态。

5.8 (1)

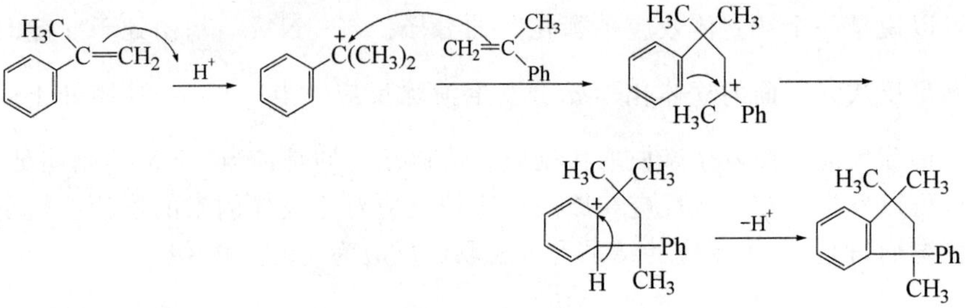

(2)

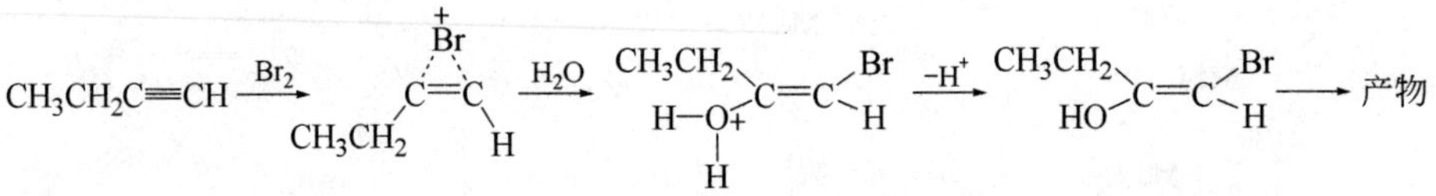

(3)

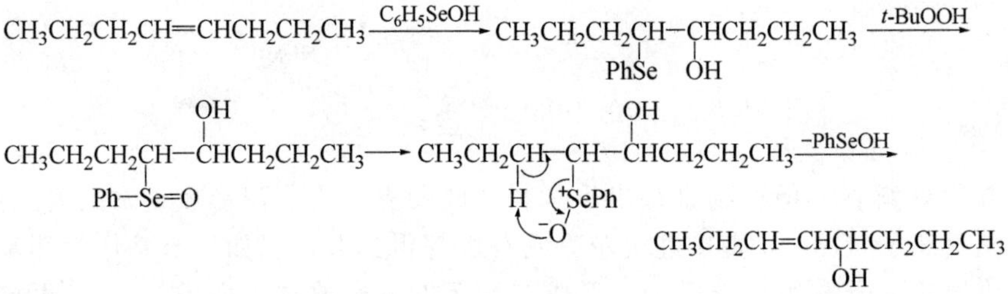

(4)

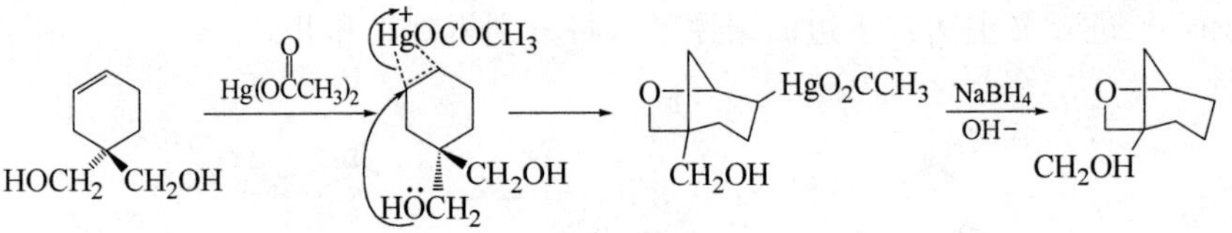

5.9 (1)

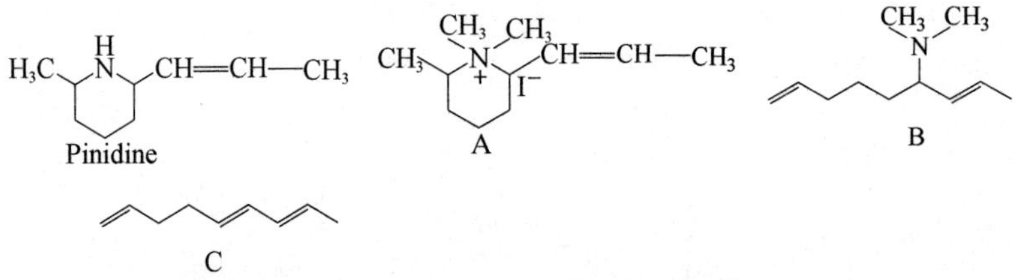

(2) Skytanthine

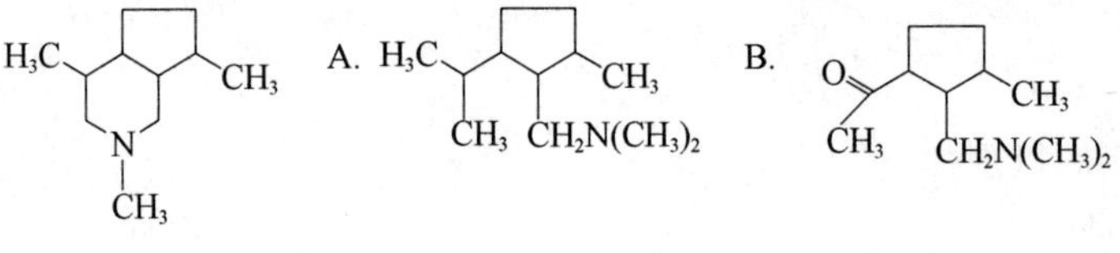

(3)

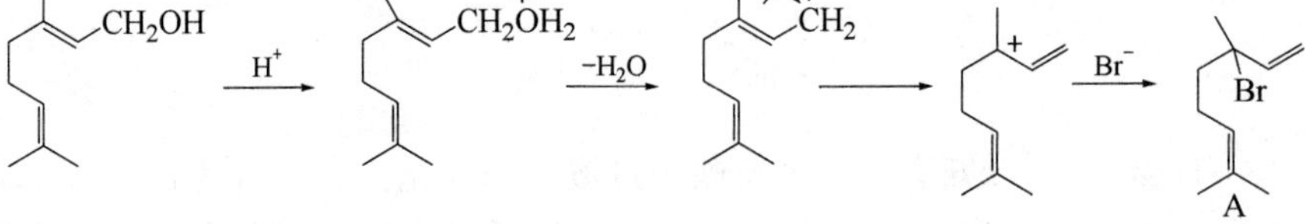

(4)

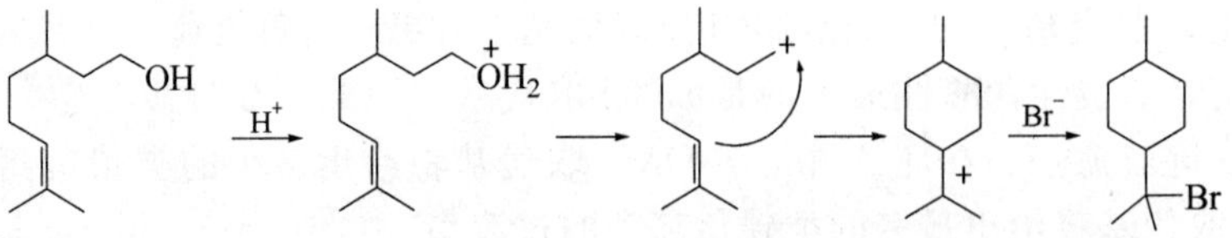

5.10 根据 (1),该反应属于二级反应,初步排除 E1 机理。

根据 (2),判断在反应控制步骤存在动态同位素效应,即在 DDT 的 2 位碳原子上有碳氢键断裂。该现象符合 E2 或是 E1cb 机理的反应特征,可以排除 E1 机理。

根据 (3),该反应过程不存在游离的碳负离子中间体,反应是连续进行的,只有过渡态,与 E2 机理的特征相符,可以排除 E1cb 机理。

由此推断,该反应是按照 E2 机理进行。

第6章 习题解答

6.1 (1) $CH_3-CO-CH_3 + HA \rightleftharpoons CH_3-C(OH\cdots H-A)=CH_3 \xrightarrow{H_2{}^{18}O} CH_3-C(OH)({}^{18}OH_2{}^+)-CH_3 + A^- \rightleftharpoons$

$CH_3-C(OH)({}^{18}OH)-CH_3 + HA \rightleftharpoons CH_3-C({}^{18}O)-CH_3 + HA + H_2O$

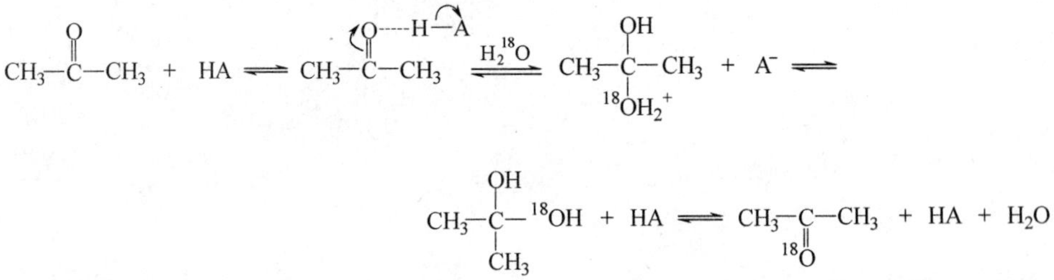

(2) 黄曲霉素 B_1 在碱性溶液中以负离子 A′ 的形式存在，再转化为 A″ 的时候就生成外消旋产物，反应过程如下：

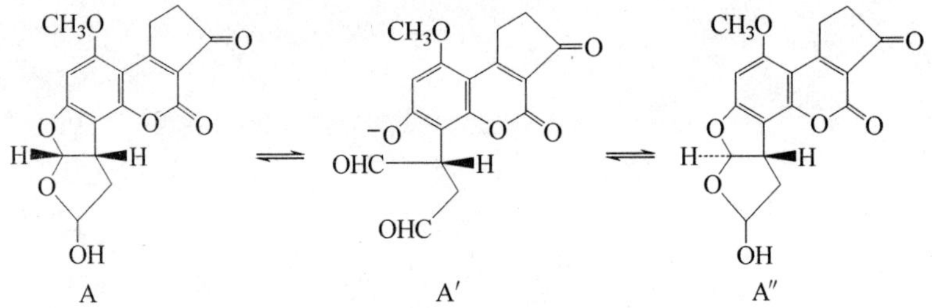

A ⇌ A′ ⇌ A″

(3) 反应机理为：

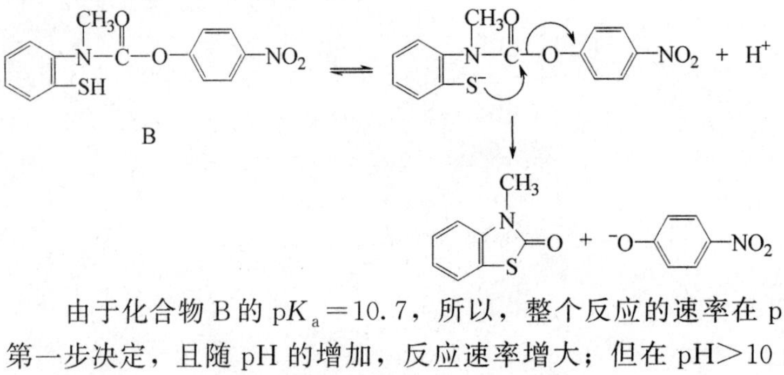

由于化合物 B 的 $pK_a = 10.7$，所以，整个反应的速率在 pH<10 的情况下，由第一步决定，且随 pH 的增加，反应速率增大；但在 pH>10 的情况下，化合物 A 几乎完全电离，此时反应速率就由第二步，较快的步骤决定，而与 pH 值无关。

(4)

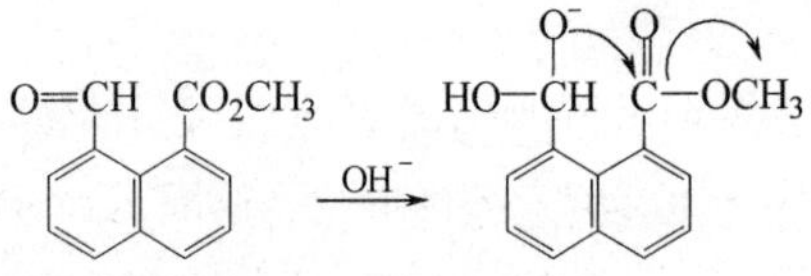

（Ⅰ）的水解存在分子内的亲核催化作用（邻基参与效应），故（Ⅰ）的水解速度比（Ⅱ）快。

(5) $HOCH_2CH_2N(CH_3)_2$ 中有两个亲核中心，当羟基与 $O_2N-C_6H_4-COCl$ 反应时产物为酯（即酰氯醇解）。当叔胺的氮原子与酰氯作用时，由于生成的产物是"季铵盐"，这种盐中氮原子带有正电荷而使羰基更加缺电子，更易发生分子内的醇解，结果也是生成酯。即：

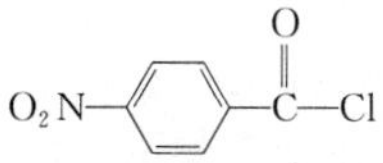

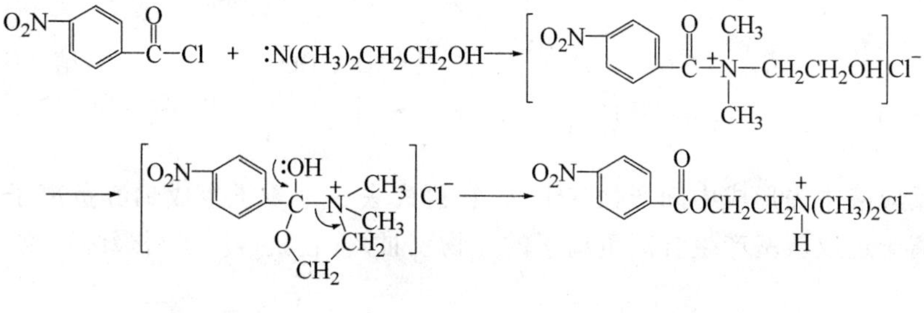

$$O_2N-C_6H_4-COCl + :N(CH_3)_2CH_2CH_2OH \longrightarrow [O_2N-C_6H_4-CO-N^+(CH_3)_2-CH_2CH_2OH]Cl^-$$

$$\longrightarrow \left[O_2N-C_6H_4-\underset{OCH_2}{\underset{|}{C}}(OH)-\overset{+}{N}H(CH_3)_2 \right] Cl^- \longrightarrow O_2N-C_6H_4-COOCH_2CH_2\overset{+}{N}H(CH_3)_2Cl^-$$

6.2

[反应机理图：维生素B$_1$的噻唑环催化丙酮酸脱羧机理]

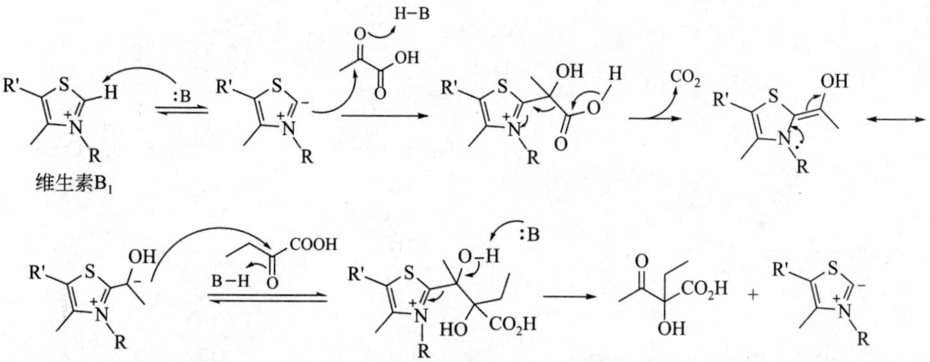

6.3 (1) 这是一个组合型的机理题，它涉及亲核试剂对酮羰基的加成和分子内的酯缩合。

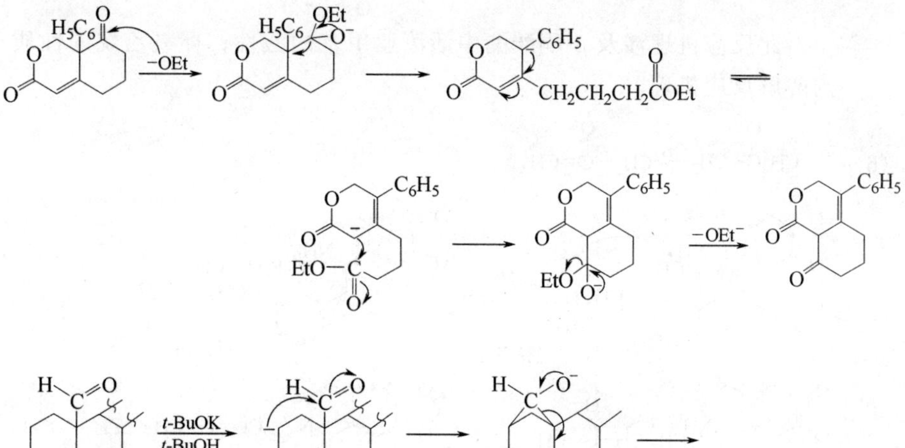

[反应机理图]

(2) [反应机理图，t-BuOK/t-BuOH]

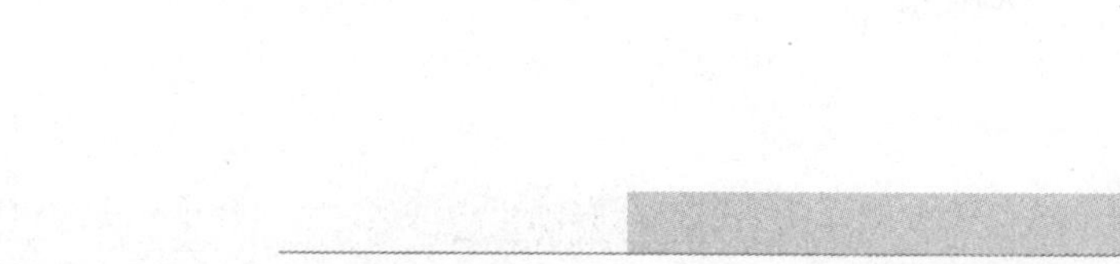

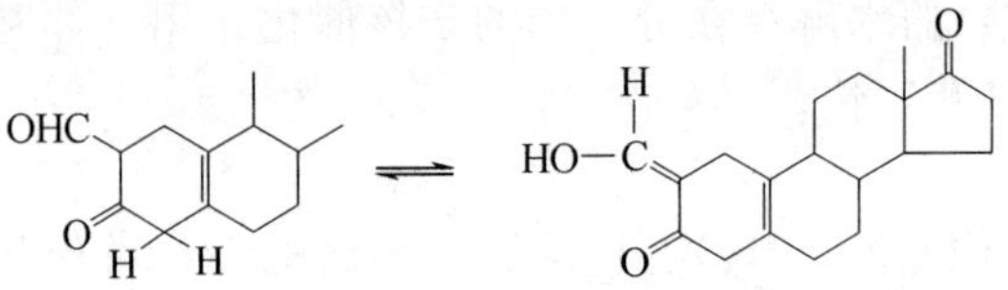

(3) 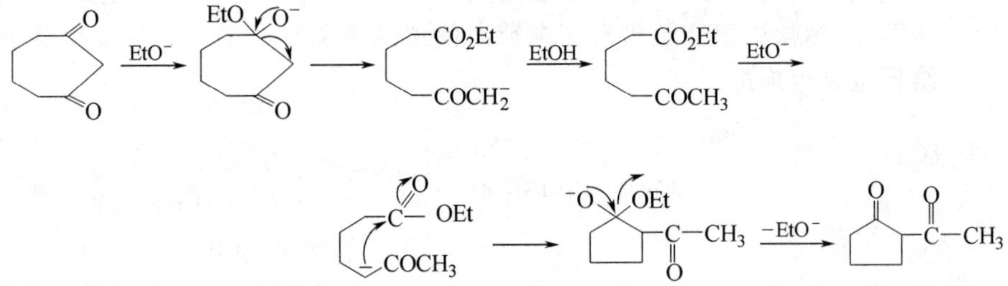 [reaction scheme showing cycloheptane-1,3-dione with EtO⁻, ring contraction to give ethyl ester with COCH₂⁻, then EtOH, then EtO⁻, cyclization to give 2-acetylcyclopentanone]

(4) 在反应液中先形成中间产物（Ⅰ），它再失去一个质子生成烯醇负离子（Ⅱ），该负离子进攻羰基产生含碳负离子的产物（Ⅲ），它获得质子得最终产物：

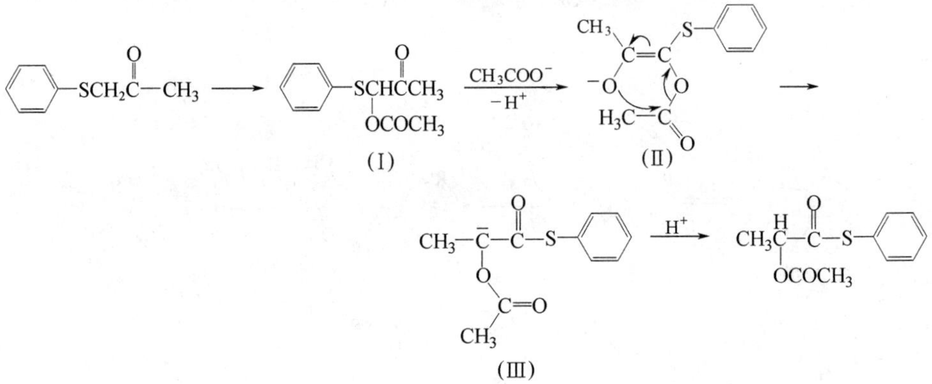

[mechanism scheme: PhS-CO-CH₃ → (I) with OCOCH₃ → via CH₃COO⁻/−H⁺ → enolate (II) → (III) → H⁺ → final product]

(5) 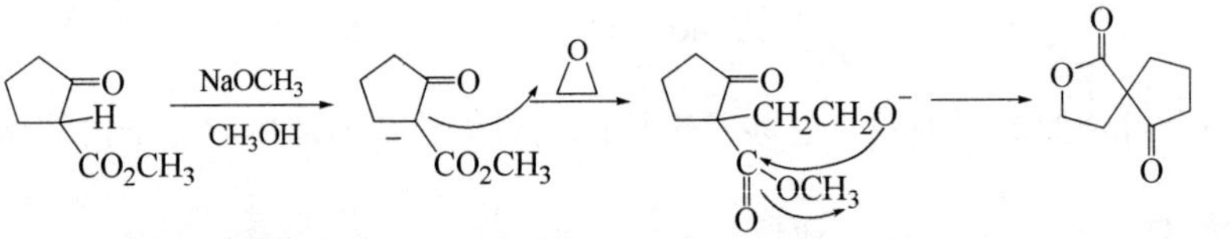 [scheme: methyl 2-oxocyclopentanecarboxylate + NaOCH₃/CH₃OH → enolate → attack on epoxide → alkoxide intermediate → spirolactone]

此反应机理涉及 β-酮酸酯中活泼亚甲基的酸性；环氧乙烷的性质；酯的分子内醇解反应机理。

(6) CH₃-CO-CH₃ ⇌ (OH⁻) CH₃-C(OH)=CH₂

[scheme showing tetrahydroisoquinoline alkaloid with aldehyde: 1) CH₂=C(O⁻)CH₃, 2) H₂O, 羟醛缩合 → β-hydroxy ketone → −H₂O → α,β-unsaturated ketone → 1,4-加成 → enol intermediate → final N-CH₂COCH₃ product]

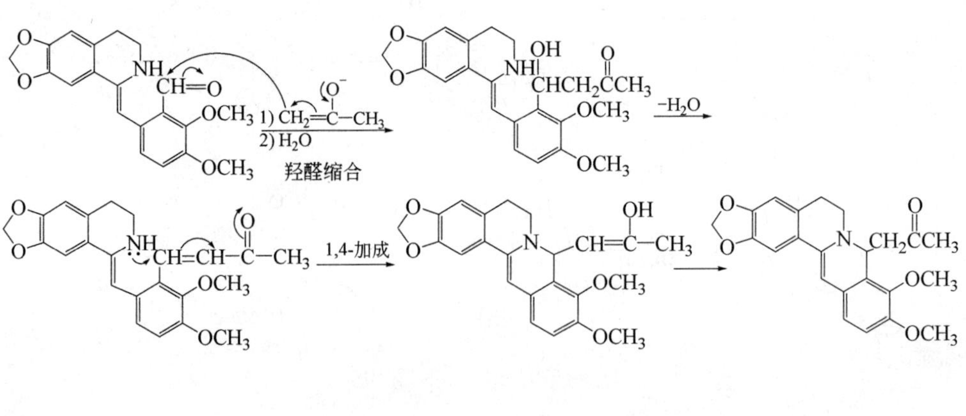

6.4 (1) 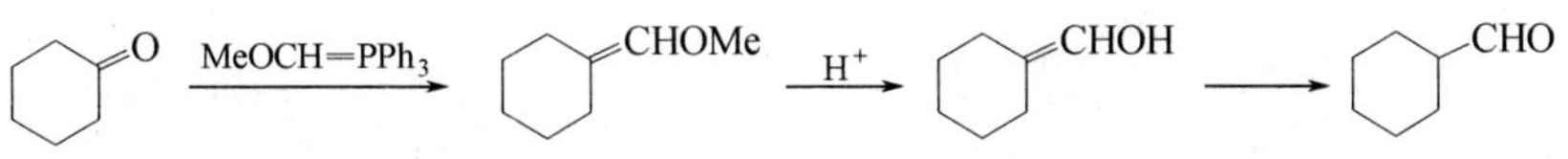 ~ (5) 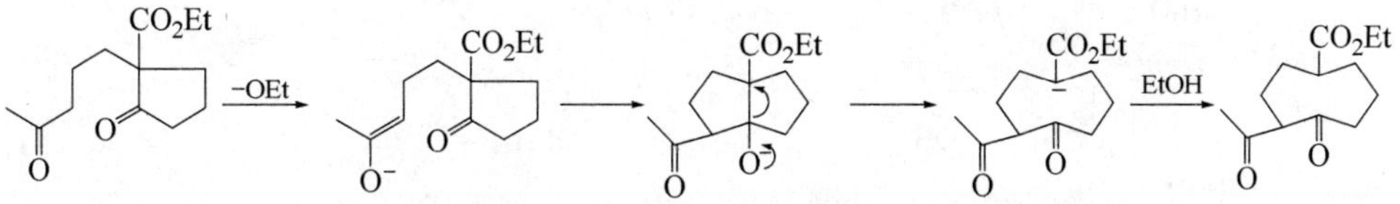 [reaction schemes]

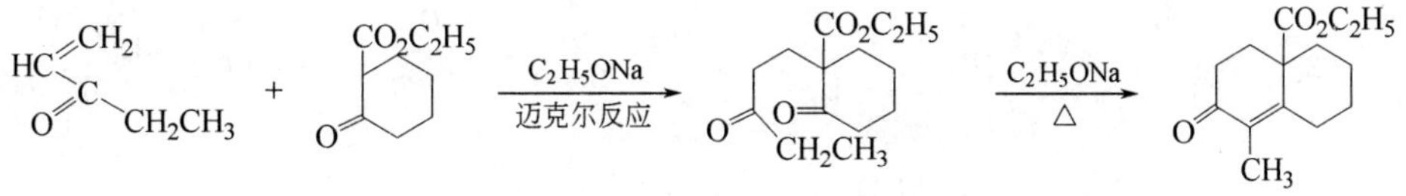

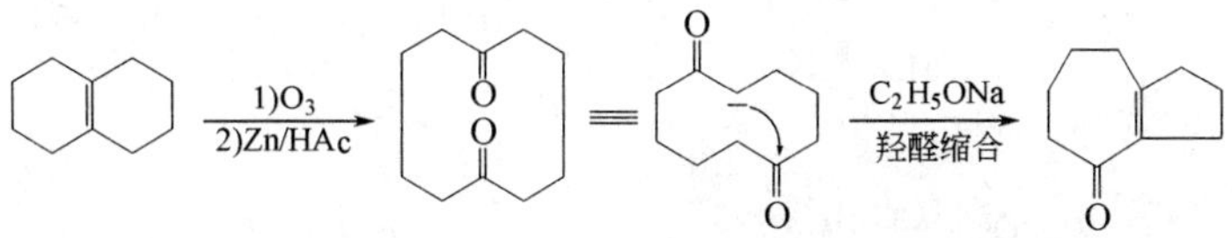

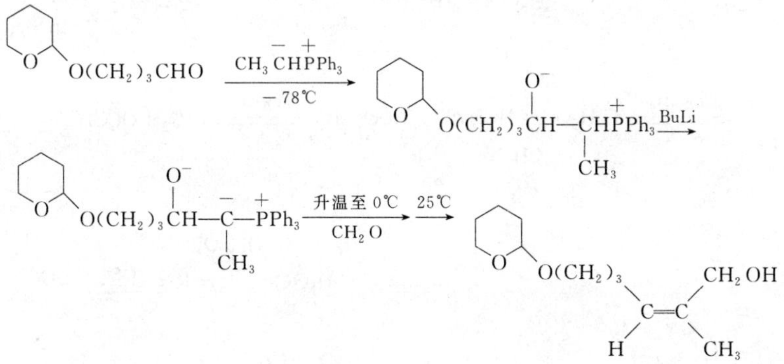

6.5 (1) 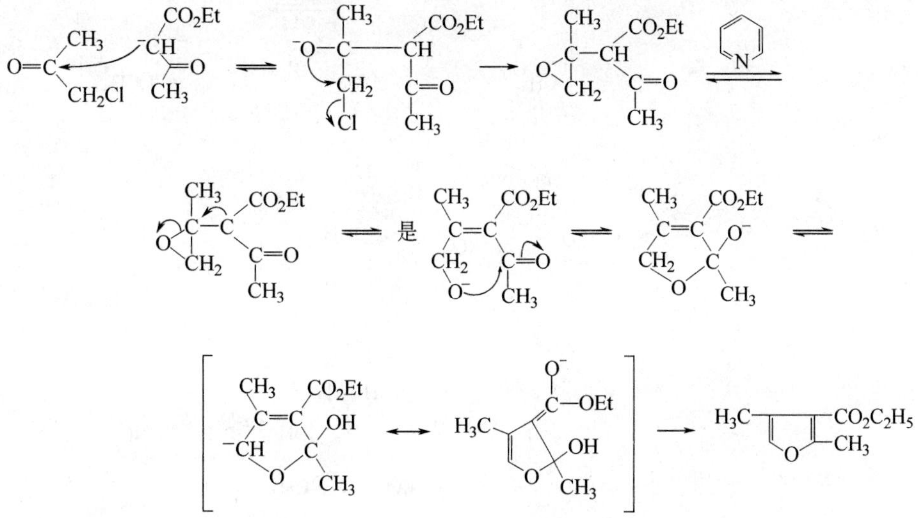 [reaction scheme]

(2) 首先发生正常的 Wittig 反应，继而第二摩尔 Wittig 试剂起碳烯等价物作用。

252

(8) 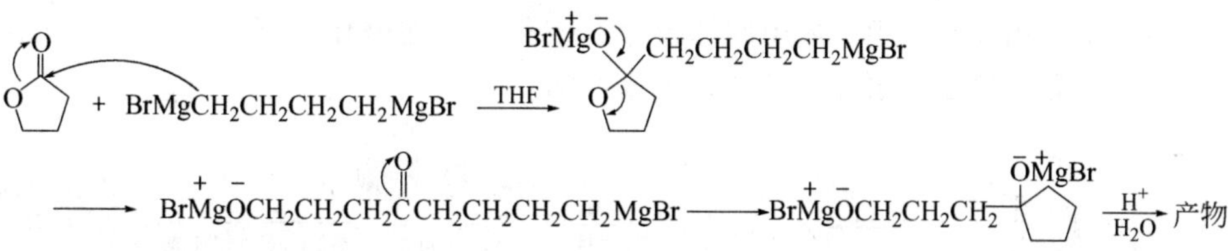

6.6 (1) 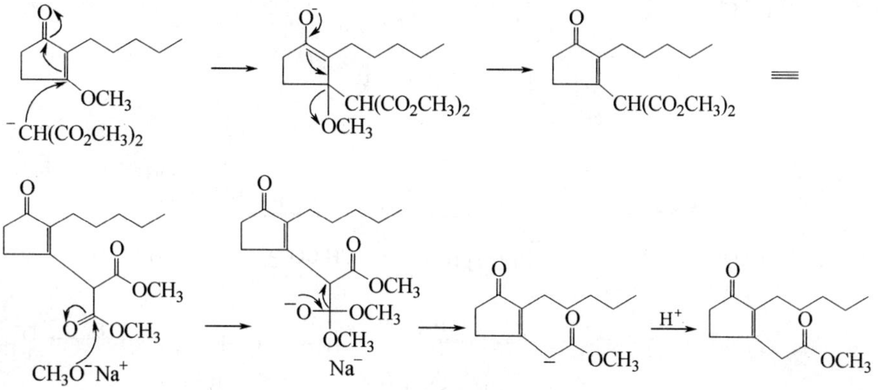

(2) 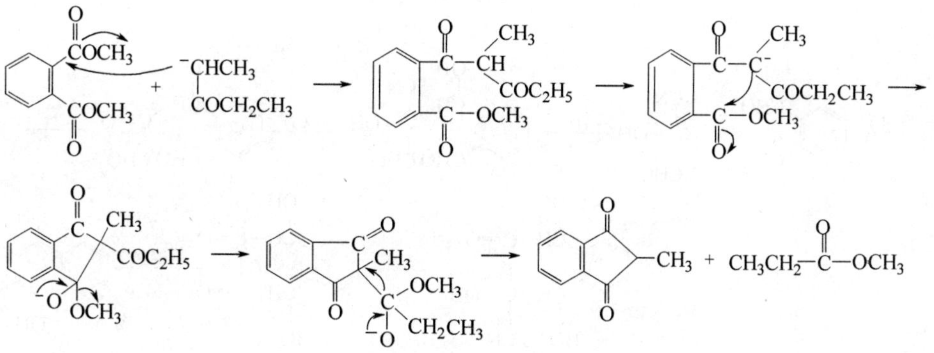

(3) 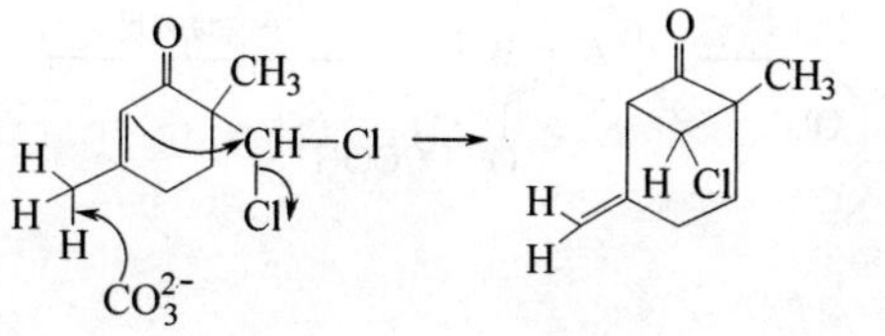

(4) 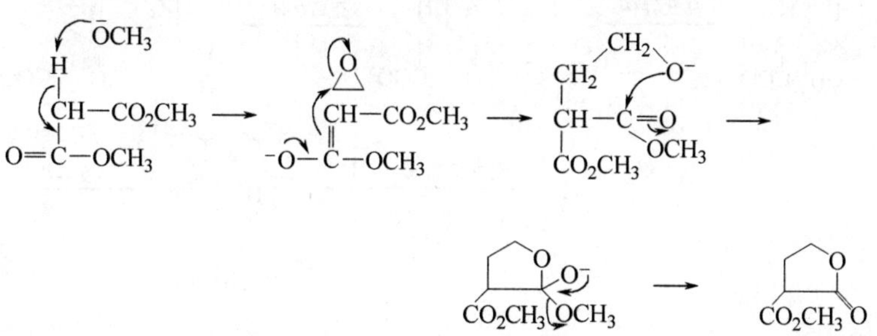

(5) 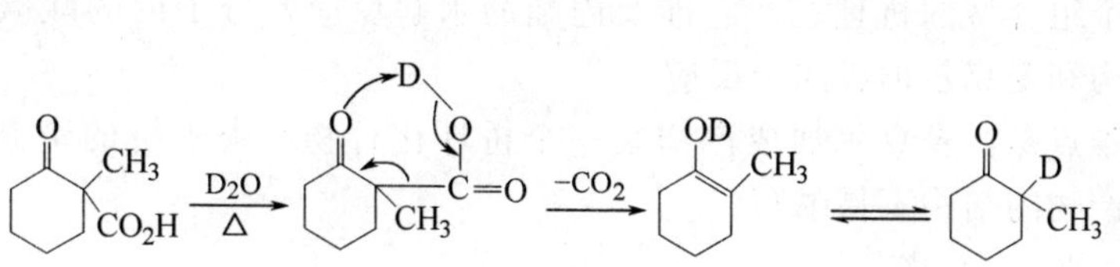

(6) 反应物相互作用生成中间体锍盐，该化合物在碱作用下，生成硫叶利德，而后进行类似的麦克尔加成反应，生成产物。

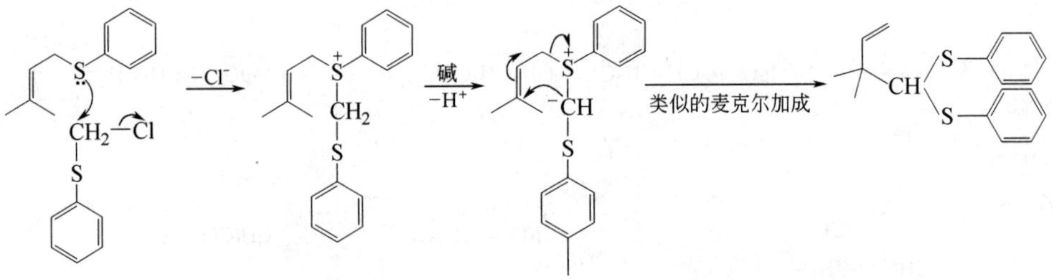

(7) 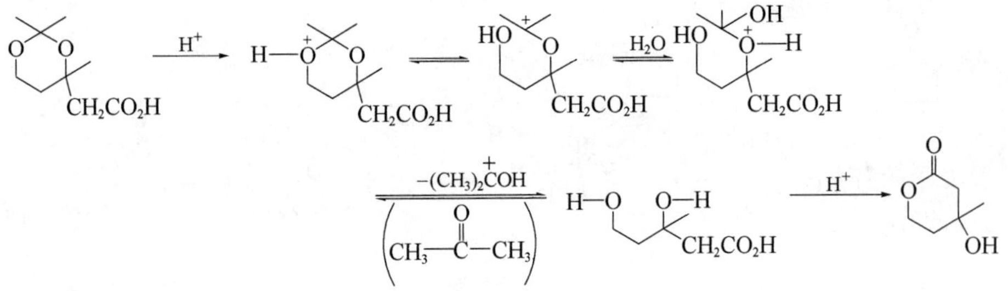 [反应式]

(8) 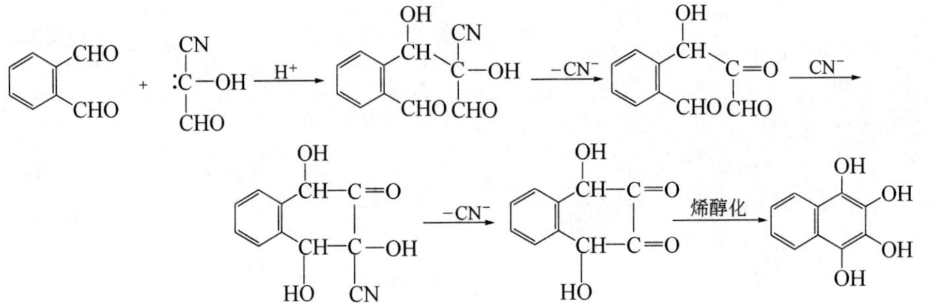 [反应式]

6.7 (1) 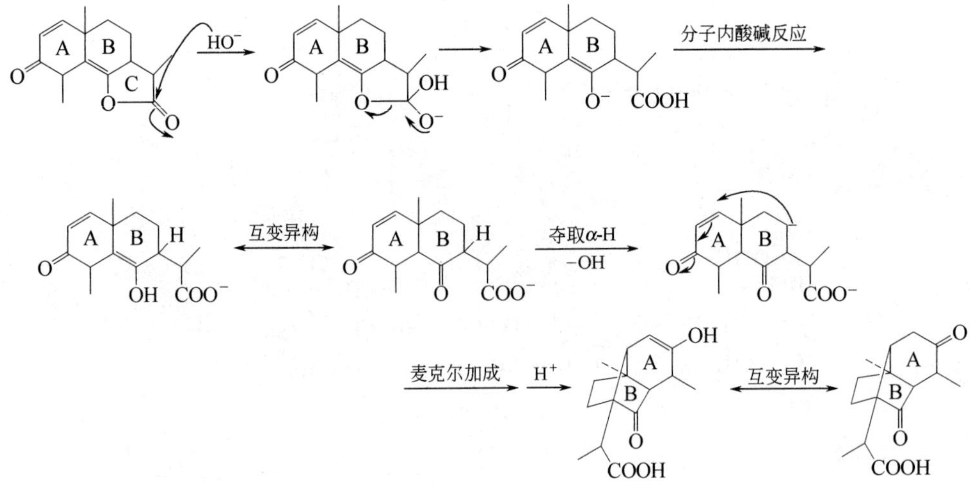 [反应式]

这是一个组合型的机理题。它涉及内酯的水解反应，分子内的酸碱反应，烯醇的互变异构和麦克尔加成四个反应。

本题的难点是：麦克尔加成产物是一个桥环化合物，由于桥的牵制，B环取船式构象，产物的结构不易书写。

（2）

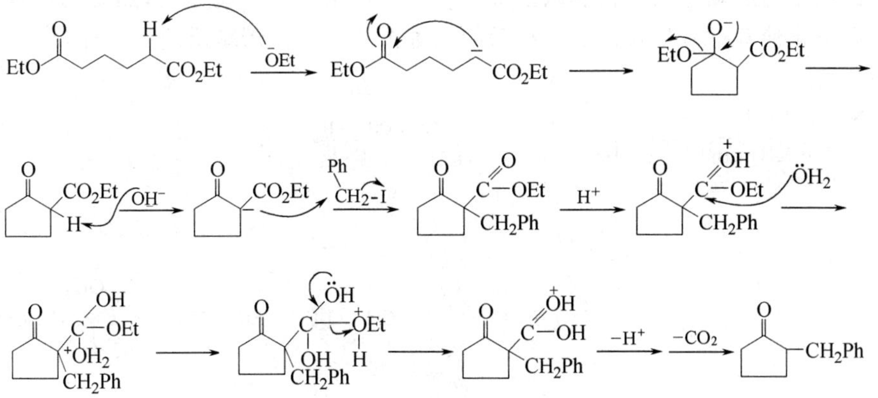

（3）

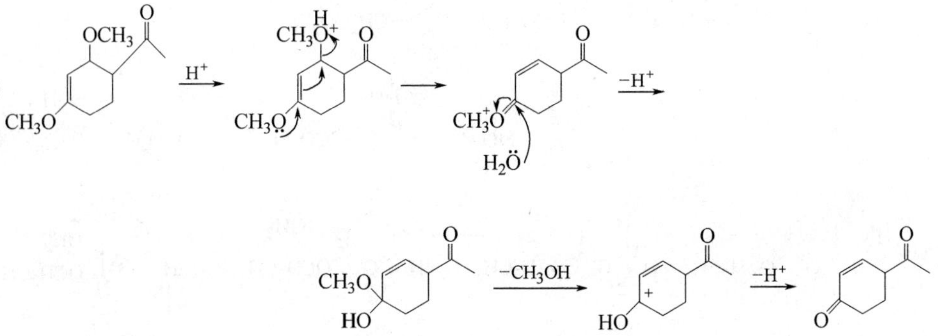

（4）

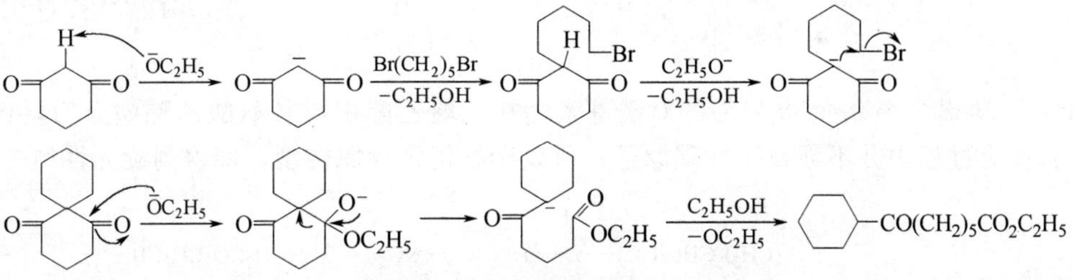

（5）

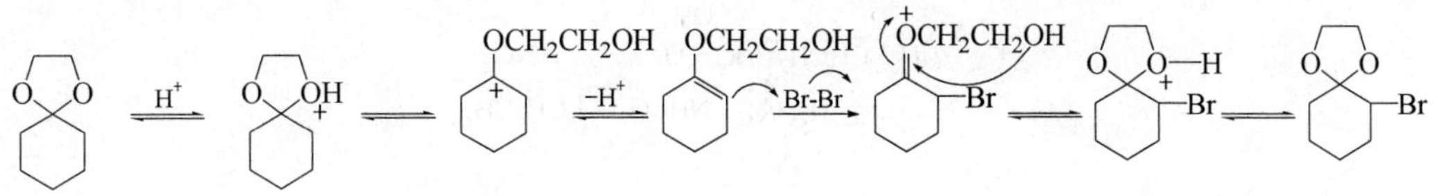

（6）

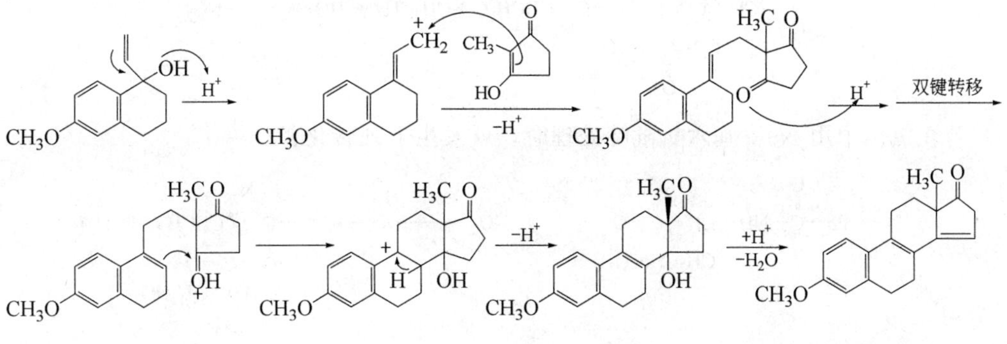

此题是通过烯醇式结构和碳亚离子反应来连接两种反应原料，然后利用双键质子化再去质子化使双键发生移位。位移后的双键再和质子化羰基反应进行环合。

(7) [反应机理图]

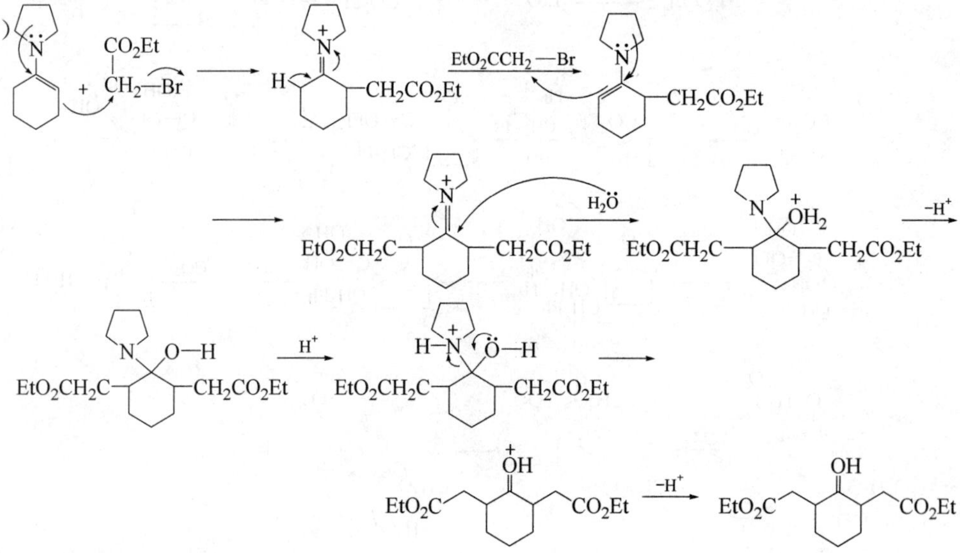

(8) [反应机理图]

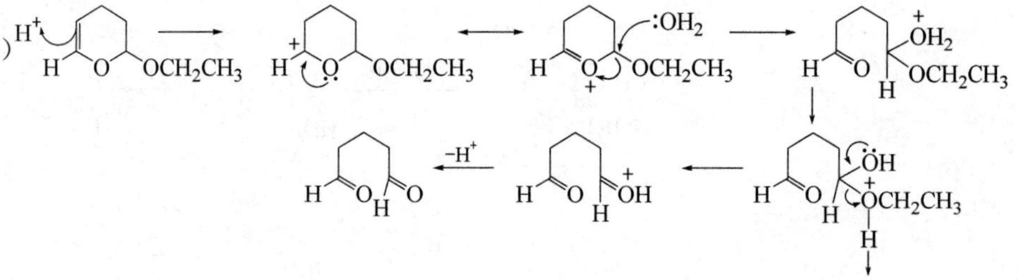

6.8 当 N-苯甲酰基-L-亮氨酸的对硝基苯酯在乙酸乙酯中与甘氨酸乙酯缩合时，由于这个反应过程中并不涉及手性碳原子，所以产物仍保持原构型，即得到旋光性纯二肽。

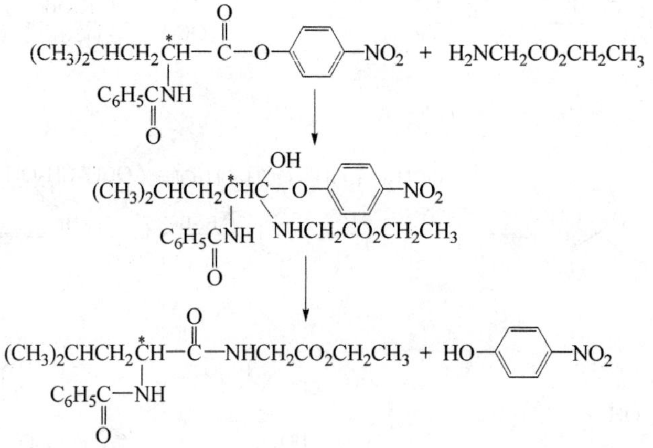

[反应式图]

若在氯仿中用 N-甲基六氢吡啶处理时，就发生下列转化：

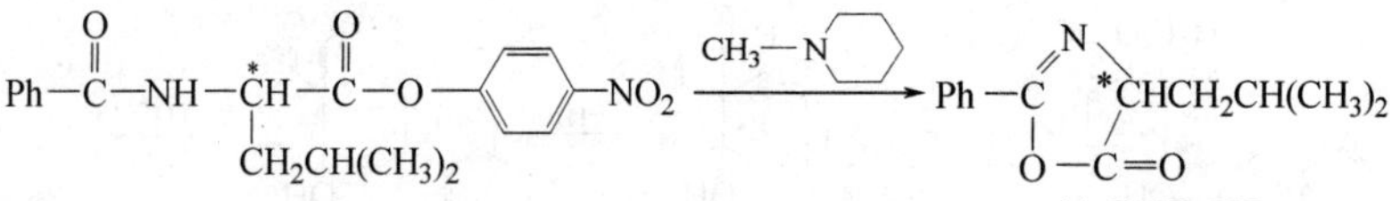

[反应式图] (I) $C_{13}H_{15}NO_2$

生成的Ⅰ存在下面的互变异构：

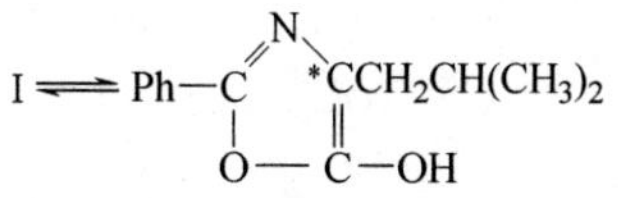

所以当Ⅰ再与甘氨酸乙酯缩合时，就得到外消旋产物。

6.9 （1）

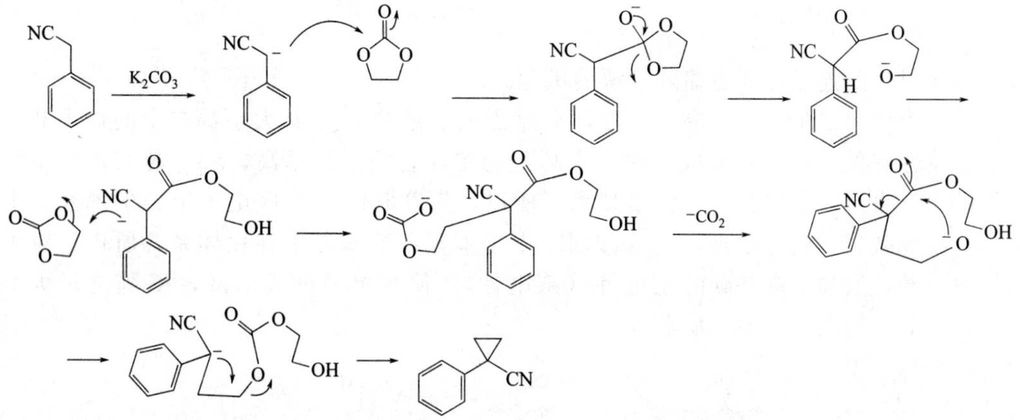

（2）

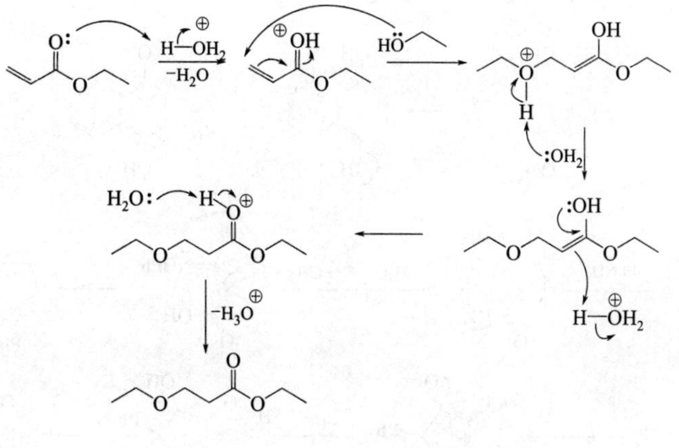

（3）

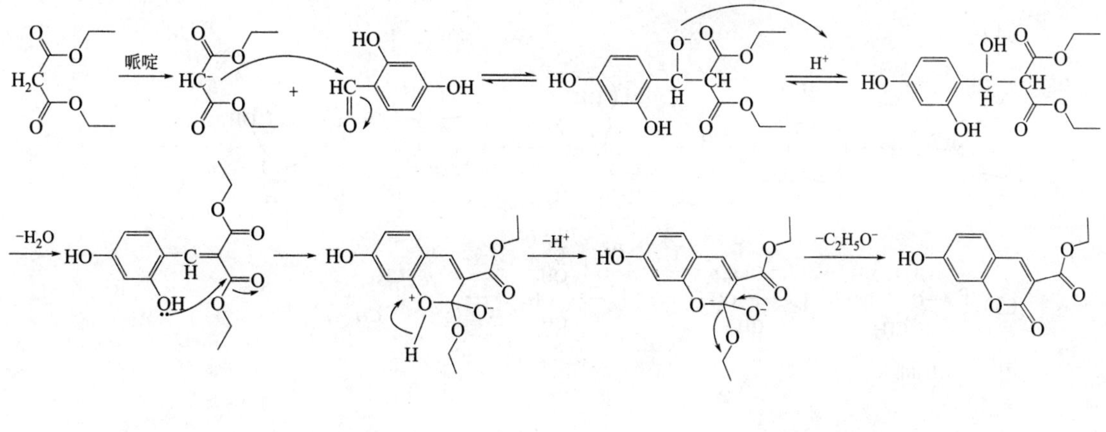

6.10

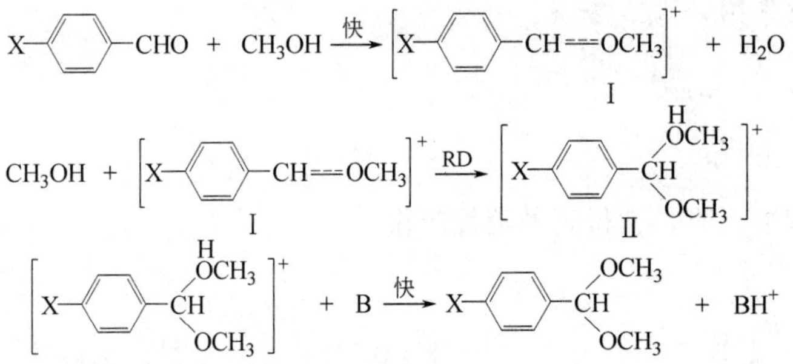

$$\text{X}\diagup\!\!\!\!\diagup\text{CHO} + \text{CH}_3\text{OH} \xrightarrow{\text{快}} [\text{X}\diagup\!\!\!\!\diagup\text{CH}=\!\!=\!\text{OCH}_3]^+ + \text{H}_2\text{O}$$
$$\text{I}$$

$$\text{CH}_3\text{OH} + [\text{X}\diagup\!\!\!\!\diagup\text{CH}=\!\!=\!\text{OCH}_3]^+ \xrightarrow{\text{RD}} \left[\text{X}\diagup\!\!\!\!\diagup\begin{array}{c}\text{H}\\\text{OCH}_3\\\text{CH}\\\text{OCH}_3\end{array}\right]^+$$
$$\text{I} \qquad\qquad\qquad \text{II}$$

$$\left[\text{X}\diagup\!\!\!\!\diagup\begin{array}{c}\text{H}\\\text{OCH}_3\\\text{CH}\\\text{OCH}_3\end{array}\right]^+ + \text{B} \xrightarrow{\text{快}} \text{X}\diagup\!\!\!\!\diagup\begin{array}{c}\text{OCH}_3\\\text{CH}\\\text{OCH}_3\end{array} + \text{BH}^+$$

这个机理的逆过程即为缩醛水解的机理。

由于第二步是速率决定步骤，不管是 $k_{形成}$ 还是 $k_{水解}$ 其大小都与中间体 I 和 II 的稳定性有关，对缩醛形成来说，I 越不稳定，它的活性越高，$k_{形成}$ 越大，对于缩醛的水解来讲，I 越稳定，$k_{水解}$ 越大，所以，随着取代基 X 吸电子能力的增强，I 的稳定性减弱，$k_{形成}$ 增加，$k_{水解}$ 减弱。由于苯环和醛基处于共轭体系，所以，对于吸电子基，增加了羰基碳的正电性（亲电性），使它更易形成缩醛，K 随之增大，相反，对于给电子基团，K 将减小。

6.11 (1)

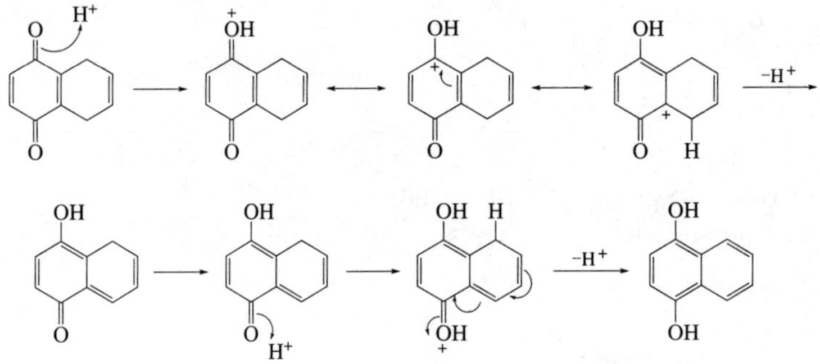

(2)

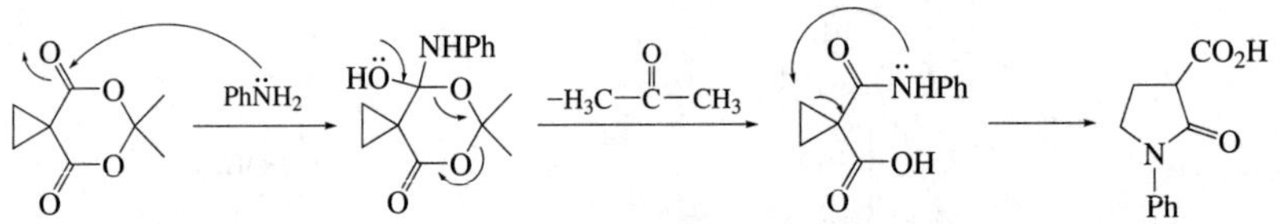

(3)

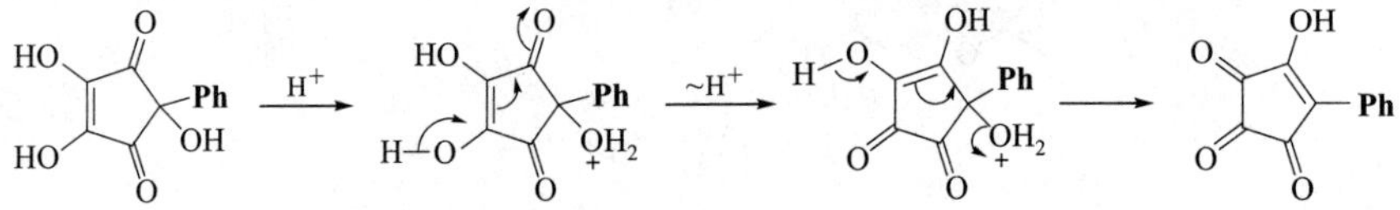

(4)

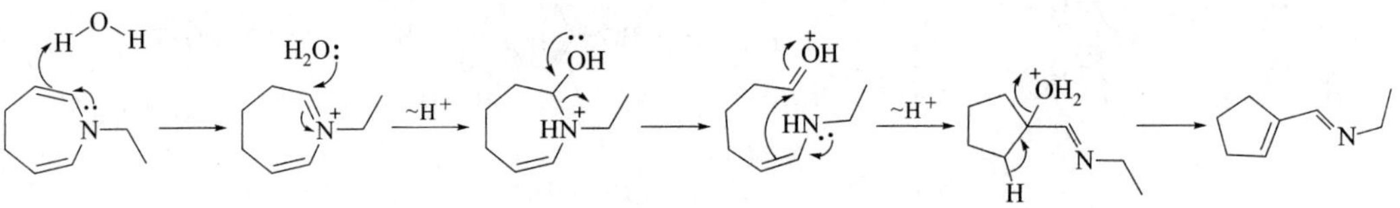

(5)

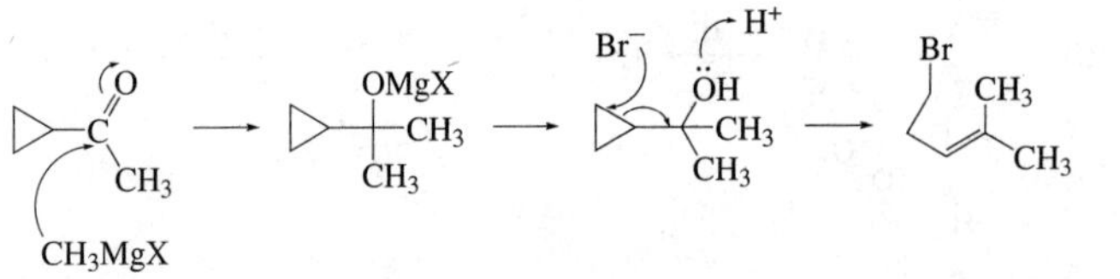

6.12

[Mechanism scheme showing formation of A (PhCH₂CHO) and B (2-benzyl-4-phenyl-1,3-dioxolane) from phenyl-substituted diol via H⁺ catalysis, through oxocarbenium intermediates, with reaction with HOCH₂CHPh to form the cyclic acetal B.]

6.13

A. [Hydrazone structure: tert-butyl group, C=N-N with pyrrolidine bearing CH₂OCH₃, H shown]

B. [Hydrazone structure with CH₂CH₃ group and pyrrolidine-CH₂OCH₃]

C. [Ketone structure with tert-butyl, C=O, and CH₂CH₃ groups, H with wedge bond]

6.14

[Mechanism scheme: ninhydrin-type triketone + H⁺ → protonated carbonyl → H₂O attack → tetrahedral intermediate → −H⁺ → 2,2-dihydroxy-1,3-indandione]

由于茚三酮中间的羰基不与苯环共轭，反而与两个吸电子的羰基共轭，羰羰基碳的正电性增强，因而它的反应活性最高，最容易与亲核试剂 H_2O 作用，发生亲核加成反应得水合茚三酮。

6.15

$$\text{CH}_2\text{=CHPPh}_3^+\text{X}^- \xrightarrow[-H_2, -NaX]{NaH} Ph_3\overset{+}{P}-\overset{-}{C}=CH_2$$

[Scheme: acetoacetic ester analog (O=C-CH(CO₂Et)₂ with CH₃) + ylide → −P(O)Ph₃ → allene-containing diester (累积=烯烃) → NaH, −H₂ → carbanion → intramolecular cyclization → cyclopentene diester anion → H₂O → 1-methyl-cyclopent-2-ene-4,4-dicarboxylate diester]

第7章 习题解答

7.1 (1) 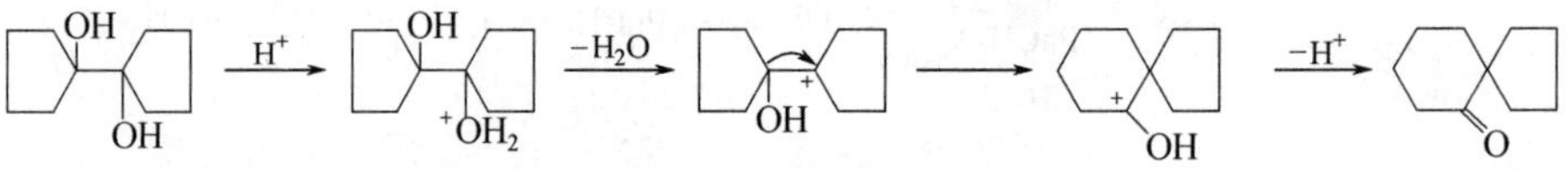 [反应机理图示]

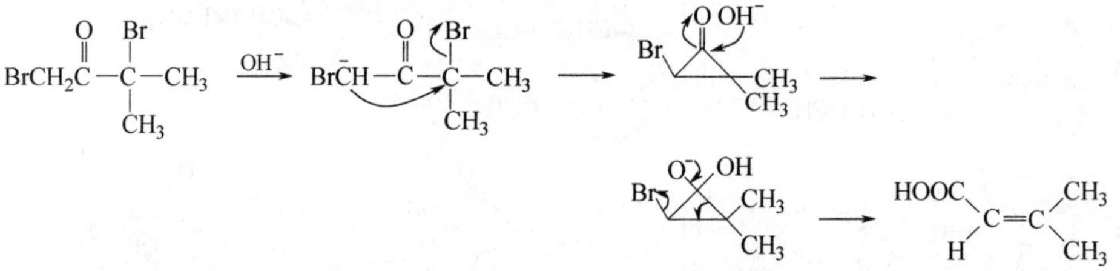

(2) [反应机理图示]

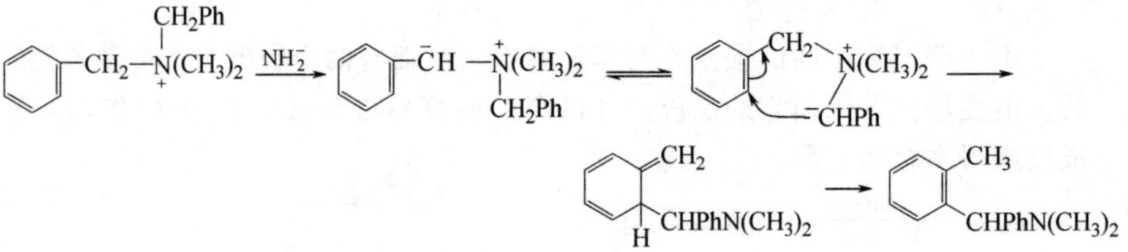

(3) [反应机理图示]

(4) [反应机理图示]

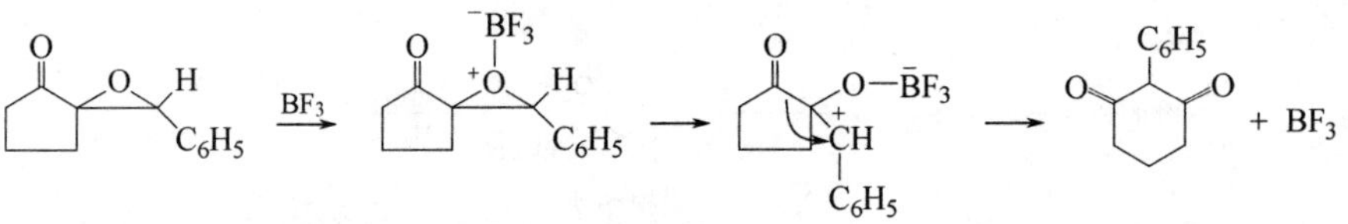

对于重排反应，关键是寻找何处产生正负电性反应中心（缺电子基和富电子基），然后由邻近的基团向反应中心迁移而完成重排。

设想这个反应由环氧化物开环给出更稳定的碳正离子（苄基的）。接着，随着酰基的迁移重排得到产物，基团的迁移能力次序是芳基＞酰基＞烷基＞H。

(5) 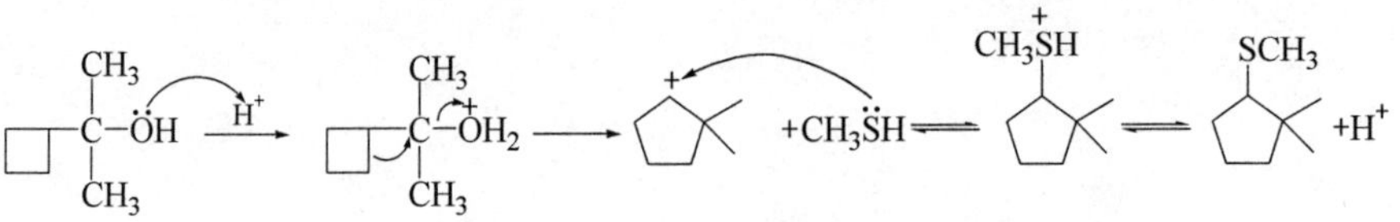 [反应机理图示]

7.2 (1) 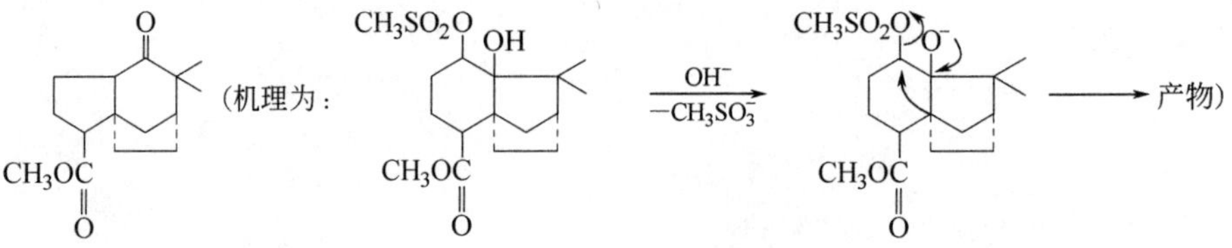 [反应机理图示]（机理为：......→产物）

(2) [结构式：δ-戊内酯取代物，C₄H₉]

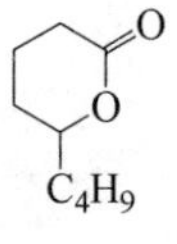

(3) CH₃-C(=O)-NH-C₆H₅

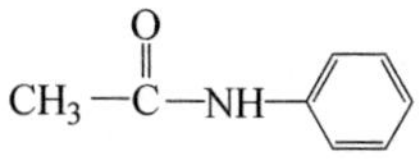

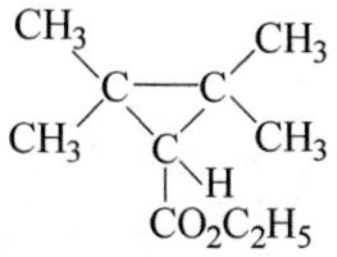

(4) (CH₃)₂C-C(CH₃)₂-CH(CO₂C₂H₅) （机理为半二苯乙醇酸重排）

7.3 (1) 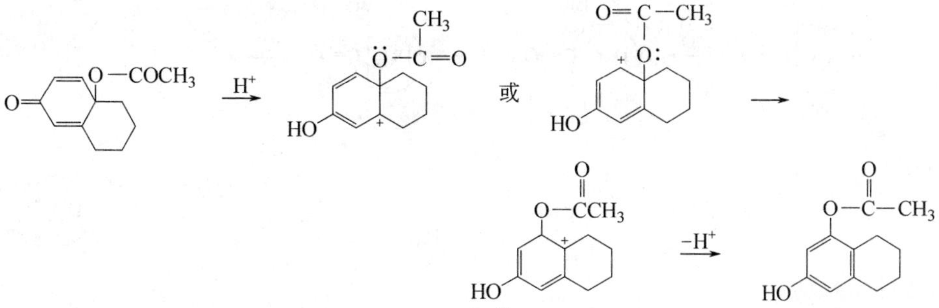 [mechanism scheme]

(2) [mechanism scheme]

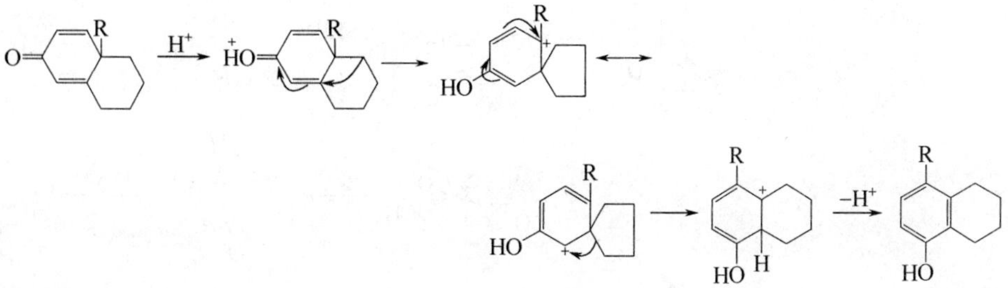

7.4 (1) 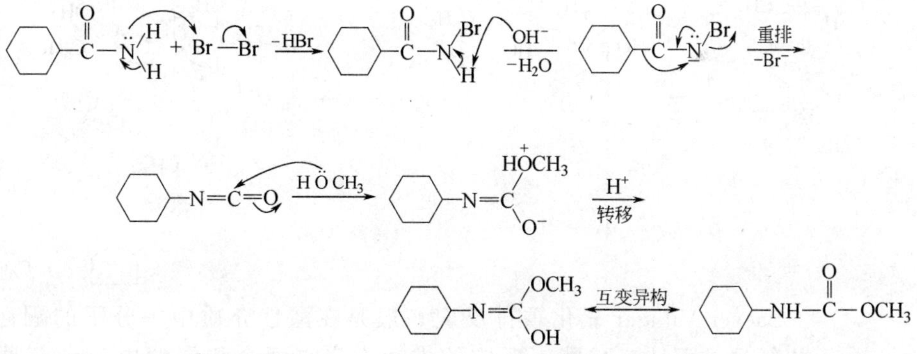 [mechanism scheme]

(2) [mechanism scheme]

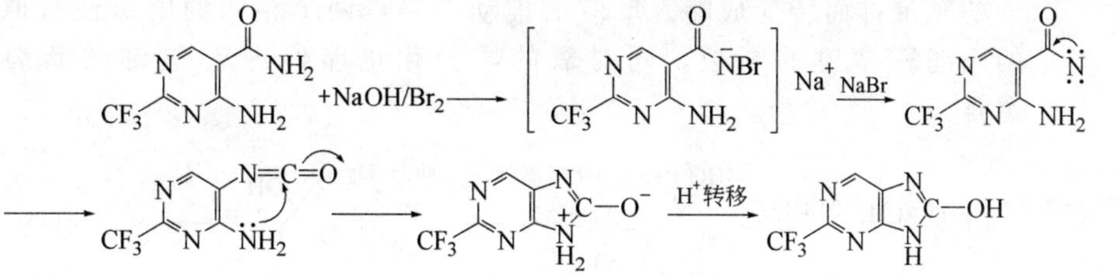

7.5 (1) 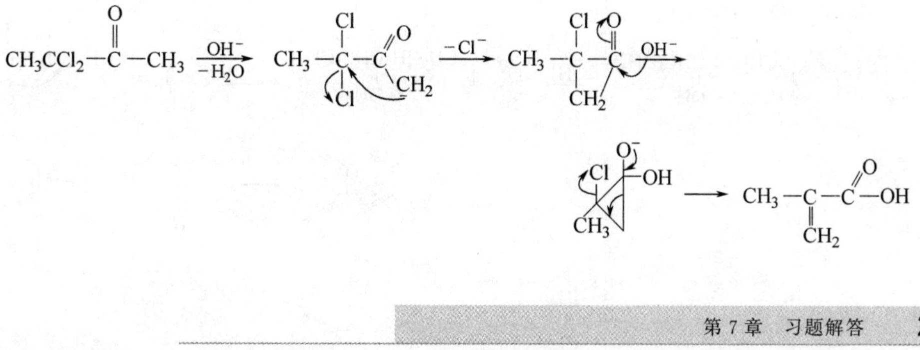 [mechanism scheme]

第 7 章 习题解答   261

(2) 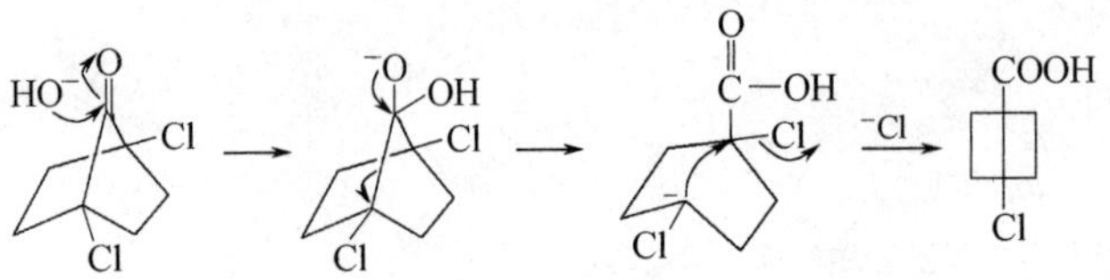 [reaction scheme showing chlorinated bicyclic ketone with HO addition, rearrangement, and loss of Cl to give cyclobutane carboxylic acid with Cl substituent]

(3) 法沃斯基反应，用 EtO⁻ 处理

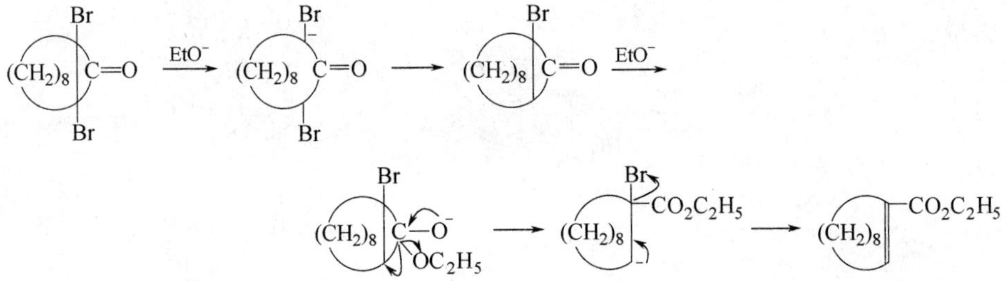

[reaction scheme: (CH₂)₈ ring with Br, Br, C=O; treated with EtO⁻ in successive steps to give (CH₂)₈ ring with CO₂C₂H₅ and double bond]

(4) 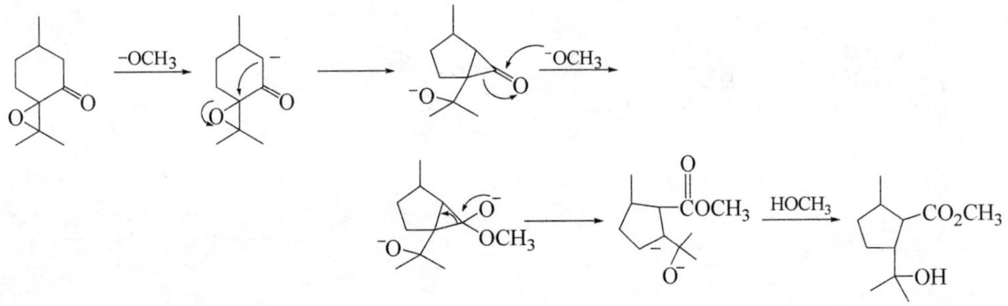 [reaction scheme showing epoxy ketone with −OCH₃ rearrangement through several intermediates to give cyclopentane with CO₂CH₃ and C(CH₃)₂OH substituents]

7.6 (1) 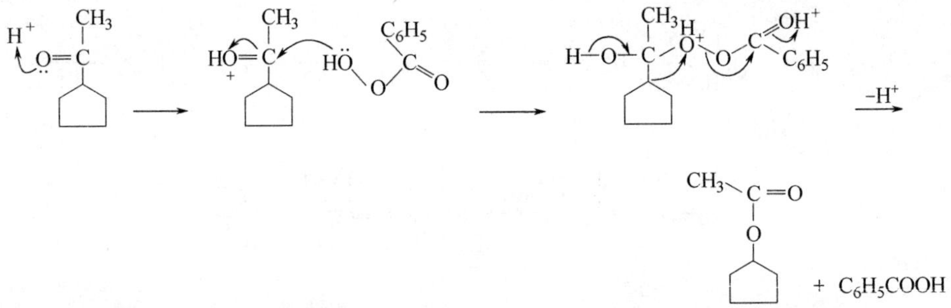 [mechanism of Baeyer-Villiger: cyclopentyl methyl ketone + H⁺, then HOO-C(=O)C₆H₅ addition, proton transfers, rearrangement, −H⁺ to give cyclopentyl acetate + C₆H₅COOH]

Baeyer-Villiger 氧化重排反应一般是在酸性介质中一分子的酮通过向缺电子的氧重排而转变成酯。反应的推动力来自两个相同的电负性氧原子所形成的高能氧-氧键的断裂，同时氧的质子化也能促进氧-氧键的断裂，有利于重排。

(2) 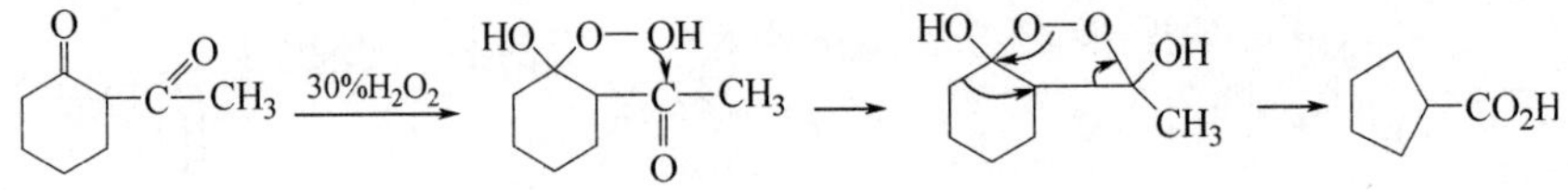 [cyclohexanone with acetyl group + 30% H₂O₂ → hydroperoxide intermediate → rearranged intermediate → cyclopentane carboxylic acid]

(3) 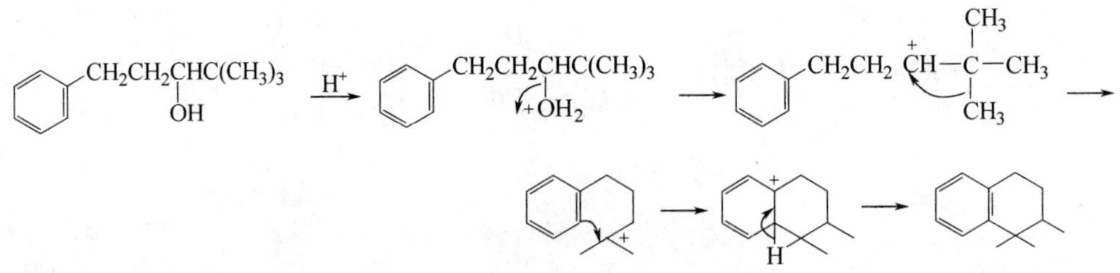 [PhCH₂CH₂CH(OH)C(CH₃)₃ + H⁺ → protonated alcohol → carbocation rearrangement → cyclization to tetrahydronaphthalene with gem-dimethyl group]

262　高等有机化学　第四版

(4) 反应机理（图示）：

重氮化合物 → [中间体] → 异氰酸酯中间体 → 环化产物 → 经 HOH 加成 → 经 −H⁺ → 6-甲氧基-3,4-二氢异喹啉-1(2H)-酮

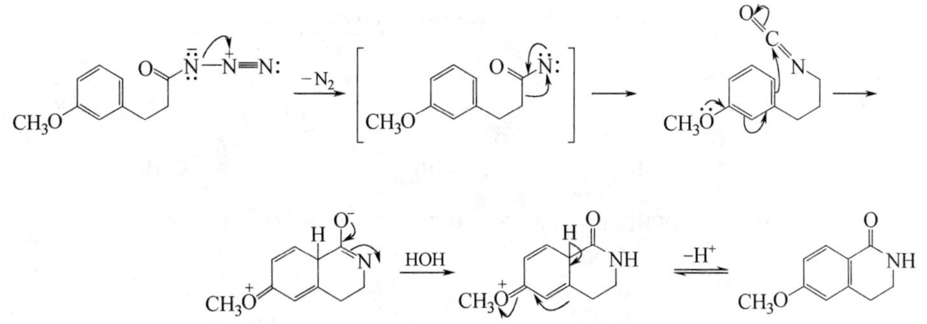

7.7 (1)

$CH_3CHD\overset{+}{C}HCH_3 \qquad CH_3\overset{+}{C}DCH_2CH_3$

$\downarrow C_6H_6, -H^+ \qquad\qquad \downarrow C_6H_6, -H^+$

$CH_3CHDCHCH_3(Ph) \qquad CH_3CDCH_2CH_3(Ph)$

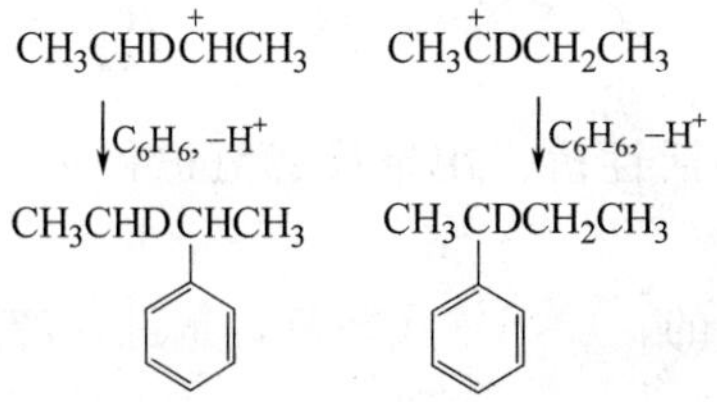

(2) $CD_3\overset{+}{C}HCH_3 \rightleftharpoons \overset{+}{C}D_2CHDCH_3 \rightleftharpoons CD_2H\overset{+}{C}DCH_3$

如果发生 D 的转移，必须经过伯碳正离子。因为后者不稳定，所以不发生 D 的转移。

(3) $CD_3CH(OH)CH_3 \xrightarrow{BF_3} CD_3\overset{+}{C}HCH_3 \xrightarrow[-H^+]{C_6H_6} CD_3CHCH_3(Ph)$

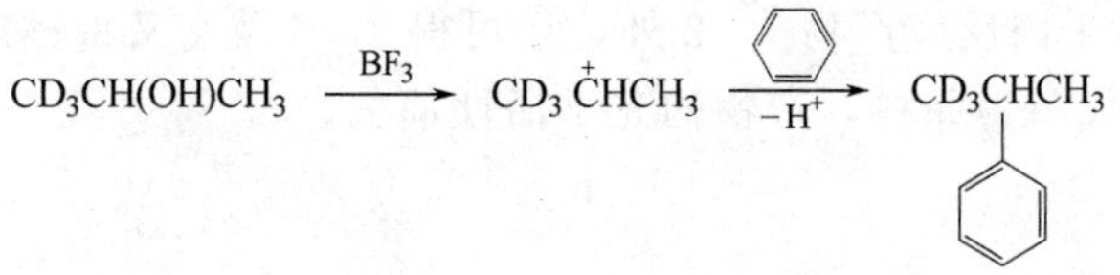

因为 $CD_3\overset{+}{C}HCH_3$ 具有平面结构，可从上下两方向与苯反应，所以发生外消旋化，即有一部分发生构型翻转。

7.8 (1) 螺[3.5]壬-1-酮 $\xrightarrow{H^+}$ 质子化中间体 → 碳正离子重排 → 扩环 → $\xrightarrow{-H^+}$ 螺[4.4]壬-1-酮

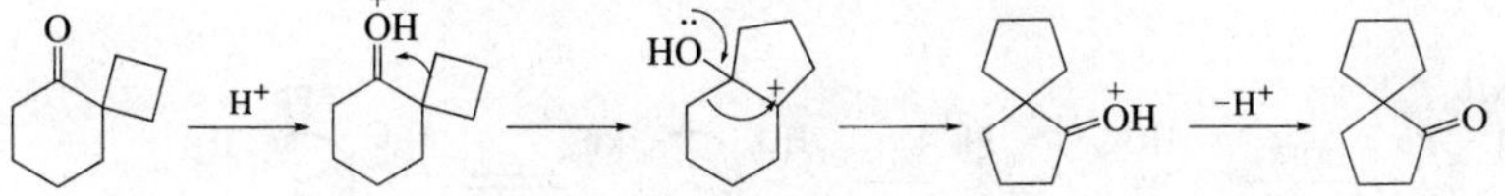

(2) 1-萘基三苯基甲基酮 $\xrightarrow{H^+}$ 质子化 → 苯基迁移 → 环化 → $\xrightarrow{-H^+}$ 产物

(3) 含 H_3CO- 萘、OCH_3、Br、$ZnBr_2$ 的底物 → 碳正离子中间体 → $\xrightarrow{-CH_3Br}$ 6-甲氧基-2-萘基丙酸甲酯（萘普生甲酯）

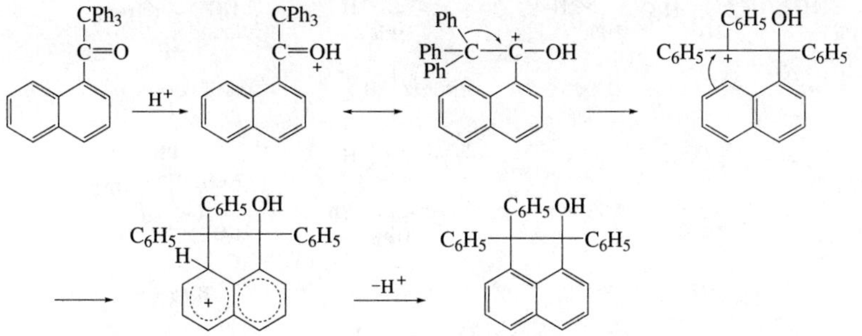

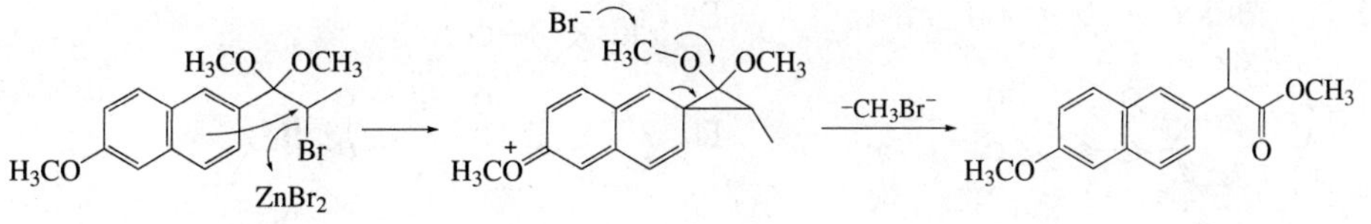

(4) [反应式图]

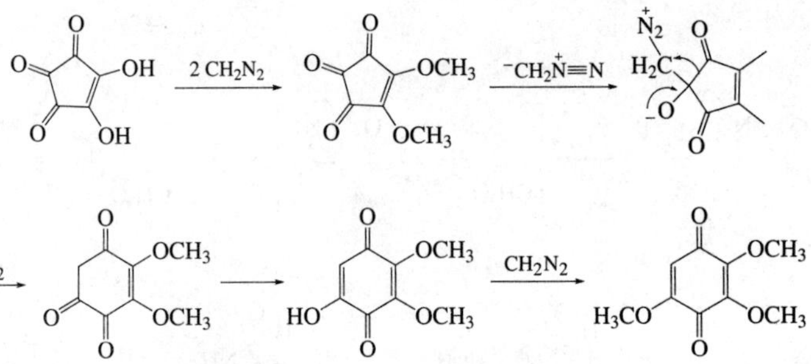

(5) [反应式图]

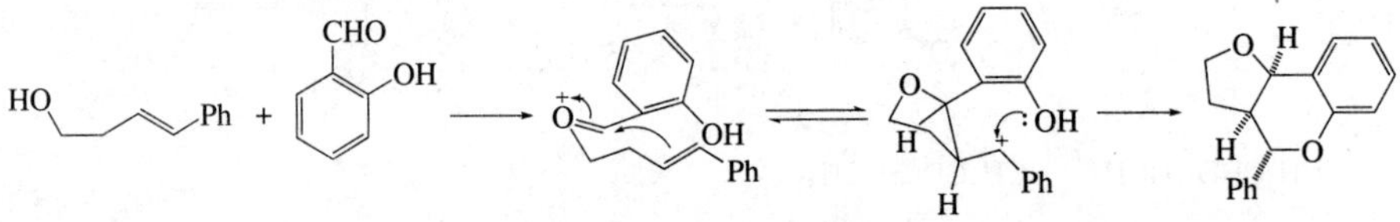

7.9 半安息香酸反应机理的特点：①产物保持光学活性；②用氘代替氢进行实验，无氘进入产物分子。

环丙酮反应机理的特点：①产物是内消旋的；②用氘代替氢，氘进入产物。

下面是两个不同反应条件的实例：

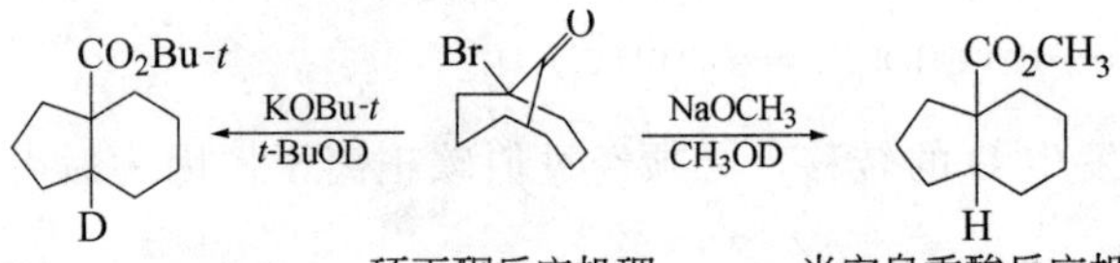

[反应式图：环丙酮反应机理 / 半安息香酸反应机理]

7.10 将 A 和 B 一起反应，除分子内反应产物 1，2 外，还可得 3，4 及交叉重排产物 5，6。若再以光学活性叔烷基取代酰为原料，产物的光学活性消失。

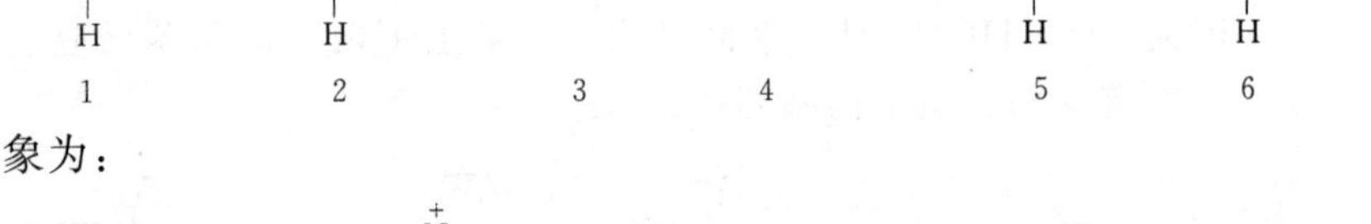

[结构 1–6]

7.11 优势构象为：

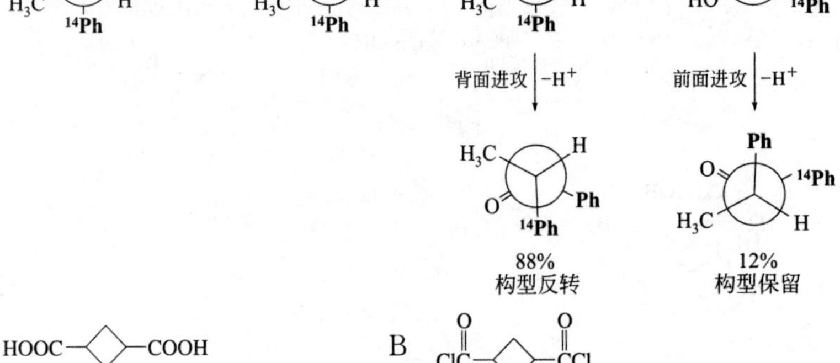

[反应式图：HONO 反应，背面进攻 88% 构型反转 / 前面进攻 12% 构型保留]

7.12 A HOOC—⬜—COOH   B ClCO—⬜—COCl

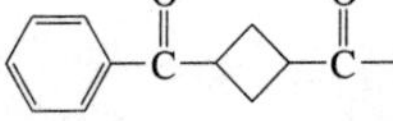

C PhCO—⬜—COPh   D PhNHCO—⬜—CONHPh

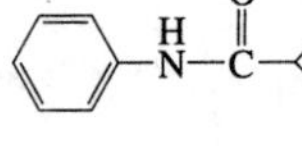

第8章　习题解答

8.1　(1)

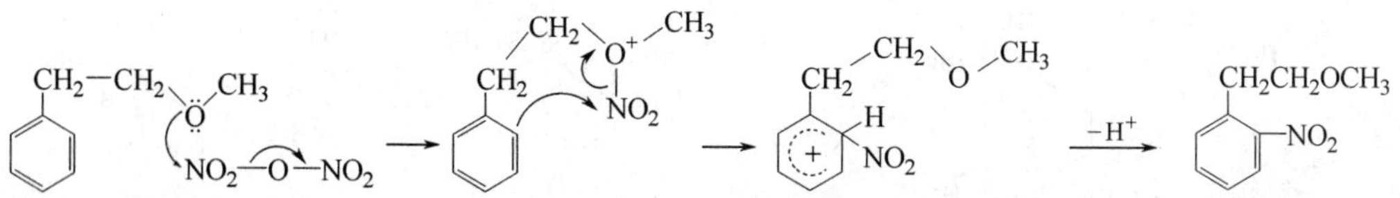

(2)

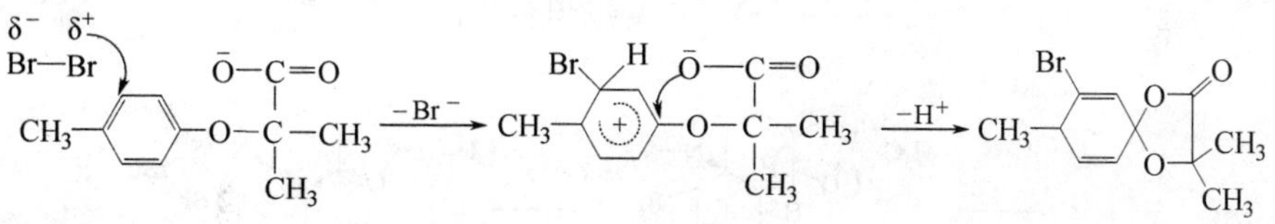

(3)

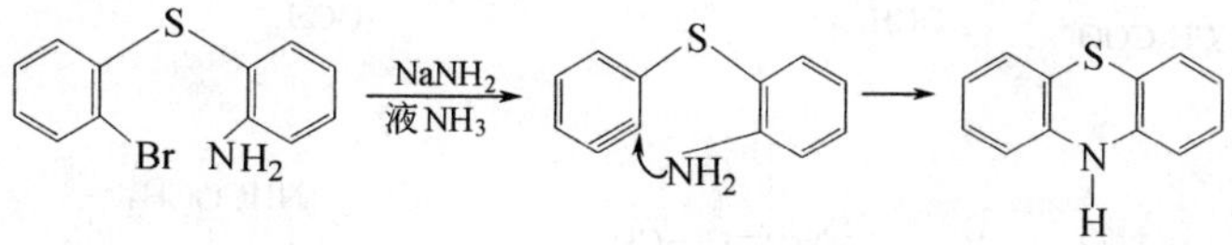

(4)

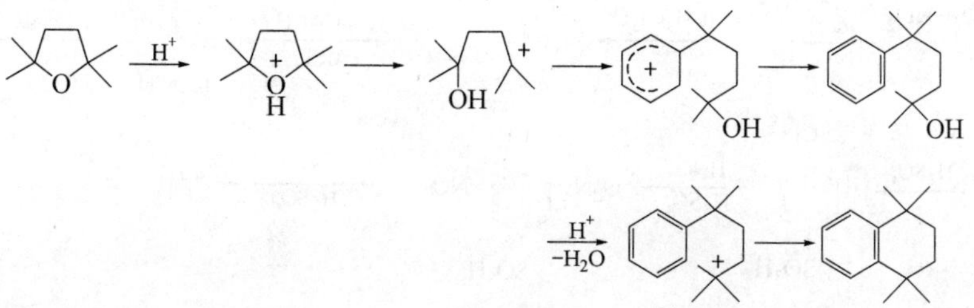

8.2　(1) 如下类型的分子内亲核取代反应叫做 Smiles 转位反应。

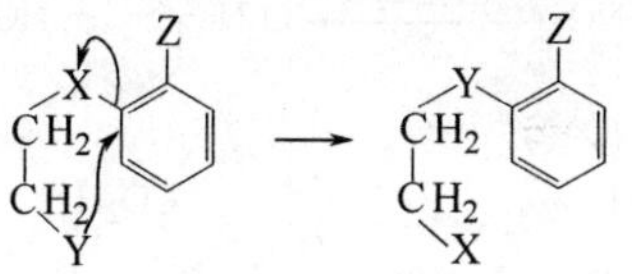

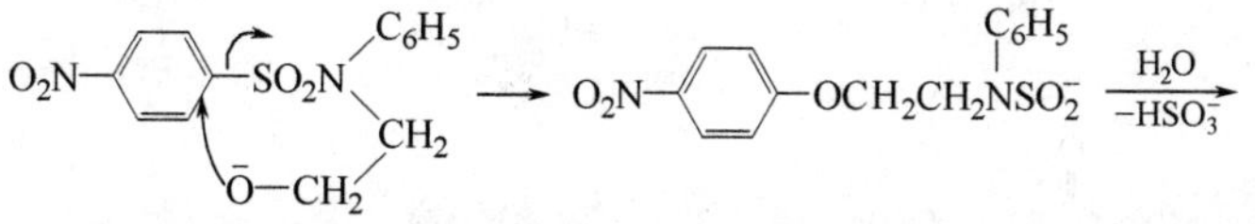

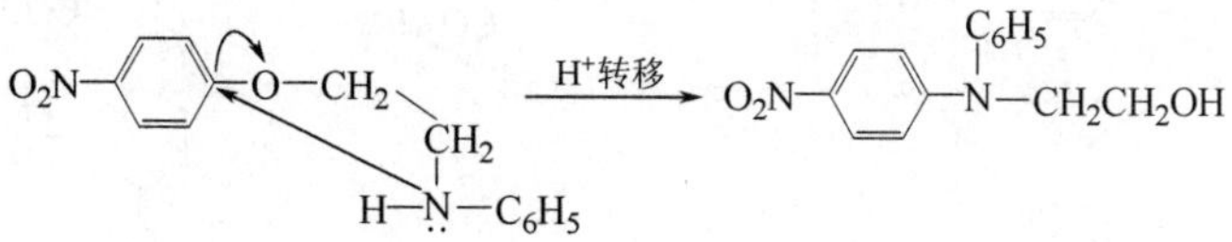

(2)

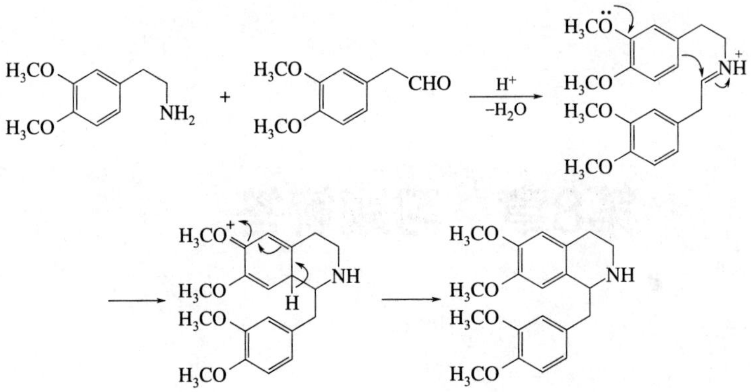

(3)

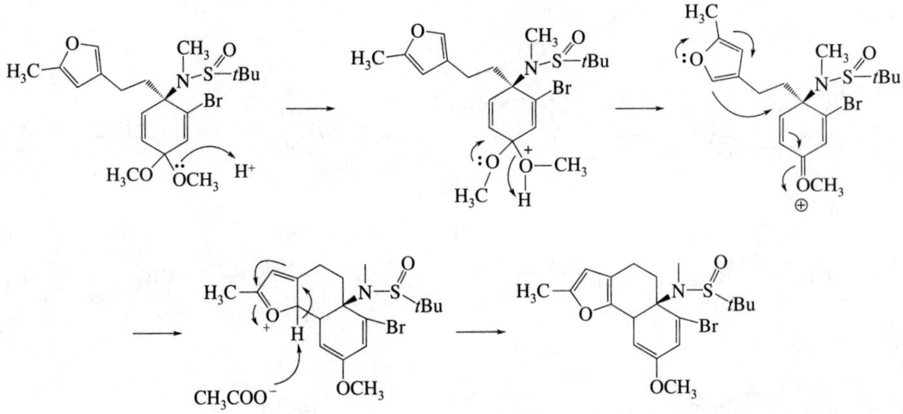

8.3 (1) Benzene →[HNO₃/H₂SO₄]→ nitrobenzene →[Fe/HCl]→ aniline →[(CH₃CO)₂O]→ acetanilide →[CH₃COCl/AlCl₃]→ p-acetamidoacetophenone →[水解]→ p-aminoacetophenone

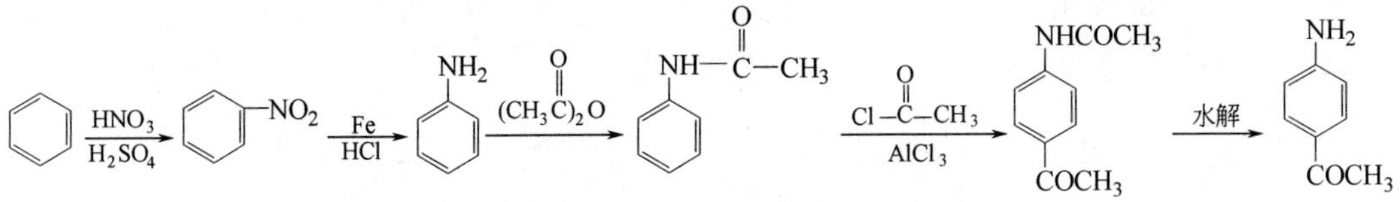

(2) Chlorobenzene →[H₂SO₄]→ p-chlorobenzenesulfonic acid →[HNO₃/H₂SO₄]→ 2-chloro-3,5-dinitrobenzenesulfonic acid →[H₂O, 稀H₂SO₄, △]→ 2-chloro-1,3-dinitrobenzene →[NH₃, H₂O, △]→ 2,6-dinitroaniline

(3) Benzoic acid →[HNO₃/H₂SO₄]→ m-nitrobenzoic acid →[1) Fe/H⁺; 2) Br₂/H₂O]→ 3-amino-2,4,6-tribromobenzoic acid →[1) HNO₂; 2) H₃PO₂]→ 2,4,6-tribromobenzoic acid

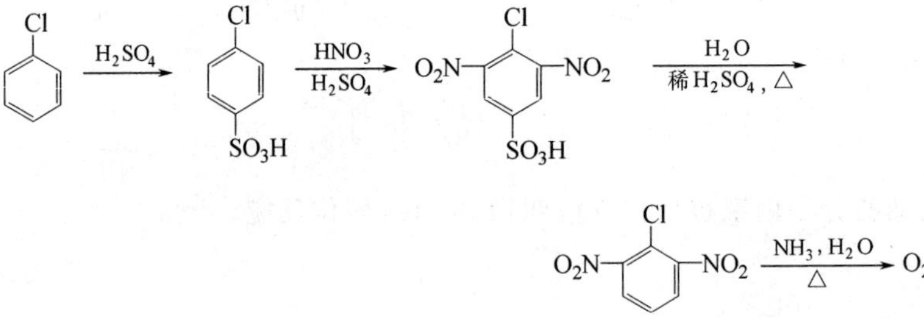

(4) Benzene + succinic anhydride →[AlCl₃]→ 3-benzoylpropanoic acid →[Zn-Hg/HCl]→ 4-phenylbutanoic acid →[多聚磷酸]→ α-tetralone →[Zn-Hg/HCl]→ tetralin →[Se]→ naphthalene

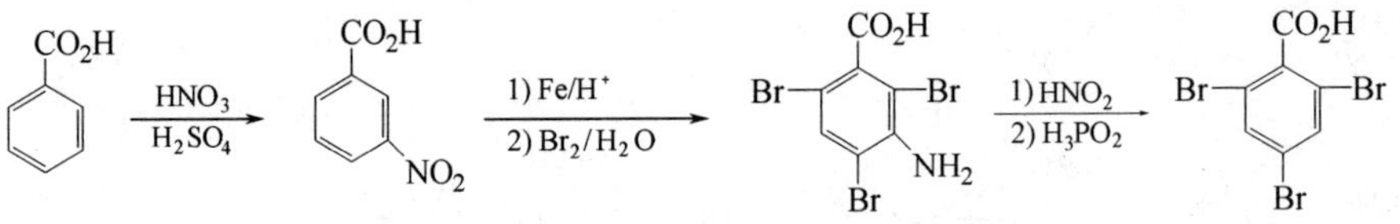

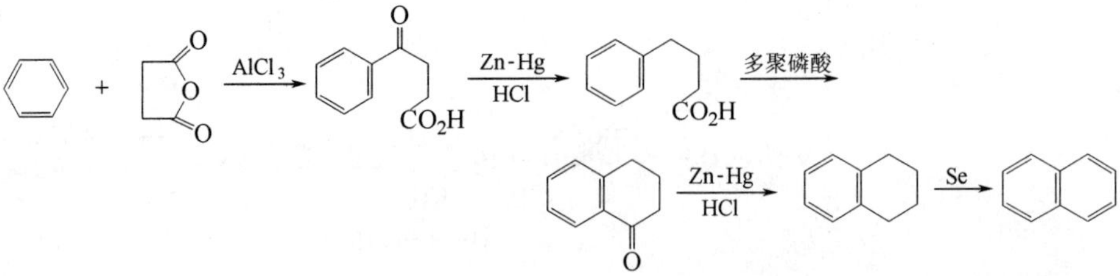

8.4 (1) 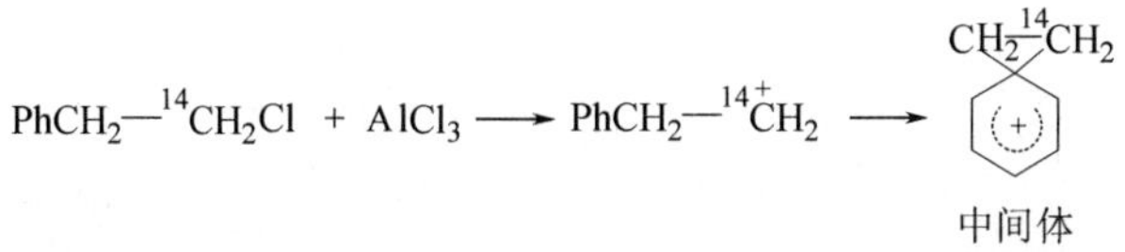 $PhCH_2{-}^{14}CH_2Cl + AlCl_3 \longrightarrow PhCH_2{-}^{14}CH_2^+ \longrightarrow$ [中间体]

中间体的每个 —CH_2 基有相等的机会被苯甲醚进攻。

(2) [反应机理图：芴基鎓盐经碱处理后，经过 Stevens 重排，互变异构，最终生成 1-甲硫基甲基芴类产物]

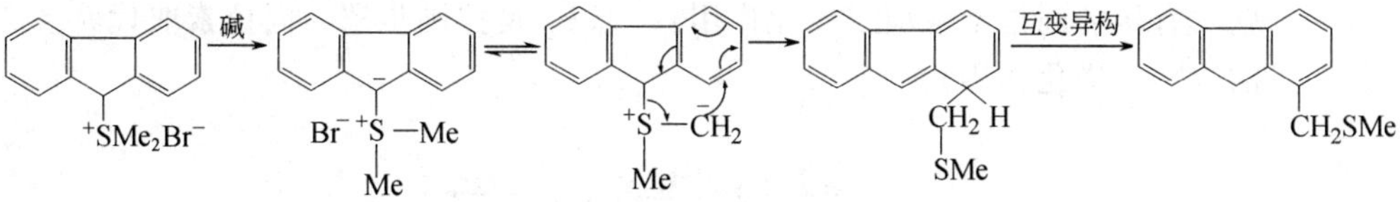

(3) 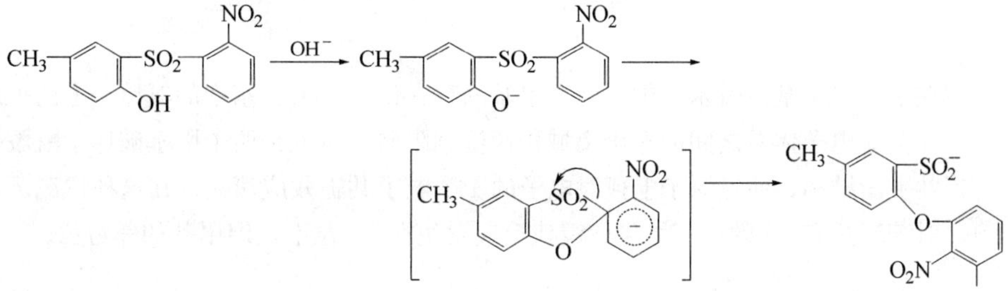 [反应机理图：邻硝基苯磺酰基酚经 OH^- 作用，经过 Smiles 重排，生成重排产物]

(4) 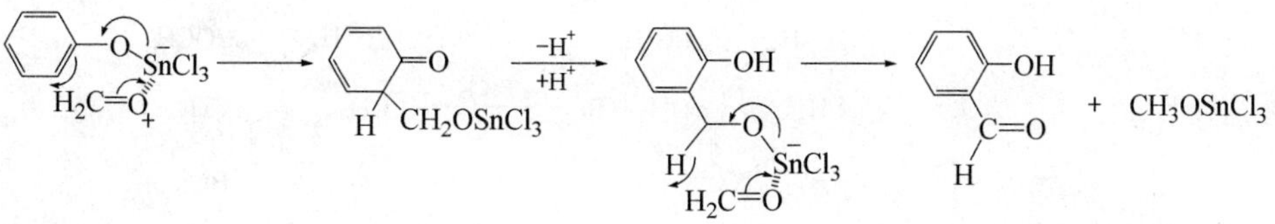 [反应机理图：苯氧基亚甲基 $SnCl_3$ 配合物经过质子转移、互变异构，最终生成水杨醛 + CH_3OSnCl_3]

8.5 反应产物如下所示：

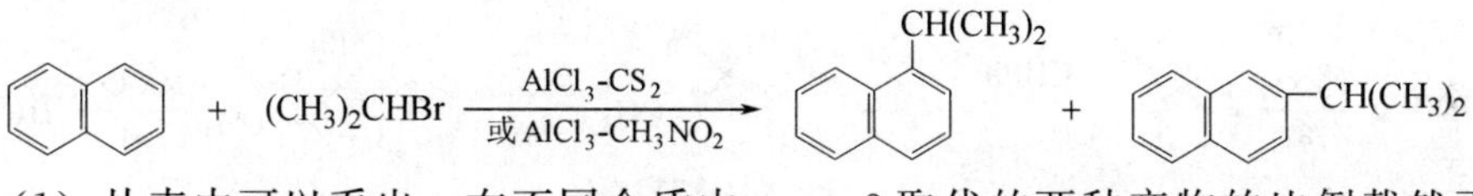

萘 + $(CH_3)_2CHBr$ $\xrightarrow{\text{AlCl}_3\text{-CS}_2 \text{ 或 AlCl}_3\text{-CH}_3\text{NO}_2}$ 1-异丙基萘 + 2-异丙基萘

(1) 从表中可以看出，在不同介质中，α、β 取代的两种产物的比例截然不同，这是由于此反应为亲电取代反应，对于底物来说，它的 α 位电荷密度大于 β 位，所以亲电试剂能较快地进攻 α-位（动力学控制），但当亲电试剂是一个较大的基团时，由于另一苯环上邻接 H 与这基团之间的斥力，使它难于进攻 α-位，而易于进攻 β-位（热力学控制）。另外，随介质极性增加，亲电试剂活化的速率增加，α-位取代的比例也随之增加，所以在 CS_2 中主要为 β-位产物，CH_3NO_2 中主要为 α-位产物。

(2) 随着反应时间的延长，α-位取代物比例下降，而 β-位取代产物的比例升高，主要是因为 β-位稳定些。

8.6 (1) 在含有硝基的苯环中，因为硝基分散了亲核试剂进攻所产生的负电荷，生成一个稳定的中间体（Ⅱ），所以由于硝基的吸电子特性，使得芳香族亲核取代反应能够进行。如：

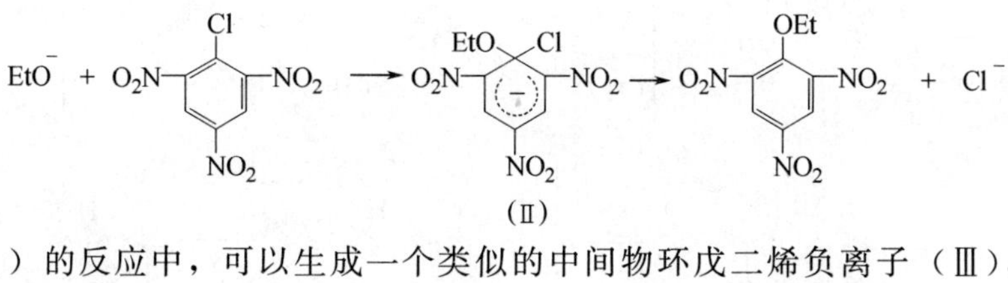

$EtO^- + $ 2,4,6-三硝基氯苯 $\longrightarrow$ [中间体 Ⅱ] $\longrightarrow$ 2,4,6-三硝基苯乙醚 $+ Cl^-$

而在（Ⅰ）的反应中，可以生成一个类似的中间物环戊二烯负离子（Ⅲ），使亲核取代反应得以进行。

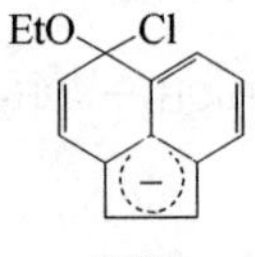

(2) 亲电取代是一个两步过程，k_1 或 k_2 都可能是慢的控制步骤，若 k_1 是控制步骤，就没有氢的同位素效应（硝化作用）；若 k_2 是控制步骤，同位素取代就会产生速率的改变（磺化作用）。

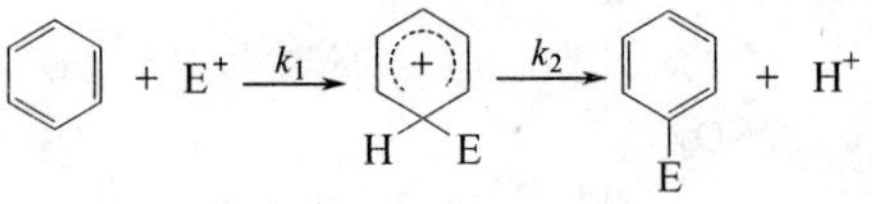

(3) 在2,6-二甲基乙酰苯胺中，两个甲基的存在使—NHAc基中的氮原子上的孤对电子和苯环上π电子体系之间的电子离域作用受到阻碍；也就是两个甲基破坏了酰胺基与苯环的共平面结构，使氮原子上孤对电子的1个电子共轭效应消失；在这种情况下，乙酰胺基对苯环只有—I效应。结果使溴代反应发生在C3位上，即甲基的邻对位。

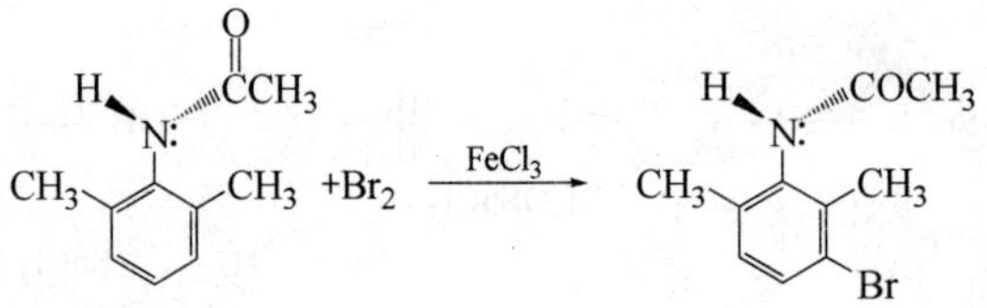

8.7

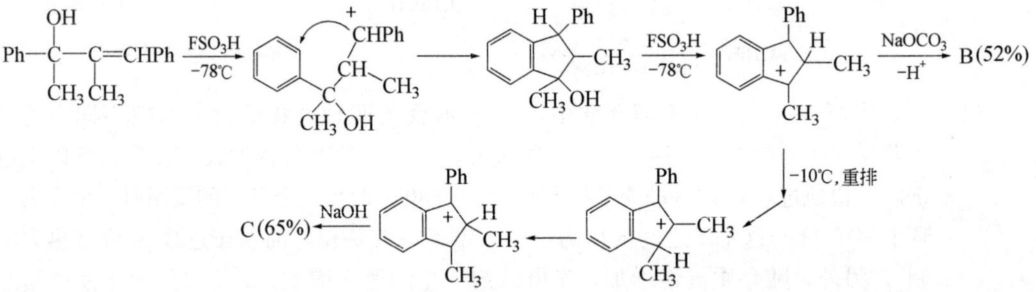

8.8 因 p-π 共轭，C—Br 键不易断裂，卤代芳烃不易发生亲核取代，$NaNH_2$ 可导致苯炔生成，然后发生亲核加成，即：

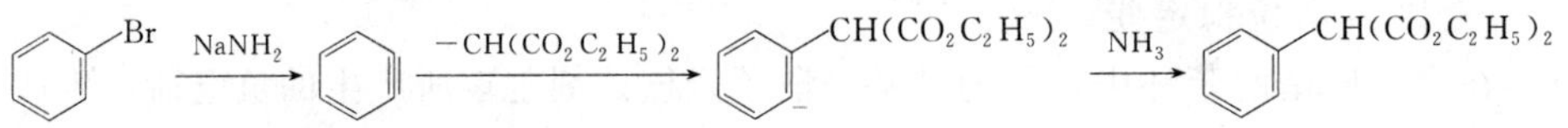

8.9

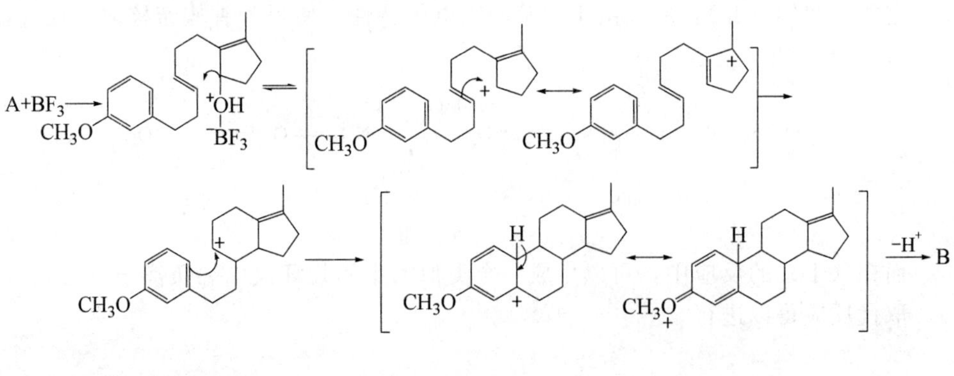

8.10 (1)

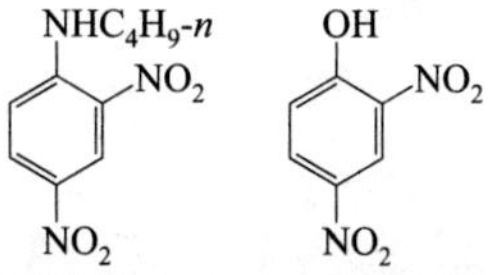

D: 2,4-二硝基-N-正丁基苯胺 (NHC₄H₉-n, 2-NO₂, 4-NO₂)

E: 2,4-二硝基苯酚 (OH, 2-NO₂, 4-NO₂)

(2) 芳香亲核取代反应。

(3) 正丁胺中氮原子的亲核能力比水中氧原子的强，而二级芳香胺中氮原子的亲核能力比水中氧原子的弱。

(4) 为了增加有机反应物在水中的溶解度。

第9章　习题解答

9.1　（1）Na，甲苯；CH_3COOH

（2）Li，液 NH_3；C_2H_5OH

（3）B_2H_6

（4）BF_3，$HSCH_2CH_2SH$；Ni/H_2

9.2　（1）

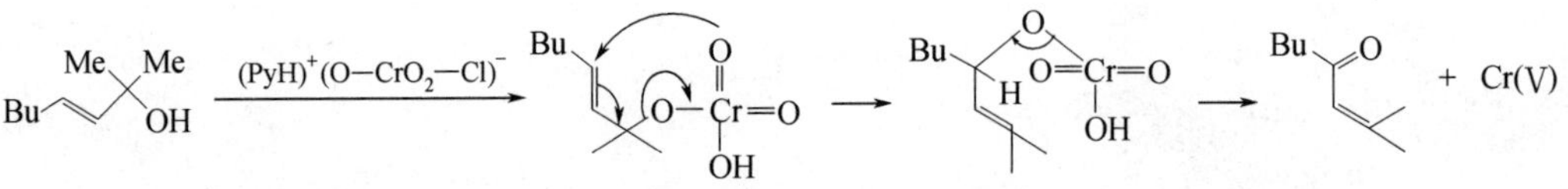

（2）

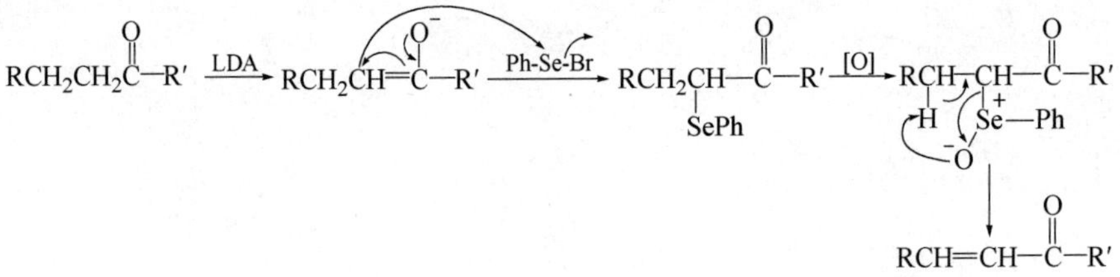

9.3

$Li + NH_3(液) \longrightarrow Li^+(NH_3) + e^-(NH_3)$

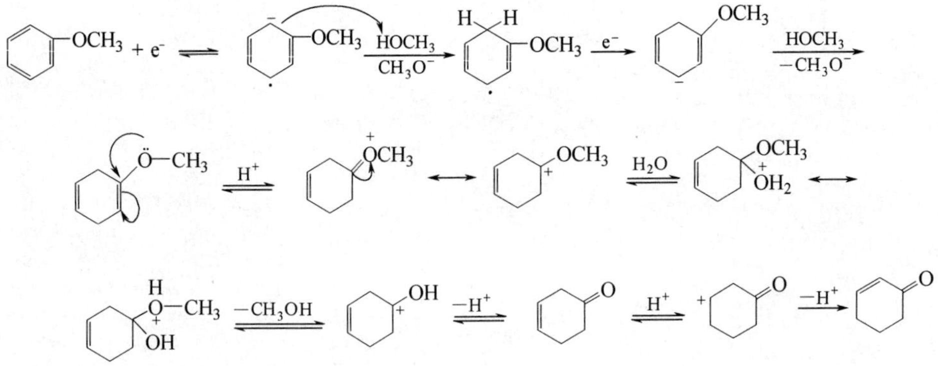

9.4　（1）

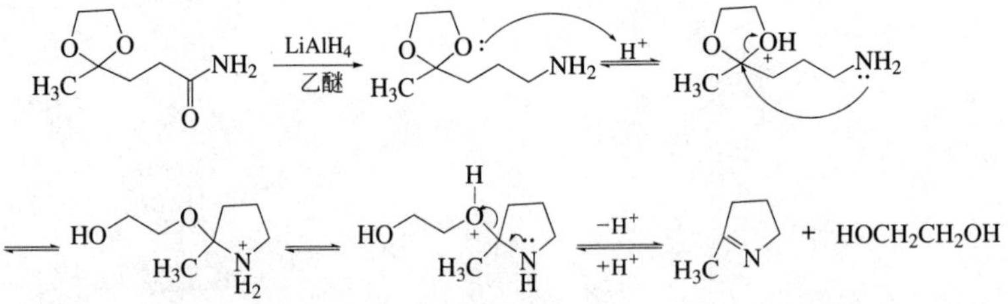

(2) [reaction mechanism scheme showing (CH₃)₃CCH₂NH₂ reacting with formaldehyde through iminium intermediates and NaBH₃CN reduction to give (CH₃)₃CCH₂N(CH₃)₂]

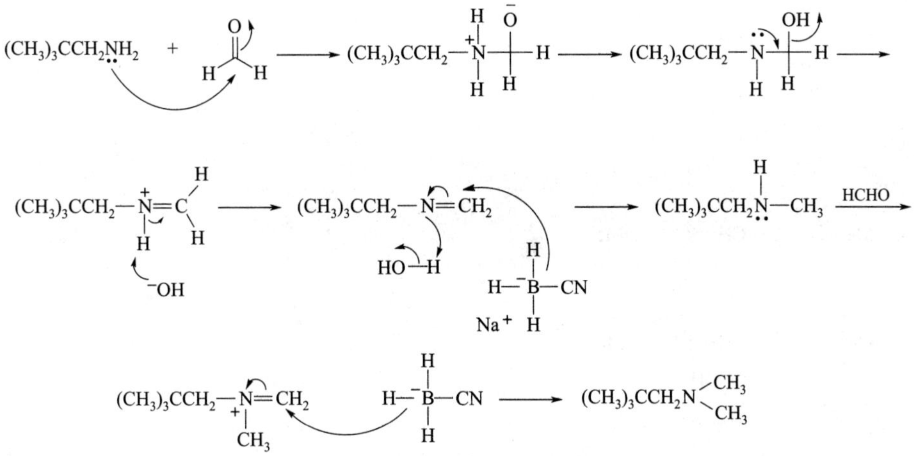

(3) [reaction scheme showing citral-type aldehyde reacting with Bn₂NH₂⁺F₃CCO₂⁻ through a dihydropyridine intermediate, then enamine, then H⁺/H₂O hydrolysis to give the saturated aldehyde]

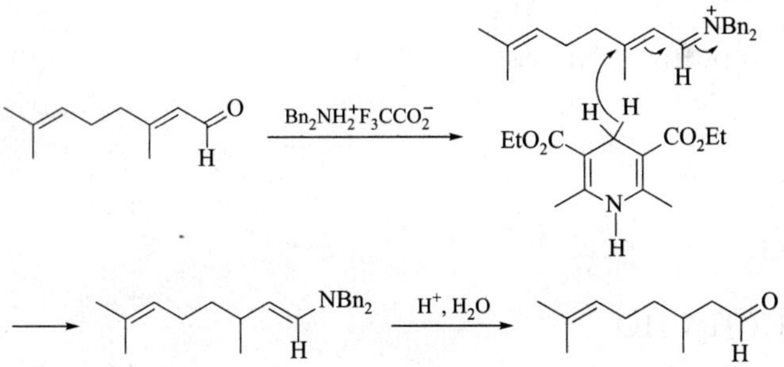

9.5 (1) [mechanism showing reduction of β-ketoenol ether with LiAlH₄, then acid-catalyzed hydrolysis via oxocarbenium ion to give the α,β-unsaturated ketone with CH₂OH group]

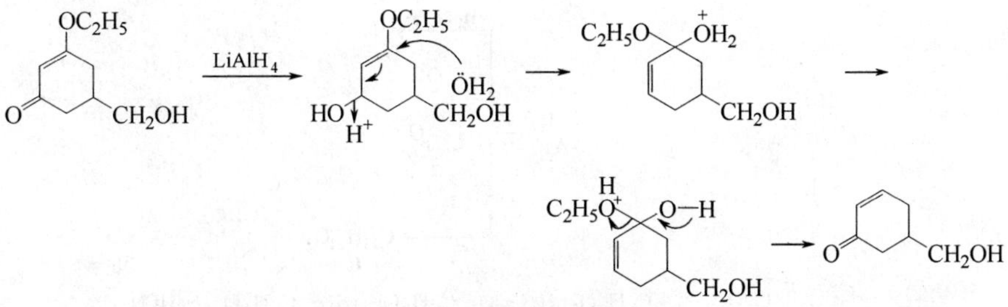

从 β-二酮的烯醇醚到 α,β-不饱和酮的转变是常见的。

(2) 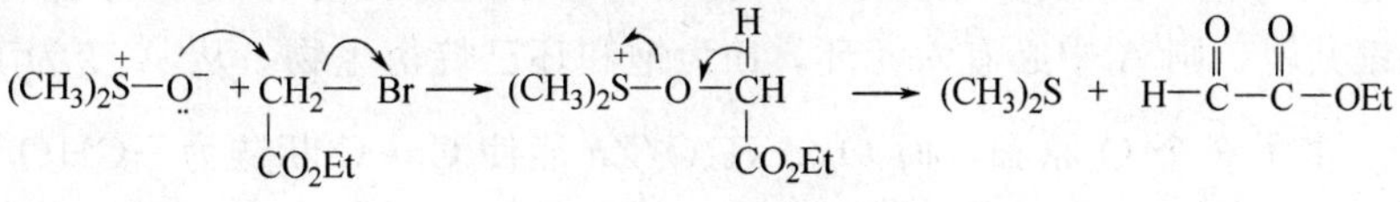 [mechanism showing (CH₃)₂S⁺–O⁻ reacting with BrCH₂CO₂Et, then elimination to give (CH₃)₂S and H–C(=O)–C(=O)–OEt]

(3) 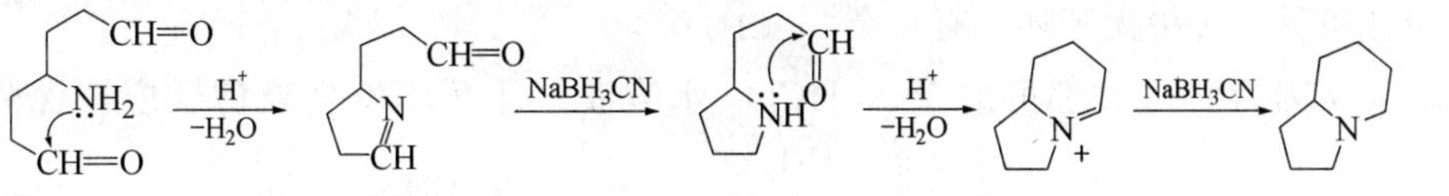 [mechanism showing amino-dialdehyde cyclizing to pyrroline, reduction with NaBH₃CN, then second cyclization and reduction to give the indolizidine bicyclic amine]

9.6 A. 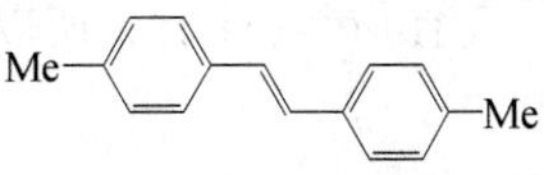 [(E)-4,4'-dimethylstilbene structure]

B. 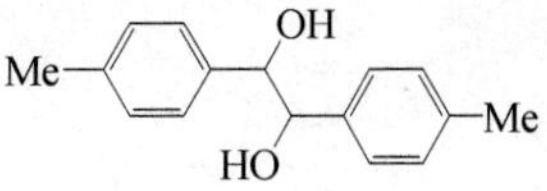 [1,2-bis(4-methylphenyl)ethane-1,2-diol structure]

C. 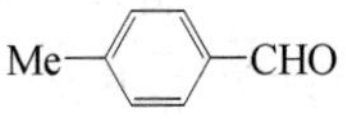 Me—C₆H₄—CHO

D.  Me—C₆H₄—Me

E. 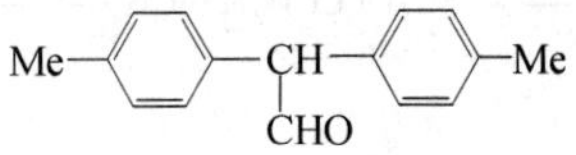 Me—C₆H₄—CH(CHO)—C₆H₄—Me

F. 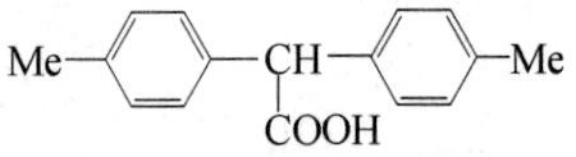 Me—C₆H₄—CH(COOH)—C₆H₄—Me

9.7 A: 1-甲基环己烯

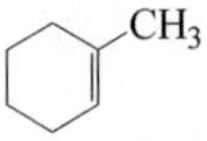

B 和 C: (顺式二醇结构，OH HO / CH₃ H 及 CH₃ H / OH OH)

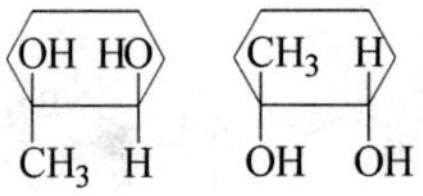

D 和 E: (反式二醇结构)

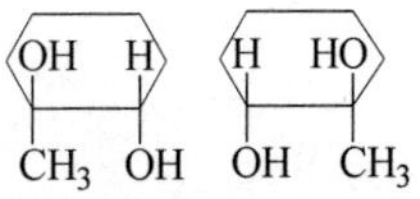

F: CH₃COCH₂CH₂CH₂CH₂CHO

9.8 先把题给信息用下图表示出来。

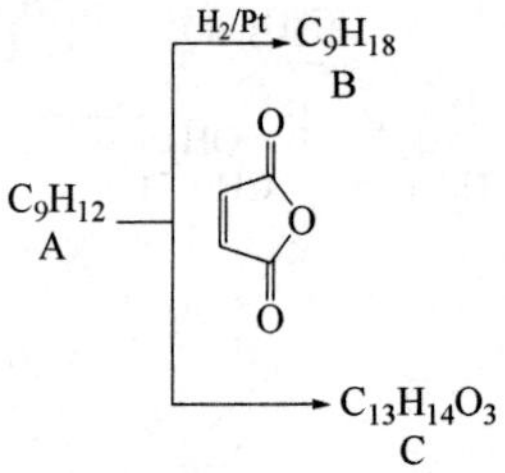

$$A(C_9H_{12}) \xrightarrow{H_2/Pt} B(C_9H_{18})$$
$$A(C_9H_{12}) + \text{马来酸酐} \longrightarrow C(C_{13}H_{14}O_3)$$

$$A \xrightarrow[2) H_2O/Zn]{1) O_3} D(C_6H_8O_3) \xrightarrow{H_2Cr_2O_7/H_2SO_4} E(C_6H_8O_5) \xrightarrow[\Delta]{150℃} F(C_5H_8O_3) \xrightarrow{NaHCO_3} \cdots$$

对 A 进行考察，由 A 变为 B 可知，A 中含 3 个双键；由 A 变为 C 知，A 中至少有 2 个双键共轭，则 A 中必有六元环，B 为饱和环己烷衍生物。从 A 变为 D，失去 3 个 C 原子，多了 3 个 O 原子，而 O₃、H₂O/Zn 能使 C=C 断链为—CHO 或 >C=O，由此可见，A 中无苯环，有一个 =CH₂ 键。

又因为 F 与 E 都可溶于 NaHCO₃ 水溶液，且 F 不发生碘仿反应，含两个甲基，所以依以上反应得：E 为 HO₂C—C(CH₃)₂—C(O)—CO₂H，F 为 (CH₃)₂CH—C(O)—CO₂H，所以 A 应为

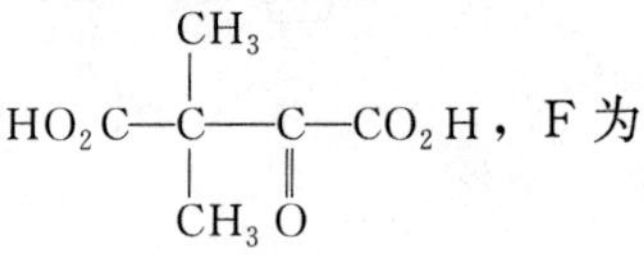

(6,6-二甲基-3-亚甲基-1,4-环己二烯结构)

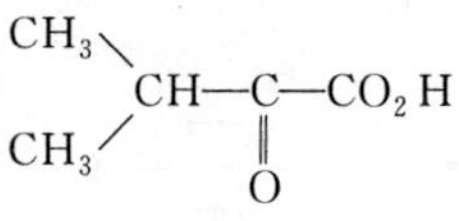

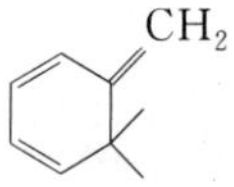

。最后答案是：

(1)

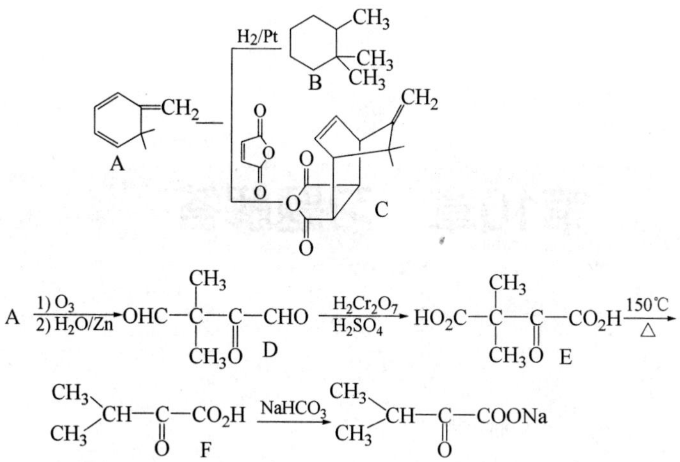

[Scheme showing A → (with H₂/Pt) → B (1,2,2-trimethylcyclohexane); A + maleic anhydride → C]

A $\xrightarrow{\text{1) O}_3}_{\text{2) H}_2\text{O/Zn}}$ OHC–C(CH₃)(CH₃)–CHO (D) $\xrightarrow{\text{H}_2\text{Cr}_2\text{O}_7}_{\text{H}_2\text{SO}_4}$ HO₂C–C(CH₃)(CH₃)–CO₂H (E) $\xrightarrow[\Delta]{150\,°C}$

(CH₃)₂CH–C(O)–CO₂H (F) $\xrightarrow{\text{NaHCO}_3}$ (CH₃)₂CH–C(O)–COONa

(2) A $\xrightarrow{H^+}$ [carbocation resonance structures] → G

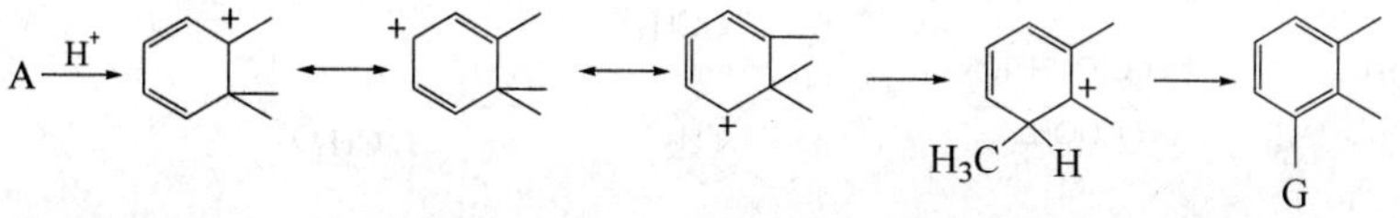

G 具有苯环结构，苯环闭合的共轭体系使 G 具有特殊的稳定性，故不易被还原。

(3) C 有两种顺反异构体（内型和外型），每一种均有一对对映体，共 4 种。

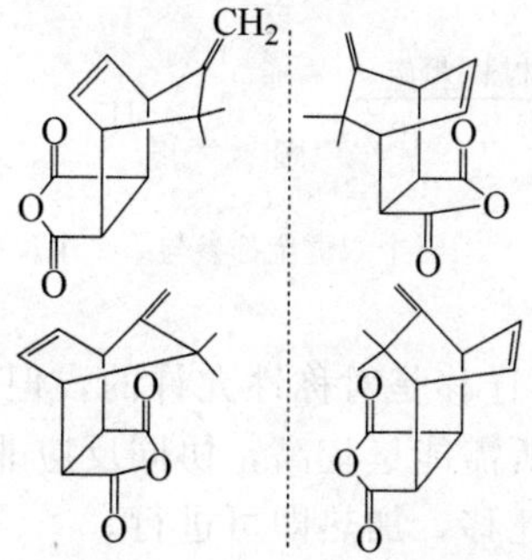

[Four stereoisomer structures of C]

9.9

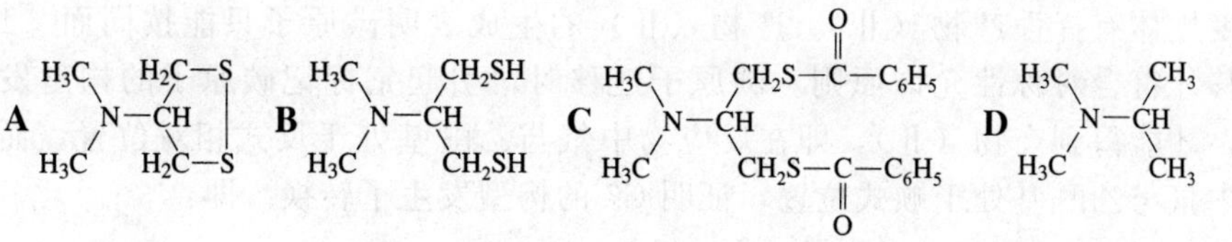

A. (CH₃)₂N–CH(CH₂S–)(CH₂S–) B. (CH₃)₂N–CH(CH₂SH)(CH₂SH) C. (CH₃)₂N–CH(CH₂S–C(O)–C₆H₅)(CH₂S–C(O)–C₆H₅) D. (CH₃)₂N–CH(CH₃)₂

9.10

A. [2,6,6-trimethylcyclohex-2-enone]   B. [1,5,5-trimethylcyclohexene]   C. CH₃CCH₂CH₂CH(CH₃)CH₂CHO (with =O on first C)

D. [4,4-dimethylcyclohex-1-enyl methyl ketone]   E. [4,4-dimethylcyclohexyl methyl ketone]

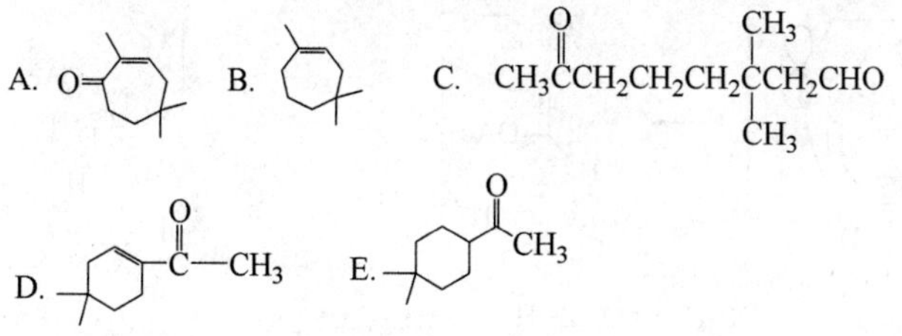

第10章　习题解答

10.1 A. 
$$\text{CH}_2=\text{CH-CH(OH)-CH=CH}_2 \xrightarrow{\Delta} \text{OHC-CH}_2\text{-CH}_2\text{-CH=CH}_2 \quad \text{Cope重排}$$

B. 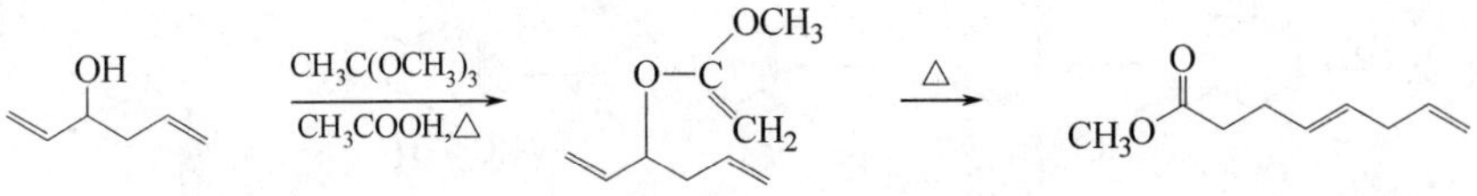
$$\text{CH}_2=\text{CH-CH(OH)-CH}_2\text{-CH=CH}_2 \xrightarrow[\text{CH}_3\text{COOH},\Delta]{\text{CH}_3\text{C(OCH}_3)_3} \text{中间体} \xrightarrow{\Delta} \text{CH}_3\text{OOC-CH}_2\text{-CH}_2\text{-CH=CH-CH}_2\text{-CH=CH}_2$$

10.2 第一个电环反应是一个 $4n\pi$ 电子体系的热顺旋开环反应，而第二个电环反应是一个 $(4n+2)\pi$ 电子体系的热对旋闭环反应。

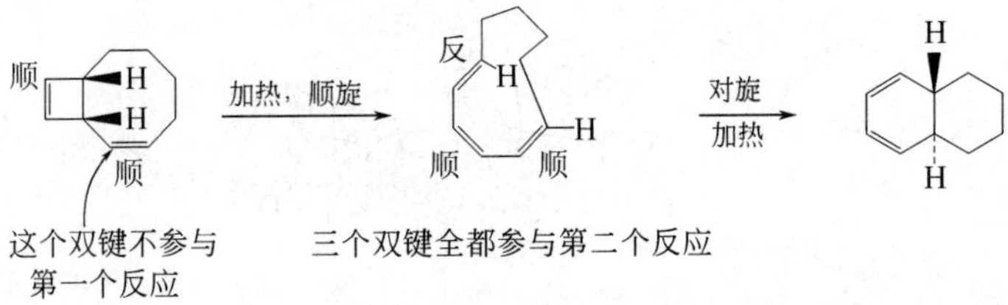

10.3 (1) 1,3-σ 键迁移，异面迁移是对称性允许的，但由于分子的几何形态，H 从一面转移到平面的另一面所需能量较高，协同反应非加热所能活化。而 1,5-σ 键迁移是对称性允许的同面迁移，加热即可进行。

(2) 用氚标记的醋酸双环 [3,2,0] 庚烯酯（Ⅰ）在加热条件下进行 σ 迁移反应得到高度立体有择性产物（Ⅱ）。产物（Ⅱ）的生成表明碳原子只能按同面 [1,3]σ 迁移才符合对称性允许原则。碳原子迁移时，引起氚标记碳原子的构型发生转换，才能得到产物（Ⅱ），即在反应物中氚与乙酰基处于反式相对位置，而在产物中氚与乙酰基处于顺式位置，证明 C7 的构型发生了转换。即：

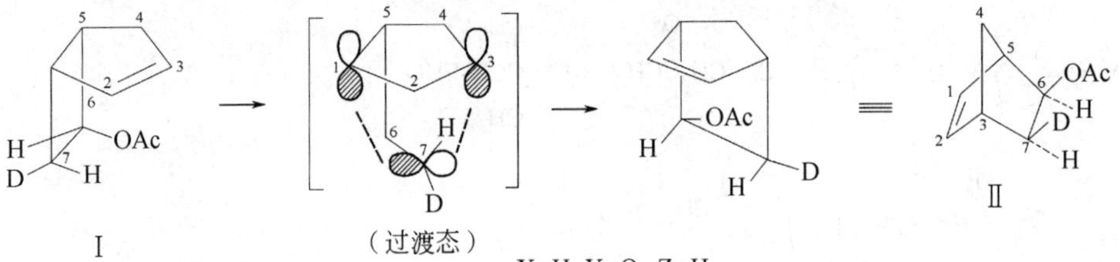

X=H, Y=O, Z=H

(3) 最好用重氢标记的方法合成下列的分子，然后重排，反应物和产物的 ^{1}H NMR 不同。

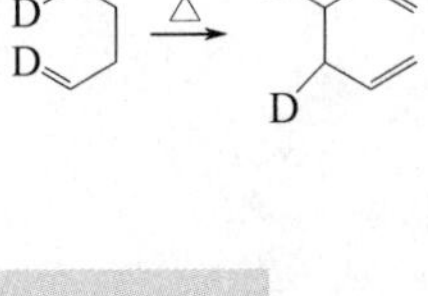

(4) 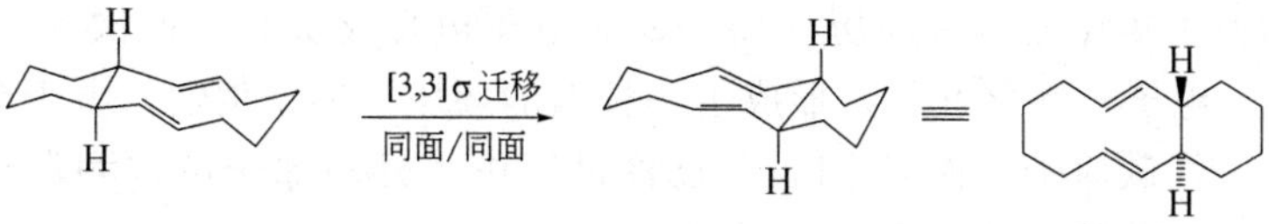 [structure] —[3,3]σ迁移, 同面/同面→ [structure] ≡ [structure] (A的对映体)

10.4 (1) (Ⅰ) → [structure with C₆H₅ groups] $4n\pi$ 电子体系，加热，顺旋，再与（Ⅱ）发生 D-A 反应

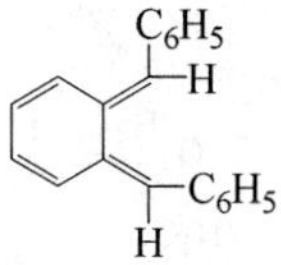

(2) (Ⅰ) 6π，加热，对旋；(Ⅱ) 加热，C[1,3]σ 同面迁移，构型翻转

(3) 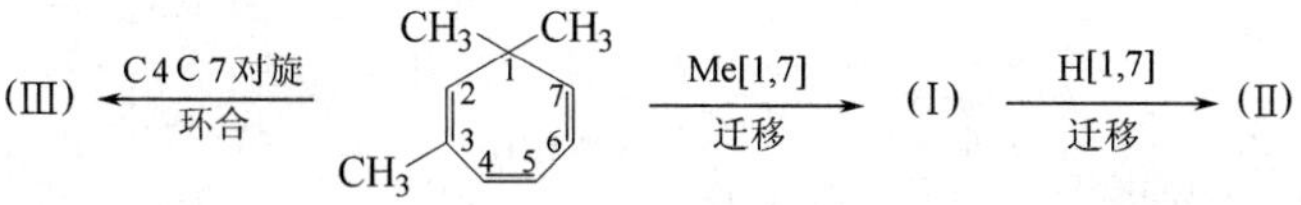 (Ⅲ) —C4C7对旋/环合→ [structure] —Me[1,7]迁移→ (Ⅰ) —H[1,7]迁移→ (Ⅱ)

(4) 这是一个以羰基代替双键的 ene 反应

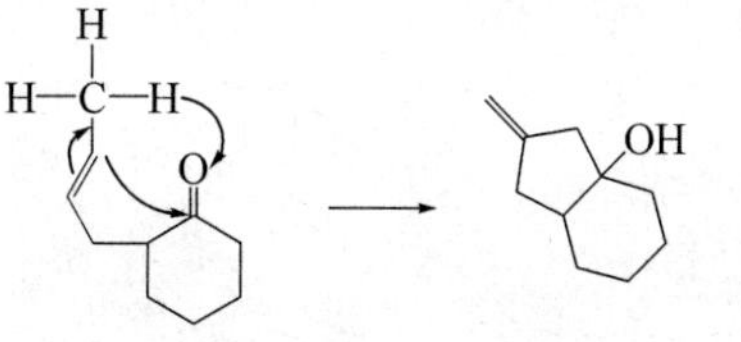

[mechanism structures]

(5) 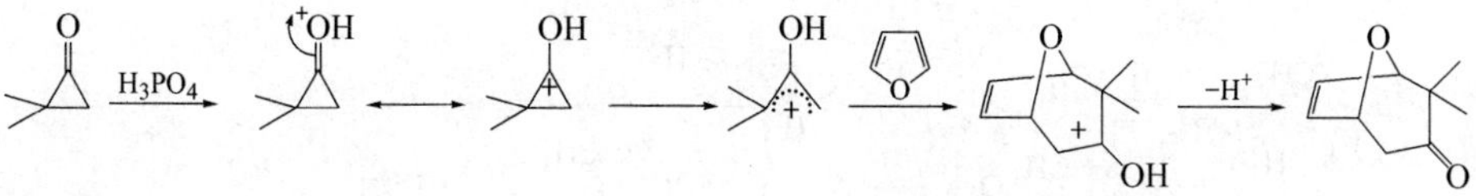 [structure] —H₃PO₄→ [cation] ↔ [cation] ↔ [cation] —furan→ [structure] —$-H^+$→ [structure]

10.5 (1) [pyridine N-oxide] + [(CF₃CO)₂O] → [intermediates] → [pyridine-CH₂-O-COCF₃] —H₂O→ [pyridine-CH₂OH]

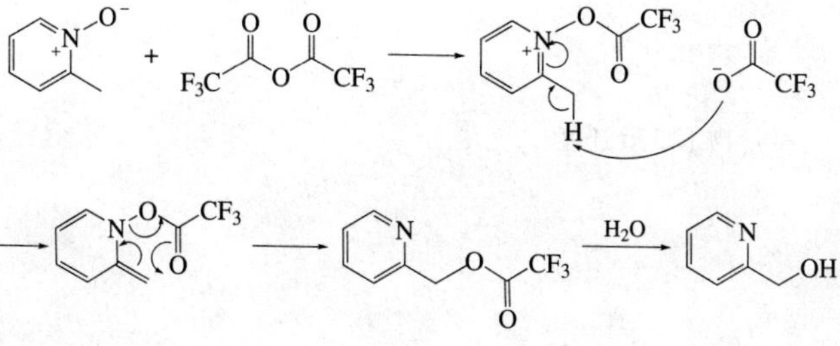

(2) 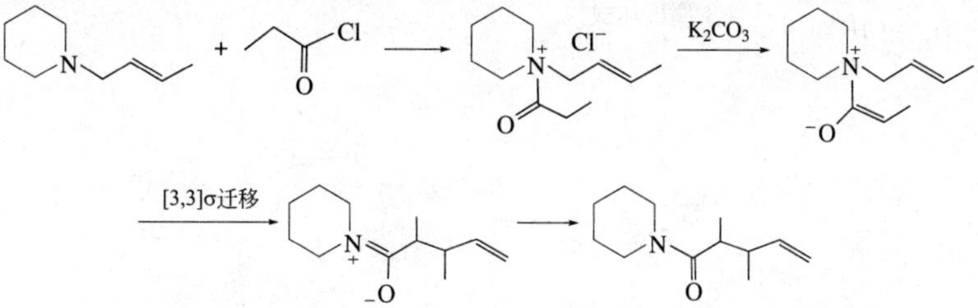 [piperidine-allyl] + [propanoyl chloride] → [acyl ammonium Cl⁻] —K₂CO₃→ [enolate] —[3,3]σ迁移→ [iminium] → [amide product]

(3) [cycloheptatriene ester] —Δ/电环化→ [bicyclic] —[1,5]σ C迁移→ [bicyclic] —[1,5]σ C迁移→ [bicyclic] —Δ/电环化→ [cycloheptatriene product]

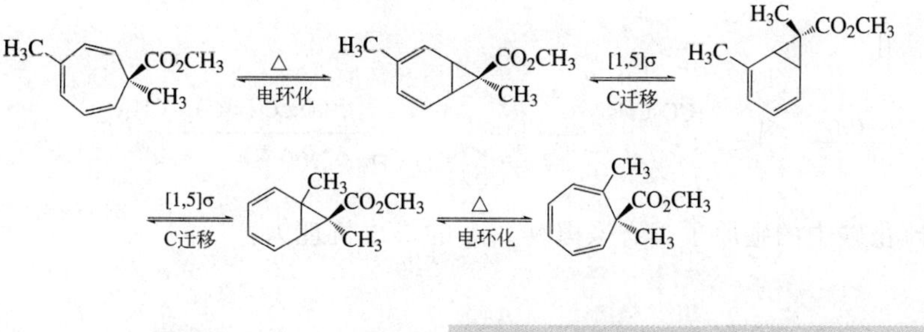

环庚三烯衍生物在加热时经历 $(4n+2)\pi$ 电子电环化关环，两次 [1,5] σ 碳迁移和 $(4n+2)\pi$ 电子电环化开环，形成了一种新的环庚三烯衍生物。由于电环化不涉及这个分子的手性碳原子，而 C [1,5] 迁移过程中手性碳原子的构型保持不变，所以整个过程中手性碳原子的构型保持不变。

(4)

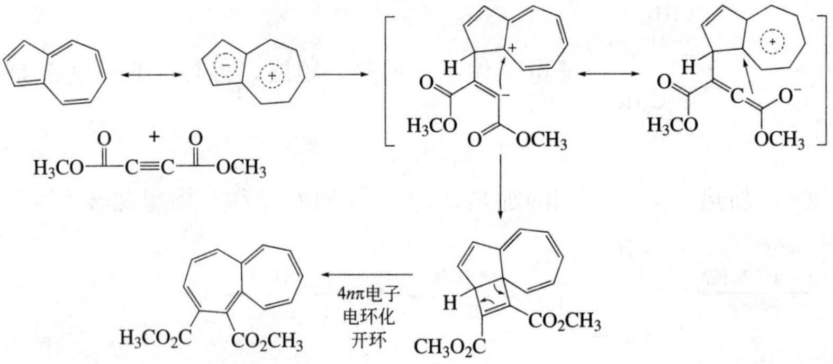

10.6 A.

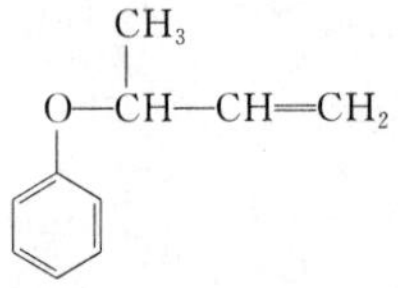

B.

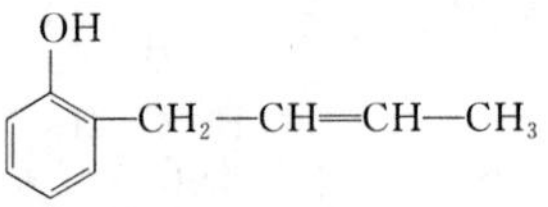

C.

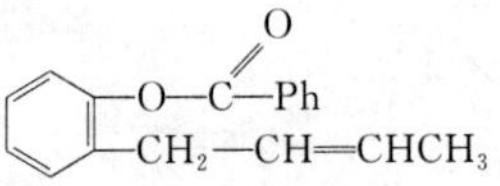

10.7 (1)

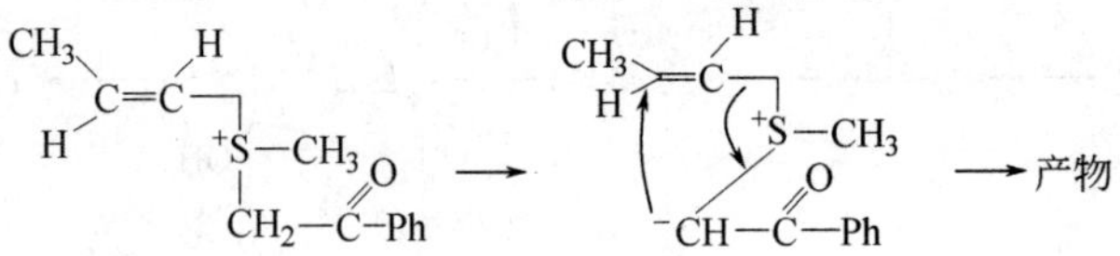

(2) 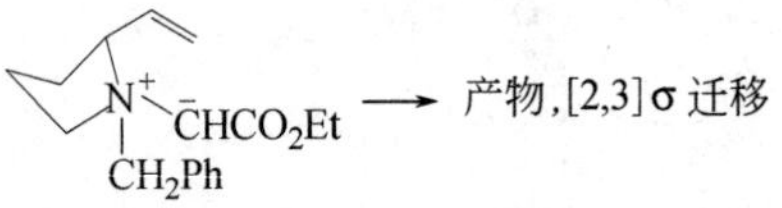 产物，[2,3] σ 迁移

(3) 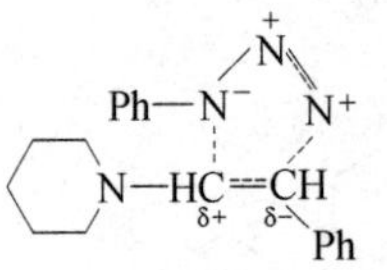 1,3-偶极加成

(4)

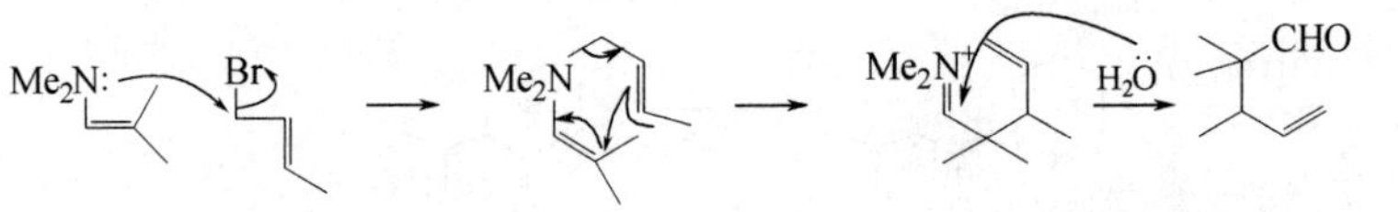

10.8 (1)

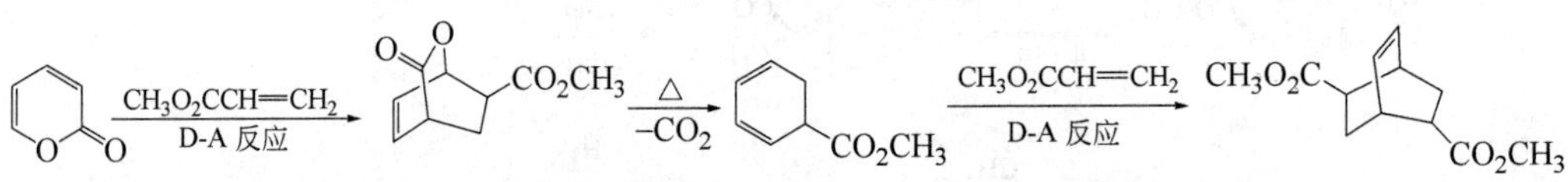

(2) 二硫化碳中的碳原子具有亲电性，A 的形成机理为：

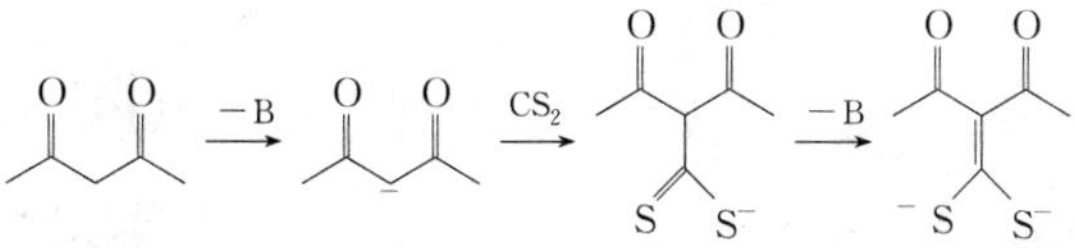

(3)

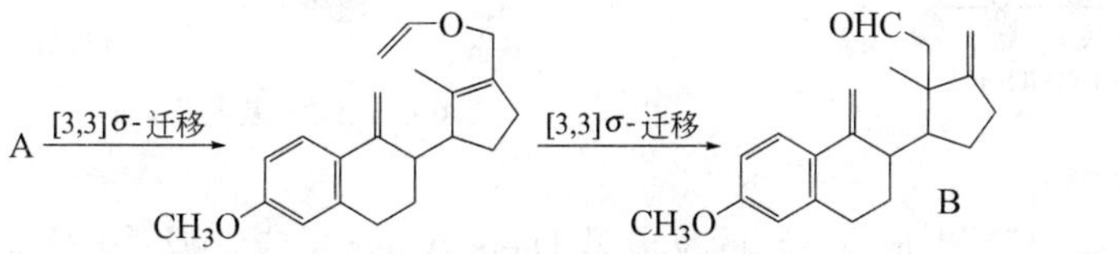

双硫负离子 A 和烯丙基氯反应先生成化合物 C，化合物 C 经 [3,3] σ 迁移转化为化合物 D。此例说明，[3,3] σ 迁移反应不仅涉及碳碳键（如 cope 重排）和碳氧键（如 claisen 重排）的迁移，对于能满足 1,5-二烯结构、碳链上连有其他杂原子的体系也是可能的。

(4)

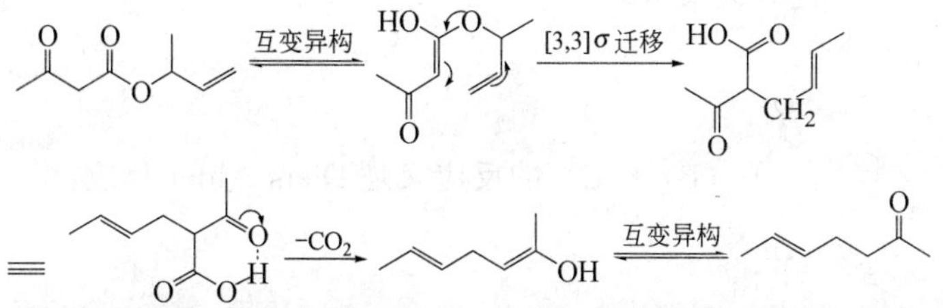

10.9 以上反应实际上是由两个连续的协同反应组成：第一步是 7-脱氢胆甾醇的 B 环开环；第二步是预钙化醇中相应的角甲基上一个 σ-H 原子的迁移反应。

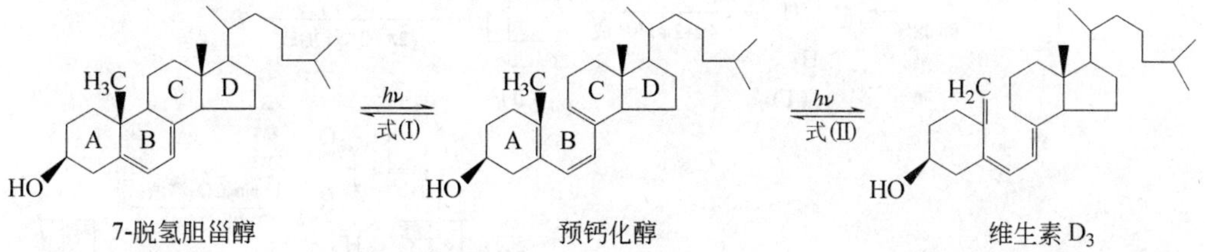

7-脱氢胆甾醇　　　　　预钙化醇　　　　　维生素 D_3

式（Ⅰ）是 7-脱氢胆甾醇分子中的环己二烯开环转变成开链共轭三烯（预钙化醇）的反应，其逆反应——关环，通称为电环化反应。

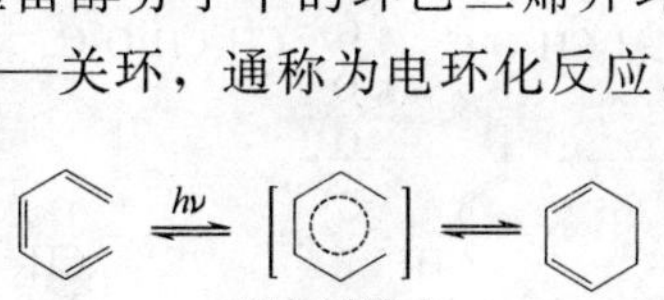

协同反应都是一步完成的，根据微观可逆性原理，其正反应和逆反应均通过相同的过渡态，按相同的机理进行。7-脱氢胆甾醇在光照条件下转化为预钙化醇，正是上述环化反应的逆反应。

式（Ⅱ）（预钙化醇——→维生素 D_3）实际上是庚三烯饱和碳上的 σ-H 原子跨越七个碳原子，转移到 6π 共轭体系另一端碳原子上的过程，故称为 1,7-H 迁移反应。这一反应可看成是：

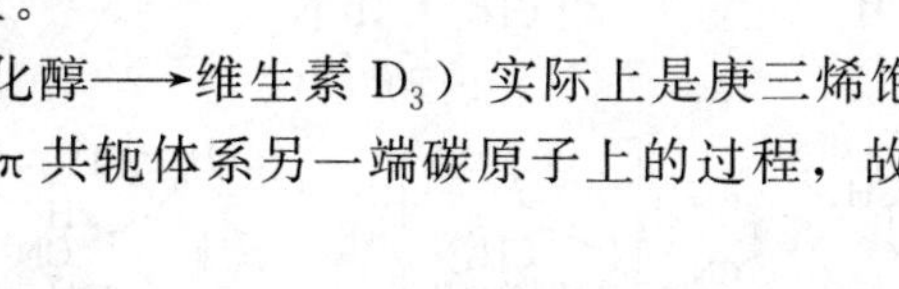

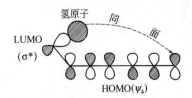

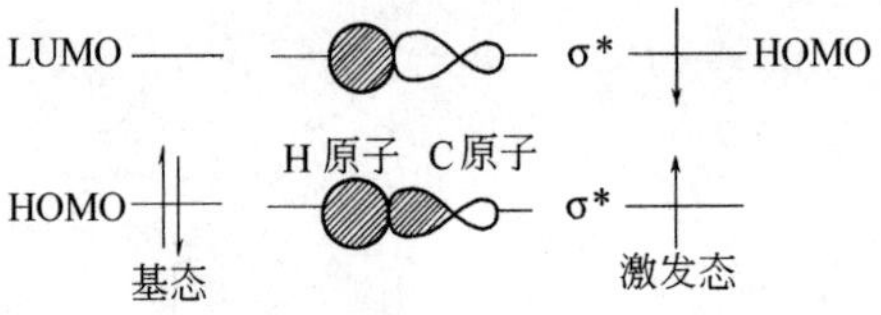

σ C—H 轨道及电子排布

10.10 (1) (A) 生成（A）的反应是 Diels-Alder 反应，属 [4+2] 环加成反应，是热作用下对称允许的反应。

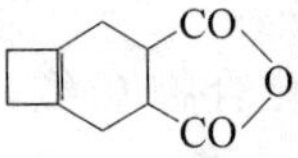

(B) 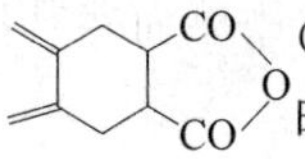 （A）→（B）的反应是 $4n\pi$ 电子体系的电开环反应。在加热时，顺旋开环。

(C) 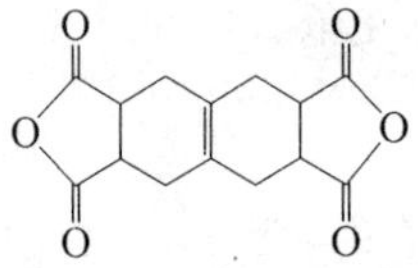 （B）→（C）的反应又是 Diels-Alder 反应。

(2) 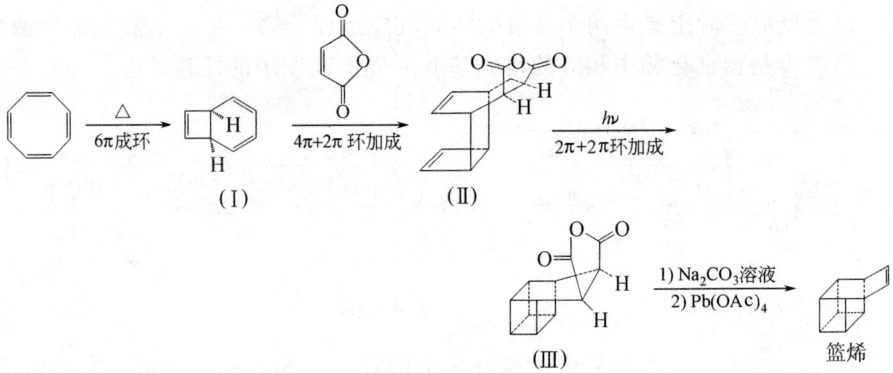 环辛四烯 $\xrightarrow{\triangle}_{6\pi 成环}$ (I) $\xrightarrow{4\pi+2\pi \text{ 环加成}}$ (II) $\xrightarrow{h\nu}_{2\pi+2\pi \text{ 环加成}}$ (III) $\xrightarrow[2) Pb(OAc)_4]{1) Na_2CO_3 溶液}$ 篮烯

(3) 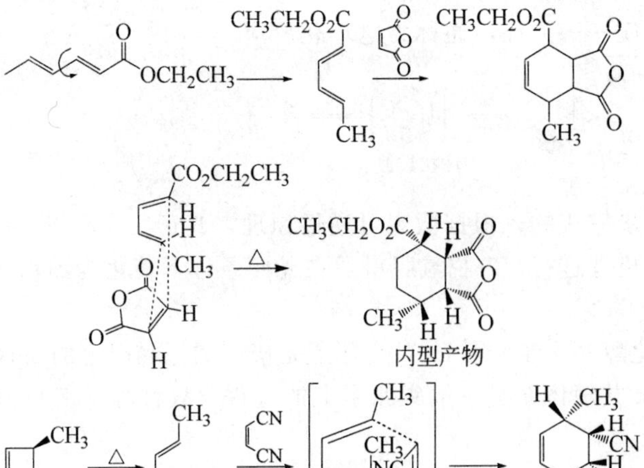 （反应式）

(4) 内型产物；内型加成

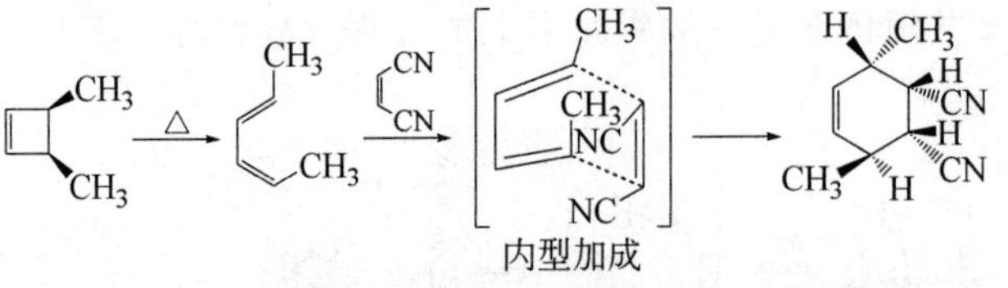

10.11 B 是一种醛，易被氧化，故反应中需加溶剂加以保护。
D 是一种羧酸，不易再被氧化，故可直接加热。

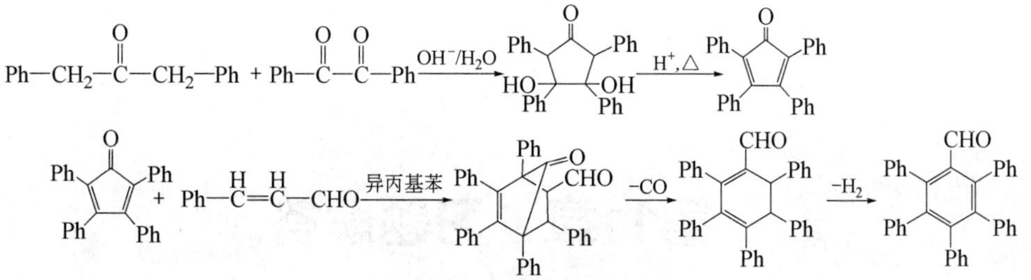

[反应式：Ph-CH₂-CO-CH₂-Ph + Ph-CO-CO-Ph → (OH⁻/H₂O) 二醇中间体 → (H⁺, Δ) 四苯基环戊二烯酮]

[反应式：四苯基环戊二烯酮 + PhCH=CH-CHO →(异丙基苯) 双环加合物 →(-CO) 环己二烯醛 →(-H₂) 五苯基苯甲醛]

10.12 第一步：加热条件下，$4n+2$ 体系的电环合反应，对旋，得到顺式稠合的化合物 M。

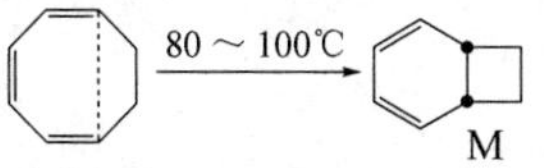

[环辛四烯 →(80～100℃) 双环化合物 M]

第二步：加热条件下，$4n+2$ 体系的环加成反应（同面-同面），得到化合物 N。

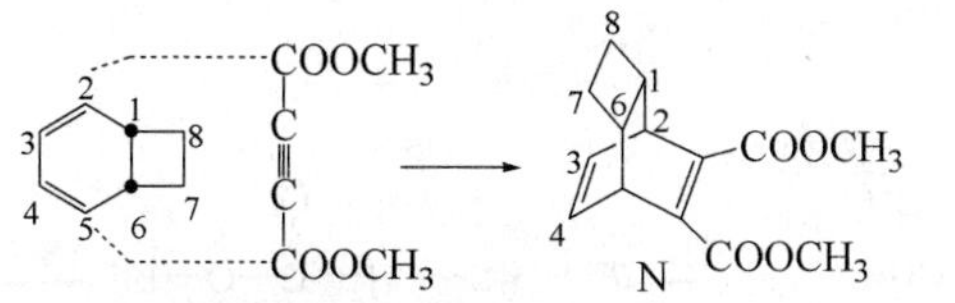

[M + CH₃OOC-C≡C-COOCH₃ → N]

第三步：加热条件下，$4n+2$ 体系，环加成逆反应。

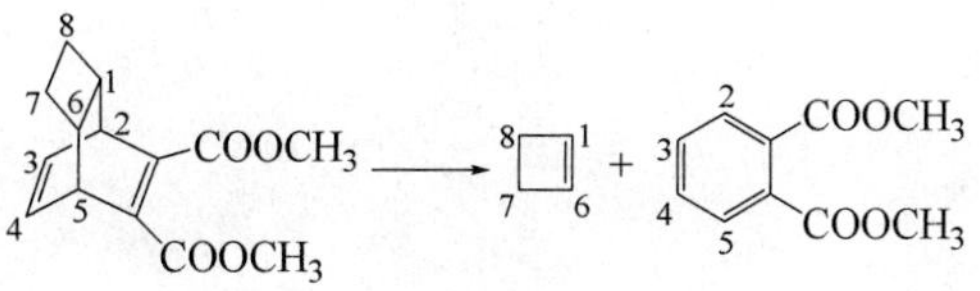

[N → 环丁烯 + 邻苯二甲酸二甲酯]

10.13

[反应式：异戊二烯 + 马来酸 →(Δ, 4π+2π) 环己烯二酸 →(Δ, 2π+2π) 双环二酸 →(Δ, -H₂O) A]

[A ≡ 立体结构 →(hν, 2π+2π) B]

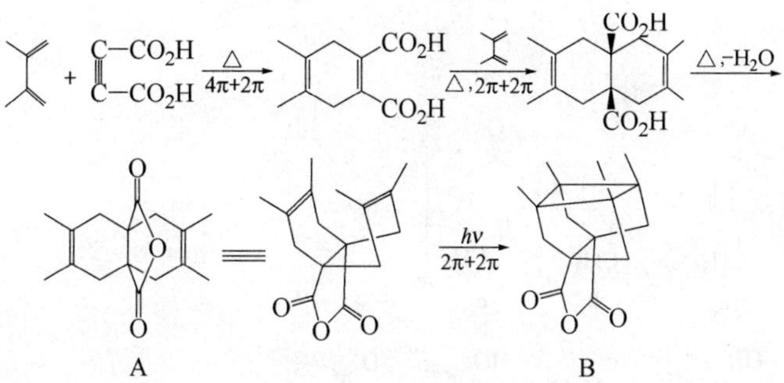

第11章 习题解答

11.1 单重（S_1），三重（T_1），三重（T_1），光敏，猝灭

11.2 （1）

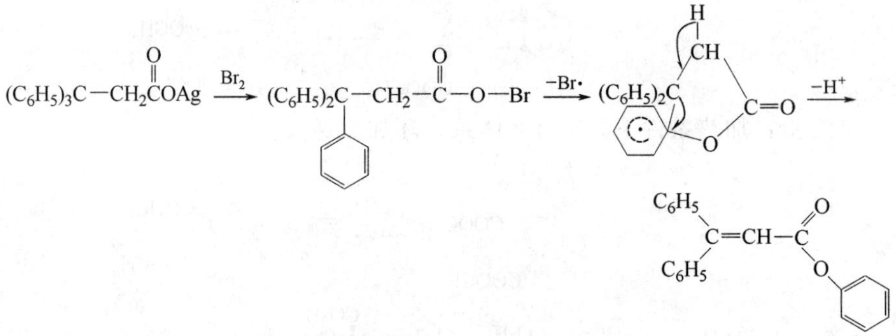

（2）

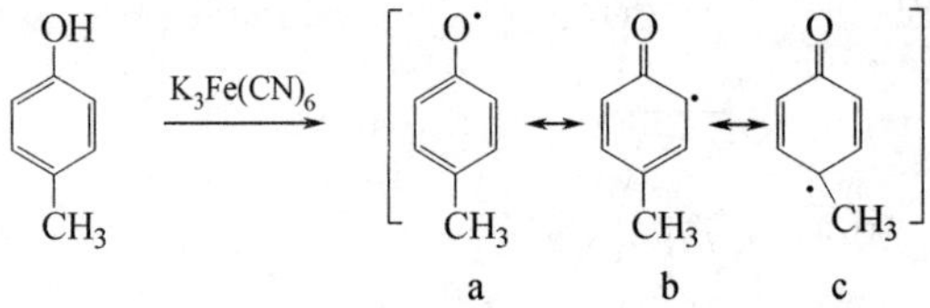

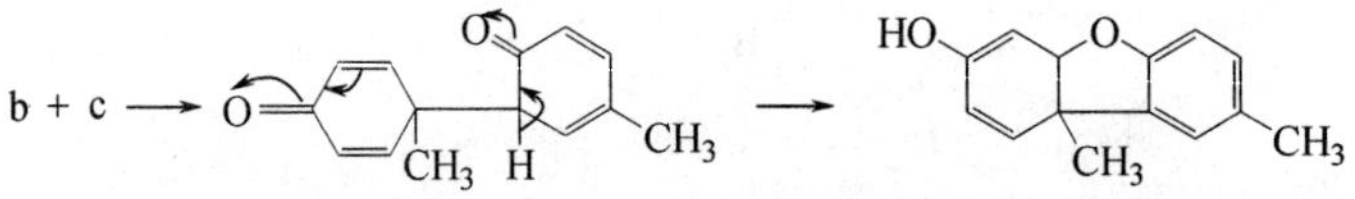

11.3 （1） $ArN_2^+ Cl^- \longrightarrow Ar-N=N-Cl \longrightarrow Ar\cdot + N_2 + Cl\cdot$

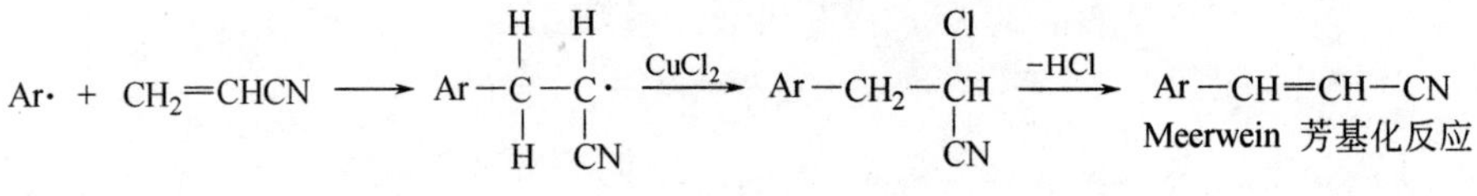

Meerwein 芳基化反应

（2）

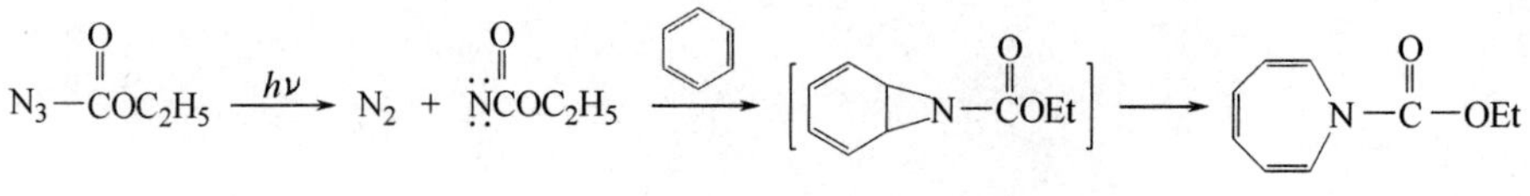

（3）

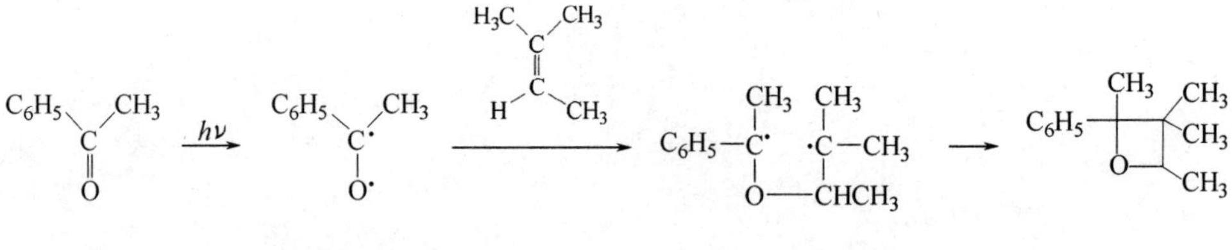

11.4 (1) 这是二π甲烷重排反应，是一种双自由基反应。

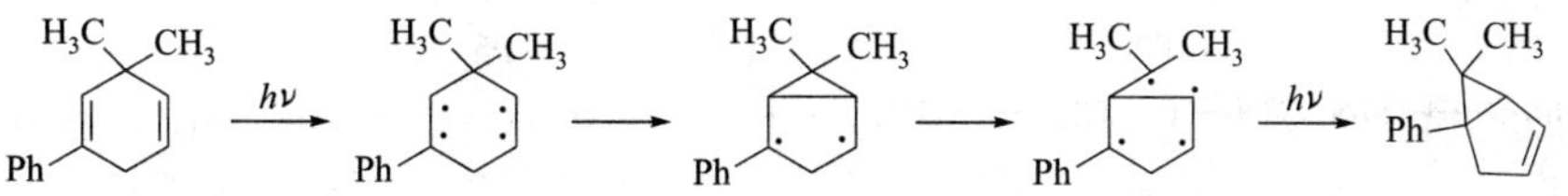

(2) [reaction scheme]

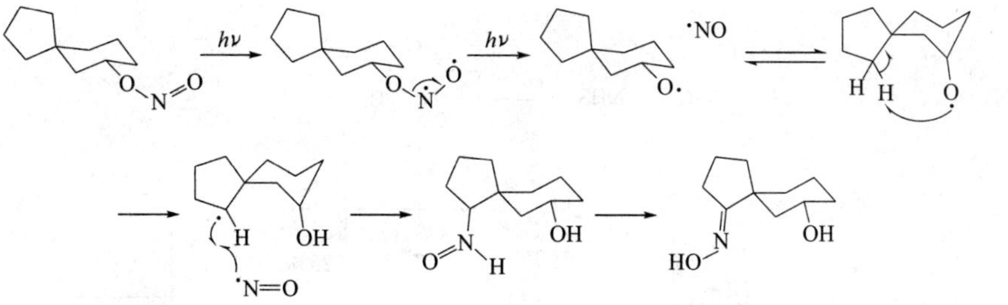

11.5 [reaction scheme]

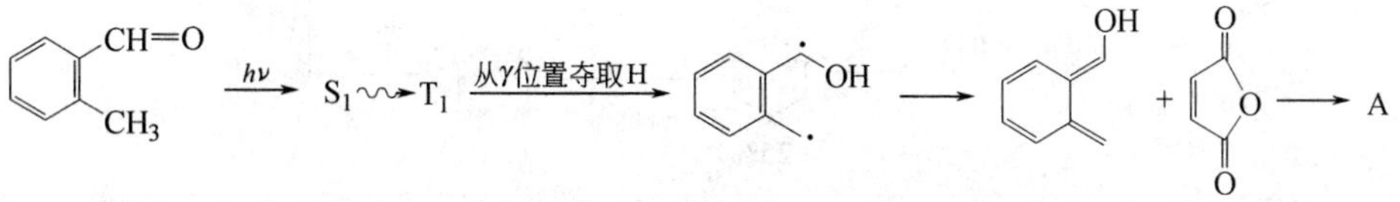

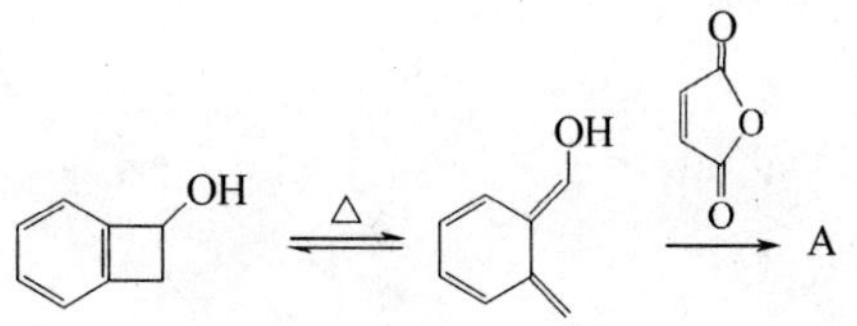

11.6 (1) [reaction scheme]

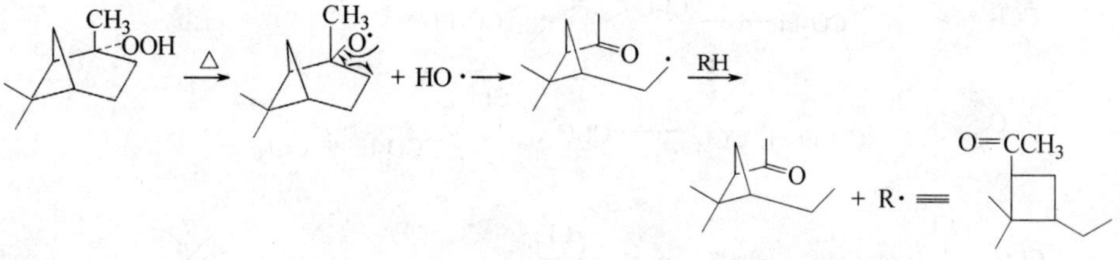

(2) [reaction scheme]

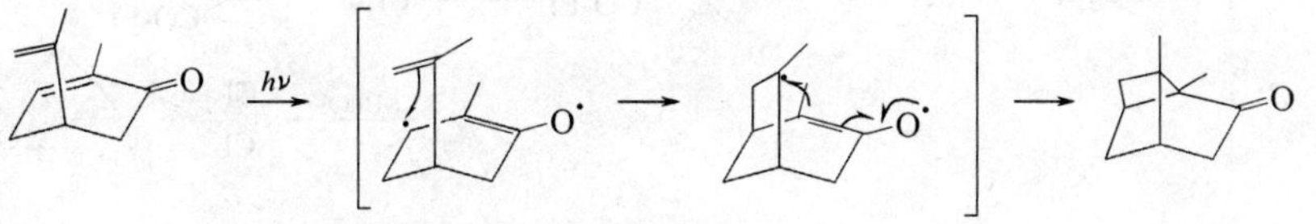

(3) 该反应的最好路径涉及两个光化学步骤：一个 Norrish Ⅰ 断裂和一个 Paternò-Büchi 反应，其中有一个攫氢步骤。

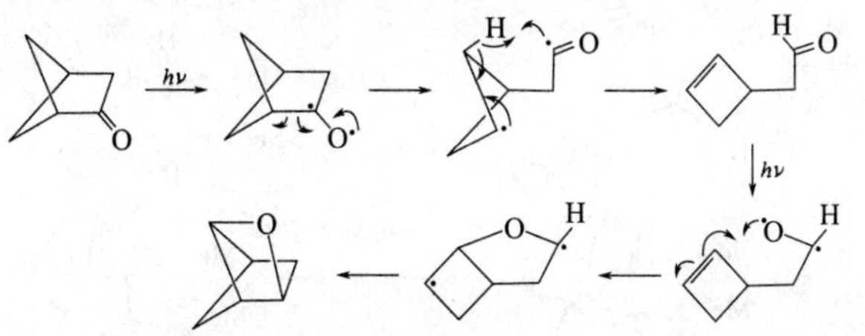

[reaction scheme]

11.7 (1) [reaction scheme]

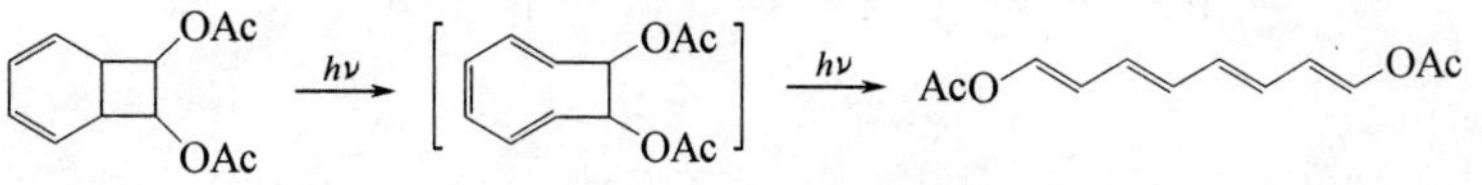

(2) Ⅲ 是由正常的 PhSH 的自由基加成得到的。Ⅱ 的形成过程如下：

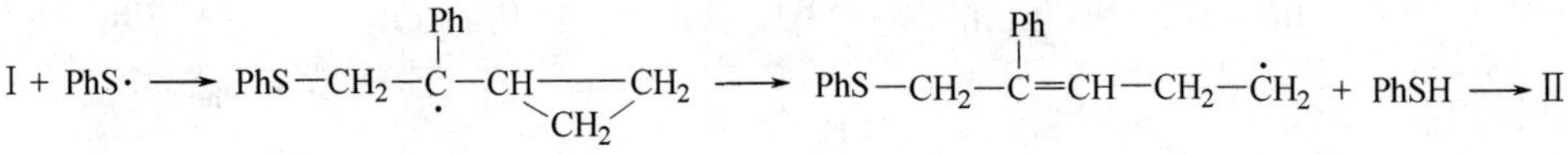

$$I + PhS\cdot \longrightarrow PhS-CH_2-\overset{Ph}{\underset{\cdot}{C}}-\overset{CH}{\underset{CH_2}{|}} \longrightarrow PhS-CH_2-\overset{Ph}{C}=CH-CH_2-\dot{C}H_2 + PhSH \longrightarrow II$$

11.8 （1）此为烯烃的 α-H 自由基卤代反应，反应过程中涉及自由基型烯丙基重排：

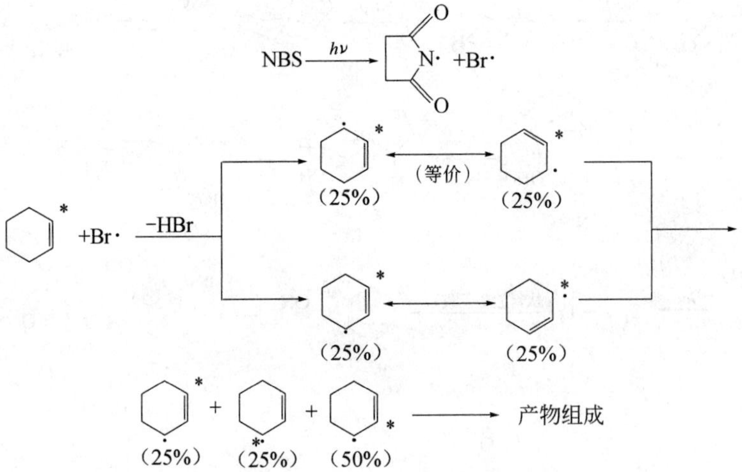

（2）

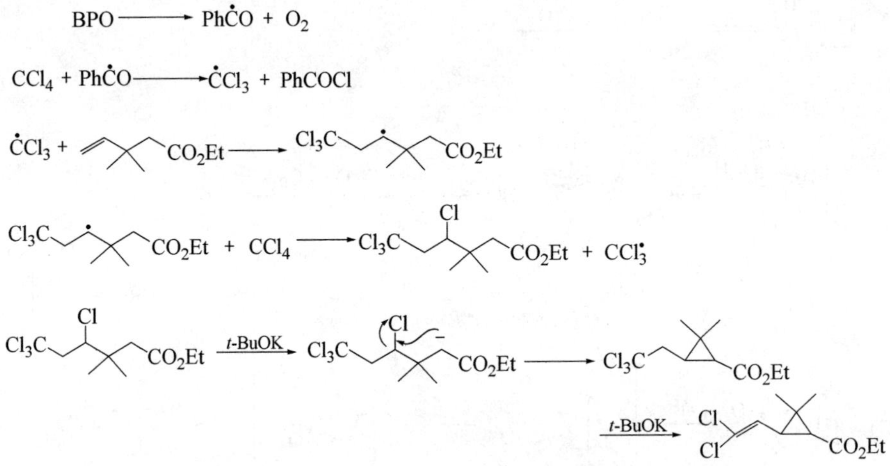

$$BPO \longrightarrow Ph\dot{C}O + O_2$$

$$CCl_4 + Ph\dot{C}O \longrightarrow \dot{C}Cl_3 + PhCOCl$$

（3）

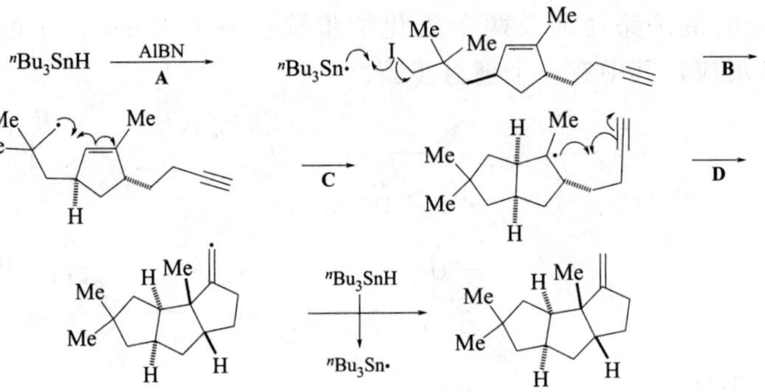

第12章 习题解答

12.1 （1）合成：

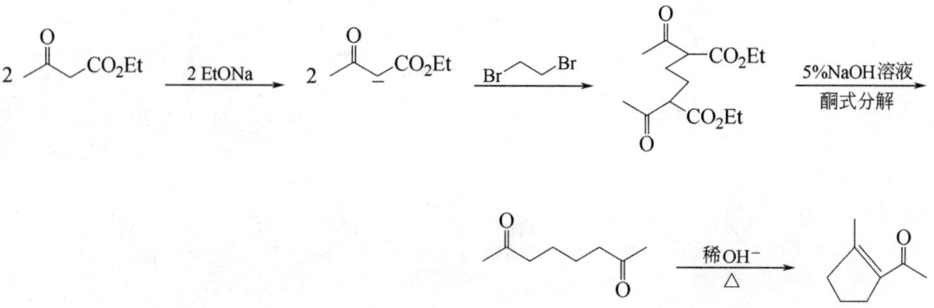

（2）

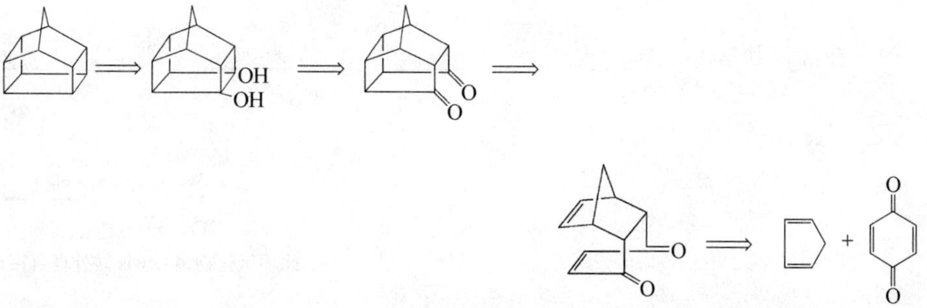

合成：

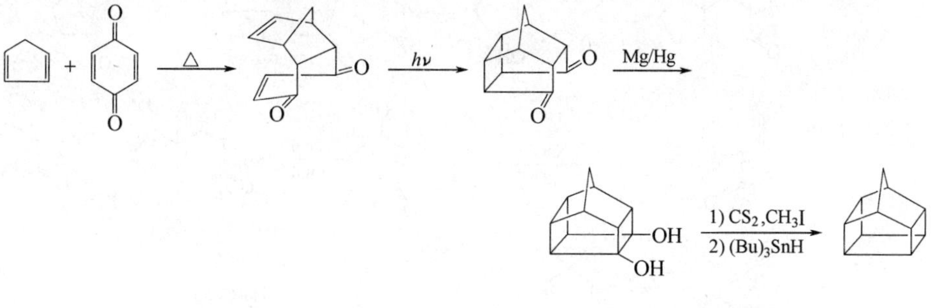

（3）

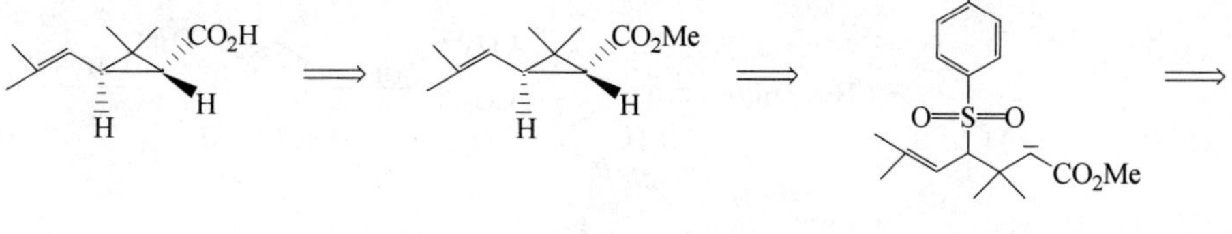

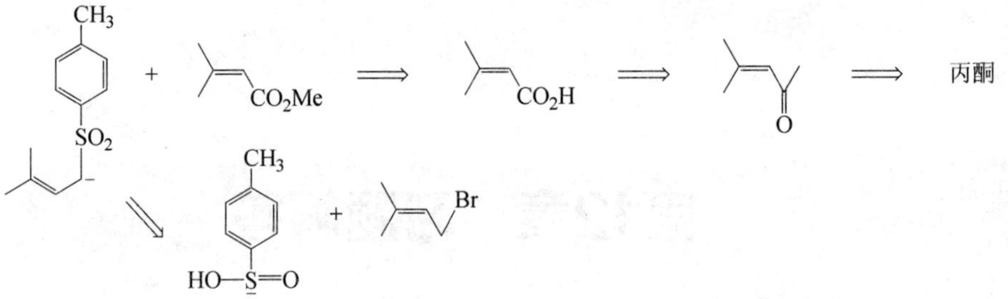

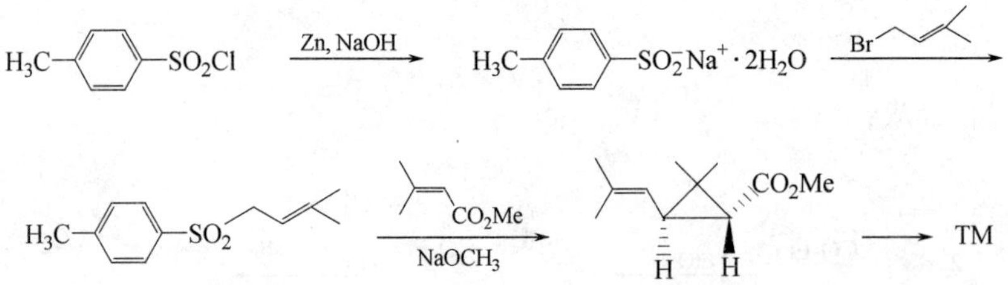

(4) 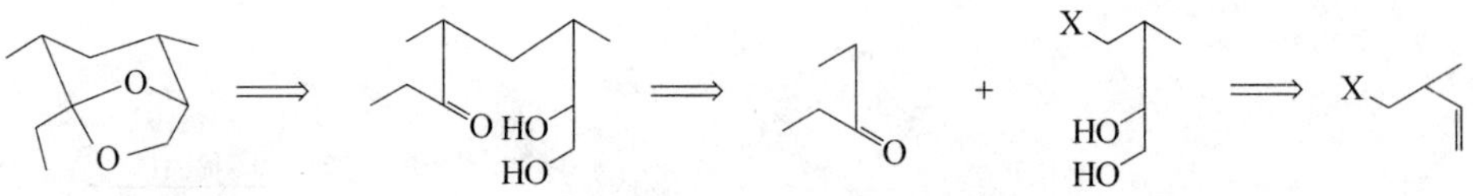 X 为一个良好离去的基团（如—Br、—I、对甲苯磺酸根等）。

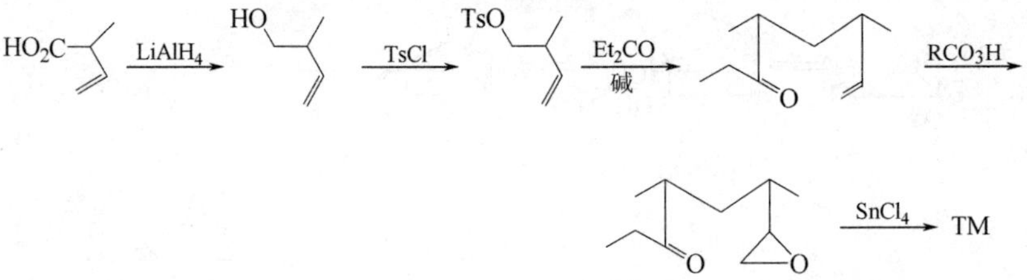

此环氧化物用 Lewis 酸处理直接得 TM

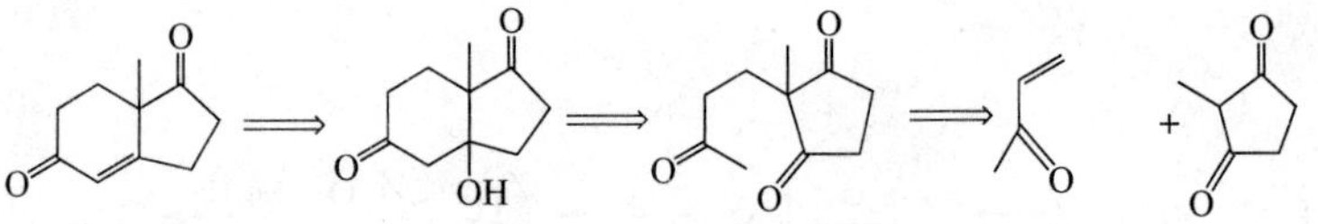

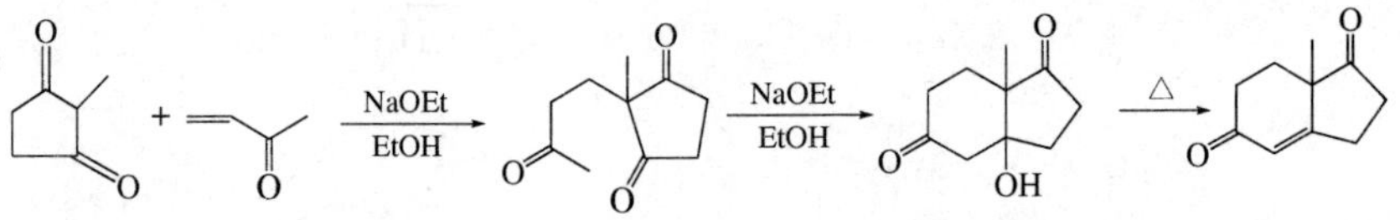

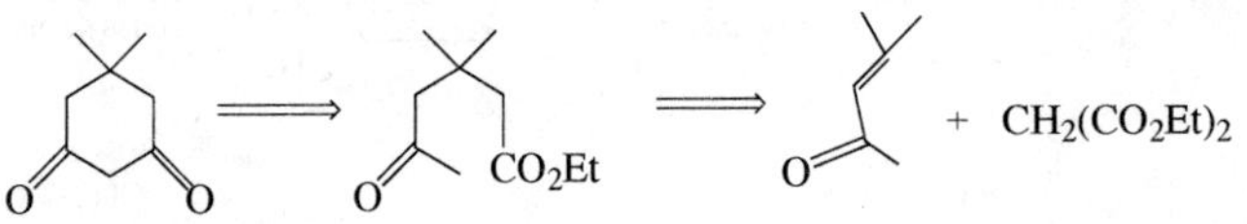

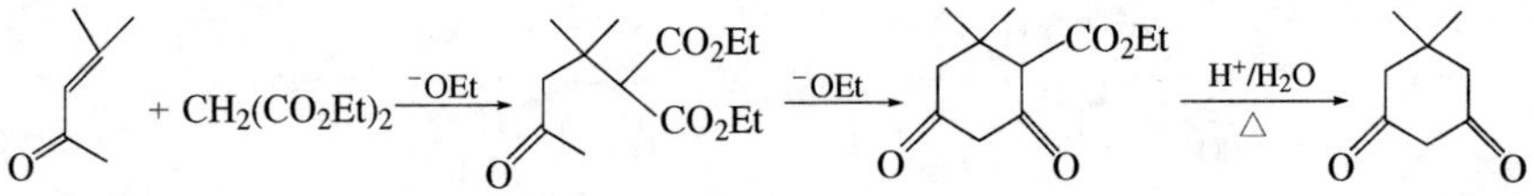

(7)

[Retrosynthesis and synthesis scheme with structures involving CO₂H, CO₂Et, EtO₂C groups, EtONa, H⁺/Δ, Ac₂O leading to a cyclic anhydride]

(8)

[Retrosynthesis scheme starting from bicyclic hydroxy ketone back to CH₂=CH—CO₂C₂H₅ and CH₃COCH₂COOC₂H₅]

合成：

$CH_3COCH_2COOC_2H_5$ + CH_2=CH—$COOC_2H_5$ $\xrightarrow{C_2H_5ONa}$ [Michael adduct]

$\xrightarrow[C_2H_5ONa]{CH_2=CH—COOC_2H_5}$ [double Michael adduct] $\xrightarrow{OH^-}$ $\xrightarrow[\Delta]{H^+, H_2O}$ $\xrightarrow{C_2H_5OH, H^+}$

[diester ketone] $\xrightarrow[HCl(g)]{HOCH_2CH_2OH}$ $\xrightarrow{C_2H_5ONa}$ [ketal cyclic β-ketoester]

$\xrightarrow[\Delta]{H_3O^+}$ [4-acetylcyclohexanone] $\Longrightarrow$ [enedione] $\xrightarrow{HO^-}$ [final hydroxy enone]

12.2 产物茚为苯环与五元环的稠合物，应考虑原料为苯，从 A 到 B，是格氏试剂的制备，则 A 应为卤代苯。

A (PhBr) $\xrightarrow{Mg/无水乙醚}$ B (PhMgBr) $\xrightarrow[2) H_2O]{1) \text{环氧乙烷}}$ C (PhCH₂CH₂OH) $\xrightarrow{PBr_3}$ D (PhCH₂CH₂Br) $\xrightarrow[\text{亲核取代}]{NaCN}$

E (PhCH₂CH₂CN) $\xrightarrow{H_2O/H_2SO_4}$ F (PhCH₂CH₂COOH) $\xrightarrow{SOCl_2}$ G (PhCH₂CH₂COCl) $\xrightarrow{\text{傅-克反应}}$

H (1-indanone) $\xrightarrow[\text{催化剂}]{H_2}$ I (1-indanol) $\xrightarrow[\Delta]{\text{浓}H_2SO_4}$ (indene)

12.3 (1) M 是酯与过量格氏试剂反应的产物，为醇，M 中的乙烯基在过氧化物存在下，与 HBr 发生反马氏加成得 N，N 与氨的反应为亲核取代，生成含哌啶基$\left(\begin{array}{c}\ce{NH}\end{array}\right)$的 O。

$$\underset{\text{对氯苯甲酸甲酯}}{\ce{Cl-C6H4-CO2CH3}} + \ce{CH2=CHMgBr} \xrightarrow[\text{2) H3O+}]{\text{1) 干乙醚}} \underset{M}{\ce{Cl-C6H4-C(OH)(CH=CH2)2}} \xrightarrow[\text{过氧化物}]{\text{HBr}}$$

$$\underset{N}{\ce{Cl-C6H4-C(OH)(CH2CH2Br)2}} \xrightarrow[\text{亲核取代}]{\ce{NH3}} \underset{}{\ce{Cl-C6H4-C(OH)}}\text{（哌啶基）} + 2\ce{HBr}$$

(2)
$$\ce{Cl-C6H4-\overset{\delta+}{C}(\overset{\delta-}{=O})OCH3} \xrightarrow{\ce{BrMg-CH=CH2}} \ce{Cl-C6H4-C(OMgBr)(OCH3)(CH=CH2)} \xrightarrow{-\ce{CH3OMgBr}} \ce{Cl-C6H4-\overset{\delta+}{C}(=\overset{\delta-}{O})(CH=CH2)} \xrightarrow{\ce{MgBr-CH=CH2}}$$

$$\ce{Cl-C6H4-C(OMgBr)(CH=CH2)2} \xrightarrow{\ce{H3O+}} \ce{Cl-C6H4-C(OH)(CH=CH2)2}$$

12.4 本题需合成目标分子信息素 G。由 G 的元素组成和分子量知，G 的分子式为 $C_8H_{14}O_2$，合成起始物为 C_4 单位，反应涉及增碳和官能团转换。

从原料到 B，是丙二酸酯在合成上的运用。A 为丙二酸二乙酯钠盐与 3-氯-2-甲基丙烯取代的产物。B 为含不饱和键的羧酸（能与 $NaHCO_3$ 溶液反应和冷 $KMnO_4$ 溶液反应）。B 还原成醇，再成磺酸酯，是为了与 NaCN 发生亲核取代，引入氰基。D 与格氏试剂反应，水解成 E，有羰基（IR: 1700cm^{-1} 有吸收）。间氯代过苯甲酸（MCPA）是氧化烯键成环氧乙烷型的试剂（环氧乙烷型），水解为邻二醇，酸性条件下可与分子内的羰基加成为缩醛 G。示意如下：

$$\ce{CH2=C(CH3)-CH2Cl} + \ce{Na+[CH(COOEt)2]-} \rightarrow \underset{A}{\ce{CH2=C(CH3)-CH2-CH(COOEt)2}} \xrightarrow[\text{2) AcOH}]{\text{1) KOH}} \underset{B}{\ce{CH2=C(CH3)-CH2-CH2-COOH}} \xrightarrow{\ce{LiAlH4}}$$

$$\underset{C}{\ce{CH2=C(CH3)-CH2-CH2-CH2OH}} \xrightarrow{\ce{CH3-C6H4-SO2Cl}} \ce{CH2=C(CH3)-CH2-CH2-CH2-O-SO2-C6H4-CH3} \xrightarrow[\text{DMSO}]{\ce{NaCN}}$$

$$\underset{D}{\ce{CH2=C(CH3)-CH2-CH2-CH2-CN}} \xrightarrow[\text{2) H3O+}]{\text{1) CH3MgI}} \underset{E}{\ce{CH2=C(CH3)-CH2-CH2-CH2-CO-CH3}} \xrightarrow{\text{MCPA}} \underset{F}{\text{环氧化物}} \xrightarrow{\ce{H3O+}}$$

$$\left[\ce{HO-C(CH3)(CH2OH)-CH2-CH2-CH2-CO-CH3}\right] \xrightarrow{-\ce{H2O}} \underset{G}{\text{双环缩醛}}$$

本题涉及多步重要的有机合成反应。其中丙二酸酯、格氏试剂、NaCN 都是合成中常用的增加碳原子的试剂。解题中，应注意分析合成步骤中官能团的引入或转换的作用。如本题，从原料到 E，反应为增碳和引入羰基。随后的反应为羰基被醇羟基加成为缩醛 G。显然，羟基的引入应考虑由 E 分子中的烯键转化而来。

12.5 (1) 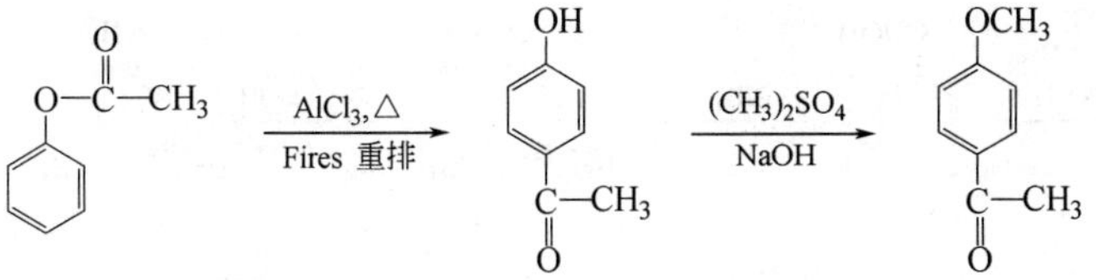 PhOCOCH$_3$ $\xrightarrow{AlCl_3, \triangle}_{Fires\ 重排}$ 4-HO-C$_6$H$_4$-COCH$_3$ $\xrightarrow{(CH_3)_2SO_4}_{NaOH}$ 4-CH$_3$O-C$_6$H$_4$-COCH$_3$

(2) A. Br—CH$_2$CO$_2$C$_2$H$_5$ B. H$^+$ C. SOCl$_2$ D. HN(CH$_3$)$_2$

(3) III: (ketone) IR 1710~1735 cm^{-1}; IV: (ketone) IR 1680~1710 cm^{-1}

(4) 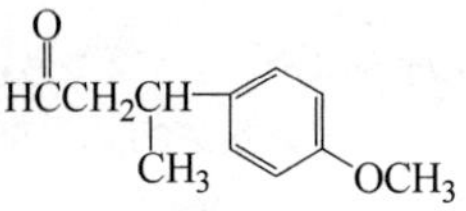 HCOCH$_2$CH(CH$_3$)—C$_6$H$_4$—OCH$_3$

12.6 (1) 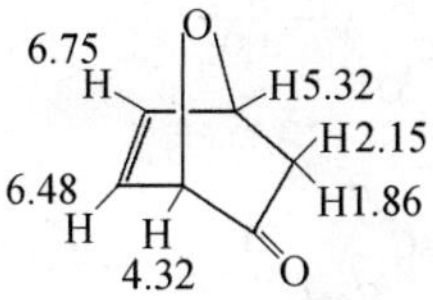 双环化合物，标注的化学位移: H 6.75, H 6.48, H 5.32, H 4.32, H 2.15, H 1.86

(2) A. 呋喃   B. 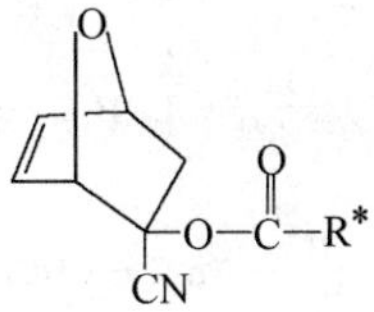 (bicyclic with O—C(CN)—C(O)R*)   D. 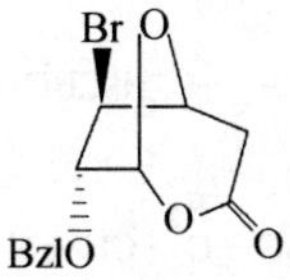 (bicyclic with Br, OBzl, lactone)

(3) δ$^-$Br—Br δ$^+$ + (烯烃中间体) → (溴鎓离子中间体) → (碳正离子中间体) $\xrightarrow{-Bzl^+}$ (产物)

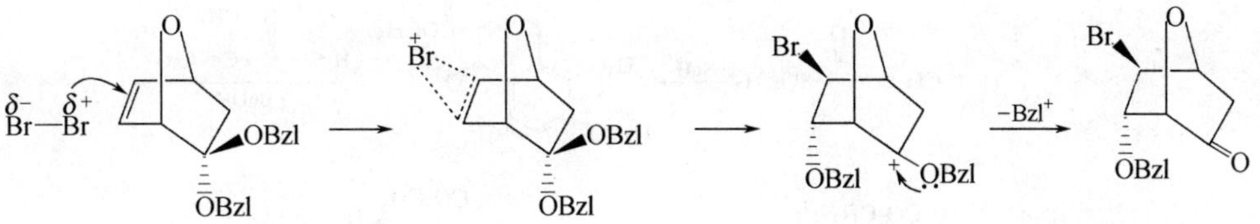

12.7 (1) 甲苯 $\xrightarrow{HNO_3}_{H_2SO_4}$ 对硝基甲苯 $\xrightarrow{Fe}_{HCl}$ 对甲基苯胺 $\xrightarrow{CH_3COCl}$ 对甲基乙酰苯胺 $\xrightarrow{Br_2}$ 2-Br-4-甲基乙酰苯胺 $\xrightarrow{水解}$ 2-Br-4-甲基苯胺 $\xrightarrow{NaNO_2}_{HCl}$ 重氮盐 $\xrightarrow{H_3PO_2}$ 间溴甲苯

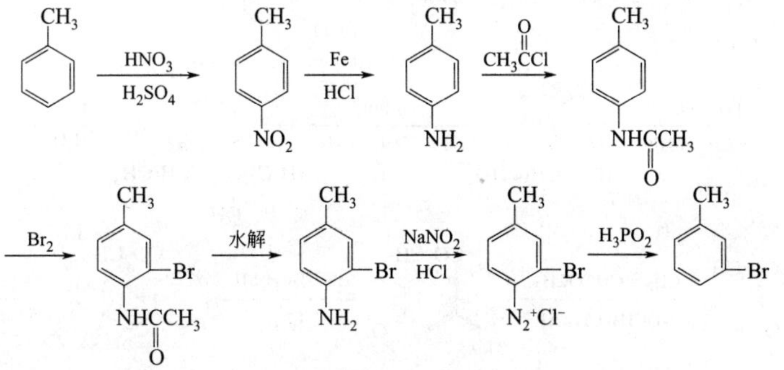

(2) 硝化，还原，溴代，重氮化，溴化亚铜溴代。

(3) Toluene →[HNO₃/H₂SO₄] p-nitrotoluene →[KMnO₄] p-nitrobenzoic acid →[Fe/HCl] p-aminobenzoic acid →[Br₂/Fe] 3,5-dibromo-4-aminobenzoic acid →[NaNO₂, HCl, 0~5℃] →[H₃PO₂] 3,5-dibromobenzoic acid →[NH₃] 3,5-dibromobenzamide →[Br₂, NaOH] 3,5-dibromoaniline

12.8 (1) cyclohex-2-enone + CH₂(CO₂Et)₂ →[NaOEt] 3-(bis(ethoxycarbonyl)methyl)cyclohexanone →[HOCH₂CH₂OH, H⁺] ketal →[(1) ⁻OH, H₂O; (2) H⁺, Δ] ketal-CH₂CO₂H →[LiAlH₄] ketal-CH₂CH₂OH →[H⁺/H₂O] 3-(2-hydroxyethyl)cyclohexanone →[TsCl] 3-(2-tosyloxyethyl)cyclohexanone →[t-BuOK, t-BuOH] bicyclic ketone

(2) (CH₃)₂CHCH=O + (C₂H₅O)₂PCH₂—(dioxolane) →[NaOEt/EtOH] (H₃C)₂CH—CH=CH—(dioxolane) →[H⁺/H₂O]

(H₃C)₂CH—CH=CH—CHO + (C₂H₅O)₂PCH₂CO₂C₂H₅ →[NaOEt/EtOH] (H₃C)₂CH—CH=CH—CH=CH—CO₂CH₃

(3) CH₃CHO + H₂N—C₆H₁₁ → H₃CHC=N—C₆H₁₁ →[LDA/乙醚] Li⁺H₂C̄—HC=N—C₆H₁₁

→[Ph₂C=O] Ph₂C(OH)—CH₂—CH=N—C₆H₁₁ →[H⁺/H₂O] Ph₂C=CHCHO

(4) 5-methyl-6-methoxy-tetralone + CH₃O—CO—OCH₃ →[NaH] β-ketoester →[CH₃COC(CH₃)=CH₂ / t-BuOH]

tricyclic intermediate →[t-BuOK, t-BuOH, Δ] tetracyclic enone

(5) 1,3-dithiane →[(1) n-BuLi; (2) (CH₃)₂CHBr] 2-isopropyl-1,3-dithiane →[(1) n-BuLi; (2) H₃C—C(=O)—CH₃] 2-isopropyl-2-(2-hydroxypropan-2-yl)-1,3-dithiane →[Hg²⁺/H₂O] H₃C—C(OH)(CH₃)—C(=O)—CH(CH₃)₂

(6) methyl 2-oxocyclohexanecarboxylate →[CH₂=CHCOCH₃, NaOCH₃, CH₃OH] Wichterle adduct enone →[HSCH₂CH₂SH, BF₃] dithiolane →[Raney Ni] decalin-CO₂CH₃

(7) 略

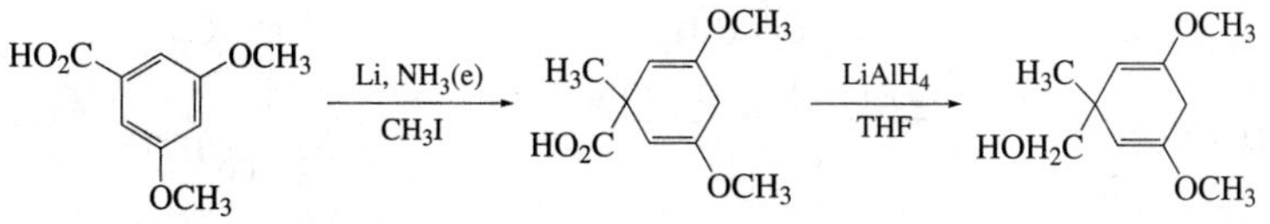

(8) 略

12.9 略

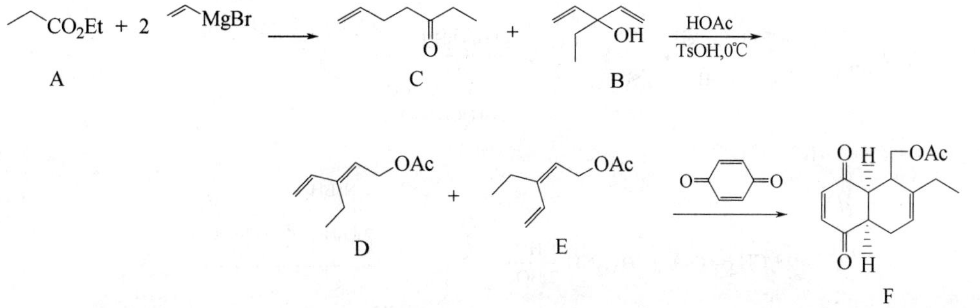

12.10 (1) L-肉碱 (R构型): HO-*R*-H, CH₂COO⁻ 上, CH₂ 下接 ⁺NMe₃
      D-肉碱 (S构型): H-*S*-OH, CH₂COO⁻ 上, CH₂ 下接 ⁺NMe₃

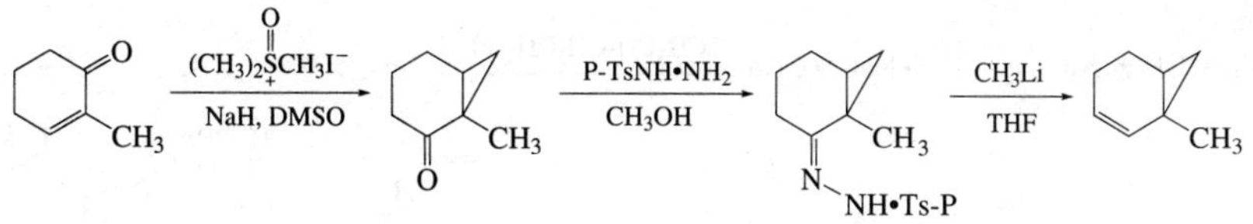

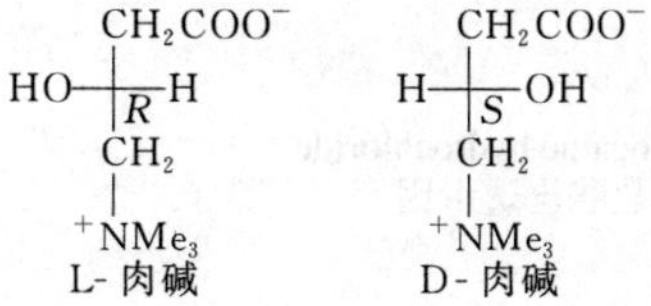

(2) A. NaBH₄ B. (CH₃)C=O, ZnCl₂ 或 H⁺ C. PbAc₄ 或 NaIO₄ D. ·OHC (丙酮缩醛)

E. NaBH₄ 或 H₂, Pd/C F. Cl—CH(OH)—CH₂OH G. Cl—CH(OH)—CH₂OSO₂Ar H. ⁻Cl Me₃N⁺—CH(OH)—CN

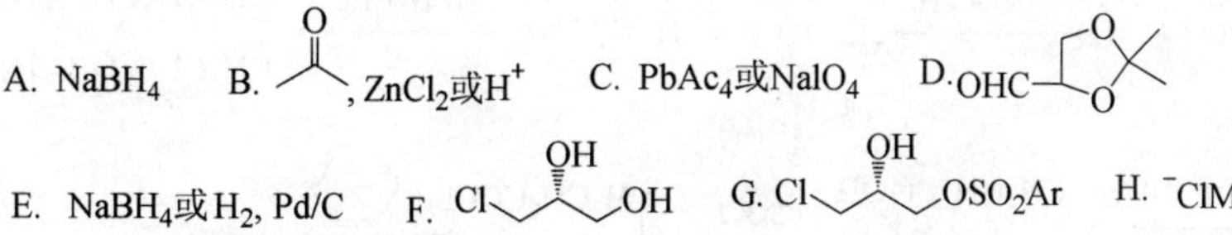

12.11 (1) CH₃COOH →(Br₂/红磷)→ CH₂(Br)COOH →(NaCN)→ CH₂(CN)COOH →(C₂H₅OH, H₂SO₄, Δ)→ CH₂(CO₂Et)₂ →(NaOC₂H₅)→ 环氧乙烷 →

⁻OCH₂CH₂CH(CO₂Et)₂ →(H₂O/H⁺)→ HOCH₂CH₂CH(CO₂C₂H₅)₂ →(Δ, 分子内酯交换)→ γ-丁内酯-α-CO₂C₂H₅

(2) 丁二烯 + 顺丁烯二酸二乙酯 →(Δ)→ 环己烯二酯 →(m-ClC₆H₄CO₃H)→ 环氧化物 →(H₂O/H⁺)→ 二羟基二酯 →(Na, C₂H₅OH)→ 四醇 ≡ 肌醇类

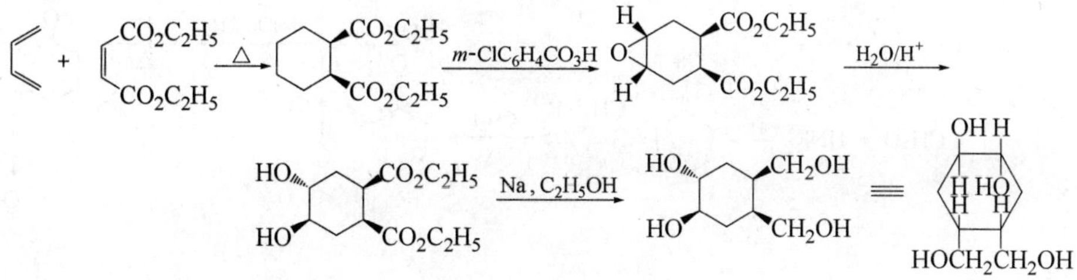

(3) 2CH₂(CO₂C₂H₅)₂ →(1)2NaOEt 2)BrCH₂CH₂Br)→ CH₂CH(CO₂C₂H₅)₂ / CH₂CH(CO₂C₂H₅)₂ →(OH⁻)→ →(H⁺, Δ)→ →(C₂H₅OH, H⁺)→

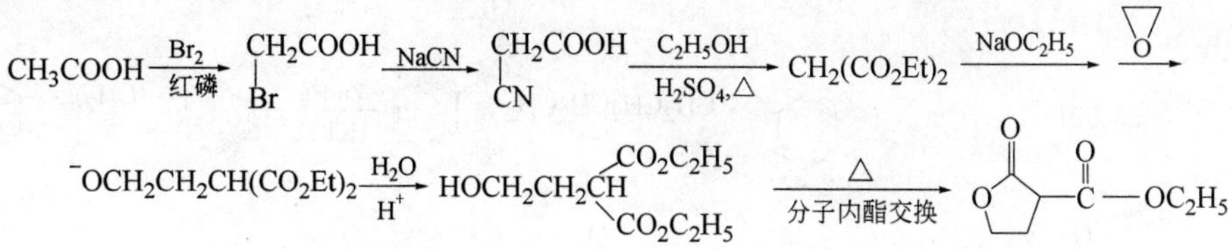

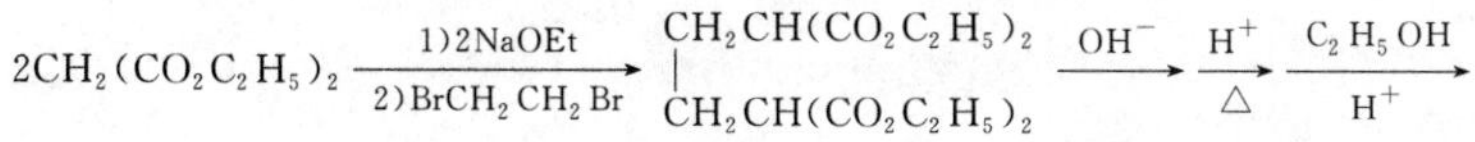

(4) $CH\equiv CH + NaNH_2 \xrightarrow{\text{液 }NH_3} NaC\equiv CNa \xrightarrow{2CH_3CH_2CH_2CH_2Br}$ [alkyne] $\xrightarrow[\text{液 }NH_3]{Na}$ [trans-alkene] $\xrightarrow{MCPBA}$ [epoxide]

(5) PhCHO + HS-SH $\xrightarrow{H^+}$ [dithiane] $\xrightarrow[\text{2) }CH_3CH(O)CH\text{ (epoxide)}]{\text{1) }n\text{-}C_4H_9Li}$ $\xrightarrow{\text{3) }HgCl_2, H_2O}$ PhCOCH(OH)CH_3 type product

(6) $CH_3COCH_3 + CH_2=O + (CH_3)_2NH \xrightarrow[\text{2) }HO^-]{\text{1) }H^+}$ CH_3COCH(CH_3)CH_2N(CH_3)_2 $\xrightarrow[\text{2) }O_2N\text{-}C_6H_4\text{-}COCl]{\text{1) }NaBH_4}$

[ester with p-NO_2-C_6H_4 and N(CH_3)_2] $\xrightarrow{Sn, HCl}$ **tutocaine hydrochloride** 盐酸土透卡因

(7) $CH_2(CO_2C_2H_5)_2 \xrightarrow{NaOC_2H_5} 2[CH(CO_2C_2H_5)_2]^- Na^+ \xrightarrow{BrCH_2CH_2Br}$ $\begin{array}{l}CH_2CH(CO_2C_2H_5)_2\\|\\CH_2CH(CO_2C_2H_5)_2\end{array}$

$\xrightarrow[(2) H^+, \Delta]{(1) OH^-/H_2O}$ $\begin{array}{l}CH_2CH_2COOH\\|\\CH_2CH_2COOH\end{array}$ $\xrightarrow{SOCl_2}$ $\begin{array}{l}CH_2CH_2COCl\\|\\CH_2CH_2COCl\end{array}$ $\xrightarrow[AlCl_3]{2\ PhH}$

PhCOCH_2CH_2CH_2CH_2COPh $\xrightarrow[HCl, \Delta]{Zn\text{-}Hg}$ Ph-(CH_2)_6-Ph

CH_3COCH_2CO_2C_2H_5 $\xrightarrow{NaOC_2H_5}$ $\xrightarrow{PhCH_2Cl}$ CH_3COCH(CH_2Ph)CO_2C_2H_5

cyclohexanone + CH_2O + HNR_2 $\xrightarrow{H^+}$ 2-(CH_2NR_2)-cyclohexanone $\xrightarrow[\Delta]{CH_3I}$ 2-methylene-cyclohexanone

$\xrightarrow{NaOC_2H_5}$ $\xrightarrow[\Delta]{H^+}$ [Michael/annulation product with CH_2Ph] $\xrightarrow{NaOC_2H_5}$ [octahydronaphthalenone with CH_2Ph]

290 高等有机化学 第四版

12.12

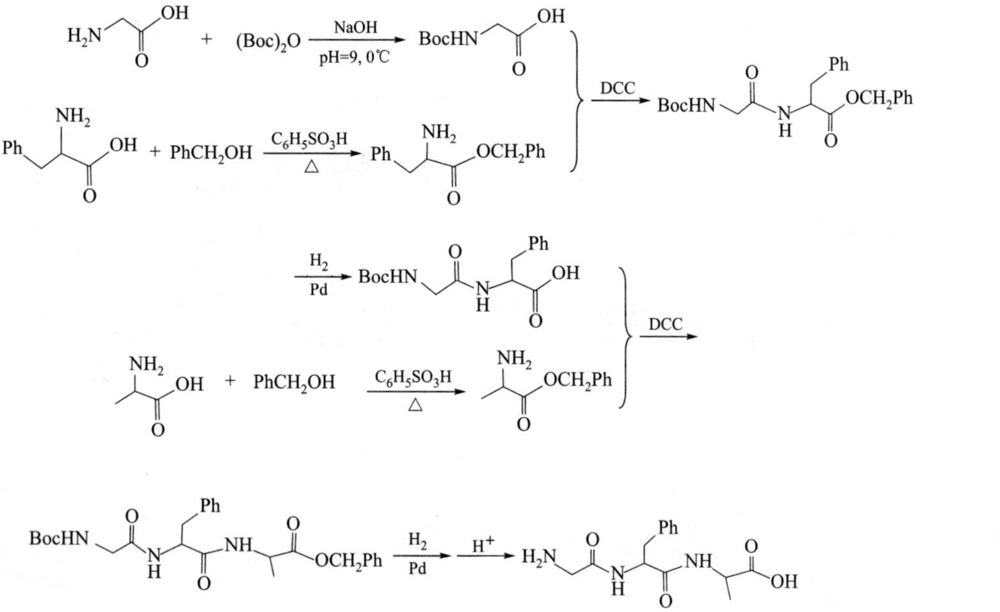

$$H_2N-CH_2-COOH + (Boc)_2O \xrightarrow[pH=9,\ 0°C]{NaOH} BocHN-CH_2-COOH$$

$$PhCH_2-CH(NH_2)-COOH + PhCH_2OH \xrightarrow[\Delta]{C_6H_5SO_3H} PhCH_2-CH(NH_2)-COOCH_2Ph$$

$$\xrightarrow{DCC} BocHN-CH_2-CO-NH-CH(CH_2Ph)-COOCH_2Ph$$

$$\xrightarrow{H_2/Pd} BocHN-CH_2-CO-NH-CH(CH_2Ph)-COOH$$

$$CH_3-CH(NH_2)-COOH + PhCH_2OH \xrightarrow[\Delta]{C_6H_5SO_3H} CH_3-CH(NH_2)-COOCH_2Ph \xrightarrow{DCC}$$

$$BocHN-CH_2-CO-NH-CH(CH_2Ph)-CO-NH-CH(CH_3)-COOCH_2Ph \xrightarrow{H_2/Pd} \xrightarrow{H^+} H_2N-CH_2-CO-NH-CH(CH_2Ph)-CO-NH-CH(CH_3)-COOH$$

12.13 （1）逆合成分析：

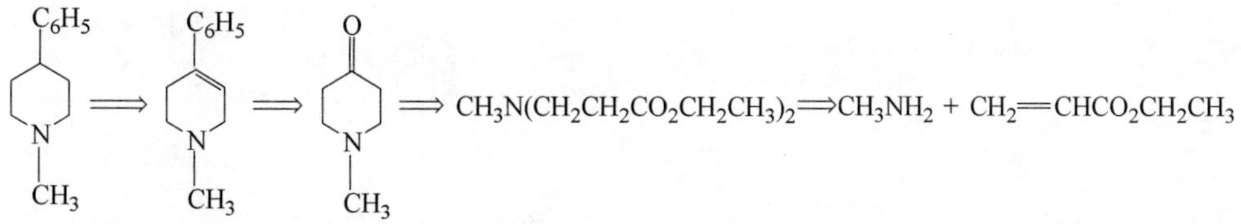

4-苯基-1-甲基哌啶 ⟹ 4-苯基-1-甲基-1,2,3,6-四氢吡啶 ⟹ 1-甲基-4-哌啶酮 ⟹ $CH_3N(CH_2CH_2CO_2CH_2CH_3)_2$ ⟹ CH_3NH_2 + $CH_2=CHCO_2CH_2CH_3$

合成：

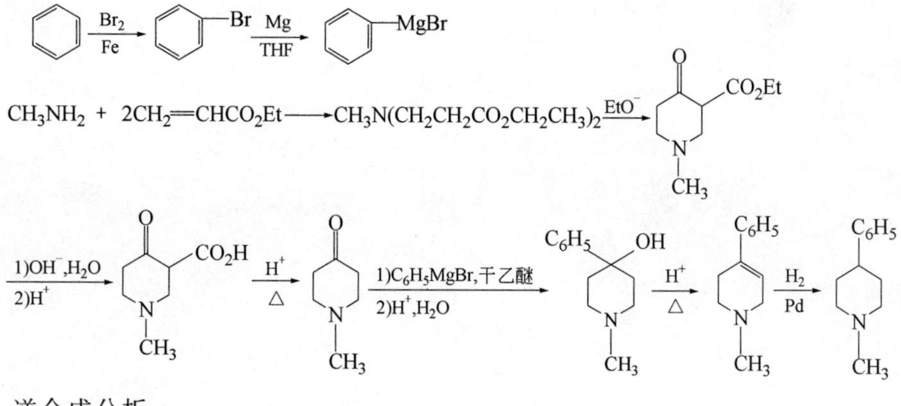

$$C_6H_6 \xrightarrow[Fe]{Br_2} C_6H_5Br \xrightarrow[THF]{Mg} C_6H_5MgBr$$

$$CH_3NH_2 + 2CH_2=CHCO_2Et \longrightarrow CH_3N(CH_2CH_2CO_2CH_2CH_3)_2 \xrightarrow{EtO^-} \text{ethyl 1-methyl-4-oxopiperidine-3-carboxylate}$$

$$\xrightarrow[2)H^+]{1)OH^-,H_2O} \text{1-methyl-4-oxopiperidine-3-carboxylic acid} \xrightarrow[\Delta]{H^+} \text{1-methyl-4-piperidone} \xrightarrow[2)H^+,H_2O]{1)C_6H_5MgBr,\text{干乙醚}} \text{4-phenyl-4-hydroxy-1-methylpiperidine} \xrightarrow[\Delta]{H^+} \text{4-phenyl-1-methyl-1,2,3,6-tetrahydropyridine} \xrightarrow{H_2/Pd} \text{4-phenyl-1-methylpiperidine}$$

（2）逆合成分析：

octalenone ⟹ 2-methyl-2-(3-oxobutyl)-1,3-cyclohexanedione ⟹ methyl vinyl ketone + 2-methyl-1,3-cyclohexanedione ⟶ 1,3-cyclohexanedione + CH_3I

$$\longrightarrow \text{ethyl 2-oxocyclopentanecarboxylate-like} \longrightarrow CH_2=CHCOCH_3 + CH_2(CO_2Et)_2$$

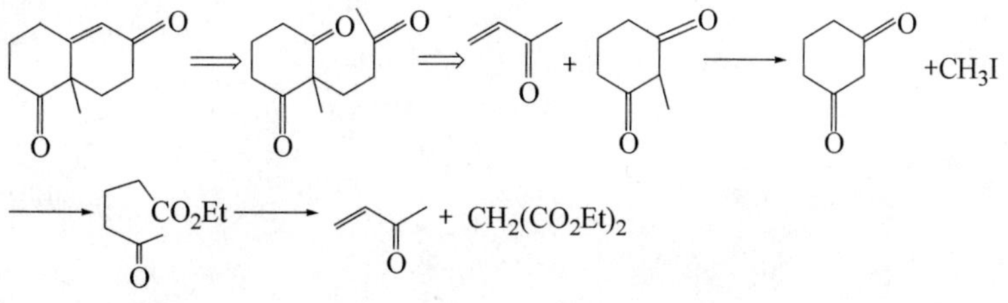

合成：

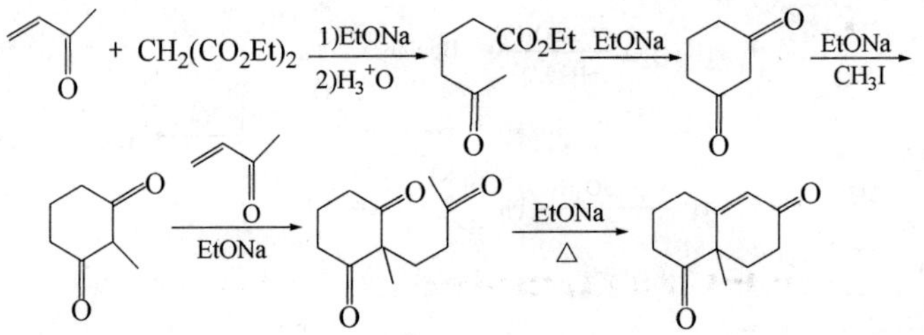

+ CH2(CO2Et)2
1)EtONa
2)H3+O
CO2Et
EtONa
EtONa
CH3I
EtONa
EtONa
△

(3) 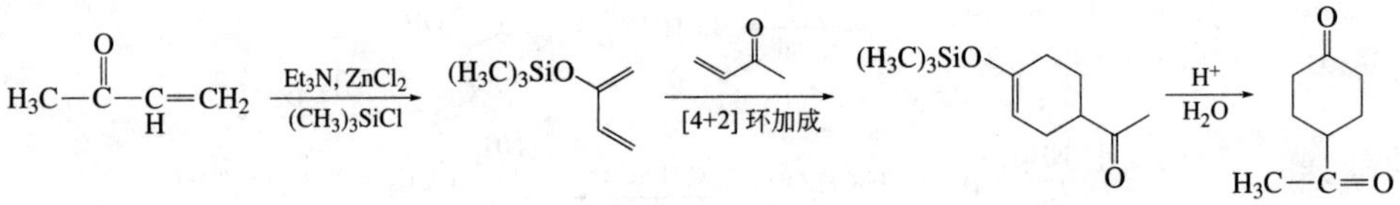

H3C—C—C=CH2
H
Et3N, ZnCl2
(CH3)3SiCl
(H3C)3SiO
[4+2] 环加成
(H3C)3SiO
H+
H2O
H3C—C=O

高等有机化学基础测试题（一）

一、填空（20分）

1. 几种重要的有机反应活性中间体有_____、_____、_____、_____、_____和_____。

2. 萘磺化时，得到 α-萘磺酸是_____控制产物，得到 β-萘磺酸是_____控制产物。

3. 写出下列化合物最稳定的构象式。
   (1) $HOCH_2CH_2F$　用 Newman 投影式表示为：_____；
   (2) 反式十氢化萘　用构象式表示为：_____；
   (3) (S)-2-丁醇　用 Fischer 投影式表示为：_____。

4. α-蒎烯 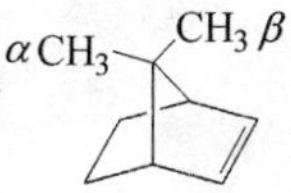 中 α 和 β 两个甲基上的氢核化学位移 δ 值较小者为_____；这是由于_____所致。

5. 下列烷氧基负离子：(a) $C_6H_5O^-$，(b) $CH_3CH_2CH_2CH_2O^-$，(c) $(CH_3)_3CO^-$，其中碱性最强的是_____，亲核性最强的是_____。

6. 有机光化学反应中，分子的激发态常有_____和_____两种。但大多数光化学反应是按_____进行的。在二苯甲酮与异丙醇的光化学反应中，当加入萘时，该反应中止，反应中的二苯甲酮是_____剂，而萘是二苯甲酮激发态的一种_____剂。

二、写出下列反应的主要产物（20分）

1. 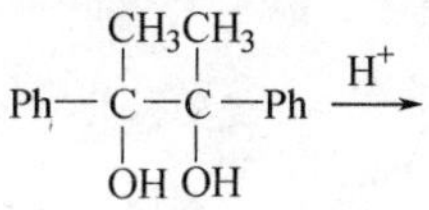 Ph-C(CH₃)(OH)-C(CH₃)(OH)-Ph $\xrightarrow{H^+}$

2. 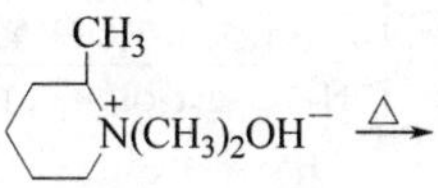 N-甲基哌啶鎓 $(CH_3)_2OH^-$ $\xrightarrow{\triangle}$

3. PhC(=NOH)CH₃ $\xrightarrow{H_2SO_4}$

4. 双环化合物（含 CH₃SO₂, OH, COCH₃ 基团）$\xrightarrow[Et_3N]{\text{吡啶}}$

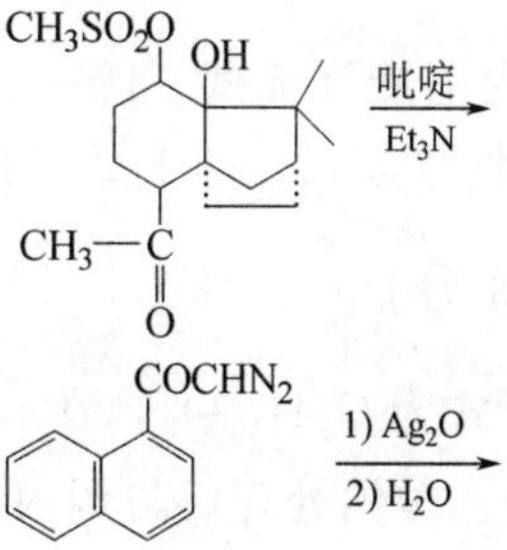

5. 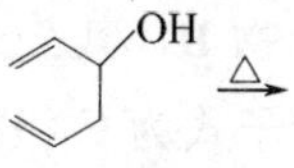 环己烯醇 $\xrightarrow{\triangle}$

6. 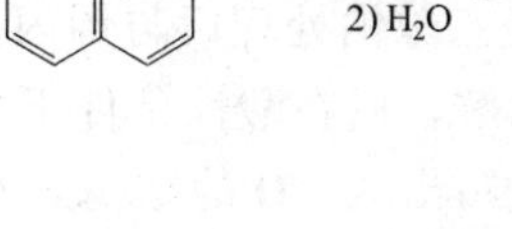 萘-1-COCHN₂ $\xrightarrow[2)\ H_2O]{1)\ Ag_2O}$

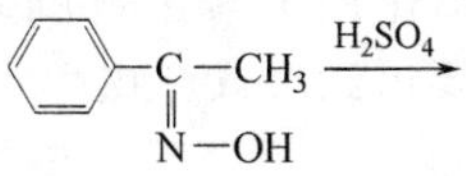

7. [structure: 2,6-dimethylphenyl allyl ether with OCH₂CH=CHCH₃] $\xrightarrow{\Delta}$

8. [structure: Ph-C(H)(CH₃)-C(CH₃)(H)(OTs)] $\xrightarrow{\text{CH}_3\text{CH}_2\text{ONa} \atop \text{CH}_3\text{CH}_2\text{OH}}$

9. [1-naphthol] + HCHO + (CH₃)₂NH ⟶

10. CH_3COCH_3 + $CH_3CHClCO_2Et$ $\xrightarrow{RO^-}$

三、写出下列反应的机理（24 分）

1. [bicyclic alcohol] $\xrightarrow{H^+}$ [bicyclic exo-methylene product]

2. [bicyclo[2.2.1] diketone] $\xrightarrow[\text{HOCH}_3]{\text{NaOCH}_3}$ [3-(2-oxopropyl)cyclohexanone]

3. [methyl-substituted octahydronaphthalenone] $\xrightarrow{H^+}$ [methyl tetrahydronaphthol]

4. [dihydroxy methoxy decalin derivative] $\xrightarrow{H^+}$ [hydroxy decalinone derivative]

四、简要说明下列问题（18 分）

1. 指出以下化合物中 3 个氮原子的碱性大小，并说明理由。

[structure with N① (aryl-NH), N② (ring NH), and ③ C(=O)N(CH₃)₂]

2. 解释以下反应的立体化学

[bicyclic pyrrolidine with Boc, Me, and (E)-CH₂CH=CHOH substituent] $\xrightarrow[\text{2) LiOH/H}_2\text{O, THF/MeOH, H}^+]{\text{1) MeC(OMe)}_3, \text{120~134°C 氢醌}}$ [product with MeO₂C-CH₂ and vinyl group]

3. 试说明为什么内消旋（赤式）-1,2-二溴-1,2-二苯乙烷和碱作用主要生成顺式 1-溴-1,2-二苯乙烯？而旋光性（苏式）的 1,2-二溴-1,2-二苯乙烷却主要得到反式产物。

五、结构推测题（18 分）

1. 化合物 **A** 的分子式为 $C_5H_{10}O_2$，在乙醇钠/乙醇的条件下生成化合物 **B**，其分子式为 $C_8H_{14}O_3$；化合物 **B** 经乙醇钠处理后与烯丙基溴反应得到化合物 **C**，其分子式为 $C_{11}H_{18}O_3$，其在氢氧化钠作用下水解，后在酸性条件下加热得到酮类化合物 **D**，其分子式 $C_8H_{14}O$，**D** 不能发生碘仿反应。试写出 **A**~**D** 的结构式及相关反应式。

2. 化合物 A（$C_9H_{18}O_2$）对碱稳定，经酸性水解得 B（$C_7H_{14}O_2$）和 C（C_2H_6O）。B 与 $AgNO_3$ 氨溶液反应再酸化得 D，D 经碘仿反应后酸化生成 E，将 E 加热得化合物 F（$C_6H_8O_3$）。F 的 IR 主要特征吸收在：$1755cm^{-1}$，$1820cm^{-1}$；^1H NMR（δ）：1.0（3H，d 峰），2.1（1H，m 峰），2.8（4H，d 峰）。试推出 A～F 的结构式。

高等有机化学基础测试题（一）参考答案

一、填空

1. 碳正离子、碳负离子、碳烯、氮烯、自由基、鎓内盐、苯炔（答 6 种即可）
2. 速率、平衡
3. (1) 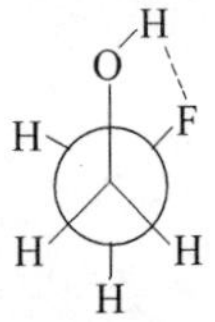 [Newman 投影式，OH⋯F 氢键] (2) 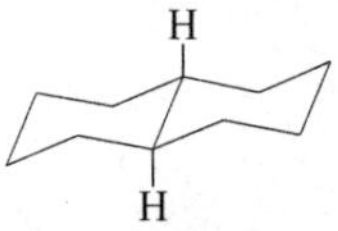 [反式十氢萘] (3) 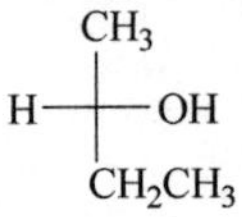 $H_3C-C(OH)(CH_3)-CH_2CH_3$ 型结构
4. $\beta\text{-}CH_3$ 上的氢，该氢位于双键 π 电子的屏蔽区内
5. $(CH_3)_3CO^-$，$CH_3CH_2CH_2CH_2O^-$
6. 单重态（S_1），三重态（T_1），三重态（T_1），光敏，猝灭

二、写出下列反应的主要产物

1. 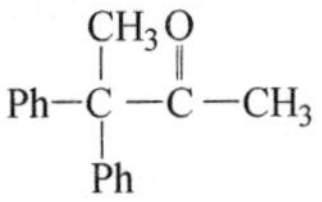 $Ph-C(OCH_3)(Ph)-C(=O)-CH_3$
2. 含 $N(CH_3)_2$ 的烯胺
3. $CH_3-C(=O)-NH-Ph$
4. 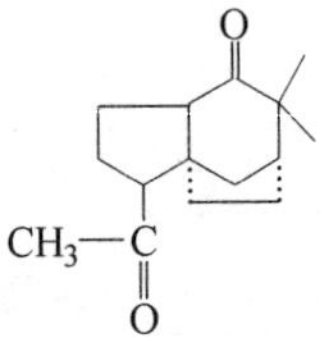 稠环酮产物
5. 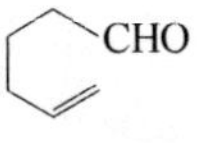 含 CHO 的产物
6. 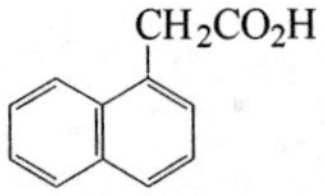 萘-1-基-CH_2CO_2H
7. 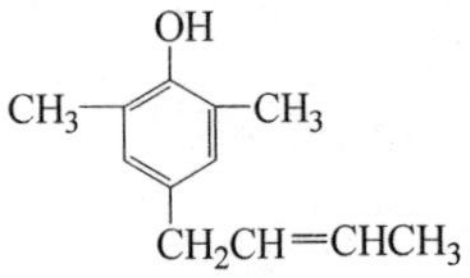 2,6-二甲基-4-(CH₂=CHCH₃)苯酚
8. 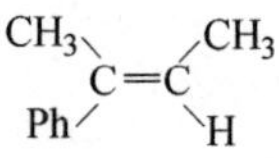 $CH_3-C(Ph)=C(CH_3)H$
9. 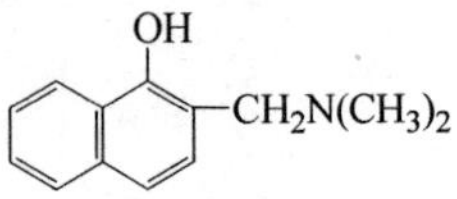 1-羟基-2-$(CH_2N(CH_3)_2)$萘
10. 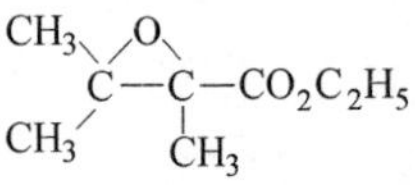 $(CH_3)_2C(O)-C(CH_3)_2-CO_2C_2H_5$ 型产物

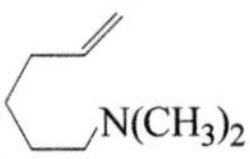

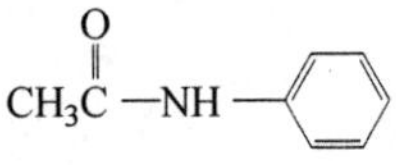

三、写出下列反应的机理

1. 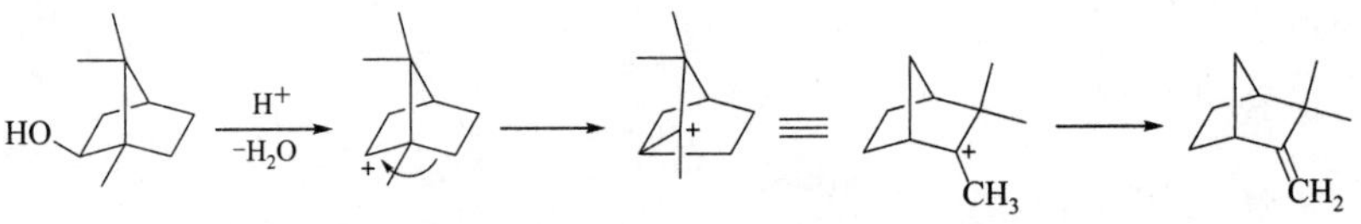 HO-莰醇 $\xrightarrow{H^+,\ -H_2O}$ 碳正离子 $\longrightarrow$ 重排碳正离子 $\equiv$ 另一表示 $\longrightarrow$ =CH₂ 产物

2. 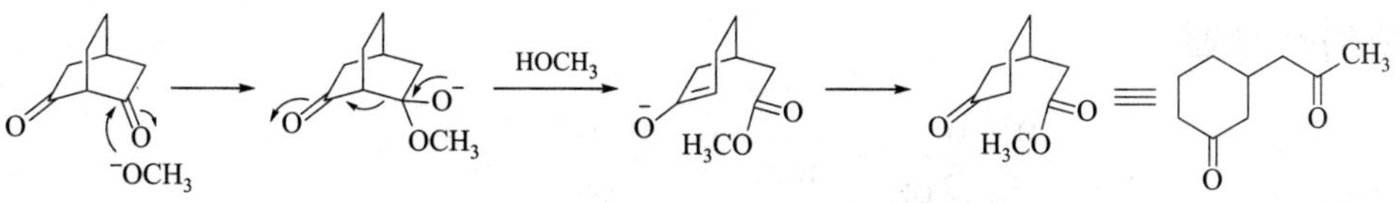 [reaction scheme]

3. [reaction scheme]

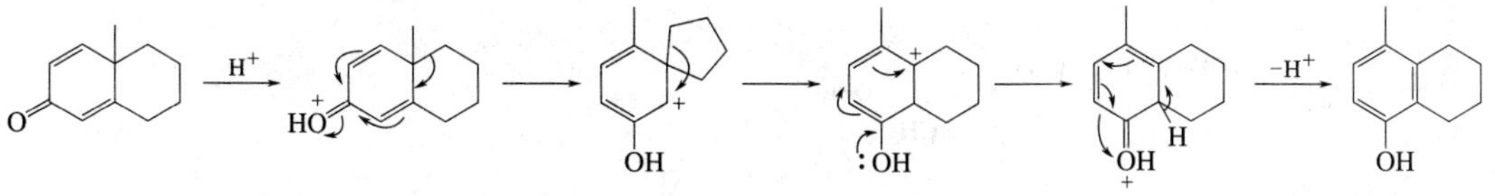

4. 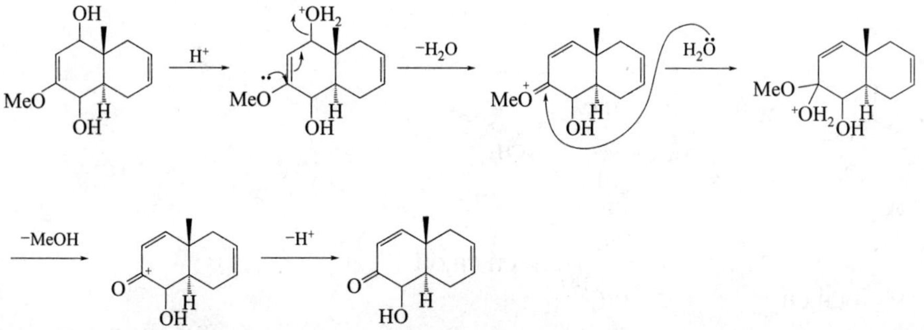 [reaction scheme]

四、简要说明下列问题

1. ②＞①＞③

①中氮上的孤电子对，可与苯环共轭，碱性变小。这是由于芳胺 p-π 共轭的结果，造成苯环分散氮上的负电荷。②中氮上的孤电子对，使其具有碱性。③对于酰胺化合物，由于酰胺分子中 N 原子 p 轨道上的电子对与羰基的 π 键形成 p-π 共轭作用，使氮上电子云的密度削弱，碱性减弱。

2. Claisen-Johnson 重排，在立体化学方面，原酸甲酯基团朝向纸外侧与双五元环的桥氢同向，此时过渡态位阻较小，能量较低。

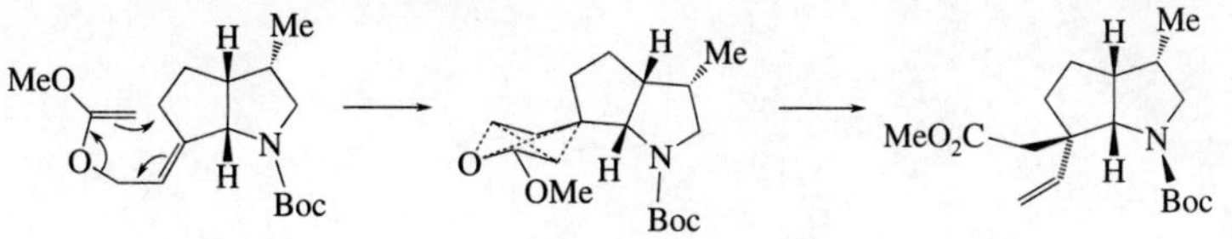

[reaction scheme]

3. 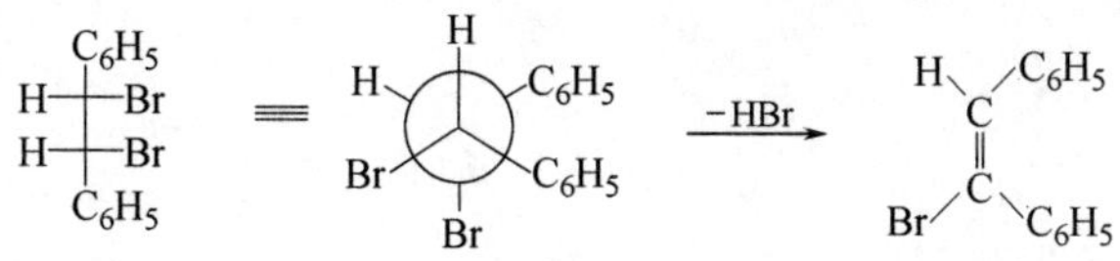 [structural formulas showing 内消旋体(赤式) → 顺式 and 外消旋体(苏式) 和其对映体 → 反式, via −HBr]

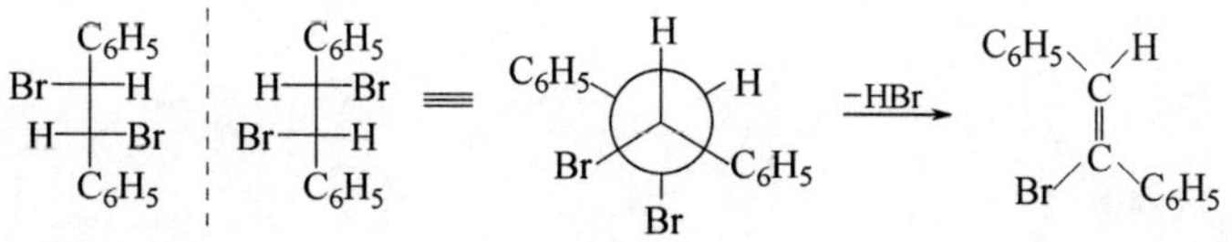

五、结构推测题

1.

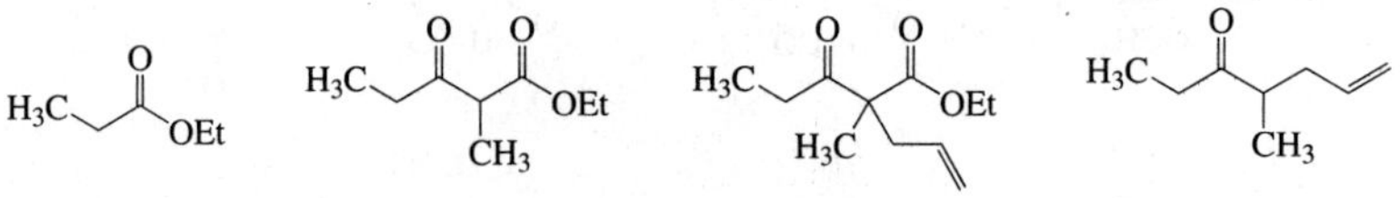

    A: CH_3CH_2COOEt
    B: $CH_3CH_2COCH(CH_3)COOEt$
    C: $CH_3CH_2COC(CH_3)(CH_2CH=CH_2)COOEt$
    D: $CH_3CH_2COCH(CH_3)CH_2CH=CH_2$

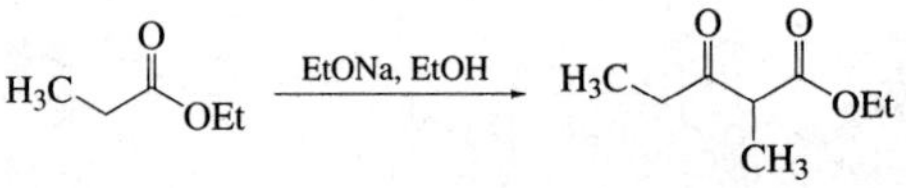

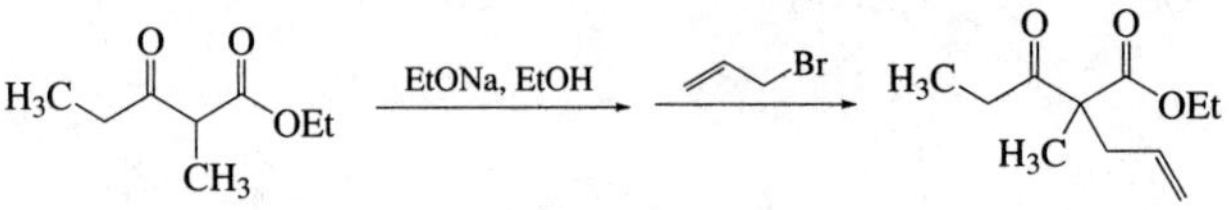

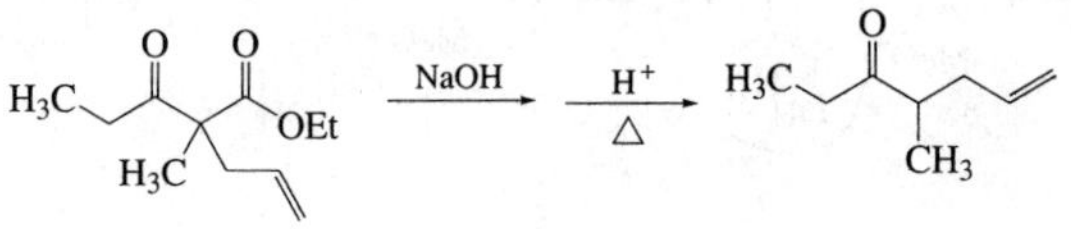

   $CH_3CH_2COOEt \xrightarrow{EtONa, EtOH} CH_3CH_2COCH(CH_3)COOEt$

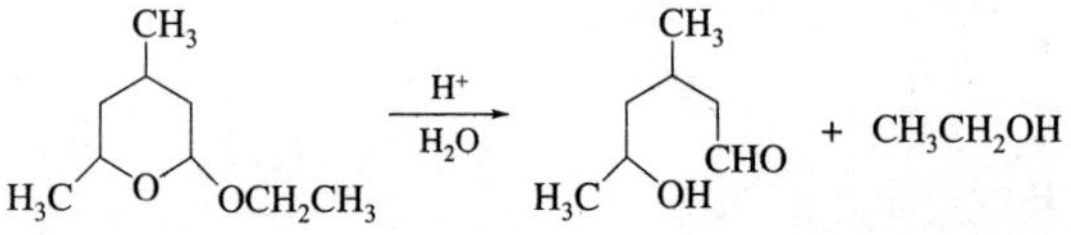

   $CH_3CH_2COCH(CH_3)COOEt \xrightarrow{EtONa, EtOH;\ CH_2=CHCH_2Br} CH_3CH_2COC(CH_3)(CH_2CH=CH_2)COOEt$

   $CH_3CH_2COC(CH_3)(CH_2CH=CH_2)COOEt \xrightarrow{NaOH;\ H^+, \Delta} CH_3CH_2COCH(CH_3)CH_2CH=CH_2$

2.

    A: 2-ethoxy-4-methyl-6-methyltetrahydropyran
    B: 5-hydroxy-3-methylhexanal
    C: CH_3CH_2OH

    $A \xrightarrow{H^+/H_2O} B + C$

    $B \xrightarrow{(1)\ Ag^+(NH_3)Cl^-\ (2)\ H^+/H_2O} D$

    D: 5-hydroxy-3-methylhexanoic acid

    $D \xrightarrow{I_2/NaOH} E$

    E: 3-methylglutaric acid (HOOC-CH_2-CH(CH_3)-CH_2-COOH)

    $E \xrightarrow{\Delta} F$ (3-methylglutaric anhydride)

    IR: C=O, 1755 cm^{-1}, 1820 cm^{-1}
    ^{1}H NMR: δ = 1 (3H, d, H-1)
    2.1 (1H, m, H-2)
    2.8 (4H, d, H-3)

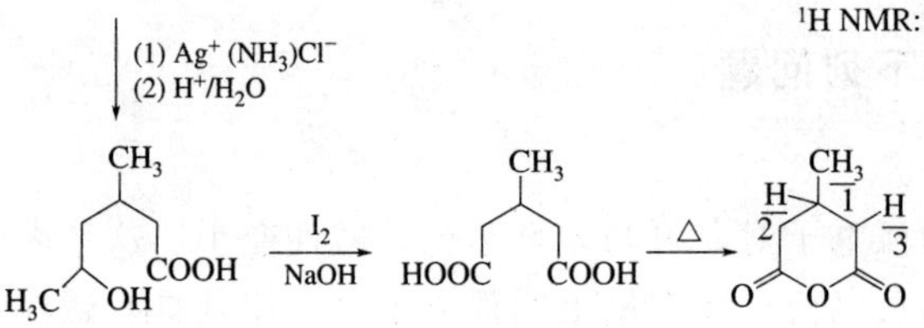

高等有机化学基础测试题（二）

一、选择题（10 分）

1. 萘进行磺化反应时可以生成 α-萘磺酸和 β-萘磺酸，则（　　）。
   A. 升高反应温度有利于 α-萘磺酸产率提高
   B. α-萘磺酸为热力学控制产物
   C. 延长反应时间有利于 α-萘磺酸产率提高
   D. β-萘磺酸为热力学控制产物

2. 下列碳正离子中最稳定的是（　　）。
   A.  ⌂   B.  ⌂⁺   C.  N-Me环戊二烯   D. □

3. 氨（a）、吡啶（b）、喹啉（c）、吡咯（d）碱性强弱次序是（　　）。
   A. a＞b＞d＞c   B. a＞b＞c＞d   C. d＞c＞a＞b   D. b＞a＞d＞c

4. 下列化合物或离子具有芳香性的是（　　）。
   A.  ⌂   B.  ⌂⁺   C.  N-Me环戊二烯   D. □

5. 按照 Woodward-Hoffmann 规律，含 $4n+2$ 个价电子的共轭烯烃在电环化反应时（　　）。
   A. 热反应按对旋方式进行，光反应按顺旋方式进行
   B. 热反应按顺旋方式进行，光反应按对旋方式进行
   C. 热反应和光反应都按顺旋方式进行
   D. 热反应和光反应都按对旋方式进行

二、结构推测题（10 分）

根据下列反应过程中，试写出中间产物 A、B、C 的结构式。

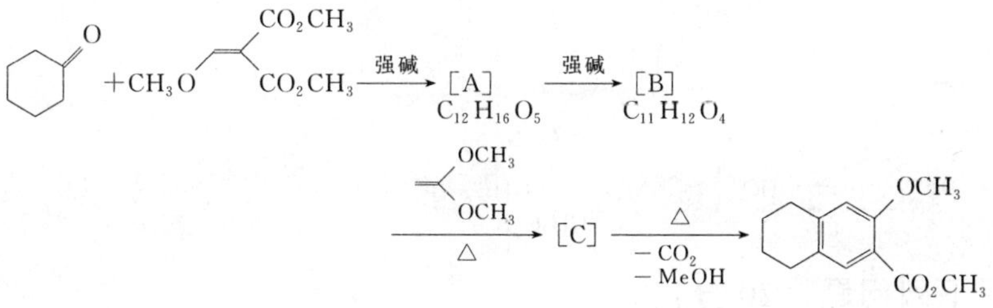

三、完成反应式（30分）

1. $\underset{C_6H_5}{\overset{C_6H_5}{\text{环戊叉}=C}}$ $\xrightarrow{RCO_3H}$ ( ) $\xrightarrow{H^+}$ ( )

2. 2-甲基环己酮 + 吡咯烷 $\xrightarrow{\text{对甲苯磺酸}}$ ( ) $\xrightarrow[2) H_3O^+]{1) CH_2=CH-CN}$ ( )

3. ( ) $\xrightarrow[2) H^+, H_2O]{1) CH_3MgBr}$ 3-甲基-2-环己烯酮 $\xrightarrow{(CH_3)_2CuLi}$ ( )

4. 环己酮 + $ClCH_2CO_2Et$ $\xrightarrow[t\text{-BuOH}]{t\text{-BuOK}}$ ( ) $\xrightarrow[(2) H^+, \Delta]{(1) NaOH, H_2O}$ ( )

5. 苯基环氧乙烷 $\xrightarrow[(2) H^+, H_2O]{(1) CH_3MgBr}$ ( )

6. 1,3-二硫六元环 $\xrightarrow[2) Br(CH_2)_3Br]{1) BuLi}$ ( ) $\xrightarrow[H_2O]{HgCl_2}$ ( )

7. 环戊酮 $\xrightarrow[TiCl_4, CH_3OH]{Mg/Hg}$ ( ) $\xrightarrow{aq\ H_2SO_4}$ ( )

8. (2-丁烯基-1-烯丙氧甲基环戊烯) $\xrightarrow{\Delta}$ ( )

9. 苯乙酮 $\xrightarrow{\text{间氯过氧苯甲酸}}$ ( )

四、写出下列反应的机理（30分）

1. 四氢呋喃-2-基-CH_2OH $\xrightarrow{H^+}$ 3,4-二氢-2H-吡喃

2. $CH_2=C(OCH_3)$- + $(CH_3)_2C(OH)CH=CH_2$ $\xrightarrow[\Delta]{H^+}$ 6-甲基-5-庚烯-2-酮

3. $BrCH_2\text{-}\overset{O}{C}\text{-}\underset{CH_3}{\overset{Br}{C}}\text{-}CH_3$ $\xrightarrow{OH^-}$ $\underset{CH_3}{\overset{CH_3}{C}}=\overset{H}{\underset{COOH}{C}}$

4. 环庚酮 + $C_6H_5CH=CH\text{-}\overset{O}{C}\text{-}CO_2H$ $\xrightarrow{\text{alkaline}}$ $\xrightarrow{H^+}$ (双环产物含 CO_2H, OH, C_6H_5)

5. $\overset{O}{\underset{CH_2C_6H_5}{\text{环己酮-2-乙氧羰基-2-苄基}}}$ $\xrightarrow{\text{稀}OH^-}$ $HOOC\text{-}(CH_2)_4\text{-}\underset{CH_2C_6H_5}{CH}\text{-}COOH$

五、简要解释下列问题（20分）

1. 反式丁烯二酸二乙酯与 Br_2 的加成反应产物为内消旋体，顺式丁烯二酸二乙酯与 Br_2

的加成反应产物为外消旋体，在光照下，上述反应失去立体选择性？

2. 将 1mol 缩氨脲 A 加进 1mol 环己酮 B 和 1mol 呋喃甲醛 C 的含微量酸的乙醇溶液中，得到 D 和 E 的混合物。若反应在 5min 后停止，混合物主要含 D。然而，若反应过夜，产物几乎定量地完全是 E。试解释这一事实，并画出相应的反应进程与能量的关系图。

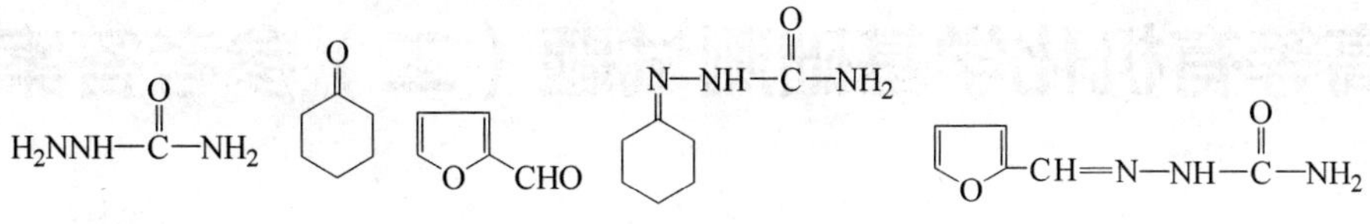

$$\text{H}_2\text{NNH}-\overset{\text{O}}{\overset{\|}{\text{C}}}-\text{NH}_2 \qquad \text{(环己酮)} \qquad \text{(呋喃-CHO)} \qquad \text{(环己酮=N-NH-}\overset{\text{O}}{\overset{\|}{\text{C}}}-\text{NH}_2) \qquad \text{(呋喃-CH=N-NH-}\overset{\text{O}}{\overset{\|}{\text{C}}}-\text{NH}_2)$$

A　　　　　　　B　　　C　　　　　　D　　　　　　　　　E

3. 简要说明 N,N-二甲基苯胺碱性比苯胺稍强，而 2,4,6-三硝基-N,N-二甲基苯胺碱性比苯胺强得多的实验事实。

高等有机化学基础测试题（二）参考答案

一、选择题

1. D　　2. D　　3. B　　4. C　　5. A

二、结构推测题

A: 2-羟基环己烯基-亚甲基丙二酸二甲酯

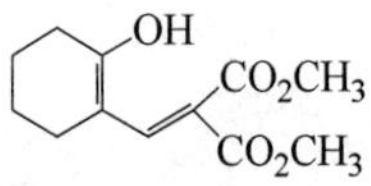

B: 2-氧代-2H-色烯-3-甲酸甲酯（双环内酯结构）

C: 二甲氧基缩酮-甲酸甲酯衍生物

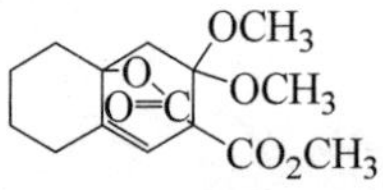

三、完成反应式

1. 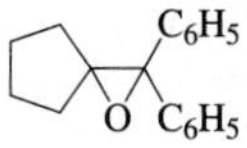 螺环氧化物（含两个C_6H_5），2,2-二苯基环己酮

2. 1-(2-甲基环己烯基)吡咯烷，1-甲基-1-(2-氧代环己基)丙酸类衍生物（CH_2CH_2COOH）

3. 1-甲基-3-甲基-2-环己烯-1-醇，3,3-二甲基环己酮

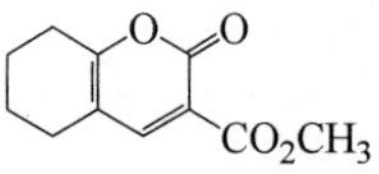

4. 环己基缩水甘油酸乙酯，环己基甲醛

5. 1-苯基-1-丙醇

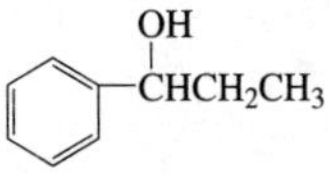

6. 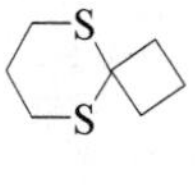 1,3-二硫杂螺环化合物，环丁酮

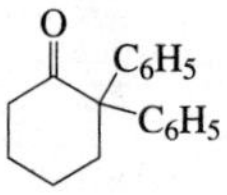

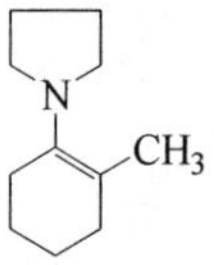

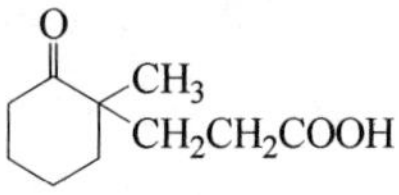

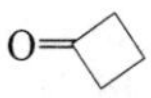

7. 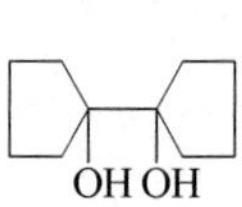 螺环二醇，螺环酮

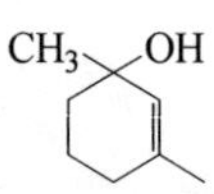

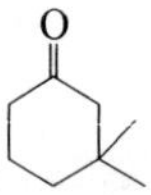

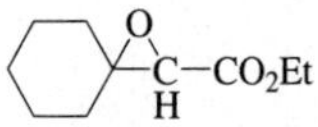

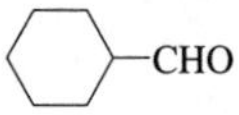

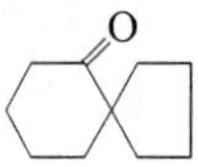

8. 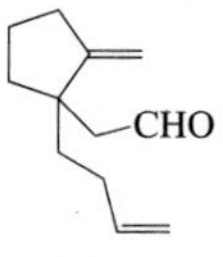 亚甲基环戊烷基乙醛（含丁烯基侧链）

9. 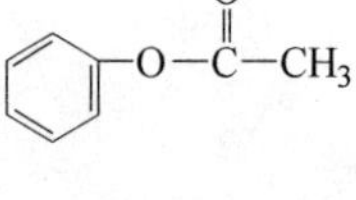 乙酸苯酯

四、写出下列反应的机理

1.

2.

3.

4.

5.

五、简要解释下列问题

1.

光照下:

$$Br_2 \xrightarrow{h\nu} 2Br\cdot$$

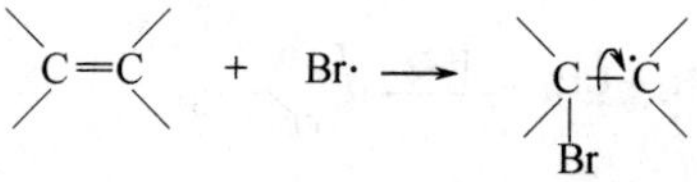

$$\diagup C=C\diagdown + Br\cdot \longrightarrow \diagup\overset{|}{C}-\overset{|}{\underset{Br}{C}}\diagdown$$

中间物中的 C—C 键可以发生旋转,从而失去立体选择性。

2. 因为 B 只有一个孤立羰基,而 C 为共轭体系,所以 B 易于接受 A 的进攻。从活化能的角度来看,破坏共轭体系所需能量高,所以 A 与 B 反应比 A 与 C 反应的活化能低,故短时间内主要生成 D。但产物 E 为共轭体系,E 较 D 稳定,且生成 D 和 E 的反应是可逆的,因此,随着时间的增长,D 会向 E 转化,而只得到 E。用能量变化表示如下图:

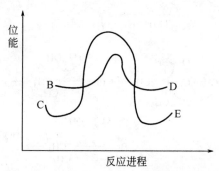

3. 苯胺和 N,N-二甲苯胺的苯环都能与氮上的孤对电子所占的 p 轨道发生共轭,且甲基为给电子基,N 的电子云密度有所增加,这样 N,N-二甲基苯胺碱性比苯胺稍强,而 2,4,6-三硝基-N,N-二甲基苯胺要受 2,6 位两个硝基体积效应影响,使氮上孤对电子所占的 p 轨道不能与苯环共轭(氮的 p 轨道与苯环碳的 p 轨道垂直),氮上电子就不容易被芳环分散,因此碱性强。

高等有机化学基础测试题（三）

一、选择题（14分）

1. 根据 Huckel 规则判断下列化合物中有芳香性的是（　　）。

   A. ![] B. ![] C. ![] D. ![]

2. $PhCH_2COCl$ 经 a. CH_2N_2/Et_2O，b. Ag_2O/H_2O 处理再酸化水解，主要产物是（　　）。
   A. $PhCH_2COOH$　　　　　　　　B. $PhCH_2COOH + CH_3OH$
   C. $PhCOOH + CH_3OH$　　　　　D. $PhCH_2CH_2COOH$

3. 碱性大小排列正确的是（　　）。
   (1) 吡啶　(2) 4-氨基吡啶　(3) 4-甲基吡啶　(4) 4-氰基吡啶
   A. (1) > (2) > (3) > (4)　　　　B. (2) > (1) > (3) > (4)
   C. (2) > (3) > (1) > (4)　　　　D. (2) > (3) > (4) > (1)

4. 下列四对结构式，哪一对是等同的？（　　）

   A.   B.

   C.   D.

5. 氨基（—NH_2）既具有邻对位效应，又可使苯环致活的主要原因是（　　）。
   A. +I 效应　　　　　　　　　　　B. −I 效应
   C. 供电子 p-π 共轭（+C 效应）　　D. 吸电子 p-π 共轭（−C 效应）

6. 下列 4 组化学式中，不属于共振式的是（　　）。
   A. $H_3C-N^--N^+\equiv N$ 和 $H_3C-\ddot{N}=N^+=N^-$　　B. $(CH_3)_3P^+-O^-$ 和 $(CH_3)_3P=O$
   C. $H_3C-O-\overset{O}{\underset{O^-}{S}}$ 和 $H_3C-O-\overset{O^-}{\underset{O}{S}}$　　D. $H_3C-\underset{OH}{C}=CH_2$ 和 $H_3C-\overset{O}{C}-CH_3$

7. 实现下列转变的条件为（　　）。

   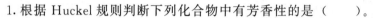

A. $H_2O_2/\triangle$ B. CH_3I/Ag_2O,$H_2O/\triangle$
C. Br_2,$-OH$ D. $\triangle$

二、完成反应式（24分）

1. 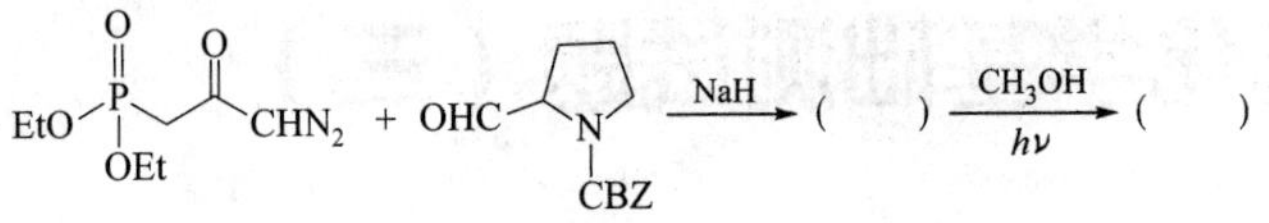 (EtO)₂P(O)CH₂C(O)CHN₂ + OHC-N(CBZ)-pyrrolidine →(NaH) ( ) →(CH₃OH, hν) ( )

2. 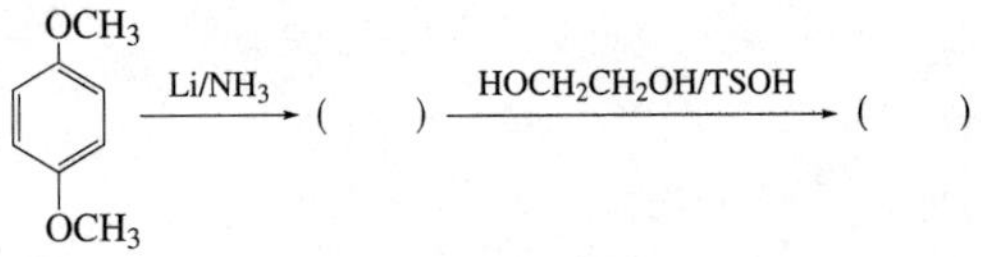 1,4-二甲氧基苯 →(Li/NH₃) ( ) →(HOCH₂CH₂OH/TsOH) ( )

3. 呋喃 →(Br₂/CH₃OH-H₂O, −10℃) ( ) →(H₃O⁺) ( )

4. 环己酮 →(H₂NOH) ( ) →(H⁺) ( )

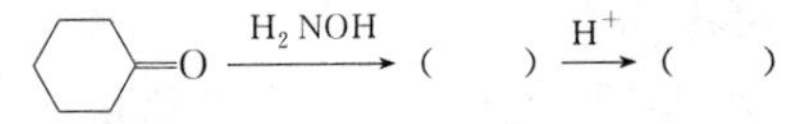

5. 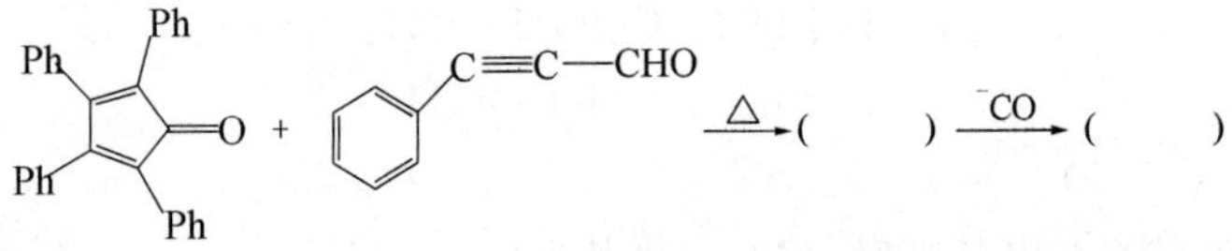 四苯基环戊二烯酮 + PhC≡C-CHO →(△) ( ) →(−CO) ( )

6. 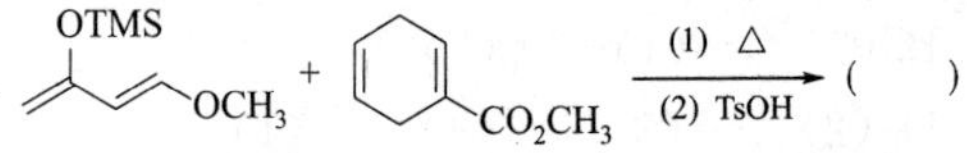 (OTMS)(OCH₃)-丁二烯 + 环己烯-CO₂CH₃ →(1) △ (2) TsOH ( )

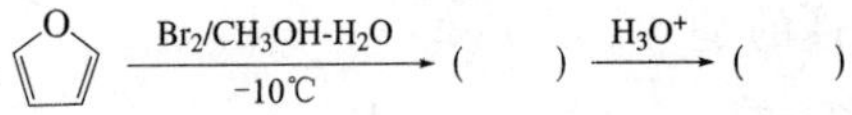

7. 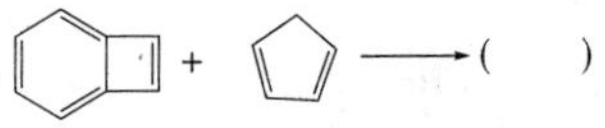 苯并环丁烯 + 环戊二烯 → ( )

三、写出反应机理（30分）

1. 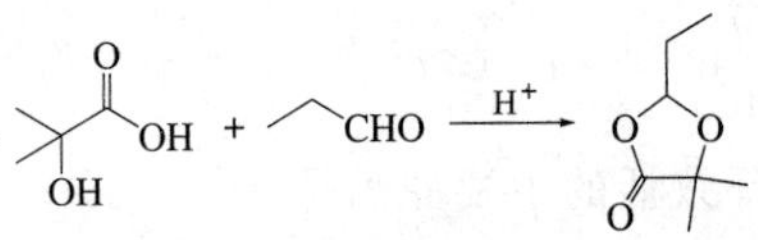 (CH₃)₂C(OH)COOH + CH₃CHO →(H⁺) 二氧戊环产物

2. 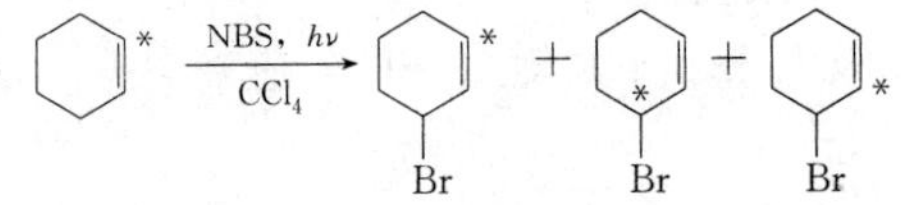 环己烯* →(NBS, hν / CCl₄) 三种溴代产物
   （*指同位素标记的碳）（25%）（25%）（50%）

3. 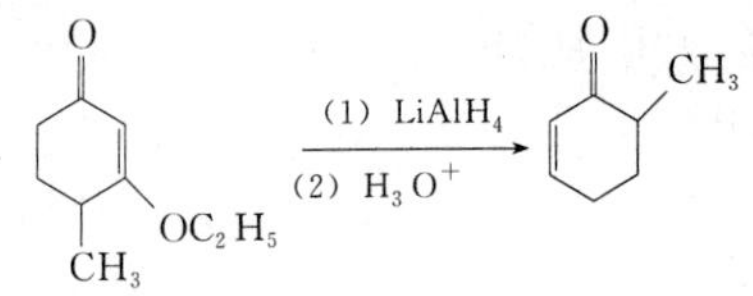 3-乙氧基-4-甲基-2-环己烯酮 →(1) LiAlH₄ (2) H₃O⁺ 6-甲基-2-环己烯酮

4. 1-溴-1-(溴乙酰基)环己烷 →(EtONa/EtOH) 环己基亚甲基乙酸乙酯

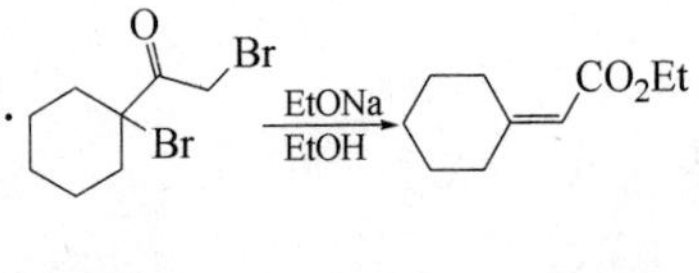

5. 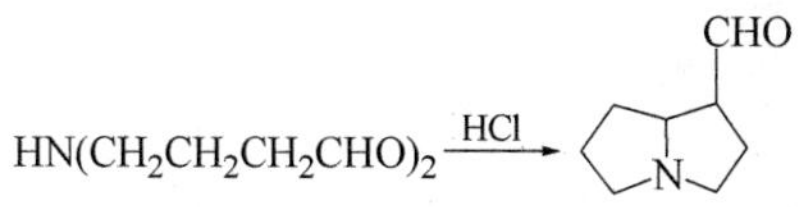 $HN(CH_2CH_2CH_2CHO)_2 \xrightarrow{HCl}$ [吡咯里西啶-1-甲醛结构]

四、简要解释下列问题（16 分）

1. 人工合成麻黄碱的最后一步是金属钯催化的加氢反应，是高度立体选择性的反应，其反应结果如下，请解释这一实验结果。

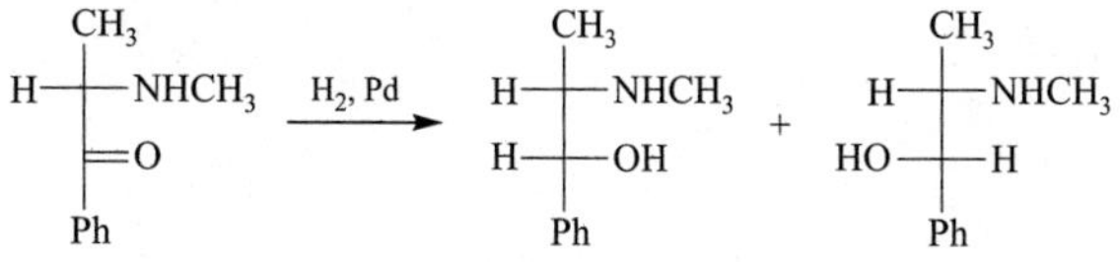

[结构式：酮 $\xrightarrow{H_2, Pd}$ (-)-麻黄碱 (>90%) + (+)-假麻黄碱 (<10%)]

2. 化合物 A 和 B 用 NaOH 处理只得到一种化合物 C。

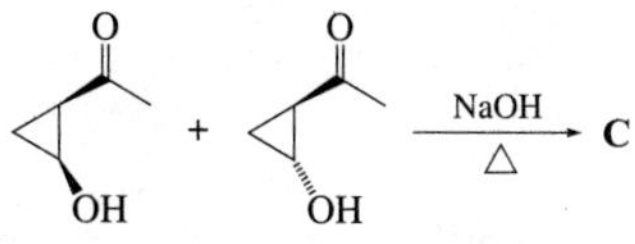

[结构式：A (顺式环丙基酮醇) + B (反式环丙基酮醇) $\xrightarrow{NaOH, \Delta}$ C]

C 有如下分析数据，元素分析：C，73.1%；H，7.937%。MS：82（M$^+$）。^{13}C NMR（δ）：210.1，164.6，135.4，34.0，29.0。

（1）根据上述信息，试推断 C 的结构，并简述推断理由。
（2）写出由 A、B 转变成 C 的反应机理。

五、推断题（16 分）

1. 某化合物 A，分子式为 $C_6H_{10}Br_2$，具有立体异构体 M 和 N。M 的 NMR 谱数据为 δ_H 2.3（6H，单峰），3.21（4H，单峰）。N 的 NMR 谱数据为 δ_H 1.88（6H，单峰），2.64（2H，双峰），3.54（2H，三重峰）。

A + Na $\longrightarrow$ B，且 [结构] $\xrightarrow{h\nu}$ B，试推测 A、B、M、N 的结构式。

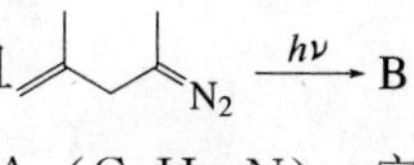

2. 一碱性化合物 A（$C_5H_{11}N$），它被臭氧分解给出甲醛，A 经催化氢化生成化合物 B（$C_5H_{13}N$），B 也可以由己酰胺加溴和氢氧化钠溶液得到。用过量碘甲烷处理 A 转变成一个盐 C（$C_8H_{18}NI$），C 用湿的氧化银处理随后热解给出 D（C_5H_8），D 与丁炔二酸二甲酯反应给出 E（$C_{11}H_{14}O_4$），E 经钯脱氢得 3-甲基苯二酸二甲酯，试推出 A～E 的各化合物的结构，并写出由 C 到 D 的反应机理。

高等有机化学基础测试题（三）参考答案

一、选择题

1. B   2. D   3. C   4. C   5. C   6. D   7. A

二、完成反应式

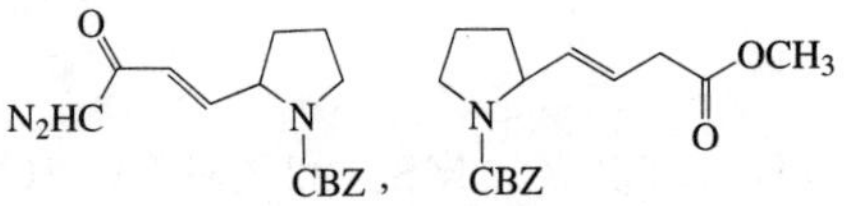

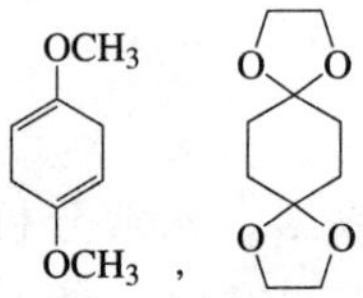

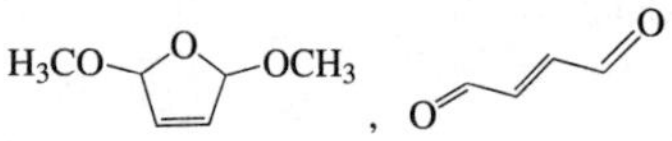

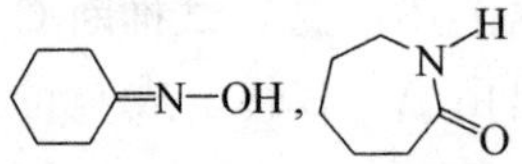

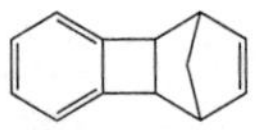

三、写出反应机理

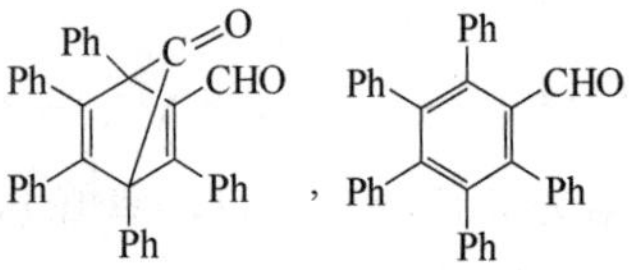

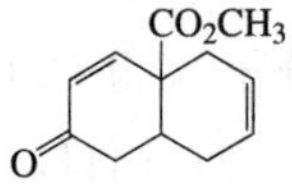

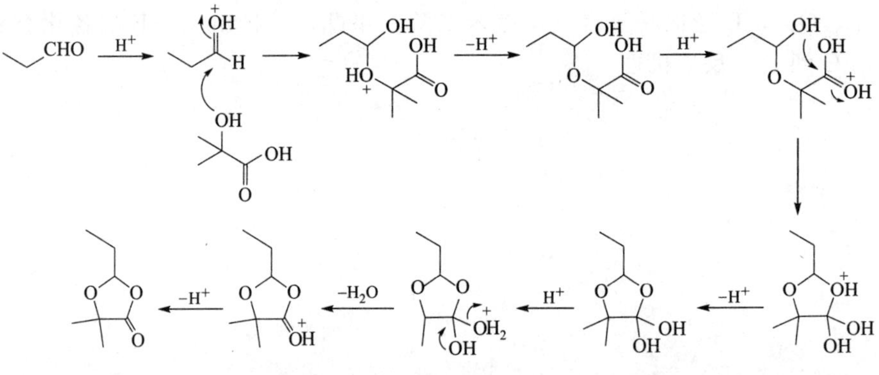

2. 此为烯烃的 α-H 自由基卤代反应，反应过程中涉及自由基型烯丙基重排：

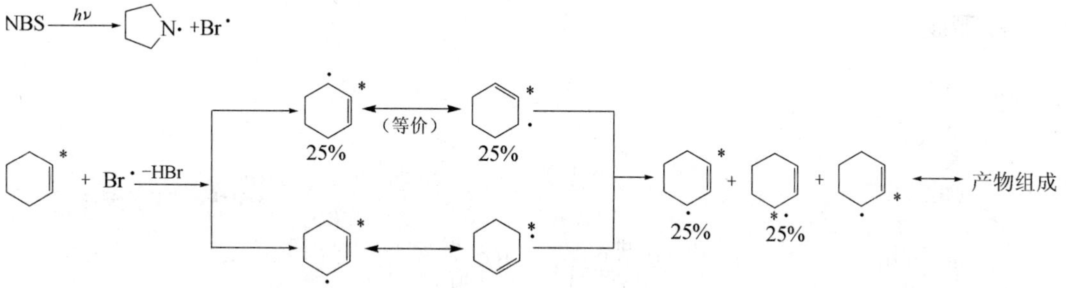

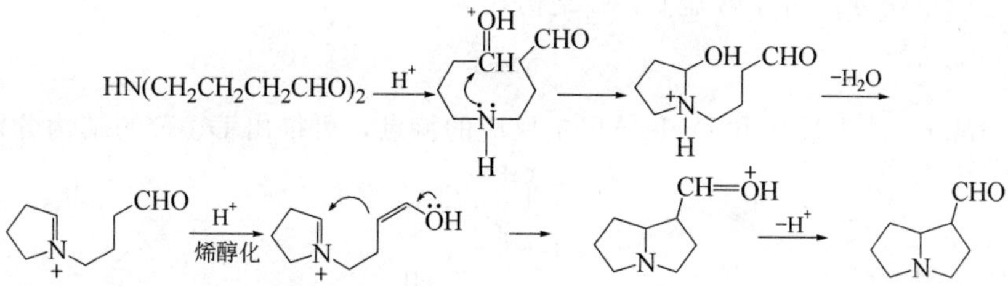

四、简要解释下列问题

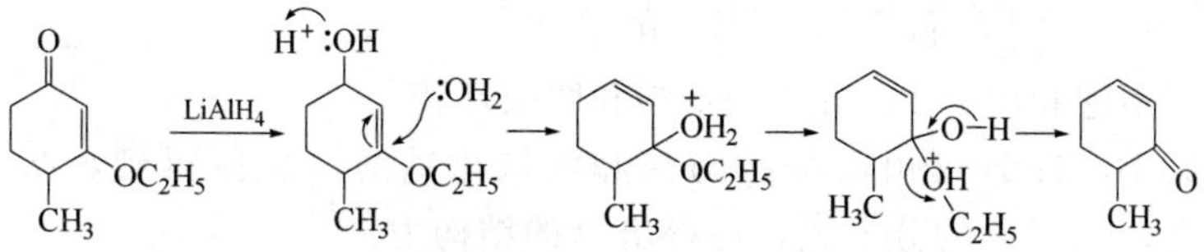

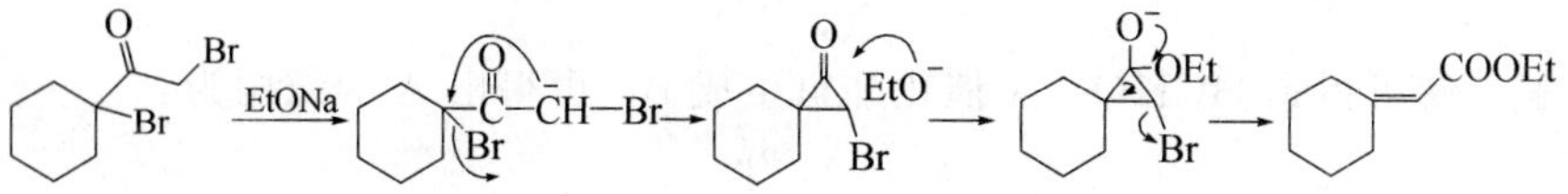

1. 这是一个典型的由底物诱导的不对称催化氢化反应。酮羰基的 α-碳是手性碳，它的构型以及氨基 H 与羰基之间的氢键作用决定了催化氢化的立体选择性。原料是 α-氨基酮，其稳定构象是 ，根据 Cram 规则，从空间位阻较小一面进攻，即得到主要产物。

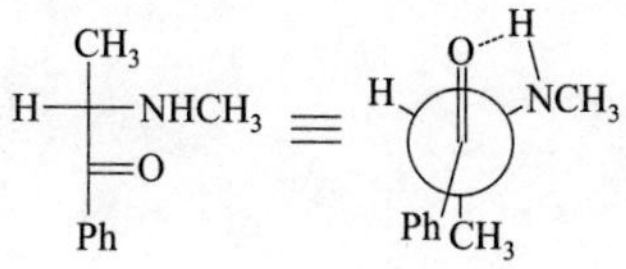

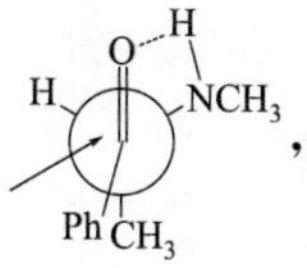

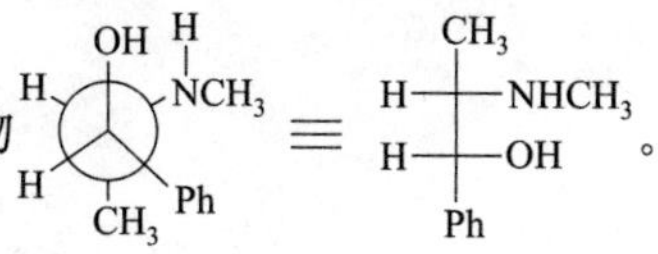

2.(1) 根据元素分析法和分子式，得分子式 C_5H_6O，再结合 ^{13}C NMR 得：

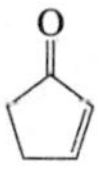

(2)

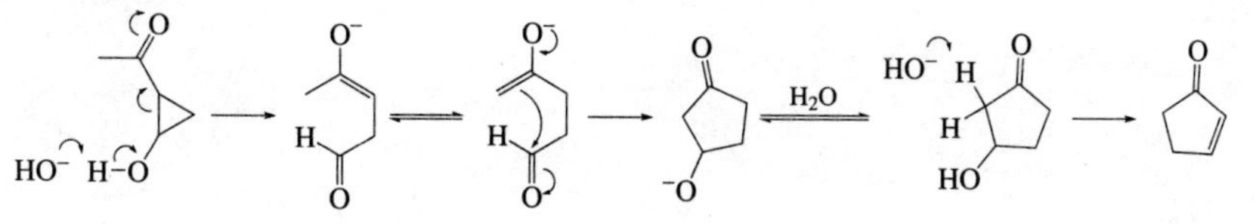

五、推测题

1.

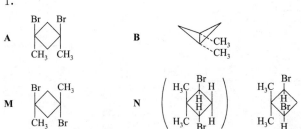

2.（1）A，$C_5H_{11}N$，不饱和度为 1，可能为不饱和胺或环胺。

（2）A 催化加氢生成 B，且 B 可由己酰胺与溴和氢氧化钠溶液反应得到，结合酰胺 Hofmann 降解反应的特点，以及 B 的分子式，可得出 B 的结构为：

（3）A 臭氧分解可得到 HCHO，A 催化加氢生成 B，可得出 A 的结构为：

（4）A 用过量碘甲烷处理得季铵盐 C，C 结构式为：

（5）根据 Hofmann 消去反应和 Diels-Alder 反应的特点，可推出 D、E 的结构分别为：

C→D 的反应机理（最后一步是发生 Diels-Alder 反应的立体化学要求）：

参 考 文 献

[1] Carey F A, Sundberg R J. Advanced Organic Chemistry (A、B). 4nd Ed. Hingham, MA, USA: Kluwer Academic Publishers, 2001.

[2] Neil S Isaacs. Physical Organic Chemistry. 2nd Ed. London: Addison Wesley Longman Limited, 1995.

[3] 高振衡. 物理有机化学（上、下册）. 北京：高等教育出版社，1982.

[4] 高鸿宾. 实用有机化学辞典. 北京：高等教育出版社，1997.

[5] 邢其毅等. 基础有机化学（上、下册）. 北京：高等教育出版社，1993.

[6] 邢其毅等. 基础有机化学习题解答与解题示例. 北京：北京大学出版社，1998.

[7] Ahluwalia V K, Parashar P K. Organic Reaction Mechanisms. UK: Alpha Science international Ltd, 2002.

[8] Solomons T W G. Organic Chemistry. 6th Ed. New York: John Wiley & Sons Inc, 1996.

[9] 闻韧. 药物合成反应. 3 版. 北京：化学工业出版社，2010.

[10] Robert B Grossman. 有机反应机理的书写艺术（The Art of Writing Reasonable Organic Reaction Mechanisms）. 2 版. 英文影印本. 北京：科学出版社，2012.

[11] 汪秋安，汪钢强，范华芳. 有机化学反应机理手册. 北京：化学工业出版社，2018.

[12] 曹宇辉，董浩然，傅裕，霍培昊，刘静嘉，杨可心，余子迪. 第 32 届中国化学奥林匹克（决赛）试题解析（三）. 大学化学，2019，34 (6): 92-102.